国家卫生健康委员会"十四五"规划教材
全国高等学校药学类专业第九轮规划教材
供药学类专业用

分析化学

第9版

主 编 邸 欣

副主编 范华均 吴永江 徐 丽

编 者（按姓氏笔画排序）

韦国兵（江西中医药大学） 范华均（广东药科大学）

朱臻宇（中国人民解放军海军军医大学） 聂 磊（山东大学药学院）

李 嫣（复旦大学药学院） 徐 丽（华中科技大学药学院）

李云兰（山西医科大学） 黄丽英（福建医科大学）

吴永江（浙江大学药学院） 熊志立（沈阳药科大学）

邸 欣（沈阳药科大学）

人民卫生出版社
·北 京·

图书在版编目（CIP）数据

分析化学 / 邸欣主编 . —9 版 . —北京：人民卫生出版社，2023.5（2024.11重印）

ISBN 978-7-117-34568-2

Ⅰ.①分…　Ⅱ.①邸…　Ⅲ.①分析化学 – 高等学校 – 教材　Ⅳ.①O65

中国国家版本馆 CIP 数据核字（2023）第 046081 号

| 人卫智网 | www.ipmph.com | 医学教育、学术、考试、健康，购书智慧智能综合服务平台 |
| 人卫官网 | www.pmph.com | 人卫官方资讯发布平台 |

分 析 化 学
Fenxi Huaxue
第 9 版

主　　编：邸　欣
出版发行：人民卫生出版社（中继线 010-59780011）
地　　址：北京市朝阳区潘家园南里 19 号
邮　　编：100021
E - mail：pmph @ pmph.com
购书热线：010-59787592　010-59787584　010-65264830
印　　刷：人卫印务（北京）有限公司
经　　销：新华书店
开　　本：850 × 1168　1/16　印张：28.5
字　　数：824 千字
版　　次：1979 年 4 月第 1 版　　2023 年 5 月第 9 版
印　　次：2024 年 11 月第 4 次印刷
标准书号：ISBN 978-7-117-34568-2
定　　价：82.00 元

打击盗版举报电话：010-59787491　E-mail：WQ @ pmph.com
质量问题联系电话：010-59787234　E-mail：zhiliang @ pmph.com
数字融合服务电话：4001118166　E-mail：zengzhi @ pmph.com

出 版 说 明

全国高等学校药学类专业规划教材是我国历史最悠久、影响力最广、发行量最大的药学类专业高等教育教材。本套教材于1979年出版第1版,至今已有43年的历史,历经八轮修订,通过几代药学专家的辛勤劳动和智慧创新,得以不断传承和发展,为我国药学类专业的人才培养作出了重要贡献。

目前,高等药学教育正面临着新的要求和任务。一方面,随着我国高等教育改革的不断深入,课程思政建设工作的不断推进,药学类专业的办学形式、专业种类、教学方式呈多样化发展,我国高等药学教育进入了一个新的时期。另一方面,在全面实施健康中国战略的背景下,药学领域正由仿制药为主向原创新药为主转变,药学服务模式正由"以药品为中心"向"以患者为中心"转变。这对新形势下的高等药学教育提出了新的挑战。

为助力高等药学教育高质量发展,推动"新医科"背景下"新药科"建设,适应新形势下高等学校药学类专业教育教学、学科建设和人才培养的需要,进一步做好药学类专业本科教材的组织规划和质量保障工作,人民卫生出版社经广泛、深入的调研和论证,全面启动了全国高等学校药学类专业第九轮规划教材的修订编写工作。

本次修订出版的全国高等学校药学类专业第九轮规划教材共35种,其中在第八轮规划教材的基础上修订33种,为满足生物制药专业的教学需求新编教材2种,分别为《生物药物分析》和《生物技术药物学》。全套教材均为国家卫生健康委员会"十四五"规划教材。

本轮教材具有如下特点:

1. 坚持传承创新,体现时代特色　本轮教材继承和巩固了前八轮教材建设的工作成果,根据近几年新出台的国家政策法规、《中华人民共和国药典》(2020年版)等进行更新,同时删减老旧内容,以保证教材内容的先进性。继续坚持"三基""五性""三特定"的原则,做到前后知识衔接有序,避免不同课程之间内容的交叉重复。

2. 深化思政教育,坚定理想信念　本轮教材以习近平新时代中国特色社会主义思想为指导,将"立德树人"放在突出地位,使教材体现的教育思想和理念、人才培养的目标和内容,服务于中国特色社会主义事业。各门教材根据自身特点,融入思想政治教育,激发学生的爱国主义情怀以及敢于创新、勇攀高峰的科学精神。

3. 完善教材体系,优化编写模式　根据高等药学教育改革与发展趋势,本轮教材以主干教材为主体,辅以配套教材与数字化资源。同时,强化"案例教学"的编写方式,并多配图表,让知识更加形象直观,便于教师讲授与学生理解。

4. 注重技能培养,对接岗位需求　本轮教材紧密联系药物研发、生产、质控、应用及药学服务等方面的工作实际,在做到理论知识深入浅出、难度适宜的基础上,注重理论与实践的结合。部分实操性强的课程配有实验指导类配套教材,强化实践技能的培养,提升学生的实践能力。

5. 顺应"互联网+教育",推进纸数融合　本次修订在完善纸质教材内容的同时,同步建设了以纸质教材内容为核心的多样化的数字化教学资源,通过在纸质教材中添加二维码的方式,"无缝隙"地链接视频、动画、图片、PPT、音频、文档等富媒体资源,将"线上""线下"教学有机融合,以满足学生个性化、自主性的学习要求。

众多学术水平一流和教学经验丰富的专家教授以高度负责、严谨认真的态度参与了本套教材的编写工作,付出了诸多心血,各参编院校对编写工作的顺利开展给予了大力支持,在此对相关单位和各位专家表示诚挚的感谢!教材出版后,各位教师、学生在使用过程中,如发现问题请反馈给我们(renweiyaoxue@163.com),以便及时更正和修订完善。

人民卫生出版社

2022年3月

主 编 简 介

邸　欣

　　沈阳药科大学教授,博士生导师,辽宁省特聘教授,辽宁省药物代谢与药物动力学重点实验室副主任,沈阳药科大学药物代谢与药物动力学实验室主任,《沈阳药科大学学报》副主编,中国医药生物技术协会药物分析技术分会常务委员。主要研究方向为药物代谢与药物动力学、复杂体系药物分离分析新方法研究等。主持国家科技重大专项子项目、国家自然科学基金项目及省、市级多项课题,在国内外核心期刊发表论文 120 余篇,主编、副主编及参编分析化学、色谱分析和药物分析等相关领域的教材、专著共 15 本。

副主编简介

范华均

广东药科大学药学院教授、硕士生导师。先后担任广东省化学会理事、中国仪器仪表学会药物质量分析与过程控制分会理事、广东省化学会分析化学专业委员会委员、广东省分析测试协会色谱专业委员会委员，以及广东省药学会中药、药物分析、生物医药分析等专业委员会委员。在高校从事教学、科研工作38年，承担了本科生和研究生的分析化学、仪器分析、高等药物分析、现代分离技术、色谱分析等课程的教学工作。承担和参加了国家重点基础研究发展规划项目、国家自然科学基金项目、广东省科技计划项目以及横向课题等20多项课题的研究工作，在国内外重要期刊上发表研究论文100多篇。

吴永江

浙江大学现代中药研究所所长，药物分析学教授，博士生导师。主要从事药品质量分析、中药药效物质基础、药物先进制造等研究工作，先后负责和参加国家重点基础研究发展规划(973)项目子课题、国家"重大新药创制"重大专项课题、国家自然科学基金等各级研究项目。曾获国家科技进步奖二等奖1项、省部级科学技术进步奖6项，发表学术论文200余篇。参与人民卫生出版社全国高等学校药学类专业规划教材《分析化学》第6版至第9版的编写工作。

徐 丽

华中科技大学药学院教授，新加坡国立大学博士。主要从事药物分析、环境和医学检测新技术、复杂体系的分离分析、新型多功能微纳材料的构建及在药学中的应用等相关研究工作。发表SCI学术论文100余篇。参编中英文学术专著3部，国家规划教材7部。目前担任 *Journal of Pharmaceutical Analysis* 和 *Current Medical Science* 的编委、中国医药生物技术协会药物分析技术分会常务委员、湖北省药学会药物分析专业委员会常务委员、武汉市药学会药物分析与评价专业委员会委员。曾入选教育部"新世纪优秀人才支持计划"、湖北省"楚天学者计划"、华中科技大学"学术新人奖"和"华中学者"及第四批学术前沿青年团队负责人。

前　言

　　《分析化学》(第9版)是国家卫生健康委员会"十四五"规划教材和全国高等学校药学类专业第九轮规划教材之一。本教材配套有《分析化学学习指导与习题集》(第5版)和《分析化学实验指导》(第5版)。

　　本教材在《分析化学》(第8版)广泛应用于教学实践的基础上修订而成。本次修订在坚持"三基"(基本理论、基本知识、基本技能)、"五性"(思想性、科学性、先进性、启发性、适用性)、"三特定"(特定对象、特定目标、特定限制)的基础上,继续保持和发扬了上版的特色和精粹。同时,根据近年来分析化学学科的发展现状,以及使用本教材的一些院校的反馈意见,对上版教材的内容进行了更新和完善,并对上版教材中存在的疏漏和错误进行了修改和更正。

　　本教材相较于第8版,主要改动有:教材的章节结构有较大调整,统一了贯穿各章的逻辑主线,即分析方法概述→分析方法的基本原理和基本理论→分析方法应用,修订后各章节的标题层次更清楚、更一致,且具有内在逻辑性;重点修订了经典化学分析法的相关内容,补充和完善了溶液酸碱平衡、配位平衡、氧化还原平衡和沉淀-溶解平衡等内容,将原"沉淀滴定法"和"重量分析法"两章内容合并为一章,以难溶电解质的沉淀-溶解平衡作为两种分析方法共同的理论基础;删去了"滴定分析法概论""光谱分析法概论"和"色谱分析法概论"三章,将相关内容并入了后续各章节中,使教材内容的衔接性更好;删去了"化学信息分析技术"一章内容;新增了很多分析方法的应用示例,其中多数为收载于《中华人民共和国药典》(2020年版)的典型药物的鉴别、杂质检查和含量测定方法;对每章的例题和习题做了重新审定和增删;在每章中设置了多个随文二维码,通过二维码链接了各章节的教学课件、拓展阅读和目标测试等数字化内容。

　　本教材共18章,编写内容遵循了循序渐进的学习规律,主要知识前后衔接有序,难易适当,重点突出,充分体现了教材的科学性、先进性和系统性,并突出了药学专业特色。

　　参加本教材修订工作的有邸欣(第一、三章)、范华均(第四、十四章)、吴永江(第二、十五章)、徐丽(第六、十七章)、韦国兵(第十二章)、朱臻宇(第八章)、李云兰(第十三章)、李嫣(第九、十八章)、聂磊(第十章)、黄丽英(第十一、十六章)、熊志立(第五、七章)。全书由邸欣整理定稿。

　　本教材的编写工作得到了各编委所在院校的大力支持,在此一并致谢。

　　由于编者水平有限,编写时间仓促,书中难免存在一些疏漏和不足,恳请读者批评指正。

编者

2023年1月

目　录

第一章　绪论 ……………………………………… 1

第一节　分析化学的方法分类 ………………… 1
第二节　分析过程和步骤 ………………………… 2
第三节　分析化学的作用 ………………………… 3
第四节　分析化学的起源和发展 ……………… 4
第五节　分析化学的学习方法 ………………… 4

第二章　误差和分析数据处理 ……………… 6

第一节　概述 ……………………………………… 6
第二节　准确度和精密度 ………………………… 6
　一、准确度与误差 ……………………………… 6
　二、精密度与偏差 ……………………………… 7
　三、准确度与精密度的关系 ………………… 8
第三节　系统误差和偶然误差 ………………… 9
　一、系统误差 …………………………………… 9
　二、偶然误差 …………………………………… 10
　三、误差的传递 ………………………………… 10
　四、减免误差的方法 …………………………… 12
第四节　有效数字及其运算规则 ……………… 13
　一、有效数字 …………………………………… 13
　二、数字的修约规则 …………………………… 14
　三、有效数字的运算规则 …………………… 14
第五节　有限量分析数据的统计处理 ……… 15
　一、偶然误差的分布规律 …………………… 15
　二、平均值的精密度和置信区间 ………… 16
　三、可疑数据的取舍 …………………………… 19
　四、显著性检验 ………………………………… 20
　五、相关与回归 ………………………………… 23
习题 ………………………………………………… 25

第三章　酸碱滴定法 ………………………… 27

第一节　概述 ……………………………………… 27
第二节　酸碱滴定法的基本原理 ……………… 27
　一、水溶液中的酸碱平衡 …………………… 27

　二、酸碱指示剂 ………………………………… 35
　三、酸碱滴定曲线 …………………………… 37
　四、酸碱滴定的终点误差 …………………… 43
第三节　酸碱滴定法的应用 …………………… 46
　一、标准溶液的配制和标定 ………………… 46
　二、酸碱滴定分析的计算 …………………… 47
　三、酸碱滴定方式 …………………………… 49
　四、应用示例 …………………………………… 50
第四节　非水滴定法 …………………………… 51
　一、非水滴定法的基本原理 ………………… 51
　二、非水滴定法的应用 ……………………… 54
习题 ………………………………………………… 58

第四章　配位滴定法 ………………………… 60

第一节　概述 ……………………………………… 60
第二节　配位滴定法的基本原理 ……………… 61
　一、配位平衡 …………………………………… 61
　二、配位滴定曲线 …………………………… 66
　三、金属指示剂 ………………………………… 68
　四、配位滴定的终点误差 …………………… 70
第三节　配位滴定条件的选择 ………………… 70
　一、酸度的选择和控制 ……………………… 70
　二、提高配位滴定选择性的方法 ………… 72
第四节　配位滴定法的应用 …………………… 74
　一、标准溶液的配制和标定 ………………… 74
　二、配位滴定方式 …………………………… 75
　三、应用示例 …………………………………… 77
习题 ………………………………………………… 78

第五章　氧化还原滴定法 …………………… 80

第一节　概述 ……………………………………… 80
第二节　氧化还原滴定法的基本原理 ……… 80
　一、氧化还原平衡 …………………………… 80
　二、氧化还原滴定曲线 ……………………… 86
　三、氧化还原滴定法的指示剂 …………… 88

四、氧化还原滴定的终点误差 …… 89
五、氧化还原滴定预处理 …………… 90
第三节　常用的氧化还原滴定法 …… 90
　　一、碘量法 ……………………………… 90
　　二、高锰酸钾法 ………………………… 94
　　三、亚硝酸钠法 ………………………… 95
　　四、溴酸钾法和溴量法 ………………… 97
　　五、重铬酸钾法 ………………………… 98
　　六、铈量法 ……………………………… 98
　　七、高碘酸钾法 ………………………… 99
习题 ………………………………………… 99

第六章　沉淀滴定法和重量分析法 …… 101
第一节　概述 ……………………………… 101
第二节　难溶化合物的沉淀-溶解平衡 …… 101
　　一、溶解度 ……………………………… 102
　　二、活度积和溶度积 …………………… 102
　　三、条件溶度积 ………………………… 103
　　四、影响沉淀-溶解平衡的因素 ……… 103
第三节　沉淀滴定法 ……………………… 105
　　一、银量法的滴定曲线 ………………… 106
　　二、银量法的滴定终点指示方法 …… 107
　　三、沉淀滴定法的应用 ………………… 111
第四节　重量分析法 ……………………… 112
　　一、沉淀重量法 ………………………… 112
　　二、挥发重量法 ………………………… 117
　　三、重量分析法的应用 ………………… 119
习题 ………………………………………… 119

第七章　电位法和永停滴定法 ………… 122
第一节　概述 ……………………………… 122
第二节　电位法的基本原理 …………… 123
　　一、化学电池 …………………………… 123
　　二、指示电极和参比电极 …………… 125
第三节　直接电位法 ……………………… 128
　　一、溶液 pH 的测定 ………………… 128
　　二、其他离子浓度的测定 …………… 132
第四节　电位滴定法 ……………………… 134
　　一、电位滴定法的基本原理 ………… 135
　　二、电位滴定法的应用 ………………… 136

第五节　永停滴定法 ……………………… 138
　　一、永停滴定法的基本原理 ………… 138
　　二、永停滴定法的应用 ………………… 139
习题 ………………………………………… 140

第八章　紫外-可见分光光度法 ……… 142
第一节　概述 ……………………………… 142
　　一、电磁辐射和电磁波谱 …………… 143
　　二、光谱分析法的分类 ………………… 143
第二节　紫外-可见分光光度法的基本原理 …… 145
　　一、电子跃迁类型 ……………………… 145
　　二、紫外-可见吸收光谱常用术语 …… 147
　　三、吸收带及其与分子结构的关系 …… 147
　　四、影响吸收带的因素 ………………… 149
　　五、朗伯-比尔定律 …………………… 151
　　六、偏离朗伯-比尔定律的因素 ……… 152
第三节　紫外-可见分光光度计 ……… 155
　　一、紫外-可见分光光度计的结构组成 …… 155
　　二、紫外-可见分光光度计的类型和
　　　　光学性能 ………………………… 157
第四节　有机化合物的紫外吸收光谱与结构
　　　　分析 ……………………………… 159
　　一、有机化合物的紫外吸收光谱 …… 160
　　二、有机化合物的结构分析 ………… 162
第五节　定性分析方法 …………………… 162
　　一、鉴别分析 …………………………… 163
　　二、纯度检查 …………………………… 164
第六节　定量分析方法 …………………… 164
　　一、单组分的定量方法 ………………… 164
　　二、同时测定多组分的定量方法——
　　　　计算分光光度法 ………………… 167
　　三、比色法 ……………………………… 168
习题 ………………………………………… 170

第九章　荧光分析法 ……………………… 172
第一节　概述 ……………………………… 172
第二节　荧光分析法的基本原理 ……… 173
　　一、荧光的产生 ………………………… 173
　　二、荧光的激发光谱和荧光光谱 …… 175
　　三、荧光与分子结构的关系 ………… 175

四、影响荧光强度的外部因素⋯⋯⋯⋯178
第三节　荧光分光光度计⋯⋯⋯⋯⋯⋯180
　　一、荧光分光光度计的结构组成⋯⋯⋯180
　　二、荧光分光光度计的校正⋯⋯⋯⋯181
第四节　定量分析方法⋯⋯⋯⋯⋯⋯⋯181
　　一、溶液荧光强度与物质浓度的关系⋯⋯181
　　二、直接测定法⋯⋯⋯⋯⋯⋯⋯⋯182
　　三、间接测定法⋯⋯⋯⋯⋯⋯⋯⋯182
　　四、多组分混合物的荧光分析法⋯⋯183
第五节　几种新的荧光分析技术简介⋯⋯183
习题⋯⋯⋯⋯⋯⋯⋯⋯⋯⋯⋯⋯⋯185

第十章　红外吸收光谱法⋯⋯⋯⋯⋯⋯186
第一节　概述⋯⋯⋯⋯⋯⋯⋯⋯⋯⋯186
第二节　红外吸收光谱法的基本原理⋯⋯187
　　一、分子振动能级⋯⋯⋯⋯⋯⋯⋯187
　　二、振动形式和振动自由度⋯⋯⋯⋯188
　　三、红外吸收光谱产生的条件⋯⋯⋯189
　　四、吸收峰的强度⋯⋯⋯⋯⋯⋯⋯190
　　五、吸收峰的位置⋯⋯⋯⋯⋯⋯⋯191
　　六、特征峰和相关峰⋯⋯⋯⋯⋯⋯195
第三节　有机化合物的典型红外吸收光谱⋯⋯196
　　一、脂肪烃类⋯⋯⋯⋯⋯⋯⋯⋯⋯196
　　二、芳香烃类⋯⋯⋯⋯⋯⋯⋯⋯⋯197
　　三、醇、酚和醚类⋯⋯⋯⋯⋯⋯⋯198
　　四、羰基类化合物⋯⋯⋯⋯⋯⋯⋯199
　　五、含氮类化合物⋯⋯⋯⋯⋯⋯⋯202
第四节　红外光谱仪⋯⋯⋯⋯⋯⋯⋯⋯203
　　一、傅里叶变换红外光谱仪⋯⋯⋯⋯204
　　二、红外光谱仪的性能⋯⋯⋯⋯⋯205
第五节　红外吸收光谱解析及应用⋯⋯⋯206
　　一、试样的制备⋯⋯⋯⋯⋯⋯⋯⋯206
　　二、红外光谱解析方法⋯⋯⋯⋯⋯207
　　三、红外光谱解析示例⋯⋯⋯⋯⋯208
习题⋯⋯⋯⋯⋯⋯⋯⋯⋯⋯⋯⋯⋯212

第十一章　原子吸收分光光度法⋯⋯⋯215
第一节　概述⋯⋯⋯⋯⋯⋯⋯⋯⋯⋯215
第二节　原子吸收分光光度法的基本原理⋯⋯216
　　一、原子的量子能级和能级图⋯⋯⋯216

二、原子在各能级的分布⋯⋯⋯⋯⋯217
　　三、原子吸收线的轮廓和变宽⋯⋯⋯218
　　四、原子吸收值与原子浓度的关系⋯⋯220
第三节　原子吸收分光光度计⋯⋯⋯⋯221
　　一、原子吸收分光光度计的结构组成⋯⋯221
　　二、原子吸收分光光度计的类型⋯⋯225
第四节　定量分析方法⋯⋯⋯⋯⋯⋯⋯226
　　一、测定条件选择⋯⋯⋯⋯⋯⋯⋯226
　　二、干扰及其消除方法⋯⋯⋯⋯⋯227
　　三、灵敏度和检出限⋯⋯⋯⋯⋯⋯228
　　四、定量分析方法⋯⋯⋯⋯⋯⋯⋯229
习题⋯⋯⋯⋯⋯⋯⋯⋯⋯⋯⋯⋯⋯230

第十二章　核磁共振波谱法⋯⋯⋯⋯⋯231
第一节　概述⋯⋯⋯⋯⋯⋯⋯⋯⋯⋯231
第二节　核磁共振波谱法的基本原理⋯⋯232
　　一、原子核的自旋⋯⋯⋯⋯⋯⋯⋯232
　　二、原子核的自旋能级和共振吸收⋯⋯233
　　三、自旋弛豫⋯⋯⋯⋯⋯⋯⋯⋯⋯235
第三节　化学位移⋯⋯⋯⋯⋯⋯⋯⋯236
　　一、屏蔽效应⋯⋯⋯⋯⋯⋯⋯⋯⋯236
　　二、化学位移的表示⋯⋯⋯⋯⋯⋯236
　　三、化学位移的影响因素⋯⋯⋯⋯237
　　四、化学位移的计算⋯⋯⋯⋯⋯⋯239
第四节　偶合常数⋯⋯⋯⋯⋯⋯⋯⋯242
　　一、自旋偶合和自旋分裂⋯⋯⋯⋯242
　　二、偶合常数⋯⋯⋯⋯⋯⋯⋯⋯⋯243
　　三、自旋系统⋯⋯⋯⋯⋯⋯⋯⋯⋯245
第五节　核磁共振仪⋯⋯⋯⋯⋯⋯⋯247
第六节　核磁共振氢谱解析及应用⋯⋯248
　　一、试样溶液的制备⋯⋯⋯⋯⋯⋯248
　　二、核磁共振氢谱解析方法⋯⋯⋯248
　　三、核磁共振氢谱解析示例⋯⋯⋯250
第七节　核磁共振碳谱和相关谱简介⋯⋯252
　　一、核磁共振碳谱⋯⋯⋯⋯⋯⋯⋯252
　　二、相关谱⋯⋯⋯⋯⋯⋯⋯⋯⋯254
习题⋯⋯⋯⋯⋯⋯⋯⋯⋯⋯⋯⋯⋯256

第十三章　质谱法⋯⋯⋯⋯⋯⋯⋯⋯259
第一节　概述⋯⋯⋯⋯⋯⋯⋯⋯⋯⋯259

第二节　质谱法的基本原理⋯⋯⋯⋯⋯⋯260
　　一、离子的产生⋯⋯⋯⋯⋯⋯⋯⋯⋯260
　　二、质量色散和方向聚焦⋯⋯⋯⋯⋯260
　　三、质谱的表示方法⋯⋯⋯⋯⋯⋯⋯261
第三节　离子类型⋯⋯⋯⋯⋯⋯⋯⋯⋯⋯262
　　一、分子离子⋯⋯⋯⋯⋯⋯⋯⋯⋯⋯262
　　二、碎片离子⋯⋯⋯⋯⋯⋯⋯⋯⋯⋯262
　　三、亚稳离子⋯⋯⋯⋯⋯⋯⋯⋯⋯⋯262
　　四、同位素离子⋯⋯⋯⋯⋯⋯⋯⋯⋯263
第四节　阳离子的裂解类型⋯⋯⋯⋯⋯⋯264
　　一、单纯裂解⋯⋯⋯⋯⋯⋯⋯⋯⋯⋯264
　　二、α 裂解⋯⋯⋯⋯⋯⋯⋯⋯⋯⋯⋯265
　　三、重排裂解⋯⋯⋯⋯⋯⋯⋯⋯⋯⋯266
第五节　质谱仪⋯⋯⋯⋯⋯⋯⋯⋯⋯⋯⋯267
　　一、质谱仪的结构组成⋯⋯⋯⋯⋯⋯267
　　二、质谱仪的主要性能指标⋯⋯⋯⋯274
　　三、质谱仪的类型⋯⋯⋯⋯⋯⋯⋯⋯275
第六节　有机化合物的质谱特征⋯⋯⋯⋯275
　　一、烃类⋯⋯⋯⋯⋯⋯⋯⋯⋯⋯⋯⋯275
　　二、醇类⋯⋯⋯⋯⋯⋯⋯⋯⋯⋯⋯⋯277
　　三、醛和酮类⋯⋯⋯⋯⋯⋯⋯⋯⋯⋯277
　　四、羧酸与酯类⋯⋯⋯⋯⋯⋯⋯⋯⋯278
　　五、含氮化合物⋯⋯⋯⋯⋯⋯⋯⋯⋯278
第七节　质谱解析及应用⋯⋯⋯⋯⋯⋯⋯279
　　一、分子式的确定⋯⋯⋯⋯⋯⋯⋯⋯279
　　二、质谱解析步骤⋯⋯⋯⋯⋯⋯⋯⋯281
　　三、质谱解析示例⋯⋯⋯⋯⋯⋯⋯⋯281
第八节　有机化合物的波谱综合解析⋯⋯282
　　一、综合解析程序⋯⋯⋯⋯⋯⋯⋯⋯282
　　二、综合解析示例⋯⋯⋯⋯⋯⋯⋯⋯283
习题⋯⋯⋯⋯⋯⋯⋯⋯⋯⋯⋯⋯⋯⋯⋯286

第十四章　气相色谱法⋯⋯⋯⋯⋯⋯⋯⋯289
第一节　概述⋯⋯⋯⋯⋯⋯⋯⋯⋯⋯⋯⋯289
　　一、色谱法的分类⋯⋯⋯⋯⋯⋯⋯⋯289
　　二、气相色谱法简介⋯⋯⋯⋯⋯⋯⋯290
第二节　色谱过程和色谱基本术语⋯⋯⋯291
　　一、色谱过程⋯⋯⋯⋯⋯⋯⋯⋯⋯⋯291
　　二、色谱基本术语⋯⋯⋯⋯⋯⋯⋯⋯292
第三节　气相色谱法的分离原理⋯⋯⋯⋯295
　　一、气-液色谱法和气-固色谱法的

分离机制⋯⋯⋯⋯⋯⋯⋯⋯⋯⋯⋯295
　　二、气相色谱法的固定相⋯⋯⋯⋯⋯296
　　三、气相色谱法的流动相⋯⋯⋯⋯⋯300
第四节　气相色谱法的基本理论⋯⋯⋯⋯301
　　一、塔板理论⋯⋯⋯⋯⋯⋯⋯⋯⋯⋯301
　　二、速率理论⋯⋯⋯⋯⋯⋯⋯⋯⋯⋯304
第五节　气相色谱仪⋯⋯⋯⋯⋯⋯⋯⋯⋯308
　　一、气相色谱仪的结构组成⋯⋯⋯⋯308
　　二、气相色谱检测器⋯⋯⋯⋯⋯⋯⋯311
第六节　气相色谱分离条件的选择⋯⋯⋯316
　　一、气相色谱分离基本方程⋯⋯⋯⋯316
　　二、气相色谱条件选择⋯⋯⋯⋯⋯⋯316
　　三、样品的预处理⋯⋯⋯⋯⋯⋯⋯⋯318
第七节　定性与定量分析方法⋯⋯⋯⋯⋯319
　　一、定性分析方法⋯⋯⋯⋯⋯⋯⋯⋯319
　　二、定量分析方法⋯⋯⋯⋯⋯⋯⋯⋯320
习题⋯⋯⋯⋯⋯⋯⋯⋯⋯⋯⋯⋯⋯⋯⋯322

第十五章　高效液相色谱法⋯⋯⋯⋯⋯⋯325
第一节　概述⋯⋯⋯⋯⋯⋯⋯⋯⋯⋯⋯⋯325
第二节　高效液相色谱速率理论⋯⋯⋯⋯326
　　一、柱内峰展宽⋯⋯⋯⋯⋯⋯⋯⋯⋯326
　　二、柱外峰展宽⋯⋯⋯⋯⋯⋯⋯⋯⋯327
第三节　化学键合相色谱法的分离原理⋯327
　　一、化学键合相的种类和性质⋯⋯⋯328
　　二、流动相的基本要求和性质⋯⋯⋯329
　　三、正相键合相色谱法⋯⋯⋯⋯⋯⋯330
　　四、反相键合相色谱法⋯⋯⋯⋯⋯⋯331
　　五、反相离子抑制色谱法⋯⋯⋯⋯⋯332
　　六、反相离子对色谱法⋯⋯⋯⋯⋯⋯332
第四节　其他高效液相色谱法⋯⋯⋯⋯⋯334
　　一、液固吸附色谱法⋯⋯⋯⋯⋯⋯⋯334
　　二、离子交换色谱法⋯⋯⋯⋯⋯⋯⋯334
　　三、分子排阻色谱法⋯⋯⋯⋯⋯⋯⋯335
　　四、手性色谱法⋯⋯⋯⋯⋯⋯⋯⋯⋯336
　　五、亲和色谱法⋯⋯⋯⋯⋯⋯⋯⋯⋯337
　　六、亲水作用色谱法⋯⋯⋯⋯⋯⋯⋯338
第五节　高效液相色谱分离方法的选择⋯338
第六节　高效液相色谱仪⋯⋯⋯⋯⋯⋯⋯339
　　一、高压输液系统⋯⋯⋯⋯⋯⋯⋯⋯339
　　二、进样系统⋯⋯⋯⋯⋯⋯⋯⋯⋯⋯341

三、色谱柱分离系统……………………341
四、检测系统……………………………342
五、数据处理与控制系统………………345
第七节　定性与定量分析方法……………345
一、定性分析方法………………………345
二、定量分析方法………………………346
习题………………………………………346

第十六章　平面色谱法……………………348
第一节　概述………………………………348
第二节　平面色谱法的分类和有关参数…348
一、平面色谱法的分类…………………348
二、平面色谱法的参数…………………349
第三节　薄层色谱法………………………350
一、薄层色谱法的分离原理……………350
二、吸附薄层色谱法的吸附剂和展开剂…351
三、薄层色谱操作方法…………………353
四、定性与定量分析方法………………356
五、薄层扫描法简介……………………357
第四节　纸色谱法…………………………359
一、纸色谱法的分离原理………………359
二、纸色谱分离条件的选择……………360
习题………………………………………360

第十七章　毛细管电泳法…………………362
第一节　概述………………………………362
第二节　毛细管电泳法的基本原理………363
一、电渗和电渗淌度……………………363
二、电泳和电泳淌度……………………363
三、柱效和谱带展宽……………………364
四、分离度………………………………366
第三节　毛细管电泳法的主要分离模式…366
一、毛细管电泳法的分类………………366
二、毛细管区带电泳法…………………367
三、胶束电动毛细管色谱法……………369
四、毛细管电色谱法……………………370
第四节　毛细管电泳仪……………………371
一、高压电源……………………………371
二、毛细管柱……………………………371
三、进样系统……………………………372

四、检测器………………………………373
第五节　毛细管电泳法的应用……………373
习题………………………………………374

第十八章　色谱-质谱联用分析法………375
第一节　概述………………………………375
第二节　气相色谱-质谱联用法…………375
一、气相色谱-质谱联用仪简介…………376
二、数据采集模式及其提供的信息……377
三、谱库检索……………………………379
四、气相色谱-质谱联用法的特点和
　　应用…………………………………379
第三节　液相色谱-质谱联用法…………380
一、液相色谱-质谱联用仪简介…………380
二、数据采集模式及其提供的信息……382
三、液相色谱-质谱联用分析条件的
　　选择和优化…………………………384
四、液相色谱-质谱联用法的特点和
　　应用…………………………………385
习题………………………………………385

附录一　元素的相对原子质量（2021）……387

附录二　常用化合物的相对分子质量………389

附录三　中华人民共和国法定计量单位……391

附录四　国际制（SI）单位与 cgs 单位换算及
　　　　常用物理化学常数………………393

附录五　常用酸、碱在水中的离解常数
　　　　（25℃ ）…………………………394

附录六　配位滴定有关常数…………………398

附录七　常用电极电位………………………402

附录八　难溶化合物的溶度积常数
　　　　（25℃,I=0）……………………406

附录九　标准缓冲溶液的 pH（0~95℃ ）……409

附录十　主要基团的红外特征吸收峰……………410

附录十一　质子化学位移表………………415

附录十二　质谱中常见的中性碎片与碎片离子………………418

附录十三　气相色谱法用表………………421

参考文献………………425

中文索引………………427

英文索引………………433

第一章

绪　　论

第一章
教学课件

学习要求

1. **掌握**　分析化学的方法分类。
2. **熟悉**　分析化学的定义和任务;分析过程和步骤。
3. **了解**　分析化学学科的历史和发展趋势;分析化学的作用。

分析化学(analytical chemistry)是研究物质的组成、含量、结构和形态等化学信息的分析方法及相关理论的一门学科。国际纯粹与应用化学联合会(IUPAC)对分析化学的定义是:建立或应用各种方法、仪器和策略以获取物质在空间和时间方面的组成和性质信息的科学。分析化学的主要任务是采用化学、物理、数学等方法和手段,获取分析数据,确定物质体系的化学组成、测定其中化学成分的含量和鉴定体系中物质的结构和形态,即回答物质"是什么""有多少""结构如何""形态如何"等问题。

第一节　分析化学的方法分类

分析化学的方法可根据分析任务(目的)、分析对象、测定原理和试样用量等的不同进行分类。

1. **定性分析、定量分析、结构分析和形态分析**　这是按照分析任务分类。定性分析(qualitative analysis)的任务是鉴定试样的化学组成(元素、离子、化合物等);定量分析(quantitative analysis)的任务是测定试样中某一或某些化学成分的含量;结构分析(structural analysis)的任务是研究物质的分子结构(构型、构象等)或晶体结构;形态分析(speciation analysis)的任务是确定试样中某一元素的不同化学形态(价态、结合态等)及其含量。

一般情况下,需先进行定性分析,再进行定量分析。当试样的成分已知时,可以直接进行定量分析。对于结构未知的化合物,需首先进行结构分析,确定化合物的分子结构。随着现代分析技术尤其是联用技术和计算机、信息学的发展,通常可以同时进行定性、定量和结构分析。

2. **无机分析和有机分析**　这是按照分析对象分类。无机分析(inorganic analysis)的对象是无机物,由于组成无机物的元素多种多样,通常要求鉴定试样由哪些元素、离子、原子团或化合物组成,以及测定各组分的含量;有机分析(organic analysis)的对象是有机物,虽然组成有机物的元素种类并不多,主要是碳、氢、氧、氮、硫和卤素等,但由它们所组成的有机物化学结构却很复杂,且种类繁多,因此,有机分析不仅需要进行元素分析(elemental analysis),更需要进行官能团分析和结构分析。

3. **化学分析和仪器分析**　这是按照测定原理分类。化学分析(chemical analysis)是利用物质的化学反应及其计量关系确定被测物质的组成及其含量的分析方法。化学分析法的历史悠久,是分析化学的基础,又称为经典分析法。被分析的物质称为试样(sample),与试样起反应的物质称为试剂(reagent)。试剂与试样所发生的化学变化称为分析化学反应。根据分析化学反应的现象和特征鉴定物质的化学成分,称为化学定性分析;根据分析化学反应中试样和试剂的用量,测定试样中各组分的相对含量,称为化学定量分析。化学定量分析又分为重量分析(gravimetric analysis)和滴定分析(titri-

metric analysis)或容量分析(volumetric analysis)。化学分析法所用仪器简单,结果准确,因而应用范围广泛,但该法只适用于常量组分的分析,且灵敏度较低,分析速度较慢。

仪器分析(instrumental analysis)是通过测定物质的物理或物理化学性质,从而确定物质的组成、含量、结构和形态的分析方法。仪器分析法需要借助特殊的仪器测定光、电、声、磁、热等信号变化而得到分析结果。根据物质的某种物理性质,不经化学反应,直接进行定性、定量、结构和形态分析的方法,称为物理分析法,如光学分析法(optical analysis)等;根据物质在化学变化中的某种物理性质,进行定性和定量分析的方法称为物理化学分析法,如电化学分析法(electrochemical analysis)等。仪器分析法主要包括光学分析法、电化学分析法、质谱法(mass spectrometry)、色谱法(chromatography)、放射化学分析法(radiochemical analysis)、热分析法(thermal analysis)等。仪器分析法具有灵敏度高、分析速度快、选择性好、操作简便、易于实现自动化、应用范围广等特点,适用于微量及痕量组分的分析。

4. 常量分析、半微量分析、微量分析和超微量分析 这是按照试样用量分类。常量分析(macro analysis)、半微量分析(semimicro analysis)、微量分析(micro analysis)和超微量分析(ultramicro analysis)所需试样量列于表 1-1 中。无机定性分析一般为半微量分析;化学定量分析一般为常量分析;进行微量分析及超微量分析时,通常需要采用仪器分析方法。

表 1-1   分析方法按试样用量分类

分析方法	试样质量	试液体积/ml
常量分析	>0.1g	>10
半微量分析	0.01~0.1g	1~10
微量分析	0.1~10mg	0.01~1
超微量分析	<0.1mg	<0.01

5. 常量组分分析、微量组分分析和痕量组分分析 这是按照试样中被测组分的含量高低进行分类。常量组分分析(macro component analysis)、微量组分分析(micro component analysis)和痕量组分分析(trace component analysis)中被测组分在试样中所占百分含量列于表 1-2 中。需要注意的是,这种分类法与试样用量分类法不同,有时痕量成分的测定可能需要取样 kg 以上。

表 1-2   分析方法按被测组分的含量分类

分析方法	被测组分在试样中的含量
常量组分分析	>1%
微量组分分析	0.01%~1%
痕量组分分析	<0.01%

除了上述分类外,分析化学的方法还可分为:例行分析(routine analysis)与仲裁分析(arbitral analysis)、离线分析(off-line analysis)与在线分析(on-line analysis)、原位分析(in situ analysis)与非原位分析(ex situ analysis)、动态分析(dynamic analysis)与静态分析(static analysis)等。

第二节   分析过程和步骤

分析过程一般包括分析方法选择、取样、试样制备、分析测定、结果处理和表达等步骤。

1. 分析方法选择 先要明确所需解决的问题,即任务,再根据任务要求选择分析方法。由于不同分析方法的选择性、灵敏度、准确度和精密度各不相同,因此需要根据试样的性质、测定的对象、分析结果对准确度/精密度的要求等来选择合适的分析方法。另外,不同分析方法的操作繁简程度、分析速度和费用也各不相同,故在选择分析方法时还应考虑待测试样的数目、分析任务的时间要求以及经费预算等因素。在实际工作中,应根据具体情况要求来选择适宜的分析方法。

2. **取样** 取样(sampling)的目的是从大量的分析对象中取出具有代表性的一小部分作为分析试样。取样必须具有代表性,否则,无论对试样进行如何"准确"的测定,都是没有意义的,因为取样样本的分析结果不能反映分析对象总体的真实情况。根据试样的形态、性质和均匀程度的不同,需要采用不同的取样方法。

3. **试样制备** 试样制备(sample preparation)的目的是使试样适合于选定的分析方法,消除可能的干扰。不同试样中待测成分的结构、形态和含量不同,可能存在干扰物质的种类和数量也不同,因此需要根据试样的性质来选择适宜的试样制备方法,试样制备可能包括干燥、粉碎、研磨、溶解、滤过、提取、分离和富集(浓缩)等步骤。

4. **分析测定** 首先优化试验条件,建立最优化试验方案,以保证获取准确的分析结果。进行实际试样测定前必须对所用仪器(或测量系统)进行校正。实际上,实验室使用的计量器具和仪器都必须定时经过权威机构的校验。仪器分析方法一般需要进行方法验证(method validation),以确保分析结果符合要求。方法验证的指标包括专属性、准确度、精密度、线性与范围、稳定性、检测限、定量限和耐用性等。

5. **结果处理和表达** 借助各种数据处理软件,对分析数据进行统计学分析,获得如平均值、标准偏差、置信度等结果。在此基础上,按要求将分析结果形成书面报告。

第三节 分析化学的作用

分析化学作为化学学科的一个重要分支,对化学学科本身的发展有突出的贡献。化学科学中元素的发现、相对原子质量的测定、元素周期律的建立以及许多化学定理、理论的发现和确证都离不开分析化学。"人类有科技就有化学,化学从分析化学开始。"

在科学技术方面,分析化学的作用已远远超出化学领域,在生命科学、材料科学、环境科学、能源科学等众多领域的研究中,都需要知道物质的组成、含量、结构和形态等信息,采用分析化学的方法和技术可以获取这些信息。分析化学是进行科学研究不可缺少的工具,被誉为科学技术的"眼睛"。分析化学为科学技术的发展做出了不可替代的重要贡献,例如,20世纪末人类基因测序工程被认为是一项类似人类登月的伟大工程,当该工程面临困难而进展缓慢时,是分析化学家对毛细管电泳分析方法的重大革新,才使这项伟大的工程得以提前完成,从而揭开了后基因时代的序幕。

在经济建设方面,分析化学的应用非常广泛。在农业领域,土壤的成分和性质的研究、化肥和农药的分析、农作物生长过程的研究及农产品质量检测,都要用到分析化学的理论、技术和方法。在工业领域,资源的勘探、工业原料的选择、工艺流程的控制、生产成品的检验以及三废处理和综合利用,都需要分析化学提供各种数据和信息,分析化学对促进国民经济建设与发展做出了重大贡献。

在医药卫生和食品安全方面,临床检验和诊断、病理机制研究、药品质量的全面控制、中草药有效成分的分离和测定、药物代谢和药物动力学研究、药物制剂的稳定性、生物利用度和生物等效性研究,食品中的营养成分、非法添加物和污染物检测,突发公共卫生事件的应急处理等都离不开分析化学。例如,1999年在比利时发生的食品二噁英污染事件,是分析化学家确定了饲料污染物二噁英的来源并提出新的分析方法,才使禽畜食品生产和销售得以恢复。

在药学专业教育中,分析化学是一门重要的专业基础课,其理论知识和实验技能是药物分析学、药物化学、天然药物化学、药剂学、药理学和中药学等各个学科的必备基础。

总之,分析化学的应用范围涉及经济和社会发展的各个方面。当代科学技术、经济建设及社会发展向分析化学提出了严峻的挑战,也为分析化学的发展创造了良好的机遇,并且拓展了分析化学的研究和应用领域。

第四节　分析化学的起源和发展

分析化学的起源可以追溯到古代炼金术,早在公元前4世纪人们就使用试金石来判断金块的成色,至18世纪70年代,法国化学家拉瓦锡(A.L. Lavoisier)利用天平为研究工具,通过定量实验证明了化学反应中的质量守恒定律,开创了定量分析的时代。18—19世纪的两次科技革命促使科学和技术密切结合并相互促进,为分析化学发展提供了理论基础和技术条件,也使分析化学不断面临新的挑战,促进了分析化学学科的持续发展。20世纪以来,分析化学的发展大致经历了三次巨大的变革。

第一次变革是在20世纪初到30年代,物理化学中溶液理论的发展,为以溶液化学反应为基础的经典分析化学奠定了理论基础。溶液酸碱平衡、配位平衡、氧化还原平衡和沉淀溶解平衡理论的建立,使分析化学从一门技术发展成为一门科学。

第二次变革是在20世纪40—60年代,物理学与电子学的发展促进了仪器分析方法的建立和发展。出现了一系列以测量物理和物理化学性质为基础的快速、灵敏的仪器分析方法,如光谱分析法、电化学分析法、色谱分析法等,同时丰富了这些分析方法的理论体系,分析化学从以化学分析为主的经典分析化学,发展成以仪器分析为主的现代分析化学。

第三次变革是在20世纪70年代末开始发展至今,计算机与信息科学、生命科学、环境科学和材料科学的发展,既促进了分析化学的发展,又对分析化学提出了更高的要求。具有专家系统功能的智能色谱仪和具有光谱解析功能的智能光谱仪的出现,使实验条件优化和分析数据处理的速度以及分析结果解析的准确度都大为提高;化学计量学(chemometrics)的广泛应用,使当今分析化学发展为"以计算机为基础的分析化学";色谱与质谱及各种光谱联用技术正日益完善和发展,成为对复杂体系中多组分同时进行定性、定量分析的最有力工具;"芯片实验室"(lab-on-a-chip)和生物传感器(biosensor)的成功研制,使分析系统的微型化、集成化和自动化得以实现。

现代分析化学已经远远超出化学学科的领域,它将化学与数学、物理学、计算机科学、生物学结合起来,发展成为一门多学科交叉融合的综合性科学。现代分析化学的任务已不只限于测定物质的组成和含量,而是要对物质的结构和形态进行分析,要实现微区、薄层和无损分析,要对化学活性物质和生物活性物质等进行实时跟踪监测,要由解析型分析策略转变为整体型分析策略,综合分析完整的生物体内的基因、蛋白质、代谢物、通路等各类生物元素随时间、空间的变化和相互关联。现代分析化学已由单纯地提供分析数据,上升到从分析数据中获取有用的信息和知识,成为生产和科研中实际问题的解决者。

分析化学的发展趋势是:创建新的分析技术和分析方法,发展新的分析仪器,追求更高的灵敏度和选择性,适应复杂环境和极端条件,实现原位、实时、微区和微量分析,实现活体单细胞和单分子分析,发展多种分析方法的联用技术,研制新型生物传感器和芯片,实现分析仪器的微型化和智能化等。

第五节　分析化学的学习方法

分析化学是药学类专业的重要专业基础课之一,学好分析化学一方面可为后续药学类专业课如药物分析、药物化学、药剂学、天然药物化学等的学习奠定良好的基础,另一方面可以培养严谨的科学态度和创新意识,提高理论联系实际、分析和解决问题的能力。

要学好分析化学,首先要了解分析化学课程的整体特点。分析化学是各种分析方法的集合,本教材包括化学分析和仪器分析两部分内容。化学分析包括相关方法的基本理论、基本概念和基本计算。学生在学习这一部分内容时要与无机化学、物理化学中的溶液理论紧密联系起来,充分掌握化学平衡理论在分析化学中的具体体现和实际应用。仪器分析部分主要涉及基本原理、分析条件、仪器结构和方法应用。学习这一部分内容时首先要理解、掌握各类分析方法的原理和条件,才能有效地应用方法解决问题;其次应注意区分各种分析方法之间的共性与个性,如色谱法都是先将混合物各组分分离,而后逐个分析,但各种色谱法在分离机制、分析条件选择和适用对象上各有特点;最后需充分了解各种分析方法之间的互补性,必要时需综合应用多种分析方法,如有机化合物结构的波谱综合解析。

要牢固树立"量"的概念,这是分析化学不同于其他化学学科的特别之处。要熟练掌握误差分析与数据处理方法,掌握各类分析测定中结果的计算及正确表达。在化学分析中,需知道如何控制实验条件,实现定量分析的目的;在仪器分析中,要学会如何用电化学分析法、光学分析法和色谱法进行定量分析,理解"量"与分析信号间的关系。

要熟练掌握分析实验技能,因为分析化学是一门实践性的学科,以解决实际问题为目的,因此,实验教学是分析化学教学的一个重要环节。学生在学好基础理论知识的同时,还要加强实验技能的训练,要熟练掌握各种分析技术的基本操作技能。在实验中应严格执行基本操作规程,仔细观察实验现象,认真做好实验记录,注意培养严谨的科学态度和作风。

要关注分析化学的发展前沿,由于分析化学及其应用涉及的领域很广,而且其发展日新月异,因此学生在分析化学的学习过程,应经常关注分析化学的前沿领域发展趋势,了解分析化学新技术、新方法在药学科学中的应用,了解药学科学的发展对分析化学学科的新要求,为此,必须学会查阅分析化学和药学领域的文献资料,从中掌握所需要的信息。

(邸 欣)

第二章

误差和分析数据处理

第二章
教学课件

学习要求

1. **掌握** 误差产生的原因及减免方法；准确度和精密度的表示方法及两者之间的关系；有效数字位数的判断及其修约和计算规则；显著性检验的方法。
2. **熟悉** 偶然误差的正态分布；t 分布曲线；可疑数据的取舍方法；置信区间的定义及表示方法。
3. **了解** 误差的传递规律；相关分析与回归分析。

第一节 概 述

定量分析的目的是通过实验确定试样中被测组分的含量。但受分析方法、测量仪器、样品基质、试剂和分析人员等主客观因素的限制，测量值不可能与真实值完全一致；即使是技术娴熟的分析人员，用各项技术指标均符合要求的测量仪器、同一种可靠方法对同一试样进行多次测量，也不能得到完全一致的结果。这说明客观上存在着难以避免的误差，任何测量结果都不可能绝对准确。而且，一个定量分析往往要经过一系列步骤，并不只是一次简单的测量，每步测量的误差都会影响分析结果的准确性。因此，为了提高分析结果的准确性，有必要了解产生误差的原因、误差传递的规律和减免误差的方法。

由于误差客观存在，人们在实际分析中不可能得到确切无误的真实值，而只能应用统计学方法对分析结果做出科学的估计和正确的评价。因此，为了得到最佳的估计值并判断其可靠性，有必要了解一些基本的数据统计分析方法。

本章将介绍误差的来源、性质及其减免方法、有效数字及其运算规则以及有限量分析数据的统计处理方法。

第二节 准确度和精密度

一、准确度与误差

准确度（accuracy）是指测量值与真值（真实值）接近的程度。测量值与真值越接近，测量越准确。误差是测量值与真值之间的差值，是衡量准确度的指标。

（一）约定真值与标准值

由于任何测量都存在误差，因此实际测量不可能得到真值，而只能尽量接近真值。在分析化学工作中常用的真值是约定真值与标准值。

1. **约定真值** 由国际计量大会定义的单位（国际单位）及我国的法定计量单位是约定真值。国际单位制的基本单位有七个：长度单位"米"、质量单位"千克"、时间单位"秒"、电流单位"安培"、热力学温度单位"开尔文"、发光强度单位"坎德拉"及物质的量单位"摩尔"。国际原子量委员会每两年修订一次原子量(相对原子质量),因此各元素的原子量也是约定真值。

2. 标准值与标准参考物质　在分析工作中,常以标准值代替真值来衡量测定结果的准确度。所谓标准值,即是采用可靠的分析方法,在不同实验室(经相关部门认可),由不同分析人员对同一试样进行反复多次测定,然后将大量测定数据用数理统计方法处理而求得的测量值,这种通过高精度测量而获得的更加接近真值的值称为标准值,求得标准值的试样称为标准试样或标准参考物质。作为评价准确度的基准,标准参考物质及其标准值需经权威机构认定并提供,例如,我国药品标准中用于评价测量方法的化学对照品是由中国食品药品检定研究院负责标定和供应的。

(二)误差的表示方法

误差的表示方法主要有两种:绝对误差和相对误差。

1. 绝对误差　测量值与真值之差称为绝对误差(absolute error)。若真值为 μ,则测量值 x 的绝对误差 δ 为:

$$\delta = x - \mu \qquad \text{式(2-1)}$$

绝对误差以测量值的单位为单位,其值可正可负。正误差表示测量值大于真值,负误差表示测量值小于真值。误差的绝对值越小,表示测量值越接近于真值,测量的准确度越高。

2. 相对误差　绝对误差 δ 与真值 μ 的比值称为相对误差(relative error)。如果不知道真值,但知道测量的绝对误差,也可用测量值 x 代替真值 μ 进行计算。相对误差以式(2-2)表示:

$$\text{相对误差}(\%) = \frac{\delta}{\mu} \times 100\% \quad \text{或} \quad \text{相对误差}(\%) = \frac{\delta}{x} \times 100\% \qquad \text{式(2-2)}$$

相对误差没有单位,其值可正可负。相对误差可反映出误差在真值中所占的比例,这对于比较在不同情况下测量值的准确度更为合理。因此,在分析工作中,相对误差的大小可作为正确选择分析方法的依据,比绝对误差更常用。

例 2-1　用分析天平称量两个试样,一个是 0.002 1g,另一个是 0.543 2g。两个测量值的绝对误差都是 0.000 1g,试计算相对误差。

解:前一个测量值的相对误差为: $\dfrac{0.000\ 1}{0.002\ 1} \times 100\% = 5\%$

后一个测量值的相对误差为: $\dfrac{0.000\ 1}{0.543\ 2} \times 100\% = 0.02\%$

显然前者的相对误差比后者大得多。可见,当测量值的绝对误差恒定时,测定的试样量(或组分含量)越高,相对误差就越小,准确度越高;反之,则准确度越低。因此,对常量分析的相对误差应要求严些(小些),而对微量分析的相对误差可以允许大些。例如,用重量法或滴定法进行常量分析时,允许的相对误差仅为千分之几;而用光谱法、色谱法等仪器分析法进行微量分析时,允许的相对误差可为百分之几甚至更高。

二、精密度与偏差

精密度(precision)是指在规定的测定条件下,对同一均匀试样进行多次平行分析所得测量值之间的接近程度。各测量值间越接近,测量的精密度越高。精密度的高低用偏差来衡量。偏差表示数据的离散程度,偏差越大,数据越分散,精密度越低。反之,偏差越小,数据越集中,精密度就越高。偏差有以下几种表示方法:

1. 偏差　单个测量值与测量平均值之差称为偏差(deviation, d),其值可正可负。若一组平行测量的平均值为 $\bar{x}$,则单个测量值 x_i 的偏差 d 为:

$$d = x_i - \bar{x} \qquad \text{式(2-3)}$$

2. 平均偏差　各单个偏差绝对值的平均值,称为平均偏差(average deviation),以 $\bar{d}$ 表示:

$$\bar{d} = \frac{\sum\limits_{i=1}^{n} |x_i - \bar{x}|}{n} \qquad \text{式(2-4)}$$

式中 n 表示测量次数。应当注意,平均偏差均为正值。

3. 相对平均偏差　平均偏差 $\bar{d}$ 与测量平均值 $\bar{x}$ 的比值称为相对平均偏差(relative average deviation),其定义式如下:

$$\text{相对平均偏差}(\%) = \frac{\bar{d}}{\bar{x}} \times 100\% = \frac{\sum\limits_{i=1}^{n} |x_i - \bar{x}|/n}{\bar{x}} \times 100\% \qquad \text{式(2-5)}$$

4. 标准偏差　在平均偏差和相对平均偏差的计算过程中忽略了个别较大偏差对测定结果重复性的影响,而采用标准偏差(standard deviation, S)则是为了突出较大偏差的影响。因此,同一组测量值的标准偏差比平均偏差要大。对少量测定值($n \leq 20$)而言,标准偏差的定义式如下:

$$S = \sqrt{\frac{\sum\limits_{i=1}^{n}(x_i - \bar{x})^2}{n-1}} \quad \text{或} \quad S = \sqrt{\frac{\sum\limits_{i=1}^{n} x_i^2 - \frac{1}{n}\left(\sum\limits_{i=1}^{n} x_i\right)^2}{n-1}} \qquad \text{式(2-6)}$$

5. 相对标准偏差　标准偏差 S 与测量平均值 $\bar{x}$ 的比值称为相对标准偏差(relative standard deviation, RSD),也曾称为变异系数(coefficient of variation, CV),其定义式如下:

$$\text{RSD}(\%) = \frac{S}{\bar{x}} \times 100\% = \frac{\sqrt{\dfrac{\sum\limits_{i=1}^{n}(x_i - \bar{x})^2}{n-1}}}{\bar{x}} \times 100\% \qquad \text{式(2-7)}$$

在实际工作中多用 RSD 表示分析结果的精密度。

例 2-2　平行四次标定某溶液的浓度,结果为 0.404 1mol/L、0.404 9mol/L、0.403 9mol/L 和 0.404 3mol/L。计算测定结果的平均值($\bar{x}$)、平均偏差($\bar{d}$)、相对平均偏差($\bar{d}/\bar{x}$)、标准偏差(S)及相对标准偏差(RSD)。

解:$\bar{x} = (0.404\ 1 + 0.404\ 9 + 0.403\ 9 + 0.404\ 3)/4 = 0.404\ 3\text{mol/L}$

$\bar{d} = (0.000\ 2 + 0.000\ 6 + 0.000\ 4 + 0.000\ 0)/4 = 0.000\ 3\text{mol/L}$

$\bar{d}/\bar{x} = (0.000\ 3/0.404\ 3) \times 100\% = 0.07\%$

$S = \sqrt{\dfrac{(0.000\ 2)^2 + (0.000\ 6)^2 + (0.000\ 4)^2 + (0.000\ 0)^2}{4-1}} = 0.000\ 43\text{mol/L} \approx 0.000\ 5\text{mol/L}$

$\text{RSD} = (0.000\ 4/0.404\ 3) \times 100\% = 0.11\% \approx 0.2\%$

6. 重复性、中间精密度和重现性　在验证分析方法时,需考察方法的精密度。方法精密度包括重复性(repeatability)、中间精密度(intermediate precision)和重现性(reproducibility),三者均可反映测定结果的精密度,但三者的概念内涵不同。重复性系指在同样操作条件下,在较短时间间隔内,由同一分析人员对同一试样测定所得结果的接近程度;中间精密度系指在同一实验室内,由于某些试验条件改变,如时间、分析人员、仪器设备等,对同一试样测定的接近程度;重现性系指在不同实验室之间,由不同分析人员对同一试样测定结果的接近程度。要将分析方法确定为法定标准(如药典)时,应进行重现性试验。

三、准确度与精密度的关系

准确度与精密度的概念不同。当有真值(或标准值)作比较时,它们从不同侧面反映了分析结果的可靠性。准确度表示测量结果的正确性,精密度表示测量结果的重复性或重现性。

图 2-1 表示甲、乙、丙、丁四人测定同一试样中某组分含量时所得的结果。每人均测定 6 次。试样的真实含量为 10.00%。由图可见,甲所得结果的精密度虽然很高,但准确度较低;乙的精密度和准确度均好,结果可靠;丙的精密度很差,其平均值虽然接近真值,但这是由于大的正负误差相互抵消的结果,纯属偶然,并不可取;丁所得结果的精密度和准确度都不好。由此可见,精密度高是保证准确度高的前提和先决条件,精密度差,所得结果不可靠。但精密度高不一定能保证准确度高,因为可能存在系统误差(如甲的结果)。总之,只有精密度与准确度都高的测量值才是可取的。

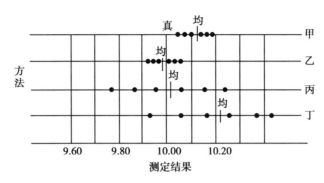

图 2-1　定量分析中的准确度与精密度

由于通常真值是未知的,如果消除或校正了系统误差,精密度高的有限次测量的平均值 $\bar{x}$ 就接近于真值 μ。因此常常根据测定结果的精密度来衡量测定结果是否可靠。

第三节　系统误差和偶然误差

误差按其性质可分为系统误差(systematic error)和偶然误差(accidental error)两大类。

一、系统误差

系统误差也称为可定误差(determinate error),是由某种确定的原因造成的误差。一般它有固定的方向(正或负)且大小可测,重复测定时重复出现。系统误差是由确定的因素引起的,根据系统误差的来源,可把它分为方法误差、仪器或试剂误差及操作误差三种。

1. 方法误差　指由于不适当的实验设计或方法选择不当所引起的误差。通常对测定结果影响较大。例如,由于反应条件不完善而导致化学反应进行不完全或副产物对测量产生影响;重量分析时由于方法选择不当,使沉淀的溶解度较大或有共沉淀现象发生;滴定分析时由于指示剂选择不当,使滴定终点不在滴定突跃范围内;色谱分析时由于色谱条件选择不当,待测组分峰与相邻峰未达到良好分离等。

2. 仪器或试剂误差　指由于分析仪器参数不准确、性能不良导致所测数据不正确或试剂不合格所引起的误差。例如,仪器信号漂移,使用未经校准的测量(或计量)仪器及容量器皿,温度对容量器皿容积产生影响,电池电压下降对仪器供电设备的影响,真空系统泄漏,器皿不耐腐蚀,所用试剂不纯或去离子水不合格等,均能产生这种误差。

3. 操作误差　指由于分析操作者在实验过程中存在定向偏离而引起的误差。例如,操作者对滴定终点颜色的确定偏深或偏浅,由于操作不规范对仪器指针位置或容量器皿(如滴定管、量瓶等)所显示溶液体积产生定向性判断差异,为提高实验数据精密度而产生的倾向性判断等。

在一个测定过程中上述三种误差都可能存在,并且通常是定量的或是定比例的,分别被称为恒量误差(constant error)和比例误差(proportional error)。恒量误差与被测物的量无关,被测物的量越小,误差将越明显(相对值越大)。例如,在滴定分析中,需在化学计量点后多加入少量滴定剂使指示剂变色,这就引入了恒量误差。待测物的量越少,所需滴定剂的总量就越少,多加入的量在滴定剂消耗总量中所占的比例就越大,相对误差就越大。如果系统误差的绝对值随被测物量的增大而成比例增大,相对值不变,则称为比例误差。例如,在用重量法测定明矾中的铝含量时,用氨水作沉淀剂,若氨水中含有硅酸,便能与 $Al(OH)_3$ 共沉淀。明矾的取样量越大,需要的氨水越多,造成的绝对误差越大,但相对误差值基本不变。有时系统误差的绝对值虽然随样品量的增大而增大,但不成比例。

因为系统误差是以固定的方向出现,并具有重复性,且大小可测,故可用加校正值的方法予以消除。

二、偶然误差

偶然误差也称为随机误差(random error),是由偶然因素引起的误差。如实验室温度、湿度、电压、仪器性能等的偶然变化以及操作者对平行试样处理的微小差异等,均可能引入偶然误差。偶然误差的方向(正或负)和大小都是不固定的,因此,不能用加校正值的方法减免。

偶然误差的出现服从统计规律。即大误差出现的概率小,小误差出现的概率大,绝对值相同的正、负误差出现的概率大体相等,它们之间常能部分或完全抵消。所以,在消除系统误差的前提下,平行测量的次数越多,测量值的算术平均值越接近于真值。因此,适当地增加平行测定次数,取平均值表示测定结果,可以减小偶然误差。

需要说明的是,系统误差与偶然误差的划分并无严格的界限。当人们对某些误差产生的原因尚未认识时,往往将其作为偶然误差对待。另外,虽然两者在定义上不难区分,但在实际分析过程中除了较明显的情况外,常常难以进行直观区别和判断。例如,观察滴定终点颜色的改变,有人总是偏深,产生属于操作误差的系统误差,但在多次测定观察滴定终点的深浅程度时,又不能完全一致,因而产生偶然误差。

除了上述两类误差外,在实际操作中,由于分析工作者的粗心或违反操作规程等所产生的结果错误称为"过失",不能称为"误差",必须予以避免。一旦有了过失,应该舍弃有关数据重新测量,以保证原始测量数据的可靠性。如无法确定实验值异常是否起因过失,也可以用统计检验方法进行判断。

三、误差的传递

定量分析结果往往是通过一系列测量步骤取得数据,再按一定公式计算出来的。每一测量步骤中所引入的误差都会或多或少地影响分析结果的准确度,即个别测量步骤中的误差将传递到最终结果中。因此,必须了解每步的测量误差对分析结果的影响,这便是误差传递(propagation of error)问题。系统误差与偶然误差的传递规律有所不同。

(一)系统误差的传递

系统误差传递规律如表2-1的第二栏所示。该规律可概括为:①和、差的绝对误差等于各测量值绝对误差的和、差;②积、商的相对误差等于各测量值相对误差的和、差。

表 2-1　测量误差对计算结果的影响

运算式	系统误差	偶然误差	
		极值误差法	标准偏差法
1. $R = x + y - z$	$\delta R = \delta x + \delta y - \delta z$	$\Delta R = \lvert \Delta x \rvert + \lvert \Delta y \rvert + \lvert \Delta z \rvert$	$S_R^2 = S_x^2 + S_y^2 + S_z^2$
2. $R = x \cdot y / z$	$\dfrac{\delta R}{R} = \dfrac{\delta x}{x} + \dfrac{\delta y}{y} - \dfrac{\delta z}{z}$	$\dfrac{\Delta R}{R} = \left\lvert \dfrac{\Delta x}{x} \right\rvert + \left\lvert \dfrac{\Delta y}{y} \right\rvert + \left\lvert \dfrac{\Delta z}{z} \right\rvert$	$\left(\dfrac{S_R}{R}\right)^2 = \left(\dfrac{S_x}{x}\right)^2 + \left(\dfrac{S_y}{y}\right)^2 + \left(\dfrac{S_z}{z}\right)^2$

例 2-3　用减重法称得基准物 $AgNO_3$ 4.302 4g,置 250ml 棕色量瓶中,用水溶解并稀释至刻度,摇匀,配制成 0.101 3mol/L 的 $AgNO_3$ 标准溶液。减重前的称量误差是 -0.2mg,减重后的称量误差是

+0.3mg;量瓶的真实容积为249.93ml。问配得的 $AgNO_3$ 标准溶液浓度的相对误差、绝对误差和实际浓度 c 各是多少?

解:$AgNO_3$ 的浓度计算式为:$c = \dfrac{m}{MV}$

上述计算属乘除法运算,因此应按相对误差的传递考虑,即

$$\frac{\delta_c}{c} = \frac{\delta_m}{m} - \frac{\delta_M}{M} - \frac{\delta_V}{V}$$

因为 m 是由减重法求得,即 $m = m_{前} - m_{后}$,所以 $\delta_m = \delta_{m_{前}} - \delta_{m_{后}}$。摩尔质量为约定真值,可以认为 $\delta_M = 0$,$\delta_V = 250.00 - 249.93 = 0.07\text{ml}$。于是

$$\frac{\delta c}{c} = \frac{\delta m_{前} - \delta m_{后}}{m} - \frac{\delta V}{V} = \frac{-0.2 - 0.3}{4\,302.4} - \frac{0.07}{250} = -0.000\,396 \approx -0.04\%$$

$$\delta c = -0.04\% \times 0.101\,3\text{mol/L} = -0.000\,04\text{mol/L}$$

$$c = 0.101\,3 - (-0.000\,04) = 0.101\,34\text{mol/L}$$

结论:标准溶液浓度一般保留4位有效数字,对 0.101 34mol/L 进行修约后,$AgNO_3$ 标准溶液的实际浓度与理论值相同,均为 0.101 3mol/L,即本例中称量及量瓶容积误差对结果影响不大。

（二）偶然误差的传递

如果各步测量的误差都是不可定的,无从知道它的正负和确切值,似乎无法知道它们对计算结果的确切影响,但可用极值误差法或标准偏差法对其影响进行推断和估计。

1. 极值误差法　该方法的基本思路是,在最不利的情况下,一个测量结果中各步骤测量值的误差既是最大的,又是叠加的,计算结果的误差显然也是最大的,故称极值误差。其计算法则如表2-1第三栏所示。由于在实际工作中,各测量误差可能部分抵消,出现这种最大误差的情况并不很多,所以这种处理方法不甚合理,但因为各测量值的最大误差常是已知的,用该法可粗略估计误差的极值,在实际中仍有借鉴意义。例如,用分析天平以减重法称量试样,两次测量的最大误差是 ±0.000 2g,如不考虑正负,即为 0.000 2g。又如,用滴定分析法测定某药物含量,其百分含量 $w(\%)$ 的计算公式为:

$$w(\%) = \frac{TVF}{m} \times 100\%$$

式中 T 是标准溶液对该药物的滴定度,V 是所消耗标准溶液的体积(ml),F 是标准溶液浓度的校正因子,m 是试样的质量。上式中的滴定度 T 可以认为没有误差,如果 V、F 和 m 的最大误差分别是 ΔV、ΔF 和 Δm,则 w 的相对误差极值是:

$$\frac{\Delta w}{w} = \left|\frac{\Delta V}{V}\right| + \left|\frac{\Delta F}{F}\right| + \left|\frac{\Delta m}{m}\right|$$

如果测量 V、F 和 m 的最大相对误差都是0.1%,则此药物含量的相对误差极值应是0.3%。

2. 标准偏差法　根据偶然误差的性质,虽然每个测量值中偶然误差的确切值无法确定,但可以知道它们的出现(大小、方向等)符合统计学规律。因此,可以利用偶然误差的统计学传递规律估计测量结果的偶然误差,这种估计方法称为标准偏差法。其计算法则如表2-1所示。只要测量次数足够多,就可用本法估算出测量值的标准偏差。其规律可概括为两条:

（1）和、差结果的标准偏差的平方等于各测量值的标准偏差的平方和。

（2）积、商结果的相对标准偏差的平方等于各测量值的相对标准偏差的平方和。

例2-4　设天平称量时的标准偏差 $S = 0.1\text{mg}$,求称量试样时的标准偏差 S_m。

解:称取试样时,无论是用减重法称量还是增重法称量,都需要称量两次,试样重 m 是两次称量所得值 m_1 与 m_2 的差值,即

$$m = m_1 - m_2 \quad 或 \quad m = m_2 - m_1$$

读取称量值 m_1 和 m_2 时的偏差,会反映到 m 中去。因此,根据表2-1求得:

$$S_m = \sqrt{S_1^2 + S_2^2} = \sqrt{2S^2} = 0.14\text{mg} \approx 0.2\text{mg}$$

在定量分析中,各步测量的系统误差和偶然误差多是混在一起的,因而算得结果的误差也包括了这两部分误差。而标准偏差法只是估算偶然误差的大小,无法消除系统误差的影响,因此在用标准偏差法确定分析结果的可靠性时,须先将系统误差消除后再进行计算。

了解误差传递的规律,在进行分析工作时,对各步测量所应达到的准确程度,可以做到心中有数。上述误差传递公式表明,在一系列分析步骤中,大误差环节对结果准确度的影响有举足轻重的作用。因此,在分析测量中应尽量避免大误差环节,使各测定环节的误差(或偏差)接近一致或保持相同的数量级。

四、减免误差的方法

不合理的实验设计和不规范的实验操作会导致分析结果的不准确甚至错误,因此,分析工作者应该具备良好的科学作风和严谨的科学态度,在实验过程中应严格按照操作规程进行操作,设法减免在分析过程中带来的各种误差。下面介绍减免分析误差的几种主要方法。

（一）选择合适的分析方法

不同分析方法的灵敏度和准确度不同。化学分析法的灵敏度不高,所需样品量较大,对常量组分的测定能获得比较准确的分析结果(相对误差≤0.1%),但对微量或痕量组分的测定灵敏度难以达到。仪器分析法灵敏度高、绝对误差小,虽然其相对误差较大(约为2%~5%),不适合于常量组分的测定,但能满足微量或痕量组分测定准确度的要求。另外,选择分析方法时还应考虑共存物质的干扰。总之,应根据分析对象、样品情况及对分析结果准确度的要求,选择合适的分析方法。

（二）减小测量误差

为了保证分析结果的准确度,必须尽量减小各分析步骤的测量误差。例如,一般分析天平称量的绝对误差为±0.000 1g,一次称量需读数两次,可能引起的最大误差是±0.000 2g。为了使称量的相对误差≤0.1%,称样量就需≥0.2g。又如,一般滴定管可有±0.01ml的绝对误差,一次滴定也需两次读数,因此可能产生的最大误差是±0.02ml。为了使滴定读数的相对误差≤0.1%,消耗滴定剂的体积就需≥20ml。

需要说明的是,各测量步骤的准确度应与分析方法的准确度相当。例如,用滴定分析法进行分析,其相对误差≤0.1%,则称取0.2g样品时,应读取至0.000 1g;但如采用相对误差≤2%的某仪器分析法进行分析时,则称量的绝对误差应≤0.004g(0.2g×2%=0.004g),即读取至0.001g即可。可见,所有称量都要求用万分之一分析天平称量至0.000 1g是不正确的,应根据方法准确度要求选择合适精度的仪器。

（三）减小偶然误差的影响

根据偶然误差的分布规律,在消除系统误差的前提下,平行测定次数越多,其平均值越接近于真值。因此,增加平行测定次数,可以减小偶然误差对分析结果的影响。在实际工作中,无限增加平行测定次数是不现实的,一般对同一试样平行测定3~4次,其精密度符合要求即可。

（四）消除测量中的系统误差

1. 与经典方法进行比较　以所建方法与国家颁布的标准分析方法或公认的经典方法对同一试样进行测量并比较,以判断所建方法的可靠性。若所建方法不够完善,应进一步优化或测出校正值以消除方法误差。这在新方法研究中经常采用。

2. 校准仪器　对天平、移液管、滴定管、量瓶等计量、容量器皿及测量仪器进行校准,可以减免仪器误差。由于计量及测量仪器的状态会随时间、环境条件等发生变化,因此需定期进行校准。

3. 对照试验（control test）　是检查分析过程中有无系统误差的有效方法。步骤是:用已知含量(标准值)的标准试样作为供试品,按所选的测定方法,以同样的实验条件进行分析,求得测定方法的校正值(标准试样中某组分含量标准值与标准试样某组分测得含量的比值),用以评价所选方法的准确性(有无系统误差),校正值越接近 1 则准确度越高。也可用该校正值对实验中存在的系统误差进行校正:

$$试样中某组分含量 = 试样中某组分测得含量 \times \frac{标准试样中某组分含量标准值}{标准试样中某组分测得含量}$$

4. 回收试验（recovery test）　是评价分析方法准确度的常用方法。当采用所建方法测出试样中某组分含量后,可在几份相同试样($n \geqslant 5$)中加入适量待测组分的纯品,以相同条件进行测定,回收率（recovery）按下式计算:

$$回收率(\%) = \frac{加入纯品后的测得量 - 加入前的测得量}{纯品加入量} \times 100\%$$

回收率越接近 100% ,系统误差越小,方法准确度越高。回收试验常在微量组分分析中应用。

5. 空白试验（blank test）　指不加试样或以等量溶剂替代待测样品溶液,按试样测定相同的方法和步骤进行的分析实验。所得结果称为空白值。从试样的分析结果中扣除空白值,即可消除由试剂及实验器皿等引入的杂质所造成的误差。空白值不宜很大,否则,应通过提纯试剂或改用其他器皿等途径减小空白值。

测量不确定度(拓展阅读)

第四节　有效数字及其运算规则

分析化学中的数字分为两类。一类数字为非测量所得的自然数,如测量次数、样品份数、计算中的倍数、反应中的化学计量关系以及各类常数等,这类数字无准确度问题;另一类数字是测量所得,即测量值或数据计算的结果,其数字位数多少应与分析方法的准确度及仪器测量的精度相适应。以下介绍第二类数字的读取、记录和计算。

一、有效数字

有效数字(significant figure)是指在分析工作中实际上能测量到的数字。任何测量仪器和方法的准确度都有一定限度,故测量数据的记录和表示不得超过其测量仪器和方法的准确度。有效数字由数位准确数字和最后一位可疑数字(欠准数字)组成,所以,在记录测量数据时,只允许保留一位可疑数字。即只有数据的末位数字欠准,其误差是末位数字的±1 个单位。这是由于仪器精度的限制,对末位数字进行估计时加入了实验者的主观因素,因而准确度较差。有效数字不仅能表示数值的大小,还可以反映测量的精确程度。

例如,对常量滴定管可准确读取到 0.1ml,而小数点后面第二位没有刻度,是估计值,不甚准确,有±0.01ml 误差,但该数字并非臆造,故记录时应保留它。如消耗溶液体积为 23.97ml,此数据中,包括四位有效数字,其中前三位为准确值,最后一位为欠准值,有±1 的误差。用万分之一分析天平进行称量时,可以准确称量到 0.001g,小数点后第四位有±1 的误差,为欠准值,但记录时应保留它。如称量某样品的质量,记为 1.244 2g 是正确的,即有效数字应记录至小数点后第四位。由此可见,有效数字的位数反映了测量结果的准确程度,绝不能随意增加或减少。

在数据中数字 1~9 均为有效数字,但数字 0 则可能不是有效数字。当 0 位于其他数字之前,如在数据 0.005 4g 中,前三个 0 表示数量级用于定位,不是有效数字;当 0 位于其他数字之间,如在数据 21.05ml 中,0 是有效数字;0 位于其他数字之后时,当在小数中,如数据 2.543 0g,0 是有效数字,它除表示数量值外,还表示该数量的准确程度,在整数中,则不能确定 0 是否为有效数字,如 2 500L,因此,常用指数形式明确该整数的有效数字位数,写成 $2.50×10^3L$,表示三位有效数字。对于很小的数字,也可用指数形式表示。例如,离解常数 $K_a = 0.000\ 018$,可写成 $K_a = 1.8×10^{-5}$,为两位有效数字;值得注意的是,有效数字位数在指数表示形式中并未改变。

变换单位时,有效数字的位数须保持不变。例如,0.003 8g 应写成 3.8mg。pH 及 pK_a 等对数值,其有效数字仅取决于小数部分数字的位数,而其整数部分的数字只与真数的数量级有关,如 pH = 9.03,是两位有效数字。

重量分析和滴定分析属于常量分析,方法所允许的误差一般在 ±0.1% 之内,各测量数据应保留 4 位有效数字。使用计算器计算时,应特别注意最后结果中有效数字的位数。若多保留有效数字位数,则会导致分析结果的准确度看起来很高,但与实际并不相符。

二、数字的修约规则

从误差传递原理可知,凡通过运算所得的结果,其误差总比个别测量的误差大。计算结果的有效数字位数要受测量值(尤其是误差最大的测量值)有效数字位数所限制。因此,对有效数字位数较多(即误差较小)的测量值,应将多余的数字舍弃,该过程称为数字修约,其基本规则如下:

1. 采用"四舍六入五留双"的规则进行修约   该规则规定:当多余尾数的首位 ≤4 时,舍去;多余尾数的首位 ≥6 时,进位;等于 5 时,若 5 后数字有不为 0 的,则进位;若 5 后数字皆为 0,则视 5 前数字是奇数还是偶数,采用"奇进偶舍"的方式进行修约,使被保留数据的末位为偶数。例如,将下列数据修约为四位有效数字:14.244 2→14.24,24.486 3→24.49,15.025 0→15.02,15.015 0→15.02,15.025 01→15.03。

2. 禁止分次修约   只允许对原测量值一次修约至所需位数,不能分次修约。例如,将数据 2.345 7 修约为两位,应 2.345 7→2.3;若分次修约:2.345 7→2.346→2.35→2.4 就不对了。

3. 可多保留一位有效数字进行运算   在数据处理过程中,可能将多个数据进行加、减、乘、除等多项运算,为了提高运算速度,而又不使修约误差迅速累积,可采用"安全数字"。即将参与运算各数的有效数字修约到比绝对误差最大的数据多保留一位,运算后,再将结果修约到应有的位数。例如,计算 5.352 7、2.3、0.054 及 3.35 的和。按加减法的运算法则,计算结果只应保留一位小数。但在计算过程中可先多保留一位,即先将各数据修约成保留两位小数,于是上述数据计算可写成 5.35+2.3+0.05+3.35 = 11.05,计算结果应修约成 11.0。

4. 标准偏差等数字修约应使估计值变差   对标准偏差、相对标准偏差等数据的修约,其结果应使估计值变得更差,不得人为地提高精密度,即任何数字修约时均为"只进不舍"。例如,某计算结果的标准偏差为 0.213,若保留两位有效数字,宜修约成 0.22。如果修约为 0.21,则与实际测定的精密度不符。表示标准偏差和 RSD 时,一般取 1~2 位有效数字。在作统计检验时,标准偏差可多保留 1~2 位数参与运算,计算结果的统计量可多保留一位数字与临界值比较。样本 $\bar{x}±S$ 的有效数字一般以 S 的 1/3 确定位数。例如,(2 520.5±81.7)g,S 的 1/3 为 27.2g,即均值 $\bar{x}$ 波动在十位数,故应写成(2.52±0.08)kg。

5. 与标准限度值比较时不应修约   在分析测定中常需将测定值(或计算值)与标准限度值进行比较,以确定样品是否合格。若标准中无特别注明,一般不应对测量值进行修约,而应采用全数值进行比较。如某标准试样中镍含量 ≤0.03% 为合格,此 0.03% 即为标准限度值,若获得的测定值为 0.033%,按修约值 0.03% 比较即判为合格,而按全数值 0.033% 比较,则应判为不合格。

三、有效数字的运算规则

分析结果的准确度必然会受到分析过程中测量值误差的制约。在计算分析结果时,每个测量值的误差都要传递到分析结果中去,运算不应改变测量的准确度。因此,应根据误差传递规律进行有效数字的运算。尤其使用计算器等计算分析结果,显示数字位数较多,特别要注意结果的有效数字位数。有效数字的运算规则如下:

1. 加减法所得和或差的误差是各个数值绝对误差的传递结果。所以,计算结果的绝对误差必须与各数据中绝对误差最大的数据相当。即几个数据和或差的有效数字保留,应以小数点后位数最少(绝对误差最大)的数据为依据。例如:0.536 2+0.001+0.25=0.79,计算结果的有效数字的位数由绝对误差最大的第三个数据0.25决定,即应保留两位小数。

2. 乘除法所得积或商的误差是各个数据相对误差的传递结果。几个数据相乘除时,积或商有效数字应保留的位数,以参加运算的数据中相对误差最大(有效数字位数最少)的那个数据为准。例如,0.012 1×25.64×1.057 8=0.328,其中,有效数字位数最少的0.012 1相对误差最大,故计算结果应修约为三位有效数字。若数据的首位数是8或9,在参与乘、除运算时该数据的有效数字位数可以多计一位,例如,0.92g可以按照3位有效数字计算。

3. 在表示分析结果百分数时:对于高含量组分(>10%),一般保留四位有效数字,如43.52%;对于中含量组分(1%~10%),保留三位有效数字;对于低含量组分(<1%),则保留两位有效数字。

另外,乘方或开方时,结果的有效数字位数不变,如$7.13^2=50.8$。对数运算时,对数值小数点后的位数应与真数有效数字位数相同,如$[H^+]=5.2\times10^{-5}$,则pH=4.28。

第五节　有限量分析数据的统计处理

一、偶然误差的分布规律

(一)正态分布

对同一试样在相同条件下进行 n 次测定,当 n 很大时,测量值的波动情况(偶然误差)符合正态分布(高斯分布):

$$y=\frac{1}{\sigma\sqrt{2\pi}}\exp\left[-\frac{1}{2}\left(\frac{x-\mu}{\sigma}\right)^2\right]$$ 式(2-8)

y 为测量值出现的频率(概率密度),正态分布(normal distribution)曲线与横坐标围成的总面积代表所有测量值出现的概率总和,其值为1。在某一范围($x_1\sim x_2$)内测量值出现的概率以阴影部分面积与总面积比值表示(图2-2曲线2)。

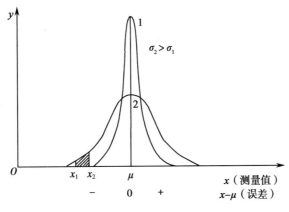

图2-2　测定值或误差的正态分布曲线

正态分布曲线由 μ 和 σ 两个基本参数决定。其中,μ 为指定条件下,对试样进行无限次测量所得测量数据集合体的均值,称为总体平均值(population mean),表示测量值的集中趋势。若没有系统误差,μ 就是真值。σ 为总体标准偏差(population standard deviation),表示数据的离散程度。当 σ 较小时,曲线高而锐,数据较集中(图 2-2 曲线 1);当 σ 较大时,曲线低而钝,数据较分散(图 2-2 曲线 2)。若已知 μ 与 σ,正态分布曲线的位置与形状即可确定下来。由于 x、μ 和 σ 都是可变的,为了计算方便,可作变量变换,令:

$$u = \frac{x - \mu}{\sigma}$$

式(2-9)

u 是以总体标准偏差 σ 为单位的 $(x-\mu)$ 值。以 u 为横坐标,以概率密度 y 为纵坐标所绘制的曲线称为标准正态分布曲线。

(二) t 分布

通常分析工作中平行测定的次数 (n) 较少,称为小样本(即总体中的微小部分)试验。由小样本试验无法得到总体平均值 μ 和总体标准差 σ,这样就需根据样本的测得值计算出统计量,再用统计量去推断总体,即由得到的样本平均值(sample mean,$\bar{x}$)和样本标准差(sample standard deviation,S)来估计总体平均值和测量数据的分散程度。由于 $\bar{x}$ 和 S 均为随机变量,因此这种估计必然会引入误差。特别是当测量次数较少时,引入的误差更大。在统计少量实验数据时,为了补偿这种误差,可采用 t 分布(t distribution)(即少量数据平均值的概率误差分布)对有限测量数据进行统计处理。

t 分布曲线(图 2-3)与标准正态分布曲线相似,只是由于测量次数少,数据的离散程度较大,分布曲线的形状将变得低而钝。t 分布曲线的纵坐标仍是概率密度 y,横坐标则是统计量 t。由于在有限量数据测定中只能获得样本标准偏差 S,故用 t 替代 u,t 定义为:

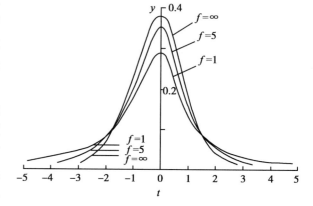

图 2-3　t 分布曲线

$$t = \frac{|\bar{x} - \mu|}{S}\sqrt{n}$$

式(2-10)

t 分布曲线随自由度 $f(f=n-1)$ 而改变,当 f 趋近 ∞ 时,t 分布就趋近正态分布。此时,t 值等于 u 值。与正态分布曲线一样,t 分布曲线下面一定范围内的面积,就是该范围内测定值 x 出现的概率。应当注意的是,对于标准正态分布曲线,只要 u 值一定,相应概率也就一定;但对于 t 分布曲线,当 t 值一定时,由于 f 值的不同,相应曲线所包括的面积不同,其概率也就不同。在某一 t 值时,样本平均值 $\bar{x}$ 落在 $\mu \pm tS/\sqrt{n}$ 范围内的概率,称为置信水平(confidence level)(也称置信度或置信概率),用 P 表示;样本平均值 $\bar{x}$ 落在 $\mu \pm tS/\sqrt{n}$ 范围之外的概率 $(1-P)$,称为显著性水平(significance level),用 α 表示。由于 t 值与 α、f 有关,故引用时需加脚注,用 $t_{\alpha, f}$ 表示。不同 α、f 所相应的 t 值,如表 2-2 所示。

由表 2-2 可见,t 值随 f 的改变而改变。测定次数越多,t 值越小,当 $f=\infty$ 时,$t_{0.05, \infty}=1.960$,这与正态分布曲线得到的相应 u 值相同。

二、平均值的精密度和置信区间

(一) 平均值的精密度

平均值的精密度(precision of mean)可用平均值的标准偏差 $S_{\bar{x}}$ 表示。实际测量中,经常通过对同一样品重复测定取平均值以提高结果的可靠性。统计意义上,对样品 n 次测定结果平均值的方差(标准偏差的平方)$S_{\bar{x}}^2$ 将减少到原来的 $1/n$。因此平均值的标准偏差与测量次数 n 的平方根成反比:

表2-2　t 检验临界值（$t_{\alpha,f}$）表

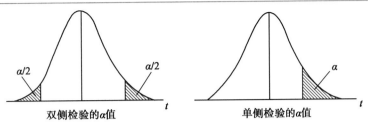

双侧检验	α =0.10	0.05	0.01	双侧检验	α =0.10	0.05	0.01
单侧检验	α =0.05	0.025	0.005	单侧检验	α =0.05	0.025	0.005
f = 1	6.314	12.706	63.657	f = 12	1.782	2.179	3.055
2	2.920	4.303	9.925	13	1.771	2.160	3.012
3	2.353	3.182	5.841	14	1.761	2.145	2.977
4	2.132	2.776	4.604	15	1.753	2.131	2.947
5	2.015	2.571	4.032	20	1.725	2.086	2.845
6	1.943	2.447	3.707	25	1.708	2.060	2.787
7	1.895	2.365	3.499	30	1.697	2.042	2.750
8	1.860	2.306	3.355	40	1.684	2.021	2.704
9	1.833	2.262	3.250	60	1.671	2.000	2.660
10	1.812	2.228	3.169	∞	1.645	1.960	2.576
11	1.796	2.201	3.106		(u)	(u)	(u)

$$S_{\bar{x}} = \frac{S_x}{\sqrt{n}} \qquad\qquad 式（2-11）$$

由式（2-11）推算，4 次测量的可靠性是 1 次测量的 2 倍，25 次测量的可靠性是 1 次测量的 5 倍，可见测量次数的增加与可靠性的增加不成正比。因此，过多增加测量次数并不能使精密度显著提高，反而费时费力。在实际分析工作中，一般平行测定 2~3 次即可；在进行分析方法学验证时，要求测定 5~6 次。

（二）平均值的置信区间

以样本平均值 $\bar{x}$ 去估计真值 μ 称为点估计，不能估计结果的可靠性。实际上利用统计量可作出统计意义上的推断，即推断在某个范围（区间）内包含总体平均值 μ 的概率是多少，而不是总体平均值 μ 落在该范围的概率是多少。这就需要先选定一个置信水平 P，并在测定结果 x 的两端各定出一个界限，称为置信限（confidence limit），两个置信限之间的区间，称为置信区间（confidence interval），以式（2-12）表示：

$$\mu = x \pm u\sigma \qquad\qquad 式（2-12）$$

式中，$u\sigma$ 为置信限，（$x \pm u\sigma$）为置信区间。可见，置信区间是指在一定的置信水平 P 时，以测定结果 x 为中心，包括总体平均值 μ 在内的可信范围。这种用置信区间和置信水平来表达分析结果的方法称为区间估计，区间估计是表达分析结果的较好方法。

由表2-3可知，当对某试样进行一次测量时，测定值 x 落在 $\mu \pm 1.64\sigma$ 范围内的概率为 90%；落在 $\mu \pm 1.96\sigma$ 范围内的概率为 95%。换言之，在置信水平为 90% 和 95% 时，总体平均值 μ 分别包括在 $x \pm 1.64\sigma$ 和 $x \pm 1.96\sigma$ 范围内。由此可见，增加置信水平则相应需要扩大置信区间。

表2-3　总体标准偏差与概率

范围	$\mu \pm 1\sigma$	$\mu \pm 1.64\sigma$	$\mu \pm 1.96\sigma$	$\mu \pm 2\sigma$	$\mu \pm 2.58\sigma$	$\mu \pm 3\sigma$
概率/%	68.3	90.0	95.0	95.5	99.0	99.7

若用多次测量的样本平均值 $\bar{x}$ 估计 μ 值的范围,即

$$\mu = \bar{x} \pm \frac{u\sigma}{\sqrt{n}}$$ 式(2-13)

式中右侧为样本平均值的置信区间,一般称为平均值的置信区间。

若用少量测量值的平均值 $\bar{x}$ 估计 μ 值的范围,则需用 t 分布对其进行处理,只能求出样本的标准偏差 S,再根据所要求的置信水平及自由度,由表 2-2 中查出 $t_{\alpha, f}$ 值,然后按式(2-14)计算置信区间:

$$\mu = \bar{x} \pm tS_{\bar{x}} = \bar{x} \pm \frac{tS}{\sqrt{n}}$$ 式(2-14)

式中右侧为少量测量值的平均值置信区间,其上限值为 $\bar{x}+tS/\sqrt{n}$,用 X_U 表示;下限为 $\bar{x}-tS/\sqrt{n}$,用 X_L 表示;$tS/\sqrt{n}$ 为置信限。

置信区间分为双侧置信区间与单侧置信区间两种(表 2-2)。双侧置信区间是指同时存在大于和小于总体平均值的置信范围,即在一定置信水平下,μ 存在于 $X_L \sim X_U$ 范围内,$X_L<\mu<X_U$(例 2-5)。单侧置信区间是指 $\mu<X_U$ 或 $\mu>X_L$ 的范围(例 2-6)。除了指明求算在一定置信水平时总体平均值大于或小于某值外,一般都是求算双侧置信区间。

例 2-5　用 8-羟基喹啉法测定 Al 含量,9 次测定的标准偏差为 0.042%,平均值为 10.79%。估计真值在 95% 和 99% 置信水平时应是多大?(说明:此题为求双侧置信区间,查表 2-2 中双侧检验的 α 对应的 t 值)

解:(1)$P=0.95$;$\alpha=1-P=0.05$;$f=9-1=8$;$t_{0.05,8}=2.306$

将数据代入式(2-14)得:$\mu=10.79\pm2.306\times0.042/\sqrt{9}=10.79\pm0.04(\%)$

(2)$P=0.99$;$\alpha=1-P=0.01$;$f=9-1=8$;$t_{0.01,8}=3.355$

$\mu=10.79\pm3.355\times0.042/\sqrt{9}=10.79\pm0.05(\%)$

结论:总体平均值(真值)包含在 10.75% ~ 10.83% 的概率为 95%;若使真值被包含的概率提高为 99%,则其总体平均值的置信区间将扩大为 10.74% ~ 10.84%。可见,增加置信水平需要扩大置信区间。

例 2-6　上例中,$n=9$,$\bar{x}=10.79\%$,$S=0.042\%$。若只问 Al 含量总体平均值大于何值(或小于何值)的概率为 95% 时,则是要求计算单侧置信区间。

解:(1)查表 2-2,单侧检验 $\alpha=0.05$,$n=9$ 时,$t_{0.05,8}=1.860$。

(2)计算 X_L 和 X_U 值:

$$X_L = \bar{x}-tS/\sqrt{n} = 10.79-1.860\times\frac{0.042}{\sqrt{9}} = 10.76\%$$

$$X_U = \bar{x}+tS/\sqrt{n} = 10.79+1.860\times\frac{0.042}{\sqrt{9}} = 10.82\%$$

结论:总体平均值大于 10.76%(或小于 10.82%)的概率为 95%。

例 2-7　用高效液相色谱法测定辛芩颗粒中黄芩苷含量(mg/g),先测定 3 次,测得黄芩苷含量数据分别为 33.5、33.7 和 33.4;再测定 2 次,测得的数据为 33.8 和 33.7,试分别按 3 次测定和 5 次测定的数据来计算平均值的置信区间(95% 置信水平)。

解:(1)3 次测定时:$\bar{x}=33.5$,$S_3=0.153$,$t_{0.05,2}=4.303$,将数据代入式(2-14)得:

$$\mu=33.5\pm4.303\times0.153/\sqrt{3}=33.5\pm0.4(\text{mg/g})$$

(2)5 次测定时:$\bar{x}=33.6$,$S_5=0.165$,$t_{0.05,4}=2.776$,将数据代入式(2-14)得:

$$\mu=33.6\pm2.776\times0.165/\sqrt{5}=33.6\pm0.2(\text{mg/g})$$

结论:在 95% 置信水平下,3 次测定黄芩苷含量的 μ 包含在 33.1 ~ 33.9mg/g 范围内;5 次测定的 μ

包含在 33.4~33.8mg/g 范围内。由此可见,在相同的置信水平下,适当增加测定次数 n,可使置信区间显著缩小,从而提高分析测定的准确度。

需要说明的是,在作统计判断时,置信水平定得越高,置信区间就越宽;相反,置信水平越低,置信区间就越窄。但置信水平定得过高,判断失误的可能性虽然很小,却往往因置信区间过宽而实用价值不大。分析化学中作统计推断时通常取 95% 的置信水平,有时根据情况也采用 90%、99% 等置信水平。

三、可疑数据的取舍

在实际分析工作中,常常会遇到一组平行测量数据中有个别的数据过高或过低,这种数据称为可疑数据,也称异常值或逸出值(outlier)。可疑数据对测定的精密度和准确度均有很大的影响。可疑数据可能是偶然误差波动性的极度表现,也可能由测量时的过失引起。前者在统计学上是允许的,而后者则应当舍弃。

例如,滴定分析时平行滴定 4 次,滴定液消耗体积(ml)分别为:22.30、20.25、20.30 和 20.32,显然第一个数据可疑,在计算中是否舍弃它? 首先应检查该数据是否记错,实验过程中是否有操作失误(如滴定终点时滴定液明显过量)等不正常情况发生。如果找到了原因,就有舍弃该数据的根据。否则,不能为了使实验数据好看而随意舍弃,需用统计检验的方法,确定该可疑值与其他数据是否来源于同一总体,以决定取舍。由于一般实验测量次数比较少(如 3~5 次),不能对总体标准偏差正确估计,因此通常多用舍弃商法(Q 检验法)与 G 检验法检验可疑数据。

(一)舍弃商法(Q 检验法)

当测量次数 $n=3~10$ 时,根据所要求的置信水平(常取 90%),按下述检验步骤确定可疑数据的取舍:①将所有测量数据按递增的顺序排序,可疑数据将在序列的开头(x_1)或末尾(x_n)出现;②算出可疑数据与其邻近值之差的绝对值,即 $|x_{可疑}-x_{邻近}|$;③算出序列中最大值与最小值之差(极差),即 x_n-x_1;④用可疑值与邻近值之差的绝对值除以极差,所得的商称为舍弃商 Q(rejection quotient),见式(2-15)所示;⑤查 $Q_{90\%}$ 的临界值表(表 2-4),若计算所得的 Q 值大于表中相应的 Q 临界值,则该可疑值应舍弃,否则应被保留。

$$Q = \frac{|x_{可疑}-x_{邻近}|}{x_{最大}-x_{最小}}$$
式(2-15)

表 2-4　90% 置信水平的 Q 临界值表

数据数 n	3	4	5	6	7	8	9	10	∞
$Q_{90\%}$	0.90	0.76	0.64	0.56	0.51	0.47	0.44	0.41	0.00

例 2-8　标定某一标准溶液时,测得以下 5 个数据:0.101 4、0.101 2、0.101 9、0.102 6 和 0.101 6mol/L,其中数据 0.102 6mol/L 可疑,试用 Q 检验法确定该数据是否应舍弃?

解:按递增序列排序:0.101 2,0.101 4,0.101 6,0.101 9,0.102 6。可疑数据在序列的末尾。计算 Q 值:$Q = \frac{x_5-x_4}{x_5-x_1} = \frac{0.102\ 6-0.101\ 9}{0.102\ 6-0.101\ 2} = 0.5$

查 $Q_{90\%}$ 的临界值表,当测定次数 n 为 5 时,$Q_{90\%}=0.64$。由于 $Q<Q_{90\%}$,所以数据 0.102 6mol/L 不应被舍弃。

(二)G 检验法

G 检验法(Grubbs test)较 Q 检验法更为常用,且由于在检验过程中引入了两个样本统计量 $\bar{x}$ 和 S,因此较为准确可靠。其检验步骤如下:①计算包括可疑值在内的平均值 $\bar{x}$;②计算可疑值 x_q 与平均值 $\bar{x}$ 之差的绝对值 $|x_q-\bar{x}|$;③计算包括可疑值在内的标准偏差 S;④按式(2-16)计算 G 值;⑤查出 G

的临界值 $G_{\alpha,n}$，若计算出的 G 值大于 G 临界值，则该可疑值应当舍弃，否则应保留。表 2-5 列出了部分 G 检验临界值，一般常用 $G_{0.05,n}$ 值。

$$G=\frac{|x_q-\bar{x}|}{S}$$

式（2-16）

表 2-5　G 检验临界值（$G_{\alpha,n}$）表

数据数 n	3	4	5	6	7	8	9	10	11	12	13	14	15	20	25	30
$\alpha=0.10$	1.148	1.425	1.602	1.729	1.828	1.909	1.977	2.036	2.088	2.134	2.175	2.213	2.247	2.385	2.486	2.563
$\alpha=0.05$	1.153	1.463	1.672	1.822	1.938	2.032	2.11	2.176	2.234	2.285	2.331	2.371	2.409	2.557	2.663	2.745
$\alpha=0.01$	1.155	1.492	1.749	1.944	2.097	2.221	2.323	2.41	2.485	2.55	2.607	2.659	2.705	2.884	3.009	3.103

例 2-9　平行测定某药物制剂中某组分含量（%），得到 5 个数据：7.83、7.75、7.89、8.21、7.92，其中数据 8.21 可疑，试用 G 检验法确定该数据是否应舍弃？

解：（1）求统计量，$\bar{x}=7.92$，$S=0.175$

（2）计算 G 值，$G=\dfrac{8.21-7.92}{0.175}=1.66$

（3）查表 2-5，$G_{0.05,5}=1.672$，$G<G_{0.05,5}$，所以数据 8.21 应该保留。

在实际工作中，对同一组数据中的可疑数据分别采用 Q 检验和 G 检验判别时，可能得出矛盾的结果。此时，通常参考 G 检验结果，也可以在实验设计时预先约定检验方法。

四、显著性检验

在定量分析工作中常遇到以下两种情况：一是样本测量的平均值 $\bar{x}$ 与真值 μ（或标准值）不一致；二是两组测量的平均值 $\bar{x}_1$ 和 $\bar{x}_2$ 不一致。在剔除过失的影响后，上述不一致的原因是由定量分析中的系统误差或偶然误差引起的。因此，必须对两组分析结果的准确度或精密度是否存在显著性差异作出判断，称为显著性检验（significance test）。显著性检验的方法很多，在定量分析中最常用 t 检验与 F 检验，分别用于检验两组分析结果是否存在显著的系统误差与偶然误差等。

（一）样本均值 $\bar{x}$ 与真值 μ（或标准值）的显著性检验

根据式（2-14），若样本均值 $\bar{x}$ 的置信区间（$\bar{x}\pm tS/\sqrt{n}$）能将真值 μ（或标准值）包括在此范围内，即可作出 $\bar{x}$ 与 μ 之间不存在显著性差异的结论。因为按 t 分布规律，这些差异应是偶然误差造成的，而不属于系统误差。将式（2-14）改写成：

$$t=\frac{|\bar{x}-\mu|}{S}\sqrt{n}$$

式（2-17）

作 t 检验时，先将所得数据 $\bar{x}$、μ、S 及 n 代入上式，求出 t 值，然后与表 2-2 查得的相应 $t_{\alpha,f}$ 值（临界值）相比较，若算出的 $t\geqslant t_{\alpha,f}$，说明 $\bar{x}$ 与 μ 间存在着显著性差异；反之则说明两者间不存在显著性差异。由此可对分析结果是否正确、新方法是否可行等进行评价。

例 2-10　为了检验测定微量 Cu 的一种新方法是否可靠，取一标准试样，已知其含量是 $1.17\times10^{-3}\%$。测量 5 次，得含量平均为 $1.08\times10^{-3}\%$；其标准偏差 S 为 $7\times10^{-5}\%$。问该新方法在 95% 的置信水平上是否可靠？

解：题意为双侧检验。将数据代入式（2-17），得：

$$t=\frac{|1.08\times10^{-3}-1.17\times10^{-3}|}{7\times10^{-5}/\sqrt{5}}=2.9$$

查表 2-2 双侧检验，得 $t_{0.05,4}=2.776$。$t>t_{0.05,4}$，说明平均值与标准值之间有显著性差别，新方法可能存在某种系统误差。

例2-11　测定某一药物制剂中某组分的含量,熟练分析人员测得含量均值为 6.75%。一个新分析人员用相同的分析方法对该试样平行测定 6 次,含量均值为 6.94%,$S=0.28\%$。问后者的分析结果是否显著高于前者?

解: 题意为单侧检验。将数据代入式(2-17),得:

$$t=\frac{|6.94-6.75|}{0.28}\times\sqrt{6}=1.7$$

查表 2-2 单侧检验,得 $t_{0.05,5}=2.015$。$1.7<t_{0.05,5}$,说明在 95% 的置信水平下,新、老分析人员的含量均值间无显著性差异。但新分析人员的分析精密度较差,$RSD=4.0\%$,说明分析结果存在一定的偶然性。因为只有当精密度与准确度均好时,分析结果才是可靠的。

(二)两组数据的显著性检验

两组数据的显著性检验是指:①一个试样由不同分析人员或同一分析人员采用不同方法、不同仪器或在不同分析时间,分析所得两组数据间是否存在显著性差异;②两个试样含有同一成分,用相同分析方法测得两组数据间是否存在显著性差异。

1. F 检验　精密度是保证准确度的先决条件,因此,首先须判断两组数据间存在的偶然误差是否有显著不同。F 检验(F test)是通过比较两组数据的方差 S^2,以确定它们的精密度是否存在显著性差异。

F 检验法的步骤是,首先计算出两个样本的方差 S_1^2 和 S_2^2,然后按式(2-18)计算方差比 F:

$$F=\frac{S_1^2}{S_2^2}\quad(S_1>S_2)\qquad\qquad 式(2\text{-}18)$$

计算时,规定大的方差为分子,小的为分母。求出的 F 值与方差比的单侧临界值(F_{α,f_1,f_2})进行比较。若 $F<F_{\alpha,f_1,f_2}$,说明两组数据的精密度不存在显著性差异,反之,则说明存在着显著性差异。

表 2-6 是在 95% 置信水平及不同自由度时的部分 F 值。F 值与置信水平及 S_1 和 S_2 的自由度 f_1、f_2 有关。使用该表时必须注意 f_1 为大方差数据的自由度,f_2 为小方差数据的自由度。

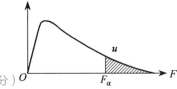

表 2-6　95% 置信水平($\alpha=0.05$)时单侧检验 F 值(部分)

f_2	f_1												
	2	3	4	5	6	7	8	9	10	15	20	60	∞
2	19.00	19.16	19.25	19.30	19.33	19.35	19.37	19.38	19.40	19.43	19.45	19.48	19.50
3	9.55	9.28	9.12	9.01	8.94	8.89	8.85	8.81	8.79	8.70	8.66	8.57	8.53
4	6.94	6.59	6.39	6.26	6.16	6.09	6.04	6.00	5.96	5.86	5.80	6.69	5.63
5	5.79	5.41	5.19	5.05	4.95	4.88	4.82	4.77	4.74	4.62	4.56	4.43	4.36
6	5.14	4.76	4.53	4.39	4.28	4.21	4.15	4.10	4.06	3.94	3.87	3.74	3.67
7	4.74	4.35	4.12	3.97	3.87	3.79	3.73	3.68	3.64	3.51	3.44	3.30	3.23
8	4.46	4.07	3.84	3.69	3.58	3.50	3.44	3.39	3.35	3.22	3.15	3.01	2.93
9	4.26	3.86	3.63	3.48	3.37	3.29	3.23	3.18	3.14	3.01	2.94	2.79	2.71
10	4.10	3.71	3.48	3.33	3.22	3.14	3.07	3.02	2.98	2.85	2.77	2.62	2.54
15	3.68	3.29	3.06	2.90	2.79	2.71	2.64	2.59	2.54	2.40	2.33	2.16	2.07
20	3.49	3.10	2.87	2.71	2.60	2.51	2.45	2.39	2.35	2.20	2.12	1.95	1.84
60	3.15	2.76	2.53	2.37	2.25	2.17	2.10	2.04	1.99	1.84	1.75	1.53	1.39
∞	3.00	2.60	2.37	2.21	2.10	2.01	1.94	1.88	1.83	1.67	1.57	1.32	1.00

例 2-12　用两种方法测定同一试样中某组分。第 1 法,共测 6 次,$S_1 = 0.055$;第 2 法,共测 4 次,$S_2 = 0.022$。试问这两种方法的精密度有无显著性差异?

解:$f_1 = 6 - 1 = 5$;$f_2 = 4 - 1 = 3$。由表 2-6 查得 $F_{0.05,5,3} = 9.01$。将实验测得的标准差代入式(2-18),计算方差比:$F = 0.055^2 / 0.022^2 = 6.2$

$F < F_{0.05,5,3}$,因此,S_1 与 S_2 无显著性差异,即两种方法的精密度相当。

2.t 检验　如 F 检验验证两组数据精密度无显著性差异,则可进行两组数据的均值是否存在系统误差的 t 检验。两个样本平均值 $\bar{x}_1$、$\bar{x}_2$ 的比较,用式(2-19)计算 t 值:

$$t = \frac{|\bar{x}_1 - \bar{x}_2|}{S_R} \sqrt{\frac{n_1 \times n_2}{n_1 + n_2}} \qquad \text{式(2-19)}$$

式中 S_R 称为合并标准偏差或组合标准差(pooled standard deviation)。n_1、n_2 分别为两组数据的测定次数,n_1 与 n_2 可以不等,但不能相差悬殊。若已知 S_1 与 S_2,且两者经 F 检验表明无显著性差异,可以由式(2-20a)求出 S_R:

$$S_R = \sqrt{\frac{(n_1 - 1)S_1^2 + (n_2 - 1)S_2^2}{n_1 + n_2 - 2}} \qquad \text{式(2-20a)}$$

或由两组数据按式(2-20b)求 S_R:

$$S_R = \sqrt{\frac{\sum_{i=1}^{n_1}(x_{1i} - \bar{x}_1)^2 + \sum_{i=1}^{n_2}(x_{2i} - \bar{x}_2)^2}{(n_1 - 1) + (n_2 - 1)}} \qquad \text{式(2-20b)}$$

将 S_R、$\bar{x}_1$、$\bar{x}_2$ 及 n_1、n_2 代入式(2-19),求出统计量 t,与表 2-2 查得的临界值 $t_{\alpha,f}$ 比较,若 $t < t_{\alpha,f}$,说明两组数据的平均值不存在显著性差异,可以认为两个均值属于同一总体,即 $\mu_1 = \mu_2$;若 $t \geq t_{\alpha,f}$,说明两组数据均值间存在显著性差异,两组数据间可能存在系统误差。

例 2-13　用同一方法分析两个试样中的 Mg 含量。样本 1:1.23%、1.25% 及 1.26%;样本 2:1.31%、1.34% 及 1.35%。试问这两个试样的 Mg 含量是否有显著性差异?

解:由两个样本的分析数据分别计算得:

$\bar{x}_1 = 1.25\%$,$S_1 = 0.016\%$;$\bar{x}_2 = 1.33\%$,$S_2 = 0.021\%$

先用 F 检验判断两组数据的精密度是否有显著性差异,计算方差比:

$$F = 0.021^2 / 0.016^2 = 1.7$$

由表 2-6 查得 $F_{0.05,2,2} = 19.00$,$F < F_{0.05,2,2}$,因此 S_1 与 S_2 无显著性差异,可进行 t 检验。

$$S_R = \sqrt{\frac{(3-1) \times 0.016^2 + (3-1) \times 0.021^2}{3 + 3 - 2}} = 0.019$$

$$t = \frac{|1.25 - 1.33|}{0.019} \sqrt{\frac{3 \times 3}{3 + 3}} = 5.2$$

由表 2-2 得 $t_{0.05,4} = 2.776$。由于 $t > t_{0.05,4}$,所以两个试样的 Mg 含量有显著性差异。

(三)使用显著性检验的几点注意事项

1. 检验顺序　两组数据的显著性检验顺序是先进行 F 检验而后进行 t 检验,先经 F 检验确认两组数据的精密度(或偶然误差)无显著性差异后,才能进行两组数据的均值是否存在系统误差的 t 检验。因为只有当两组数据的精密度或偶然误差接近时,进行准确度或系统误差的检验才有意义,否则会得出错误判断。

2. 单侧与双侧检验　检验两个分析结果间是否存在着显著性差异时,用双侧检验;若检验某分析结果是否明显高于(或低于)某值,则用单侧检验。t 分布曲线为对称形,双侧检验与单侧检验临界值都常见,可根据要求选择,但多用双侧检验。F 分布曲线为非对称形,虽然也分单侧与双侧检验的临界值,但 F 检验多用单侧检验,很少用双侧检验。

3. 置信水平 P 或显著性水平 α 的选择 由于 t 与 F 的临界值随 α 的不同而不同,因此 α 的选择必须适当。如例 2-13,分析结果的 $t=5.2$,在 $\alpha=0.05$ 时,由表 2-2 查出双侧检验栏 $t_{0.05,4}=2.776$,5.2>2.776,说明在 95% 置信水平上,两个样品的均值存在着显著性差异;若选 $\alpha=0.001$,查数学手册(双侧)$t_{0.001,4}=8.610$,则 $t<t_{0.001,4}$,便可以认为在 99.9% 的置信水平上,两个样品的均值无显著性差异。由此可见,置信水平必须选择恰当。

需要注意的是,在获得分析数据后进行统计处理时,首先进行可疑数据的取舍(Q 检验或 G 检验),而后进行精密度检验(F 检验),最后进行准确度检验(t 检验)。

例 2-14 用 Karl-Fischer 法与气相色谱法(GC)测定同一冰醋酸试样中的微量水分。试用统计检验评价 GC 法可否用于微量水分的含量测定。测得值如下:Karl-Fischer 法:0.762%、0.746%、0.738%、0.738%、0.753% 及 0.747%;GC 法:0.747%、0.738%、0.747%、0.750%、0.745% 及 0.750%。

解:1. 求统计量

(1) Karl-Fischer 法:$n_1=6$,$\bar{x}_1=0.747\%$,$S_1=9.2\times10^{-3}\%$。

(2) GC 法:$n_2=6$,$\bar{x}_2=0.746\%$,$S_2=4.4\times10^{-3}\%$。

2. G 检验

(1) Karl-Fischer 法:可疑值为 0.762%,$G=\dfrac{0.762-0.747}{9.2\times10^{-3}}=1.6$

查表 2-5 得 $G_{0.05,6}=1.822$。$G<G_{0.05,6}$,故 0.762% 应保留。

(2) GC 法:可疑值为 0.738%,$G=\dfrac{|0.738-0.746|}{4.4\times10^{-3}}=1.82$

查表 2-5 得 $G_{0.05,6}=1.822$。$G<G_{0.05,6}$,故 0.738% 应保留。

3. F 检验

$F=\dfrac{(9.2\times10^{-3})^2}{(4.4\times10^{-3})^2}=4.37$,查表 2-6 得 $F_{0.05,5,5}=5.05$。$F<F_{0.05,5,5}$,说明两种方法精密度相当,可进行 t 检验。

4. t 检验

将 S_1、S_2、n_1 及 n_2 代入式(2-20a)及式(2-19)求合并标准差 S_R 进行 t 检验:

$$S_R=\sqrt{\frac{(6-1)(9.2\times10^{-3})^2+(6-1)(4.4\times10^{-3})^2}{6+6-2}}=7.2\times10^{-3}(\%)$$

$$t=\frac{|0.747-0.746|}{7.2\times10^{-3}}\sqrt{\frac{6\times6}{6+6}}=0.24$$

查表 2-2 双侧检验,$t_{0.05,10}=2.228$。$t<t_{0.05,10}$,说明这两种分析方法测得的均值无显著性差异。由上述检验结果可知,两种方法的精密度相当,且不存在系统误差,因此气相色谱法可替代 Karl-Fischer 法用于微量水分测定。

五、相关与回归

相关与回归(correlation and regression)是研究变量之间关系的统计方法,包括相关分析和回归分析两方面。

(一)相关分析

在分析测量中,由于各种测量误差的存在,两个变量之间一般不存在确定的函数关系,而仅是相关关系。在进行两个变量间的相关分析(correlation analysis)时,最直观的方法是建立直角坐标系,两个变量各占一个坐标轴,每对数据在坐标系中为一个点,将点连接成一条直线或曲线以显示变量间的相关关系,这就是通常所说的为实验数据配线。如果各点的排布接近一条直线,则表明两个变量的线性相关性较好;如各点排布杂乱无章,则表明两个变量的相关性较差。

在统计学中用相关系数 r 对两个变量的相关性进行定量的描述。设两个变量 x 和 y 的 n 次测量值为 (x_1, y_1)、(x_2, y_2)、(x_3, y_3)、$\cdots$、(x_n, y_n),可按式(2-21)计算相关系数 r:

$$r = \frac{\sum\limits_{i=1}^{n}(x_i - \overline{x})(y_i - \overline{y})}{\sqrt{\sum\limits_{i=1}^{n}(x_i - \overline{x})^2 \times \sum\limits_{i=1}^{n}(y_i - \overline{y})^2}} \qquad 式(2\text{-}21)$$

相关系数 r 是一个介于 0 和 ±1 之间的数值,即 $0 \leq |r| \leq 1$。当 $r = +1$ 或 -1 时,表示点 (x_1, y_1)、(x_2, y_2)、(x_3, y_3)、$\cdots$、(x_n, y_n) 处于一条直线上,此时,x 和 y 完全线性相关;当 $r = 0$ 时,表示点 (x_1, y_1)、(x_2, y_2)、(x_3, y_3)、$\cdots$、(x_n, y_n) 排列杂乱无章;$r > 0$ 时,称为正相关;$r < 0$ 时,称为负相关。相关系数的大小反映了 x 与 y 两个变量间相关的密切程度,r 越接近于 ±1,两者的线性相关性越好。通常,$0.90 < r < 0.95$ 表示一条平滑的直线;$0.95 < r < 0.99$ 表示一条良好的直线;$r > 0.99$ 表示线性关系很好。

（二）回归分析

仅凭目测配线是不够准确的,不同的人对同一组数据会给出不同的配线。较好的办法是对数据进行回归分析(regression analysis),求出回归方程,从而得到对各数据对的误差最小的一条线,即回归线。

设 x 为自变量,y 为因变量。对于某一 x 值,y 的多次测量值可能有波动,但总是服从一定的分布规律。回归分析就是要找出 y 的平均值 $\overline{y}$ 与 x 之间的关系。通过相关系数的计算,如果知道 $\overline{y}$ 与 x 之间呈线性函数关系,就可以简化为线性回归。用最小二乘法可解出回归系数 a(截距)与 b(斜率),即

$$b = \frac{n\sum\limits_{i=1}^{n}x_i y_i - \sum\limits_{i=1}^{n}x_i \cdot \sum\limits_{i=1}^{n}y_i}{n\sum\limits_{i=1}^{n}x_i^2 - \left(\sum\limits_{i=1}^{n}x_i\right)^2} \quad 及 \quad a = \frac{\sum\limits_{i=1}^{n}y_i - b\sum\limits_{i=1}^{n}x_i}{n} \qquad 式(2\text{-}22)$$

将样本所测的数据代入式(2-22),即可算出回归系数 a 与 b,以确定回归方程式:

$$\overline{y} = a + bx \qquad 式(2\text{-}23)$$

采用具有线性回归功能的计算器或者 Excel 等软件,将各实验数据对输入,即可很快得出 a、b 及 r 值,无须进行繁复的运算步骤,十分方便。

例2-15　用分光光度法测定亚铁离子的含量,测定不同浓度 $(c, \text{mol/L})$ 亚铁离子标准溶液的吸光度 (A),结果如下:

浓度 $c(\times 10^{-5})$	1.00	2.00	3.00	4.00	6.00	8.00
吸光度 A	0.114	0.212	0.335	0.434	0.670	0.868

试求吸光度 A 与亚铁离子浓度 c 之间的相关系数和线性回归方程。

解:将数据代入式(2-22)及式(2-21)或输入相关软件,算出的 $a = 0.002\,2$,$b = 1.09 \times 10^4$,$r = 0.999\,6$。得回归方程式:$A = 0.002\,2 + 1.09 \times 10^4 c$。相关系数接近于 1,说明在该测量范围内,浓度 c 与吸光度 A 呈良好的线性关系。

化学信息处理技术(拓展阅读)

第一章
目标测试

习　　题

1. 指出下列各种误差是系统误差还是偶然误差？如果是系统误差,请区别方法误差、仪器和试剂误差或操作误差,并给出减免相应误差的办法。①砝码受腐蚀;②天平的两臂不等长;③量瓶与移液管未经校准;④在重量分析中,试样的非被测组分被共沉淀;⑤试剂含被测组分;⑥试样在称量过程中吸湿;⑦化学计量点不在指示剂的变色范围内;⑧读取滴定管读数时,最后一位数字估计不准;⑨在分光光度法测定中,波长指示器所示波长与实际波长不符;⑩在色谱测定中,待测组分峰与相邻杂质峰部分重叠。

2. 表示样本精密度的统计量有哪些？与平均偏差相比,标准偏差能更好地表示一组数据的离散程度,为什么？

3. 什么叫误差传递？为什么在测量过程中要尽量避免大误差环节？

4. 为什么统计检验的正确顺序是:先进行可疑数据的取舍,再进行 F 检验,在 F 检验通过后,才能进行 t 检验？

5. 进行下述运算,并给出适当位数的有效数字。

(1) $\dfrac{2.52\times4.10\times15.14}{6.16\times10^4}$

(2) $\dfrac{3.01\times21.14\times5.10}{0.000\ 112\ 0}$

(3) $\dfrac{51.0\times4.03\times10^{-4}}{2.512\times0.002\ 034}$

(4) $\dfrac{0.032\ 4\times8.1\times2.12\times10^2}{1.050}$

(5) $\dfrac{2.285\ 6\times2.51+5.42-1.894\ 0\times7.50\times10^{-3}}{3.546\ 2}$

(6) $\mathrm{pH}=2.10$,求 $[H^+]=$?

$(2.54\times10^{-3}; 2.90\times10^6; 4.02; 53; 3.141; 7.9\times10^{-3}\ \mathrm{mol/L})$

6. 两人测定同一标准试样,各得一组数据的偏差如下:(1)0.3,−0.2,−0.4,0.2,0.1,0.4,0.0,−0.3,0.2,−0.3;(2)0.1,0.1,−0.6,0.2,−0.1,−0.2,0.5,−0.2,0.3,0.1。

问:①求两组数据的平均偏差和标准偏差;②为什么两组数据计算出的平均偏差相等,而标准偏差不等;③哪组数据的精密度高？

(①$\bar{d}_1=0.24,\bar{d}_2=0.24,S_1=0.29,S_2=0.31$;②因为标准偏差能突出大偏差;③第一组数据的精密度高)

7. 测定碳的相对原子质量所得数据:12.008 0、12.009 5、12.009 9、12.010 1、12.010 2、12.010 6、12.011 1、12.011 3、12.011 8 及 12.012 0。求算:①平均值;②标准偏差;③平均值的标准偏差;④平均值在99%置信水平的置信限。

(①12.010 4;②0.001 2;③0.000 38;④±0.001 2)

8. 在用氯丁二烯氯化生产二氯丁二烯时,产品中总有少量的三氯丁二烯杂质存在。分析表明,杂质的平均含量为1.60%。改变反应条件进行试生产,每5小时取样一次,共取6次,测定杂质含量分别为:1.46%、1.62%、1.37%、1.71%、1.52% 及 1.40%。问改变反应条件后,产品中杂质含量与改变前相比,有明显差别吗($\alpha=0.05$ 时)？

(无,$t=1.6$)

9. 用容量分析法与高效液相色谱法(HPLC)测定同一阿司匹林原料药中阿司匹林的含量,测得的含量如下:HPLC(3 次进样的均值):97.2%、98.1%、99.9%、99.3%、97.2% 及 98.1%;容量分析法:97.8%、97.7%、98.1%、96.7% 及 97.3%。问:①两种方法分析结果的精密度与平均值是否存在显著性差异？②在该项分析中 HPLC 法可否替代容量分析法？

(①$F=4.15,t=1.5$,皆小于 $\alpha=0.05$ 时的临界值,说明两种方法的精密度与平均值均不存在显著性差异;②HPLC 法可以替代容量分析法)

10. 用基准 Na_2CO_3 标定 HCl 标准溶液浓度,共测定 5 次,获得如下结果:0.101 9、0.102 7、0.102 1、0.102 0、0.101 8mol/L。问:①用 G 检验法决定对可疑数据 0.102 7mol/L 的取舍;②求出平均值、标准偏差和相对标准偏差。

（①$G=1.67$,小于 $\alpha=0.05$ 时的临界值,因此 0.102 7mol/L 应保留;②$\overline{x}=0.102$ 1mol/L,$S=0.000$ 36mol/L,$RSD=0.36\%$）

11. 用 HPLC 法分析某中药复方制剂中绿原酸的含量,共测定 6 次,其平均值 $\overline{x}=2.74\%$,$S_x=0.56\%$。试求置信水平分别为 95% 和 99% 时平均值的置信区间。

（$P=95\%$ 时,$2.74\%\pm0.59\%$;$P=99\%$ 时,$2.74\%\pm0.93\%$）

12. 用巯基乙酸法进行亚铁离子的分光光度法测定。在波长 605nm 时测定试样溶液的吸光度 (A),所得数据如下:

$c(\mu g/100ml)$	0	10	20	30	40	50
A	0.009	0.135	0.261	0.383	0.519	0.653

试求:①吸光度-浓度$(A\text{-}c)$的回归方程式;②相关系数;③$A=0.350$ 时,试样溶液中亚铁离子的浓度$(\mu g/100ml)$。

（①$A=0.005$ 7$+0.0128c$;②$r=0.999$ 9;③$26.9\mu g/100ml$）

13. 某分析结果的运算式为:$R=\dfrac{x-y}{z}$,已知 $S_x=S_y=0.01$,$S_z=0.001$,$x=10.00$,$y=3.00$,$z=1.000$,求 S_R。

（$S_R=0.016$）

（吴永江）

第三章

酸碱滴定法

第三章
教学课件

学习要求

1. **掌握** 滴定分析法基本术语;酸碱滴定法的基本原理;酸碱滴定分析的计算;均化效应和区分效应。
2. **熟悉** 常用的酸碱标准溶液及其标定;常用的酸碱指示剂;非水溶剂的性质。
3. **了解** 酸碱滴定的滴定方式;酸碱滴定法的应用。

第一节 概 述

滴定分析法(titrimetry)是一类以酸碱反应、配位反应、氧化还原反应和沉淀反应等为基础的定量分析方法。该方法通过将已知准确浓度的某物质的标准溶液(standard solution)滴加到被测物质的溶液中(此过程称为"滴定"),直到两种物质按化学计量关系(stoichiometric relationship)反应完全为止,然后根据所加标准溶液的浓度和体积计算出被测物质的含量,该方法因此也被称为容量分析法。滴定分析法适用于取样量大于 0.1g 的常量组分分析,其主要特点是操作简便、快速、准确度高,在生产实践和科学研究中应用广泛。

用于滴定分析的化学反应必须具有确定的化学计量关系,当滴入的标准溶液的物质的量与被测物质的量正好符合化学反应式所表示的计量关系时,称反应到达了化学计量点(stoichiometric point),也称为等当点(equivalent point)。在化学计量点时溶液可能没有任何外部特征变化,通常需借助于加入的另一种试剂的颜色改变来指示化学计量点的到达。能指示化学计量点到达的试剂称为指示剂(indicator),指示剂发生颜色变化的转变点称为滴定终点(end point)。滴定终点与化学计量点往往不完全一致,由此造成的误差称为滴定终点误差,简称滴定误差(titration error)或终点误差。

根据滴定反应类型的不同,滴定分析法可分为酸碱滴定法(acid-base titration)、配位滴定法(complexometric titration)、氧化还原滴定法(redox titration)和沉淀滴定法(precipitation titration),这些方法的基本原理和应用将分别在本章和第四、五、六章中介绍。

第二节 酸碱滴定法的基本原理

一、水溶液中的酸碱平衡

(一)酸碱反应的平衡常数

在化学的发展史上,酸碱的概念一直在不断地更新和完善,其中比较重要的有酸碱电离理论、酸碱溶剂理论、酸碱质子理论与酸碱电子理论。在分析化学中广泛采用的是酸碱质子理论,其对酸碱的定义是:凡是能够给出质子(H⁺)的物质都是酸(能够给出多个质子的物质称为多元酸);凡是能够接受质子的物质都是碱(能够接受多个质子的物质称为多元碱);既能给出质子也能接受质子的物质称为两性物质(amphoteric substance)。酸给出质子后变成它的共轭碱,碱接受质子后变成它的共轭酸。酸碱反应是由两个酸碱半反应组成,由两对共轭酸碱对共同完成。酸碱反应的实质是质子转移反应,反应的结果是酸碱反应物转化成各自的共轭碱或共轭酸。

按照酸碱质子理论,酸碱的离解反应也是质子转移反应。弱酸 HA 在水中的离解反应为:

$$HA+H_2O \Longrightarrow H_3O^+ + A^-$$

在上述反应中,HA 将质子转移给 H_2O, H_2O 接受质子生成水合质子 H_3O^+,即溶剂 H_2O 起到碱的作用。为书写方便,常将 H_3O^+ 写成 H^+,以上反应式可简化为:

$$HA \Longrightarrow H^+ + A^-$$

HA 离解反应的平衡常数即离解常数可用反应物与产物的活度表示,即

$$K_a = \frac{a_{H^+} \cdot a_{A^-}}{a_{HA}} \qquad 式(3\text{-}1)$$

式中 K_a 称为活度常数,其数值随温度改变,a 为离子的活度。

同理,弱碱 A^- 在水中的离解反应及其平衡常数为:

$$A^- + H_2O \Longrightarrow HA + OH^-$$

$$K_b = \frac{a_{HA} \cdot a_{OH^-}}{a_{A^-}} \qquad 式(3\text{-}2)$$

在上述反应中,H_2O 将质子转移给 A^-,A^- 接受质子生成 HA,即溶剂 H_2O 起到酸的作用。

从 HA 和 A^- 的离解反应可知,H_2O 既能给出质子又能接受质子,因而是两性物质。在水分子之间发生的质子转移反应称为水的质子自递反应。

$$H_2O + H_2O \Longrightarrow H_3O^+ + OH^-$$

水的质子自递反应的平衡常数为

$$K_w = a_{H_3O^+} \cdot a_{OH^-} = 1.00 \times 10^{-14} \quad (25℃) \qquad 式(3\text{-}3)$$

HA 与 A^- 为共轭酸碱对,相应的 K_a 和 K_b 间的关系可由式(3-1)、式(3-2)和式(3-3)导出:

$$K_a \cdot K_b = \frac{a_{H^+} \cdot a_{A^-}}{a_{HA}} \cdot \frac{a_{HA} \cdot a_{OH^-}}{a_{A^-}} = a_{H_3O^+} \cdot a_{OH^-} = K_w \qquad 式(3\text{-}4)$$

由酸的离解常数 K_a 可求出其共轭碱的离解常数 K_b,反之亦然。酸的强度与其共轭碱的强度成反比,即酸越强(K_a 越大),其共轭碱越弱(K_b 越小)。多元酸在水中存在多个共轭酸碱对,例如三元酸,各级离解平衡常数间的关系式为:

$$K_{a_1} \cdot K_{b_3} = K_{a_2} \cdot K_{b_2} = K_{a_3} \cdot K_{b_1} = K_w \qquad 式(3\text{-}5)$$

在实际工作中,酸碱反应的平衡常数常用反应物与产物的浓度表示:

$$K_a^c = \frac{[H^+][A^-]}{[HA]} = \frac{a_{H^+} \cdot a_{A^-}}{a_{HA}} \cdot \frac{\gamma_{HA}}{\gamma_{H^+} \cdot \gamma_{A^-}} = K_a \cdot \frac{\gamma_{HA}}{\gamma_{H^+} \cdot \gamma_{A^-}} \qquad 式(3\text{-}6)$$

式中 K_a^c 称为浓度常数,γ 为离子的活度系数。K_a^c 除与温度有关外,还与溶液的离子强度有关。当溶液的浓度极稀时,离子强度可忽略不计,活度系数近似等于1,此时可用活度常数代替浓度常数作近似计算。本章酸碱平衡的处理均采用此种近似方法。

(二)弱酸(碱)溶液中各型体的分布

弱酸(碱)通常以多种型体存在于溶液中,溶液体系到达平衡后,各型体的平衡浓度之和称为分析浓度,用符号 c 表示,每种型体的平衡浓度以符号[ ]表示。溶液中某型体的平衡浓度在分析浓度中所占的分数称为分布系数(distribution fraction),以符号 δ 表示(用 δ_n 表示电荷数为 n 的型体的分布系数)。分布系数的大小能定量说明溶液中各型体的分布情况,由分布系数可求得溶液中各型体的平衡

浓度,这在分析化学中有着重要的意义。

1. 一元弱酸(碱)溶液　　以醋酸为例,它在水溶液中以 HAc 和 Ac$^-$ 两种型体存在,设 c 为分析浓度,[HAc]和[Ac$^-$]分别为 HAc 和 Ac$^-$ 两种型体的平衡浓度,则:

$$c=[HAc]+[Ac^-]$$

$$\delta_0=\frac{[HAc]}{c}=\frac{[HAc]}{[HAc]+[Ac^-]}=\frac{1}{1+\dfrac{K_a}{[H^+]}}=\frac{[H^+]}{[H^+]+K_a} \qquad 式(3\text{-}7)$$

$$\delta_1=\frac{[Ac^-]}{c}=\frac{[Ac^-]}{[HAc]+[Ac^-]}=\frac{1}{\dfrac{[H^+]}{K_a}+1}=\frac{K_a}{[H^+]+K_a} \qquad 式(3\text{-}8)$$

$$\delta_0+\delta_1=1$$

例 3-1　计算 pH=5.00 时,0.10mol/L HAc 溶液中各型体的分布系数和平衡浓度。

解:已知 $[H^+]=1.0\times10^{-5}$mol/L,$K_a=1.7\times10^{-5}$

所以
$$\delta_0=\frac{[H^+]}{[H^+]+K_a}=\frac{1.0\times10^{-5}}{1.0\times10^{-5}+1.7\times10^{-5}}=0.37$$

$$\delta_1=1-\delta_0=1-0.37=0.63$$

$$[HAc]=\delta_0 c=0.37\times0.10=0.037\text{mol/L}$$

$$[Ac^-]=\delta_1 c=0.63\times0.10=0.063\text{mol/L}$$

按照类似的方法,计算出不同 pH 溶液的 δ_0 和 δ_1 值,可绘制出如图 3-1 所示的醋酸的型体分布图(δ_i-pH 曲线)。

由图 3-1 可见,随着溶液 pH 的升高,δ_0 逐渐减小,δ_1 则逐渐增大。当溶液的 pH=pK_a 时,$\delta_0=\delta_1=0.5$,即两条曲线的交点处,溶液中 HAc 和 Ac$^-$ 两种型体各占一半。当 pH<pK_a 时,溶液中 HAc 为主要型体;反之,当 pH>pK_a 时,Ac$^-$ 为主要型体。当 pH<(pK_a-2)时,δ_0 趋近于 1,δ_1 接近于零;当 pH>(pK_a+2)时,δ_1 趋近于 1。因此,可以通过控制溶液 pH 得到所需的型体。

由式(3-7)和式(3-8)可知,在平衡状态下,一元弱酸各型体的分布系数的大小与酸的强度(K_a 的大小)和溶液的酸度(H$^+$ 的浓度)有关。一元弱碱溶液中各型体的分布系数可用类似的方法求得。

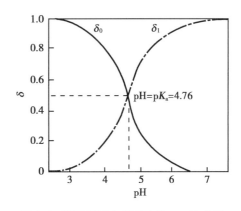

图 3-1　醋酸溶液中各型体的 δ_i-pH 曲线

2. 多元弱酸(碱)溶液　　以草酸为例,它在水溶液中以 $H_2C_2O_4$、$HC_2O_4^-$ 和 $C_2O_4^{2-}$ 三种型体存在,则

$$c=[H_2C_2O_4]+[HC_2O_4^-]+[C_2O_4^{2-}]$$

$$\delta_0=\frac{[H_2C_2O_4]}{c}=\frac{[H_2C_2O_4]}{[H_2C_2O_4]+[HC_2O_4^-]+[C_2O_4^{2-}]}$$

$$=\frac{1}{1+\dfrac{K_{a_1}}{[H^+]}+\dfrac{K_{a_1}K_{a_2}}{[H^+]^2}}=\frac{[H^+]^2}{[H^+]^2+K_{a_1}[H^+]+K_{a_1}K_{a_2}}$$

同理

$$\delta_1=\frac{K_{a_1}[H^+]}{[H^+]^2+K_{a_1}[H^+]+K_{a_1}K_{a_2}}$$

$$\delta_2 = \frac{K_{a_1}K_{a_2}}{[H^+]^2 + K_{a_1}[H^+] + K_{a_1}K_{a_2}}$$

草酸的 δ_i-pH 曲线如图 3-2 所示。当溶液的 pH=pK_{a_1} 时,$\delta_0 = \delta_1$;当 pH=pK_{a_2} 时,$\delta_1 = \delta_2$。当 pH<pK_{a_1} 时,溶液中 $H_2C_2O_4$ 为主要型体;当 pH>pK_{a_2} 时,$C_2O_4^{2-}$ 为主要型体;当 pK_{a_1}<pH<pK_{a_2} 时,$HC_2O_4^-$ 型体占优势,$C_2O_4^{2-}$ 和 $H_2C_2O_4$ 的浓度较低,但不可忽略。一般来说,二元弱酸 H_2A 的 pK_{a_1} 与 pK_{a_2} 值越接近,以 HA^- 型体为主的 pH 范围就越窄,且其分布系数 δ_1 的最大值亦明显小于 1。

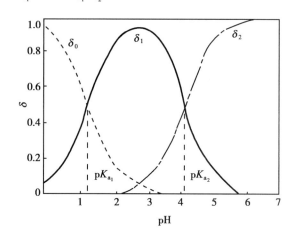

图 3-2　草酸溶液中各型体的 δ_i-pH 曲线

对于三元酸,例如磷酸,在溶液中可形成四种型体:H_3PO_4、$H_2PO_4^-$、HPO_4^{2-} 和 PO_4^{3-}。同样可推导出各型体的分布系数如下:

$$\delta_0 = \frac{[H^+]^3}{[H^+]^3 + K_{a_1}[H^+]^2 + K_{a_1}K_{a_2}[H^+] + K_{a_1}K_{a_2}K_{a_3}}$$

$$\delta_1 = \frac{K_{a_1}[H^+]^2}{[H^+]^3 + K_{a_1}[H^+]^2 + K_{a_1}K_{a_2}[H^+] + K_{a_1}K_{a_2}K_{a_3}}$$

$$\delta_2 = \frac{K_{a_1}K_{a_2}[H^+]}{[H^+]^3 + K_{a_1}[H^+]^2 + K_{a_1}K_{a_2}[H^+] + K_{a_1}K_{a_2}K_{a_3}}$$

$$\delta_3 = \frac{K_{a_1}K_{a_2}K_{a_3}}{[H^+]^3 + K_{a_1}[H^+]^2 + K_{a_1}K_{a_2}[H^+] + K_{a_1}K_{a_2}K_{a_3}}$$

磷酸的 δ_i-pH 曲线如图 3-3 所示。当溶液的 pH=pK_{a_1} 时,$\delta_0 = \delta_1$;当 pH=pK_{a_2} 时,$\delta_1 = \delta_2$;当 pH=pK_{a_3} 时,$\delta_2 = \delta_3$。当 pK_{a_1}<pH<pK_{a_2} 时,溶液以 $H_2PO_4^-$ 型体为主;当 pH=$\frac{1}{2}(pK_{a_1}+pK_{a_2})$ 时,$H_2PO_4^-$ 浓度达到最大,其他型体的浓度极小;当 pK_{a_2}<pH<pK_{a_3} 时,溶液以 HPO_4^{2-} 型体为主,在 pH=$\frac{1}{2}(pK_{a_2}+pK_{a_3})$ 时,HPO_4^{2-} 浓度达到最大,其他型体的浓度极小。由于 H_3PO_4 的 pK_{a_1}、pK_{a_2} 和 pK_{a_3} 之间相差很大,分别以 $H_2PO_4^-$ 和 HPO_4^{2-} 型体为主的 pH 范围均较宽,这是磷酸分步滴定的基础。

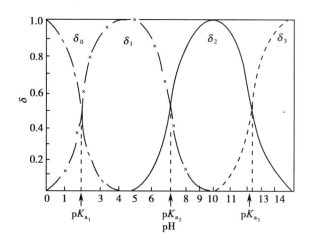

图 3-3　磷酸溶液中各型体的 δ_i-pH 曲线

(三)酸碱溶液的 pH 计算

1. 质子条件式　按照酸碱质子理论,酸碱反应的实质是质子转移。当酸碱反应达到平衡时,酸失去的质子数与碱得到的质子数相等,这种关系称为质子平衡(proton balance),其数学表达式称为质子条件式,又称质子平衡式(proton balance equation)。质子条件式是处理酸碱平衡计算问题的基本关系式。

在列质子条件式时,首先需选取溶液中大量存在的并参与质子转移反应的物质作为质子参考水准(又称零水准),然后将溶液中其他酸碱组分与其相比较,把所有得质子后产物的浓度的总和写在等式的一端,所有失去质子后产物的浓度的总和写在等式的另一端,得失质子数多于1个的产物,需在其平衡浓度前乘以相应系数,才能保持得失质子的量的等衡关系。应注意的是,质子条件式中不含有质子参考水准,也不含有与质子转移无关的组分。

以 Na_2HPO_4 为例,由于溶液中大量存在并与质子转移反应有关的组分为 HPO_4^{2-} 和 H_2O,因此以它们为质子参考水准,得质子后产物有 H^+、$H_2PO_4^-$ 和 H_3PO_4,失质子后产物有 OH^- 和 PO_4^{3-},其中 H_3PO_4 为 HPO_4^{2-} 得到2个质子的产物,则 Na_2HPO_4 的质子条件式为:

$$[H^+]+[H_2PO_4^-]+2[H_3PO_4]=[OH^-]+[PO_4^{3-}]$$

将质子条件式与有关酸碱平衡常数相结合,可以推导出酸碱溶液中 H^+ 浓度的计算式。

2. 强酸(碱)溶液的 pH 计算　强酸(碱)在溶液中全部离解,因此强酸(碱)溶液的 pH 计算比较简单。一元强酸 HA(设浓度为 c_a mol/L)的质子条件式为:

$$[H^+]=[A^-]+[OH^-]$$

HA 在溶液中完全离解,则 $[A^-]=c_a$,代入质子条件式得:

$$[H^+]=c_a+\frac{K_w}{[H^+]}$$

解方程,得计算一元强酸溶液中 H^+ 浓度的精确式:

$$[H^+]=\frac{c_a+\sqrt{c_a^2+4K_w}}{2} \qquad 式(3-9)$$

若 $c_a \geq 20[OH^-]$,则水的离解可忽略,得计算一元强酸溶液中 H^+ 浓度的近似式:

$$[H^+]=[A^-]=c_a \qquad 式(3-10)$$

$$pH=-lg[H^+]=-lgc_a$$

对于强碱,同理可得:

$$[OH^-]=c_b \qquad 式(3-11)$$

$$pH=pK_w-pOH$$

3. 一元弱酸(碱)溶液的 pH 计算　一元弱酸 HA(设浓度为 c_a mol/L)的质子条件式为:

$$[H^+]=[A^-]+[OH^-]$$

将有关平衡常数代入,得:

$$[H^+]=\frac{K_a[HA]}{[H^+]}+\frac{K_w}{[H^+]} \qquad 式(3-12)$$

即

$$[H^+]^2=K_a[HA]+K_w \qquad 式(3-13)$$

将 $[HA]=\delta_0 C_a=\dfrac{C_a[H^+]}{[H^+]+K_a}$ 代入式(3-13),得计算一元弱酸溶液中 H^+ 浓度的精确式:

$$[H^+]^3+K_a[H^+]^2-(K_ac_a+K_w)[H^+]-K_aK_w=0 \qquad 式(3-14)$$

在实际工作中,通常根据具体情况,采用近似方法计算 H^+ 浓度。

若 $K_ac_a \geq 20K_w$,则式(3-13)中的 K_w 可忽略,即 $[HA]=c_a-[H^+]$,代入式(3-13),得计算一元弱酸溶液中 H^+ 浓度的近似式:

$$[H^+]^2=K_a(c_a-[H^+]) \qquad 式(3-15)$$

即

$$[H^+]=\frac{-K_a+\sqrt{K_a^2+4K_ac_a}}{2} \qquad 式(3-16)$$

若 $K_ac_a<20K_w$,且 $c_a/K_a \geq 500$,则 K_w 不能忽略,但酸的离解可忽略,即 $[HA] \approx c_a$,代入式(3-13),

得计算一元弱酸溶液中 H^+ 浓度的近似式：

$$[H^+] = \sqrt{K_a c_a + K_w}$$ 式（3-17）

若 $K_a c_a \geqslant 20 K_w$，且 $c_a/K_a \geqslant 500$，则酸的离解对总浓度 c_a 的影响也可略去，即 $c_a - [H^+] \approx c_a$，代入式（3-15），得计算一元弱酸溶液中 H^+ 浓度的最简式：

$$[H^+] = \sqrt{K_a c_a}$$ 式（3-18）

对于一元弱碱，同理可得：

$$[OH^-] = \sqrt{K_b c_b}$$ 式（3-19）

例 3-2   计算 0.10mol/L NH_4Cl 溶液的 pH。

解：已知 $c_a = 0.10$mol/L，$K_a = 5.6 \times 10^{-10}$

因 $K_a c_a > 20 K_w$，$c_a/K_a > 500$，所以可用最简式（3-18）计算：

$$[H^+] = \sqrt{K_a c_a} = \sqrt{5.6 \times 10^{-10} \times 0.10} = 7.5 \times 10^{-6} \text{mol/L}$$

$$pH = 5.12$$

4. 多元酸（碱）溶液的 pH 计算   多元酸（碱）在溶液中逐级离解，其溶液是一个复杂的酸碱平衡体系。以二元弱酸 H_2A 为例，设其浓度为 $c_a$mol/L，质子条件式为：

$$[H^+] = [HA^-] + 2[A^{2-}] + [OH^-]$$

将有关平衡常数代入，得：

$$[H^+] = \frac{K_{a_1}[H_2A]}{[H^+]} + \frac{2K_{a_1}K_{a_2}[H_2A]}{[H^+]^2} + \frac{K_w}{[H^+]}$$ 式（3-20）

即

$$[H^+] = \sqrt{[H_2A]K_{a_1}\left(1 + \frac{2K_{a_2}}{[H^+]}\right) + K_w}$$ 式（3-21）

将 $[H_2A] = \delta_0 C_a = \dfrac{C_a[H^+]^2}{[H^+]^2 + K_{a_1}[H^+] + K_{a_1}K_{a_2}}$ 代入式（3-21），得计算多元酸溶液中 H^+ 浓度的精确式：

$$[H^+]^4 + K_{a_1}[H^+]^3 + (K_{a_1}K_{a_2} - K_{a_1}c_a - K_w)[H^+]^2 - (K_{a_1}K_w + 2K_{a_1}K_{a_2}c_a)[H^+] - K_{a_1}K_{a_2}K_w = 0$$

式（3-22）

若 $K_{a_1}c_a \geqslant 20K_w$，则 K_w 可忽略；又若 $\dfrac{2K_{a_2}}{[H^+]} \approx \dfrac{2K_{a_2}}{\sqrt{K_{a_1}c_a}} \leqslant 0.05$，则多元酸的第二级离解也可忽略，即 $[H_2A] \approx c_a - [H^+]$，代入式（3-21），得计算二元弱酸溶液中 H^+ 浓度的近似式：

$$[H^+] = \sqrt{K_{a_1}(c_a - [H^+])}$$ 式（3-23）

即

$$[H^+] = \frac{-K_{a_1} + \sqrt{K_{a_1}^2 + 4K_{a_1}c_a}}{2}$$ 式（3-24）

若 $K_{a_1}c_a \geqslant 20K_w$，$\dfrac{2K_{a_2}}{[H^+]} \approx \dfrac{2K_{a_2}}{\sqrt{K_{a_1}c_a}} \leqslant 0.05$，且 $c_a/K_{a_1} \geqslant 500$，则 $c_a - [H^+] \approx c_a$，代入式（3-23），得计算二元弱酸溶液中 H^+ 浓度的最简式：

$$[H^+] = \sqrt{K_{a_1}c_a}$$ 式（3-25）

多元碱可采用类似方法处理，得计算 OH^- 浓度的最简式：

$$[OH^-] = \sqrt{K_{b_1}c_b}$$ 式（3-26）

例 3-3   计算 0.10mol/L $Na_2C_2O_4$ 溶液的 pH。

解：已知 $c_b = 0.10$mol/L，$K_{b_1} = \dfrac{K_w}{K_{a_2}} = \dfrac{1.0 \times 10^{-14}}{6.4 \times 10^{-5}} = 1.6 \times 10^{-10}$

$$K_{b_2} = \frac{K_w}{K_{a_1}} = \frac{1.0 \times 10^{-14}}{5.9 \times 10^{-2}} = 1.7 \times 10^{-13}$$

因 $K_{b_1} c_b > 20 K_w$，$\frac{2K_{b_2}}{\sqrt{K_{b_1} c_b}} < 0.05$，$c_b / K_{b_1} > 500$，所以用最简式（3-26）计算：

$$[OH^-] = \sqrt{K_{b_1} c_b} = \sqrt{1.6 \times 10^{-10} \times 0.10} = 4.0 \times 10^{-6} \, mol/L$$

$$pOH = 5.40 \quad pH = 14.00 - 5.40 = 8.60$$

5. 两性物质溶液的 pH 计算　两性物质在溶液中既可得到质子又可失去质子，如多元酸的酸式盐、弱酸弱碱盐、氨基酸等。两性物质溶液中的酸碱平衡较复杂，可根据具体情况，采用近似方法计算 H^+ 浓度。

以二元酸的酸式盐 NaHA 为例，设其浓度为 $c \, mol/L$，质子条件式为：

$$[H^+] + [H_2A] = [A^{2-}] + [OH^-]$$

将有关平衡常数代入，得：

$$[H^+] + \frac{[HA^-][H^+]}{K_{a_1}} = \frac{K_{a_2}[HA^-]}{[H^+]} + \frac{K_w}{[H^+]}$$

即

$$[H^+] = \sqrt{\frac{K_{a_1}(K_{a_2}[HA^-] + K_w)}{K_{a_1} + [HA^-]}} \qquad \text{式（3-27）}$$

若 K_{a_1} 与 K_{a_2} 相差较大，则可忽略 HA^- 的酸式离解和碱式离解，即 $[HA^-] \approx c$，代入式（3-27），得计算酸式盐溶液中 H^+ 浓度的近似式：

$$[H^+] = \sqrt{\frac{K_{a_1}(K_{a_2}c + K_w)}{K_{a_1} + c}} \qquad \text{式（3-28）}$$

若 $K_{a_2}c \geqslant 20 K_w$，则可忽略水的离解，又若 $c \geqslant 20 K_{a_1}$，则 $K_{a_1} + c \approx c$，代入式（3-28），得计算酸式盐溶液中 H^+ 浓度的最简式：

$$[H^+] = \sqrt{K_{a_1} K_{a_2}} \qquad \text{式（3-29）}$$

或

$$pH = \frac{1}{2}(pK_{a_1} + pK_{a_2}) \qquad \text{式（3-30）}$$

弱酸弱碱盐溶液中 H^+ 浓度的计算与酸式盐相似。以 NH_4Ac 为例，设 NH_4^+ 和 HAc 的离解常数分别为 K_a' 和 K_a，若 $K_a'c \geqslant 20 K_w$，且 $c \geqslant 20 K_a$，则可以得到计算弱酸弱碱盐溶液中 H^+ 浓度的最简式：

$$[H^+] = \sqrt{K_a K_a'} \qquad \text{式（3-31）}$$

氨基酸水溶液中以双极离子形式存在，以甘氨酸为例，其在水溶液中的离解平衡如下：

$$^+NH_3CH_2COO^- + H_2O \Longleftrightarrow \, ^+NH_3CH_2COOH + OH^- \qquad K_{a_1} = 4.5 \times 10^{-3}$$

$$^+NH_3CH_2COO^- \Longleftrightarrow NH_2CH_2COO^- + H^+ \qquad K_{a_2} = 1.7 \times 10^{-10}$$

若 $K_{a_2}c_a \geqslant 20 K_w$，$c \geqslant 20 K_{a_1}$，则可采用最简式（3-29）计算甘氨酸溶液中的 H^+ 浓度。

例 3-4　计算 0.1mol/L 邻苯二甲酸氢钾溶液的 pH。

解： 已知 $K_{a_1} = 1.1 \times 10^{-3}$，$K_{a_2} = 3.7 \times 10^{-6}$

由于 $K_{a_2}c > 20 K_w$，$c > 20 K_{a_1}$，可用最简式（3-29）计算：

$$[H^+] = \sqrt{K_{a_1} K_{a_2}} = \sqrt{1.1 \times 10^{-3} \times 3.7 \times 10^{-6}} = 6.38 \times 10^{-5} \, mol/L$$

$$pH = 4.20$$

6. 缓冲溶液的 pH 计算　缓冲溶液（buffer solution）是一种能对溶液的酸度起稳定作用的溶液。在缓冲溶液中加入少量的酸或碱，或因溶液中发生化学反应产生了少量的酸或碱，或将溶液稍加稀释，溶液的酸度不发生明显变化。常用的缓冲溶液是弱酸及其共轭碱、弱碱及其共轭酸、高浓度的强酸或强碱、两性物质等组成的溶液,如表3-1所示。作为一般控制酸度用的缓冲溶液,因为本身的浓度较大,对计算结果也不要求十分准确,可以采用近似方法进行计算。

表3-1 常用缓冲溶液

缓冲溶液	酸	碱	pK_a
氨基乙酸-HCl	$^+NH_3CH_2COOH$	$^+NH_3CH_2COO^-$	2.35
一氯乙酸-NaOH	$CH_2ClCOOH$	CH_2ClCOO^-	2.87
甲酸-NaOH	$HCOOH$	$HCOO^-$	3.75
HAc-NaAc	HAc	Ac^-	4.76
六亚甲基四胺-HCl	$(CH_2)_6N_4H^+$	$(CH_2)_6N_4$	5.15
NaH_2PO_4-Na_2HPO_4	$H_2PO_4^-$	HPO_4^{2-}	7.21
三乙醇胺-HCl	$^+NH(CH_2CH_2OH)_3$	$N(CH_2CH_2OH)_3$	7.76
Tris-HCl[①]	$^+NH_3C(CH_2OH)_3$	$NH_2C(CH_2OH)_3$	8.21
$Na_2B_4O_7$-HCl	H_3BO_3	$H_2BO_3^-$	9.27
NH_3-NH_4Cl	NH_4^+	NH_3	9.25
氨基乙酸-NaOH	$^+NH_3CH_2COO^-$	$NH_2CH_2COO^-$	9.78
$NaHCO_3$-Na_2CO_3	HCO_3^-	CO_3^{2-}	10.33

注:①Tris.三(羟甲基)氨基甲烷。

以弱酸HA(浓度为$c_a$mol/L)与其共轭碱A^-(浓度为$c_b$mol/L)组成的缓冲溶液为例,质子条件式为:

$$[H^+]=[OH^-]+([A^-]-c_b)$$

$$[H^+]+([HA]-c_a)=[OH^-]$$

以上两个质子条件式的形式不同,但实际上是一样的,因为$c_a+c_b=[HA]+[A^-]$。

分别整理两式,得:$[A^-]=c_b+[H^+]-[OH^-]$

$$[HA]=c_a-[H^+]+[OH^-]$$

将以上两式代入HA的离解常数公式,得计算缓冲溶液中H^+浓度的精确式:

$$[H^+]=K_a\frac{[HA]}{[A^-]}=K_a\frac{c_a-[H^+]+[OH^-]}{c_b+[H^+]-[OH^-]}$$ 式(3-32)

溶液呈酸性(pH<6)时可忽略$[OH^-]$,得计算缓冲溶液中H^+浓度的近似式:

$$[H^+]=K_a\frac{c_a-[H^+]}{c_b+[H^+]}$$ 式(3-33)

若c_a和c_b均较大,即同时满足$c_a\gg[OH^-]-[H^+]$和$c_b\gg[H^+]-[OH^-]$,得计算缓冲溶液中H^+浓度的最简式:

$$[H^+]=K_a\frac{c_a}{c_b}$$

或 $$pH=pK_a+lg\frac{c_b}{c_a}$$ 式(3-34)

例3-5 计算0.30mol/L HAc和0.20mol/L NaOH等体积混合溶液的pH。

解:等体积混合后,生成NaAc的浓度为0.20/2=0.10mol/L

则剩余HAc的浓度为:$\frac{0.30-0.20}{2}=0.050$mol/L

已知$pK_a=4.76$,用最简式(3-34)计算:

$$pH = pK_a + \lg \frac{c_b}{c_a} = 4.76 + \lg \frac{0.10}{0.050} = 5.06$$

二、酸碱指示剂

在酸碱滴定分析中,常用酸碱指示剂来指示滴定终点的到达。

(一)指示剂的变色原理

酸碱指示剂(acid-base indicator)是一类有机弱碱或弱酸,它们的共轭酸碱对具有不同的颜色。当溶液的 pH 改变时,指示剂失去或得到质子,其结构转变,引起颜色的变化。例如,甲基橙(methyl orange)是一种有机弱碱,它在溶液中存在如下的离解平衡和颜色变化:

$$(CH_3)_2N\!\!-\!\!\left\langle\ \right\rangle\!\!-\!\!N\!\!=\!\!N\!\!-\!\!\left\langle\ \right\rangle\!\!-\!\!SO_3^- \ \underset{OH^-}{\overset{H^+}{\rightleftharpoons}}\ (CH_3)_2\overset{+}{N}\!\!=\!\!\left\langle\ \right\rangle\!\!=\!\!N\!\!-\!\!\underset{H}{N}\!\!-\!\!\left\langle\ \right\rangle\!\!-\!\!SO_3^-$$

黄色（碱式色）   红色（酸式色）

在酸性溶液中,甲基橙主要以醌式双极离子存在,溶液呈红色;降低溶液的酸度,平衡向左移动至一定程度后,甲基橙主要以偶氮结构存在,溶液呈黄色。

又例如,酚酞(phenolphthalein)是一种有机弱酸,它在溶液中存在如下的离解平衡和颜色变化:

无色（酸式色）   红色（碱式色）

在酸性溶液中,酚酞主要以羟式结构存在,溶液呈无色;在碱性溶液中,酚酞主要以醌式结构存在,溶液呈红色,但在浓碱溶液中,酚酞转变为无色的羧酸盐,溶液又变为无色。

(二)指示剂的变色范围及其影响因素

指示剂颜色的变化与滴定过程中溶液的 pH 相关,直接影响滴定终点的判断。

1. 指示剂的变色范围 对于酸碱指示剂,以 HIn 表示指示剂的酸式型体,其产生的颜色称为酸式色,In⁻ 表示指示剂的碱式型体,其产生的颜色称为碱式色。指示剂在溶液中存在如下的离解平衡:

$$HIn \rightleftharpoons H^+ + In^-$$

$$K_{HIn} = \frac{[H^+][In^-]}{[HIn]}$$

或

$$\frac{K_{HIn}}{[H^+]} = \frac{[In^-]}{[HIn]}$$

溶液的颜色取决于指示剂的碱式型体与酸式型体的比值([In⁻]/[HIn]),对于某种指示剂来说,在一定的实验条件下,K_{HIn} 是常数,因此[In⁻]/[HIn]取决于溶液中的 H⁺ 浓度。

若溶液 pH 改变,[In⁻]/[HIn]随之改变,则溶液的颜色也随之改变。由于人眼对颜色的分辨能力有一定限度,一般情况下,当两种型体浓度之比≥10 时,可观察到浓度较大的型体的颜色,即当[In⁻]/[HIn]≥10 时,看到的是 In⁻ 颜色,如甲基橙为黄色,酚酞为红色,而当[In⁻]/[HIn]≤1/10 时,看到的是 HIn 颜色,如甲基橙为红色,酚酞为无色。当[In⁻]=[HIn],即 pH=pK_{HIn}时,溶液呈现指示剂的中间过渡颜色,这一点称为指示剂的理论变色点,是指示剂变色的灵敏点,如甲基橙 pH=pK_{HIn}=3.45(橙色)、酚酞 pH=pK_{HIn}=9.1(粉红色)。[In⁻]/[HIn]为 1/10~10,即 pH 为(pK_{HIn}+1)~(pK_{HIn}-1)时,看到的是两种颜色的混合色。pH 由(pK_{HIn}+1)变化到(pK_{HIn}-1)时,可明显地看到指示剂从碱式色变到酸式色的这一过程,如甲基橙由黄色变为红色,酚酞由红色变为无色。因此,pH=pK_{HIn}±1 称为酸碱指示剂的变色范围。指示剂的 pK_{HIn}值不同,其变色范围也不同。变色点和变色范围是指示剂的重要性质,在选择指示剂时有重要意义。

由于人眼对不同颜色的敏感程度不同,实际观察到的变色范围常与理论推算的不同。常用的酸碱指示剂及由实验测得的变色范围见表 3-2。

表 3-2　常用酸碱指示剂

指示剂	变色范围/pH	颜色		pK_{In}	浓度(溶剂)
		酸式色	碱式色		
百里酚蓝①	1.2~2.8	红	黄	1.65	0.1%(20%乙醇)
甲基黄	2.9~4.0	红	黄	3.25	0.1%(90%乙醇)
甲基橙	3.1~4.4	红	黄	3.45	0.1%(水)
溴酚蓝	3.0~4.6	黄	蓝	4.1	0.1%(20%乙醇或其钠盐水)
溴甲酚绿	3.8~5.4	黄	蓝	4.9	0.1%(乙醇)
甲基红	4.4~6.2	红	黄	5.1	0.05%(钠盐水)
溴百里酚蓝	6.0~7.6	黄	蓝	7.3	0.1%(20%乙醇或其钠盐水)
中性红	6.8~8.0	红	黄	7.4	0.5%(水)
酚红	6.4~8.0	黄	红	8.0	0.1%(乙醇)
酚酞	8.0~10.0	无	红	9.1	0.5%(90%乙醇)
百里酚蓝②	8.0~9.6	黄	蓝	8.9	0.1%(20%乙醇)
百里酚酞	9.4~10.6	无	蓝	10.0	0.1%(90%乙醇)

注:①百里酚蓝的第一个变色范围;②百里酚蓝的第二个变色范围。

2. 影响指示剂变色范围的因素　影响指示剂变色范围的因素主要有以下几个方面:

(1)温度:温度改变时,指示剂的离解常数 K_{HIn}和水的质子自递常数 K_w 都会改变,因而指示剂的变色范围也随之改变。表 3-3 表明,甲基橙在 18℃时的变色范围是 3.1~4.4,在 100℃时的变色范围是 2.5~3.7。因此,滴定宜在室温下进行。

表 3-3　温度对指示剂变色范围的影响

指示剂	变色范围/pH		指示剂	变色范围/pH	
	18℃	100℃		18℃	100℃
百里酚蓝	1.2~2.8	1.2~2.6	甲基红	4.2~6.3	4.0~6.0
甲基橙	3.1~4.4	2.5~3.7	酚红	6.4~8.0	6.6~8.2
溴酚蓝	3.0~4.6	3.0~4.5	酚酞	8.0~10.0	8.0~9.2

(2)指示剂用量:单色指示剂如酚酞、百里酚酞等的用量对变色范围有较大的影响。例如,酚酞的酸式色(HIn)为无色,颜色深度仅决定于碱式色(In⁻)的红色。设人眼观察红色形式最低浓度为 a,可认为它是一个固定值;溶液中指示剂的总溶度为 c,则由指示剂的离解平衡式得:

$$[H^+] = K_{HIn}\frac{[HIn]}{[In^-]} = K_{HIn}\frac{c-a}{a}$$

可见,酚酞的红色与 c 有关。c 增大,[H⁺]相应增大,指示剂在较低的 pH 时显粉红色。例如在

50~100ml 溶液中加入 0.1%酚酞指示剂 2~3 滴,pH≈9 时出现微红色;而在同样条件下加入 10~15 滴酚酞,则在 pH≈8 时出现微红色。因此,单色指示剂需要严格控制用量。但对于双色指示剂,例如甲基橙,溶液颜色决定于[In$^-$]/[HIn]的比值,指示剂的浓度不会影响指示剂的变色范围。但如果指示剂用量过多,会导致色调变化不明显,同时指示剂本身也要消耗一定的滴定剂,会给分析结果带来误差。

(3)电解质:电解质的存在对指示剂的影响有两个方面。一是改变了溶液的离子强度,会使指示剂的离解常数改变,从而影响指示剂的变色范围;二是某些电解质具有吸收不同波长光波的性质,也会改变指示剂的颜色和色调及变色的灵敏度。所以在滴定溶液中不宜有大量的盐类存在。

除上述原因外,溶剂、滴定程序等其他因素也会影响指示剂的变色范围。

（三）混合指示剂

混合指示剂可分为两类。一类是在某种指示剂中加入一种惰性染料,后者颜色不随 pH 变化,仅为互补的背景颜色,指示剂的变色范围不变。例如由甲基橙和靛蓝组成的混合指示剂,靛蓝颜色不随 pH 改变而变化,只作为甲基橙的蓝色背景。在 pH>4.4 的溶液中,混合指示剂显绿色（黄与蓝）,在 pH<3.1 的溶液中,混合指示剂显紫色（红与蓝）,在 pH＝4 的溶液中,混合指示剂显浅灰色（几乎无色）,终点颜色变化非常敏锐。另一类混合指示剂是由两种酸碱指示剂混合而成,由于颜色互补的原理使变色范围变窄,颜色变化更敏锐。例如溴甲酚绿（pK_{HIn} 4.9,酸式色为黄色,碱式色为蓝色）和甲基红（pK_{HIn} 5.1,酸式色为红色,碱式色为黄色）按 3：1 混合后,溶液在 pH<4.9 时显橙红色,在 pH>5.1 时显绿色,而在 pH＝5.0 时两者颜色发生互补显灰色,终点颜色变化十分敏锐。

常用的混合指示剂如表 3-4 所示。

表 3-4　常用的混合指示剂

混合指示剂的组成	变色点(pH)	变色情况		备注
		酸色	碱色	
一份 0.1%甲基黄乙醇溶液	3.25	蓝紫	绿	pH 3.4 绿色
一份 0.1%次甲基蓝乙醇溶液				pH 3.2 蓝紫色
一份 0.1%甲基橙水溶液	4.1	紫	黄绿	pH 4.1 灰色
一份 0.25%靛蓝二磺酸钠水溶液				
三份 0.1%溴甲酚绿乙醇溶液	5.1	橙红	绿	pH 5.1 灰色
一份 0.2%甲基红乙醇溶液				
一份 0.1%溴甲酚绿钠盐水溶液	6.1	黄绿	蓝紫	pH 5.4 蓝绿色
一份 0.1%氯酚红钠盐水溶液				pH 5.8 蓝色
				pH 6.0 蓝带紫
				pH 6.2 蓝紫
一份 0.1%中性红乙醇溶液	7.0	蓝紫	绿	pH 7.0 紫蓝
一份 0.1%次甲基蓝乙醇溶液				
一份 0.1%甲酚红钠盐水溶液	8.3	黄	紫	pH 8.2 玫瑰色
三份 0.1%百里酚蓝钠盐水溶液				pH 8.4 紫色
一份 0.1%百里酚蓝 50%乙醇溶液	9.0	黄	紫	pH 9.0 绿色
三份 0.1%酚酞 50%乙醇溶液				
二份 0.1%百里酚酞乙醇溶液	10.2	黄	紫	pH 10.2 绿色
一份 0.1%茜素黄乙醇溶液				

三、酸碱滴定曲线

在酸碱滴定过程中,溶液的 pH 随着标准溶液的滴入而改变。以加入的滴定剂体积或滴定分数为横坐标,以溶液的 pH 为纵坐标所绘制的曲线称为滴定曲线(titration curve)。根据滴定曲线上化学计量点附近的 pH 变化,可以判定能否用指示剂确定终点,并据此选择合适的指示剂。下面按照不同类型的酸碱滴定反应分别进行讨论。

（一）强酸（碱）的滴定

强酸(碱)的滴定反应为

$$H^+ + OH^- \rightleftharpoons H_2O$$

滴定反应的平衡常数称为滴定常数(titration constant),以 K_t 表示。

$$K_t = \frac{1}{[H^+][OH^-]} = \frac{1}{K_w} = 1.00 \times 10^{14}$$

滴定常数反映了滴定反应进行的完全程度。一般认为,当 $K_t \geqslant 10^6$ 时,反应即可定量进行完全。强酸与强碱的滴定反应是水溶液中反应程度最完全的酸碱滴定反应。

1. 滴定曲线　以 NaOH 滴定 HCl 为例,设 HCl 的浓度为 c_a(0.100 0mol/L),体积为 V_a(20.00ml);NaOH 的浓度为 c_b(0.100 0mol/L),滴定时加入的体积为 V_b ml,整个滴定过程可分为四个阶段:

（1）滴定开始前:$V_b = 0$,溶液的组成为 HCl(0.100 0mol/L, 20.00ml),溶液 pH 取决于 HCl 的浓度 c_a,即

$$[H^+] = c_a = 0.100\ 0mol/L \quad pH = 1.00$$

（2）滴定开始至化学计量点前:$V_a > V_b$,溶液的组成为 HCl 和 NaCl,溶液 pH 取决于剩余的 HCl 的量和溶液的总体积,即

$$[H^+] = c_a \frac{V_a - V_b}{V_a + V_b}$$

例如,加入 NaOH 19.98ml(19.98/20.00×100% = 99.9%,化学计量点前 0.1%)时

$$[H^+] = \frac{20.00 - 19.98}{20.00 + 19.98} \times 0.100\ 0 = 5.00 \times 10^{-5} mol/L \quad pH = 4.30$$

（3）化学计量点时:$V_a = V_b$,溶液的组成为 NaCl,NaOH 和 HCl 恰好完全中和,溶液呈中性。

$$[H^+] = [OH^-] = 1.00 \times 10^{-7} mol/L \quad pH = 7.00$$

（4）化学计量点后:$V_b > V_a$,溶液的组成为 NaCl 和 NaOH,溶液的 pH 取决于过量的 NaOH 的量和溶液的总体积。

例如,加入 NaOH 20.02ml(化学计量点后 0.1%)时

$$[OH^-] = \frac{20.02 - 20.00}{20.02 + 20.00} \times 0.100\ 0 = 5.00 \times 10^{-5} mol/L$$

$$pOH = 4.30 \qquad pH = 9.70$$

如此逐一计算滴定过程中各点的 pH 列于表 3-5,滴定曲线如图 3-4 所示。

从表 3-5 和图 3-4 可以看出:从滴定开始至加入 NaOH 溶液 19.98ml 时(99.9% HCl 被滴定),溶液的 pH 变化缓慢,仅增加了 2.30 个 pH 单位。加入 NaOH 溶液从 19.98ml(0.1% HCl 未被滴定)至 20.02ml(0.1% NaOH 过量),即加入量仅 0.04ml(约为 1 滴溶液),溶液的 pH 由 4.30 变为 9.70,增大了 5.40 个 pH 单位,溶液由酸性突变为碱性。继续加入 NaOH,溶液的 pH 变化逐渐变慢,曲线又趋于平坦。

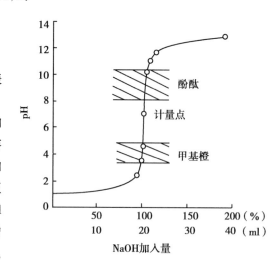

图 3-4　NaOH（0.100 0mol/L）滴定 20ml HCl（0.100 0mol/L）的滴定曲线

通常将化学计量点前后溶液 pH 所发生的急剧变化称为滴定突跃,滴定突跃所在的 pH 范围称为滴定突跃范围。滴定突跃范围在滴定分析中有重要的实际意义,它是选择指示剂的依据。凡是变色范围全部或部分区域落在滴定突跃范围内的指示剂都可以用来指示滴定终点。图 3-4 中滴定突跃范围为 4.30~9.70,可选用酚酞($pK_{HIn} = 9.1$)、甲基红($pK_{HIn} = 5.1$)或甲基橙($pK_{HIn} = 3.45$)作指示剂。若以甲基橙为指示剂,化学计量点前溶液为酸性,甲基橙显红色,滴定至溶液变为黄色时,溶液的 pH 为 4.4,由表 3-5 可知,此时仅剩不足 0.1% HCl 未被滴定,即因滴定终点与化学计量点不一致造成的滴定误差很小。

表 3-5   用 NaOH(0.100 0mol/L)滴定 20.00ml HCl(0.100 0mol/L)溶液的 pH 变化(室温下)

加入的 NaOH		剩余的 HCl		$[H^+]$	pH	
%	ml	%	ml			
0	0	100	20.00	1.00×10^{-1}	1.00	
90.0	18.00	10	2.00	5.00×10^{-3}	2.30	
99.0	19.80	1	0.20	5.00×10^{-4}	3.30	
99.9	19.98	0.1	0.02	5.00×10^{-5}	4.30	突
100.00	20.00	0	0	1.00×10^{-7}	7.00	跃
		过量的 NaOH		$[OH^-]$		范
100.1	20.02	0.1	0.2	5.00×10^{-5}	9.70	围
101	20.20	1.0	0.20	5.00×10^{-4}	10.70	

如果用 HCl(0.100 0mol/L)滴定 NaOH(0.100 0mol/L),则滴定曲线与图 3-4 的曲线对称,pH 变化方向相反。滴定突跃范围为 4.30~9.70,可选酚酞和甲基红作为指示剂。若以甲基橙为指示剂,滴定至溶液变为橙色时(pH≈4),滴定误差约为 0.2%(详细计算见例 3-6)。

2. 影响滴定突跃范围的因素   强酸、强碱滴定突跃范围的大小取决于酸、碱溶液的浓度。溶液浓度越大,滴定突跃范围越大,可供选择的指示剂越多,如图 3-5 所示。如 NaOH(1mol/L)滴定等浓度 HCl,滴定突跃范围为 3.30~10.70;而浓度为 0.01mol/L 时,滴定突跃范围为 5.30~8.70,用甲基橙作为指示剂指示滴定终点时,滴定误差>1%。在酸碱滴定中一般不采用高于 1mol/L 的溶液和低于 0.01mol/L 的溶液,酸碱溶液的浓度也应相近。当然,也可根据对分析结果准确度的不同要求选择适宜的指示剂。

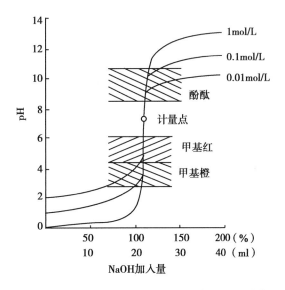

图 3-5   不同浓度 NaOH 对不同浓度 HCl 的滴定曲线

(二)一元弱酸(碱)的滴定

弱酸(碱)的滴定反应及其滴定常数分别为

$$HA + OH^- \rightleftharpoons A^- + H_2O \qquad K_t = K_a/K_w$$
$$B + H^+ \rightleftharpoons BH^+ \qquad K_t = K_b/K_w$$

滴定常数取决于弱酸或弱碱的离解常数与水的质子自递常数之比。弱酸(碱)的滴定常数比强酸(碱)的小,说明前者的反应完全程度较后者低。被滴定酸的 K_a 值(或碱的 K_b 值)越大,即酸(或碱)越强,则 K_t 越大,反应越完全。酸(碱)越弱,则滴定反应越不完全。

1. 滴定曲线　以 NaOH 滴定 HAc 为例,设 HAc 浓度为 c_a(0.100 0mol/L),体积为 V_a(20.00ml),NaOH 的浓度为 c_b(0.100 0mol/L),加入的体积为 V_b(ml)。

(1) 滴定开始前:$V_b=0$,溶液的组成为 HAc(0.100 0mol/L,20.00ml),溶液中的 H^+ 主要来自 HAc 的离解,由于 $K_a c_a>20K_w$,$c_a/K_a>500$,用式(3-18)计算溶液中 H^+ 浓度

$$[H^+]=\sqrt{K_a c_a}=\sqrt{1.7\times10^{-5}\times0.100\ 0}=1.3\times10^{-3}\text{mol/L}\quad pH=2.88$$

(2) 滴定开始至化学计量点前:$V_a>V_b$,溶液组成为 HAc 和 NaAc,溶液为 HAc-NaAc 缓冲体系,用式(3-34)计算溶液的 pH

$$pH=pK_a+\lg\frac{c_{Ac^-}}{c_{HAc}}$$

例如,滴加 NaOH 19.98ml(99.9% 的 HAc 被滴定,即化学计量点前 0.1%)时

$$c_{Ac^-}=\frac{c_b\times V_b}{V_a+V_b}=\frac{0.100\ 0\times19.98}{20.00+19.98}=5.0\times10^{-2}\text{mol/L}$$

$$c_{HAc}=\frac{c_a V_a-c_b V_b}{V_a+V_b}=\frac{0.100\ 0\times(20.00-19.98)}{20.00+19.98}=5.0\times10^{-5}\text{mol/L}$$

$$pH=4.76+\lg\frac{5.0\times10^{-2}}{5.0\times10^{-5}}=7.76$$

(3) 化学计量点时:$V_a=V_b$,溶液组成为 NaAc,HAc 全部与 NaOH 反应。溶液的 pH 取决于 Ac^- 的碱性,由于溶液的体积增大 1 倍,$c_b=0.100\ 0/2=0.050\ 00$mol/L。

由于 $K_b c_b>20K_w$,$c_b/K_b>500$,用式(3-19)计算溶液中 OH^- 浓度

$$[OH^-]=\sqrt{K_b c_b}=\sqrt{\frac{K_w}{K_a}c_b}=\sqrt{\frac{1.0\times10^{-14}}{1.7\times10^{-5}}\times5.00\times10^{-2}}=5.4\times10^{-6}\text{mol/L}$$

$$pOH=5.27\qquad\qquad pH=8.73$$

(4) 化学计量点后:$V_b>V_a$,溶液的组成为 NaAc 和 NaOH,溶液的 pH 取决于过量的 NaOH 的量和溶液的总体积。

例如,滴加 NaOH 20.02ml(化学计量点后 0.1%)时
　　pOH=4.30　　　　　　　pH=9.70

如此逐一计算,结果见表 3-6,滴定曲线如图 3-6 所示。

从表 3-6 和图 3-6 可以看出:①曲线的起点高:由于弱酸 HAc 部分离解,滴定曲线的起点 pH 为 2.88,比强酸 HCl 溶液高约 2 个 pH 单位。②pH 的变化速率不同:滴定开始时,由于生成少量 Ac^-,抑制了 HAc 的离解,pH 很快增大;随着滴定继续进行,Ac^- 的浓度逐渐增大,HAc-Ac^- 的缓冲作用使溶液 pH 的增加速率减慢;接近化学计量点时,HAc 浓度越来越低,溶液的缓冲作用逐渐减弱,溶液 pH 又增加较快。③滴定突跃范围小:突跃范围为 7.76 ~ 9.70,即滴定突跃只有约 2 个 pH 单位,较强碱滴定强酸的突跃范围(4.30 ~ 9.70)小。滴定突跃范围还反映了滴定反应的完全程度。一般滴定常数 K_t 越大,即反应越完全,滴定突跃就越大,滴定越准确。

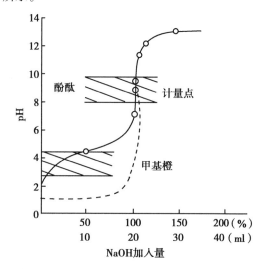

图 3-6　NaOH(0.100 0mol/L)滴定 20ml HAc(0.100 0mol/L)的滴定曲线

图 3-6 中滴定突跃范围为 7.76~9.70,显然在酸性区域变色的指示剂如甲基橙、甲基红等都不适用,而应选用在碱性区域内变色的指示剂,如酚酞($pK_{HIn}=9.1$)或百里酚蓝($pK_{HIn}=8.9$)。

表 3-6　用 NaOH（0.100 0mol/L）滴定 20.00ml HAc（0.100 0mol/L）溶液的 pH 变化（室温下）

加入的 NaOH		剩余的 HAc		计算式	pH	
%	ml	%	ml			
0	0	100	20.00	$[H^+]=\sqrt{K_a c_a}$	2.88	
50	10.00	50	10.00		4.75	
90	18.00	10	2.00	$[H^+]=K_a\dfrac{[HAc]}{[Ac^-]}$	5.71	
99	19.80	1	0.200		6.75	
99.9	19.98	0.1	0.020 0		7.76	突跃范围
100.00	20.00	0	0	$[OH^-]=\sqrt{\dfrac{K_w}{K_a}c_b}$	8.73（计量点）	
		过量的 NaOH				
100.1	20.02	0.1	0.020 0		9.70	
101.0	20.20	1.0	0.200		10.70	

强酸滴定一元弱碱时,滴定曲线(图 3-7)的形状刚好与强碱滴定弱酸的相反,化学计量点与滴定突跃范围都在酸性区域内。例如,用 HCl(0.100 0mol/L)滴定 $NH_3 \cdot H_2O$(0.100 0mol/L),突跃范围为 pH 6.24~4.30,应选用酸性区域变色的指示剂,如甲基红($pK_{HIn}=5.1$)或溴甲酚绿($pK_{HIn}=4.9$)。若以甲基橙为指示剂,滴定到橙色时($pH \approx 4$),滴定误差大于 0.2%。

2. 影响滴定突跃范围的因素

(1)弱酸(碱)的强度:用 NaOH(0.100 0mol/L)滴定不同强度的一元酸(0.100 0mol/L)的滴定曲线如图 3-8 所示。由图可见,当酸溶液的浓度一定时,被滴定酸越弱,即 K_a 越小,滴定突跃范围越小。若 $K_a<10^{-9}$,则无明显的滴定突跃。滴定突跃范围可以反映滴定反应的完全程度。被滴定酸的 K_a 越大,滴定反应的平衡常数越大,即反应越完全,滴定突跃就越大,滴定越准确。

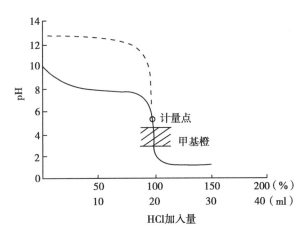

图 3-7　HCl（0.100 0mol/L）滴定 20ml $NH_3 \cdot H_2O$（0.100 0mol/L）的滴定曲线　　图 3-8　NaOH（0.100 0mol/L）滴定 20ml 不同强度的一元酸（0.100 0mol/L）的滴定曲线

(2)溶液的浓度:被滴定酸的 K_a 值一定时,溶液的浓度越大,滴定突跃范围也越大;反之滴定突跃范围则越小。

3. 准确滴定的判断条件　如果酸的 K_a 很小或浓度很低到一定限度时,就没有明显的滴定突跃了,在这种情况下,无法利用指示剂来确定终点,即不能进行准确滴定了。由于人眼在借助指示剂判断滴定终点时有±0.2pH的不确定性,这就要求滴定突跃范围至少有0.4个pH单位,若要控制滴定误差≤0.1%,则要求$c_aK_a \geq 10^{-8}$或$c_bK_b \geq 10^{-8}$,这是判断一元弱酸(碱)能否被准确滴定的条件。

(三)多元酸(碱)的滴定

多元酸(碱)滴定曲线的计算需要比较麻烦的数学处理,这里不加介绍。下面只讨论多元酸(碱)能否分步滴定;滴定到哪一步;各步滴定应选择何种指示剂。

对于多元酸的滴定,首先根据$c_aK_{a_i} \geq 10^{-8}$判断第i级离解的H^+能否被准确滴定,然后根据$K_{a_i}/K_{a_{(i+1)}} \geq 10^4$,判断能否实现分步滴定(滴定误差≤1%),再根据化学计量点的pH选择合适的指示剂。

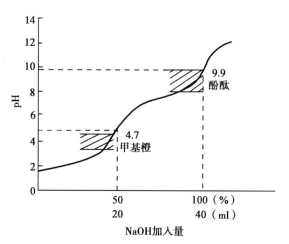

例如,用NaOH(0.100 0mol/L)滴定H_3PO_4(0.100 0mol/L)。H_3PO_4的$K_{a_1} = 6.9 \times 10^{-3}$;$K_{a_2} = 6.2 \times 10^{-8}$;$K_{a_3} = 4.8 \times 10^{-13}$。因$c_aK_{a_1} > 10^{-8}$,$K_{a_1}/K_{a_2} > 10^4$,所以第一级离解的$H^+$能被准确滴定,在第一化学计量点附近有滴定突跃;又$c_aK_{a_2} \approx 10^{-8}$,且$K_{a_2}/K_{a_3} > 10^4$,则第二级离解的$H^+$也可被准确滴定,但由于$K_{a_2}$较小,滴定突跃较小;$c_aK_{a_3}$远小于$10^{-8}$,所以第三级离解的$H^+$不能被准确滴定。因此,用NaOH滴定$H_3PO_4$只有两个滴定突跃。滴定曲线如图3-9所示。

图3-9 NaOH(0.100 0mol/L)滴定20ml H_3PO_4(0.100 0mol/L)的滴定曲线

第一化学计量点:滴定产物是NaH_2PO_4,溶液pH用式(3-30)计算:

$$pH = \frac{1}{2}(pK_{a_1} + pK_{a_2}) = \frac{1}{2}(2.16 + 7.21) = 4.68$$

可选用甲基橙为指示剂。也可选用甲基橙与溴甲酚绿的混合指示剂,变色点$pK_{HIn} = 4.3$,溶液由橙色变为绿色,终点变色较明显。

第二化学计量点:滴定产物是Na_2HPO_4,溶液pH用式(3-30)计算:

$$pH = \frac{1}{2}(pK_{a_2} + pK_{a_3}) = \frac{1}{2}(7.21 + 12.32) = 9.76$$

可选用百里酚酞作指示剂。也可选用酚酞与百里酚酞的混合指示剂,变色点$pK_{HIn} = 9.9$,溶液由无色变为紫色,终点变色较明显。

根据磷酸的δ_i-pH曲线(图3-3),在第一化学计量点,$H_2PO_4^-$的分布系数为99.4%,而H_3PO_4和HPO_4^{2-}各约占0.3%,这说明当0.3%左右的H_3PO_4尚未被中和完全时,已经有0.3%左右的$H_2PO_4^-$被进一步中和成HPO_4^{2-}了。由于在一般分析工作中对多元酸的分步滴定准确度要求较低,允许稍大误差存在,故H_3PO_4通常被认为可用强碱分步滴定。

又如,用NaOH(0.100 0mol/L)滴定$H_2C_2O_4$(0.100 0mol/L)。$H_2C_2O_4$的$K_{a_1} = 5.9 \times 10^{-2}$,$K_{a_2} = 6.4 \times 10^{-5}$,因$c_aK_{a_1} > 10^{-8}$,但$K_{a_1}/K_{a_2} < 10^4$,因此第一级离解的$H^+$还未滴定完全,第二级离解的$H^+$已开始与碱反应。又$c_aK_{a_2} > 10^{-8}$,因此两级离解的$H^+$总量可被准确滴定,即$H_2C_2O_4$能被一步滴定到$C_2O_4^{2-}$,滴定曲线见图3-10。可以看出,在第一化学计量点时没有突跃,在第二化学计量点附近有较大的突跃。可选酚酞

① 滴定误差控制≤0.5%时,则要求$K_{a_i}/K_{a_{(i+1)}} \geq 10^5$。

作指示剂。

多元碱滴定的处理方法与多元酸相似,只需将相应判别式中的 c_a 和 K_a 换成 c_b 和 K_b。

以 HCl(0.100 0mol/L)滴定 Na$_2$CO$_3$(0.100 0mol/L)为例。Na$_2$CO$_3$ 在水溶液中分两步离解,其 $K_{b_1}=\dfrac{K_w}{K_{a_2}}=\dfrac{1.0\times10^{-14}}{4.7\times10^{-11}}=2.1\times10^{-4}$, $K_{b_2}=\dfrac{K_w}{K_{a_1}}=\dfrac{1.0\times10^{-14}}{4.5\times10^{-7}}=2.2\times10^{-8}$。因 $c_bK_{b_1}>10^{-8}$, $c_bK_{b_2}\approx10^{-8}$,但 $K_{b_1}/K_{b_2}\approx10^4$,两步滴定反应之间有一定的交叉,分步滴定的准确性不如 NaOH 滴定 H$_3$PO$_4$ 高。

第一化学计量点:滴定产物是 HCO$_3^-$,则溶液 pH 为

$$pH=\frac{1}{2}(pK_{a_2}+pK_{a_3})=\frac{1}{2}(6.35+10.33)=8.34$$

可选酚酞作指示剂,但终点颜色较难判断(红至微红),采用甲酚红与百里酚蓝混合指示剂,溶液由紫色变为玫红色,终点变色比较明显。

第二化学计量点:滴定产物为 H$_2$CO$_3$(CO$_2$+H$_2$O),饱和 CO$_2$ 溶液的浓度约为 0.04mol/L,则溶液 pH 为

$$[H^+]=\sqrt{K_{a_1}c}=\sqrt{4.5\times10^{-7}\times4\times10^{-2}}=1.34\times10^{-4}\text{mol/L}$$
$$pH=3.87$$

可选甲基橙、溴酚蓝作指示剂。为防止形成 CO$_2$ 的过饱和溶液,使溶液的酸度稍有增大,终点过早出现,当滴定到终点附近时,应剧烈摇动或煮沸溶液,以加速 H$_2$CO$_3$ 分解,除去 CO$_2$,以提高分析的准确度。滴定曲线如图 3-11 所示。

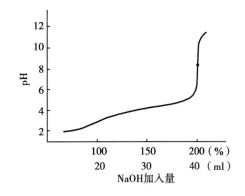

图 3-10　NaOH(0.100 0mol/L)滴定 20ml 草酸(0.100 0mol/L)的滴定曲线

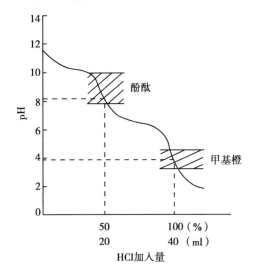

图 3-11　HCl 溶液滴定 Na$_2$CO$_3$ 溶液的滴定曲线

四、酸碱滴定的终点误差

在酸碱滴定中,指示剂的变色点不一定恰好在化学计量点。由滴定终点和化学计量点不一致引起的误差称为滴定终点误差,简称终点误差或滴定误差(titration error),用 TE 表示。

$$TE(\%)=\frac{\text{滴定终点时滴定剂过量或不足的物质的量}}{\text{被测物质的物质的量}}\times100\%$$

上式中的分母也可以是化学计量点时滴定剂应加入的物质的量。若指示剂在化学计量点前变色(滴定剂不足量),则 $TE<0$;反之,若指示剂在化学计量点后变色(滴定剂过量),则 $TE>0$。

(一)强酸(碱)的滴定终点误差

以强碱(NaOH)滴定强酸(HCl)为例,若滴定终点在化学计量点后,即 NaOH 过量,溶液中的 OH$^-$ 来自过量的 NaOH 和 H$_2$O 的离解,质子条件式为

$$[OH^-]_{ep}=[H^+]_{ep}+c_{过量NaOH}$$

即

$$c_{过量NaOH}=[OH^-]_{ep}-[H^+]_{ep}$$

根据终点误差的定义式,

$$TE(\%)=\frac{([OH^-]_{ep}-[H^+]_{ep})V_{ep}}{c_{HCl(sp)}V_{sp}}\times100\%$$

其中 $c_{HCl(sp)}$ 为 HCl 在化学计量点时的分析浓度，V_{ep} 和 V_{sp} 分别为滴定终点和化学计量点时 NaOH 的加入体积，因 $V_{sp} \approx V_{ep}$，代入上式得

$$TE(\%) = \frac{[OH^-]_{ep} - [H^+]_{ep}}{c_{HCl(sp)}} \times 100\% \qquad 式(3\text{-}35)$$

若滴定终点在化学计量点前，即剩余少量 HCl，用相似处理方法，同样可得式（3-35）。

令 $\Delta pH = pH_{ep} - pH_{sp}$，将 ΔpH 和有关平衡常数代入式（3-35）并整理，得强碱滴定强酸的林邦误差公式（Ringbom error formula）：

$$TE(\%) = \frac{10^{\Delta pH} - 10^{-\Delta pH}}{c_{HCl(sp)} \sqrt{K_t}} \times 100\% \qquad 式(3\text{-}36)$$

式中，K_t 为滴定常数，$K_t = \dfrac{1}{K_w} = 1.00 \times 10^{14}$。

因 $c_{HCl(sp)} \approx c_{HCl(ep)}$，式（3-35）和式（3-36）中的 $c_{HCl(sp)}$ 也可用 $c_{HCl(ep)}$ 代替。

同理，强酸滴定强碱的终点误差公式为

$$TE(\%) = \frac{[H^+]_{ep} - [OH^-]_{ep}}{c_{NaOH(sp)}} \times 100\% \qquad 式(3\text{-}37)$$

$$TE(\%) = \frac{10^{-\Delta pH} - 10^{\Delta pH}}{c_{NaOH(sp)} \sqrt{K_t}} \times 100\% \qquad 式(3\text{-}38)$$

式（3-37）和式（3-38）中的 $c_{NaOH(sp)}$ 也可用 $c_{NaOH(ep)}$ 代替。

由式（3-36）和（3-38）可知，K_t 越大，或被测物质在化学计量点时的分析浓度越大，则滴定终点误差越小；滴定终点与化学计量点越接近，即 ΔpH 越小，则滴定终点误差越小。

例 3-6　计算 HCl 溶液（0.100 0mol/L）滴定 NaOH 溶液（0.100 0mol/L）至 pH4.0 和 pH9.0 时的滴定终点误差。

解：$c_{NaOH(sp)} = 0.100\ 0/2 = 0.050\ 00mol/L$，$pH_{sp} = 7.0$

（1）用式（3-37）计算

$pH_{ep} = 4.0$ 时，$[H^+] = 10^{-4.0}mol/L$，$[OH^-] = 10^{-10.0}mol/L$

$$TE(\%) = \frac{10^{-4.0} - 10^{-10.0}}{0.050\ 00} \times 100\% = 0.2\%$$

$pH_{ep} = 9.0$ 时，$[H^+] = 10^{-9.0}mol/L$，$[OH^-] = 10^{-5.0}mol/L$

$$TE(\%) = \frac{10^{-9.0} - 10^{-5.0}}{0.050\ 00} \times 100\% = -0.02\%$$

（2）用林邦误差公式（3-38）计算

$pH_{ep} = 4.0$ 时，$\Delta pH = 4.0 - 7.0 = -3.0$

$$TE(\%) = \frac{10^{3.0} - 10^{-3.0}}{\sqrt{\dfrac{1}{1.00 \times 10^{-14}}} \times 0.050\ 00} \times 100\% = 0.2\%$$

$pH_{ep} = 9.0$ 时，$\Delta pH = 9.0 - 7.0 = 2.0$

$$TE(\%) = \frac{10^{-2.0} - 10^{2.0}}{\sqrt{\dfrac{1}{1.00 \times 10^{-14}}} \times 0.050\ 00} \times 100\% = -0.02\%$$

由此可见，采用两种方法计算得到的滴定终点误差一致。

（二）弱酸（碱）的滴定终点误差

以强碱 NaOH 滴定一元弱酸 HA（离解常数为 K_a）为例，若滴定终点在化学计量点后，溶液体系组

成为 NaA、过量 NaOH 和 H₂O,质子条件式为

$$[OH^-] = [H^+] + [HA] + c_{\text{过量NaOH}}$$

即

$$c_{\text{过量NaOH}} = [OH^-] - [H^+] - [HA]$$

则

$$TE(\%) = \frac{([OH^-]_{ep} - [H^+]_{ep} - [HA]_{ep})V_{ep}}{c_{HA(sp)}V_{sp}} \times 100\%$$

由于 $V_{sp} \approx V_{ep}$,且滴定终点附近溶液呈碱性,即 $[OH^-]_{ep} \gg [H^+]_{ep}$,因而 $[H^+]_{ep}$ 可忽略,于是

$$TE(\%) = \frac{[OH^-]_{ep} - [HA]_{ep}}{c_{HA(sp)}} \times 100\% \qquad 式(3-39)$$

由于 $C_{HA(sp)} \approx C_{HA(ep)}$,则 $\delta_{HA} \approx \dfrac{[HA]_{ep}}{c_{HA(sp)}}$,于是

$$TE(\%) = \left(\frac{[OH^-]_{ep}}{c_{HA(sp)}} - \delta_{HA}\right) \times 100\% \qquad 式(3-40)$$

若滴定终点在化学计量点前,即剩余少量 HA,用相似处理方法,同样可得式(3-39)。

将 ΔpH 和有关平衡常数代入式(3-40)并整理,得强碱滴定一元弱酸的林邦误差公式:

$$TE(\%) = \frac{10^{\Delta pH} - 10^{-\Delta pH}}{\sqrt{c_{HA(sp)}K_t}} \times 100\% \qquad 式(3-41)$$

式(3-40)和式(3-41)中的 $c_{HA(sp)}$ 也可用 $c_{HA(ep)}$ 代替。

同理,强酸滴定一元弱碱(B)的终点误差公式为

$$TE(\%) = \left(\frac{[H^+]_{ep}}{c_{B(sp)}} - \delta_B\right) \times 100\% \qquad 式(3-42)$$

$$TE(\%) = \frac{10^{-\Delta pH} - 10^{\Delta pH}}{\sqrt{c_{B(sp)}K_t}} \times 100\% \qquad 式(3-43)$$

式(3-42)和式(3-43)中的 $c_{B(sp)}$ 也可用 $c_{B(ep)}$ 代替。

由于 $K_t = K_a/K_w$ 或 $K_t = K_b/K_w$,若设 $TE \leq 0.1\%$,$\Delta pH = 0.2$,则由式(3-41)和式(3-43),可近似推出 $c_a K_a \geq 10^{-8}$ 或 $c_b K_b \geq 10^{-8}$,即弱酸(碱)能否被准确滴定的判断条件。

例 3-7　计算 NaOH 溶液(0.100 0mol/L)滴定 HAc 溶液(0.100 0mol/L)至 pH8.0 和 pH9.0 时的滴定终点误差。

解:已知 $K_a = 1.7 \times 10^{-5}$,$pH_{sp} = 8.73$,$c_{HAc(sp)} = 0.100\ 0/2 = 0.050\ 00mol/L$,$K_t = \dfrac{K_a}{K_w} = \dfrac{1.7 \times 10^{-5}}{1.00 \times 10^{-14}} =$

1.7×10^9

(1) 用式(3-40)计算

$pH_{ep} = 8.0$ 时,$[H^+] = 10^{-8.0}mol/L$,$[OH^-] = 10^{-6.0}mol/L$,用式(3-40)计算

$$TE(\%) = \left(\frac{[OH^-]_{ep}}{c_{HAc(sp)}} - \delta_{HAc}\right) \times 100\%$$

$$= \left(\frac{10^{-6.0}}{0.050\ 00} - \frac{10^{-8.0}}{10^{-8.0} + 1.7 \times 10^{-5}}\right) \times 100\% = -0.06\%$$

$pH_{ep} = 9.0$ 时,$[H^+] = 10^{-9.0}mol/L$,$[OH^-] = 10^{-5.0}mol/L$,用式(3-40)计算

$$TE(\%) = \left(\frac{[OH^-]_{ep}}{c_{HAc(sp)}} - \delta_{HAc}\right) \times 100\%$$

$$= \left(\frac{10^{-5.0}}{0.050\ 00} - \frac{10^{-9.0}}{10^{-9.0} + 1.7 \times 10^{-5}}\right) \times 100\% = 0.02\%$$

（2）用林邦误差公式（3-41）计算

$pH_{ep}=8.0$ 时，$\Delta pH=8.0-8.73=-0.73$

$$TE(\%)=\frac{10^{-0.73}-10^{0.73}}{\sqrt{0.050\ 00\times1.7\times10^9}}\times100\%=-0.06\%$$

$pH_{ep}=9.0$ 时，$\Delta pH=9.0-8.73=0.27$

$$TE(\%)=\frac{10^{0.27}-10^{-0.27}}{\sqrt{0.050\ 00\times1.7\times10^9}}\times100\%=0.02\%$$

第三节   酸碱滴定法的应用

一、标准溶液的配制和标定

（一）基准物质

基准物质（primary standard）是用以直接配制或标定标准溶液的物质。基准物质必须符合以下要求：

1. 组成与化学式完全相符。若含结晶水，其结晶水的含量也应与化学式相符，例如 $H_2C_2O_4\cdot2H_2O$、$Na_2B_4O_7\cdot10H_2O$ 等。

2. 纯度足够高（主成分含量在 99.9% 以上），且所含杂质不影响滴定反应的准确度。

3. 性质稳定，例如，不易吸收空气中的水分和 CO_2，以及不易被空气中的氧所氧化等。

4. 最好有较大的摩尔质量，以减小称量时的相对误差。

5. 应按滴定反应式定量进行反应，且没有副反应。

基准物质必须以适宜的方法进行干燥处理并妥善保存。

（二）标准溶液

标准溶液（standard solution）是指具有准确已知浓度的试剂溶液，在滴定分析中常用作滴定剂。

1. 标准溶液浓度的表示方法

（1）物质的量浓度：滴定分析用标准溶液的浓度用物质的量浓度表示，简称浓度（concentration），是指单位体积标准溶液中所含溶质 B 的物质的量，以符号 c_B 表示。即

$$c_B=\frac{n_B}{V} \qquad\qquad 式（3-44）$$

式中，B 代表溶质的化学式；n_B 为溶质 B 的物质的量，单位是 mol；V 是溶液的体积，单位是 L；所以溶质 B 的物质的量浓度 c_B 的单位是 mol/L。

（2）滴定度：在常规分析中，由于测定对象比较固定，常使用同一标准溶液测定同种物质，为计算方便，还常采用滴定度（titer）表示标准溶液的浓度。滴定度是指每毫升标准溶液相当于被测物质的质量（g 或 mg），以符号 $T_{T/B}$ 表示，其下标中 T 和 B 分别表示标准溶液中的溶质和被测物质的化学式。

$$T_{T/B}=\frac{m_B}{V_T} \qquad\qquad 式（3-45）$$

滴定度的单位为 g/ml（或 mg/ml）。若每毫升 HCl 溶液恰能与 0.042 03g $NaHCO_3$ 反应，则可表示为 $T_{HCl/NaHCO_3}=0.042\ 03g/ml$。

2. 标准溶液的配制方法

（1）直接配制法：准确称取一定量的基准物质，用适当溶剂溶解后，定量地转移至量瓶中，稀释至刻度，根据称取基准物质的质量和溶液的体积，计算出标准溶液的准确浓度。例如，称取 1.303 1g 基准物质 $H_2C_2O_4\cdot2H_2O$，置烧杯中，用水溶解后，转移至 1L 量瓶中，用水稀释至刻度，即得 0.010 34mol/L

的草酸溶液。

（2）标定法：由于很多物质不符合基准物质的条件，不能直接配制标准溶液。但可将其先配制成近似于所需浓度的溶液，然后用基准物质或已知浓度的标准溶液来确定它的准确浓度，这种方法称为标定（standardization）法。例如，欲配制 0.1mol/L HCl 标准溶液，先用浓 HCl 稀释配制成浓度大约是 0.1mol/L HCl 的稀溶液，然后称取一定量的基准物质 $Na_2B_4O_7 \cdot 10H_2O$ 进行标定，或者用已知准确浓度的 NaOH 标准溶液进行标定，这样便可求得 HCl 标准溶液的准确浓度。

（三）常用酸碱标准溶液的配制和标定

1. HCl 标准溶液的配制和标定　一般用浓 HCl 先配制成大致浓度后用基准物质标定。常用的基准物质是无水碳酸钠（Na_2CO_3）和硼砂（$Na_2B_4O_7 \cdot 10H_2O$）。无水碳酸钠易制得纯品，价格便宜，但吸湿性强，用前应在 270~300℃ 干燥至恒重，置干燥器中保存备用。硼砂有较大的摩尔质量，称量误差小，无吸湿性，也易制得纯品，其缺点是在空气中易风化失去结晶水，因此应保存在相对湿度为 60%（NaCl 和蔗糖的饱和溶液）的恒湿器中。硼砂水溶液是同浓度的 $H_3B_3O_3$ 和 $H_2B_3O_3^-$ 的混合液，其与 HCl 的反应如下：

$$Na_2B_4O_7 + 2HCl + 5H_2O \rightleftharpoons 4H_3BO_3 + 2NaCl$$

2. NaOH 标准溶液的配制和标定　NaOH 的吸湿性强，也易吸收空气中的 CO_2 生成 Na_2CO_3。为了配制不含 CO_3^{2-} 的碱标准溶液，可采用浓碱法，先用 NaOH 配成饱和溶液，在此溶液中 Na_2CO_3 溶解度很小，待 Na_2CO_3 沉淀后，取上清液稀释成所需浓度，再加以标定。标定 NaOH 溶液常用的基准物质有邻苯二甲酸氢钾（$KHC_8H_4O_4$）、草酸（$H_2C_2O_4 \cdot 2H_2O$）等。邻苯二甲酸氢钾易制得纯品，不吸潮，容易保存，摩尔质量较大，其与 NaOH 的反应如下：

$$\text{（苯环）}\begin{matrix}COOK \\ COOH\end{matrix} + NaOH \rightleftharpoons \text{（苯环）}\begin{matrix}COOK \\ COONa\end{matrix} + H_2O$$

二、酸碱滴定分析的计算

（一）滴定分析中的计量关系

滴定剂 T 与被滴定物 B 有下列反应：

$$tT + bB \rightleftharpoons cC + dD$$

当反应到达化学计量点时，t mol 的滴定剂 T 恰与 b mol 的被滴定物 B 完全作用。被滴定物 B 的物质的量 n_B 与滴定剂 T 的物质的量 n_T 之间的化学计量关系（摩尔比）为：

$$n_T : n_B = t : b$$

于是

$$n_T = \frac{t}{b} \cdot n_B \quad 或 \quad n_B = \frac{b}{t} \cdot n_T \qquad 式（3-46）$$

（二）标准溶液浓度的计算

1. 直接配制法　设基准物质 B 的摩尔质量为 M_B（g/mol），质量为 m_B（g），若将其配制成体积为 V（L）的标准溶液，其浓度 c_B 可按下式计算：

$$c_B = \frac{n_B}{V} = \frac{m_B}{V \cdot M_B} \qquad 式（3-47）$$

2. 标定法　若以基准物质 B 标定物质 T 的标准溶液，在化学计量点时，用去标准溶液体积为 V_T（ml），由式（3-44）和式（3-46）得：

$$c_T V_T = \frac{t}{b} \cdot \frac{m_B}{M_B}$$

即

$$c_T = \frac{t}{b} \cdot \frac{m_B}{M_B V_T} \qquad 式（3-48）$$

由于滴定剂的体积 V_T 常以 ml 为单位,因此将数值代入式(3-48)计算时,应注意体积的单位由 ml 转化为 L。

若以浓度为 $c_T(mol/L)$ 的标准溶液滴定体积为 $V_B(ml)$ 的物质 B 的溶液,在化学计量点时,用去标准溶液的体积为 $V_T(ml)$,由式(3-44)和式(3-46)得:

$$c_B V_B = \frac{b}{t} \cdot c_T V_T$$

即

$$c_B = \frac{b}{t} \cdot \frac{c_T V_T}{V_B} \qquad \text{式(3-49)}$$

3. 物质的量浓度与滴定度之间的换算　设标准溶液的浓度为 $c_T(mol/L)$,滴定度为 $T_{T/B}(g/ml)$,物质 B 的摩尔质量为 $M_B(g/mol)$。

根据物质的量浓度的定义,每毫升标准溶液中所含物质 T 的物质的量为:

$$n_T = c_T \times 10^{-3}$$

根据滴定度的定义,每毫升标准溶液相当于物质 B 的物质的量为:

$$n_B = T_{T/B}/M_B$$

将以上两式代入式(3-46),得物质的量浓度与滴定度之间的关系为:

$$\frac{c_T \times 10^{-3}}{T_{T/B}/M_B} = \frac{t}{b}$$

即

$$c_T = \frac{t}{b} \cdot \frac{10^3 \times T_{T/B}}{M_B} \quad \text{或} \quad T_{T/B} = \frac{b}{t} \cdot \frac{c_T M_B}{10^3} \qquad \text{式(3-50)}$$

（三）被测物质的质量分数的计算

在实践中常需要计算被测物质在试样中的质量分数(mass fraction)。设试样的质量为 $m(g)$,试样中物质 B 的摩尔质量为 $M_B(g/mol)$,若以浓度为 $c_T(mol/L)$ 的标准溶液滴定试样溶液,在化学计量点时,用去标准溶液的体积为 $V_T(ml)$,由式(3-44)和式(3-46)可求出物质 B 的质量 m_B 为:

$$m_B = n_B M_B = \frac{b}{t} \cdot c_T V_T M_B$$

则物质 B 在试样中的质量分数 w_B 为:

$$w_B = \frac{m_B}{m} = \frac{b}{t} \cdot \frac{c_T V_T M_B}{m} \qquad \text{式(3-51)}$$

若用百分数表示,则乘以 100% 即可。

需要说明的是,"质量分数"是"含量(content)"的一种表示方法,仅适用于被测组分和试样量都以质量表示的情况。"含量"比"质量分数"的范围要广。在《中华人民共和国药典》(简称《中国药典》)和药物分析等有关文献中常使用"含量测定"和"含量"等术语,因此本书也将使用这些术语。

（四）计算实例

例 3-8　用基准物质硼砂 $Na_2B_4O_7 \cdot 10H_2O$ 标定 HCl 溶液,称取 0.534 2g 硼砂,滴定至终点时消耗 HCl 溶液 27.98ml,计算 HCl 溶液的浓度。

解:已知 $M_{Na_2B_4O_7 \cdot 10H_2O} = 381.36 g/mol$,硼砂与 HCl 的反应为:

$$Na_2B_4O_7 + 2HCl + 5H_2O \Longleftrightarrow 4H_3BO_3 + 2NaCl$$

即

$$n_{HCl} = 2n_{Na_2B_4O_7 \cdot 10H_2O}$$

按式(3-48)计算

$$c_{HCl} = \frac{2m_{Na_2B_4O_7 \cdot 10H_2O}}{V_{HCl} \cdot M_{Na_2B_4O_7 \cdot 10H_2O}} = \frac{2 \times 0.534\ 2}{27.98 \times 10^{-3} \times 381.36} = 0.100\ 1 mol/L$$

例 3-9　要加多少毫升水到 500.0ml 0.200 0mol/L HCl 溶液中,才能使稀释后的 HCl 标准溶液对 $CaCO_3$ 的滴定度 $T_{HCl/CaCO_3} = 5.005 \times 10^{-3}$ g/ml?

解:已知 $M_{CaCO_3} = 100.09$ g/mol,HCl 与 $CaCO_3$ 的反应为:

$$CaCO_3 + 2HCl \Longrightarrow CaCl_2 + H_2O + CO_2 \uparrow$$

按式(3-50)计算,将稀释后 HCl 标准溶液的滴定度换算为物质的量浓度:

$$c_{HCl} = 2 \times \frac{10^3 \times T_{HCl/CaCO_3}}{M_{CaCO_3}} = 2 \times \frac{10^3 \times 5.005 \times 10^{-3}}{100.09} = 0.100\ 0\text{mol/L}$$

设稀释时加入纯水为 V(ml),由式(3-44)得:

$$0.200\ 0 \times 500.0 = 0.100\ 0 \times (500.0 + V)$$

$$V = 500.0\text{ml}$$

例 3-10　准确称取工业用草酸试样 1.000 5g,用无 CO_2 的水溶解后用浓度为 0.502 6mol/L 的 NaOH 标准溶液进行滴定,滴定至终点(酚酞变色)时消耗 NaOH 标准溶液 30.70ml,计算试样中草酸(以 $H_2C_2O_4 \cdot 2H_2O$ 计)的质量分数。

解:已知 $M_{H_2C_2O_4 \cdot 2H_2O} = 126.07$ g/mol,草酸与 NaOH 的反应为:

$$H_2C_2O_4 + 2NaOH \Longrightarrow Na_2C_2O_4 + 2H_2O$$

按式(3-51)计算

$$w_{H_2C_2O_4 \cdot 2H_2O}(\%) = \frac{1}{2} \cdot \frac{c_{NaOH} V_{NaOH} M_{H_2C_2O_4 \cdot 2H_2O}}{m} \times 100\%$$

$$= \frac{1}{2} \times \frac{0.502\ 6 \times 30.70 \times 126.07}{1.000\ 5 \times 10^3} \times 100\% = 97.21\%$$

三、酸碱滴定方式

滴定分析中常用的滴定方式有直接滴定、返滴定、置换滴定和间接滴定。采用不同的滴定方式,不仅可以扩大滴定分析的应用范围,还可以提高滴定分析的准确度。下面介绍酸碱滴定分析中常用的三种滴定方式。

（一）直接滴定

直接滴定(direct titration)是用标准溶液直接滴定被测物质溶液的方法。适合直接滴定分析的反应必须具备以下几个条件:

1. 反应具有确定的化学计量关系。

2. 反应必须定量进行,通常要求反应完全程度达到 99.9% 以上。

3. 反应速度要快,最好在滴定剂加入后即可完成。

4. 必须有适当的方法确定终点。

凡能满足上述要求的反应,都可采用直接滴定法。试样中凡能溶于水的酸或碱组分的 $c_a K_a \geqslant 10^{-8}$ 或 $c_b K_b \geqslant 10^{-8}$ 时,均可用酸、碱标准溶液直接滴定。

例如,《中国药典》(2020 年版)碳酸氢钠注射液的含量测定就是采用直接滴定方式,HCO_3^- 是弱碱($K_b = 2.2 \times 10^{-8}$),可用 HCl 标准溶液(0.5mol/L)直接滴定。

（二）返滴定

当溶液中被测物质与滴定剂的反应速度很慢,或者被测物是固体试样时,滴定剂加入后反应不能立即完成,此时可先准确地加入过量的标准溶液,使其与试液中的被测物质或固体试样进行反应,待反应完全后,再用另一种标准溶液滴定剩余的标准溶液,这种滴定方式称为返滴定(back titration)、回滴定或剩余滴定。

例如,固体 $CaCO_3$ 的含量测定常采用返滴定方式,先用定量且过量的 HCl 标准溶液与 $CaCO_3$ 完全反应,煮沸除 CO_2,然后用 NaOH 标准溶液滴定剩余的 HCl。

（三）间接滴定

不能与滴定剂直接反应的物质,有时可以通过另外的化学反应间接地进行滴定,这种滴定方式称为间接滴定（indirect titration）。

例如,H_3BO_3 的酸性很弱（$K_{a_1}=5.4\times10^{-10}$）,不能用强碱直接滴定,于溶液中加入大量甘油（或甘露醇）,与 H_3BO_3 反应生成稳定的配合物,该配合物的酸性较强,可以采用 NaOH 标准溶液进行滴定。

$$2\ \underset{\text{甘油}}{\begin{array}{c}H_2C-OH\\ HC-OH\\ H_2C-OH\end{array}} + H_3BO_3 \rightleftharpoons \underset{\text{甘油硼酸}}{\left[\begin{array}{c}H_2C-O\\ HC-O\\ H_2C-OH\end{array}\ B\ \begin{array}{c}O-CH_2\\ O-CH\\ HO-CH_2\end{array}\right]^-} + H^+ + 3H_2O$$

四、应用示例

【示例 3-1】　药用辅料 NaOH 的含量测定

由于 NaOH 在生产和贮存中吸收空气中的 CO_2,而成为 NaOH 和 Na_2CO_3 的混合碱,《中国药典》（2020 年版）采用双指示剂滴定法（double indicator titration）测定药用辅料 NaOH 的含量。

操作步骤：取本品 1.5g,精密称定,加新沸放冷的水 40ml 使溶解,放冷至室温,加酚酞指示液 3 滴,用硫酸滴定液（0.5mol/L）滴定至红色消失,记录消耗硫酸滴定液的体积,再加甲基橙指示液 2 滴,继续滴加硫酸滴定液至显持续的橙红色。根据消耗硫酸滴定液的体积,算出供试量中的总碱量（作为 NaOH 计算）,并根据加甲基橙指示液后消耗硫酸滴定液的体积,算出供试量中 Na_2CO_3 的含量。每 1ml 硫酸滴定液（0.5mol/L）相当于 40.00mg 的 NaOH 或 106.0mg 的 Na_2CO_3。

说明：若滴定至红色消失,消耗硫酸溶液的体积为 V_1,此时溶液组成为 Na_2SO_4 和 $NaHCO_3$;继续滴定至显持续的橙红色,消耗硫酸溶液的体积为 V_2,此时溶液组成为 CO_2 和 H_2O。滴定 NaOH 所消耗的体积为 V_1-V_2,滴定 Na_2CO_3 所消耗的体积为 $2V_2$。

【示例 3-2】　尿素的含量测定

《中国药典》（2020 年版）采用常量凯氏（Kjeldahl）定氮法测定尿素的含量,测定原理是尿素中的有机态氮在浓硫酸和催化剂的共同作用下转化为铵盐,加碱蒸馏,用硼酸溶液吸收后再以盐酸标准溶液进行滴定。

操作步骤：取本品约 0.15g,精密称定,置凯氏烧瓶中,加水 25ml、3% 硫酸铜溶液 2ml 与硫酸 8ml,缓缓加热至溶液呈澄明的绿色后,继续加热 30 分钟,放冷,加水 100ml,摇匀,沿瓶壁缓缓加 20% 氢氧化钠溶液 75ml,自成一液层,加锌粒 0.2g,用氮气球将凯氏烧瓶与冷凝管连接,并将冷凝管的末端伸入盛有 4% 硼酸溶液 50ml 的 500ml 锥形瓶的液面下;轻轻摆动凯氏烧瓶,使溶液混合均匀,加热蒸馏,俟氨馏尽,停止蒸馏;馏出液中加甲基红指示液数滴,用盐酸滴定液（0.2mol/L）滴定,并将滴定的结果用空白试验校正。每 1ml 盐酸滴定液（0.2mol/L）相当于 6.006mg 的 CH_4N_2O。

说明：用 H_3BO_3 溶液吸收蒸馏出的 NH_3,生成的 $H_2BO_3^-$ 是较强碱,可用酸标准溶液滴定。吸收剂 H_3BO_3 的浓度和体积无须准确,但要确保过量。

$$NH_4^+ + OH^- \rightleftharpoons NH_3\uparrow + H_2O$$

$$NH_3 + H_3BO_3 \rightleftharpoons NH_4^+ + H_2BO_3^-$$

$$H^+ + H_2BO_3^- \rightleftharpoons H_3BO_3$$

终点产物是 H_3BO_3 和 NH_4^+（混合弱酸）,$pH\approx5$。NH_3 蒸出后,也可以用过量的 H_2SO_4 或 HCl 标准溶液吸收,过量的酸再用 NaOH 标准溶液返滴定。

第四节　非水滴定法

在水溶液中进行的滴定有时候会受到一些限制,例如离解常数很小的弱酸、弱碱不能被准确滴定;pK_1 和 pK_2 相近的多元酸(碱)或混合酸(碱)不能分步或分别滴定。此外,许多有机化合物在水中的溶解度较小,也不适宜在水溶液中滴定。在非水溶剂中进行的滴定分析方法称为非水滴定法(nonaqueous titration)。以非水溶剂为介质,不仅能增大有机化合物的溶解度,而且能使滴定反应进行完全,从而扩大了滴定分析的应用范围。非水滴定法在药物分析中应用较为广泛。

一、非水滴定法的基本原理

(一)溶剂的分类

根据酸碱质子理论,用于非水滴定的溶剂可分为下列几类:

1. 酸性溶剂　给出质子能力较强的溶剂,又称生质子溶剂(protogenic solvent),碱性物质在这些溶剂中的碱性会增强,常用的有冰醋酸、丙酸等。

2. 碱性溶剂　接受质子能力较强的溶剂,又称亲质子溶剂(protophilic solvent),酸性物质在这些溶剂中的酸性会增强,常用的有胺类、醋酐等。

3. 两性溶剂　给出与接受质子能力相当的溶剂,两性溶剂(amphiprotic solvent)又称中性溶剂,醇类一般属于两性溶剂,如甲醇、乙醇、异丙醇、乙二醇等。

4. 非质子溶剂　不能发生质子自递反应的溶剂,又称无质子溶剂(aprotic solvent),这类溶剂不能给出质子,接受质子的能力也极弱或不能接受质子,如苯、三氯甲烷、酮类、吡啶等。

(二)溶剂的性质

1. 溶剂的酸碱性　根据酸碱质子理论,酸碱物质在溶剂中的离解是通过溶剂接受或给予质子得以实现的。显然,物质在溶剂中的酸碱强度,除与物质本身的性质有关,还与溶剂的酸碱性质有关。

例如,酸 HA 在溶剂 SH 中的离解反应及其离解常数为:

$$HA+SH \Longrightarrow SH_2^+ + A^- \qquad K_{HA} = \frac{a_{SH_2^+} \cdot a_{A^-}}{a_{HA}} \qquad 式(3-52)$$

在上述反应中,HA 将质子转移给 SH,SH 接受质子生成溶剂合质子 SH_2^+,即溶剂 SH 起到碱的作用。

HA、SH 作为酸、碱离解的半反应及其平衡常数分别为:

$$HA \Longrightarrow H^+ + A^- \qquad K_a^{HA} = \frac{a_{H^+} \cdot a_{A^-}}{a_{HA}} \qquad 式(3-53)$$

$$SH+H^+ \Longrightarrow SH_2^+ \qquad K_b^{SH} = \frac{a_{SH_2^+}}{a_{SH} \cdot a_{H^+}} \qquad 式(3-54)$$

K_a^{HA} 和 K_b^{SH} 分别为 HA 的固有酸度常数和 SH 的固有碱度常数,$a_{SH}=1$,将式(3-53)和式(3-54)代入式(3-52)得:

$$K_{HA} = K_a^{HA} \cdot K_b^{SH} \qquad 式(3-55)$$

同理,碱 B 在溶剂 SH 中的离解反应及其离解常数为:

$$B+SH \Longrightarrow BH^+ + S^- \qquad K_B = \frac{a_{BH^+} \cdot a_{S^-}}{a_B} = K_b^B \cdot K_a^{SH} \qquad 式(3-56)$$

K_a^{HA} 和 K_b^{SH} 的绝对数值目前无法测得,但利用"固有酸度"和"固有碱度"的概念,可以得出一些重要结论。

由式(3-55)和式(3-56)可知,一种酸在溶剂中的强度,既与该酸的固有酸度有关,也与溶剂的固有碱度有关。同理,一种碱在溶剂中的强度,既与该碱的固有碱度有关,也与溶剂的固有酸度有关。弱酸溶于碱性溶剂中可以增强其酸性,弱碱溶于酸性溶剂中可以增强其碱性。例如,苯酚在水中为弱酸,但在乙二胺中则为较强的酸;苯胺在水中为弱碱,但在冰醋酸中则为较强的碱。

溶剂的酸碱性对滴定反应能否进行完全、终点是否明显起决定性作用。例如,在溶剂 SH 中用强酸 SH_2^+ 滴定弱碱 B 的反应如下:

$$SH_2^+ + B \Longrightarrow BH^+ + HS$$

滴定常数为:

$$K_t = \frac{a_{BH^+} \cdot a_{HS}}{a_{SH_2^+} \cdot a_B} = K_b^B / K_b^{HS} \qquad \text{式}(3-57)$$

由式(3-57)可知,B 的固有碱度(K_b^B)越大,溶剂的固有碱度(K_b^{HS})越小,K_t 越大,即滴定反应越完全。例如,吡啶在水中不能被滴定,但在冰醋酸中能被准确滴定,这是因为冰醋酸的碱性比水弱。

同理,在溶剂 SH 中用强碱 S^- 滴定弱酸 HA,$K_t = K_a^{HA} / K_a^{HS}$,HA 的固有酸度($K_a^{HA}$)越大,溶剂的固有酸度($K_a^{SH}$)越小,$K_t$ 越大,即滴定反应越完全。

因此从反应完全程度考虑,滴定弱碱应该选碱性弱的溶剂,滴定弱酸应该选酸性弱的溶剂。

2. 溶剂的质子自递常数　除了非质子溶剂外,非水溶剂均能发生质子自递反应:

$$SH + SH \Longrightarrow SH_2^+ + S^-$$

在上述反应中,SH 既能给出质子又能接受质子,SH_2^+ 为溶剂合质子,S^- 为溶剂阴离子。溶剂 SH 的质子自递常数为:

$$K_s = a_{SH_2^+} \cdot a_{S^-} \qquad \text{式}(3-58)$$

溶剂 SH 作为酸、碱离解的半反应及其平衡常数分别为:

$$SH \Longrightarrow S^- + H^+ \qquad K_a^{SH} = \frac{a_{S^-} \cdot a_{H^+}}{a_{SH}} \qquad \text{式}(3-59)$$

$$SH + H^+ \Longrightarrow SH_2^+ \qquad K_b^{SH} = \frac{a_{SH_2^+}}{a_{SH} \cdot a_{H^+}} \qquad \text{式}(3-60)$$

K_a^{SH} 和 K_b^{SH} 分别为 SH 的固有酸度常数和固有碱度常数,$a_{SH} = 1$,将式(3-59)和式(3-60)代入式(3-58)得:

$$K_s = K_a^{SH} \cdot K_b^{SH} \qquad \text{式}(3-61)$$

由式(3-61)可知,溶剂的酸、碱性越弱(K_a^{SH}、K_b^{SH} 越小),溶剂的质子自递常数 K_s 越小。表 3-7 列出了一些常用溶剂的 pK_s。

溶剂的 K_s 是非水溶剂的重要特性,K_s 的大小对滴定突跃范围有一定的影响。现以水和乙醇两种溶剂进行比较。

在水($pK_s = 14.00$)中,以 0.1mol/L NaOH 滴定同浓度的一元强酸,滴定突跃范围为 4.3~9.7,即有 5.4 个 pH 单位的变化。

在乙醇($pK_s = 19.1$)中,乙醇合质子 $C_2H_5OH_2^+$ 相当于水中的水合质子 H_3O^+,而乙醇阴离子 $C_2H_5O^-$ 则相当于 OH^-,若同样以 0.1mol/L C_2H_5ONa 标准溶液滴定酸,当滴定到化学计量点前 0.1% 时,即 $pH^* = 4.3$,pH^* 代表 $pC_2H_5OH_2$,与水溶液的 pH 意义相当;当滴定到化学计量点后 0.1% 时,即 $pC_2H_5O = 4.3$。$pC_2H_5OH_2 + pC_2H_5O = 19.1$,则 $pC_2H_5OH_2 = 19.1 - 4.3 = 14.8$。故在乙醇介质中 pH^* 变化范围为 4.3~14.8,有 10.5 个 pH^* 单位的变化,比水中的滴定突跃范围大 5.1 个 pH^* 单位。

可见,溶剂的 pK_s 越大,滴定突跃范围越大,滴定的准确度越高,原来在水中不能被滴定的酸碱,在乙醇中有可能被滴定。

3. 溶剂的介电常数　在介电常数不太大的溶剂中,不带电荷的酸或碱的离解分为缔合和电离两个步骤。

例如,酸 HA 在溶剂 SH 中的离解反应如下:

$$HA+SH \Longrightarrow [SH_2^+ \cdot A^-] \Longrightarrow SH_2^+ + A^-$$

首先 HA 和 SH 之间发生质子转移,借静电引力缔合形成离子对 $[SH_2^+ \cdot A^-]$,然后离子对发生离解,形成 SH_2^+ 和 A^-。根据库仑定律,SH_2^+ 和 A^- 之间的静电引力与溶剂的介电常数 ε 成反比,即溶剂的介电常数越大,离子间的静电引力越小,越有利于离解。

对于带电荷的酸或碱,情况有所不同,它们在离解时没有离子对的形成,因此离解过程不受介电常数的影响。

例如,NH_4^+ 在溶剂 SH 中的离解反应如下:

$$NH_4^+ + SH \Longrightarrow NH_3 + SH_2^+$$

一些常用溶剂的介电常数见表 3-7。根据溶剂的介电常数大小可以判断溶质在不同溶剂中的离解程度。例如,醋酸溶于水和乙醇两个碱度相近的溶剂中,在高介电常数的水($\varepsilon = 78.5$)中,由于醋酸分子较易离解,形成水合质子 H_3O^+ 与醋酸根离子 Ac^-,而在低介电常数的乙醇($\varepsilon = 24.3$)中,则很少离解成离子,故醋酸在水中的酸度比在乙醇中大。又如,H_3BO_3 和 NH_4^+ 在水中都是弱酸,二者的强度相近,都不能被准确滴定,但 H_3BO_3 在乙醇中的离解度比在水中小很多,而 NH_4^+ 在乙醇中的离解度与在水中差不多。因此,在乙醇中,可以在 H_3BO_3 存在下用强碱选择滴定 NH_4^+。

表 3-7　常用溶剂的质子自递常数和介电常数(25℃)

溶剂	pK_s	ε	溶剂	pK_s	ε
水	14.00	78.5	乙腈	28.5	36.6
甲醇	16.7	31.5	甲基异丁酮	>30	13.1
乙醇	19.1	24.0	二甲基甲酰胺	—	36.7
冰醋酸	14.45	6.13	吡啶	—	12.3
醋酐	14.5	20.5	苯	—	2.3
乙二胺	15.3	14.2	三氯甲烷	—	4.81

4. 均化效应和区分效应　在水中,$HClO_4$、H_2SO_4 和 HCl 的稀溶液都是强酸,因为水的碱性相对较强,可以接受这些酸的质子形成水合质子 H_3O^+,而这些酸失去了质子成为其共轭碱(ClO_4^-、Cl^-、HSO_4^-):

$$HClO_4 + H_2O \Longrightarrow H_3O^+ + ClO_4^-$$

$$H_2SO_4 + H_2O \Longrightarrow H_3O^+ + HSO_4^-$$

$$HCl + H_2O \Longrightarrow H_3O^+ + Cl^-$$

在水中最强的酸是 H_3O^+,以上各酸的强度都被均化或拉平到 H_3O^+ 的水平,即它们的酸强度相等。这种能将各种不同强度的酸(或碱)均化到溶剂合质子(或溶剂阴离子)水平的效应称为均化效应(leveling effect)。具有均化效应的溶剂称为均化性溶剂(leveling solvent)。在均化性溶剂中,溶剂合质子 SH_2^+(如 H_3O^+、H_2Ac^+ 等)是溶液中能够存在的最强酸,即共存酸都被均化到溶剂合质子的水平。同理,共存碱在酸性溶剂中都被均化到溶剂阴离子的水平,溶剂阴离子 S^-(如 OH^-、Ac^- 等)是溶液中能够存在的最强碱。

$HClO_4$、H_2SO_4 和 HCl 在冰醋酸中的离解反应为:

$$HClO_4 + HAc \Longrightarrow H_2Ac^+ + ClO_4^-$$

$$H_2SO_4 + HAc \Longrightarrow H_2Ac^+ + HSO_4^-$$

$$HCl + HAc \Longrightarrow H_2Ac^+ + Cl^-$$

在碱性比水弱的冰醋酸中,以上各酸的强度有差别。这种能区分酸(或碱)强弱的效应称为区分效应(differentiating effect),具有区分效应的溶剂称为区分性溶剂(differentiating solvent)。醋酸是 $HClO_4$,H_2SO_4 和 HCl 的区分性溶剂。

一般说来,酸性溶剂是碱的均化性溶剂,是酸的区分性溶剂;碱性溶剂是碱的区分性溶剂,是酸的均化性溶剂。例如,水是盐酸和醋酸的区分性溶剂,比水的碱性更强的液氨是盐酸和醋酸的均化性溶剂。因此可以利用均化效应测定混合酸(碱)的总量,利用区分效应分别测定混合酸(碱)中各组分的含量。显然,溶剂的酸、碱性越弱(K_a^{SH}、K_b^{SH} 越小),其区分的区域越大,越有利于混合酸(碱)的分别测定。例如,甲基异丁酮的酸、碱性均极弱,在甲基异丁酮中,用氢氧化四丁基铵连续滴定高氯酸、盐酸、水杨酸、醋酸和苯酚的混合物,以电位法(参见第七章)确定终点,所得的滴定曲线见图 3-12。由此可观察到五种不同强度的酸都能明显地被区分滴定。

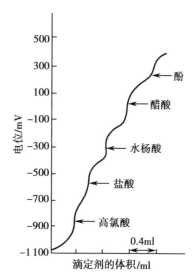

图 3-12　五种混合酸的区分滴定曲线

二、非水滴定法的应用

(一)对溶剂的要求

在非水滴定中,溶剂的选择十分重要。所选溶剂应有利于滴定反应完全,终点明显。此外,还应考虑以下要求:

(1)溶剂应有一定的纯度,黏度小,挥发性低,易于精制、回收,价廉,安全。

(2)溶剂应能溶解试样及滴定反应的产物。一种溶剂不能溶解时,可采用混合溶剂。

(3)溶剂应不引起副反应。溶剂中的水分能严重干扰滴定终点,应采用精制或加入能和水作用的试剂等方法除去。

(二)碱的滴定

1. 溶剂　滴定弱碱应选酸性溶剂,以增强弱碱的强度,使滴定反应更完全。

冰醋酸是最常用的酸性溶剂。市售冰醋酸含有少量水分,为避免水分存在对滴定的影响,一般需加入一定量的醋酐,使其与水反应转变成醋酸:

$$(CH_3CO)_2O + H_2O \rightleftharpoons 2CH_3COOH$$

2. 标准溶液　滴定碱的标准溶液常采用高氯酸的冰醋酸溶液。高氯酸在冰醋酸中的酸性较强,且生成的高氯酸盐易溶于有机溶剂,对准确滴定有利。市售高氯酸为含量 $70.0\% \sim 72.0\%$ 的水溶液,一般需加入醋酐除去水分。

高氯酸与有机物接触、遇热极易引起爆炸,和醋酐混合时易发生剧烈反应放出大量热。因此在配制时应先用冰醋酸将高氯酸稀释后再在不断搅拌下缓缓滴加适量醋酐。一般通过加入过量醋酐除去 $HClO_4$ 中的水;但对易乙酰化的样品,如芳香伯胺或仲胺,加入过量的醋酐将与胺发生酰化反应,需用水分测定法测定其含水量,再用醋酐调节。

由于冰醋酸在低于 16℃ 时会结冰而影响使用,可在冰醋酸中加入 $10\% \sim 15\%$ 丙酸防冻;对不易乙酰化的试样可采用醋酸-醋酐(9:1)的混合溶剂配制高氯酸标准溶液,不仅能防止结冰,而且吸湿性小。

标定高氯酸标准溶液常用邻苯二甲酸氢钾为基准物质,结晶紫为指示剂,其滴定反应如下:

以体积膨胀系数较小(0.21×10⁻³/℃)的水为溶剂的酸碱标准溶液的浓度受室温改变的影响不大。而多数有机溶剂的体积膨胀系数较大,例如冰醋酸的体积膨胀系数为1.1×10⁻³/℃,是水的 5 倍,即温度改变1℃,体积就有 0.11%的变化。《中国药典》(2020 年版)规定若滴定供试品与标定高氯酸标准溶液时的温度差别超过 10℃,应重新标定,未超过 10℃,则可按下式将高氯酸标准溶液的浓度加以校正:

$$c_1 = \frac{c_0}{1+0.001\ 1\,(t_1 - t_0)}$$

式中 0.001 1 为冰醋酸的体积膨胀系数,t_0 为标定高氯酸滴定液时的温度,t_1 为滴定供试品时的温度,c_0 为 t_0 时高氯酸标准溶液的浓度,c_1 为 t_1 时高氯酸标准溶液的浓度。

3. 滴定终点的检测　检测终点的主要方法有电位法(参见第七章)和指示剂法。用指示剂来确定终点的关键在于选用合适的指示剂。一般选择变色点与电位法的终点相符合的指示剂。

结晶紫(crystal violet)是以冰醋酸作滴定介质、高氯酸为滴定剂滴定碱时最常用的指示剂。结晶紫为多元碱,在滴定中,随着溶液酸度的增加,结晶紫由紫色(碱式色)变至蓝紫、蓝、蓝绿、黄绿,最后转变为黄色(酸式色)。在不同酸度的介质中其离解平衡如下:

滴定较强碱时应以蓝色或蓝绿色为终点,滴定极弱碱则应以蓝绿色或绿色为终点。终点颜色应以电位滴定时的突跃为准,并作空白试验校正,以减小滴定终点误差。

α-萘酚苯甲醇(α-naphthalphenol benzyl alcohol)适合在冰醋酸-四氯化碳、醋酐等溶剂中使用,常用0.5%冰醋酸溶液,其酸式色为绿色,碱式色为黄色。

喹哪啶红(quinaldine red)适合在冰醋酸中滴定大多数胺类化合物使用,常用 0.1%甲醇溶液,其酸式色为无色,碱式色为红色。

4. 应用　大部分具有碱性基团的有机化合物,如胺类、氨基酸类、含氮杂环化合物、某些有机碱的盐及有机酸的碱金属盐等,可用高氯酸标准溶液进行滴定。

(1) 有机弱碱:有机弱碱如胺类、生物碱类等,只要其在水溶液中的 $K_b>10^{-10}$,都能在冰醋酸介质中进行定量测定。对 $K_b<10^{-12}$ 的极弱碱,需使用冰醋酸-醋酐的混合溶液为介质。

【示例 3-3】　咖啡因的含量测定

《中国药典》(2020 年版)中咖啡因的含量测定采用高氯酸标准溶液,以冰醋酸-醋酐的混合液为介质进行滴定。咖啡因的结构式如下:

操作步骤：取本品约 0.15g，精密称定，加醋酐-冰醋酸（5：1）的混合液 25ml，微温使溶解，放冷，加结晶紫指示液 1 滴，用高氯酸滴定液（0.1mol/L）滴定至溶液显黄色，并将滴定的结果用空白试验校正。每 1ml 高氯酸滴定液（0.1mol/L）相当于 19.42mg 的 $C_8H_{10}N_4O_2$。

说明：咖啡因的碱性很弱（$K_b = 4.0 \times 10^{-14}$），在冰醋酸中滴定咖啡因无明显的突跃。以冰醋酸-醋酐的混合液为介质进行滴定，随着醋酐比例的增加，滴定突跃显著增大，如图 3-13 所示。该滴定反应的原理是醋酐离解生成的乙酰阳离子 CH_3CO^+ 与滴入的 ClO_4^- 形成离子对 $[CH_3CO^+ \cdot ClO_4^-]$，该离子对是与咖啡因反应的滴定剂。

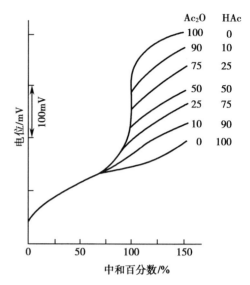

图 3-13　咖啡因在不同比例醋酐-冰醋酸中的滴定曲线

（2）有机酸的碱金属盐：由于有机酸的酸性较弱，其共轭碱（有机酸根）在冰醋酸中显较强的碱性。有机酸越弱，滴定反应进行得越完全。在冰醋酸中以高氯酸标准溶液直接滴定的有机酸的碱金属盐有邻苯二甲酸氢钾、水杨酸钠、醋酸钠、乳酸钠、枸橼酸钠（钾）等。

【示例 3-4】　萘普生钠的含量测定

《中国药典》（2020 年版）中萘普生钠的含量测定采用高氯酸标准溶液，以冰醋酸为介质进行滴定。萘普生钠的结构式如下：

$$\text{（结构式）}$$

操作步骤：取本品约 0.2g，精密称定，加冰醋酸 30ml 溶解后，加结晶紫指示液 1 滴，用高氯酸滴定液（0.1mol/L）滴定至溶液显蓝绿色，并将滴定的结果用空白试验校正。每 1ml 高氯酸滴定液（0.1mol/L）相当于 25.22mg 的 $C_{14}H_{13}NaO_3$。

（3）有机碱的无机盐：大多数有机碱均难溶于水，且不太稳定，故常与酸成盐后作药用，其中多数为氢卤酸盐，如盐酸麻黄碱、氢溴酸东莨菪碱等。由于氢卤酸的酸性较强，滴定反应不完全。因此在滴定前加入一定量醋酸汞 $[Hg(Ac)_2]$ 的冰醋酸溶液，生成难电离的卤化汞（HgX_2），而氢卤酸盐转化成醋酸盐，再用高氯酸滴定。但由此带来汞的环境污染问题，应尽量避免少用。如《中国药典》（2020 年版）盐酸奈福泮的含量测定，采用冰醋酸加醋酐的高氯酸电位滴定法，即通过溶剂的选择使终点突跃增大而代之汞盐的使用。若样品为磷酸盐，可以直接滴定；硫酸盐也可直接滴定，但滴定至其成为硫酸氢盐为止；样品为硝酸盐时，因硝酸可使指示剂颜色褪色，终点难以观察，应以电位法指示终点。

（4）有机碱的有机酸盐：马来酸氯苯那敏、重酒石酸去甲肾上腺素、枸橼酸喷托维林等药物都属于有机碱的有机酸盐，其通式为 B·HA。冰醋酸或冰醋酸-醋酐的混合溶剂能增强有机碱的有机酸盐的碱性，因此可以结晶紫为指示剂，用高氯酸的冰醋酸溶液滴定。滴定反应如下：

$$B \cdot HA + HClO_4 \rightleftharpoons B \cdot HClO_4 + HA$$

【示例 3-5】　枸橼酸喷托维林的含量测定

《中国药典》（2020 年版）采用高氯酸标准溶液，以冰醋酸为介质进行滴定。枸橼酸喷托维林的结

构如下：

操作步骤： 取本品约 0.4g，精密称定，加冰醋酸 10ml 溶解后，加结晶紫指示液 1 滴，用高氯酸滴定液(0.1mol/L)滴定至溶液显蓝色，并将滴定的结果用空白试验校正。每 1ml 高氯酸滴定液(0.1mol/L)相当于 52.56mg 的 $C_{20}H_{31}NO_3 \cdot C_6H_8O_7$。

（三）酸的滴定

1. 溶剂　滴定不太弱的羧酸时，可用醇类作溶剂；对弱酸和极弱酸的滴定则以碱性溶剂乙二胺或非质子溶剂二甲基甲酰胺较为常用；混合酸的区分滴定以甲基异丁酮为溶剂。混合溶剂如甲醇-苯、甲醇-丙酮也常用于酸的滴定。

2. 标准溶液　滴定酸的标准溶液常采用甲醇钠的苯-甲醇溶液。

甲醇钠溶液(0.1mol/L)的配制：取无水甲醇(含水量少于 0.2%)150ml，置冷水冷却的容器中，分次少量加入新切的金属钠 2.5g，完全溶解后，加适量的无水苯(含水量少于 0.2%)，使成 1 000ml 即得。反应式为：

$$2CH_3OH+2Na \Longleftrightarrow 2CH_3ONa+H_2\uparrow$$

有时也用氢氧化四丁基铵为滴定剂，用碘化四丁基铵和氧化银反应制成，反应式为：

$$2(C_4H_9)_4NI+Ag_2O+CH_3OH \Longleftrightarrow (C_4H_9)_4NOH+2AgI\downarrow+(C_4H_9)_4NOCH_3$$

标定碱标准溶液常用的基准物质为苯甲酸。以标定甲醇钠溶液为例，其反应式为：

$$\text{⟨⟩—COOH} + CH_3ONa \Longleftrightarrow CH_3OH + \text{⟨⟩—COO}^- + Na^+$$

滴定过程中应注意防止溶剂和碱滴定液吸收 CO_2 和水蒸气，以及滴定液中溶剂的挥发。

3. 指示剂　百里酚蓝(thymol blue)适合在苯、丁胺、二甲基甲酰胺、吡啶、叔丁醇溶剂中滴定中等强度酸时使用，变色敏锐，终点清楚，其碱式色为蓝色，酸式色为黄色。

偶氮紫(azo violet)适合在碱性溶剂或非质子溶剂中滴定较弱的酸时使用，其碱式色为蓝色，酸式色为红色。

溴酚蓝(bromophenol blue)适合在甲醇、苯、三氯甲烷等溶剂中滴定羧酸、磺胺类、巴比妥类等使用，其碱式色为蓝色，酸式色为红色。

4. 应用

（1）羧酸类：不太弱的酸可在醇中以酚酞作指示剂，用氢氧化钾滴定。一些高级羧酸在水中 pK_a 约为 5~6，但由于滴定时产生泡沫，使终点模糊，在水中无法滴定，可在苯-甲醇混合溶剂中用甲醇钠滴定。

更弱的羧酸可以二甲基甲酰胺为溶剂，百里酚蓝为指示剂，用甲醇钠标准溶液滴定。

（2）酚类：水溶液中滴定酚无明显的滴定突跃，如图 3-14 所示。若以乙二胺为溶剂，酚可强烈地进行质子转移，形成能被强碱滴定的离子对。用氨基乙醇钠($NH_2CH_2CH_2O^-Na^+$)作滴定剂，滴定突跃明显增大，如图 3-15 所示。当酚的邻位或对位有—NO_2、—CHO、—Cl、—Br 等取代基时，酸的强度有所增大，可以二甲基甲酰胺为溶剂，用甲醇钠滴定。

（3）磺酰胺类：磺胺类化合物的结构如下，其结构中含有酸性的磺酰胺基(—SO_2NH_2)和碱性的氨基(—NH_2)，在适当的溶剂中可用酸滴定，也可用碱滴定。

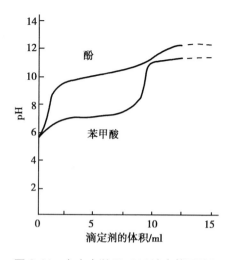

图 3-14   在水中以 NaOH 滴定苯甲酸和酚的滴定曲线

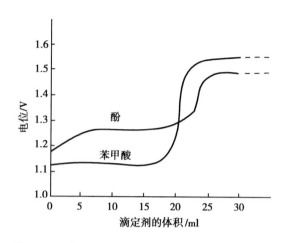

图 3-15   在乙二胺中以氨基乙醇钠滴定苯甲酸和酚的滴定曲线

【示例 3-6】   磺胺异噁唑的含量测定

《中国药典》(2020 年版)中磺胺异噁唑的含量测定采用甲醇钠标准溶液,以 N,N-二甲基甲酰胺为介质进行滴定。

操作步骤:取本品约 0.5g,精密称定,加 N,N-二甲基甲酰胺 40ml 溶解后,加偶氮紫指示液 3 滴,用甲醇钠滴定液(0.1mol/L)滴定至溶液恰显蓝色,并将滴定的结果用空白试验校正。每 1ml 甲醇钠滴定液(0.1mol/L)相当于 26.73mg 的 $C_{11}H_{13}N_3O_3S$。

第三章
目标测试

习   题

1. 基准试剂①$H_2C_2O_4 \cdot 2H_2O$ 因保存不当而部分风化;②Na_2CO_3 因吸潮带有少量水分。试问:用①标定 NaOH 溶液或用②标定 HCl 溶液浓度时,结果是偏低还是偏高?用此 NaOH(HCl)溶液测定某有机酸(有机碱)的摩尔质量时,结果偏低还是偏高?

2. 已知 1ml 某盐酸标准溶液中含 HCl 0.004 374g,试计算:①该溶液对 NaOH 的滴定度;②该溶液对 CaO 的滴定度。

(①0.004 800g/ml;②0.003 355g/ml)

3. 计算下列溶液的 pH:①0.10mol/L NaH_2PO_4;②0.05mol/L 醋酸+0.05mol/L 醋酸钠;③0.1mol/L

醋酸钠;④0.10mol/L NH_4CN;⑤0.10mol/L H_3BO_3;⑥0.05mol/L NH_4NO_3。

(①4.68;②4.76;③8.88;④9.23;⑤5.13;⑥5.28)

4. 已知水的质子自递常数 $K_s = 10^{-14}$（即 $K_w = K_s = 10^{-14}$），乙醇的质子自递常数 $K_s = 10^{-19.1}$，求：

（1）纯水的 pH 和乙醇的 $pC_2H_5OH_2$ 各为多少？

（2）0.010 0mol/L $HClO_4$ 的水溶液和乙醇溶液的 pH、$pC_2H_5OH_2$ 及 pOH、pC_2H_5O 各为多少？（假设 $HClO_4$ 全部离解）

[（1）7.00,9.55;（2）2.00,12.00,2.00,17.10]

5. 取某一元弱酸（HA）纯品 1.250g，制成 50ml 水溶液。用 NaOH 溶液（0.090 0mol/L）滴定至化学计量点，消耗 41.20ml。在滴定过程中，当滴定剂加到 8.24ml 时，溶液的 pH 为 4.30。计算:①HA 的摩尔质量;②HA 的 K_a;③化学计量点的 pH。

(①337.1;②1.26×10⁻⁵;③8.76)

6. 用 0.100 0mol/L NaOH 滴定 0.100 0mol/L HAc 20.00ml，以酚酞为指示剂，终点 pH9.20。计算:①化学计量点的 pH;②分别用林邦公式和式(3-40)计算终点误差，并比较结果。

(①8.73;②0.03% 、0.03%)

7. 已知试样可能含有 Na_3PO_4、Na_2HPO_4、NaH_2PO_4 或它们的混合物，以及不与酸作用的物质。称取试样 2.000g，溶解后用甲基橙作指示剂，以 HCl 溶液（0.500 0mol/L）滴定时消耗 32.00ml，同样质量的试样，当用酚酞作指示剂时消耗 HCl 溶液 12.00ml。求试样的组成及各组分的质量分数。

(Na_3PO_4,49.17%;Na_2HPO_4,28.39%)

8. α-萘酸及 1-羟基-α-萘酸的固体混合物试样 0.140 2g，溶于约 50ml 甲基异丁酮中，用 0.179 0mol/L 氢氧化四丁基铵的无水异丙醇溶液进行电位滴定。所得滴定曲线上有两个明显的化学计量点，第一个在加入滴定剂 3.58ml 处，第二个再加入滴定剂 5.19ml 处。求 α-萘酸及 1-羟基-α-萘酸在固体试样中的质量分数。（$M_{\alpha\text{-萘酸}} = 172.0g/mol$;$M_{1\text{-羟基-}\alpha\text{-萘酸}} = 188.0g/mol$）

(α-萘酸43.26%;1-羟基-α-萘酸38.64%)

9. 称取尿素试样 0.300 0g，采用凯氏定氮法测定试样的含氮量。将蒸馏出来的氨收集于饱和硼酸溶液中，加入溴甲酚绿和甲基红混合指示剂，以 0.200 0mol/L HCl 溶液测定至近无色透明为终点，消耗 37.50ml，计算试样中尿素的质量分数。（$M_{尿素} = 60.05g/mol$）

(75.06%)

（邸　欣）

配位滴定法

第四章
教学课件

学习要求

1. **掌握** 配位滴定法的基本概念和基本原理;配位滴定条件的选择。
2. **熟悉** 配位滴定曲线及影响滴定突跃的因素;常用的标准溶液及其标定;常用的金属指示剂。
3. **了解** 配位滴定的滴定方式;配位滴定法的应用。

第一节 概 述

配位滴定法(complexometric titration)是以配位反应为基础的滴定分析法。能够用于滴定分析的配位反应必须具备的条件是:

(1) 配位反应迅速,生成的配合物(complex)溶于水。

(2) 配位反应必须完全,反应生成的配合物必须足够稳定。

(3) 配位反应有明确的化学计量关系,即生成的配合物有合适的配位比。

(4) 有适当的方法确定滴定终点。

配位滴定法是应用最广泛的滴定分析方法之一,主要用于金属离子的测定。由于大多数无机配位剂与金属离子逐级生成 ML_n 型的简单配合物,其稳定性较差,相邻各级配合物的稳定性也没有显著差别,所以不能用作滴定分析。氨羧配位剂是一类以氨基二乙酸[$—N(CH_2COOH)_2$]为基体的有机配位剂,例如氨三乙酸(nitrilotri acetic acid,NTA)、乙二胺四丙酸(ethylenediamine tetrapropanic acid,EDTP)、环己烷二胺四乙酸(cyclohexanediamine tetraacetic acid,DCTA)、乙二醇二乙醚二胺四乙酸[ethyleneglycol-bis-(2-aminoethylether)-tetraacetic acid,EGTA]、乙二胺四乙酸(ethylenediamine tetraacetic acid,EDTA)等,它们的分子中都含有氨氮$\left(:N\!\!<\right)$和羧氧$\left(—\overset{O}{\underset{}{C}}\!\!\!<^{O}_{O—}\right)$配位原子,前者易与 Co、Ni、Zn、Cu、Hg 等金属离子配位,后者则几乎与所有高价金属离子配位,因此氨羧配位剂几乎能与所有金属离子配位,且形成的配合物稳定性高,已被广泛用作配位滴定分析的滴定剂。EDTA 是配位滴定分析中应用最广泛、最成熟的一种滴定剂,其结构式为

$$\text{HOOCH}_2\text{C} \diagdown \atop \text{HOOCH}_2\text{C} \diagup N—CH_2—CH_2—N \diagup \text{CH}_2\text{COOH} \atop \diagdown \text{CH}_2\text{COOH}$$

EDTA 可与金属离子形成多基配位体的配合物,又称螯合物(chelate),其立体构型如图 4-1 所示。

从图 4-1 可见,EDTA 与金属离子形成的螯合物立体结构中具有多个五元环,是稳定的结构类型。EDTA 与大多数金属离子形成的配合物具有如下特点:①稳定性高,配位反应可进

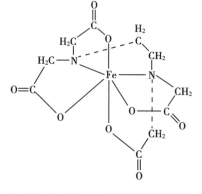

图 4-1 Fe-EDTA 配合物的立体结构

行得完全;②配位比简单,一般情况下都是 $1:1$,便于定量计算;③与有色的金属离子形成配合物颜色加深,与无色金属离子则形成无色配合物;④配位反应速度快且生成的配合物水溶性大,便于在水溶液中进行滴定分析。这些都给配位滴定分析提供了有利条件,因此配位滴定法通常是指以 EDTA 为配位剂的滴定分析法。本章也主要讨论 EDTA 滴定法。

第二节　配位滴定法的基本原理

一、配位平衡

（一）配合物的稳定常数和累积稳定常数

金属离子(M)与 EDTA(Y)的反应通式为:

$$M+Y \rightleftharpoons MY \quad （为简化省去电荷）$$

反应的平衡常数表达式为:

$$K_{MY} = \frac{[MY]}{[M][Y]} \qquad 式(4-1)$$

K_{MY} 为一定温度时金属与 EDTA 形成的配合物(MY)的稳定常数(stability constant)。K_{MY} 越大,配合物越稳定。由于配位滴定时溶液的浓度较稀(0.01mol/L),活度系数近似为1,故通常采用浓度常数而不是活度常数。

常见金属离子与 EDTA 配合物的稳定常数的对数值(lgK_{MY}),见表4-1。从表4-1可见,三价金属离子和 Hg^{2+}、Sn^{2+} 的 EDTA 配合物 lgK_{MY}>20;二价过渡金属离子和 Al^{3+} 的配合物 lgK_{MY} 在 14~19;碱土金属离子与 EDTA 形成配合物倾向较小,lgK_{MY} 在 8~11。在适当条件下,lgK_{MY}>8 就可以准确滴定(讨论见后),因此即使碱土金属也可用 EDTA 法滴定。

表 4-1　常见金属离子与 EDTA 配合物的稳定常数 lgK_{MY}（离子强度 0.1mol/L，温度 20℃）

金属离子	lgK_{MY}	金属离子	lgK_{MY}	金属离子	lgK_{MY}
Na^+	1.66	Fe^{2+}	14.32	Cu^{2+}	18.80
Li^+	2.79	Al^{3+}	16.30	Hg^{2+}	21.8
Ag^+	7.32	Co^{2+}	16.31	Sn^{2+}	22.1
Ba^{2+}	7.86	Cd^{2+}	16.46	Bi^{3+}	27.94
Mg^{2+}	8.69	Zn^{2+}	16.50	Cr^{3+}	23.40
Ca^{2+}	10.69	Pb^{2+}	18.04	Fe^{3+}	25.10
Mn^{2+}	13.87	Ni^{2+}	18.60	Co^{3+}	36.0

除了与 EDTA 形成 $1:1$ 型的配合物外,金属离子还能与其他配位剂 L 形成 ML_n 型配合物。ML_n 型配合物是逐级形成的,因此在溶液中存在着一系列配位平衡,各有其相应的平衡常数。M 与 L 发生逐级配位反应,逐级配位平衡及其形成常数(formation constant)或稳定常数如下:

$$M+L \rightleftharpoons ML \qquad K_1 = \frac{[ML]}{[M][L]}$$

$$ML+L \rightleftharpoons ML_2 \qquad K_2 = \frac{[ML_2]}{[ML][L]}$$

$$\cdots\cdots$$

$$ML_{(n-1)}+L \rightleftharpoons ML_n \qquad K_n = \frac{[ML_n]}{[ML_{n-1}][L]}$$

配位平衡的计算中,经常用累积稳定常数(cumulative stability constant)β_n:

第一级累积稳定常数 $\beta_1 = K_1 = \dfrac{[ML]}{[M][L]}$

第二级累积稳定常数 $\beta_2 = K_1 \cdot K_2 = \dfrac{[ML_2]}{[M][L]^2}$

$\cdots\cdots$

第 n 级累积稳定常数 $\beta_n = K_1 \cdot K_2 \cdots K_n = \dfrac{[ML_n]}{[M][L]^n}$

第 n 级累积稳定常数 β_n 又称总稳定常数。累积稳定常数将各级配合物的浓度[ML]、[ML$_2$]、$\cdots$、[ML$_n$]直接与游离金属离子浓度[M]和配位剂浓度[L]联系起来。

因此　　　　　　　　　　　　$[ML] = \beta_1[M][L]$

$$[ML_2] = \beta_2[M][L]^2$$

$$\cdots$$

$$[ML_n] = \beta_n[M][L]^n$$

总浓度与平衡浓度的关系为:

$$c_M = [M] + [ML] + [ML_2] + \cdots + [ML_n]$$

$$= [M] + \beta_1[M][L] + \beta_2[M][L]^2 + \cdots + \beta_n[M][L]^n$$

$$= [M](1 + \beta_1[L] + \beta_2[L]^2 + \cdots + \beta_n[L]^n) \tag{式(4-2)}$$

又根据分布系数的定义可以得到游离金属离子及其 1~n 级配合物的分布系数:

$$\delta_0 = \delta_M = \frac{[M]}{c_M} = \frac{1}{1 + \beta_1[L] + \beta_2[L]^2 + \cdots + \beta_n[L]^n}$$

$$\delta_1 = \delta_{ML} = \frac{[ML]}{c_M} = \frac{\beta_1[L]}{1 + \beta_1[L] + \beta_2[L]^2 + \cdots + \beta_n[L]^n} = \delta_0\beta_1[L]$$

$$\cdots\cdots$$

$$\delta_n = \delta_{ML_n} = \frac{[ML_n]}{c_M} = \frac{\beta_n[L]^n}{1 + \beta_1[L] + \beta_2[L]^2 + \cdots + \beta_n[L]^n} = \delta_0\beta_n[L]^n \tag{式(4-3)}$$

由上述公式可知,δ_i 的大小与配合物本身的性质(即稳定常数)及[L]的大小有关。对于某配合物,β_i 值是一定的,因此 δ_i 值仅是[L]的函数。如果 c_M 和[L]已知,那么,M 离子各型体 ML$_i$ 的平衡浓度均可由下式求得:

$$[ML_i] = \delta_i c_M \tag{式(4-4)}$$

例 4-1 已知 Zn^{2+}-NH$_3$ 溶液中,锌的分析浓度 $c_{Zn^{2+}} = 0.020$ mol/L,游离氨的浓度[NH$_3$] = 0.10 mol/L,计算溶液中锌-氨配合物各型体的浓度。

解: 已知锌-氨配合物各累积常数的对数 $\lg\beta_1 \sim \lg\beta_4$ 分别为 2.27、4.61、7.01 和 9.06,$c_{Zn^{2+}} = 10^{-1.70}$ mol/L,根据式(4-3)

$$\delta_0 = \delta_{Zn^{2+}} = \frac{1}{1 + \beta_1[NH_3] + \beta_2[NH_3]^2 + \cdots + \beta_n[NH_3]^n}$$

$$= \frac{1}{1 + 10^{2.27} \times 10^{-1} + 10^{4.61} \times 10^{-2} + 10^{7.01} \times 10^{-3} + 10^{9.06} \times 10^{-4}} = 10^{-5.10}$$

$$\delta_1 = \delta_{Zn(NH_3)^{2+}} = \delta_0\beta_1[NH_3] = 10^{-5.10} \times 10^{2.27} \times 10^{-1} = 10^{-3.83}$$

$$\delta_2 = \delta_{Zn(NH_3)_2^{2+}} = \delta_0\beta_2[NH_3]^2 = 10^{-5.10} \times 10^{4.61} \times 10^{-2} = 10^{-2.49}$$

同理可得　$\delta_3 = \delta_{Zn(NH_3)_3^{2+}} = 10^{-1.09}$, $\delta_4 = \delta_{Zn(NH_3)_4^{2+}} = 10^{-0.04}$

再根据式(4-4)计算出各型体的浓度:

$$[Zn^{2+}] = \delta_0 c_{Zn^{2+}} = 10^{-5.10} \times 10^{-1.70} = 10^{-6.80} \text{mol/L}$$

$$[Zn(NH_3)^{2+}] = \delta_1 c_{Zn^{2+}} = 10^{-3.83} \times 10^{-1.70} = 10^{-5.53} \text{mol/L}$$

同理可得$[Zn(NH_3)_2^{2+}] = 10^{-4.19}\text{mol/L}$,$[Zn(NH_3)_3^{2+}] = 10^{-2.79}\text{mol/L}$,$[Zn(NH_3)_4^{2+}] = 10^{-1.74}\text{mol/L}$

计算结果表明,在上述溶液中锌-氨配合物的主要型体是$Zn(NH_3)_4^{2+}$和$Zn(NH_3)_3^{2+}$。事实上,当游离配位体的浓度$[L]$一定时,由δ_0计算式中分母各项数值的相对大小,就可以判断出在平衡状态下配合物的主要存在型体。在讨论金属离子配位效应时需要考虑配合物的型体分布。

(二)配位反应的副反应系数

配位滴定中所涉及的化学平衡比较复杂,除了被测金属离子 M 与滴定剂(配位剂)Y 之间的主反应外,还存在不少副反应。总的平衡关系表示如下:

$$
\begin{array}{ccccc}
 & M & + & Y & \rightleftharpoons & MY \\
L\swarrow & \searrow OH & H\swarrow & \searrow N & H\swarrow & \searrow OH \\
ML & MOH & HY & NY & MHY & MOHY \\
ML_2 & M(OH)_2 & H_2Y & & & \\
\vdots & \vdots & \vdots & & & \\
ML_n & M(OH)_n & H_6Y & & &
\end{array}
$$

辅助配位效应　羟基配位效应　酸效应　共存离子效应(或干扰离子效应)　混合配位效应

很明显,这些副反应的发生都将对主反应产生影响。反应物 M、Y 发生副反应不利于主反应的进行;而反应产物也就是配合物 MY 发生副反应则有利于主反应的进行。为了定量地表示副反应进行的程度,引入副反应系数 α(side reaction coefficient)。下面分别讨论 Y、M 和 MY 的副反应系数。

1. 配位剂的副反应系数 配位剂的副反应系数以 α_Y 来表示:

$$\alpha_Y = \frac{[Y']}{[Y]} = \frac{[H_6Y] + [H_5Y] + \cdots + [Y] + [NY]}{[Y]}$$

它表示未与 M 配位的 EDTA 的各种型体的总浓度$[Y']$是游离 EDTA 浓度$[Y]$的 α_Y 倍。配位剂的副反应主要有酸效应(acid effect)和共存离子效应,其副反应系数则分别表示为酸效应系数 $\alpha_{Y(H)}$ 和共存离子效应系数 $\alpha_{Y(N)}$。

(1)酸效应系数 $\alpha_{Y(H)}$:由于 H^+ 的存在,在 H^+ 与 Y 之间发生副反应,使 Y 参加主反应能力降低的现象称作酸效应。酸效应的大小用酸效应系数 $\alpha_{Y(H)}$ 来衡量。

EDTA 在水溶液中以双偶极离子结构存在。其结构式为:

$$
\begin{array}{c}
^-OOCH_2C \qquad\qquad CH_2CHOO^- \\
\backslash \qquad\qquad\qquad\qquad / \\
^+HN-\underset{H_2}{C}——\underset{H_2}{C}-NH^+ \\
/ \qquad\qquad\qquad\qquad \backslash \\
HOOCH_2C \qquad\qquad CH_2CHOOH
\end{array}
$$

在 pH 较低的溶液中,H_4Y 的两个羧酸根可再接受 H^+ 形成 H_6Y^{2+},这样它相当于一个六元酸,有六级离解常数。

$$H_6Y^{2+} \rightleftharpoons H^+ + H_5Y^+ \qquad K_{a_1} = \frac{[H^+][H_5Y^+]}{[H_6Y^{2+}]} \qquad pK_{a_1} = 0.90$$

$$H_5Y^+ \rightleftharpoons H^+ + H_4Y \qquad K_{a_2} = \frac{[H^+][H_4Y]}{[H_5Y^+]} \qquad pK_{a_2} = 1.60$$

$$H_4Y \rightleftharpoons H^+ + H_3Y^- \qquad K_{a_3} = \frac{[H^+][H_3Y^-]}{[H_4Y]} \qquad pK_{a_3} = 2.00$$

$$H_3Y^- \rightleftharpoons H^+ + H_2Y^{2-} \qquad K_{a_4} = \frac{[H^+][H_2Y^{2-}]}{[H_3Y^-]} \qquad pK_{a_4} = 2.67$$

$$H_2Y^{2-} \rightleftharpoons H^+ + HY^{3-} \qquad K_{a_5} = \frac{[H^+][HY^{3-}]}{[H_2Y^{2-}]} \qquad pK_{a_5} = 6.16$$

$$HY^{3-} \rightleftharpoons H^+ + Y^{4-} \qquad K_{a_6} = \frac{[H^+][Y^{4-}]}{[HY^{3-}]} \qquad pK_{a_6} = 10.26$$

在水溶液中,EDTA 总是以 H_6Y^{2+}、H_5Y^+、H_4Y、H_3Y^-、H_2Y^{2-}、HY^{3-} 和 Y^{4-} 这七种形式存在。真正能与金属离子配位的是 Y^{4-} 离子(为简化,以下式子中均省去电荷)。所以:

$$\alpha_{Y(H)} = \frac{1}{\delta_{Y(H)}} = \frac{[Y]+[HY]+[H_2Y]+[H_3Y]+[H_4Y]+[H_5Y]+[H_6Y]}{[Y]} \qquad 式(4\text{-}5)$$

$$= 1 + \frac{[H^+]}{K_{a_6}} + \frac{[H^+]^2}{K_{a_6}K_{a_5}} + \frac{[H^+]^3}{K_{a_6}K_{a_5}K_{a_4}} + \frac{[H^+]^4}{K_{a_6}K_{a_5}K_{a_4}K_{a_3}} + \frac{[H^+]^5}{K_{a_6}K_{a_5}K_{a_4}K_{a_3}K_{a_2}} + \frac{[H^+]^6}{K_{a_6}K_{a_5}K_{a_4}K_{a_3}K_{a_2}K_{a_1}}$$

$$式(4\text{-}6)$$

当 $\alpha_{Y(H)} = 1$ 时,$[Y'] = [Y]$,表示 EDTA 未发生副反应,全部以 Y^{4-} 形式存在。$\alpha_{Y(H)}$ 越大,表示副反应越严重。由式(4-6)可见,$\alpha_{Y(H)}$ 是 $[H^+]$ 的函数,其值随着 $[H^+]$ 增大而增大,EDTA 在各种 pH 时的酸效应系数见表4-2。

表4-2　EDTA 在各种 pH 时的酸效应系数

pH	$\lg\alpha_{Y(H)}$	pH	$\lg\alpha_{Y(H)}$	pH	$\lg\alpha_{Y(H)}$
0.0	23.64	4.5	7.44	9.0	1.28
0.5	20.75	5.0	6.45	9.5	0.83
1.0	18.01	5.5	5.51	10.0	0.45
1.5	15.55	6.0	4.65	10.5	0.20
2.0	13.51	6.5	3.92	11.0	0.07
2.5	11.90	7.0	3.32	11.5	0.02
3.0	10.63	7.5	2.78	12.0	0.01
3.5	9.48	8.0	2.27	13.0	0.000 8
4.0	8.44	8.5	1.77	13.9	0.000 1

例4-2　计算 pH=5 时,EDTA 的酸效应系数。

解: pH=5 时,$[H^+] = 10^{-5}\,\text{mol/L}$

$$\alpha_{Y(H)} = 1 + \frac{10^{-5}}{10^{-10.26}} + \frac{10^{-10}}{10^{-16.42}} + \frac{10^{-15}}{10^{-19.09}} + \frac{10^{-20}}{10^{-21.09}} + \frac{10^{-25}}{10^{-22.69}} + \frac{10^{-30}}{10^{-23.59}} = 10^{6.45}$$

$$\lg\alpha_{Y(H)} = 6.45$$

(2) 共存离子效应系数 $\alpha_{Y(N)}$:当溶液中存在其他金属离子 N 时,Y 与 N 也能形成 1:1 配合物,因此使得 Y 参加主反应能力降低,这种现象称为共存离子效应。其副反应的影响用副反应系数 $\alpha_{Y(N)}$ 的大小来表示。若只考虑共存离子的影响:

$$\alpha_{Y(N)} = \frac{[Y']}{[Y]} = \frac{[Y]+[NY]}{[Y]} = 1 + \frac{[N][Y]K_{NY}}{[Y]} = 1 + [N]K_{NY} \qquad 式(4\text{-}7)$$

即 EDTA 与其他金属离子 N 的副反应系数 $\alpha_{Y(N)}$ 取决于干扰离子 N 的浓度和干扰离子 N 与 EDTA 的稳定常数 K_{NY}。

如果 Y 与 H^+ 及 N 同时发生副反应,则总的副反应系数 α_Y 可从下式计算:

$$\alpha_Y = \frac{[Y']}{[Y]} = \frac{[Y]+[HY]+[H_2Y]+\cdots+[H_6Y]+[NY]}{[Y]}$$

$$= \frac{[Y]+[HY]+[H_2Y]+\cdots+[H_6Y]+[Y]+[NY]-[Y]}{[Y]}$$

$$= \alpha_{Y(H)} + \alpha_{Y(N)} - 1 \qquad\qquad 式(4-8)$$

当 $\alpha_{Y(H)}$ 与 $\alpha_{Y(N)}$ 相差悬殊时,可以只考虑一项副反应系数而忽略另一项。例如:$\alpha_{Y(H)}=10^5$,$\alpha_{Y(N)}=10^3$,这时 $\alpha_Y \approx \alpha_{Y(H)}$,此时主要考虑酸效应系数。反之亦然。

2. 金属离子 M 的副反应系数　配位效应(complex effect)是其他配位剂 L 与 M 发生副反应,使金属离子 M 与配位剂 Y 进行主反应能力降低的现象。金属离子的副反应系数以 α_M 表示,主要反映溶液中除 EDTA 外的其他配位剂和羟基的影响,由于羟基也可视作一种配位剂,所以其副反应系数也称为配位效应系数 $\alpha_{M(L)}$。配位效应系数 $\alpha_{M(L)}$ 用下式计算:

$$\alpha_{M(L)} = \frac{[M']}{[M]} = \frac{[M]+[ML]+[ML_2]+\cdots+[ML_n]}{[M]}$$

$$= 1+\beta_1[L]+\beta_2[L]^2+\cdots\cdots+\beta_n[L]^n \qquad\qquad 式(4-9)$$

它表示未与 Y 配位的金属离子各种型体的总浓度($[M']$)与游离金属离子浓度($[M]$)的比值。$\alpha_{M(L)}$ 值越大,配位效应对主反应的影响越严重。

实际上金属离子往往同时发生多种副反应。如溶液中有 OH^-、缓冲液(NH_3)、掩蔽剂(F^-)时,金属离子可能同时发生三种副反应。若有 p 个配位剂与金属离子发生副反应,则

$$\alpha_M = \alpha_{M(L_1)} + \alpha_{M(L_2)} + \cdots - (p-1) \qquad\qquad 式(4-10)$$

α_M 与 α_Y 一样,可根据实际情况进行简化处理。

例 4-3　计算 pH=11,$[NH_3]=0.1\,mol/L$ 时的 α_{Zn} 值。

解:例 4-1 已给出 $Zn(NH_3)_4^{2+}$ 的 $\lg\beta_1 \sim \lg\beta_4$ 分别是 2.27、4.61、7.01、9.06。

$$\alpha_{Zn(NH_3)} = 1+\beta_1[NH_3]+\beta_2[NH_3]^2+\beta_3[NH_3]^3+\beta_4[NH_3]^4$$

$$= 1+10^{2.27}\times10^{-1}+10^{4.61}\times10^{-2}+10^{7.01}\times10^{-3}+10^{9.06}\times10^{-4}$$

$$= 10^{5.10}$$

从附表 6-2 又查得,pH=11 时,$\lg_{Zn(OH)}=5.4$

故 $\alpha_{Zn} = \alpha_{Zn(NH_3)} + \alpha_{Zn(OH)} - 1 = 10^{5.1} + 10^{5.4} - 1 \approx 10^{5.6}$

通过与例 4-1 比较也可看出,副反应系数 α 是分布系数 δ 的倒数。

3. 配合物 MY 的副反应系数　配合物的副反应主要与溶液 pH 有关。

当溶液酸度较高时,MY 能与 H^+ 发生副反应,生成酸式配合物 MHY。若以 K_{MHY} 表示 MY 与 H^+ 形成 MHY 的稳定常数,则副反应系数为:

$$\alpha_{MY(H)} = 1+K_{MHY}[H^+]$$

当溶液碱度较高时,MY 能与 OH^- 发生副反应,生成碱式配合物 MOHY。同样以 K_{MOHY} 表示 MY 与 OH^- 形成 MOHY 的稳定常数,则副反应系数为:

$$\alpha_{MY(OH)} = 1+K_{MOHY}[OH^-]$$

事实上 MHY 与 MOHY 的形成有利于主反应进行,但大多不太稳定,且相关常数不易获得,也不影响对滴定反应完全度的评估,因此一般在计算条件稳定常数时可忽略不计。

(三)配合物的条件稳定常数

如前所述,在没有副反应发生时,金属离子 M 与配位剂 EDTA 的反应进行程度可用稳定常数 K_{MY} 表示。K_{MY} 值越大,配合物越稳定。但是在实际滴定中,由于受到副反应的影响,K_{MY} 值已不能反映主反应进行的程度。因为这时未参与主反应的金属离子不仅有 M,还有 ML_1、ML_2、$\cdots$、ML_n 等,应当用这些型体浓度的总和$[M']$表示未与 EDTA 发生配位反应的金属离子浓度。同样,未参加主反应的滴定剂浓度应当用$[Y']$表示,所形成的配合物也应当用总浓度$[MY']$表示。这样,在有副反应的情况下,

平衡常数变为：

$$K'_{MY} = \frac{[MY']}{[M'][Y']}$$

K'_{MY} 称为条件稳定常数（conditional stability coefficient）。它表示在一定条件下，有副反应发生时主反应进行的程度。

由于 $[M'] = \alpha_M [M]$ 　　　　$[Y'] = \alpha_Y [Y]$ 　　　　$[MY'] = \alpha_{MY} [MY]$

所以　　　　$$K'_{MY} = \frac{\alpha_{MY}[MY]}{\alpha_M [M] \cdot \alpha_Y [Y]} = K_{MY} \cdot \frac{\alpha_{MY}}{\alpha_M \alpha_Y}$$ 　　　　式(4-11)

以对数形式表示：

$$\lg K'_{MY} = \lg K_{MY} - \lg \alpha_M - \lg \alpha_Y + \lg \alpha_{MY}$$ 　　　　式(4-12a)

在一定条件下（pH、试剂浓度等），α_M、α_Y 和 α_{MY} 均为定值，因此 K'_{MY} 在一定条件下是个常数。它是用副反应系数校正后的实际稳定常数。即由于金属离子发生了副反应，未与 EDTA 发生配位反应的金属离子的总浓度 $[M']$ 等于游离金属离子浓度 $[M]$ 的 α_M 倍，这就相当于主反应常数 K_{MY} 缩小 α_M 倍。同样，滴定剂 Y 发生副反应使 K_{MY} 又缩小 α_Y 倍。而配合物发生副反应使 K_{MY} 增大 α_{MY} 倍。只有不发生副反应时，α 均为 1，此时 $K'_{MY} = K_{MY}$。

前已述及，配合物的副反应系数对稳定常数的影响常可忽略，因此，条件稳定常数的对数形式可写成：

$$\lg K'_{MY} = \lg K_{MY} - \lg \alpha_M - \lg \alpha_Y$$ 　　　　式(4-12b)

根据配位反应的条件可计算副反应系数 α，从而算出条件稳定常数 K'_{MY}。

例 4-4　计算 pH = 2.0 和 5.0 时的 $\lg K'_{ZnY}$ 值。

解：从表 4-1 查到　　　$\lg K_{ZnY} = 16.50$

从表 4-2 查到　　　pH = 2.0 时，$\lg \alpha_{Y(H)} = 13.51$

pH = 5.0 时，$\lg \alpha_{Y(H)} = 6.45$

从附表 6-2 查到　　pH = 2.0 时，$\lg \alpha_{Zn(OH)} = 0$

pH = 5.0 时，$\lg \alpha_{Zn(OH)} = 0$

所以　pH = 2.0 时，$\lg K'_{ZnY} = \lg K_{ZnY} - \lg \alpha_{Y(H)} = 16.50 - 13.51 = 2.99$

pH = 5.0 时，$\lg K'_{ZnY} = 16.50 - 6.45 = 10.05$

尽管 $\lg K_{ZnY}$ 高达 16.50，Zn^{2+} 和 EDTA 配合物非常稳定，但计算结果表明，在 pH = 2.0 时，由于 EDTA 的酸效应系数很大，实际上 $\lg K'_{ZnY}$ 只有 2.99。说明 ZnY 配合物极不稳定，不能用于配位滴定。而 pH = 5.0 时，$\lg K'_{ZnY}$ 为 10.05，可以进行滴定。

例 4-5　计算 pH = 11.0，$[NH_3] = 0.1 mol/L$ 时的 $\lg K'_{ZnY}$ 值。

解：　$\lg K_{ZnY} = 16.50$

pH = 11.0 时　　　　　　$\lg \alpha_{Y(H)} = 0.07$，　$\lg \alpha_{Zn(OH)} = 5.4$

从例 4-3 计算知 pH = 11.0，$[NH_3] = 0.1 mol/L$ 时，$\lg \alpha_{Zn} = 5.6$

$$\lg K'_{ZnY} = 16.5 - 0.07 - 5.6 = 10.83$$

计算结果表明，在 pH = 11.0 时，尽管 Zn^{2+} 与 OH^- 及 NH_3 的副反应很强，但 $\lg K'_{ZnY}$ 仍可达 10.83，故在 pH = 11.0 的强碱性条件下仍能用 EDTA 滴定 Zn^{2+}。

二、配位滴定曲线

与酸碱滴定的情况相似，在配位滴定中，若被滴定的是金属离子，则随着 EDTA 的加入，溶液中的金属离子浓度 $[M']$ 不断减小。以加入的滴定剂体积或滴定分数为横坐标，以溶液的 pM' 值（$-\lg [M']$）为纵坐标绘制配位滴定曲线，根据滴定曲线上化学计量点附近的 pM' 变化即滴定突跃，选择合适的指示剂可以指示确定终点。

（一）滴定曲线

如果待测金属离子 M 的初始浓度为 c_M，体积为 V_M，用浓度为 c_Y 的 EDTA 溶液滴定，在滴定过程中加入 EDTA 液的体积为 V_Y。在此条件下，滴定液中 M 及 Y 的总浓度有如下关系：

$$\left\{\begin{array}{l} [M'] + [MY'] = \dfrac{c_M V_M}{V_M + V_Y} \qquad\qquad 式(4\text{-}13) \\[3mm] [Y'] + [MY'] = \dfrac{c_Y V_Y}{V_M + V_Y} \qquad\qquad 式(4\text{-}14) \\[3mm] K'_{MY} = \dfrac{[MY']}{[M'][Y']} \qquad\qquad 式(4\text{-}15) \end{array}\right.$$

由方程组得：

$$K'_{MY}[M']^2 + \left(K'_{MY}\frac{V_Y c_Y - V_M c_M}{V_M + V_Y} + 1\right)[M'] - \frac{c_M V_M}{V_M + V_Y} = 0$$

此式为配位滴定曲线方程，在滴定的任一阶段，K'_{MY}、c_M、c_Y、V_M、V_Y 都是已知的，故可算出 $[M']$，从而求得 pM′ 值。图 4-2 及图 4-3 分别为不同 K'_{MY} 及不同 c_M 时计算所得的滴定曲线。

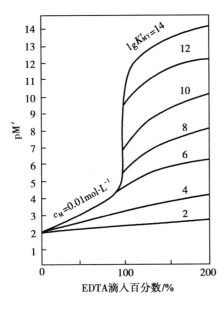

图 4-2 不同 $\lg K'_{MY}$ 时的滴定曲线

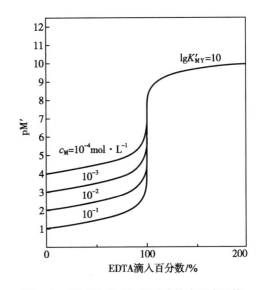

图 4-3 EDTA 滴定不同浓度的金属离子的滴定曲线

从图 4-2 及图 4-3 可见，配位滴定的滴定突跃大小主要取决于条件稳定常数 K'_{MY} 和被滴定金属离子的浓度 c_M。在浓度一定的条件下，K'_{MY} 越大，滴定突跃越大；在 K'_{MY} 一定的条件下，c_M 越大，滴定突跃越大。

（二）化学计量点 pM′ 值的计算

在配位滴定中必须特别强调化学计量点 pM′ 的计算，因为它是选择指示剂的依据。

由于配合物 MY 的副反应系数近似为 1，可以认为 $[MY'] = [MY]$。

化学计量点时 $[M'] = [Y']$。若所形成的配合物比较稳定，$[MY] = c_{M(sp)} - [M'] \approx c_{M(sp)}$。将其代入式 $K'_{MY} = \dfrac{[MY']}{[M'][Y']}$，整理得

$$[M']_{sp} = \sqrt{\frac{c_{M(sp)}}{K'_{MY}}}$$

取对数形式
$$pM'_{sp} = \frac{1}{2}\left[pc_{M(sp)} + \lg K'_{MY}\right] \qquad\qquad 式(4\text{-}16)$$

式中 $c_{M(sp)}$ 为化学计量点时金属离子的总浓度。若滴定剂与被滴定物浓度相等，$c_{M(sp)}$ 即为金属离子原始浓度的一半。

例 4-6　用 EDTA 溶液（2.000×10^{-2} mol/L）滴定相同浓度的 Cu^{2+}，若溶液 pH 为 10.0，游离氨浓度为 0.20mol/L，计算化学计量点时 pCu'_{sp}。

解：化学计量点时，
$$c_{Cu(sp)} = \frac{1}{2}\times(2.0\times10^{-2}) = 1.0\times10^{-2}\text{mol/L}$$

$$pc_{Cu(sp)} = 2.00$$

$$[NH_3]_{sp} = \frac{1}{2}\times0.20 = 0.10\text{mol/L}$$

$$\alpha_{Cu(NH_3)} = 1+\beta_1[NH_3]+\beta_2[NH_3]^2+\beta_3[NH_3]^3+\beta_4[NH_3]^4$$
$$= 1+10^{4.13}\times0.10+10^{7.61}\times0.10^2+10^{10.48}\times0.10^3+10^{12.59}\times0.10^4$$
$$\approx 10^{8.62}$$

pH = 10.0 时，$\alpha_{Cu(OH)} = 10^{1.7} \ll 10^{8.62}$，$\alpha_{Cu(OH)}$ 可以忽略。

故
$$\alpha_{Cu} = \alpha_{Cu(NH_3)}+\alpha_{Cu(OH)}-1 \approx 10^{8.62}$$

pH = 10.0 时，
$$\lg\alpha_{Y(H)} = 0.45$$

所以
$$\lg K'_{CuY} = \lg K_{CuY}-\lg\alpha_{Y(H)}-\lg\alpha_{Cu} = 18.80-0.45-8.62 = 9.73$$

$$pCu'_{sp} = \frac{1}{2}\left[pc_{Cu(sp)}+\lg K'_{CuY}\right] = \frac{1}{2}\times(2.00+9.73) = 5.86$$

三、金属指示剂

在配位滴定中，通常利用一种能与金属离子生成有色配合物的有机染料显色剂来指示滴定终点，这种显色剂称为金属离子指示剂（metal ion indicator），简称金属指示剂。

（一）金属指示剂的作用原理

金属指示剂能与金属离子发生配位反应，形成一种与其本身颜色不同的配合物。例如，常用的金属指示剂铬黑 T（eriochrome black T，EBT）在水溶液中有以下离解平衡：

$$H_2In^- \underset{}{\overset{pK_{a_1}=6.3}{\rlap{\longrightarrow}\longleftarrow}} HIn^{2-} \underset{}{\overset{pK_{a_2}=11.6}{\rlap{\longrightarrow}\longleftarrow}} In^{3-}$$
（紫红）　　　　　（蓝）　　　　　（橙）

EBT 在 pH6.3~11.6 的溶液中呈蓝色，而其与金属离子的配合物呈红色。若以 EDTA 滴定 Mg^{2+}，用 EBT 作指示剂。滴定开始时溶液中有大量的 Mg^{2+}，仅有少量的 Mg^{2+} 与 EBT 配位，溶液呈现配合物 $MgIn^-$ 的红色。随着 EDTA 的加入，EDTA 逐渐与 Mg^{2+} 反应，在化学计量点附近，Mg^{2+} 浓度降得很低，加入的 EDTA 进而夺取 $MgIn^-$ 配合物中的 Mg^{2+}，使 EBT 游离出来，溶液呈现指示剂 HIn^{2-} 的蓝色，表示到达滴定终点。其反应如下：

$$MgIn^-（红）+H^++Y \Longrightarrow MgY+HIn^{2-}（蓝）$$

作为金属指示剂必须具备以下条件：

1. 与金属离子生成的配合物颜色应与指示剂本身的颜色有明显区别。金属指示剂大多是有机弱酸，颜色随 pH 而变化，因此必须控制适当 pH 范围。以 EBT 为例，当 pH<6.3 时，呈紫红色，pH>11.6 时，呈橙色，均与 EBT 金属配合物的红色相近。为使终点变化明显，使用 EBT 时酸度应在 pH6.3~11.6。

2. 金属指示剂与金属形成的配合物 MIn 的稳定性应比金属与 EDTA 形成的配合物 MY 的稳定性低。这样 EDTA 才能夺取 MIn 中的 M,使指示剂游离出来而变色。一般要求 $K'_{MY}/K'_{MIn}>10^2$。

　　某些金属离子与指示剂生成极稳定的配合物 MIn,过量的 EDTA 不能从 MIn 中将金属离子夺出释放出 In 来,因而在化学计量点时指示剂也不变色,或变色不敏锐,使终点推迟。这种现象称为指示剂的封闭(blocking)现象。例如 EBT 与 Fe^{3+}、Al^{3+}、Cu^{2+}、Co^{2+}、Ni^{2+} 生成的配合物非常稳定,用 EDTA 滴定这些离子时,即使过量较多的 EDTA 也不能把 EBT 从 MIn 中置换出来,因此,在滴定这些离子时不能用 EBT 作指示剂。此外,在测定其他离子时,如果有这些离子(封闭离子)存在,同样会对指示剂产生封闭现象,例如,在滴定 Mg^{2+}时,即使只有少量 Fe^{3+}杂质存在,也会对 EBT 产生封闭作用。在配位滴定中,为了消除干扰离子产生的封闭现象,常加入某种试剂,使之与封闭离子生成更稳定的配合物而不能再与指示剂配位以消除干扰,这种试剂称为掩蔽剂(masking agent)。例如,用 EDTA 滴定水中 Ca^{2+}、Mg^{2+}时,Fe^{3+}、Al^{3+}常有干扰,可加入掩蔽剂三乙醇胺,使之与 Fe^{3+}、Al^{3+}生成更稳定的配合物,从而消除其干扰。

（二）金属指示剂颜色转变点 pM_t 的计算

　　若忽略其他副反应,只考虑指示剂的酸效应,金属离子与指示剂生成的配合物在溶液中有下列平衡关系:

$$M\ +\ In \rightleftharpoons MIn$$
$$\big\| H^+$$
$$HIn$$
$$\big\| H^+$$
$$H_2In$$
$$\vdots$$

$$K'_{MIn}=\frac{[MIn]}{[M][In']}=\frac{[MIn]}{[M]\,\alpha_{In(H)}[In]}=\frac{K_{MIn}}{\alpha_{In(H)}}$$

$$\lg K'_{MIn}=pM+\lg\frac{[MIn]}{[In']}=\lg K_{MIn}-\lg\alpha_{In(H)}$$

$$\lg\frac{[MIn]}{[In']}=0$$

在 $[MIn]=[In']$时,溶液呈现混合色,此时,以 pM_t 表示指示剂颜色转变点的 pM 值,即

$$pM_t=\lg K_{MIn}-\lg\alpha_{In(H)} \qquad\qquad 式(4\text{-}17)$$

因此,只要知道金属离子指示剂配合物的稳定常数 K_{MIn},再计算得到一定 pH 时指示剂的酸效应系数 $\alpha_{In(H)}$,就可求出指示剂颜色转变点的 pM_t 值。

　　值得注意的是,当 M 离子有副反应时,pM_t 的计算还应减去 $\lg\alpha_M$,即

$$pM_t=\lg K'_{MIn}=\lg K_{MIn}-\lg\alpha_M-\lg\alpha_{In(H)} \qquad\qquad 式(4\text{-}18)$$

例 4-7　EBT 与 Mg^{2+}形成的配合物的 $\lg K_{MIn}$ 为 7.0,EBT 作为弱酸的二级离解常数分别为 $K_{a_1}=10^{-6.3}$,$K_{a_2}=10^{-11.6}$,试计算 pH=10.0 时的 pMg_t 值。

解:
$$\alpha_{In(H)}=1+\frac{[H^+]}{K_{a_2}}+\frac{[H^+]^2}{K_{a_2}K_{a_1}}$$
$$=1+10^{-10+11.6}+10^{-20+11.6+6.3}\approx 10^{1.6}$$
$$pMg_t=\lg K'_{MgIn}=\lg K_{MgIn}-\lg\alpha_{In(H)}=7.0-1.6=5.4$$

（三）常用金属指示剂

　　配位滴定中常用金属指示剂有 EBT、二甲酚橙(xylene orange,XO)、1-(2-吡啶-偶氮)-2-萘酚

[1-(2-pyridylazo)-2-naphthol，PAN]和钙指示剂(calconcarboxylic acid，NN)等，它们的应用范围、封闭离子和掩蔽剂选择情况如表4-3所示。

表4-3　常用金属指示剂

指示剂	pH	颜色变化		直接滴定离子	封闭离子	掩蔽剂
		In	MIn			
EBT	7~10	蓝	红	Mg^{2+}、Zn^{2+}、Cd^{2+}、Pb^{2+}、Mn^{2+}、稀土元素离子	Al^{3+}、Fe^{3+}、Cu^{2+}、Co^{2+}、Ni^{2+}	三乙醇胺 NH_4F
XO	<6	亮黄	红紫	pH<1　ZrO^{2+}	Fe^{3+}	NH_4F
				pH1~3　Bi^{3+}、Th^{4+}	Al^{3+}	返滴定法
				pH5~6　Zn^{2+}、Pb^{2+}	Cu^{2+}、Co^{2+}、Ni^{2+}	邻二氮菲
				Cd^{2+}、Hg^{2+}、稀土元素离子		
PAN	2~12	黄	红	pH2~3　Bi^{3+}、Th^{4+}		
				pH4~5　Cu^{2+}、Ni^{2+}		
NN	10~13	纯蓝	酒红	Ca^{2+}	与EBT相似	

四、配位滴定的终点误差

在配位滴定中,指示剂的变色点不一定恰好在化学计量点。根据滴定终点误差的定义式,可得配位滴定的终点误差计算公式:

$$TE(\%) = \frac{[Y']_{ep} - [M']_{ep}}{c_{M(sp)}} \times 100\% \qquad 式(4-19)$$

与酸碱滴定类似,配位滴定误差也可用林邦误差公式(Ringbom error formula)计算(推导略去):

$$TE(\%) = \frac{10^{\Delta pM'} - 10^{-\Delta pM'}}{\sqrt{c_{M(sp)}K'_{MY}}} \times 100\% \qquad 式(4-20)$$

由式(4-20)可知,终点误差与$c_{M(sp)}$和K'_{MY}有关,K'_{MY}和$c_{M(sp)}$越大,则终点误差越小。另外,终点误差还与$\Delta pM'$有关,$\Delta pM'$越小,即滴定终点与化学计量点越接近,则终点误差越小。

在配位滴定中,通常采用金属指示剂指示滴定终点。即使指示剂的变色点与化学计量点一致,由于人眼判断颜色的局限性,仍然可能使$\Delta pM'$有$\pm0.2 \sim \pm0.5$的不确定性。假设$\Delta pM' = \pm0.2$,用等浓度的EDTA滴定浓度为c的金属离子M,则可计算$\lg(c_M K'_{MY})$为8、6和4时的终点误差分别为0.01%、0.1%和1%。

可见,当$\lg(c_M K'_{MY}) \geqslant 6$或$c_M K'_{MY} \geqslant 10^6$时,终点误差在0.1%左右,这种误差在滴定分析中是可以允许的。例如,当c_M在10^{-2}mol/L左右时,只有当$K'_{MY} \geqslant 10^8$时才能用EDTA准确滴定金属离子。因此,通常将式(4-21)作为能准确进行配位滴定的条件。

$$\lg(c_M K'_{MY}) \geqslant 6 \quad 或 \quad c_M K'_{MY} \geqslant 10^6 \qquad 式(4-21)$$

通过以上讨论可知,利用式(4-20)可以评价滴定结果是否达到滴定分析要求的准确度;反之,也可以根据具体的分析要求判断某一金属离子被准确滴定的可行性,这在理论上为金属离子配位滴定分析的实际应用提供了依据。

第三节　配位滴定条件的选择

一、酸度的选择和控制

由于EDTA几乎能与所有的金属离子形成配合物,这既提供了广泛测定金属离子的可能性,也给实际测定带来一定困难。因为待测溶液中往往含有不止一种金属离子,再加上能与金属离子和 EDTA 产生副反应的 H^+、OH^-、其他配位剂(缓冲液、掩蔽剂)等组分,因此要实现目标离子的选择性测定,就要选择合适的滴定条件,考察在此条件下配合物的条件稳定常数 K'_{MY} 是否能满足式(4-21)的要求。

在配位滴定中,由于酸度对金属离子、EDTA 和指示剂都可能产生影响,所以首先要考虑的就是酸度的选择和控制。

(一)单一离子滴定的最高酸度和最低酸度

假设配位反应中除 EDTA 的酸效应外,没有其他副反应,根据准确滴定的条件,则应使 $\lg c_M K'_{MY} = \lg K_{MY} - \lg \alpha_{Y(H)} \geq 6$。在此,$\lg K_{MY}$ 是常数,$\lg \alpha_{Y(H)}$ 是随溶液酸度增加而增加的。因此,酸度应有一个最高限度,超过这一酸度就会使 $\lg K'_{MY} < 8$,从而不能准确滴定。这一最高允许酸度称为"最高酸度"。

例 4-8 计算用 EDTA(1×10^{-2} mol/L)滴定同浓度的 Zn^{2+} 溶液的最高酸度。

解: 根据 $\lg K'_{ZnY} = \lg K_{ZnY} - \lg \alpha_{Y(H)} \geq 8$ 的要求

$$\lg \alpha_{Y(H)} = \lg K_{ZnY} - \lg K'_{ZnY} = 16.5 - 8 = 8.5$$

查表 4-2,知 pH = 4 时,$\lg \alpha_{Y(H)} = 8.44$,故最高酸度应控制在 pH = 4。

在例 4-8 中,pH = 4 时,$\alpha_{Zn(OH)} \approx 1$,可忽略金属离子的水解。但如果酸度太低,酸效应影响减小,则金属离子水解成为主要矛盾。因此配位滴定还有一个"最低酸度",低于此酸度时,金属离子水解形成羟基配合物甚至析出沉淀 $M(OH)_n$,同样会影响配位滴定进行。最低酸度可以从 $M(OH)_n$ 的溶度积求得。如果 $M(OH)_n$ 的溶度积为 K_{sp},为了防止滴定开始时形成 $M(OH)_n$ 沉淀,必须使 $[OH^-] \leq \sqrt[n]{K_{sp}/c_M}$,据此可求出最低酸度。

在最高酸度和最低酸度之间的酸度范围称为滴定金属离子 M 的"适宜酸度范围"。也就是说,适宜酸度范围可保证 $\lg K'_{MY}$ 达到滴定要求,且金属离子不发生水解。因此,在配位滴定中金属离子控制在适宜酸度范围内就能获得较准确的结果。在上例中,根据 $Zn(OH)_2$ 的 K_{sp}(3.0×10^{-16})可计算出 Zn^{2+} 不发生水解的最低酸度为 7.24,因此,滴定 1×10^{-2} mol/L Zn^{2+} 溶液的适宜酸度范围应为 pH 4.0~7.24。

(二)用指示剂确定终点时滴定的最佳酸度

上述酸度范围是从滴定反应本身考虑。此外,从指示剂角度考虑,由于指示剂也存在酸效应,指示剂颜色转变点 $pM_t = \lg K'_{MIn} = \lg K_{MIn} - \lg \alpha_{In(H)}$,因此 pM_t 同样与酸度有关系。选择指示剂时应使 pM_t 与 pM_{sp} 尽可能一致(即 $pM_t = pM_{sp}$),这时的酸度称为"最佳酸度"。

最佳酸度在最高酸度和最低酸度之间。可先根据适宜酸度范围选取不同的 pH,由终点误差公式求得每一 pH 时的终点误差,误差最小时的 pH 即为最佳 pH。例如,用 EDTA(1.0×10^{-2} mol/L)滴定 Mg^{2+} 试液(约 1.0×10^{-2} mol/L),以 EBT 为指示剂,在 pH 9.0~10.5 的缓冲液中滴定。根据林邦误差公式分别计算在 pH 9.0、9.5、9.7、9.8、9.9、10.0 和 10.5 时的滴定误差,结果表明,在 pH 9.8 时,滴定误差为最小(−0.01%),因此其最佳酸度为 pH 9.8。计算结果也表明控制酸度范围在 pH 9.7~10.0,滴定终点误差就能控制在 ±0.05% 以内。

(三)配位滴定中缓冲溶液的作用和选择

为了使主反应进行完全,还需要考虑滴定过程中酸度的变化。由于配位滴定过程中有下列反应发生:

$$M + H_2Y \Longrightarrow MY + 2H^+$$

滴定时不断释放出 H^+,使溶液酸度不断增高,溶液 pH 的改变,可能导致酸效应,影响主反应的进程;另外,在配位滴定中使用的金属指示剂的颜色变化也受到溶液 pH 的影响,因此配位滴定中常加入缓冲溶液以维持滴定体系酸度基本不变,使金属离子应控制在适宜酸度范围进行滴定,保证金属指示剂能正常指示滴定反应进行完全。

在 pH 5~6 时常用醋酸-醋酸盐缓冲液,在 pH 9~10 时常用氨性缓冲液。但缓冲溶液(如

NH_3)又有引起金属离子与配位剂副反应的可能,在计算K'_{MY}时必须考虑在内,并据此选择合适的缓冲溶液。因此选择缓冲溶液时应从以下三个方面考虑:①应根据金属离子和金属指示剂选择合适的 pH 缓冲范围;②必须要有足够的缓冲容量;③不引入副反应干扰测定。

二、提高配位滴定选择性的方法

从表 4-1 可见,EDTA 可与多种金属离子生成稳定性高的配合物,因此,当溶液中同时存在几种金属离子时,就有可能同时被滴定。假设溶液中同时含有金属离子 M 和 N,那么能否在 M 离子被定量滴定之前,EDTA 不与 N 离子作用呢?当$\Delta pM' = \pm 0.2$,$TE = \pm 0.3\%$时(混合离子中选择滴定时允许误差较大),依据林邦误差公式可知准确滴定 M 离子的条件是:

$$\lg(c_M K'_{MY}) \geqslant 5 \qquad\qquad 式(4\text{-}22)$$

根据式(4-12b),$\lg K'_{MY} = \lg K_{MY} - \lg \alpha_M - \lg \alpha_Y$

若不考虑α_M,则有$\lg K'_{MY} = \lg K_{MY} - \lg \alpha_Y$

那么$\lg(c_M K'_{MY}) = \lg(c_M K_{MY}) - \lg \alpha_Y = \lg(c_M K_{MY}) - \lg[\alpha_{Y(H)} + \alpha_{Y(N)} - 1]$

若酸度条件合适,且$\alpha_{Y(N)} \gg \alpha_{Y(H)}$,这时$\alpha_Y \approx \alpha_{Y(N)} = [N]K_{NY} + 1 \approx c_N K_{NY}$,则有

$$\lg(c_M K'_{MY}) = \lg(c_M K_{MY}) - \lg \alpha_Y = \lg(c_M K_{MY}) - \lg(c_N K_{NY}) \qquad\qquad 式(4\text{-}23)$$

结合式(4-22)和式(4-23)得:

$$\lg(c_M K_{MY}) - \lg(c_N K_{NY}) = \Delta\lg(cK) \geqslant 5 \qquad\qquad 式(4\text{-}24a)$$

也可写成

$$\frac{c_M K_{MY}}{c_N K_{NY}} \geqslant 10^5 \qquad\qquad 式(4\text{-}24b)$$

由式(4-23)也可以表达为:

$$\lg(c_M K'_{MY}) = \lg(c_M K_{MY}) - \lg(c_N K_{NY}) = \Delta\lg K + \lg\frac{c_M}{c_N}$$

若 M、N 离子浓度相等,则有

$$\lg K_{MY} - \lg K_{NY} = \Delta\lg K \geqslant 5 \qquad\qquad 式(4\text{-}25a)$$

或

$$\frac{K_{MY}}{K_{NY}} \geqslant 10^5 \qquad\qquad 式(4\text{-}25b)$$

因此,当溶液中 M 和 N 共存时,若要求$\Delta pM' = \pm 0.2$,TE在$\pm 0.3\%$以内,可将式(4-24)或式(4-25)作为能否选择滴定 M 离子的判断条件。注意,若$\Delta pM' = \pm 0.2$,TE在$\pm 0.1\%$以内,则$\lg(c_M K_{MY}) - \lg(c_N K_{NY}) = \Delta\lg(cK) \geqslant 6$或$\frac{c_M K_{MY}}{c_N K_{NY}} \geqslant 10^6$;当$c_M = c_N$时,$\lg K_{MY} - \lg K_{NY} = \Delta\lg K \geqslant 6$或$\frac{K_{MY}}{K_{NY}} \geqslant 10^6$。所以,应根据滴定要求选择性地测定被测金属离子。

综上所述,能否在 M、N 离子共存时进行选择性滴定,可视具体情况采用控制酸度法或掩蔽法。若K_{MY}和K_{NY}相差较大,满足$\Delta\lg(cK) \geqslant 5$,则可通过控制酸度条件使$\lg\alpha_{Y(H)}$小到可以忽略,从而实现分步滴定。若$K_{MY}$和$K_{NY}$较为接近,此时需采用掩蔽法,通过掩蔽作用,显著降低c_N,以满足$\Delta\lg(cK) \geqslant 5$,从而选择性地滴定 M 离子。

(一)控制酸度提高选择性

如果溶液中同时存在两种或两种以上离子时,它们与 EDTA 配合物的稳定常数差别足够大$\Bigg($即满足$\frac{c_M K_{MY}}{c_N K_{NY}} \geqslant 10^5\Bigg)$,则可通过控制溶液酸度,使得只有 M 离子可形成稳定的配合物,而 N 离子由于受酸效应的严重影响,不能与 EDTA 形成稳定配合物,从而能够在 N 离子存在下进行分步滴定。所以,当溶液中没有其他配位剂时,只考虑酸效应,此时 pH 的控制范围仍然可以单独滴定 M 离子时的 pH 范

围为依据进行滴定。

例4-9 用 0.01mol/L EDTA 滴定浓度均为 0.01mol/L 的 Pb^{2+}、Ca^{2+} 混合溶液中的 Pb^{2+},如何通过控制酸度的方法进行选择滴定?

解:先判断能否选择滴定 Pb^{2+}:

$$\Delta \lg K = \lg K_{PbY} - \lg K_{CaY} = 18.04 - 10.69 = 7.35 > 5$$

可选择性滴定,但需控制 pH 范围(通常为最高酸度和最低酸度之间):

$\lg \alpha_{Y(H)} = \lg K_{PbY} - 8 = 18.04 - 8 = 10.04$,此时对应的 pH 约为 3.2,又根据 $Pb(OH)_2$ 的 $K_{sp}(1.2 \times 10^{-15})$,求出最低酸度 pH 约为 7.0。

因此通过将溶液 pH 控制在 3.2~7.0,即可在 Ca^{2+} 存在下选择性地滴定 Pb^{2+}。

通过控制酸度有时还可进行连续滴定。如本例中,在滴定 Pb^{2+} 之后将溶液 pH 调至 Ca^{2+} 的适宜酸度范围 7.6~12.2,就可继续滴定 Ca^{2+}。

（二）利用掩蔽法提高选择性

当溶液中干扰离子的浓度(c_N)或稳定常数(K_{NY})较大时,则可使 $\Delta \lg(cK) = \lg(c_M K_{MY}) - \lg(c_N K_{NY}) < 5$,无法通过控制酸度分步滴定,这时可利用掩蔽法来降低溶液中游离 N 的浓度,从而达到 $\Delta \lg cK \geqslant 5$ 的要求。根据掩蔽反应的类型,可分为配位掩蔽法、沉淀掩蔽法和氧化还原掩蔽法等。

沉淀掩蔽法就是加入沉淀剂,使干扰离子 N 产生沉淀而降低 N 离子浓度。如用 EDTA 滴定 Ca^{2+}(有 Mg^{2+} 干扰),若在强碱溶液中进行,Mg^{2+} 形成 $Mg(OH)_2$ 沉淀,这样 Mg^{2+} 就不干扰 Ca^{2+} 的测定。氧化还原掩蔽法就是利用氧化还原反应改变干扰离子的价态以消除干扰。例如 Fe^{3+} 是一个较强的封闭剂,加入还原剂使溶液中 Fe^{3+} 还原成 Fe^{2+},可达到掩蔽作用。

应用最广泛的是配位掩蔽法。加入掩蔽剂使之与干扰离子 N 形成更稳定的配合物,使得游离 N 离子的浓度大大降低(即减小 $\lg K'_{NY}$),从而实现选择性滴定。作为配位滴定的掩蔽剂必须符合以下条件:

（1）能与被掩蔽的金属离子形成非常稳定的配合物(要比 EDTA 与该离子形成的配合物更稳定)。

（2）掩蔽剂的加入对溶液 pH 没有影响,与被测离子无显著作用。

（3）与被掩蔽的金属离子形成的配合物不影响指示剂的颜色观察。

常用的配位掩蔽剂及其所掩蔽的离子和使用的 pH 范围如表 4-4 所示。

表 4-4　常用的配位掩蔽剂及使用范围

名称	使用 pH 范围	被掩蔽的离子	备注
KCN	>8	Co^{2+}、Ni^{2+}、Cu^{2+}、Zn^{2+}、Hg^{2+}、Ag^+、Ti^{3+} 及铂族元素离子	剧毒! 须在碱性溶液中使用
NH_4F	4~6	Al^{3+}、Ti^{4+}、Sn^{4+}、Zr^{4+}、W^{6+} 等	用 NH_4F 比 NaF 好,因 NH_4F
	10	Al^{3+}、Mg^{2+}、Ca^{2+}、Sr^{2+}、Ba^{2+} 及稀土元素离子	加入 pH 变化不大
三乙醇胺	10	Al^{3+}、Sn^{4+}、Ti^{4+}、Fe^{3+}	与 KCN 并用,可提高掩蔽效果
（TEA）	11~12	Fe^{3+}、Al^{3+} 及少量 Mn^{2+}	
酒石酸	1.2	Sb^{3+}、Sn^{4+}、Fe^{3+} 及 5mg 以下的 Cu^{2+}	在维生素 C 存在下
	2	Fe^{3+}、Sn^{4+}、Mn^{2+}	
	5.5	Fe^{3+}、Al^{3+}、Sn^{4+}、Ca^{2+}	
	6~7.5	Mg^{2+}、Cu^{2+}、Fe^{3+}、Al^{3+}、Mo^{4+}、Sb^{3+}、W^{6+}	
	10	Al^{3+}、Sn^{4+}	

掩蔽剂 L 与 N 的反应实际上是 N 与 Y 反应的副反应,同样可根据 K_{NL} 和 [L] 来计算副反应系数 $\alpha_{N(L)}$。溶液中游离 N 的浓度 $[N] = c_N / \alpha_{N(L)}$。即干扰离子 N 与掩蔽剂 L 的副反应系数 $\alpha_{N(L)}$ 越大,溶液

中游离$[N]$越低。若掩蔽效果很好，$[N]$已降得很低，以致$\alpha_{Y(N)} \ll \alpha_{Y(H)}$，则$\alpha_Y \approx \alpha_{Y(H)}$，这时N已不构成干扰，而主要影响为酸效应系数。

例 4-10   待测溶液中含有浓度均为 0.020mol/L 的 Al^{3+} 和 Zn^{2+}，加入 NH_4F 以掩蔽 Al^{3+}，假设终点时游离$[F^-]=0.2mol/L$，以同浓度的 EDTA 为滴定剂。问:(1)能否掩蔽 Al^{3+} 而滴定 Zn^{2+}？(2)若能，如以二甲酚橙为指示剂，在 pH 为 5.5 条件下滴定，终点误差为多少？

解：(1)因为 Al^{3+} 与 EDTA 配合物的稳定常数较大，致使 $\Delta lgK = lgK_{ZnY} - lgK_{AlY} = 16.50 - 16.30 < 5$。加入掩蔽剂 NH_4F 后，计算掩蔽剂 F^- 对干扰离子 Al^{3+} 的副反应系数：

$$\alpha_{Al(F)} = 1 + \beta_1[F^-] + \beta_2[F^-]^2 + \cdots + \beta_6[F^-]^6$$
$$= 1 + 10^{6.1} \times 0.2 + 10^{11.15} \times 0.2^2 + 10^{15.0} \times 0.2^3 + 10^{17.7} \times 0.2^4 + 10^{19.4} \times 0.2^5 + 10^{19.7} \times 0.2^6$$
$$= 10^{16.20}$$

掩蔽后溶液中 Al^{3+} 的游离浓度：

$$[Al^{3+}] = \frac{c_{Al(sp)}}{\alpha_{Al(F)}} = \frac{0.010}{10^{16.20}} = 10^{-18.20} mol/L$$

说明掩蔽后溶液中$[Al^{3+}]$已降得很低，此时 $\Delta lg(cK) = lg(c_{Zn}K_{ZnY}) - lg(c_{Al}K_{AlY}) = lg(10^{-2} \times 10^{16.50}) - lg(10^{-18.20} \times 10^{16.30}) \gg 5$，可选择性滴定 Zn^{2+}。

(2)由于干扰已基本消除，下面主要考虑酸效应。查表知 $pH = 5.5$ 时 $\alpha_{Zn} \approx 1$（OH^- 和 F^- 对 Zn^{2+} 副反应很小），$lg\alpha_{Y(H)} = 5.51$。

因 Zn^{2+} 的副反应可忽略，则$[Zn'] = [Zn]$，$\Delta pZn' = \Delta pZn$。

$$lgK'_{ZnY} = lgK_{ZnY} - lg\alpha_{Y(H)} = 16.50 - 5.51 = 10.99$$

$$pZn_{sp} = \frac{1}{2}[pc_{Zn(sp)} + lgK'_{ZnY}] = \frac{1}{2} \times (2.00 + 10.99) = 6.50$$

$pH = 5.5$ 时指示剂变色点 $pZn_t = lgK_{ZnIn} - lg\alpha_{In(H)} = 5.7$ 可算出

$$\Delta pZn = 5.7 - 6.50 = -0.80$$

$$TE(\%) = \frac{10^{\Delta pZn} - 10^{-\Delta pZn}}{\sqrt{c_{Zn(sp)}K'_{ZnY}}} \times 100\%$$

$$= \frac{10^{-0.80} - 10^{0.80}}{\sqrt{10^{10.99} \times 0.010}} \times 100\%$$

$$= -0.02\%$$

第四节   配位滴定法的应用

一、标准溶液的配制和标定

（一）EDTA 标准溶液的配制和标定

EDTA 在水中溶解度小，所以常用 EDTA 二钠盐配制标准溶液，也称 EDTA 溶液。EDTA 二钠盐摩尔质量为 372.26g/mol，在室温下溶解度为每 100ml 水中 11.1g。取 EDTA-2Na·2H$_2$O 19g，溶于约 300ml 温蒸馏水中，冷却后稀释至 1L，摇匀，即得 0.05mol/L EDTA 标准溶液。贮存于硬质玻璃瓶中，待标定。

标定 EDTA 溶液常用的基准物质是氧化锌（ZnO）或金属锌（Zn），用 EBT 或二甲酚橙作指示剂。

1. 以氧化锌（摩尔质量为 81.379g/mol）为基准物质   精密称取在 800℃ 灼烧至恒重的氧化锌约 0.12g，加稀盐酸 3ml 使溶解，加蒸馏水 25ml 及甲基红指示剂 1 滴，滴加氨试液至溶液呈微黄色，再加蒸馏水 25ml、$NH_3 \cdot H_2O$-NH_4Cl 缓冲溶液 10ml 和 EBT 指示剂数滴,用 EDTA 溶液滴定至溶液由紫红色变为纯蓝色即为终点。如用二甲酚橙为指示剂,则当氧化锌在盐酸中溶解后加蒸馏水 50ml、0.5%二甲酚橙指示剂 2~3 滴,然后滴加 20%六亚甲基四胺溶液至呈紫红色,再多加 3ml,用 EDTA 溶液滴定至溶液由紫红色变成亮黄色即为终点。

2. 以金属锌(Zn 摩尔质量为 65.38g/mol)为基准物质　先用稀盐酸洗去纯金属锌粒表面的氧化物,然后用水洗去 HCl,再用丙酮漂洗一下,沥干后于 110℃烘 5 分钟备用。精密称取锌粒约 0.1g,加稀盐酸 5ml,置水浴上温热溶解,其余步骤均与上述方法相同。

(二)锌标准溶液的配制和标定

精密称取新制备的纯锌粒 3.269g,加蒸馏水 5ml 及盐酸 10ml,置水浴上温热使溶解,冷却后转移至 1L 量瓶中,加水至刻度,即得。也可取分析纯 $ZnSO_4$ 约 15g,加稀盐酸 10ml 与适量蒸馏水溶解,稀释到 1L,摇匀,即得 0.05mol/L 锌标准溶液,待标定。

标定锌溶液常用 EDTA 标准溶液,精密量取锌溶液 25ml,加甲基红指示剂 1 滴,滴加氨试液至溶液呈微黄色,再加蒸馏水 25ml,$NH_3 \cdot H_2O$-NH_4Cl 缓冲溶液 10ml 与 EBT 指示剂数滴,然后用 EDTA 标准溶液滴定至溶液由紫红色变为纯蓝色即为终点。

也可用二甲酚橙为指示剂,标定方法同上所述。

二、配位滴定方式

配位滴定常用的滴定方式有直接滴定、返滴定、置换滴定和间接滴定。由于这些滴定方式的应用,配位滴定法能够直接或间接测定周期表中大多数元素。

(一)直接滴定

用 EDTA 标准溶液直接滴定金属离子是配位滴定中常用的滴定方式。直接滴定(direct titration)方便、快速、引入的误差较小。只要配位反应能符合滴定分析的要求,有合适的指示剂,应当尽量采用直接滴定方式。

例如,钙与镁经常共存,常需要测定两者的含量。钙、镁的测定常用 EDTA 直接滴定的方法:先在 pH=10 的氨性溶液中,以 EBT 为指示剂,用 EDTA 滴定,测得 Ca^{2+}、Mg^{2+} 总量。平行另取一份试液,加入 NaOH 至 pH>12,此时镁以 $Mg(OH)_2$ 沉淀形式被掩蔽,选用钙指示剂用 EDTA 滴定 Ca^{2+}。前后两次测定之差即为镁含量。

$$w_{Ca} = \frac{c_{EDTA} V_{EDTA} M_{Ca}}{1\,000 \times m_{样}} \times 100\%$$

$$w_{Mg}(\%) = \frac{(c'_{EDTA} V'_{EDTA} - c_{EDTA} V_{EDTA}) M_{Mg}}{1\,000 \times m_{样}} \times 100\%$$

(二)返滴定

有些金属离子(如 Ba^{2+}、Sr^{2+} 等)虽能与 EDTA 形成稳定的配合物,但缺少变色敏锐的指示剂,有些金属离子(如 Al^{3+}、Cr^{3+} 等)与 EDTA 的反应速度很慢,本身又易水解或对指示剂有封闭作用,此时可采用返滴定(back titration)方式,即在待测溶液中先加入定量且过量的 EDTA 标准溶液,使待测离子反应完全,然后用其他金属离子标准溶液回滴剩余的 EDTA。根据两种标准溶液的浓度和用量,求得被测物质的含量。

例如,测定 Al^{3+} 时,加入定量且过量的 EDTA 标准溶液,煮沸 10 分钟使反应完全,冷却后,用 Zn^{2+}(或 Cu^{2+})标准溶液返滴定过量的 EDTA,通过下式计算 Al 的含量。

$$w_{Al}(\%) = \frac{(c_{EDTA} V_{EDTA} - c_{Zn^{2+}} V_{Zn^{2+}}) M_{Al}}{1\,000 \times m_{样}} \times 100\%$$

返滴定剂(如标准锌溶液)所生成的配合物应有足够的稳定性,但不宜超过被测离子配合物的稳定性太多。否则在滴定过程中,返滴定剂会置换出被测离子,引起误差,而且终点不敏锐。

例 4-11　称取含铝试样 0.223 5g,溶解后加入 0.021 69mol/L EDTA 标准溶液 50.00ml,控制条件使 Al^{3+} 与 EDTA 反应完全。然后以 0.020 32mol/L $ZnSO_4$ 标准溶液返滴定,消耗 $ZnSO_4$ 溶液 26.20ml,试计算试样中 Al_2O_3 的含量(%)。

解:已知 $M_{Al_2O_3}=101.96$g/mol,EDTA(以 Y 表示)与 Al^{3+} 的反应式(忽略电荷)为:

$$Al+Y \rightleftharpoons AlY$$

因 Al_2O_3 与 EDTA 的计量关系为:

$$n_{Al_2O_3}=\frac{1}{2}n_{Al^{3+}}=\frac{1}{2}n_{EDTA}$$

与 Al^{3+} 反应的 EDTA 标准溶液的量等于加入的 EDTA 标准溶液的量减去返滴定时消耗的 $ZnSO_4$ 标准溶液的量,即

$$w_{Al_2O_3}(\%)=\frac{\frac{1}{2}(c_{EDTA}V_{EDTA}-c_{Zn^{2+}}V_{Zn^{2+}})M_{Al_2O_3}}{1\,000\times m_{样}}\times100\%$$

$$=\frac{\frac{1}{2}\times(0.021\,69\times50.00-0.020\,32\times26.20)\times101.96}{1\,000\times0.223\,5}\times100\%$$

$$=12.59\%$$

（三）间接滴定

有些金属离子和非金属离子不能与 EDTA 发生配位反应或生成的配合物不稳定,这时可采用间接滴定(indirect titration)方式。通常是加入过量的能与 EDTA 形成稳定配合物的金属离子作沉淀剂,与待测离子生成沉淀,过量沉淀剂用 EDTA 标准溶液滴定;或将沉淀分离、溶解后,再用 EDTA 标准溶液滴定其中的金属离子。

例如,K^+ 可沉淀为 $K_2NaCo(NO_2)_6 \cdot 6H_2O$,沉淀滤过溶解后,用 EDTA 标准溶液滴定其中的 Co^{2+},以间接测定 K^+ 的含量。

又如,PO_4^{3-} 可沉淀为 $MgNH_4PO_4 \cdot 6H_2O$,沉淀滤过后,溶解于 HCl,加入定量且过量 EDTA 标准溶液,调至氨性,用 Mg^{2+} 标准溶液返滴定剩余的 EDTA,这样求得 PO_4^{3-} 的含量。

$$w_{PO_4^{3-}}(\%)=\frac{(c_{EDTA}V_{EDTA}-c_{Mg^{2+}}V_{Mg^{2+}})M_{PO_4^{3-}}}{1\,000\times m_{样}}\times100\%$$

（四）置换滴定

置换滴定(replacement titration)是利用置换反应,置换出等物质的量的另一金属离子,或置换出 EDTA,然后再进行滴定。置换滴定的方式灵活多样。

1. 置换出金属离子　如果被测离子 M 与 EDTA 反应不完全或所形成的配合物不稳定,可让 M 置换出另一配合物(NL)中等物质的量的 N,用 EDTA 滴定 N,然后求出 M 的含量。

例如,Ag^+ 与 EDTA 的配合物很不稳定,不能用 EDTA 直接滴定,但若将 Ag^+ 加入到 $Ni(CN)_4^{2-}$ 溶液中则有下列反应:

$$2Ag^+ + Ni(CN)_4^{2-} \rightleftharpoons 2Ag(CN)_2^- + Ni^{2+}$$

在 pH = 10 的氨性溶液中,以紫脲酸铵作指示剂,用 EDTA 滴定置换出来的 Ni^{2+},即可求得 Ag^+ 的含量。

$$w_{Ag}(\%)=\frac{c_{EDTA}V_{EDTA}M_{Ag}}{1\,000\times m_{样}}\times100\%$$

2. 置换出 EDTA　使被测离子 M 与干扰离子全部与 EDTA 发生配位反应,再加入高选择性的配位剂 L 以夺取 M:

$$MY+L \Longrightarrow ML+Y$$

释放出与 M 等物质的量的 EDTA,用金属离子标准溶液滴定释放出来的 EDTA,即可测得 M 的含量。

例如,测定合金中的 Sn 时,可于试液中加入过量的 EDTA,使之与 Sn^{4+} 及可能存在的 Pb^{2+}、Zn^{2+}、Cd^{2+}、Ba^{2+} 等一起发生配位反应。用 Zn^{2+} 标准溶液回滴过量的 EDTA。再加入 NH_4F,使 SnY 转变成更稳定的 SnF_6^{2-},释放出的 EDTA,再用 Zn^{2+} 标准溶液滴定,即可求得 Sn^{4+} 的含量。

$$w_{Sn}(\%) = \frac{c_{Zn^{2+}} V_{Zn^{2+}} M_{Sn}}{1\ 000 \times m_{样}} \times 100\%$$

利用置换滴定的原理还可以改善指示剂终点的敏锐性。例如,EBT 与 Mg^{2+} 显色很灵敏,但与 Ca^{2+} 显色的灵敏度较差,为此,在 pH=10 的溶液中用 EDTA 滴定 Ca^{2+} 时,常于溶液中先加入少量 MgY,此时发生置换反应:

$$MgY+Ca^{2+} \Longrightarrow CaY+Mg^{2+}$$

置换出来的 Mg^{2+} 与 EBT 显很深的红色。滴定时,EDTA 先与 Ca^{2+} 配合,当达到滴定终点时,EDTA 夺取 Mg-EBT 配合物中的 Mg^{2+},形成 MgY,游离出指示剂而显纯蓝色,颜色变化很明显。

三、应用示例

(一)单一离子的测定

一些含钙、镁、锌、铋等金属盐的药物的测定多采用 EDTA 溶液直接测定。

【示例 4-1】 枸橼酸锌片中锌含量测定

《中国药典》(2020 年版)采用 EDTA 滴定法测定枸橼酸锌片中锌含量,以铬黑 T 为指示剂。

操作步骤:取本品 10 片,精密称定,研细,精密称取适量(约相当于枸橼酸锌 0.4g),置 100ml 容量瓶中,加稀盐酸 2ml,加水适量振摇使枸橼酸锌溶解并稀释至刻度,摇匀,滤过,精密量取滤液 50ml,加 0.025% 甲基红的乙醇溶液 1 滴,滴加氨试液至溶液显微黄色,加氨-氯化铵缓冲液(pH=10.0)10ml 与铬黑 T 指示剂少许,用 EDTA 滴定液(0.05mol/L)滴定至溶液由紫色变为纯蓝色。每 1ml EDTA 滴定液(0.05mol/L)相当于 3.269mg 的 Zn。

说明:溶解样品后溶液呈酸性,需用甲基红作指示剂调节酸度到中性后再加氨-氯化铵缓冲液。

【示例 4-2】 化痔栓中次没食子酸铋含量测定

化痔栓处方中含有大约 20%~30% 次没食子酸铋,《中国药典》(2020 年版)采用 EDTA 滴定法测定化痔栓中次没食子酸铋含量,以儿茶酚紫为指示剂。

操作步骤:取本品若干粒,切碎,取约 3g,精密称定,置坩埚中低温灼烧至残留物变成橙红色,再在 550~600℃ 炽灼 1 小时,取出,放冷,加硝酸溶液(1→2)3~5ml 使溶解,用适量水将溶液移至 500ml 锥形瓶中,加水至约 300ml,摇匀,加儿茶酚紫指示液 10 滴(临用新配),溶液应显蓝色(若显紫色或紫红色,滴加氨试液至显纯蓝色),用 EDTA 滴定液(0.05mol/L)滴至淡黄色。每 1ml EDTA 滴定液(0.05mol/L)相当于 11.65mg 的三氧化铋 Bi_2O_3。本品每粒含次没食子酸铋以三氧化铋(Bi_2O_3)计,应为 94~114mg。

说明:溶解样品要用硝酸而不用盐酸,因为 $BiCl_3$ 比 $Bi(NO_3)_3$ 更易水解,如用盐酸溶解样品,则在加水稀释时要析出 BiOCl 沉淀。为了降低酸度需用较多水稀释,使儿茶酚紫(也叫邻苯二酚紫)指示剂在 pH2~6 使用。因为儿茶酚紫在 pH1.5~7 呈黄色,pH7~9 呈紫色,pH9~11 呈红紫色。

(二)混合离子的测定

由多种金属盐制成的药物,如铝酸铋、复方铝酸铋胶囊,以及铝碳酸镁、铝镁司片等含多种金属的药物也可以用 EDTA 滴定法通过控制滴定条件分别或分步测定。

【示例 4-3】 铝酸铋中铝和铋含量测定

《中国药典》(2020 年版)采用 EDTA 滴定法测定铝酸铋中铋和铝的含量,以二甲酚橙作指示剂。

操作步骤:取本品约 0.2g,精密称定,置 500ml 锥形瓶中,加硝酸溶液(3→10)15ml,瓶口置小漏斗,小火加热使完全溶解,放冷。加水 200ml,滴加氨试液使 pH 约为 1,加二甲酚橙指示液 5 滴,用 EDTA 滴定液(0.05mol/L)滴定至黄色。每 1ml EDTA 滴定液(0.05mol/L)相当于 10.45mg 的 Bi。

取测定铋后的溶液,滴加氨试液至恰析出沉淀,再滴加稀硝酸至沉淀恰溶解(pH 约 6),加醋酸-醋酸铵缓冲液(pH=6.0)10ml,再精密加 EDTA 滴定液(0.05mol/L)30ml,煮沸 5 分钟,放冷,加二甲酚橙指示液 10 滴,用锌滴定液(0.05mol/L)滴定,至溶液由黄色转变为红色,并将滴定的结果用空白试验校正。每 1ml EDTA 滴定液(0.05mol/L)相当于 1.349mg 的 Al。

说明:通过控制溶液 pH=1 和 pH=6 用 EDTA 可分别滴定铋和铝。测定铋后的溶液加氨水沉淀 $Al(OH)_3$ 再溶解,以避免其他金属离子的干扰。

第四章
目标测试

习　题

1. EDTA 滴定单一离子时,如何确定酸度条件?混合离子测定时,如何选择和控制酸度及其他条件?

2. 常见的几种滴定方式在配位滴定中有哪些应用?各适用于哪些情况?

3. 在 0.10mol/L 的 AlF_6^{3-} 溶液中,游离 F^- 的浓度为 0.010mol/L。求溶液中游离 Al^{3+} 的浓度,并指出溶液中配合物的主要存在形式。

($[Al^{3+}]=1.1\times10^{-11}$mol/L,主要存在形式为:$AlF_3$、$AlF_4^-$ 和 AlF_5^{2-})

4. 计算 pH=10 时,Mg^{2+} 与 EDTA 配合物的条件稳定常数,此时能否用 0.01mol/L 的 EDTA 溶液滴定同浓度的 Mg^{2+} 溶液?

($K'_{MgY}=8.24$,$\lg c_{Mg}K'_{MgY}=8.24-2=6.24>6$,可以滴定)

5. 待测溶液含 2×10^{-2}mol/L 的 Zn^{2+} 和 2×10^{-3}mol/L 的 Ca^{2+}。

问:(1)能否用控制酸度的方法选择滴定 Zn^{2+}?

(2)若能,控制的酸度范围是多少?

(在 pH4.0~7.1 时可选择滴定 Zn^{2+})

6. 用 2×10^{-2}mol/L 的 EDTA 标准溶液滴定同浓度的 Pb^{2+}。

问:(1)若在 pH=5.0 的醋酸-醋酸钠缓冲溶液中,$[HAc]=0.1$mol/L,$[Ac^-]=0.20$mol/L,问在此情况下能否准确滴定 Pb^{2+}?

(2)若能滴定,分别计算化学计量点时的 pPb'_{sp} 和 pPb_{sp}?

(3)化学计量点时溶液中游离的 Pb^{2+} 占 Pb^{2+} 的总浓度多少?说明了什么?

(4)若用二甲酚橙作指示剂,问终点误差是多少?($Pb^{2+}\sim Ac^-$ 配合物的 $\lg\beta_1$ 和 $\lg\beta_2$ 分别为 1.9 和 3.3)

($\lg C_{Pb}K'_{PbY}=7.43>6$;$6.15$,$7.61$;$3.47\%$;$TE=-0.037\%$)

7. 待测溶液中含有浓度均为 0.020mol/L 的 Zn^{2+} 和 Cd^{2+},加入 KI 以掩蔽 Cd^{2+},假设终点时游离

$[I^-] = 2.0mol/L$，调节溶液 pH 为 6.0，以 0.020mol/L 的 EDTA 为滴定剂。

问：(1) 能否掩蔽而滴定 Zn^{2+}？

(2) 若能，用二甲酚橙为指示剂，终点误差为多少？（CDI_4^{2-} 的 $lg\beta_1 \sim lg\beta_4$ 分别为 2.4、3.4、5.0 和 6.15）

（可选择性滴定 Zn^{2+}，$TE = 0.12\%$）

8. 取 100ml 水样，用氨性缓冲液调节至 pH = 10，以 EBT 为指示剂，用 EDTA 标准液 (0.008 826mol/L) 滴定至终点，共消耗 12.58ml，计算水的总硬度（即含 $CaCO_3$ mg/L）。如果将上述水样再取 100ml，用 NaOH 调节 pH = 12.5，加入钙指示剂，用上述 EDTA 标准液滴定至终点，消耗 10.11ml，试分别求出水样中 Ca^{2+} 和 Mg^{2+} 的量。

（111.1mg/L；35.76mg/L，5.297mg/L）

（范华均）

第五章

氧化还原滴定法

第五章
教学课件

学习要求

1. **掌握** 条件电位的概念、影响因素和计算;氧化还原反应条件平衡常数的计算;氧化还原指示剂指示终点的原理和选择原则;碘量法、高锰酸钾法和亚硝酸钠法的基本原理;氧化还原滴定分析的计算。

2. **熟悉** 氧化还原滴定曲线、影响电位突跃范围的因素和突跃范围的计算;影响氧化还原反应速度的因素;溴酸钾法和溴量法、重铬酸钾法、铈量法和高碘酸钾法的基本原理;碘和硫代硫酸钠标准溶液的配制和标定。

3. **了解** 氧化还原滴定前的试样预处理;滴定终点误差计算;各种氧化还原滴定法的应用。

第一节 概　述

　　氧化还原滴定法(redox titration)是以氧化还原反应为基础的滴定分析方法。氧化还原反应是由还原剂将电子转移给氧化剂的反应,其实质是电子转移的反应,有些氧化还原反应除了氧化剂和还原剂之外,还有其他组分(如 H^+、H_2O)参与。氧化还原反应的主要特点是反应机制和反应过程比较复杂,有些反应速度较慢,且常伴随有副反应,反应介质对反应过程有较大的影响。因此,对于氧化还原反应,既要从平衡角度来考虑反应的可能性,也要依据反应速度来考虑反应的现实性。在进行氧化还原滴定分析时,需严格控制反应条件以保证反应按确定的化学计量关系定量、快速地进行。

　　氧化还原滴定法的应用非常广泛,不仅能直接测定本身具有氧化性或还原性的物质,也能间接地测定一些能与氧化剂或还原剂定量发生反应的物质;氧化还原滴定法不仅能测定无机物,也能测定有机物。

　　在氧化还原滴定中,氧化剂和还原剂均可作为滴定剂。根据滴定剂的不同,氧化还原滴定法可分为碘量法、高锰酸钾法、亚硝酸钠法、重铬酸钾法、溴酸钾法、铈量法等。

第二节 氧化还原滴定法的基本原理

一、氧化还原平衡

(一)氧化还原电对

　　在氧化还原反应中,氧化剂获得电子由氧化态变为还原态,还原剂失去电子由还原态变为氧化态。由同一元素的氧化态与还原态组成的共轭体系称为氧化还原电对。氧化还原电对通常可以粗略地分为可逆电对和不可逆电对两大类。可逆电对在氧化还原反应中的任一瞬间,都能迅速地建立起氧化还原平衡,电对实际的电极电位基本符合 Nernst 方程计算出的理论值,如 Fe^{3+}/Fe^{2+}、Ce^{4+}/Ce^{3+}、I_2/I^- 等。不可逆电对是在氧化还原反应的任一瞬间,不能迅速建立起符合 Nernst 方程的氧化还原平衡,实际的电极电位与计算出的理论值相差较大,如 MnO_4^-/Mn^{2+}、$Cr_2O_7^{2-}/Cr^{3+}$、$S_4O_6^{2-}/S_2O_3^{2-}$ 等,但仍可将 Nernst 方程式的计算结果作为初步判断的依据。

在处理氧化还原平衡时,还应注意到对称电对和不对称电对的区别。对称电对是指在电对的半电池反应中,氧化态与还原态的系数相同,如 $Fe^{3+}+e \Longrightarrow Fe^{2+}$,$MnO_4^-+8H^++5e \Longrightarrow Mn^{2+}+4H_2O$ 等,即 Fe^{3+}/Fe^{2+} 电对和 MnO_4^-/Mn^{2+} 电对均为对称电对。不对称电对是指在电对的半电池反应中,氧化态与还原态的系数不同,如 $I_2+2e \Longrightarrow 2I^-$,$Cr_2O_7^{2-}+6I^-+14H^+ \Longrightarrow 2Cr^{3+}+3I_2+7H_2O$ 等,即 I_2/I^- 电对和 $Cr_2O_7^{2-}/Cr^{3+}$ 电对均为不对称电对。当涉及有不对称电对的有关计算时,情况比较复杂,计算时应注意。

（二）条件电位

氧化剂和还原剂的氧化还原能力的强弱,可以用有关电对的电极电位来衡量。电对的电极电位越高,其氧化态的氧化能力越强;反之,电对的电极电位越低,其还原态的还原能力越强。氧化还原反应进行的方向,总是高电位电对中的氧化态物质氧化低电位电对中的还原态物质,生成相应的还原态和氧化态物质。此外,根据氧化剂和还原剂有关电对的电极电位差值,可以判断一个氧化还原反应进行的完全程度。因此,电对的电极电位是评估物质的氧化还原性质的重要参数。

可逆电对的电极电位可用 Nernst 方程式表示,例如,以 Ox 表示氧化态,Red 表示还原态,则可逆氧化还原电对 Ox/Red 的半电池反应为:

$$a\mathrm{Ox}+n\mathrm{e} \Longrightarrow b\mathrm{Red}$$

则 Nernst 方程式为:

$$\varphi_{\mathrm{Ox/Red}}=\varphi^{\ominus}+\frac{2.303RT}{nF}\lg\frac{a_{\mathrm{Ox}}^a}{a_{\mathrm{Red}}^b}=\varphi^{\ominus}+\frac{0.059}{n}\lg\frac{a_{\mathrm{Ox}}^a}{a_{\mathrm{Red}}^b} \quad (25℃) \qquad 式(5\text{-}1)$$

式中,$\varphi^{\ominus}$ 为标准电极电位,a_{Ox} 为氧化态活度,a_{Red} 为还原态活度。常用氧化还原电对的标准电极电位 $\varphi^{\ominus}$ 值可参见附录七。

实际上常知道的是各种物质的浓度,而不是活度。当溶液离子强度较大,特别是氧化态和还原态会发生副反应时,如酸度的影响、形成沉淀及配合物等,都将引起浓度的变化,从而使电对的电位发生改变。因此,根据浓度(c)、活度(a)与活度系数(γ)和副反应系数(α)之间的关系:

$$a_{\mathrm{Ox}}=\gamma_{\mathrm{Ox}}\left[\mathrm{Ox}\right]=\frac{\gamma_{\mathrm{Ox}}c_{\mathrm{Ox}}}{\alpha_{\mathrm{Ox}}} \qquad 式(5\text{-}2a)$$

$$a_{\mathrm{Red}}=\gamma_{\mathrm{Red}}\left[\mathrm{Red}\right]=\frac{\gamma_{\mathrm{Red}}c_{\mathrm{Red}}}{\alpha_{\mathrm{Red}}} \qquad 式(5\text{-}2b)$$

将式(5-2a)及式(5-2b)代入式(5-1)(为讨论方便,将上述半电池反应式中各物质的反应系数视为1),得:

$$\begin{aligned}
\varphi_{\mathrm{Ox/Red}} &=\varphi^{\ominus}+\frac{0.059}{n}\lg\left(\frac{\gamma_{\mathrm{Ox}}c_{\mathrm{Ox}}}{\alpha_{\mathrm{Ox}}}\cdot\frac{\alpha_{\mathrm{Red}}}{\gamma_{\mathrm{Red}}c_{\mathrm{Red}}}\right)\\
&=\left(\varphi^{\ominus}+\frac{0.059}{n}\lg\frac{\gamma_{\mathrm{Ox}}\alpha_{\mathrm{Red}}}{\gamma_{\mathrm{Red}}\alpha_{\mathrm{Ox}}}\right)+\frac{0.059}{n}\lg\frac{c_{\mathrm{Ox}}}{c_{\mathrm{Red}}}\\
&=\varphi^{\ominus\prime}+\frac{0.059}{n}\lg\frac{c_{\mathrm{Ox}}}{c_{\mathrm{Red}}} \qquad 式(5\text{-}3a)
\end{aligned}$$

$$\varphi^{\ominus\prime}=\varphi^{\ominus}+\frac{0.059}{n}\lg\frac{\gamma_{Ox}\alpha_{Red}}{\gamma_{Red}\alpha_{Ox}} \qquad 式(5\text{-}3b)$$

式中 $\varphi^{\ominus\prime}$ 称为条件电位(conditional potential),它是指在一定介质条件下,电对的氧化态与还原态的分析浓度均为1mol/L或它们的分析浓度的比值为1时的实际电位。条件电位与标准电极电位有明显不同,它是校正了各种外界因素影响后得到的电对电极电位,反映了离子强度及各种副反应影响的总结果。因此,用条件电位来处理问题更简便,也较符合实际情况。

实际上,由于氧化还原反应的机制和过程较复杂,有关常数不易齐全,副反应系数与活度系数不易求得,按式(5-3b)计算 $\varphi^{\ominus\prime}$ 较困难。一些氧化还原电对的条件电位可参见附录七,均为实验测得值。当缺乏相同条件下的 $\varphi^{\ominus\prime}$ 值时,可采用条件相近的 $\varphi^{\ominus\prime}$ 值。在无 $\varphi^{\ominus\prime}$ 值时,可根据有关常数估算 $\varphi^{\ominus}$ 值,以便判断氧化还原反应进行的可能性、反应进行的方向和程度。

(三)影响条件电位的因素

凡影响物质的活度系数和副反应系数的各种因素都会影响其电对的条件电位,这些因素主要包括盐效应、生成沉淀、生成配合物和酸效应等四个方面。

1. 盐效应   电解质浓度的变化可以改变溶液中的离子强度,从而改变氧化态和还原态的活度系数。溶液中电解质浓度对条件电位的影响作用称为盐效应。盐效应对条件电位的影响可按式(5-4)计算:

$$\varphi^{\ominus\prime}=\varphi^{\ominus}+\frac{0.059}{n}\lg\frac{\gamma_{Ox}}{\gamma_{Red}} \qquad (25℃) \qquad 式(5\text{-}4)$$

在通常的氧化还原滴定体系中,电解质浓度较大,盐效应较为显著。但由于离子活度系数精确值不易得到,因而盐效应影响的精确数据也不易计算。相对而言,各种副反应对条件电位的影响远大于盐效应的影响,因此,估算条件电位时可将盐效应的影响忽略(即假定离子活度系数 $\gamma=1$),此时,式(5-1)和式(5-3b)可分别简化为:

$$\varphi_{Ox/Red}=\varphi^{\ominus}+\frac{0.059}{n}\lg\frac{[Ox]}{[Red]} \qquad 式(5\text{-}5)$$

$$\varphi^{\ominus\prime}=\varphi^{\ominus}+\frac{0.059}{n}\lg\frac{\alpha_{Red}}{\alpha_{Ox}} \qquad 式(5\text{-}6)$$

2. 生成沉淀   在氧化还原反应中,若加入一种能与电对的氧化态或还原态生成沉淀的沉淀剂时,就会改变电对的条件电位。若氧化态生成沉淀,将使条件电位降低;若还原态生成沉淀,将使条件电位增高。例如,用间接碘量法测定 Cu^{2+} 的含量,是基于如下反应:

$$2Cu^{2+}+4I^{-}\Longleftrightarrow 2CuI\downarrow+I_2$$

有关反应电对为:

$$Cu^{2+}+e\Longleftrightarrow Cu^{+} \qquad \varphi^{\ominus}_{Cu^{2+}/Cu^{+}}=0.16V$$

$$I_2+2e\Longleftrightarrow 2I^{-} \qquad \varphi^{\ominus}_{I_2/I^{-}}=0.54V$$

若从电对的标准电极电位来判断,应当是 I_2 氧化 Cu^{+}。但事实上,Cu^{2+} 氧化 I^{-} 的反应进行得很完全。这是由于CuI沉淀的生成,使溶液中 $[Cu^{+}]$ 极小,Cu^{2+}/Cu^{+} 电对的条件电位显著升高,Cu^{2+} 的氧化能力显著增强的结果。

例5-1   计算25℃时,$[I^{-}]=1mol/L$,Cu^{2+}/Cu^{+} 电对的条件电极电位(忽略离子强度的影响,$K_{sp}=[Cu^{+}][I^{-}]=1.1\times10^{-12}$,$\varphi^{\ominus}_{I_2/I^{-}}=0.54V$,$\varphi^{\ominus}_{Cu^{2+}/Cu^{+}}=0.16V$)。

解:依据式(5-5)得:

$$\varphi_{Cu^{2+}/Cu^{+}}=\varphi^{\ominus}+0.059\lg\frac{[Cu^{2+}]}{[Cu^{+}]}$$

因溶液中有 CuI 生成,即 $Cu^+ + I^- \rightleftharpoons CuI\downarrow$,得 $[Cu^+] = K_{sp}/[I^-]$,代入上式,得:

$$\varphi_{Cu^{2+}/Cu^+} = \varphi^{\ominus} + 0.059\lg\frac{[Cu^{2+}][I^-]}{K_{sp}}$$

若考虑到副反应影响,则有:

$$[Cu^{2+}] = c_{Cu^{2+}}/\alpha_{Cu^{2+}}$$

$$\varphi_{Cu^{2+}/Cu^+} = \varphi^{\ominus} + 0.059\lg\frac{[I^-]}{K_{sp}\alpha_{Cu^{2+}}} + 0.059\lg c_{Cu^{2+}} = \varphi^{\ominus'} + 0.059\lg c_{Cu^{2+}}$$

$$\varphi^{\ominus'}_{Cu^{2+}/Cu^+} = \varphi^{\ominus} + 0.059\lg\frac{[I^-]}{K_{sp}\alpha_{Cu^{2+}}}$$

因为在实验条件下 Cu^{2+} 不发生明显的副反应,$\alpha_{Cu^{2+}} \approx 1$,$[I^-] = 1mol/L$,则

$$\varphi^{\ominus'}_{Cu^{2+}/Cu^+} = 0.16 + 0.059\lg\frac{1}{1.1\times10^{-12}\times1} = 0.87V$$

3. 生成配合物 溶液中总存在各种阴离子,它们常与金属离子氧化态或还原态发生配位反应,从而改变电对的条件电位。若生成的氧化态配合物的稳定性高于还原态配合物的稳定性,条件电位降低;反之,条件电位将增高。例如,Fe^{3+}/Fe^{2+} 电对在不同介质中的条件电位如表 5-1 所示。

表 5-1 不同介质中 Fe^{3+}/Fe^{2+} 电对的条件电位($\varphi^{\ominus}_{Fe^{3+}/Fe^{2+}} = 0.771V$)

介质	1mol/L HClO$_4$	1mol/L HCl	1mol/L H$_2$SO$_4$	1mol/L H$_3$PO$_4$	1mol/L HF
$\varphi^{\ominus'}$/V	0.77	0.70	0.68	0.44	0.32

从条件电位值可知,F^- 或 PO_4^{3-} 与 Fe^{3+} 有较强配位能力,而 ClO_4^- 基本上不形成配合物,所以导致 Fe^{3+}/Fe^{2+} 电对的条件电位变化较大。

在氧化还原滴定中,常利用形成配合物来消除干扰。例如,间接碘量法测定 Cu^{2+} 时,若存在 Fe^{3+},I^- 易被氧化成 I_2,从而影响 Cu^{2+} 的测定。如果向溶液中加入 F^-(如 NaF、NH_4HF_2),Fe^{3+} 与 F^- 生成稳定的配合物,从而降低 Fe^{3+}/Fe^{2+} 电对的电极电位,就不再干扰 Cu^{2+} 的测定。

例 5-2 计算 25℃ 时,$pH = 3.0$ 的溶液中 NaF 浓度为 $0.10mol/L$ 时,Fe^{3+}/Fe^{2+} 电对的条件电极电位。已知 $\varphi^{\ominus}_{Fe^{3+}/Fe^{2+}} = 0.771V$,$FeF_3$ 的 $\lg\beta_1$、$\lg\beta_2$ 和 $\lg\beta_3$ 分别为 5.2、9.2 和 11.9,HF 的 $K_a = 6.3\times10^{-4}$。

解: $pH = 3.0$ 时,

$$[F^-] = \delta_{F^-} \cdot c_{NaF} = \frac{K_a \cdot c_{NaF}}{[H^+] + K_a}$$

$$= \frac{6.3\times10^{-4}\times0.10}{10^{-3.0} + 6.3\times10^{-4}} = 10^{-1.41}$$

$$\alpha_{Fe^{3+}(F^-)} = 1 + \beta_1[F^-] + \beta_2[F^-]^2 + \beta_3[F^-]^3$$

$$= 1 + 10^{5.2}\times10^{-1.41} + 10^{9.2}\times(10^{-1.41})^2 + 10^{11.9}\times(10^{-1.41})^3$$

$$\approx 10^{7.69}$$

而 Fe^{2+} 不与 F^- 生成稳定的配合物,$\alpha_{Fe^{2+}(F^-)} = 1$,则 Fe^{3+}/Fe^{2+} 电对的条件电位:

$$\varphi^{\ominus'}_{Fe^{3+}/Fe^{2+}} = \varphi^{\ominus} + 0.059\lg\frac{\alpha_{Fe^{2+}}}{\alpha_{Fe^{3+}}}$$

$$= 0.771 + 0.059\lg\frac{1}{10^{7.69}} = 0.317V$$

此时 $\varphi^{\ominus'}_{Fe^{3+}/Fe^{2+}} < \varphi^{\ominus}_{I_2/I^-}$,因此 Fe^{3+} 不能氧化 I^-,不会干扰 Cu^{2+} 的测定。

4. 酸效应 电对的半电池反应中若有 H^+ 或 OH^- 参加,溶液酸度改变将直接引起条件电位的改变;一些物质的氧化态或还原态若是弱酸或弱碱,溶液酸度还会影响其存在的形式,从而引起条件电

位的变化。

例 5-3　计算 25℃ 时，当 $[H^+]=5mol/L$ 或 $pH=8.0$ 时，电对 $H_3AsO_4/HAsO_2$ 的条件电位，并判断在以上两种条件下，下列反应进行的方向。

$$HAsO_2+I_2+2H_2O \rightleftharpoons H_3AsO_4+2H^++2I^-$$

解：已知半电池反应：

$$H_3AsO_4+2H^++2e \rightleftharpoons HAsO_2+2H_2O \qquad \varphi^{\ominus}_{H_3AsO_4/HAsO_2}=0.56V$$

$$I_2+2e \rightleftharpoons 2I^- \qquad \varphi^{\ominus'}_{I_2/I^-} \approx \varphi^{\ominus}_{I_2/I^-}=0.54V$$

若忽略离子强度的影响，则依据式(5-5)可得：

$$\varphi_{H_3AsO_4/HAsO_2}=\varphi^{\ominus}+\frac{0.059}{2}lg\frac{[H_3AsO_4][H^+]^2}{[HAsO_2]}$$

$$=\varphi^{\ominus}+\frac{0.059}{2}lg\frac{c_{H_3AsO_4}\alpha_{HAsO_2}[H^+]^2}{c_{HAsO_2}\alpha_{H_3AsO_4}}$$

$$=\varphi^{\ominus'}+\frac{0.059}{2}lg\frac{c_{H_3AsO_4}}{c_{HAsO_2}}$$

$$\varphi^{\ominus'}=\varphi^{\ominus}+\frac{0.059}{2}lg\frac{\alpha_{HAsO_2}[H^+]^2}{\alpha_{H_3AsO_4}}$$

$$\alpha_{H_3AsO_4}=\frac{1}{\delta_0}=\frac{[H^+]^3+K_{a_1}[H^+]^2+K_{a_1}K_{a_2}[H^+]+K_{a_1}K_{a_2}K_{a_3}}{[H^+]^3}$$

$$\alpha_{HAsO_2}=\frac{1}{\delta_0}=\frac{[H^+]+K_a}{[H^+]}$$

已知 $HAsO_2$ 的 K_a 为 $5.1×10^{-10}$；H_3AsO_4 的 K_{a_1}、K_{a_2} 和 K_{a_3} 分别为 $5.5×10^{-3}$、$1.7×10^{-7}$ 和 $5.1×10^{-12}$。

当 $[H^+]=5mol/L$ 时，$\alpha_{HAsO_2}=1.0$，$\alpha_{H_3AsO_4}=1.0$，$\varphi^{\ominus'}_{H_3AsO_4/HAsO_2}=0.60V$，由于 $\varphi^{\ominus'}_{H_3AsO_4/HAsO_2}>\varphi^{\ominus'}_{I_2/I^-}$，故反应向左进行。因此，可用间接碘量法在强酸性溶液中测定 H_3AsO_4。

当 $pH=8.0$ 时，$\alpha_{HAsO_2}=1.0$，$\alpha_{H_3AsO_4}=1.0×10^7$，$\varphi^{\ominus'}_{H_3AsO_4/HAsO_2}=-0.12V$，则 $\varphi^{\ominus'}_{H_3AsO_4/HAsO_2}<\varphi^{\ominus'}_{I_2/I^-}$，故反应向右进行。因此，可用 As_2O_3 在弱碱性溶液中标定 I_2 标准溶液。

（四）氧化还原反应的完全程度

氧化还原反应进行的程度可用条件平衡常数 K' 衡量，K' 越大，反应进行得越完全。若氧化还原反应为：

$$aOx_1+bRed_2 \rightleftharpoons aRed_1+bOx_2$$

两个电对的电极反应及其电极电位分别为：

$$Ox_1+n_1e \rightleftharpoons Red_1 \qquad \varphi_1=\varphi^{\ominus'}_1+\frac{0.059}{n_1}lg\frac{c_{Ox_1}}{c_{Red_1}}$$

$$Ox_2+n_2e \rightleftharpoons Red_2 \qquad \varphi_2=\varphi^{\ominus'}_2+\frac{0.059}{n_2}lg\frac{c_{Ox_2}}{c_{Red_2}}$$

反应达到平衡时，$\varphi_1=\varphi_2$，即

$$\varphi^{\ominus'}_1+\frac{0.059}{n_1}lg\frac{c_{Ox_1}}{c_{Red_1}}=\varphi^{\ominus'}_2+\frac{0.059}{n_2}lg\frac{c_{Ox_2}}{c_{Red_2}}$$

设 n 是两电对电子转移数 n_1 与 n_2 的最小公倍数，则 $n_1=n/a$，$n_2=n/b$，将其代入得：

$$\frac{0.059}{n}lg\frac{c^b_{Ox_2}c^a_{Red_1}}{c^a_{Ox_1}c^b_{Red_2}}=\varphi^{\ominus'}_1-\varphi^{\ominus'}_2 \qquad\qquad 式(5-7)$$

$$\lg K' = \lg \frac{c_{Ox_2}^{b} c_{Red_1}^{a}}{c_{Ox_1}^{a} c_{Red_2}^{b}} = \frac{n(\varphi_1^{\ominus'} - \varphi_2^{\ominus'})}{0.059} = \frac{n\Delta\varphi^{\ominus'}}{0.059} \qquad \text{式(5-8)}$$

式中,K'称为条件平衡常数,它是以反应物分析浓度表示的平衡常数。显然,两电对的条件电位差$\Delta\varphi^{\ominus'}$越大,反应过程中得失电子数n越多,K'(或$\lg K'$)值就越大,反应向右进行就越完全。根据滴定分析误差要求,反应完全程度应当在99.9%以上,依据式(5-8):

$$\lg K' = \lg \frac{c_{Ox_2}^{b} c_{Red_1}^{a}}{c_{Ox_1}^{a} c_{Red_2}^{b}} = \lg \frac{(99.9\%)^{b}(99.9\%)^{a}}{(0.1\%)^{a}(0.1\%)^{b}}$$

$$\approx \lg(10^{3a} \times 10^{3b}) = 3(a+b) \qquad \text{式(5-9)}$$

$$\Delta\varphi^{\ominus'} = \frac{0.059}{n}\lg K' = \frac{0.059 \times 3(a+b)}{n} \qquad \text{式(5-10)}$$

于是,用于氧化还原滴定分析的氧化还原反应必须满足的条件是:$\lg K' \geq 3(a+b)$或$\Delta\varphi^{\ominus'} \geq 0.059 \times 3(a+b)/n$。

对于1∶1型氧化还原反应,当$n_1 = n_2 = 1$时,必须$\lg K' \geq 6$或$\Delta\varphi^{\ominus'} \geq 0.35V$;当$n_1 = n_2 = 2$时,必须$\lg K' \geq 6$或$\Delta\varphi^{\ominus'} \geq 0.18V$。

对于1∶2型氧化还原反应,当$n_1 = 2, n_2 = 1$时,必须$\lg K' \geq 9$或$\Delta\varphi^{\ominus'} \geq 0.27V$。

上述推导说明,不同类型的氧化还原反应要达到完全,其条件平衡常数K'和两电对的条件电极电位差$\Delta\varphi^{\ominus'}$是不同的。一般情况下,只需$\Delta\varphi^{\ominus'} \geq 0.4V$,反应的完全程度均能满足滴定分析的要求。

例5-4 试判断在1mol/L H_2SO_4溶液中,用Ce^{4+}溶液滴定Fe^{2+}溶液的反应能否进行完全?(已知$\varphi_{Ce^{4+}/Ce^{3+}}^{\ominus'} = 1.44V$,$\varphi_{Fe^{3+}/Fe^{2+}}^{\ominus'} = 0.68V$)

解:滴定反应$Ce^{4+} + Fe^{2+} \rightleftharpoons Ce^{3+} + Fe^{3+}$属于1∶1型氧化还原反应($n_1 = n_2 = 1$)。

$$\Delta\varphi^{\ominus'} = 1.44 - 0.68 = 0.76V > 0.4V$$

$$\lg K' = \frac{n\Delta\varphi^{\ominus'}}{0.059} = \frac{1 \times 0.76}{0.059} = 12.9$$

$$K' = 7.6 \times 10^{12}$$

仅从条件平衡常数考虑,上述反应能进行完全,能够用于氧化还原滴定分析。

（五）氧化还原反应的速度

由于氧化还原反应过程复杂,根据相关电对的条件电位,仅可判断反应的方向和完全程度,但若反应速度慢,仍然不能满足滴定分析的要求。氧化还原反应往往要经历一系列的中间反应步骤,其中最慢的反应步骤决定了整个反应的速度。因此,氧化还原反应要应用于滴定分析,不仅要求条件平衡常数足够大,反应速率也必须足够快。氧化还原反应速度除了与参加反应的氧化剂和还原剂本身性质有关外,还受下列外界因素影响:

1. 浓度对反应速度的影响 一般而言,增加反应物的浓度能加快反应速度。例如,$K_2Cr_2O_7$在酸性介质中与KI的反应为:

$$Cr_2O_7^{2-} + 6I^- + 14H^+ \rightleftharpoons 2Cr^{3+} + 3I_2 + 7H_2O$$

此反应速度较慢,增大I^-与H^+的浓度,可加快反应速度。

2. 温度对反应速度的影响 一般而言,升高温度可以提高反应速度。通常温度每升高10℃,反应速度约提高2~3倍。例如,在酸性溶液中$KMnO_4$与$Na_2C_2O_4$的反应:

$$2MnO_4^- + 5C_2O_4^{2-} + 16H^+ \rightleftharpoons 2Mn^{2+} + 10CO_2 \uparrow + 8H_2O$$

室温下此反应速度缓慢,若将溶液加热并控制在75~85℃,则反应速度显著提高。

但对于一些易挥发的物质(如I_2),加热溶液会引起挥发损失;对于易被空气中氧所氧化的物质(如维生素C、Fe^{2+}),加热会加快其被氧化的速度,从而引起误差。

3. 催化剂对反应速度的影响　　催化剂可以从根本上改变反应历程和反应速度,使用催化剂是改变反应速度的有效方法。能加快反应速度的催化剂称为正催化剂(catalyst);能减慢反应速度的催化剂称为负催化剂(anticatalyst)。在滴定分析中主要利用正催化剂加快反应速度。例如,Ce^{4+}氧化AsO_2^-的反应速度很慢,但如果加入少量催化剂I^-,则反应便可迅速进行。又如,MnO_4^-与$C_2O_4^{2-}$的反应速度较慢,若加入Mn^{2+}催化剂,则反应速度加快。因此在滴定开始时加几滴$KMnO_4$待其褪色后,生成的Mn^{2+}起了催化剂的作用,再加入$KMnO_4$,反应速度变快。这种由生成物本身起催化作用的反应,称为自动催化(autocatalysis)反应。

二、氧化还原滴定曲线

在氧化还原滴定过程中,随着滴定剂的加入和反应的进行,溶液中氧化剂和还原剂的浓度逐渐改变,相关电对的电极电位也随之改变,其变化过程可用滴定曲线来描述。以滴定剂加入的体积或百分数为横坐标,以相关电对的电极电位为纵坐标作图可以绘制氧化还原滴定曲线。

在$1mol/L\ H_2SO_4$溶液中,以$0.100\ 0mol/L\ Ce(SO_4)_2$标准溶液(在$1mol/L\ H_2SO_4$溶液中)滴定$20.00ml$的$0.100\ 0mol/L\ FeSO_4$溶液为例。滴定反应为:

$$Ce^{4+}+Fe^{2+}\rightleftharpoons Ce^{3+}+Fe^{3+}$$

反应电对为:

$$Ce^{4+}+e\rightleftharpoons Ce^{3+}\quad \varphi^{\ominus'}=1.44V$$
$$Fe^{3+}+e\rightleftharpoons Fe^{2+}\quad \varphi^{\ominus'}=0.68V$$

由例5-4可知该反应的条件平衡常数很大($K'=7.6\times10^{12}$),滴定反应能完全进行。滴定开始后,溶液中存在两个电对,它们的电极电位分别为:

$$\varphi=\varphi^{\ominus'}_{Fe^{3+}/Fe^{2+}}+0.059\lg\frac{c_{Fe^{3+}}}{c_{Fe^{2+}}}$$

$$\varphi=\varphi^{\ominus'}_{Ce^{4+}/Ce^{3+}}+0.059\lg\frac{c_{Ce^{4+}}}{c_{Ce^{3+}}}$$

当反应达到平衡时,两电对的电极电位相等。因此在滴定的不同阶段,可依据 Nernst 方程式,选用便于计算电位值的电对计算滴定过程中体系的电位值。

1. 滴定开始前　　$FeSO_4$溶液中可能有极小量的Fe^{2+}被空气和介质氧化生成Fe^{3+},组成Fe^{3+}/Fe^{2+}电对,但$c_{Fe^{3+}}$未知,故滴定开始前的电位无法计算。

2. 滴定开始至化学计量点前　　因加入的Ce^{4+}几乎全部被还原为Ce^{3+},到达平衡时未反应的Ce^{4+}的浓度极小且不易直接求得。相反,若知道了加入Ce^{4+}滴定剂的百分数,$c_{Fe^{3+}}/c_{Fe^{2+}}$的值就可确定,这时选择Fe^{3+}/Fe^{2+}电对易于计算电位值。例如,当滴入Ce^{4+}标准溶液$19.98ml$,即有99.9%的Fe^{2+}被氧化成Fe^{3+}时,其电位值为:

$$\varphi=\varphi^{\ominus'}_{Fe^{3+}/Fe^{2+}}+0.059\lg\frac{99.9}{0.1}=0.68+0.059\times3=0.86V$$

3. 化学计量点时　　Ce^{4+}和Fe^{2+}分别定量地转变为Ce^{3+}和Fe^{3+},未反应的Ce^{4+}和Fe^{2+}浓度极小,不易直接求得,不能按某一电对计算化学计量点电位φ_{sp},但可根据此时化学计量关系,$c_{Ce^{4+}}=c_{Fe^{2+}}$,$c_{Ce^{3+}}=c_{Fe^{3+}}$,φ_{sp}可分别表示为:

$$\varphi_{sp}=\varphi^{\ominus'}_{Ce^{4+}/Ce^{3+}}+0.059\lg\frac{c_{Ce^{4+}}}{c_{Ce^{3+}}}$$

$$\varphi_{sp}=\varphi^{\ominus'}_{Fe^{3+}/Fe^{2+}}+0.059\lg\frac{c_{Fe^{3+}}}{c_{Fe^{2+}}}$$

两式相加:
$$2\varphi_{sp}=\varphi^{\ominus'}_{Ce^{4+}/Ce^{3+}}+\varphi^{\ominus'}_{Fe^{3+}/Fe^{2+}}+0.059\lg\frac{c_{Ce^{4+}}c_{Fe^{3+}}}{c_{Ce^{3+}}c_{Fe^{2+}}}$$

故　　$\varphi_{sp} = \dfrac{\varphi^{\ominus'}_{Ce^{4+}/Ce^{3+}} + \varphi^{\ominus'}_{Fe^{3+}/Fe^{2+}}}{2} = \dfrac{1.44+0.68}{2} = 1.06V$

4. 化学计量点后　溶液中的 Fe^{2+} 几乎全部被氧化为 Fe^{3+}，$c_{Fe^{2+}}$ 的浓度很难直接求得，但由加入过量 Ce^{4+} 的百分数，便可知道 $c_{Ce^{4+}}/c_{Ce^{3+}}$ 值，此时用 Ce^{4+}/Ce^{3+} 电对计算电位值。例如，当滴入 Ce^{4+} 标准溶液 20.02ml，即加入过量 0.1% 滴定剂时，其电位值为：

$\varphi = \varphi^{\ominus'}_{Ce^{4+}/Ce^{3+}} + 0.059\lg\dfrac{0.1}{100} = 1.44 - 0.059 \times 3 = 1.26V$

用同样方法可计算滴定过程任意一点的电位值，计算结果列于表 5-2，据此绘制滴定曲线，如图 5-1 所示。

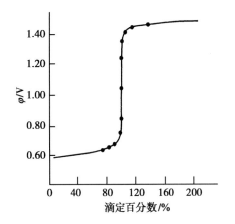

图 5-1　Ce^{4+} 溶液滴定 Fe^{2+} 溶液的滴定曲线

表 5-2　在 1mol/L H_2SO_4 液中用 Ce^{4+} 标准溶液滴定 Fe^{2+} 溶液的电位变化

滴入 Ce^{4+} 溶液体积/ml	滴入百分率/%	电位/V
1.00	5.0	0.60
5.00	25.0	0.65
10.00	50.0	0.68
19.80	99.0	0.80
19.98	99.9	0.86
20.00	100.0	1.06
20.02	100.1	1.26
20.20	101.0	1.32
40.00	200.0	1.44

从表 5-2 和图 5-1 可知，用氧化剂滴定还原剂时，滴定百分数为 50% 时的电位是还原剂电对的条件电位，滴定百分数为 200% 时的电位是氧化剂电对的条件电位；在化学计量点附近（前后 0.1%），电极电位有明显的突跃（0.86~1.26V），化学计量点电位 φ_{sp} 恰好在滴定突跃的中间。

若两个电对均为对称电对，化学计量点电位（φ_{sp}）的计算通式为（推导略去）：

$$\varphi_{sp} = \dfrac{n_1\varphi^{\ominus'}_1 + n_2\varphi^{\ominus'}_2}{n_1 + n_2} \qquad 式（5-11）$$

当两个电对半反应的电子转移数不相等（$n_1 \neq n_2$）时，φ_{sp} 不在滴定突跃范围中间，而是偏向得失电子数多的电对一方。

当氧化还原体系中有不对称电对参加反应时，化学计量点电位还与浓度有关。

氧化还原滴定的突跃范围为：

$$\varphi^{\ominus'}_2 + \dfrac{0.059 \times 3}{n_2} \sim \varphi^{\ominus'}_1 - \dfrac{0.059 \times 3}{n_1} \qquad 式（5-12）$$

可见，滴定突跃范围与两个电对的条件电位差 $\Delta\varphi^{\ominus'}$ 有关，$\Delta\varphi^{\ominus'}$ 越大，滴定突跃范围越大，越便于选择指示剂，滴定结果就越准确。

图 5-2 是在相同条件下，用 Ce^{4+} 溶液滴定条件电位 $\varphi^{\ominus'}$ 不同（$n = 1$）的四种还原性物质的滴定曲线。当 $\varphi^{\ominus'} = 1.20V$ 时，由于 $\Delta\varphi^{\ominus'} < 0.3V$，突跃不明显。一般当

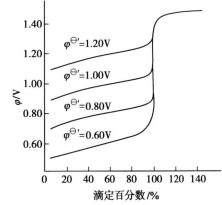

图 5-2　Ce^{4+} 溶液滴定 4 种还原剂的滴定曲线

$\Delta \varphi^{\ominus'} > 0.3 \sim 0.4V$ 时，可用指示剂确定终点；当 $\Delta \varphi^{\ominus'}$ 在 $0.2 \sim 0.3V$ 时，可用电位法确定终点；若 $\Delta \varphi^{\ominus'} < 0.2V$，则没有明显突跃，不能用于滴定分析。

三、氧化还原滴定法的指示剂

氧化还原滴定分析常用的指示剂主要有以下几种：

（一）自身指示剂

有些标准溶液或被滴定物质本身具有很深的颜色，而滴定产物无色或颜色很浅，滴定时就不需要另加指示剂，利用它们本身的颜色变化指示终点，这种物质称为自身指示剂（self indicator）。例如，在酸性溶液中用 $KMnO_4$ 标准溶液滴定无色或浅色的还原剂（如 H_2O_2、$H_2C_2O_4$ 等）溶液时，MnO_4^- 浓度只要过量达到 $2 \times 10^{-6} mol/L$ 就能显示粉红色，指示终点的到达。

（二）特殊指示剂

有些物质本身并无氧化还原性质，但它能与氧化剂或还原剂作用产生特殊可逆的颜色变化以指示滴定终点，这类物质称为特殊指示剂（specific indicator）。例如，可溶性淀粉溶液与 $I_2(I_3^-)$ 作用生成深蓝色吸附化合物，反应灵敏、可逆，当 I_2 全部还原为 I^- 时，深蓝色立即消失，因此可根据蓝色的出现或消失判断终点，是碘量法最常用的指示剂。

（三）氧化还原指示剂

氧化还原指示剂（oxidation-reduction indicator）本身是弱氧化剂或弱还原剂，它的氧化态（In_{Ox}）和还原态（In_{Red}）具有不同的颜色，在滴定过程中因被氧化或还原而发生颜色变化来指示终点。指示剂的半电池反应和 Nernst 方程式如下：

$$In_{Ox} + ne \rightleftharpoons In_{Red}$$

$$\varphi_{In_{Ox}/In_{Red}} = \varphi^{\ominus'}_{In_{Ox}/In_{Red}} + \frac{0.059}{n} \lg \frac{c_{In_{Ox}}}{c_{In_{Red}}} \quad （25℃）$$

其中，$\varphi^{\ominus'}_{In_{Ox}/In_{Red}}$ 为指示剂的条件电位。若指示剂的 In_{Ox} 与 In_{Red} 的颜色强度相差不大，当 $c_{In_{Ox}}/c_{In_{Red}}$ 从 10 变到 1/10 时，指示剂将从 In_{Ox} 的颜色变到 In_{Red} 的颜色。指示剂变色的电位范围为：

$$\varphi^{\ominus'}_{In_{Ox}/In_{Red}} \pm \frac{0.059}{n}$$

当 $c_{In_{Ox}}/c_{In_{Red}} = 1$ 时，$\varphi_{In_{Ox}/In_{Red}} = \varphi^{\ominus'}_{In_{Ox}/In_{Red}}$ 这一点称为氧化还原指示剂的变色点，此时指示剂显 In_{Ox} 和 In_{Red} 混合色。若两种颜色强度相差较大，变色点的电位将偏离条件电位值。表 5-3 列出几种常用的氧化还原指示剂。

表 5-3　常用氧化还原指示剂的 $\varphi^{\ominus'}$ 值及颜色变化

指示剂	$\varphi^{\ominus'}/V$ [H^+] =1mol/L	颜色变化 Ox 色	Red 色
靛蓝-磺酸盐（indigo monosulfonate）	0.25	蓝色	无色
亚甲蓝（methylene blue）	0.36	绿蓝色	无色
二苯胺（diphenylamine）	0.76	紫色	无色
二苯胺磺酸钠（diphenylamine sodium sulfonate）	0.84	红紫色	无色
羊毛罂红（erioglaucin）	1.00	红色	绿色
邻二氮菲亚铁（1,10-phenanthroline-ferrous complex ion）	1.06	淡蓝色	红色
5-硝基邻二氮菲亚铁（5-nitro-1,10-phenanthroline ferrous complex ion）	1.25	浅蓝色	紫红色

氧化还原指示剂是氧化还原滴定的通用指示剂。选择氧化还原指示剂的原则是：指示剂变色的

电位范围应在滴定的电位突跃范围之内,并尽量使 $\varphi_{InOx/InRed}^{\ominus'}$ 与化学计量点电位 φ_{sp} 一致,以保证终点误差不超过 0.1% 。例如,Ce^{4+} 滴定 Fe^{2+},φ_{sp} 为 1.06V,电位突跃范围为 0.86~1.26V,可选择邻二氮菲亚铁或羊毛罌红为指示剂。

选择指示剂时应注意终点前后颜色变化是否明显。氧化还原滴定中,滴定剂和被滴定的物质通常是有色的,滴定过程观察到的颜色变化是反应物或生成物的颜色与指示剂显示的颜色的混合色。例如,用 $K_2Cr_2O_7$ 滴定 Fe^{2+} 时,常选用二苯胺磺酸钠作指示剂,滴定至终点时,溶液由亮绿色(Cr^{3+} 溶液)变为红紫色,颜色变化十分明显。

(四)外指示剂

有的物质本身具有氧化还原性,能与标准溶液或被测溶液发生氧化还原反应,故不能加入被测溶液中,只能在化学计量点附近,用玻棒蘸取被滴定的溶液在外面与其作用,根据颜色变化来判断滴定终点,这类物质称外指示剂(outside indicator)。例如,重氮化滴定法可用碘化钾-淀粉糊(或试纸)这种外指示剂来指示滴定终点。

(五)不可逆指示剂

有的物质与微过量标准溶液作用,可发生不可逆的颜色变化,从而指示滴定终点,这类物质称为不可逆指示剂(irreversible indicator)。例如,溴酸钾法是利用过量的溴酸钾溶液在酸性条件中析出溴,溴能破坏甲基红或甲基橙指示剂的显色结构而产生颜色变化来指示滴定终点。

四、氧化还原滴定的终点误差

设用氧化剂 Ox_1 滴定还原剂 Red_2,若两个电对半反应的电子转移数均为 1,并且两个电对均为对称电对,氧化还原滴定反应如下:

$$Ox_1 + Red_2 \rightleftharpoons Red_1 + Ox_2$$

根据滴定终点误差的定义式,可得氧化还原滴定的终点误差计算公式:

$$TE(\%) = \frac{[Ox_1]_{ep} - [Red_2]_{ep}}{c_{sp}} \times 100\% \qquad 式(5\text{-}13)$$

与酸碱滴定和配位滴定类似,氧化还原滴定的终点误差也可用林邦误差公式计算(推导略去):

$$TE(\%) = \frac{10^{\Delta\varphi/0.059} - 10^{-\Delta\varphi/0.059}}{10^{\Delta\varphi^{\ominus'}/2 \times 0.059}} \times 100\% \qquad 式(5\text{-}14)$$

式中,$\Delta\varphi$ 为滴定终点时溶液的电位值(φ_{ep})与化学计量点时溶液电位值(φ_{sp})的差值,即 $\Delta\varphi = \varphi_{ep} - \varphi_{sp}$;$\Delta\varphi^{\ominus'}$ 为两个氧化还原电对的条件电位的差值,即 $\Delta\varphi^{\ominus'} = \varphi_{Ox_1/Red_1}^{\ominus'} - \varphi_{Ox_2/Red_2}^{\ominus'}$。由式(5-14)可知,氧化还原滴定的终点误差与 $\Delta\varphi^{\ominus'}$ 和 $\Delta\varphi$ 有关,$\Delta\varphi^{\ominus'}$ 越大,即两个电对的条件电位的差值越大,终点误差越小;$\Delta\varphi$ 越小,即滴定终点与化学计量点越接近,终点误差越小。

若两个电对半反应的电子转移数不相等($n_1 \neq n_2$),但两个电对仍为对称电对,终点误差公式为:

$$TE(\%) = \frac{10^{n_1 \cdot \Delta\varphi/0.059} - 10^{-n_2 \cdot \Delta\varphi/0.059}}{10^{n_1 \cdot n_2 \cdot \Delta\varphi^{\ominus'}/(n_1+n_2) \times 0.059}} \times 100\% \qquad 式(5\text{-}15)$$

例 5-5 在 1.0mol/L H_2SO_4 溶液中,用 0.100 0mol/L Ce^{4+} 标准溶液滴定 0.100 0mol/L Fe^{2+} 试样溶液,若选用二苯胺磺酸钠为指示剂,计算滴定终点误差。(已知:$\varphi_{Ce^{4+}/Ce^{3+}}^{\ominus'} = 1.44V$;$\varphi_{Fe^{3+}/Fe^{2+}}^{\ominus'} = 0.68V$;二苯胺磺酸钠的条件电位 $\varphi_{In}^{\ominus'} = 0.84V$)

解: 滴定反应 $Ce^{4+} + Fe^{2+} \rightleftharpoons Ce^{3+} + Fe^{3+}$,电子转移数 $n_1 = n_2 = 1$。

$$\Delta\varphi^{\ominus'} = 1.44 - 0.68 = 0.76V$$

$$\varphi_{sp} = \frac{n_1\varphi_1^{\ominus'} + n_2\varphi_2^{\ominus'}}{n_1 + n_2} = \frac{1.44 + 0.68}{2} = 1.06V$$

$$\varphi_{ep} = 0.84 \text{ V}$$

$$\Delta\varphi = \varphi_{ep} - \varphi_{sp} = 0.84 - 1.06 = -0.22 \text{ V}$$

用式(5-14)计算

$$TE(\%) = \frac{10^{-0.22/0.059} - 10^{0.22/0.059}}{10^{0.76/2 \times 0.059}} \times 100\% = -0.2\%$$

五、氧化还原滴定预处理

在氧化还原滴定之前,往往需要进行试样预处理,其目的是将试样中待测组分转变成适合于滴定的价态(氧化为高价态或还原为低价态)。例如,测定 Cr^{3+} 或 Mn^{2+} 时,因无合适的氧化剂直接滴定,可以先用 $(NH_4)_2S_2O_8$ 进行预先处理,将它们氧化为 $K_2Cr_2O_7$ 或 MnO_4^-,然后用 Fe^{2+} 标准溶液滴定;又如测定铁矿中总铁量时,铁是以 Fe^{3+} 和 Fe^{2+} 存在,可将 Fe^{3+} 预先还原为 Fe^{2+},然后用 $K_2Cr_2O_7$ 或 $KMnO_4$ 标准溶液滴定。

预处理时所选用的氧化剂或还原剂必须符合下列条件:

(1)能将待测组分迅速、定量、完全地氧化或还原为指定的价态。

(2)反应具有一定的选择性,不生成干扰测定的物质。

(3)过量的氧化剂或还原剂应易于除去。

试样预处理常用的还原剂有 SO_2、$SnCl_2$、$TiCl_3$、金属还原剂(锌、铝、铁)等;常用的氧化剂有 Cl_2、$HClO_4$、$KMnO_4$、$(NH_4)_2S_2O_8$、$NaBiO_3$、H_2O_2、KIO_4 等。

第三节　常用的氧化还原滴定法

一、碘量法

(一)碘量法的基本原理

碘量法是基于 I_2 的氧化性或 I^- 的还原性进行氧化还原滴定的方法。相关的氧化还原半电池反应为:

$$I_2(s) + 2e \rightleftharpoons 2I^- \qquad \varphi^{\ominus}_{I_2/I^-} = 0.535 \text{V} \tag{1}$$

由于 I_2/I^- 电对的标准电极电位适中,所以 I_2 是较弱的氧化剂,只能与较强的还原剂作用;而 I^- 是中等强度的还原剂,可与许多氧化剂作用。因此,利用直接滴定、置换滴定和剩余滴定等多种滴定方式,碘量法既可测定氧化性物质,也可测定还原性物质,已经成为应用广泛且重要的氧化还原滴定法之一。

固体 I_2 在水中难溶解且挥发性强,为了增大其溶解度和降低挥发程度,通常在配制 I_2 溶液时,将固体 I_2 溶解在 KI 溶液中,使 I_2 以 I_3^- 配合离子形式存在:

$$I_2 + I^- \rightleftharpoons I_3^-$$

其半电池反应为:

$$I_3^- + 2e \rightleftharpoons 3I^- \qquad \varphi^{\ominus}_{I_3^-/I^-} = 0.545 \text{V} \tag{2}$$

I_2 的氧化还原特性用(2)表示更为确切,但由于(1)和(2)的标准电极电位相差很小,为了简便并突出计算关系,通常仍使用(1),I_3^- 一般仍简写为 I_2。

1. 滴定方式

(1)直接碘量法:电极电位比 $\varphi^{\ominus}_{I_2/I^-}$ 低的电对,其还原态可以直接用 I_2 标准溶液进行滴定,这种滴定方式称为直接碘量法或碘滴定法。可以用直接碘量法测定的物质包括 S^{2-}、SO_3^{2-}、As(Ⅲ)、Sn(Ⅱ)、维生素 C 等。

（2）间接碘量法：电极电位比 $\varphi^{\ominus}_{I_2/I^-}$ 高的电对，其氧化态可以氧化 I^-，定量地置换出 I_2，然后用 $Na_2S_2O_3$ 标准溶液滴定置换出的 I_2，这种采用置换滴定方式的碘量法称为置换碘量法。还有一些还原性物质溶解性较差或与 I_2 的反应速度较慢，可先使其与定量、过量的 I_2 标准溶液反应，待反应完全后，再用 $Na_2S_2O_3$ 标准溶液滴定剩余的 I_2，这种滴定方式称为剩余碘量法或回滴碘量法。这两种滴定方式习惯上统称为间接碘量法或滴定碘法。滴定反应式为：

$$I_2 + 2S_2O_3^{2-} \Longleftrightarrow 2I^- + S_4O_6^{2-}$$

间接碘量法应用非常广泛，其中置换碘量法可以用来测定 MnO_4^-、$Cr_2O_7^{2-}$、BrO_3^-、IO_3^-、H_2O_2、Cl_2、Br_2、Cu^{2+}、漂白粉、氯胺 T 等氧化性的物质；剩余碘量法可以测定甲硫氨酸、焦亚硫酸钠、葡萄糖、甲醛及硫脲等还原性物质，也可用于测定能与 I_2 发生取代反应的有机酸、有机胺类化合物（如安替比林、酚酞等）以及某些能与 I_2 定量生成难溶盐沉淀的生物碱类化合物（如盐酸小檗碱、咖啡因等）。

例 5-6　采用间接碘量法测定铜盐含量：精密称定胆矾试样（含 $CuSO_4 \cdot 5H_2O$）0.558 0g，置锥形瓶中，加水溶解，HAc 酸化后，加入过量 KI，析出的 I_2 用 0.102 0mol/L $Na_2S_2O_3$ 标准溶液滴定，滴定终点时消耗 20.58ml $Na_2S_2O_3$ 标准溶液。求试样中 $CuSO_4 \cdot 5H_2O$ 的质量分数。（$M_{CuSO_4 \cdot 5H_2O} = 249.68g/mol$）

解：反应为：
$$2Cu^{2+} + 4I^- \Longleftrightarrow 2CuI\downarrow + I_2$$
$$I_2 + 2S_2O_3^{2-} \Longleftrightarrow 2I^- + S_4O_6^{2-}$$

故 2mol $CuSO_4 \cdot 5H_2O \backsim$ 2mol $Cu^{2+} \backsim$ 1mol $I_2 \backsim$ 2mol $Na_2S_2O_3$

$$w_{CuSO_4}(\%) = \frac{(cV)_{Na_2S_2O_3} \times M_{CuSO_4}}{m_s \times 1\,000} \times 100\%$$

$$= \frac{0.102\,0 \times 20.58 \times 249.68}{0.558\,0 \times 1\,000} \times 100 = 93.9\%$$

2. 滴定条件

（1）直接碘量法的滴定条件：该法只能在酸性、中性或弱碱性溶液中进行。如果溶液的 pH>9，则会发生如下歧化反应：
$$3I_2 + 6OH^- \Longleftrightarrow 5I^- + IO_3^- + 3H_2O$$

（2）间接碘量法的滴定条件：$Na_2S_2O_3$ 滴定 I_2 的反应一般要求在中性或弱酸性溶液中进行。

在碱性溶液中会发生如下副反应：
$$S_2O_3^{2-} + 4I_2 + 10OH^- \Longleftrightarrow 2SO_4^{2-} + 8I^- + 5H_2O$$
$$3I_2 + 6OH^- \Longleftrightarrow IO_3^- + 5I^- + 3H_2O$$

在强酸溶液中，$S_2O_3^{2-}$ 易分解，I^- 也易被空气中的 O_2 缓慢氧化：
$$S_2O_3^{2-} + 2H^+ \Longleftrightarrow S\downarrow + SO_2\uparrow + H_2O$$
$$4I^- + O_2 + 4H^+ \Longleftrightarrow 2I_2 + 2H_2O$$

3. 误差控制　碘量法中误差主要来源是 I_2 的挥发和 I^- 被空气中的 O_2 氧化。为减小误差，可采取以下措施：

（1）防止 I_2 挥发的方法：①加入过量的 KI，使 I_2 生成 I_3^-，增大 I_2 的溶解度，减少 I_2 的挥发；②滴定在室温下进行，温度升高会加快 I_2 的挥发；③析出 I_2 的反应可在碘量瓶中进行，快滴慢摇。

（2）防止 I^- 被空气中的 O_2 氧化的方法：①控制溶液的酸度，因为酸度增大会加快 O_2 氧化 I^-；②除去 Cu^{2+}、NO_2^- 等对 I^- 的氧化起催化作用的物质；③光照会加速 O_2 氧化 I^-，故密塞避光放置，析出 I_2 的反应在完全后立即滴定，快滴慢摇。

4. 指示剂

（1）自身指示剂：在 100ml 水中加入 1 滴 0.05mol/L 的 I_2 标准溶液，溶液立刻呈现黄色，因此 I_2

标准溶液可作为自身指示剂,用于指示直接碘量法的滴定终点。

（2）淀粉指示剂:淀粉是碘量法中应用最多的指示剂,淀粉遇 I_3^- 显深蓝色,反应灵敏且可逆性好,溶液中 I_2 的浓度为 $10^{-6} \sim 10^{-5}$ mol/L 即显蓝色,故可以根据蓝色的出现或者消失确定滴定终点。

使用淀粉指示剂时应注意:①应取可溶性直链淀粉作为指示剂:支链淀粉只能较松地吸附 I_2 形成一种红紫色产物,不能用作指示剂。淀粉指示剂久置易腐败、失效,应临用新制。②淀粉指示剂加入的时间:直接碘量法在滴定前加入,滴定至溶液出现蓝色即为终点;间接碘量法需在临近终点时加入,滴定至溶液蓝色刚好消失即为终点。若指示剂加入过早,则溶液中大量的 I_2 被淀粉表面牢固地吸附,使蓝色褪去缓慢(称终点迟钝)而产生误差。③应在常温下使用:因温度升高可使指示剂灵敏度降低。④应在弱酸性溶液中使用:碘与淀粉的反应在此条件下最灵敏。溶液 pH<2,淀粉易水解成糊精,再遇 I_2 显红色;pH>9,则 I_2 生成 IO_3^-,遇淀粉不显蓝色。

（二）碘量法的应用

1. 溶液的配制和标定

（1）碘标准溶液的配制和标定:I_2 具有挥发性和腐蚀性,不易准确称量,通常采用标定法配制碘标准溶液。先取一定量的碘固体,加入 KI 的浓溶液,研磨至完全溶解;为除掉碘中微量碘酸盐杂质以及配制 $Na_2S_2O_3$ 标准溶液时加入的少量稳定剂 Na_2CO_3 的影响,加入少量盐酸,再加水稀释至一定体积。用垂熔玻璃漏斗滤过后再标定。溶液贮于玻塞棕色瓶中,凉处保存,以避免碘溶液遇光、受热和与橡皮等有机物接触改变浓度。

碘标准溶液浓度可用 As_2O_3 基准物标定,也可用标定好的 $Na_2S_2O_3$ 标准溶液标定。

（2）硫代硫酸钠标准溶液的配制和标定:结晶硫代硫酸钠($Na_2S_2O_3 \cdot 5H_2O$)常易风化或潮解,并含有少量 S、S^{2-}、SO_3^{2-}、Cl^-、CO_3^{2-} 等杂质,因此不能直接配制 $Na_2S_2O_3$ 标准溶液。此外,$Na_2S_2O_3$ 溶液不稳定,易分解,其原因是:

1）水中溶解的 CO_2 的作用

$$S_2O_3^{2-} + CO_2 + H_2O \Longrightarrow HSO_3^- + HCO_3^- + S \downarrow$$

2）水中存在的嗜硫细菌等微生物的作用

$$S_2O_3^{2-} \Longrightarrow SO_3^{2-} + S \downarrow$$

3）水中溶解 O_2 的作用

$$2S_2O_3^{2-} + O_2 \Longrightarrow 2SO_4^{2-} + 2S \downarrow$$

因此,配制 $Na_2S_2O_3$ 标准溶液时应使用新煮沸放冷的蒸馏水,目的在于除去水中的 O_2 和 CO_2,并杀死嗜硫细菌等微生物;加入少许 Na_2CO_3 使溶液呈弱碱性(pH9~10),以抑制嗜硫细菌生长和防止硫代硫酸钠分解;溶液贮于棕色瓶中,在暗处放置一段时间[7~10 天,《中国药典》(2020 年版)规定放置 1 个月],以防光照分解,待浓度稳定后进行标定。若发现 $Na_2S_2O_3$ 溶液变浑浊表示有硫单质析出,应过滤后再标定或重新配制。

标定硫代硫酸钠溶液可用 $K_2Cr_2O_7$、KIO_3、$KBrO_3$、$K_3[Fe(CN)_6]$ 等基准物质,采用置换碘量法进行标定。其中以 $K_2Cr_2O_7$ 最常用,在酸性溶液中,一定量的 $K_2Cr_2O_7$ 与过量的 KI 作用置换出 I_2,以淀粉作指示剂,再用 $Na_2S_2O_3$ 溶液滴定,其反应如下:

$$Cr_2O_7^{2-} + 6I^- + 14H^+ \Longrightarrow 2Cr^{3+} + 3I_2 + 7H_2O \quad （置换反应）$$

$$I_2 + 2S_2O_3^{2-} \Longrightarrow 2I^- + S_4O_6^{2-} \quad （滴定反应）$$

$Cr_2O_7^{2-}$ 与 I^- 的反应速度慢,为加快反应速度和降低 I_2 的挥发程度,需加入过量的 KI 和提高溶液酸度。但酸度太高,I^- 易被空气氧化。因此,一般控制酸度 0.5mol/L 左右为宜。反应在碘量瓶中进行,并避光放置 10 分钟,使置换反应完全,减慢 I^- 被空气氧化的速度。用 $Na_2S_2O_3$ 滴定前要将溶液稀释,降低酸度至 0.2mol/L 左右,既可防止 $Na_2S_2O_3$ 分解,减慢 I^- 被空气氧化的速度,又可降低 Cr^{3+} 的浓度,使其亮绿色变浅,便于观察终点。淀粉指示剂应在临近终点时加入,当溶液蓝色消失即为终点。滴定至终点后,若溶液迅速回蓝,表明$Cr_2O_7^{2-}$与I^-反应不完全,应重新标定。为防止I_2的挥发,滴定时应快滴轻摇。

例5-7　采用$K_2Cr_2O_7$基准物标定$Na_2S_2O_3$标准溶液的浓度:称取0.501 2g $K_2Cr_2O_7$基准物,用水溶解并稀释至100.0ml,吸取20.00ml,加入H_2SO_4及KI溶液,用待标定的$Na_2S_2O_3$溶液滴定至终点时,用去20.05ml,求$Na_2S_2O_3$标准溶液的浓度。($M_{K_2Cr_2O_7}=294.18g/mol$)

解: 标定的化学反应为:

$$Cr_2O_7^{2-}+6I^-+14H^+ \Longrightarrow 2Cr^{3+}+3I_2+7H_2O$$

$$I_2+2S_2O_3^{2-} \Longrightarrow 2I^-+S_4O_6^{2-}$$

$1mol\ Cr_2O_7^{2-} \hateq 3mol\ I_2 \hateq 6mol\ S_2O_3^{2-}$,故$n_{S_2O_3^{2-}}=6n_{Cr_2O_7^{2-}}$

$$c_{Na_2S_2O_3}=\dfrac{6\times\dfrac{m_{K_2Cr_2O_7}}{M_{K_2Cr_2O_7}}\times\dfrac{20.00}{100.0}}{V_{Na_2S_2O_3}\times10^{-3}}=\dfrac{6\times\dfrac{0.501\ 2}{294.18}\times\dfrac{20.00}{100.0}}{20.05\times10^{-3}}=0.102\ 0mol/L$$

2. 应用示例

【示例5-1】　维生素C的含量测定(直接碘量法)

《中国药典》(2020年版)采用直接碘量法测定维生素C的含量。测定原理:维生素C分子中的烯二醇基具有较强的还原性,能被I_2定量地氧化成二酮基,反应式如下:

实验步骤: 取本品约0.2g,精密称定,加新沸过的冷水100ml与稀醋酸10ml使溶解,加淀粉指示液1ml,立即用I_2滴定液(0.05mol/L)滴定至溶液显蓝色并在30秒内不退。每1ml I_2滴定液(0.05mol/L)相当于8.806mg的$C_6H_8O_6$。

说明: 在碱性条件下有利于反应向右进行。但在碱性条件下,维生素C极易被空气中的O_2氧化,所以通常在醋酸介质中进行滴定,以减小维生素C与其他氧化剂作用引起的干扰。另外,维生素C易被光、热破坏,操作时应注意避光、避热。

【示例5-2】　葡萄糖的含量测定(剩余碘量法)

葡萄糖分子中的醛基具有还原性,在碱性条件下与过量的I_2液反应被氧化成羧基,反应式如下:

$$I_2+2NaOH \Longrightarrow NaIO+NaI+H_2O$$

$$CH_2OH(CHOH)_4CHO+NaIO+NaOH \Longrightarrow CH_2OH(CHOH)_4COONa+NaI+H_2O$$

剩余的NaIO在碱性条件下转变成$NaIO_3$和NaI:

$$3NaIO \Longrightarrow NaIO_3+2NaI$$

溶液酸化后又析出I_2:

$$NaIO_3+5NaI+3H_2SO_4 \Longrightarrow 3I_2+3Na_2SO_4+3H_2O$$

最后用$Na_2S_2O_3$标准溶液滴定析出的I_2:

$$I_2+2S_2O_3^{2-} \Longrightarrow 2I^-+S_4O_6^{2-}$$

实验步骤: 精密量取样品溶液适量(约含葡萄糖100mg),置250ml碘量瓶中,精密加入I_2标准溶液(0.05mol/L)25ml,在不断振摇下,滴加NaOH溶液(0.1mol/L)40ml,密塞,在暗处放置10分钟,加H_2SO_4(0.5mol/L)6ml,摇匀,用$Na_2S_2O_3$滴定液(0.1mol/L)滴定,至近终点时,加淀粉指示液2ml,继续滴定至蓝色消失,并将滴定结果用空白试验校正。

【示例 5-3】   漂白粉中有效氯的含量测定(置换碘量法)

漂白粉的主要成分是 $Ca(ClO)_2$,它遇酸产生 Cl_2。Cl_2 具有漂白、消毒杀菌作用。有效氯就是指漂白粉在酸化时放出的氯。漂白粉中有效氯的含量可采用置换碘量法测定,即在漂白粉的溶液中加入过量 KI,加稀硫酸酸化溶液,反应生成的 I_2 用 $Na_2S_2O_3$ 标准溶液滴定,根据消耗 $Na_2S_2O_3$ 标准溶液的量可间接计算出有效氯的质量分数。相关反应式如下:

$$Ca(ClO)_2 + 2HCl \Longrightarrow CaCl_2 + 2HClO$$

$$HClO + HCl \Longrightarrow Cl_2 + H_2O$$

$$Cl_2 + 2I^- \Longrightarrow I_2 + 2Cl^-$$

$$I_2 + 2S_2O_3^{2-} \Longrightarrow 2I^- + S_4O_6^{2-}$$

实验步骤:取漂白粉试样 5g,置研钵中,加水研细,定量转移至 500ml 量瓶中。精密吸取 50ml,置于 250ml 碘量瓶中,加碘化钾 2g 及稀硫酸 15ml,用 $Na_2S_2O_3$ 滴定液(0.1mol/L)滴定,至近终点时,加淀粉指示液 2ml,继续滴定至蓝色消失。

【示例 5-4】   叶酸中微量水分的测定(卡尔·费歇尔滴定法)

卡尔·费歇尔滴定法(Karl Fischer 法)是碘量法在非水滴定法中的应用,该法是依据 I_2 和 SO_2 在吡啶和甲醇溶液中与水定量反应的原理来测定水分,反应式如下:

$$I_2 + SO_2 + 3C_5H_5N + CH_3OH + H_2O \Longrightarrow 2C_5H_5NHI + C_5H_5NH(SO_4CH_3)$$

实验步骤:取本品约 0.1g,精密称定,加三氯甲烷-甲醇(4:1)约 5ml 使溶解,在避免空气中水分侵入的条件下,用费休氏试液滴定至溶液由浅黄色变为红棕色;并用空白试验校正滴定结果。

说明:卡尔·费歇尔滴定法也可用永停滴定法(参见第七章)指示终点。卡尔·费歇尔滴定法的滴定剂是由碘、二氧化硫和无水吡啶按一定比例和方法溶于无水甲醇的混合溶液,称为费休氏试液。

二、高锰酸钾法

(一)高锰酸钾法的基本原理

高锰酸钾法是以高锰酸钾为滴定剂的氧化还原滴定法。在强酸性溶液中,高锰酸钾是强氧化剂,MnO_4^- 被还原为 Mn^{2+}:

$$MnO_4^- + 8H^+ + 5e \Longrightarrow Mn^{2+} + 4H_2O \qquad \varphi^{\ominus}_{MnO_4^-/Mn^{2+}} = 1.51V$$

溶液酸度应控制在 $1 \sim 2mol/L$ 为宜。酸度太高,$KMnO_4$ 易分解;酸度太低,反应速度慢,且会产生 MnO_2 沉淀。调节溶液酸度常用 H_2SO_4。因为 HNO_3 有氧化性,不宜使用;HCl 具有还原性,可被 $KMnO_4$ 氧化,也不宜使用。

高锰酸钾法通常利用自身紫红色指示终点。当 $KMnO_4$ 溶液浓度较低(小于 0.002mol/L)时,也可选用二苯胺等氧化还原指示剂指示终点。

高锰酸钾法应用广泛,在酸性溶液中可用直接滴定法测定一些还原性物质,如 $C_2O_4^{2-}$、H_2O_2、Fe^{2+}、NO_2^-、Sb(Ⅲ)、As(Ⅲ)等。联合 $Na_2C_2O_4$ 或 $FeSO_4$ 标准溶液,用剩余滴定方式,可测定一些强氧化性物质,如 CrO_4^{2-}、ClO_3^-、BrO_3^-、IO_3^-、MnO_4^-、MnO_2、PbO_2、$S_2O_8^{2-}$ 等。用间接滴定法可测定某些非氧化还原性物质,如 Ca^{2+}。

(二)高锰酸钾法的应用

1. 标准溶液的配制和标定   市售高锰酸钾试剂纯度一般为 99.0% ~ 99.5%,在制备和贮存过程中,常混入少量的 MnO_2 和其他杂质,因此不能直接配制。同时,$KMnO_4$ 氧化能力很强,能与水中的有机物缓慢发生反应,生成的 $MnO(OH)_2$ 又会促使 $KMnO_4$ 进一步分解,见光则分解更快。因此,$KMnO_4$ 溶液不稳定,特别是配制初期浓度易发生改变。为获得稳定的 $KMnO_4$ 溶液,配成的溶液要贮存于棕色瓶中,密闭,在暗处放置 7~8 天(或加水溶解后煮沸 10~20 分钟,静置 2 天以上),并用垂熔玻璃漏斗过滤除去 MnO_2 等杂质再标定。

标定 $KMnO_4$ 溶液的基准物质有 As_2O_3、$H_2C_2O_4 \cdot 2H_2O$、$Na_2C_2O_4$、$Fe(NH_4)_2(SO_4)_2 \cdot 6H_2O$、纯铁丝等。其中最常用的是 $Na_2C_2O_4$,它易于提纯、稳定、不含结晶水,在 105℃ 烘干即可使用。标定反应为:

$$2MnO_4^- + 5C_2O_4^{2-} + 16H^+ \rightleftharpoons 2Mn^{2+} + 10CO_2 \uparrow + 8H_2O$$

标定时应注意下列条件:

(1)温度:该反应在室温下速度极慢,常将 $Na_2C_2O_4$ 溶液预先加热至 75~85℃,并在滴定过程中保持溶液的温度在 60℃ 以上,若温度高于 90℃,会使部分 $H_2C_2O_4$ 分解:

$$H_2C_2O_4 \rightarrow CO_2 \uparrow + CO \uparrow + H_2O$$

(2)酸度:酸度过低,部分 $KMnO_4$ 被还原为 MnO_2,酸度过高 $H_2C_2O_4$ 易分解;一般用 H_2SO_4 调节酸度,滴定开始时适宜的酸度为 0.5~1mol/L,滴定结束时 0.2~0.5mol/L。

(3)滴定速度:滴定刚开始时反应慢,应慢滴,随着反应生成的 Mn^{2+} 增多反应速度加快,滴定速度可随之加快,但仍不能太快。

2. 应用示例

【示例 5-5】 过氧化氢的含量测定

在酸性溶液中,过氧化氢(H_2O_2)可被 MnO_4^- 氧化,反应式如下:

$$2MnO_4^- + 5H_2O_2 + 16H^+ \rightleftharpoons 2Mn^{2+} + 5O_2 \uparrow + 8H_2O$$

实验步骤:吸取 30% H_2O_2 试样 1ml,精密称重,定量转移至 100ml 量瓶中,加水稀释至刻度,摇匀。精密量取 10.00ml,加稀硫酸 20ml,用 $KMnO_4$ 滴定液(0.02mol/L)滴定至溶液显微红色。

说明:市售过氧化氢为 30% 水溶液,须经适当稀释后在常温下进行滴定。滴定开始时反应较慢,待少量 Mn^{2+} 生成后,反应速度加快,滴定速度可适当加快。也可先加入少量 Mn^{2+} 作催化剂。

【示例 5-6】 硫酸亚铁的含量测定

《中国药典》(2020 年版)采用高锰酸钾法测定硫酸亚铁的含量。测定原理:在硫酸溶液中,Fe^{2+} 可被 $KMnO_4$ 氧化为 Fe^{3+},反应式如下:

$$5Fe^{2+} + MnO_4^- + 8H^+ \rightleftharpoons 5Fe^{3+} + Mn^{2+} + 4H_2O$$

实验步骤:取本品约 0.5g,精密称定,加稀硫酸与新煮沸过的冷水各 15ml 溶解后,立即用 $KMnO_4$ 滴定液(0.02mol/L)滴定至溶液显持续的粉红色。每 1ml $KMnO_4$ 滴定液(0.02mol/L)相当于 27.80mg 的 $FeSO_4 \cdot 7H_2O$。

说明:Fe^{2+} 易被空气中的 O_2 氧化,样品溶解后应立即滴定。可用 $KMnO_4$ 作自身指示剂,也可用邻二氮菲亚铁作指示剂。$KMnO_4$ 对制剂中的糖、淀粉等辅料也有氧化作用,故只适用于测定硫酸亚铁原料药,不适于测定糖浆剂、片剂等制剂。测定硫酸亚铁制剂可改用铈量法。

三、亚硝酸钠法

(一)亚硝酸钠法的基本原理

亚硝酸钠法是以亚硝酸钠为滴定剂,利用亚硝酸钠与有机胺类物质发生重氮化反应或亚硝基化反应的氧化还原滴定法。

1. 重氮化滴定法 芳伯胺类化合物在酸性介质中,与亚硝酸钠发生重氮化反应(diazotization reaction),生成芳伯胺的重氮盐。

$$ArNH_2 + NaNO_2 + 2HCl \rightleftharpoons [Ar-N^+ \equiv N]Cl^- + NaCl + 2H_2O$$

用亚硝酸钠液滴定芳伯胺类化合物的方法称为重氮化滴定法(diazotization titration)。

重氮化反应速度与酸的种类和浓度、反应温度以及苯环上取代基团的种类和位置有关,为使测定

结果准确,重氮化滴定时应注意以下几个主要条件:

(1)酸的种类和浓度:重氮化反应速度在 HBr 中最快,在 HCl 中次之,在 H_2SO_4 或 HNO_3 中最慢。由于 HBr 价格较贵,且芳伯胺盐酸盐有较大溶解度,便于观察终点,故常用盐酸。酸度控制在 $1mol/L$ 为宜。若酸度过高,不利于芳伯胺的游离,影响重氮化反应速度;若酸度过低,则生成的重氮盐能与尚未反应的芳伯胺偶合,生成重氮氨基化合物,使测定结果偏低。

$$[Ar—N^+\equiv N]Cl^- + ArNH_2 \rightleftharpoons Ar—N\equiv N—NHAr + HCl$$

(2)滴定速度与温度:重氮化反应速度随温度升高而加快,但生成的重氮盐也随温度的升高而分解;温度过高也会促使 HNO_2 逸失和分解,使测定结果偏高。

$$3HNO_2 \longrightarrow HNO_3 + H_2O + 2NO\uparrow$$

$$[Ar—N^+\equiv N]Cl^- + H_2O \longrightarrow Ar—OH + N_2\uparrow + HCl$$

一般规定滴定在15℃以下进行。《中国药典》(2020 年版)规定可在室温(10~30℃)下采用"快速滴定法"进行。"快速滴定法"操作方法:在滴定时将滴定管尖插入液面约 2/3 处,在不断搅拌的条件下,一次性快速地加入反应所需的大部分 $NaNO_2$ 液,然后将滴定管尖提出液面,用少量水淋洗管尖,继续慢慢滴至终点。这样,在液面下生成的 HNO_2 迅速扩散并立即与芳伯胺作用,可有效防止 HNO_2 的逸失和分解,提高测定结果准确度。

(3)苯环上取代基:在苯胺环上(尤其胺基的对位上)有吸电子基团(如—NO_2、—SO_3H、—COOH、—X 等)会加快反应速度;有斥电子基团(如—CH_3、—OH、—OR 等)将使反应速度减慢。一般加入适量的 KBr 可起催化作用,以加速重氮化反应。

2. 亚硝基化滴定法   在酸性介质中,芳仲胺类化合物可与亚硝酸钠发生亚硝基化反应(nitrozation reaction):

$$ArNHR + NaNO_2 + HCl \rightleftharpoons ArN(NO)R + NaCl + H_2O$$

用亚硝酸钠滴定芳仲胺类化合物的方法称为亚硝基化滴定法(nitrozation titration)。

重氮化滴定法主要用于芳伯胺类药物的测定,如磺胺类药物、盐酸普鲁卡因、苯佐卡因、氨苯砜等;亚硝基化滴定法可测定芳仲胺类药物,如磷酸伯氨喹、盐酸丁卡因等;此外,某些化合物,如芳香族硝基化合物、芳酰胺等经化学处理能转化为芳伯胺类化合物,也可用重氮化滴定法进行测定。

3. 指示剂

(1)外指示剂:亚硝酸钠法常用的外指示剂(outside indicator)是含氯化锌的碘化钾-淀粉糊或试纸,其中氯化锌起防腐作用。指示终点原理是在化学计量点后稍过量的亚硝酸钠将 KI 氧化成 I_2,生成的 I_2 与淀粉作用显蓝色,反应如下:

$$2NO_2^- + 2I^- + 4H^+ \rightleftharpoons I_2 + 2NO\uparrow + 2H_2O$$

滴定时碘化钾-淀粉指示剂不能直接加到被滴定的溶液中,否则滴入的 $NaNO_2$ 将先与 KI 作用而无法观察终点。因此,只能在滴定至临近终点时,用玻棒蘸少许被滴定的溶液,在外面与指示液作用,依据是否立即出现蓝色来判断滴定终点。采用外指示剂判断滴定终点,操作烦琐,终点不易确定,影响测定结果的准确度。

(2)内指示剂:近年来,趋向于选用常规的内指示剂(internal indicator 或 inside indicator)确定终点。其中应用较多的有橙黄Ⅳ-亚甲蓝中性红、亮甲酚蓝及二苯胺。使用内指示剂操作虽简便,但终点变色有时不敏锐,尤其重氮盐有色时更难观察。

(二)亚硝酸钠法的应用

1. 标准溶液的配制和标定

(1)亚硝酸钠标准溶液的配制:亚硝酸钠标准溶液常用间接法配制,其水溶液不稳定,放置过程中浓度会逐渐下降,如配制时加入少许稳定剂 Na_2CO_3,维持溶液 pH 约为 10,浓度在 3 个月内几乎不变。亚硝酸钠液应贮于棕色瓶中,密闭保存,以免遇光分解。

（2）亚硝酸钠标准溶液的标定：标定亚硝酸钠标准溶液常用的基准物质是对氨基苯磺酸

$\left(H_2N-\!\!\!\!\bigcirc\!\!\!\!-SO_3H\right)$，采用永停滴定法指示终点。其反应为：

$$H_2N-\!\!\!\!\bigcirc\!\!\!\!-SO_3H+NaNO_2+2HCl \rightleftharpoons [N\equiv N^+-\!\!\!\!\bigcirc\!\!\!\!-SO_3H]Cl^-+NaCl+2H_2O$$

2. 应用示例

【示例 5-7】 盐酸普鲁卡因的含量测定

《中国药典》（2020 年版）采用亚硝酸钠法中的重氮化滴定法测定盐酸普鲁卡因的含量,盐酸普鲁卡因的结构式如下：

实验步骤：取本品约 0.6g,精密称定,加盐酸溶液（1→2）25ml 振摇使溶解,再加水 25ml,参照《中国药典》（2020 年版）永停滴定法（通则 0701），在 15～25℃用亚硝酸钠标准溶液（0.1mol/L）滴定。每 1ml 亚硝酸钠标准溶液（0.1mol/L）相当于 27.28mg 的 $C_{13}H_{20}N_2O_2 \cdot HCl$。

说明：永停滴定法比外指示剂法或内指示剂法更加准确方便,已成为《中国药典》（2020 年版）亚硝酸钠滴定法确定滴定终点的法定方法（参见第七章应用示例）。

四、溴酸钾法和溴量法

（一）溴酸钾法

溴酸钾法是以溴酸钾为标准溶液的氧化还原滴定法。在酸性溶液中溴酸钾是强氧化剂,可直接滴定还原性物质。半电池反应如下：

$$BrO_3^-+6H^++6e \rightleftharpoons Br^-+3H_2O \qquad \varphi^\ominus_{BrO_3^-/Br^-}=1.44V$$

溴酸钾易重结晶纯制且性质稳定,常用直接法配制标准溶液；如果需要,也可用 As_2O_3 基准试剂标定,标定反应为：

$$BrO_3^-+3HAsO_2+3H_2O \rightleftharpoons Br^-+3H_3AsO_4$$

溴酸钾法选甲基橙或甲基红等含氮酸碱作指示剂,需在临近终点时加入。化学计量点前指示剂呈酸式色（红色）,计量点后,稍过量的 BrO_3^- 与反应生成的 Br^- 作用会产生 Br_2,Br_2 将氧化并破坏指示剂的呈色结构,发生不可逆的褪色反应（红色褪去）,从而指示滴定终点。若加入指示剂过早,在滴定中因 $KBrO_3$ 局部过浓而过早破坏其结构,无法正确指示终点。

溴酸钾法可直接测定亚铁盐、亚铜盐、亚砷酸盐、亚锡盐、碘化物和亚胺类等还原性物质。

（二）溴量法

溴量法是以溴的氧化作用和溴代作用为基础的滴定法。在酸性溶液中,溴是较强的氧化剂,其半电池反应为：

$$Br_2（液）+2e \rightleftharpoons 2Br^- \qquad \varphi^\ominus_{Br_2/Br^-}=1.065V$$

溴液通常是将溴酸钾与溴化钾按质量比 1∶5 配制的水溶液,测定时先将溴液加到被测物溶液中,酸化后,溴酸钾与溴化钾反应为：

$$BrO_3^-+5Br^-+6H^+ \rightleftharpoons 3Br_2+3H_2O$$

生成的 Br_2 与被测物发生加成或溴代反应,待反应完全后,加入过量的 KI 与剩余的 Br_2 作用,定

量析出 I_2，析出的 I_2 用 $Na_2S_2O_3$ 标准溶液滴定，根据被测物质消耗 Br_2 的量，可求出待测物的含量。

$$Br_2 + 2I^- \rightleftharpoons I_2 + 2Br^-$$

利用溴代反应，溴量法可以直接测定苯酚及芳胺类化合物的含量；利用溴的氧化作用，溴量法可以测定 SO_2、H_2S、亚硫酸盐及羟胺等还原性物质。另外，以 8-羟基喹啉为沉淀剂，溴量法还可以间接测定 Al^{3+}、Mg^{2+} 和 Fe^{3+} 等金属离子。

五、重铬酸钾法

重铬酸钾法是以重铬酸钾为标准溶液的氧化还原滴定法，在酸性溶液中，重铬酸钾具有较强的氧化性，其半电池反应为：

$$Cr_2O_7^{2-} + 14H^+ + 6e \rightleftharpoons 2Cr^{3+} + 7H_2O \qquad \varphi^{\ominus}_{Cr_2O_7^{2-}/Cr^{3+}} = 1.33V$$

Cr^{3+} 在中性、碱性条件下易水解，滴定必须在酸性溶液中进行。

由于 $K_2Cr_2O_7$ 固体试剂易提纯，纯度可高达 99.9%，性质稳定，摩尔质量较大，满足基准物质的基本要求，因此，$K_2Cr_2O_7$ 可以作为基准试剂，采用直接法配制 $K_2Cr_2O_7$ 标准溶液。此外，$K_2Cr_2O_7$ 的氧化性比 $KMnO_4$ 稍弱，但选择性较高。在盐酸浓度低于 3mol/L 时，$Cr_2O_7^{2-}$ 不与 Cl^- 反应。因此，可在盐酸介质中用 $K_2Cr_2O_7$ 法滴定 Fe^{2+}。

$Cr_2O_7^{2-}$ 的还原产物 Cr^{3+} 显亮绿色，须用指示剂确定滴定终点。重铬酸钾法常用的指示剂是二苯胺磺酸钠等。

重铬酸钾法可测定某些还原性物质，如样品中的铁、盐酸小檗碱等药物，也可测定能与 Fe^{3+} 定量反应生成 Fe^{2+} 的氧化性物质，如 Cu^{2+}、Ti^{3+} 等，还可间接测定一些非氧化还原性物质，如 Pb^{2+}、Ba^{2+} 等。

例 5-8　已知 $K_2Cr_2O_7$ 标准溶液的滴定度 $T_{K_2Cr_2O_7/Fe} = 0.005\ 022\text{g/ml}$，测定 0.500 0g 含铁试样时，用去该标准溶液 25.10ml。计算 $T_{K_2Cr_2O_7/Fe_3O_4}$ 和试样中铁以 Fe、Fe_3O_4 表示时的质量分数。

解： 已知 $M_{Fe^{2+}} = 55.85\text{g/mol}$，$M_{Fe_3O_4} = 231.5\text{g/mol}$，滴定反应为：

$$6Fe^{2+} + Cr_2O_7^{2-} + 14H^+ = 6Fe^{3+} + 2Cr^{3+} + 7H_2O$$

因为 $n_{Fe_3O_4} = \dfrac{1}{3} n_{Fe^{2+}}$

所以

$$T_{K_2Cr_2O_7/Fe_3O_4} = T_{K_2Cr_2O_7/Fe} \cdot \frac{M_{Fe_3O_4}}{3M_{Fe^{2+}}} = 0.005\ 022 \times \frac{231.5}{3 \times 55.85} = 0.006\ 939\text{g/ml}$$

$$w_{Fe}(\%) = \frac{m_{Fe}}{m_s} = \frac{T_{K_2Cr_2O_7/Fe} \cdot V_{K_2Cr_2O_7}}{m_s} \times 100\% = \frac{0.005\ 022 \times 25.10}{0.500\ 0} \times 100\% = 25.21\%$$

$$w_{Fe_3O_4}(\%) = \frac{m_{Fe_3O_4}}{m_s} = \frac{T_{K_2Cr_2O_7/Fe_3O_4} \cdot V_{K_2Cr_2O_7}}{m_s} \times 100\% = \frac{0.006\ 939 \times 25.10}{0.500\ 0} \times 100\% = 34.83\%$$

六、铈量法

铈量法是以 Ce^{4+} 溶液为标准溶液的氧化还原滴定法。半电池反应为：

$$Ce^{4+} + e \rightleftharpoons Ce^{3+} \qquad \varphi^{\ominus}_{Ce^{4+}/Ce^{3+}} = 1.45V$$

在中性及碱性介质中 Ce^{4+} 易水解，滴定应在酸性溶液中进行。

Ce^{4+} 标准溶液可用硫酸铈 $Ce(SO_4)_2$、硫酸铈铵 $(NH_4)_2Ce(SO_4)_3 \cdot 2H_2O$ 或硝酸铈铵 $(NH_4)_2Ce(NO_3)_6$ 配制。其中最常用的为硫酸铈铵，它易纯制，可用直接法配制标准溶液，故铈量法也称硫酸铈法（cerium sulfate method）。

若需标定 Ce^{4+} 溶液，可用 $Na_2C_2O_4$、As_2O_3、硫酸亚铁铵或纯铁丝等作基准物质，标定常在 H_2SO_4 介质中进行。

与 $KMnO_4$ 法比较,铈量法有如下优点:

(1) 硫酸铈标准溶液可直接配制,且稳定性好,久置、曝光,甚至加热煮沸均不引起浓度变化。

(2) 选择性高,可在盐酸溶液中直接滴定一些还原剂,而 Cl^- 无干扰,大多数有机物不与 Ce^{4+} 作用,不干扰滴定。

(3) 反应机制简单,副反应少,Ce^{4+} 还原为 Ce^{3+},只有 1 个电子转移,无中间价态的产物形成。

铈量法可用 Ce^{4+}(黄色)作指示剂,但灵敏度不高,常用邻二氮菲亚铁作指示剂。

铈量法可直接测定一些金属的低价化合物、过氧化氢及某些有机还原性物质等,常用于药物制剂(如硫酸亚铁糖浆、硫酸亚铁片等)中铁的测定。

七、高碘酸钾法

高碘酸钾法是以高碘酸盐为标准溶液的氧化还原滴定法。高碘酸盐在酸性溶液中主要存在形式为 H_5IO_6 和 IO_4^-,溶液酸度越高,H_5IO_6 占的分数越大。在酸性介质中,高碘酸盐是一个很强的氧化剂,其半电池反应为:

$$H_5IO_6+H^++2e \Longleftrightarrow IO_3^-+3H_2O \qquad \varphi^{\ominus}_{H_5IO_6/IO_3} = 1.60V$$

高碘酸钾法除可在酸性介质中测定一些还原性物质外,由于可与有机物的某些基团产生选择性很高的反应,故常用于有机物的测定。它在测定 α-二醇类及 α-羰基醇类化合物的含量方面有独特的作用,半电池反应为:

$$RCHOHCHOHR' \longrightarrow RCHO+R'CHO+2H^++2e$$

$$RCOHCHOHR'+H_2O \longrightarrow RC(OH)_2CHOHR' \longrightarrow RCOOH+R'CHO+2H^++2e$$

由于高碘酸盐与有机物反应速度慢,通常在室温下,在酸性溶液中定量加入过量的高碘酸盐标准溶液与被测物反应完全后,再加入过量的 KI 与剩余的高碘酸盐及其还原产物碘酸盐作用置换出 I_2,最后用 $Na_2S_2O_3$ 标准溶液滴定析出的 I_2。高碘酸盐、碘酸盐与 KI 的反应为:

$$IO_4^-+7I^-+8H^+ \Longleftrightarrow 4I_2+4H_2O$$

$$IO_3^-+5I^-+6H^+ \Longleftrightarrow 3I_2+3H_2O$$

可选用 H_5IO_6、KIO_4 或 $NaIO_4$ 配制高碘酸盐标准溶液,而 $NaIO_4$ 溶解度大,易纯制,最为常用;高碘酸盐标准溶液很稳定,通常不需标定其浓度,在样品测定时,同时作空白试验,通过滴定样品与空白溶液消耗的硫代硫酸钠标准溶液的体积差,即可算出测定结果。若需标定,则精密量取高碘酸盐标准溶液适量,加到含过量 KI 的酸性溶液中,待反应完成后,析出的 I_2 用 $Na_2S_2O_3$ 标准溶液滴定。

高碘酸钾法在酸性介质中可用于 α-羟基醇、α-氨基醇、α-羰基醇、多羟基醇(如甘油,甘露醇)等有机物的测定。

第五章
目标测试

习　　题

1. 已知 $\varphi^{\ominus}_{Cu^{2+}/Cu^+}(0.159V) < \varphi^{\ominus}_{I_2/I^-}(0.534V)$,但是 Cu^{2+} 却能将 I^- 氧化为 I_2,为什么?

2. 计算 pH=2.0,含有未配合的 EDTA 浓度为 0.10mol/L 时,Fe^{3+}/Fe^{2+} 电对的条件电位(忽略离子

强度的影响),并判断此条件下下列反应进行的方向。(已知 $\varphi^{\ominus}_{Fe^{3+}/Fe^{2+}} = 0.771V$,$\varphi^{\ominus}_{I_2/I^-} = 0.535V$;pH = 2.0 时,$\lg\alpha_{Y(H)} = 13.51$;$\lg K_{FeY^{2-}} = 14.32$;$\lg K_{FeY^-} = 25.1$)

$$2Fe^{3+} + 2I^- \rightleftharpoons 2Fe^{2+} + I_2$$

(0.158V,反应向左进行)

3. 用 $KMnO_4$ 标准溶液滴定 Fe^{2+} 的反应为:

$$5Fe^{2+} + MnO_4^- + 8H^+ \rightleftharpoons 5Fe^{3+} + Mn^{2+} + 4H_2O$$

试计算:①该反应的平衡常数;②为使反应完全定量进行($[Fe^{2+}] \leqslant 10^{-3} \times [Fe^{3+}]$),所需的最低 $[H^+]$ 是多少?(已知 $\varphi^{\ominus}_{Fe^{3+}/Fe^{2+}} = 0.771V$,$\varphi^{\ominus}_{MnO_4^-/Mn^{2+}} = 1.51V$)

(①$K = 10^{62.63}$;②$[H^+] = 2.6 \times 10^{-6}$ mol/L)

4. 在 25℃,1mol/L HCl 溶液中,用 Fe^{3+} 标准溶液滴定 Sn^{2+} 液。计算:①滴定反应的平衡常数并判断反应是否完全;②化学计量点的电极电位;③滴定突跃电位范围,请问可选用哪种氧化还原指示剂指示终点?(已知 $\varphi^{\ominus}_{Fe^{3+}/Fe^{2+}} = 0.70V$,$\varphi^{\ominus}_{Sn^{4+}/Sn^{2+}} = 0.14V$)

(①$\lg K' = 18.98$,反应完全;②0.33V;③0.23~0.52V,亚甲蓝指示剂)

5. 精密称取盐酸小檗碱($C_{20}H_{18}ClNO_4 \cdot 2H_2O$)0.274 0g,置烧杯中,加沸水 150ml 使溶解,放冷,移至 250ml 量瓶中,加入 $K_2Cr_2O_7$ 滴定液(0.016 00mol/L)50.00ml,加水稀释至刻度,振摇 5 分钟,用干燥滤纸滤过,精密量取续滤液 100ml,置 250ml 碘量瓶中,加过量 KI 和 HCl 溶液(1→2)10ml,密封,摇匀,在暗处放置 10 分钟后,用 $Na_2S_2O_3$ 滴定液(0.100 2mol/L)滴定至终点,用去 11.26ml。①求 1ml 重铬酸钾滴定液(0.016 00mol/L)相当于盐酸小檗碱的质量;②按干燥品计算盐酸小檗碱的质量分数。($M_{C_{20}H_{18}ClNO_4 \cdot 2H_2O} = 407.85$g/mol)

(①0.013 05g/ml;②98.2%)

6. 称取苯酚试样 0.152 8g,置 100ml 量瓶中,加水适量使溶解并稀释至刻度,摇匀;移取 20.00ml 于碘瓶中,加溴液($KBrO_3 + KBr$)25.00ml 及适量盐酸、碘化钾试液,待反应完全后,用 $Na_2S_2O_3$ 滴定液(0.102 3mol/L)滴定至终点时用去 20.02ml。另取溴液 25.00ml 作空白试验,用去上述 $Na_2S_2O_3$ 滴定液 37.80ml。计算试样中苯酚的质量分数。($M_{C_6H_6O} = 94.11$g/mol)

(93.4%)

7. 取血液 5.00ml 稀释至 25.00ml,精密量取此溶液 10.00ml,加 $H_2C_2O_4$ 适量使 Ca^{2+} 沉淀为 CaC_2O_4,将 CaC_2O_4 溶于硫酸中,再用 $KMnO_4$ 标准溶液(0.001 700mol/L)滴定,终点时用去 1.20ml,求血样中 Ca^{2+} 的含量(mg/100ml)。($M_{Ca} = 40.08$g/mol)

(10.2mg/100ml)

8. 某试样含有 PbO_2 和 PbO 两种组分。称取该试样 1.252g,在酸性溶液中加入 0.250 1mol/L 的 $H_2C_2O_4$ 溶液 20.00ml,使 PbO_2 还原为 Pb^{2+},然后用氨水中和,使溶液中 Pb^{2+} 完全沉淀为 PbC_2O_4。过滤,滤液酸化后用 0.040 20mol/L $KMnO_4$ 标准溶液滴定,用去 10.06ml;沉淀用酸溶解后,用上述 $KMnO_4$ 标准溶液滴定,用去 30.10ml。计算试样中 PbO_2 和 PbO 的质量分数。($M_{PbO} = 223.2$g/mol,$M_{PbO_2} = 239.2$g/mol)

($w_{PbO_2} = 18.46\%$,$w_{PbO} = 36.71\%$)

9. 浓度为 0.200 0mol/L 的 NaOH 溶液 15.00ml 恰能中和一定质量的 $KHC_2O_4 \cdot H_2C_2O_4 \cdot 2H_2O$,若要氧化同样质量的 $KHC_2O_4 \cdot H_2C_2O_4 \cdot 2H_2O$,需要浓度为 0.040 00mol/L 的 $KMnO_4$ 溶液多少毫升?

(20.00ml)

(熊志立)

第六章

沉淀滴定法和重量分析法

学习要求

1. **掌握** 难溶化合物的沉淀溶解-平衡,溶解度、条件溶度积的含义及影响沉淀平衡的因素;铬酸钾指示剂法、铁铵矾指示剂法和吸附指示剂法指示终点的原理和条件;沉淀重量法中不同类型沉淀的沉淀条件;重量因数(换算因数)及质量百分数的计算方法。

2. **熟悉** 银量法滴定曲线;标准溶液的配制和标定;沉淀重量法中对沉淀形式和称量形式的要求。

3. **了解** 沉淀滴定法的应用;沉淀重量法中沉淀的形态和形成过程;造成沉淀不纯的因素及减免方法;挥发重量法的原理及应用。

0601

第六章
教学课件

第一节　概　　述

沉淀反应是向已知的某种溶液中加入另一种溶液或试剂,使得溶液中的溶质与所加试剂发生化学反应,生成微溶物或难溶物而沉淀下来。沉淀可分为晶形沉淀和非晶形沉淀两大类型。如硫酸钡为典型的晶形沉淀,$Fe_2O_3 \cdot nH_2O$ 为典型的非晶形沉淀。沉淀反应是常用的分离方法,既可将待测组分分离出来,也可将其他共存的干扰组分沉淀除去。在经典的定性分析中,几乎一半以上的检出反应都是沉淀反应。利用某些沉淀反应,还可以进行定量分析。沉淀滴定法和沉淀重量法就是基于沉淀反应而建立起来的分析方法。

沉淀滴定法(precipitation titration)是以沉淀反应为基础的滴定分析法。在众多能生成沉淀的反应中,真正能够适用于沉淀滴定分析的非常少,这主要是由于很多反应生成沉淀的组成不恒定,或溶解度较大,或容易形成过饱和溶液,或达到平衡的速度慢,或共沉淀现象严重等。目前,应用较多的主要是生成难溶性银盐的反应,利用该反应建立的沉淀滴定法称为银量法(argentimetry)。

重量分析法(gravimetry)是通过称量物质的质量来确定被测组分含量的方法。该方法不需要与标准试样或基准物质进行比较,没有容量器皿引起的误差,但是操作烦琐、费时,对低含量组分的测定误差较大。目前对于某些常量元素如硅、硫、钨的含量和药物的水分、灰分和挥发物等的测定仍采用重量分析法。

第二节　难溶化合物的沉淀-溶解平衡

难溶化合物的沉淀-溶解平衡为一种多相离子平衡,是暂时的、有条件的动态平衡。当条件改变时,平衡会发生移动。当平衡向生成沉淀的方向移动时,就能生成沉淀。

在一定温度下,难溶化合物 M_mA_n(固)难溶于水,但在水溶液中仍有部分 M^{n+} 和 A^{m-} 离开固体表面溶解进入溶液,同时进入溶液中的 M^{n+} 和 A^{m-} 又会在固体表面沉淀。当这两个过程速率相等时,M^{n+} 和

A^{m-} 的沉淀与 M_mA_n 固体的溶解达到平衡状态,称之为达到沉淀-溶解平衡。M_mA_n 固体在水中的沉淀-溶解平衡可表示为:

$$M_mA_n(固) \rightleftharpoons mM^{n+}(水) + nA^{m-}(水)$$

难溶化合物在水中建立的沉淀-溶解平衡和化学平衡、电离平衡等一样,符合平衡的基本特征,满足平衡的变化基本规律。

一、溶解度

以 $1:1$ 型难溶化合物 MA 为例,MA 在水中的沉淀-溶解平衡为: $MA(固) \rightleftharpoons MA(水) \rightleftharpoons M^+ + A^-$,即沉淀分子固相与其液相间的平衡,和液相中未离解分子与离子之间的平衡。固体 MA 的溶解部分以 M^+(或 A^-)和 MA(水)两种状态存在。其中 MA(水)可以是分子状态,也可以是 $M^+ \cdot A^-$ 离子对化合物。例如:

$$AgCl(固) \rightleftharpoons AgCl(水) \rightleftharpoons Ag^+ + Cl^-$$
$$CaSO_4(固) \rightleftharpoons Ca^{2+} \cdot SO_4^{2-}(水) \rightleftharpoons Ca^{2+} + SO_4^{2-}$$

根据 MA(固)和 MA(水)之间的沉淀-溶解平衡可得: $S^0 = \dfrac{a_{MA(水)}}{a_{MA(固)}}$

S^0 称为固有溶解度(intrinsic solubility)或分子溶解度。在一定温度下,纯固体活度 $a_{MA(固)} = 1$, $a_{MA(水)} = S^0$。即在一定温度下,固相与其液相共存时,溶液中以分子(或离子对)状态存在的活度为一常数。

溶解度(solubility,S)是在平衡状态下所溶解的 MA 的总浓度。若溶液中不存在其他平衡关系时,则固体 MA 的溶解度 S 应为固有溶解度 S^0 和构晶离子 M^+ 或 A^- 的浓度之和,即

$$S = S^0 + [M^+] = S^0 + [A^-]$$

一般情况下 S^0 很小,如 $AgBr$、$AgCl$、$AgIO_3$ 等的固有溶解度仅占总溶解度的 $0.1\% \sim 1\%$,且 S^0 也不易测得。因此,固有溶解度一般可忽略不计。所以,MA 的溶解度为:

$$S = [M^+] = [A^-]$$

M_mA_n 型难溶化合物的溶解度为:

$$S = \frac{[M^{n+}]}{m} = \frac{[A^{m-}]}{n}$$

二、活度积和溶度积

根据难溶化合物 MA 在水溶液中的平衡关系 $MA(固) \rightleftharpoons MA(水) \rightleftharpoons M^+ + A^-$,得到 $K = \dfrac{a_{M^+} \cdot a_{A^-}}{a_{MA(水)}}$

将 S^0 代入得: $\qquad a_{M^+} \cdot a_{A^-} = S^0 \cdot K = K_{ap}$　　　　　　　　式(6-1)

K_{ap} 称为活度积常数,简称活度积(activity product)。K_{ap} 是热力学常数,随温度的变化而变化。

将活度系数代入式(6-1),得

$$a_{M^+} \cdot a_{A^-} = \gamma_{M^+} \cdot [M^+] \cdot \gamma_{A^-} \cdot [A^-] = K_{ap}$$

$$[M^+] \cdot [A^-] = \frac{K_{ap}}{\gamma_{M^+} \cdot \gamma_{A^-}} = K_{sp} \qquad\qquad\qquad 式(6-2)$$

K_{sp} 称为溶度积常数,简称溶度积(solubility product)。K_{sp} 与溶液的温度和离子强度有关。部分难溶化合物的溶度积常数列于附录中。当溶液的离子强度较小时,活度系数为 1,即 $K_{ap} = K_{sp}$,活度积可作为溶度积使用;当溶液的离子强度较大时,$K_{ap} \neq K_{sp}$,此时,应用活度系数(γ)对活度积进行校正。

M_mA_n 型难溶化合物的溶度积为:

$$K_{sp} = [M^{n+}]^m \cdot [A^{m-}]^n \qquad\qquad\qquad 式(6-3)$$

溶度积与溶解度之间的关系式为:

$$S = [M^+] = [A^-] = \sqrt{K_{sp}} \quad (MA \text{ 型}) \qquad \text{式}(6-4)$$

$$S = \frac{[M^{n+}]}{m} = \frac{[A^{m-}]}{n} = \sqrt[m+n]{\frac{K_{sp}}{m^m n^n}} \quad (M_m A_n \text{ 型}) \qquad \text{式}(6-5)$$

三、条件溶度积

在溶液中除了待测离子与沉淀剂形成沉淀的主反应外,还存在许多副反应。副反应进行的程度用副反应系数 α_M、α_A 描述。

对于 MA 型沉淀,在有副反应存在时:

$$K_{sp} = [M][A] = \frac{[M'][A']}{\alpha_M \cdot \alpha_A} = \frac{K'_{sp}}{\alpha_M \cdot \alpha_A}$$

上式中省略了 M 和 A 的电荷,$[M']$ 为金属离子的总浓度,$[A']$ 为沉淀剂的总浓度,K'_{sp} 称为条件溶度积(conditional solubility),即

$$K'_{sp} = [M'][A'] = K_{sp} \cdot \alpha_M \cdot \alpha_A \qquad \text{式}(6-6)$$

由于副反应的存在,$K'_{sp} > K_{sp}$,此时溶解度为:

$$S = [M'] = [A'] = \sqrt{K'_{sp}} \qquad \text{式}(6-7)$$

$M_m A_n$ 型沉淀的溶解度与条件溶度积之间的关系式为:

$$K'_{sp} = K_{sp} \cdot \alpha_M^m \cdot \alpha_A^n \qquad \text{式}(6-8)$$

$$S = \sqrt[m+n]{\frac{K'_{sp}}{m^m n^n}} \qquad \text{式}(6-9)$$

同一种沉淀的条件溶度积 K'_{sp} 随沉淀条件的变化而改变。K'_{sp} 能真实、客观地反映沉淀的溶解度及其影响因素。

四、影响沉淀-溶解平衡的因素

(一)同离子效应

同离子效应(common ion effect)是当沉淀反应达到平衡后,增加适量构晶离子的浓度使难溶盐的溶解度降低的现象。在重量分析中,常加入过量的沉淀剂,利用同离子效应使沉淀更完全。

例 6-1 用重量法测定 SO_4^{2-},以 $BaCl_2$ 为沉淀剂。按下列方式加入 $BaCl_2$:(1)加入等物质量的 $BaCl_2$;(2)加入过量的 $BaCl_2$,使沉淀反应达到平衡时的 $[Ba^{2+}] = 0.010mol/L$。分别计算 25℃ 时 $BaSO_4$ 的溶解度及在 200ml 溶液中 $BaSO_4$ 的溶解损失量。已知,$BaSO_4$ 的 $K_{sp} = 1.1 \times 10^{-10}$,$M_{BaSO_4} = 233.39g/mol$。

解:(1)加入等物质量的沉淀剂 $BaCl_2$,$BaSO_4$ 的溶解度为:

$$S = [Ba^{2+}] = [SO_4^{2-}] = \sqrt{K_{sp}} = 1.0 \times 10^{-5} mol/L$$

200ml 溶液中 $BaSO_4$ 的溶解损失量为:

$$1.0 \times 10^{-5} \times 200 \times 233.39 = 0.47mg$$

(2)沉淀反应达到平衡时 $[Ba^{2+}] = 0.010mol/L$,$BaSO_4$ 溶解度为:

$$S = [SO_4^{2-}] = \frac{K_{sp}}{[Ba^{2+}]} = \frac{1.1 \times 10^{-10}}{0.010} = 1.1 \times 10^{-8} mol/L$$

200ml 溶液中 $BaSO_4$ 的溶解损失量为:

$$1.1 \times 10^{-8} \times 200 \times 233.39 = 5.1 \times 10^{-4} mg$$

由此可见,利用同离子效应可以降低沉淀的溶解度,使沉淀完全。一般情况下,沉淀剂过量 $50\% \sim 100\%$ 可达到预期目的,如果沉淀剂不易挥发,则以过量 $20\% \sim 30\%$ 为宜。但沉淀剂若过量太

多,则又有可能引起盐效应、酸效应及配位效应等副反应,反而使沉淀的溶解度增大。

（二）酸效应

酸效应(acid effect)是溶液的酸度改变使难溶盐的溶解度改变的现象,其发生原因主要是溶液中H^+对难溶盐离解平衡的影响。酸效应对弱酸盐或多元酸盐沉淀、本身是弱酸(如硅酸)的沉淀以及许多有机沉淀剂形成的沉淀影响较大。

例6-2　计算沉淀CaC_2O_4在(1)纯水;(2)pH=4.0酸性溶液;(3)pH=2.0的强酸溶液中的溶解度。已知,CaC_2O_4的$K_{sp}=2.0\times10^{-9}$,$H_2C_2O_4$的$K_{a_1}=5.9\times10^{-2}$,$K_{a_2}=6.4\times10^{-5}$。

解:(1)纯水中

$$S=[Ca^{2+}]=[C_2O_4^{2-}]=\sqrt{K_{sp(CaC_2O_4)}}=\sqrt{2.0\times10^{-9}}=4.5\times10^{-5}\text{mol/L}$$

(2)pH=4.0酸溶液

$$\alpha_H=1+\frac{[H^+]}{K_{a_2}}+\frac{[H^+]^2}{K_{a_1}K_{a_2}}=1+\frac{10^{-4}}{6.4\times10^{-5}}+\frac{(10^{-4})^2}{5.9\times10^{-2}\times6.4\times10^{-5}}=2.6$$

$$S=\sqrt{K_{sp}\alpha_H}=\sqrt{2.0\times10^{-9}\times2.6}=7.2\times10^{-5}\text{mol/L}$$

(3)pH=2.0强酸溶液

$$\alpha_H=1+\frac{[H^+]}{K_{a_2}}+\frac{[H^+]^2}{K_{a_1}K_{a_2}}=1+\frac{10^{-2}}{6.4\times10^{-5}}+\frac{(10^{-2})^2}{5.9\times10^{-2}\times6.4\times10^{-5}}=1.8\times10^2$$

$$S=\sqrt{K_{sp}\alpha_H}=\sqrt{2.0\times10^{-9}\times1.8\times10^2}=6.0\times10^{-4}\text{mol/L}$$

由此可见,CaC_2O_4在纯水中的溶解度小于在酸性溶液中的溶解度;pH越小,CaC_2O_4的溶解度越大,当pH 2.0时,CaC_2O_4的溶解度是纯水中溶解度的14倍,此时溶解度已超出重量分析要求。所以,草酸与Ca^{2+}生成CaC_2O_4的沉淀反应应在pH 4~12的溶液中进行。

（三）配位效应

配位效应(complex effect)是当溶液中存在能与金属离子生成可溶性配合物的配位剂时,使难溶盐的溶解度增大的现象。

例6-3　计算AgCl沉淀在(1)纯水;(2)[NH_3]=0.010mol/L溶液中的溶解度。已知,构晶离子活度系数为1,$K_{sp(AgCl)}=1.8\times10^{-10}$,$Ag(NH_3)_2^+$的$\lg\beta_1$、$\lg\beta_2$分别为3.40和7.40。

解:(1)AgCl在纯水中的溶解度

$$S=\sqrt{K_{sp}}=\sqrt{1.8\times10^{-10}}=1.3\times10^{-5}\text{mol/L}$$

(2)AgCl在[NH_3]=0.010mol/L溶液中的溶解度

$$S=\sqrt{K'_{sp}}=\sqrt{K_{sp}\alpha_{Ag(NH_3)}}=\sqrt{K_{sp}(1+\beta_1[NH_3]+\beta_2[NH_3]^2)}$$

$$=\sqrt{1.8\times10^{-10}\times(1+10^{3.40}\times10^{-2}+10^{7.40}\times10^{-4})}=1.3\times10^{-4}\text{mol/L}$$

由此可见,AgCl在[NH_3]=0.010mol/L溶液中的溶解度是在纯水中溶解度的10倍。

有些沉淀反应,当沉淀剂适当过量时,同离子效应起主要作用;当沉淀剂过量太多时,配位效应起主要作用。例如在Ag^+溶液中加入Cl^-,生成AgCl沉淀,但若继续加入过量的Cl^-,则Cl^-能与AgCl配位生成$AgCl_2^-$和$AgCl_3^{2-}$配位离子,而使AgCl沉淀逐渐溶解(表6-1)。

表6-1　AgCl在不同浓度NaCl溶液中的溶解度

过量Cl^-浓度/(mol/L)	AgCl溶解度/(mol/L)	过量Cl^-浓度/(mol/L)	AgCl溶解度/(mol/L)
0	1.3×10^{-5}	8.8×10^{-2}	3.6×10^{-6}
3.9×10^{-3}	7.2×10^{-7}	3.5×10^{-1}	1.7×10^{-5}
3.6×10^{-2}	1.9×10^{-6}	5.0×10^{-1}	2.8×10^{-5}

（四）盐效应

盐效应（salt effect）是指难溶盐的溶解度随溶液中离子强度增大而增加的现象。当强电解质的浓度增大时，溶液的离子强度增大，离子活度系数减小。从式（6-4）可以看出，在一定温度下，K_{sp} 是一常数，活度系数与 K_{sp} 成反比，活度系数 γ_{M^+}、γ_{A^-} 减小，K_{sp} 增大，溶解度必然增大。高价离子的活度系数受离子强度的影响较大，所以构晶离子的电荷越高，盐效应越严重。为减少盐效应的影响，在进行沉淀反应时应当尽量避免其他强电解质的存在。但是对于溶解度很小的沉淀如 $Fe_2O_3 \cdot nH_2O$ 等，则盐效应的影响非常小，以至可以忽略不计。当沉淀的溶解度较大时，则必须注意盐效应的影响。

因此，利用同离子效应降低沉淀溶解度的同时还应考虑到盐效应和配位效应的影响，否则沉淀溶解度可能反而增加，达不到预期的目的。

（五）其他因素

1. 温度的影响　溶解反应一般是吸热反应，沉淀的溶解度随温度升高而增大。因此，对于溶解度较大的晶形沉淀，如 $MgNH_4PO_4$，应在室温下进行过滤和洗涤。如果沉淀的溶解度很小，如 $Fe_2O_3 \cdot nH_2O$、$Al_2O_3 \cdot nH_2O$ 和其他氢氧化物，或者受温度的影响很小，为了提高过滤速度，也可以趁热过滤和洗涤。

2. 溶剂的影响　大部分无机难溶盐溶解度受溶剂极性影响较大，溶剂极性越大，无机难溶盐溶解度就越大，改变溶剂极性可以改变沉淀的溶解度。对一些水中溶解度较大的沉淀，加入适量与水互溶的有机溶剂，可以降低溶剂的极性，减小难溶盐的溶解度。如 $PbSO_4$ 在 30% 乙醇水溶液中的溶解度比在纯水中小约 20 倍。

3. 沉淀颗粒大小的影响　晶体内部的分子或离子都处于静电平衡状态，彼此的吸引力大。而处于表面上的分子或离子，尤其是晶体的棱上或角上的分子或离子，受内部的吸引力小，同时受溶剂分子的作用，易进入溶液，溶解度增大。同一种沉淀，在相同质量时，颗粒愈小，表面积愈大，具有更多的棱和角，所以小颗粒沉淀比大颗粒沉淀溶解度大。另外，有些沉淀初生成时是一种亚稳态晶型，有较大的溶解度，需待转化成稳定结构后，才有较小的溶解度。如 CoS 沉淀初生成时为 α 型，$K_{sp} = 5 \times 10^{-22}$，放置一段时间后转化为 β 型，$K_{sp} = 2.5 \times 10^{-26}$（附录八）。

4. 水解作用　由于沉淀构晶离子发生水解，使难溶盐溶解度增大的现象称为水解作用。例如 $MgNH_4PO_4$ 的饱和溶液中，三种离子都能水解：

$$Mg^{2+} + H_2O \Longleftrightarrow MgOH^+ + H^+$$

$$NH_4^+ + H_2O \Longleftrightarrow NH_4OH + H^+$$

$$PO_4^{3-} + H_2O \Longleftrightarrow HPO_4^{2-} + OH^-$$

由于水解使 $MgNH_4PO_4$ 离子浓度乘积大于溶度积，沉淀溶解度增大。为了抑制离子的水解，在生成 $MgNH_4PO_4$ 沉淀时需加入适量的 NH_4OH。

5. 胶溶作用　进行无定形沉淀反应时，极易形成胶体溶液，甚至已经凝集的胶体沉淀也可能会重新转变成胶体溶液。同时胶体微粒小，可透过滤纸而引起沉淀损失。因此在生成无定形沉淀时常加入适量电解质防止沉淀胶溶。如用 $AgNO_3$ 沉淀 Cl^- 时，需加入一定浓度的 HNO_3 溶液；洗涤 $Al(OH)_3$ 沉淀时，要用一定浓度的 NH_4NO_3 溶液，而不用纯水洗涤。

第三节　沉淀滴定法

适用于沉淀滴定的反应必须满足下列几点要求：①沉淀的溶解度要小；②沉淀反应必须迅速完成；③反应要有明确的计量关系，沉淀组成恒定；④有适当的方法指示化学计量点，沉淀的吸附现象不

影响终点的确定。目前应用较广的是以生成难溶性银盐的反应来进行测定,反应通式为:

$$Ag^+ + X^- \rightleftharpoons AgX \downarrow$$

$$X^-:Cl^-、Br^-、I^-、CN^-、SCN^- 等$$

该法称为银量法(argentimetry)。银量法可以测定 Cl^-、Br^-、I^-、CN^-、SCN^- 和 Ag^+ 等,也可以测定经过处理能定量转化为这些离子的有机物。此外,$K_4[Fe(CN)_6]$ 与 Zn^{2+}、$Ba^{2+}(Pb^{2+})$ 与 SO_4^{2-}、Hg^{2+} 与 S^{2-}、$NaB(C_6H_5)_4$ 与 K^+ 等形成沉淀的反应也可以用于沉淀滴定分析。本节主要讨论银量法。

一、银量法的滴定曲线

在沉淀滴定过程中,溶液中离子浓度的变化随着沉淀剂的滴入而改变。以加入的滴定剂体积或滴定分数为横坐标,以溶液中金属离子浓度的负对数(pM)或阴离子浓度的负对数(pX)为纵坐标绘制滴定曲线。根据滴定曲线上化学计量点附近的 pM 或 pX 变化即滴定突跃,选择合适的指示剂确定终点。

以 0.100 0mol/L 的 $AgNO_3$ 标准溶液滴定 20.00ml 0.100 0mol/L 的 NaCl 溶液为例,滴定反应为:

$$Ag^+ + Cl^- \rightleftharpoons AgCl \downarrow \quad K_{sp} = 1.8 \times 10^{-10}(pK_{sp} = 9.74)$$

(1)滴定前,溶液中 $[Cl^-]=0.100\ 0mol/L$,pCl=1.00。

(2)滴定开始至化学计量点前,根据溶液中剩余的 $[Cl^-]$ 计算 pCl。当加入 $AgNO_3$ 溶液 18.00ml 时,溶液中的 $[Cl^-]$ 为:

$$[Cl^-] = \frac{0.100\ 0 \times 20.00 - 0.100\ 0 \times 18.00}{20.00 + 18.00} \quad pCl = 2.28$$

因为 $[Ag^+][Cl^-] = K_{sp} = 1.8 \times 10^{-10}$,所以 pAg 为:

$$pAg = pK_{sp} - pCl = 9.74 - 2.28 = 7.46$$

同理,当加入 $AgNO_3$ 溶液 19.98ml 时,溶液中剩余的 Cl^- 浓度为:

$$[Cl^-] = \frac{0.100\ 0 \times 0.02}{20.00 + 19.98} = 5.0 \times 10^{-5} mol/L$$

$$pCl = 4.30 \quad pAg = 5.44$$

(3)滴定至化学计量点时,溶液为 AgCl 的饱和溶液

$$[Cl^-] = [Ag^+] = \sqrt{K_{sp}} = \sqrt{1.8 \times 10^{-10}} = 1.3 \times 10^{-5} mol/L$$

$$pCl = 4.87 \quad pAg = 4.87$$

(4)化学计量点后,Ag^+ 过量,pCl 由过量的 $[Ag^+]$ 决定。当加入 $AgNO_3$ 溶液 20.02ml 时,

$$[Ag^+] = \frac{0.100\ 0 \times 0.02}{20.00 + 20.02} = 5 \times 10^{-5} mol/L$$

$$pAg = 4.3 \quad pCl = 9.74 - 4.30 = 5.44$$

当加入 $AgNO_3$ 22.00ml 时,

$$[Ag^+] = \frac{0.100\ 0 \times 2.00}{20.00 + 22.00} = 4.76 \times 10^{-3} mol/L$$

$$[Cl^-] = \frac{K_{sp}}{[Ag^+]} = \frac{1.8 \times 10^{-10}}{4.76 \times 10^{-3}} = 3.8 \times 10^{-8} mol/L$$

$$pCl = 7.42$$

用同样方法可计算滴定过程中任意一点的 pCl 和 pAg,计算结果列于表 6-2,据此绘制滴定曲线,如图 6-1 所示。

由图 6-1 可以看出:①滴定开始后,随着 Ag^+ 的加入,Cl^- 的浓度改变不大,曲线比较平坦;接近化学计量点时,加入很少量的 Ag^+ 溶液,Cl^- 的浓度发生很大变化,在滴定曲线上形成突跃。②pCl 与 pAg

表 6-2　0.100 0mol/L AgNO₃ 滴定 20.00ml 0.100 0mol/L NaCl 溶液

滴入 AgNO₃ 溶液/ml	滴入百分数/%	pCl	pAg
0	0	1.00	
5.00	25.0	1.22	8.52
10.00	50.0	1.48	8.26
15.00	75.0	1.84	7.90
18.00	90.0	2.28	7.46
19.80	99.0	3.30	6.44
19.98	99.9	4.30	5.44
20.00	100.0	4.87	4.87
20.02	100.1	5.44	4.30
20.20	101.0	6.44	3.30
22.00	110.0	7.42	2.32
25.00	125.0	7.79	1.95
30.00	150.0	8.04	1.70
35.00	175.0	8.18	1.56
40.00	200.0	8.26	1.46

两条曲线以化学计量点对称,即滴定过程中随着 Ag^+ 浓度增加,Cl^- 以相同比例减少,两条曲线在化学计量点相交,即化学计量点时两种离子浓度相等。③突跃范围的大小与溶液的浓度和生成沉淀的 K_{sp} 有关。反应物的浓度越大,沉淀的 K_{sp} 越小,则沉淀滴定的突跃范围越大。在浓度相同时,由于 AgI 溶解度最小,因此在卤素离子中,用 Ag^+ 滴定 NaI 时突跃范围最大(图 6-2)。若溶液的浓度降低,则突跃范围变小。

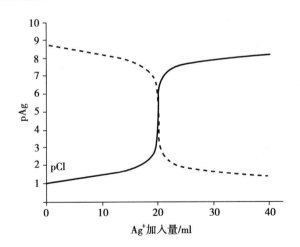

图 6-1　AgNO₃ 滴定 NaCl 溶液的滴定曲线

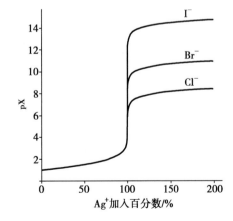

图 6-2　AgNO₃ 滴定卤素离子 X⁻ 的滴定曲线

二、银量法的滴定终点指示方法

沉淀滴定法和其他滴定分析法一样,关键问题是如何准确确定化学计量点,使滴定终点与化学计量点尽可能地一致,以减小滴定误差。银量法根据确定滴定终点的指示剂不同分为三种:铬酸钾指示剂法(Mohr method)、铁铵矾指示剂法(Volhard method)和吸附指示剂法(Fajans method)。

（一）铬酸钾指示剂法

铬酸钾指示剂法,也称莫尔法(Mohr 法),是以铬酸钾(K_2CrO_4)为指示剂的银量法。

1. 原理　在中性或弱碱性的介质中,以 K_2CrO_4 为指示剂,用 $AgNO_3$ 标准溶液直接滴定 Cl^-(或 Br^-)。

滴定反应:$Ag^+ + Cl^- \rightleftharpoons AgCl\downarrow$(白色)　$K_{sp} = 1.8\times10^{-10}$

终点反应:$2Ag^+ + CrO_4^{2-} \rightleftharpoons Ag_2CrO_4\downarrow$(砖红色)　$K_{sp} = 1.2\times10^{-12}$

由于 AgCl 的溶解度小于 Ag_2CrO_4 的溶解度,根据分步沉淀的原理,首先滴定析出白色的 AgCl 沉淀,待 Cl^- 完全被滴定后,稍过量的 Ag^+ 与 CrO_4^{2-} 反应,产生 Ag_2CrO_4 砖红色的沉淀指示滴定终点。

2. 滴定条件

（1）指示剂的用量:指示剂 CrO_4^{2-} 的用量直接影响莫尔法的准确度。CrO_4^{2-} 的浓度过高,不仅终点提前,而且 CrO_4^{2-} 本身的黄色也会影响终点观察;CrO_4^{2-} 的浓度过低,终点滞后。例如,滴定终点溶液总体积约 50ml,消耗的 0.1mol/L $AgNO_3$ 溶液约 20ml,若终点时允许有 0.05% 的滴定剂过量,即 $AgNO_3$ 溶液过量 0.01ml,过量 Ag^+ 的浓度为:

$$[Ag^+] = \frac{0.1\times0.01}{50} = 2\times10^{-5} \text{mol/L}$$

此时,CrO_4^{2-} 浓度应为:

$$[CrO_4^{2-}] = \frac{K_{sp(Ag_2CrO_4)}}{[Ag^+]^2} = \frac{1.2\times10^{-12}}{(2\times10^{-5})^2} = 3\times10^{-3} \text{mol/L}$$

实际滴定时,一般是在总体积为 50~100ml 的溶液中加入 5% 铬酸钾指示剂 1~2ml,此时 $[CrO_4^{2-}]$ 为 $2.6\times10^{-3} \sim 5.2\times10^{-3}$ mol/L。在滴定氯化物时,当 Ag^+ 浓度达到 2×10^{-5} mol/L 时,实际上约有 40% 的 Ag^+ 来自 AgCl 沉淀的溶解,因此,实际滴定剂的过量要比计算量少一些,即终点与化学计量点更接近。

在滴定过程中,$AgNO_3$ 标准溶液的总消耗量应适当。若标准溶液体积消耗太小,或标准溶液浓度过低,都会因为终点的过量使测定结果的相对误差增大。为此,须做指示剂的"空白校正"。校正方法是将 1ml 指示剂加到 50ml 水中,或加到无 Cl^- 含少许 $CaCO_3$ 的混悬液中,用 $AgNO_3$ 标准溶液滴定至同样的终点颜色,然后从试样滴定所消耗的 $AgNO_3$ 标准溶液的体积中扣除空白消耗的体积。

（2）溶液的酸度:溶液的酸度对莫尔法的准确度影响较大。溶液的酸度过高,CrO_4^{2-} 生成弱电解质 H_2CrO_4 或 $Cr_2O_7^{2-}$,致使 CrO_4^{2-} 浓度降低,Ag_2CrO_4 沉淀推迟,甚至不产生沉淀;溶液的酸度过低,则生成 Ag_2O 沉淀。实验证明,莫尔法应在 pH 6.5~10.5 的中性或弱碱性介质中进行。若试液中有铵盐或其他能与 Ag^+ 生成配合物的物质存在时,由于在碱性溶液中生成 $Ag(NH_3)^+$ 或 $[Ag(NH_3)_2]^+$ 等配位离子,使 AgCl 和 Ag_2CrO_4 的溶解度增大,测定的准确度降低。实验证明,当 $c_{NH_4^+} < 0.05$ mol/L 时,控制溶液的 pH 在 6.5~7.2 范围内,滴定可得到满意的结果。若 $c_{NH_4^+} > 0.15$ mol/L 时,仅仅通过控制溶液酸度已不能消除影响,必须在滴定前将铵盐除去。

（3）滴定时应剧烈振摇:剧烈振摇可释放出被 AgCl 或 AgBr 沉淀吸附的 Cl^- 或 Br^-,防止终点提前。

（4）干扰的消除:与 Ag^+ 生成沉淀的阴离子如 PO_4^{3-}、AsO_4^{3-}、SO_3^{2-}、S^{2-}、CO_3^{2-} 和 CrO_4^{2-} 等,与 CrO_4^{2-} 生成沉淀的阳离子如 Ba^{2+}、Pb^{2+} 等,大量 Cu^{2+}、Co^{2+}、Ni^{2+} 等有色离子,在中性或弱碱性溶液中易发生水解反应的离子如 Fe^{3+}、Al^{3+}、Bi^{3+} 和 Sn^{4+} 等均干扰测定,应预先分离。

3. 应用范围　莫尔法主要用于测定 Cl^-、Br^- 和 CN^-,不适用于测定 I^- 和 SCN^-。这是因为 AgI 和 AgSCN 沉淀对 I^- 和 SCN^- 有较强烈的吸附作用,即使剧烈振摇也无法使 I^- 和 SCN^- 释放出来。也不适用于以 NaCl 标准溶液直接滴定 Ag^+,因为在 Ag^+ 试液中加入指示剂 K_2CrO_4 后,会立即析出 Ag_2CrO_4 沉淀,用 NaCl 标准溶液滴定时 Ag_2CrO_4 再转化成 AgCl 的速率极慢,使终点推迟。因此,如用莫尔法测定

Ag^+，必须采用返滴定法，即先加入一定量且过量的 NaCl 标准溶液，然后再加入指示剂，用 $AgNO_3$ 标准溶液返滴定剩余的 Cl^-。

（二）铁铵矾指示剂法

铁铵矾指示剂法，也称为福尔哈德法（Volhard 法），是以铁铵矾 $[NH_4Fe(SO_4)_2 \cdot 12H_2O]$ 为指示剂的银量法。本法可分为直接滴定法和返滴定法。

1. 直接滴定法

（1）原理：在酸性条件下，以铁铵矾为指示剂，用 KSCN 或 NH_4SCN 为标准溶液直接滴定 Ag^+。

滴定反应：$Ag^+ + SCN^- \Longrightarrow AgSCN \downarrow$（白色）　　$K_{sp(AgSCN)} = 1.1 \times 10^{-12}$

终点反应：$Fe^{3+} + SCN^- \Longrightarrow [Fe(SCN)]^{2+}$（红色）　　$K_{[Fe(SCN)]^{2+}} = 200$

首先滴定析出白色的 AgSCN 沉淀，待 Ag^+ 完全被滴定后，稍过量的 SCN^- 与 Fe^{3+} 反应，生成红色的 $[Fe(SCN)]^{2+}$ 指示滴定终点。

（2）滴定条件：滴定应在 $0.1 \sim 1 mol/L$ HNO_3 介质中进行。酸度过低，Fe^{3+} 发生水解，生成 $[Fe(OH)]^{2+}$ 等一系列深色配合物，影响终点观察。

在终点恰好能观察到 $[Fe(SCN)]^{2+}$ 明显的红色，所需 $[Fe(SCN)]^{2+}$ 的最低浓度为 $6 \times 10^{-6} mol/L$。为了维持 $[Fe(SCN)]^{2+}$ 的配位平衡，需使终点时 Fe^{3+} 的浓度控制在 $0.015 mol/L$。但 Fe^{3+} 的浓度若过大，其黄色会干扰终点的观察。

在滴定过程中，不断有 AgSCN 沉淀形成，由于 AgSCN 具有强烈的吸附作用，部分 Ag^+ 被吸附于表面，使终点提前出现，结果偏低。因此，滴定过程必须充分振摇，使沉淀吸附降到最低。

（3）应用范围：直接滴定法可测定 Ag^+ 等。

2. 返滴定法

（1）原理：在含有卤素离子的 HNO_3 溶液中，加入一定量过量的 $AgNO_3$，以铁铵矾为指示剂，用 NH_4SCN 标准溶液返滴定过量的 $AgNO_3$。反应如下：

滴定反应：Ag^+（定量，过量）$+ X^- \Longrightarrow AgX \downarrow$

Ag^+（剩余量）$+ SCN^- \Longrightarrow AgSCN \downarrow$（白色）

终点反应：$SCN^- + Fe^{3+} \Longrightarrow [Fe(SCN)]^{2+}$（红色）

（2）滴定条件：滴定应在 $0.1 \sim 1 mol/L$ HNO_3 介质中进行。强氧化剂、氮的氧化物及铜盐、汞盐均与 SCN^- 作用而干扰测定，必须事先除去。返滴定法测定碘化物时，指示剂必须在加入过量 $AgNO_3$ 溶液之后才能加入，以免发生 $2I^- + 2Fe^{3+} \Longrightarrow I_2 + 2Fe^{2+}$ 反应，造成结果误差。

返滴定法测定 Cl^- 时，由于 AgCl 的溶解度比 AgSCN 大，当剩余的 Ag^+ 被完全滴定后，过量的 SCN^- 将争夺 AgCl 中的 Ag^+，AgCl 沉淀溶解，发生以下沉淀转化反应：

$$AgCl \downarrow + SCN^- \Longrightarrow AgSCN \downarrow + Cl^-$$

该反应使得本应产生的 $[Fe(SCN)]^{2+}$ 红色不能及时出现，或已经出现的红色随着振摇而消失。因此，要想使溶液显现持久的红色就必须继续滴入 SCN^-，直到 SCN^- 与 Cl^- 之间建立以下平衡为止：

$$\frac{[Cl^-]}{[SCN^-]} = \frac{K_{sp(AgCl)}}{K_{sp(AgSCN)}} = \frac{1.8 \times 10^{-10}}{1.1 \times 10^{-12}} = 164$$

由于沉淀转化的存在，过多地消耗了 NH_4SCN 标准溶液，造成一定的滴定误差。因此，在滴定氯化物时，为了避免上述沉淀转化反应的发生，应采取下列措施之一：①将已生成的 AgCl 沉淀滤去后，再用 NH_4SCN 标准溶液滴定滤液。但此法需要滤过、洗涤等操作，步骤烦琐、费时。②用 NH_4SCN 标准溶液滴定前，在生成 AgCl 的沉淀中加入 $1 \sim 2ml$ 硝基苯或 1,2-二氯乙烷，强烈振摇，有机溶剂将包裹在 AgCl 沉淀表面，使 AgCl 沉淀与 SCN^- 隔离，可有效阻止 SCN^- 与 AgCl 发生沉淀转化反应，但有机试剂毒性较大。③提高 Fe^{3+} 的浓度，以减小终点时 SCN^- 的浓度，从而减小滴定误差。实验证明，当溶液

中 Fe^{3+} 浓度为 0.2mol/L 时,滴定误差小于 0.1%。

返滴法测定 Br^- 和 I^- 时,由于 AgBr 和 AgI 的溶解度都比 AgSCN 的溶解度小,所以不会发生上述沉淀转化反应。

（3）应用范围:返滴定法可测定 Cl^-、Br^-、I^-、CN^-、SCN^- 等离子。

（三）吸附指示剂法

吸附指示剂法,也称为法扬斯法(Fajans 法),是以吸附剂为指示剂的银量法,即利用沉淀对有机染料吸附而改变其颜色来指示滴定终点的方法。

1. 原理　吸附指示剂是一类有色的有机染料,当它被带电的沉淀胶粒吸附时,因其结构改变而导致颜色改变,以此指示滴定终点。例如用 $AgNO_3$ 标准溶液滴定 Cl^- 时,可以用荧光黄作指示剂。荧光黄是一种有机弱酸,用 HFIn 表示,在溶液中离解为 H^+ 和 FIn^-:

$$HFIn \rightleftharpoons FIn^-（黄绿色）+ H^+ \quad pK_a = 7$$

在化学计量点前,溶液中 Cl^- 过量,AgCl 吸附 Cl^- 而带负电荷,FIn^- 不被吸附,溶液呈 FIn^- 的黄绿色。在化学计量点后,溶液中有过剩的 Ag^+,AgCl 吸附 Ag^+ 带正电荷,带正电荷的胶团又吸附 FIn^-。被吸附后的 FIn^-,结构发生变化而呈粉红色,从而指示滴定终点(图 6-3)。即

终点前 Cl^- 过量　　$AgCl \cdot Cl^- + FIn^-$（黄绿色）

终点后 Ag^+ 过量　　$AgCl \cdot Ag^+ + FIn^- \rightleftharpoons AgCl \cdot Ag^+ \cdot FIn^-$（粉红色）

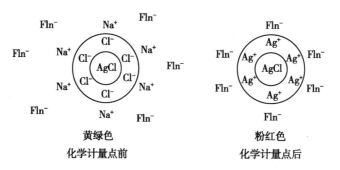

黄绿色　　　　　　　　　　粉红色
化学计量点前　　　　　　　化学计量点后

图 6-3　荧光黄吸附指示剂变色原理示意图

如果用 Cl^- 滴定 Ag^+,以荧光黄为指示剂,颜色的变化正好相反。也可选用碱性染料甲基紫作为指示终点的指示剂。反应过程如下:

终点前 Ag^+ 过量　　$AgCl \cdot Ag^+ + H_2FIn^+$（红色）

终点后 Cl^- 过量　　$AgCl \cdot Cl^- + H_2FIn^+ \rightleftharpoons AgCl \cdot Cl^- \cdot H_2FIn^+$（紫色）

2. 滴定条件

（1）沉淀的比表面积要尽可能大。由于颜色的变化发生在沉淀表面,沉淀的比表面积越大,终点变色越明显。为此常加入一些保护胶体试剂如糊精等,阻止卤化银凝聚,使其保持胶体状态。

（2）溶液的酸度应有利于指示剂显色型体的存在。常用的几种吸附指示剂 pH 适用范围见表 6-3。

（3）胶体颗粒对指示剂的吸附能力应略小于对被测离子的吸附能力。否则,在化学计量点前指示剂就被吸附而导致颜色改变。但是沉淀胶体颗粒对指示剂离子的吸附能力也不能过小,否则到达化学计量点后,不能立即变色。卤化银胶体颗粒对卤素离子和几种常用吸附指示剂的吸附力的大小次序为:$I^- >$ 二甲基二碘荧光黄 $> Br^- >$ 曙红 $> Cl^- >$ 荧光黄。因此,滴定 Cl^- 时只能选荧光黄,滴定 Br^- 选曙红为指示剂。

（4）滴定应避免强光照射。因为卤化银对光极为敏感,遇光易分解析出金属银,溶液很快变灰色或黑色。

表 6-3　常用的吸附指示剂

指示剂名称	滴定剂	适用的 pH 范围	待测离子
荧光黄	Ag^+	pH 7~10（常用 7~8）	Cl^-
二氯荧光黄	Ag^+	pH 4~10（常用 5~8）	Cl^-
曙红	Ag^+	pH 2~10（常用 3~9）	Br^-、I^-、SCN^-
甲基紫	Ba^{2+}、Cl^-	pH 1.5~3.5	SO_4^{2-}、Ag^+
橙黄素Ⅳ 氨基苯磺酸 溴酚蓝	Ag^+	微酸性	Cl^-、I^-混合液及 生物碱盐类
二甲基二碘荧光黄	Ag^+	中性	I^-

（5）溶液浓度不能太稀。溶液太稀,获得沉淀少,终点观察困难。

3. 应用范围　吸附指示剂法可用于 Cl^-、Br^-、I^-、SCN^-、SO_4^{2-} 和 Ag^+ 等离子的测定。

三、沉淀滴定法的应用

（一）标准溶液的配制和标定

1. 基准物质　银量法常用的基准物质是市售的一级纯硝酸银或基准硝酸银和氯化钠。

（1）硝酸银基准物质:可选用市售的硝酸银基准物,若纯度不够可在稀硝酸中重结晶纯制。精制过程应避光和避免有机物（如滤纸纤维）,以防 Ag^+ 被还原。所得结晶可在 100℃下干燥除去表面水,在 200~250℃ 干燥 15 分钟除去包埋水。密闭避光保存。

（2）氯化钠基准物质:氯化钠可选用市售的基准物试剂,也可用一般试剂级规格的氯化钠进行精制。氯化钠极易吸潮,使用前应高温干燥,置于干燥器内备用。

2. 标准溶液　银量法常用的标准溶液是硝酸银标准溶液和硫氰酸铵（或硫氰酸钾）标准溶液。

（1）硝酸银标准溶液:硝酸银标准溶液可以用符合基准试剂要求的硝酸银直接配制。但市售的硝酸银常含有杂质,如银、氧化银、游离硝酸和亚硝酸等,因此需用间接法配制。标定硝酸银标准溶液的基准物质为氯化钠。标定方法可采用银量法中三种方法的任何一种。但是,最好选择与测定方法一致的标定方法,以消除系统误差。硝酸银标准溶液见光易分解,故应贮存于棕色瓶,置于暗处。

（2）硫氰酸铵标准溶液:由于硫氰酸易吸湿,并常含有硫酸盐、硫化物等杂质,很难得到纯品,所以只能用间接法配制。先配成近似浓度的溶液,再用硝酸银标准溶液按铁铵矾指示剂法进行标定。

（二）应用示例

【示例 6-1】　氯化铵的含量测定

《中国药典》（2020 年版）采用吸附指示剂法测定氯化铵片中氯化铵的含量。

操作步骤:取本品约 0.12g,精密称定,加水 50ml 使溶解,再加糊精溶液（1→50）5ml、荧光黄指示液 8 滴与碳酸钙 0.10g,摇匀,用硝酸银滴定液（0.1mol/L）滴定。每 1ml 硝酸银滴定液（0.1mol/L）相当于 5.349mg 的 NH_4Cl。

【示例 6-2】　二巯丁二酸的含量测定

《中国药典》（2020 年版）采用铁铵矾指示剂法测定二巯丁二酸的含量。

操作步骤:取本品约 0.05g,精密称定,置具塞锥形瓶中,加无水乙醇 30ml 使溶解,加稀硝酸 2ml,精密加硝酸银滴定液(0.1mol/L)25ml,强力振摇,置水浴中加热 2~3 分钟,放冷,滤过,用水洗涤锥形瓶与沉淀至洗液无银离子反应,合并滤液与洗液,加硝酸 2ml 与硫酸铁铵指示液 2ml,用硫氰酸铵滴定液(0.1mol/L)滴定,并将滴定的结果用空白试验校正。每 1ml 硝酸银滴定液(0.1mol/L)相当于 4.556mg 的 $C_4H_6O_4S_2$。

【示例 6-3】　食品中氯化物的测定

GB 5009.44—2016《食品安全国家标准 食品中氯化物的测定》中规定铬酸钾指示剂法为食品中氯化物测定的标准方法之一。

操作步骤:

(1)pH 6.5~10.5 试样溶液的测定:移取 50.00ml 试样溶液于 250ml 锥形瓶中。加入 50ml 水和 1ml 铬酸钾溶液(5%)。滴加 1~2 滴硝酸银标准溶液,此时,滴定液应变为棕红色,如不出现这一现象,应补加 1ml 铬酸钾溶液(10%),再边摇动边滴加硝酸银标准溶液,至颜色由黄色变为橙黄色(保持 1 分钟不褪色)即为滴定终点。记录消耗硝酸银标准滴定溶液的体积(V)。

(2)pH 小于 6.5 的试样溶液的测定:移取 50.00ml 试液于 250ml 锥形瓶中,加 50ml 水和 0.2ml 酚酞乙醇溶液,用氢氧化钠溶液滴定至微红色,加 1ml 铬酸钾溶液(10%),再边摇动边滴加硝酸银标准溶液,至颜色由黄色变为橙黄色(保持 1 分钟不褪色)即为滴定终点,记录消耗硝酸银标准滴定溶液的体积。同时做空白试验,记录消耗硝酸银标准溶液的体积(V_0)。每 1ml 硝酸银滴定液(1.0mol/L)相当于 0.035 5g 的氯。

说明:GB 5009.44—2016《食品安全国家标准 食品中氯化物的测定》中还规定了另外两种食品中氯化物测定的标准方法,即铁铵矾指示剂法和电位滴定法。

第四节　重量分析法

在重量分析中,一般先使被测组分从试样中分离出来,转化为一定的称量形式,然后用称量的方法测定该成分的含量。根据被测成分与试样中其他成分分离的途径不同,重量分析法主要分为沉淀重量法(precipitation method)、挥发重量法(volatilization method)和萃取法(extraction method)。沉淀重量法是利用沉淀反应使待测组分以难溶化合物的形式沉淀出来;挥发重量法是利用物质的挥发性质,通过加热或其他方法使被测组分从试样中挥发逸出;萃取法是利用被测组分与其他组分在互不混溶的两种溶剂中分配系数不同,使被测组分从试样中定量转移至提取剂中而与其他组分分离。其中以沉淀重量法应用最广,因此,本节主要讨论沉淀重量分析法。

重量分析法的一般操作过程如下:

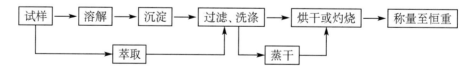

一、沉淀重量法

沉淀重量法利用沉淀反应使被测组分生成难溶性的沉淀,将沉淀过滤、洗涤后,烘干或灼烧成组成一定的物质,然后称其质量,再计算被测组分含量。

（一）沉淀形态与沉淀的形成

1. 沉淀的形态　根据沉淀的物理性质,沉淀的形态大致可分为晶形沉淀(crystalline precipitate)、无定形沉淀(amorphous precipitate)或非晶形沉淀(armorphous precipitate)和

恒重(拓展阅读)

凝乳状沉淀(curdy precipitate)。$BaSO_4$、$Fe_2O_3 \cdot nH_2O$、$AgCl$分别为晶形沉淀、无定形沉淀、凝乳状沉淀。它们之间的主要差别是沉淀颗粒大小不同。晶形沉淀颗粒直径一般为$0.1 \sim 1\mu m$,无定形沉淀颗粒直径一般小于$0.02\mu m$,凝乳状沉淀颗粒直径介于两者之间。

晶形沉淀颗粒较大,沉淀致密,易于滤过、洗涤;无定形沉淀颗粒较小,沉淀疏松,不易滤过、洗涤。在重量分析中希望获得的是粗大的晶形沉淀,而生成的沉淀是什么类型,主要决定于沉淀物质本身的性质,与沉淀条件也有密切的关系。因此必须了解沉淀的形成过程和沉淀条件对颗粒大小的影响,以便控制适宜的条件,得到符合重量分析要求的沉淀。

2. 沉淀的形成过程　沉淀的形成过程包括晶核的生成和沉淀颗粒的生长两个过程。即

$$构晶离子 \xrightarrow[\text{均相、异相}]{\text{成核作用}} 晶核 \xrightarrow[\text{扩散、沉积}]{\text{生长过程}} 沉淀微粒 \begin{cases} \xrightarrow{\text{聚集}} 无定形沉淀 \\ \xrightarrow[\text{定向排列}]{} 晶形沉淀 \end{cases}$$

(1)晶核的形成:晶核的形成一般分为均相成核和异相成核。①均相成核是在过饱和溶液中,构晶离子通过静电作用而缔合,从溶液中自发地产生晶核的过程。溶液的相对过饱和度愈大,均相成核的数目愈多。②异相成核是在沉淀的介质和容器中不可避免存在有一些固体微粒,构晶离子或离子群扩散到这些微粒表面,诱导构晶离子形成晶核的过程。固体微粒越多,异相成核数目愈多。

(2)晶核长大:溶液中形成晶核以后,过饱和溶液中的溶质就可以在晶核上沉积出来。晶核逐渐长大,形成沉淀颗粒。

(3)沉淀的形成:沉淀颗粒聚集成更大聚集体的速度称为聚集速度。构晶离子在沉淀颗粒上按一定顺序定向排列的速度称为定向速度。在沉淀过程中,聚集速度大于定向速度,沉淀颗粒聚集形成无定形沉淀;定向速度大于聚集速度,构晶离子在晶格上定向排列,形成晶形沉淀。

聚集速度主要由溶液的过饱和度决定。冯·韦曼(Von Weimarn)曾用经验公式描述了沉淀生成的聚集速度v与溶液相对过饱和度的关系:

$$v = \frac{K(Q-S)}{S} \tag{式(6-10)}$$

式中,Q为加入沉淀剂时溶质的瞬间总浓度,S为沉淀的溶解度,$Q-S$为过饱和度,$(Q-S)/S$为相对过饱和度,K为与沉淀性质、温度和介质等因素有关的常数。

由式(6-10)可知,相对过饱和度越大,聚集速度越大,形成无定形沉淀;相对过饱和度越小,聚集速度越小,可能形成晶形沉淀。相对过饱和度随沉淀的溶解度S的增大而减小,所以溶解度较大的沉淀,聚集速度较小,易生成晶形沉淀;反之则易形成无定形沉淀。如在沉淀$BaSO_4$时,常在稀盐酸溶液中进行,目的是使$BaSO_4$的溶解度适当增大,从而达到获得大颗粒晶形$BaSO_4$沉淀的目的。影响沉淀聚集速度的另一个因素为沉淀物质的浓度,Q如不太大,则溶液的过饱和度小,聚集速度较小有利于生成晶形沉淀。例如$Al(OH)_3$一般为无定形沉淀,但在含Al^{3+}的溶液中加入稍过量的$NaOH$使Al^{3+}以AlO_2^-形式存在,然后通入CO_2使溶液的碱性逐渐降低,最后可以得到较好的晶形$Al(OH)_3$沉淀。而$BaSO_4$在通常情况下为晶形沉淀,但在浓溶液(如$0.75 \sim 3mol/L$)进行沉淀时也会形成无定形沉淀。

极性较强的盐类(如$BaSO_4$、CaC_2O_4等)一般都具有较大的定向速度,易生成晶形沉淀。高价金属离子的氢氧化物[如$Al(OH)_3$、$Fe(OH)_3$等]一般溶解度小,沉淀时溶液的相对过饱和度较大,同时又含有大量的水分子,阻碍离子的定向排列,易生成体积庞大、结构疏松的无定形沉淀。

定向速度的大小与沉淀物的性质有关。聚集速度v主要决定于沉淀的条件。

(二)沉淀的纯度及其影响因素

沉淀重量法不仅要求沉淀的溶解度小,而且沉淀应当是纯净的。但是当沉淀自溶液中析出时,总有一些可溶性物质随之一起沉淀下来,影响沉淀的纯度。为此,必须了解影响沉淀纯度的因素及其减

免办法,以提高重量法测定结果的准确度。

1. 共沉淀　共沉淀(coprecipitation)是当某种沉淀从溶液中析出时,溶液中共存的可溶性杂质也夹杂在该沉淀中一起析出的现象。共沉淀是重量分析法误差的主要来源之一。共沉淀主要有下面几种。

（1）表面吸附:吸附共沉淀(adsorption coprecipitation)是由于沉淀表面吸附引起的共沉淀。在沉淀晶格内部,正负离子按一定的顺序排列,离子都被异电荷离子所饱和,处于静电平衡状态。而处于沉淀表面、棱或角上的离子至少有一方没有被包围,它们具有吸引溶液中其他异电荷离子的能力。沉淀颗粒愈小,表面积愈大,吸附溶液中异电荷离子的能力越强。表面吸附遵从吸附规则:①与构晶离子生成溶解度小的化合物的离子优先吸附。例如用过量的 $BaCl_2$ 溶液与 K_2SO_4 溶液作用时,生成 $BaSO_4$,在 $BaSO_4$ 表面首先吸附 Ba^{2+},使沉淀表面带正电荷,然后再吸引溶液中带异电荷离子 Cl^-,构成中性的双电层。$BaCl_2$ 过量越多,吸附共沉淀也越严重,如果用 $Ba(NO_3)_2$ 代替 $BaCl_2$,并使两者过量的程度一样时,则共沉淀的 $Ba(NO_3)_2$ 比 $BaCl_2$ 多,这是因为 $Ba(NO_3)_2$ 溶解度比 $BaCl_2$ 小的缘故(图 6-4)。②浓度相同的离子,带电荷多的离子,越易被吸附。③电荷相同的离子,浓度越大,

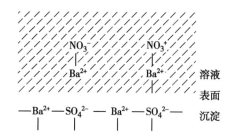

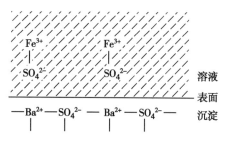

图 6-4　$BaSO_4$ 沉淀表面吸附原理示意图

越易被吸附。同时沉淀的总表面积越大,温度越低,吸附杂质量越多。减少或消除吸附共沉淀的有效方法是洗涤沉淀。

（2）形成混晶或固溶体:混晶共沉淀(mixed crystal coprecipitation)是如果被吸附的杂质与沉淀具有相同的晶格、相同的电荷或离子半径,杂质离子可进入晶格排列引起的共沉淀。例如 $BaSO_4$-$PbSO_4$、AgCl-AgBr 等都可形成混晶,这种混晶称为同形混晶。又如 $KMnO_4$ 可随 $BaSO_4$ 沉淀形成而进入 $BaSO_4$ 沉淀晶格,使沉淀呈粉红色,用水洗涤不褪色,说明虽然 $KMnO_4$ 和 $BaSO_4$ 电荷不同,但离子半径相近,可生成固溶体。减少或消除同形混晶共沉淀的最好方法是事先分离除去杂质。有些混晶,杂质离子或原子并不位于正常晶格的位置上,而是位于晶格空隙中,这种混晶称为异形混晶。减少或消除异形混晶共沉淀的方法是在沉淀时加入沉淀剂的速度要慢,并对沉淀进行陈化。

（3）包埋或吸留:包埋共沉淀(occlusion coprecipitation)是由于沉淀形成速度快,吸附在沉淀表面的杂质或母液来不及离开,被随后长大的沉淀所覆盖,包藏在沉淀内部引起的共沉淀。例如生成 $BaSO_4$ 时,在沉淀中包埋有大量阴离子。由于 $Ba(NO_3)_2$ 的溶解度小于 $BaCl_2$ 的溶解度,包藏 $Ba(NO_3)_2$ 量一般比 $BaCl_2$ 多。晶体成长过程中,由于晶面缺陷和晶面生长的各向不均匀性,也可将母液包埋在晶格内部的小孔穴中而共沉淀。减少或消除包埋共沉淀的方法是使沉淀重结晶或陈化。

2. 后沉淀　后沉淀(postprecipitation)是由于沉淀表面的吸附作用引起的,即在沉淀析出后,溶液中本来不能析出沉淀的组分,也在沉淀表面逐渐沉积出来的现象。例如,在含有 Cu^{2+}、Zn^{2+} 的酸性溶液中通入 H_2S,最初得到 CuS 沉淀中并不夹杂 ZnS,但若将沉淀与溶液长时间放置,CuS 表面吸附 S^{2-},而使沉淀表面的 S^{2-} 浓度增大,致使 $[S^{2-}][Zn^{2+}]$ 大于 ZnS 的 K_{ap},在 CuS 沉淀表面析出 ZnS 沉淀,沉淀在溶液中放置时间愈长,后沉淀现象愈严重。减少或消除后沉淀的方法是缩短沉淀和母液共置的时间。

（三）沉淀条件的选择

为了获得纯净、易于过滤和洗涤的沉淀,对于不同类型的沉淀,应当采取不同的沉淀条件。

1. 晶型沉淀的沉淀条件

（1）在适当的稀溶液中进行沉淀：溶液的浓度越小，相对过饱和度越小，均相成核的数量越少。构晶离子聚集速度小于定向排列速度，从而得到大颗粒晶形沉淀，沉淀易于滤过和洗涤。晶粒越大，比表面积越小，杂质吸附越小，共沉淀现象越少，沉淀越纯净。但对溶解度较大的沉淀，必须考虑溶解损失。

（2）在热溶液中进行沉淀：一般难溶化合物的溶解度随温度升高而增大，沉淀吸附杂质的量随温度升高而减少。所以在热溶液中进行沉淀，也可降低溶液的相对过饱和度，以减少成核数量，得到颗粒大的晶形沉淀。另一方面又能减少杂质的吸附，有利于得到纯净的沉淀。有的沉淀在热溶液中溶解度较大，应放冷后再滤过，以减少沉淀损失。

（3）在不断搅拌下，慢慢加入沉淀剂：这样可以防止局部过浓，降低沉淀剂离子在全部或局部溶液中的过饱和度，得到颗粒大而纯净的沉淀。

（4）陈化（aging）：是将沉淀与母液一起放置的过程。在同样条件下，小晶粒的溶解度比大晶粒的溶解度大，如果溶液对于大结晶是饱和的，对于小结晶则未达到饱和，于是小结晶溶解，溶解到一定程度后，溶液对大结晶达到过饱和，溶液中离子就在大结晶上沉淀。但溶液对大结晶为饱和溶液时，对小结晶又为不饱和状态，小结晶又要继续溶解。这样，小结晶不断地溶解，而大结晶不断地长大，结果使晶粒变大。所以陈化的结果是：①小颗粒不断溶解，大颗粒不断长大；②吸附、吸留或包藏在小晶粒内部的杂质重新进入溶液，使沉淀更加纯净；③不完整的晶粒转化为更完整的晶粒。加热和搅拌可增加小颗粒的溶解速度和离子在溶液中的扩散速度，缩短陈化时间。

（5）均匀沉淀：尽管沉淀剂的加入是在不断搅拌下进行的，可是在刚加入沉淀剂时，局部过浓现象总是难免的，为了避免这种现象，可改用均匀沉淀法。这种方法是先控制一定的条件，使加入的沉淀剂不能立刻与被测离子生成沉淀，而是通过一种化学反应使沉淀剂从溶液中缓慢地、均匀地产生出来，从而使沉淀在整个溶液中缓慢地、均匀地析出。这样可避免局部过浓现象，获得颗粒较大、结构紧密、纯净而易滤过和洗涤的晶形沉淀。例如，在 Ca^{2+} 的酸性溶液中加入草酸铵，然后加入尿素，加热煮沸，尿素逐渐水解 $(NH_2)_2CO+H_2O \Longrightarrow 2NH_3+CO_2$，生成 NH_3 中和溶液中的 H^+，$C_2O_4^{2-}$ 的浓度渐渐增大，最后均匀而缓慢地析出 CaC_2O_4 沉淀，这样得到的 CaC_2O_4 沉淀便是粗大的晶形沉淀。

此外，利用有机化合物的水解、配位化合物的分解、氧化还原反应等能在溶液中缓慢地产生所需沉淀剂的方式，均可进行均匀沉淀。

2. 无定形沉淀的沉淀条件　　无定形沉淀的溶解度一般很小，溶液的相对过饱和度大，因此很难通过降低溶液的相对过饱和度来改变沉淀的物理性质。同时，无定形沉淀颗粒小，吸附杂质多，易胶溶，沉淀的结构疏松，不易滤过和洗涤。所以对无定形沉淀主要是设法破坏胶体，防止胶溶，加速沉淀的凝聚。

（1）在较浓的热溶液中进行沉淀：较高的浓度和温度都可降低沉淀的水化程度，减少沉淀的含水量，也有利于沉淀凝集，可得到紧密的沉淀，方便滤过。提高温度还可减少表面吸附，使沉淀纯净。

（2）加入大量电解质：电解质可防止胶体形成，降低水化程度，使沉淀凝聚。用易挥发的电解质，如盐酸、氨水、铵盐等洗涤沉淀，可防止胶溶，也可将吸附在沉淀中的难挥发杂质交换出来。

（3）不断搅拌，适当加快沉淀剂的加入速度：在搅拌下，较快加入沉淀剂有利于生成致密的沉淀，易于滤过。但吸附杂质的机会也增多，所以，沉淀完毕后，立即加入大量热水稀释并搅拌，以减少吸附在表面的杂质。

（4）不必陈化：沉淀完毕后，趁热滤过，不需陈化。这是因为无定形沉淀放置后，将逐渐失去水分，使沉淀更加黏结不易滤过，而且吸附的杂质难以洗去。

（四）沉淀的滤过和干燥

1. 沉淀的滤过　　滤过是使沉淀与母液分开的操作，以便与过量的沉淀剂、共存组分或其他杂质分离,从而得到纯净的沉淀,是重量分析过程中的一个重要环节。如果需高温灼烧得到称量形式的沉淀,常使用定量滤纸(每张滤纸灰分小于 0.2mg)、漏斗滤过。根据沉淀的性质,选择疏密程度不同的定量滤纸:①无定形沉淀选用疏松滤纸,以增加滤过速度;②晶形沉淀可用较紧密滤纸;③细小颗粒的沉淀应用紧密滤纸,以防沉淀穿过滤纸。滤过时滤纸应紧贴漏斗,以防沉淀从滤纸和漏斗的缝隙穿过,造成沉淀损失。如果只需烘干即可得到称量形式的沉淀,一般用玻璃砂芯坩埚或玻璃砂芯漏斗滤过,根据沉淀的性状选用不同型号的玻璃砂芯滤器。

滤过时均采用"倾泻法"。若沉淀的溶解度随温度升高变化不大时,可采用趁热滤过,效果更好。

2. 沉淀的洗涤　洗涤是为了除去沉淀表面的吸附杂质和混杂在沉淀中的母液。洗涤时应尽量减少沉淀的溶解损失和防止形成胶溶,因此需选择合适的洗涤液:①溶解度小而不易形成胶体的沉淀,可用蒸馏水洗涤;②溶解度大的晶形沉淀可用稀沉淀剂洗涤,也可用沉淀饱和溶液洗涤;③对易胶溶的无定形沉淀,应用易挥发的电解质的稀溶液洗涤;④沉淀的溶解度随温度升高变化不大时,可用热溶液洗涤。洗涤过程采用"少量多次"的原则,洗涤干净与否要用特效反应进行检查。

3. 沉淀的干燥、灼烧和恒重　干燥是在 110~120℃下加热 40~60 分钟,以除去沉淀中的水分和挥发性物质得到沉淀的称量形式。灼烧是在 800℃以上,彻底去除水分和挥发性物质,并使沉淀分解为组成恒定的称量形式。如 $MgNH_4PO_4 \cdot 6H_2O$ 沉淀,在 1 100℃灼烧成 $Mg_2P_2O_7$ 称量形式,放冷后称量,直至恒重。

（五）沉淀形式与称量形式

向试样中加入适当的沉淀剂,使被测组分沉淀出来,所得沉淀的化学组成称为沉淀形式(precipitation form)。将沉淀过滤、洗涤、烘干或灼烧之后得到称量形式(weighing form)。沉淀形式与称量形式可以相同,也可以不同。以重量法测定 SO_4^{2-} 和 Ca^{2+} 的含量为例,说明沉淀形式和称量形式之间的关系。

$$SO_4^{2-}+Ba^{2+} \Longleftrightarrow BaSO_4 \downarrow \xrightarrow{\text{滤过、洗涤}} \xrightarrow{\text{灼烧}} BaSO_4$$

$$Ca^{2+}+C_2O_4^{2-} \Longleftrightarrow CaC_2O_4 \downarrow \xrightarrow{\text{滤过、洗涤}} \xrightarrow{\text{灼烧}} CaO$$

沉淀形式　　　　　　称量形式

前者的沉淀形式和称量形式相同,都是 $BaSO_4$;后者的沉淀形式是 CaC_2O_4,称量形式是 CaO,沉淀形式和称量形式不同。

为了操作简便并保证测定结果的准确度,沉淀重量分析法对沉淀形式和称量形式有以下要求:

1. 对沉淀形式的要求　①沉淀的溶解度要小。沉淀溶解损失的量应不超出分析天平的称量误差范围($<±0.2$mg),这样才能保证反应定量完全;②沉淀必须纯净,不应混杂有沉淀剂或其他杂质;③沉淀应易于过滤和洗涤,尽量获得粗大的晶型沉淀或致密的无定型沉淀;④沉淀形式易于转化为具有固定组成的称量形式。

2. 对称量形式的要求　①称量形式必须组成固定,有确定的化学式才能进行结果计算;②称量形式必须有足够的化学稳定性,不受空气中水分、CO_2 和 O_2 等因素的影响而发生变化,本身也不应分解或变质;③称量形式应具有尽可能大的摩尔质量,这样可增大称量形式的质量,减少称量误差,提高分析结果的准确度。例如,沉淀重量法测定 Al^{3+},可以氨水为沉淀剂,沉淀形式为 $Al(OH)_3$,称量形式为 Al_2O_3。也可以 8-羟基喹啉为沉淀剂,沉淀形式和称量形式都为 8-羟基喹啉铝[$(C_9H_6NO)_3Al$]。按两种称量形式计算,0.100 0g 铝可获得 0.188 8g Al_2O_3 或 1.704 0g $(C_9H_6NO)_3Al$。分析天平的称量误差一般为 ±0.2mg。由于上述两种称量形式的摩尔质量不同,用相同分析天平称量引起的相对误差分别为:

$$Al_2O_3: \frac{±0.000\ 2}{0.188\ 8}×100\% = ±0.1\%$$

$$(C_9H_6NO)_3Al: \frac{\pm 0.000\ 2}{1.704\ 0} \times 100\% = \pm 0.01\%$$

显然,用8-羟基喹啉为沉淀剂测定铝准确度要高。

（六）重量分析的计算

在重量分析中,往往称量形式与被测组分的形式不同,这就需要将得到的称量形式的质量换算成被测组分的质量。重量因数(gravimetric factor)或换算因数是被测组分的相对分子质量与称量形式的相对分子质量之比,常用 F 表示。

$$换算因数(F) = \frac{a \times 被测组分的相对分子质量}{b \times 称量形式的相对分子质量}$$

其中,a 和 b 是使分子分母中所含待测成分的原子数或分子数相等而乘以的系数。部分被测组分与称量形式之间的换算因数见表6-4。

表6-4　部分被测组分与称量形式之间的换算因数

被测组分	称量形式	换算因数F
Fe	Fe_2O_3	$2M_{Fe}/M_{Fe_2O_3}$
Fe_3O_4	Fe_2O_3	$2M_{Fe_3O_4}/3M_{Fe_2O_3}$
Cl^-	$AgCl$	M_{Cl}/M_{AgCl}
Na_2SO_4	$BaSO_4$	$M_{Na_2SO_4}/M_{BaSO_4}$
MgO	$Mg_2P_2O_7$	$2M_{MgO}/M_{Mg_2P_2O_7}$
P_2O_5	$Mg_2P_2O_7$	$M_{P_2O_5}/M_{Mg_2P_2O_7}$
$K_2SO_4 \cdot Al_2(SO_4)_3 \cdot 24H_2O$	$BaSO_4$	$M_{K_2SO_4 \cdot Al_2(SO_4)_3 \cdot 24H_2O}/4M_{BaSO_4}$

由称得的称量形式的质量 m、试样的质量 m' 及换算因数 F 即可求得被测组分的质量分数。

$$w(\%) = \frac{m' \cdot F}{m} \times 100\% \qquad\qquad 式(6\text{-}11)$$

例6-4　称取草酸氢钾试样0.517 2g,溶解后用 Ca^{2+} 沉淀。灼烧后称得 CaO 重0.226 5g,计算试样中 $KHC_2O_4 \cdot H_2C_2O_4 \cdot 2H_2O$ 的质量分数。

解:$KHC_2O_4 \cdot H_2C_2O_4 \cdot 2H_2O \sim 2CaC_2O_4 \sim 2CaO$

$$F = \frac{M_{KHC_2O_4 \cdot H_2C_2O_4 \cdot 2H_2O}}{2M_{CaO}} = \frac{254.2}{2 \times 56.08} = 2.266$$

$$w(\%) = \frac{m' \cdot F}{m} \times 100\% = \frac{0.226\ 5 \times 2.266}{0.517\ 2} \times 100\% = 99.24\%$$

二、挥发重量法

挥发重量法,简称挥发法,是利用被测组分的挥发性或可转化为挥发性物质的性质进行含量测定的方法。挥发法又分为直接法和间接法。

（一）直接法

直接挥发法是利用加热等方法使试样中挥发性组分逸出,用适宜的吸收剂将其全部吸收,根据吸收剂重量的增加来计算该组分含量的方法。例如,将一定量带有结晶水的固体试样加热至适当温度,用高氯酸镁吸收逸出的水分,则高氯酸镁增加的重量就是固体试样中结晶水的重量。又如,碳酸盐的测定,加入盐酸使之放出二氧化碳,用石棉与烧碱的混合物吸收,吸收液的增重可间接测定碳酸盐的含量。若有几种挥发性物质并存时,应选用适当的吸收剂,分别定量地吸收被测物。例如,在有机化合物的元素分析中,有机化合物在封闭管道中高温通氧炽灼后,其中的氢和碳分别生成 H_2O 与 CO_2,用高氯酸镁吸收 H_2O,用碱石棉吸收 CO_2,最后分别测定其增加的重量,即可求得试样的含氢量和含碳量。此外,药典中经常要检测药品的炽灼残渣,称取一定量被检药品,经过高温炽灼,除去挥发性物质后,称量剩下的非挥发性无机物称为炽灼残渣。所测得的虽不是挥发物,但由于称量的是被测物质,仍属直接挥发法。

（二）间接法

间接挥发法是利用加热等方法使试样中挥发性组分逸出后,称量其残渣,根据挥发前后试样质量的差值来计算挥发组分的含量。例如,测定氯化钡晶体（$BaCl_2 \cdot 2H_2O$）中结晶水的含量,可将一定重量的试样加热,使水分挥去,氯化钡试样减失的重量即为结晶水的重量。这是测定药物或其他固体物质中水分的干燥法。固体物质中水有多种存在状态,测定水分的方法也有多种。

1. 试样中水的存在状态

（1）引湿水（湿存水,吸湿水）：引湿水是固体表面吸附的水分。物质的吸水性越强,颗粒越细,表面积越大,空气的湿度越大,物质中湿存水的含量越高。空气中所有固体物质或多或少都含有引湿水,一般情况,引湿水在不太高的温度下即可失去。

（2）包埋水：包埋水是沉淀从水溶液中析出时,晶体空穴内夹杂或包藏的水分。这种水与外界不通,很难除尽,有效的办法是将颗粒研细后,高温下除去。

（3）吸入水：吸入水是具有亲水胶体性质的物质内表面吸收的水分。由于其内表面积大,可吸收大量水分,一般在 100~110℃ 下很难驱尽,有时采用 70~100℃ 真空干燥。

（4）结晶水：结晶水是含水盐如 $CaC_2O_4 \cdot H_2O$、$BaCl_2 \cdot 2H_2O$ 等含有的水分。

（5）组成水：组成水是某些物质受热发生分解反应而释放出的水分,例如 $KHSO_4$ 和 Na_2HPO_4 等。

$$2KHSO_4 \rightleftharpoons K_2S_2O_7 + H_2O$$

$$2Na_2HPO_4 \rightleftharpoons Na_4P_2O_7 + H_2O$$

2. 干燥失重常用的干燥方式　药典中有些药物要求测定干燥失重,它是代表试样中能在干燥温度下挥发组分的含量。若是在105℃干燥,失去的重量就包括水分和其他能在105℃下挥发的物质。

根据试样的性质和水分挥发的难易,干燥失重常用的方式有：

（1）常压下加热干燥：通常是将试样置电热干燥箱中,以 105~110℃ 加热。该法适用于受热不易分解变质、氧化或挥发等性质稳定的试样。对于水分不易挥发的试样,可提高温度或延长时间。

有些化合物因结晶水的存在而有较低熔点,在加热干燥时,未达干燥温度就成熔融状态,很不利于水分的挥发。测定这类物质的水分时,应先在低温或用干燥剂除去一部分或大部分结晶水后,再提高干燥的温度。例如 $NaH_2PO_4 \cdot 2H_2O$ 在干燥时应首先在低于 60℃ 下干燥 1 小时,然后在 105℃ 干燥至恒重。

常压下加热干燥,箱中温度达 80℃ 以上,试样中水的蒸气压高于环境中水的蒸气分压,试样中的水就向外界挥发,温度愈高,效果愈显著。

（2）减压加热干燥：通常使用减压电热干燥箱（真空干燥箱）。由抽气泵将箱内部分空气抽去,箱内气压愈低,相对湿度亦愈低,适当地提高温度以增大试样中水的蒸气压,则更有利于水分挥发,能获得高于常压下加热干燥的效率。减压加热干燥适用于高温中易变质、熔点低或水分较难挥发的试样干燥。

（3）干燥剂干燥：干燥剂是一些与水分有强结合力、相对蒸气压低的脱水化合物,例如 $CaCl_2$、硅胶等。在密闭的容器中,干燥剂吸收空气中水分,降低空气的相对湿度,促使试样中的水挥发,并能保持容器内较低的相对湿度。只要试样的相对蒸气压高于干燥剂的相对蒸气压,试样就能继续失水,直至达到平衡。干燥剂干燥适合于能升华或受热不稳定,容易变质的物质。此法达到平衡时间长,而且不能达到完全干燥的目的。使用干燥剂时应注意干燥剂的性质和及时检查干燥剂是否失效。

在重量分析中,干燥剂干燥经常被用作短时间存放刚从烘箱或高温炉中取出的热的干燥器皿或试样,目的是在低湿度的环境中冷却,减少吸水,以便称量。但十分干燥的试样不宜在干燥器中长时间放置,尤其是很细的粉末,由于表面吸附作用,可能会从空气中吸收一些水分。

三、重量分析法的应用

【示例 6-4】　硫酸钡(Ⅰ型)的含量测定

《中国药典》(2020 年版)采用沉淀重量法测定硫酸钡(Ⅰ型)的含量。

操作步骤:精密称取本品约 0.6g,置铂坩埚中,加入无水碳酸钠 10g,混匀,炽灼至熔融,继续加热 30 分钟,放冷,将坩埚放入 400ml 烧杯中,加水 250ml,用玻棒搅拌,加热至熔融物从坩埚中洗脱。将坩埚移出烧杯,用水洗净,洗液并入烧杯中,继续用 6mol/L 醋酸溶液 2ml 冲洗坩埚内部,再用水冲洗,洗液合并于烧杯中。加热并搅拌直至熔融物崩解,烧杯置冰浴中冷却,静置至沉淀坚硬且上层液体澄清,将上清液倾出,滤过,将细小沉淀定量转移至滤纸上,用冷碳酸钠(1→50)溶液冲洗烧杯中内容物两次,每次约 10ml,搅拌,如上法,继续将上清液通过同一滤纸,滤过,将细小沉淀定量转移至滤纸上,再将盛有大块碳酸钡沉淀的烧杯置于漏斗下,用 3mol/L 盐酸溶液洗涤滤纸 5 次,每次 1ml,再用水洗净(注:溶液可能微呈混浊)。加水 100ml、盐酸 5ml、醋酸铵溶液(2→5)10ml、重铬酸钾溶液(1→10)25ml 与尿素 10g,用表面皿覆盖,在 80～85℃加热 16 小时,趁热经已干燥至恒重的垂熔坩埚滤过,定量转移所有沉淀,沉淀用重铬酸钾溶液(1→200)洗涤,最后用水约 20ml 洗涤,于 105℃干燥 2 小时,放冷,称重,所得沉淀物重量乘以 0.921 3,即为硫酸钡重量。

本品按干燥品计算,含 $BaSO_4$ 不得少于 97.5%。

说明:称量形式为铬酸钡,换算因数为:

$$F = \frac{M_{BaSO_4}}{M_{BaCrO_4}} = \frac{233.39}{253.32} = 0.921\ 3$$

【示例 6-5】　挥发性醚浸出物的测定

《中国药典》(2020 年版)四部通则 2201 项下挥发性醚浸出物测定采用挥发重量法。

操作步骤:取供试品(过四号筛)2～5g,精密称定,置五氧化二磷干燥器中干燥 12 小时,置索氏提取器中,加乙醚适量,除另有规定外,加热回流 8 小时,取乙醚液,置干燥至恒重的蒸发皿中,放置,挥去乙醚,残渣置五氧化二磷干燥器中干燥 18 小时,精密称定,缓缓加热至 105℃,并于 105℃干燥至恒重。其减失重量即为挥发性醚浸出物的重量。

水溶性和醇
溶性浸出物
测 定 法(拓
展阅读)

第六章
目标测试

习　题

1. 以下银量法测定中,分析结果偏高还是偏低? 为什么?

(1) 在 pH=4 或 pH=11 条件下,用铬酸钾指示剂法测定 Cl^-。

(2) 采用铁铵矾指示剂法测定 Cl^- 或 Br^-,未加硝基苯。

(3) 以曙红为指示剂测定 Cl^-。

(4) 用铬酸钾指示剂法测定 $NaCl$、Na_2SO_4 混合液中的 $NaCl$。

2. 为什么用铁铵矾指示剂法测定 Cl^- 时,引入误差的概率比测定 Br^- 或 I^- 时大?

3. 称取仅含有纯的 NaBr 和 NaI 的混合物 0.250 0g,用 0.100 0mol/L $AgNO_3$ 溶液滴定,消耗 22.01ml 滴定液可使沉淀完全,求试样中 NaBr 和 NaI 各自的质量分数。(已知 $M_{NaBr}=102.9g/mol$,$M_{NaI}=149.9g/mol$)

(NaBr:69.96%,NaI:30.04%)

4. 称取 NaCl 基准试剂 0.117 3g,溶解后加入 30.00ml $AgNO_3$ 标准溶液,过量的 Ag^+ 需要 3.20ml NH_4SCN 标准溶液滴定至终点。已知 20.00ml $AgNO_3$ 标准溶液与 21.00ml NH_4SCN 标准溶液能完全作用,计算 $AgNO_3$ 和 NH_4SCN 溶液的浓度各为多少?(已知 $M_{NaCl}=58.49g/mol$)

($AgNO_3$:0.074 41mol/L,NH_4SCN:0.070 87mol/L)

5. 有纯 LiCl 和 $BaBr_2$ 的混合物试样 0.700 0g,加 45.15ml 0.201 7mol/L $AgNO_3$ 标准溶液处理,过量的 $AgNO_3$ 以铁铵矾为指示剂,用 25.00ml 0.100 0mol/L NH_4SCN 回滴。计算试样中 $BaBr_2$ 的质量分数。(已知 $M_{LiCl}=42.39g/mol$,$M_{BaBr_2}=297g/mol$)

(83.94%)

6. 吸取含氯乙醇(C_2H_4ClOH)及 HCl 的试液 2.00ml 于锥形瓶中,加入 NaOH,加热使有机氯转化为无机氯(Cl^-)。在此酸性溶液中加入 30.05ml 0.103 8mol/L 的 $AgNO_3$ 标准溶液,过量 $AgNO_3$ 耗用 9.30ml 0.105 5mol/L 的 NH_4SCN 溶液。另取 2.00ml 试液测定其中无机氯(HCl)时,加入 30.00ml 上述 $AgNO_3$ 溶液,回滴时需 19.20ml 上述 NH_4SCN 溶液。计算此氯乙醇试液中的总氯量(以 Cl 表示);无机氯(以 Cl^- 表示)和氯乙醇(C_2H_4ClOH)的质量分数(试液的相对密度为 1.033)。(已知 $M_{Cl}=35.45g/mol$,$M_{C_2H_4ClOH}=80.51g/mol$)

(总氯量 3.67%,无机氯 1.87%,氯乙醇 4.09%)

7. 用铁铵矾指示剂法测定 0.10mol/L 的 Cl^-,在 AgCl 沉淀存在下,用 0.100 0mol/L KSCN 标准溶液回滴过量的 0.100 0mol/L $AgNO_3$ 溶液,滴定的最终体积为 70.00ml,$[Fe^{3+}]=0.015mol/L$。当观察到明显的终点时(此时游离 $[Fe(SCN)]^{2+}$ 的浓度为 $6.0\times10^{-6}mol/L$),由于沉淀转化而多消耗 KSCN 标准溶液的体积是多少?($K_{FeSCN}=200$)

(0.23ml)

8. 沉淀重量法选择沉淀反应应考虑哪些因素?它对沉淀的要求与沉淀滴定法有什么异同之处?

9. 计算下列各组的换算因数。

称量形式	被测组分
(1) Al_2O_3	Al
(2) $BaSO_4$	$(NH_4)_2Fe(SO_4)_2\cdot6H_2O$
(3) Fe_2O_3	Fe_3O_4
(4) $BaSO_4$	SO_3,S
(5) $PbCrO_4$	Cr_2O_3
(6) $(NH_4)_3PO_4\cdot12MoO_3$	$Ca_3(PO_4)_2$,P_2O_5

10. 称取 0.367 5g $BaCl_2\cdot2H_2O$ 试样,将钡沉淀为 $BaSO_4$,需用 0.5mol/L H_2SO_4 溶液多少毫升?

(4.5~6.0)

11. 测定 1.023 9g 某试样中的 P_2O_5 的含量时,用 $MgCl_2$、NH_4Cl、$NH_3\cdot H_2O$ 使磷沉淀为 $MgNH_4PO_4$。过滤,洗涤后灼烧成 $Mg_2P_2O_7$,称得质量为 0.283 6g。计算试样中 P_2O_5 的百分含量。

(17.69%)

12. 计算下列难溶化合物的溶解度。

(1) $PbSO_4$ 在 0.1mol/L HNO_3 中。(H_2SO_4 的 $K_{a_2}=1.0\times10^{-2}$,$K_{sp(PbSO_4)}=1.6\times10^{-8}$)

($3.9\times10^{-4}mol/L$)

（2）$BaSO_4$ 在 pH = 10.0 的 0.020mol/L EDTA 溶液中。$[K_{sp(BaSO_4)} = 1.1\times10^{-10}, \lg K_{BaY} = 7.86, \lg\alpha_{Y(H)} = 0.45]$

（6.2×10^{-3}mol/L）

13. 取未经干燥的盐酸小檗碱0.205 8g,以苦味酸为沉淀剂,按下式反应生成苦味酸小檗碱沉淀 0.276 8g(已知换算因数为0.658 7):

$$C_{20}H_{18}O_4N\cdot Cl+C_6H_3O_7N_3 \rightleftharpoons C_{20}H_{17}O_4N\cdot C_6H_3O_7N_3\downarrow +HCl$$

①计算试样中小檗碱的含量;②若已知小檗碱干燥失重为9.20%,则干燥品小檗碱试样中小檗碱 的质量分数。

（①88.59% ;②97.57%）

14. 氯霉素的化学式为 $C_{11}H_{12}O_5N_2Cl_2$,现有氯霉素眼膏试样1.03g,在密闭试管中用金属钠共热以 分解有机物并释放出氯化物,将灼烧后的混合物溶于水,过滤除去碳的残渣,用 $AgNO_3$ 沉淀氯化物, 得0.012 9g AgCl,试计算试样中氯霉素的质量分数($M_{氯霉素} = 323$g/mol, $M_{AgCl} = 143.3$g/mol)。

（1.41%）

（徐　丽）

电位法和永停滴定法

第七章
教学课件

学习要求

1. **掌握** 直接电位法的基本原理;直接电位法测定溶液 pH 的方法及注意事项;离子选择电极的选择性系数的意义、作用;电位滴定法和永停滴定法确定终点的方法。

2. **熟悉** 常用的指示电极和参比电极;pH 玻璃电极的结构、响应机制、性能;其他阴、阳离子浓度的测定方法及 TISAB 的作用。

3. **了解** 电化学分析法及其分类;相界电位、液接电位、膜电位、不对称电位;复合 pH 电极;离子选择电极的分类。

第一节 概 述

电化学(electrochemistry)是将电学与化学有机结合并研究它们之间相互关系的一门学科。电化学分析(electrochemical analysis)或电分析化学(electroanalytical chemistry)是依据电化学原理和物质在溶液中的电化学性质及其变化而建立的一类仪器分析方法,即以试样溶液和适当电极构成化学电池,通过测量电池的电导、电位、电流、电量等电化学参数的强度或变化来进行分析的方法。

电化学发展
简史(拓展
阅读)

在电化学发展史上具有里程碑的发现有:1800 年意大利物理学家伏打(A.Vlota)首次制造出伏打电池;1834 年法拉第(M. Faraday)提出了著名的法拉第电解定律;1889 年能斯特(W.Nernst)提出了电极电位与离子活度(浓度)的关系式,即著名的能斯特方程;1922 年海洛夫斯基(J. Heyrovsky)创立了极谱学等,这些都为电化学分析的发展奠定了坚实的理论和技术基础。近几十年来,电化学分析的新方法、新材料、仪器不断涌现,在技术上日新月异,在理论上也不断深入。

电化学分析具有仪器简单、操作方便、易于微型化和自动化、分析速度快、选择性好、灵敏度高等优点。随着纳米技术、表面技术、超分子体系及新材料的发展和应用,电化学分析法将向微量分析、单细胞水平检测、实时活体分析、无损分析及超高灵敏和超高选择方向迈进,在生命科学、医药卫生、环境科学、材料科学、能源科学等领域中有着广阔的应用前景。

电化学分析法的种类很多,根据测量的电化学参数不同,电化学分析法主要分为以下几类:

1. **电位法** 电位法(potentiometry)是根据测量原电池的电动势,以确定待测物含量的分析方法。如直接电位法(direct potentiometry)是通过测量原电池的电动势确定指示电极的电位,根据能斯特方程求算待测离子活(浓)度的方法;电位滴定法(potentiometric titration)是通过测量滴定过程中原电池电动势的变化来确定滴定终点的滴定分析方法。

2. **电解法** 电解法(electrolytic method)是根据通电时,待测物在电池电极上发生定量作用的性质以确定待测物含量的分析方法。如电重量法(electrogravimetry)是通过对试样溶液进行电解,使被测组分析出并称量其重量的分析方法;库仑法(coulometry)是根据待测物完全电解时所消耗的电量而进行分析的方法;库仑滴定法(coulometric titration)是通过电极反应生成所需的滴定剂与溶液中待测组分作用,根据滴定终点消耗的电量来确定待测组分含量的分析方法。

3. 电导法　电导法(conductometry)是根据测量溶液的电导或电导改变以确定待测物含量的分析方法。如直接电导法(direct conductometry)是通过测量被测组分的电导值确定其含量的分析方法;电导滴定法(conductometric titration)是根据滴定过程中溶液电导的变化来确定滴定终点的分析方法。

4. 伏安法　伏安法(voltammetry)是根据电解过程中电流和电位变化曲线(伏安曲线),对待测物进行定性和定量的分析方法。如极谱法(polarography method)是以滴汞电极为极化电极通过测量其电流-电位(或电位-时间)曲线来确定溶液中待测物质浓度的方法;溶出法(stripping method)是在某一恒定电压下进行电解,使被测物质在电极上富集,再用适当的方法使富集物溶解,根据溶出时的电流-电位或电流-时间曲线进行分析的方法。电流滴定法(amperometric titration)是在固定电压下,根据滴定过程中电流的变化确定滴定终点的方法。在药物分析中常用的永停滴定法属于电流滴定法。

本章主要介绍直接电位法、电位滴定法和永停滴定法。

第二节　电位法的基本原理

电位法的基本原理是依据能斯特方程,即电极电位与离子活(浓)度之间的关系来进行分析,但因电极的绝对电位无法测量,故需要用一个指示电极和一个参比电极与试液组成化学电池,通过测量电池电动势来确定指示电极的电位,求算待测离子活(浓)度,或通过测量滴定过程中电池电动势的变化来确定滴定终点。

一、化学电池

化学电池是实现化学反应与电能相互转换的装置,由两个电极、电解质溶液和外电路组成。根据电极反应是否自发进行,化学电池可分为原电池(galvanic cell)和电解池(electrolytic cell)。

（一）原电池和电解池

原电池是将化学能转变为电能的装置(图7-1A),其电极反应可自发进行。电解池是将电能转变为化学能的装置(图7-1B),只在有外加电压的情况下,电极反应才能进行。同一结构的电池通过改变实验条件可进行相互转化。

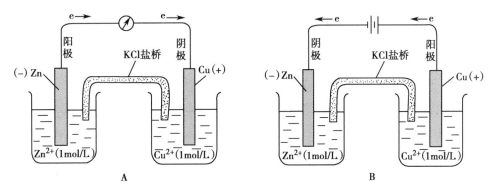

图 7-1　化学电池示意图

A. 原电池;B. 电解池

例如,Daniell 原电池表示为:

$$Zn \mid ZnSO_4(1mol/L) \vDash CuSO_4(1mol/L) \mid Cu$$

电极半反应为:

锌极　$Zn \Longrightarrow Zn^{2+}+2e$(氧化反应、阳极、负极)

铜极　$Cu^{2+}+2e \rightleftharpoons Cu$（还原反应、阴极、正极）

电池总反应　$Zn+Cu^{2+} \rightleftharpoons Zn^{2+}+Cu$

在零电流条件下原电池电动势（electromotive force，EMF）为：

$$E=\varphi_{(+)}-\varphi_{(-)}=\varphi^{\ominus}_{Cu^{2+}/Cu}-\varphi^{\ominus}_{Zn^{2+}/Zn}=(+0.337)-(-0.763)=1.100V$$

电解池表示为：$Cu \mid CuSO_4(1mol/L) \,\vdots\, ZnSO_4(1mol/L) \mid Zn$

电极半反应为：

锌极　$Zn^{2+}+2e \rightleftharpoons Zn$（还原反应、阴极）

铜极　$Cu \rightleftharpoons Cu^{2+}+2e$（氧化反应、阳极）

电池总反应　$Zn^{2+}+Cu \rightleftharpoons Zn+Cu^{2+}$

（二）相界电位

将金属插入含有该金属离子的溶液中组成金属电极（metal electrode）。在金属与该金属离子溶液两相界面，金属很容易失去电子形成金属离子进入到溶液；而溶液中的金属离子也有得到电子形成金属沉积在金属表面的趋势。如果金属的还原性越强，越容易失去电子，金属离子越容易越过相界面向溶液迁移，两相界面的金属表面带负电，溶液带正电（图7-2）；反之，如果金属离子的氧化性越强，越容易得到电子，金属离子越容易越过相界面向金属迁移，金属表面带正电，溶液带负电。当金属离子进入溶液的速度等于金属离子沉积到金属表面上的速度时达到动态平衡，在金属与溶液界面上形成了稳定的双电层（double electric layer）而产生电位差，即相界电位（phase boundary potential）或金属电极电位（electrode potential）。如 Daniell 原电池阳极：Zn 失去电子（被氧化）形成 Zn^{2+}进入溶液，在金属/溶液的

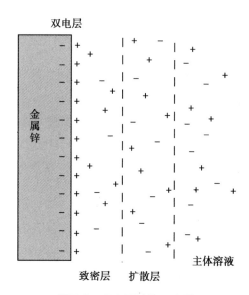

图7-2　双电层结构示意图

相界面，金属带负电，溶液带正电，产生 Zn^{2+}/Zn 电极电位；原电池阴极：Cu^{2+}得到电子（被还原）形成 Cu 沉积在金属表面，在金属/溶液的相界面，金属带正电，溶液带负电，产生 Cu^{2+}/Cu 电极电位。

（三）液接电位

在组成不同或组成相同而浓度不同的两个电解质溶液接触界面所产生的电位差称为液接电位（liquid-junction potential）。液接电位是由于离子在通过不同溶液相界面时扩散速率不同而引起的，故又称扩散电位。例如，两种不同浓度的 $AgNO_3$ 溶液混合时，浓度高的溶液中的 Ag^+ 和 NO_3^- 将向浓度低的溶液一方扩散（图7-3）。由于 NO_3^- 的扩散速率（长箭头表示）大于 Ag^+ 的扩散速率（短箭头表示），单位时间内越过相界面的 NO_3^- 比 Ag^+ 多，使低浓度界面 NO_3^- 过量，带"－"电荷；高浓度界面 Ag^+ 过量，带"＋"电荷。在液接界面上形成了双电层，双电层的形成对 NO_3^- 的进一步扩散起阻碍作用，对 Ag^+ 的扩散起促进作用，最终两种离子的扩散达到平衡。此时，溶液界面上形成的微小电位差即液接电位。

在电位法测定中常使用有液接界的电池。液接电位很难计算和准确测量，给电极电位的测定带来一定的影响。因此，在实际工作中常使用盐桥将两溶液相连，以降低或消除液接电位。盐桥（salt bridge）是由含3%琼脂的高浓度 KCl（或其他适用的电解质）填充到一个 U 型管或直管中构成。由于 KCl 的浓度较高，扩散作用以高浓度的 K^+ 和 Cl^- 为主，而 K^+ 和 Cl^- 的扩散速率相近，且两个液接电位方向相反，可相互抵消，使产生的液接电位很小（1~2mV）。因此，盐桥是沟通两个半电池、消除液接电位、保持其电荷平衡、使反应顺利进行的一种装置。

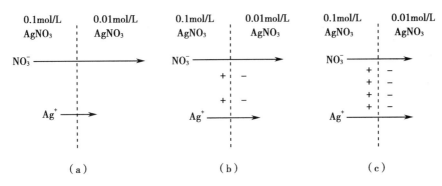

图 7-3 液接电位产生示意图

二、指示电极和参比电极

（一）指示电极

指示电极（indicator electrode）是电极电位值随被测离子的活（浓）度变化而改变的一类电极。电位法中对指示电极的要求是：①电极电位与被测离子的活度（浓度）的关系符合能斯特方程；②对待测离子的响应速度快，可逆性和重现性好；③结构简单，性质稳定，使用方便。常用的指示电极可分为：金属基电极（metallic indicator electrode）和膜电极（membrane electrode）。

1. 金属基电极　是以金属为基体、基于电子转移反应的一类电极。按其组成及作用不同可分为以下几种：

（1）第一类电极：也称为金属-金属离子电极，由金属插在该金属离子溶液中组成的电极，用 $M \mid M^+$ 表示。这类电极只有一个相界面，故称为第一类电极。例如，银丝插入 Ag^+ 溶液中组成银（$Ag \mid Ag^+$）电极。

电极反应：$Ag^+ + e \rightleftharpoons Ag$

电极电位（25℃）：$\varphi = \varphi^\ominus + 0.059\lg a_{Ag^+}$ 或 $\varphi = \varphi^{\ominus\prime} + 0.059\lg c_{Ag^+}$

这类电极的电极电位与金属离子的活（浓）度有关，可用于测定金属离子的活（浓）度。

（2）第二类电极：也称为金属-金属难溶盐电极，由表面覆盖同一种金属难溶盐的金属浸入该难溶盐的阴离子溶液中组成的电极，用 $M \mid M_m X_n \mid X^{m-}$ 表示。这类电极有两个相界面，故称为第二类电极。例如，将表面涂有 AgCl 的银丝浸入 Cl^- 溶液中组成 Ag-AgCl（$Ag \mid AgCl(s) \mid Cl^-$）电极。

电极反应：$AgCl + e \rightleftharpoons Ag + Cl^-$

电极电位（25℃）：
$$\varphi = \varphi^\ominus + 0.059\lg a_{Ag^+} = \varphi^\ominus_{Ag^+/Ag} + 0.059\lg \frac{K_{sp,AgCl}}{a_{Cl^-}}$$

$$= \varphi^\ominus_{Ag^+/Ag} + 0.059\lg K_{sp,AgCl} - 0.059\lg a_{Cl^-}$$

$$\varphi = \varphi^\ominus_{AgCl/Ag} - 0.059\lg a_{Cl^-} \quad \text{或} \quad \varphi = \varphi^{\ominus\prime}_{AgCl/Ag} - 0.059\lg c_{Cl^-}$$

这类电极的电极电位随溶液中难溶盐阴离子活（浓）度的变化而改变，可用于测定难溶盐阴离子的浓度。另外，如果难溶盐阴离子的浓度一定，电极电位数值就一定，故又常用作参比电极。

（3）零类电极：也称为惰性金属电极，由惰性金属（铂或金）插入同一元素的两种不同氧化态的离子溶液中组成的电极，用 $Pt \mid M^{m+}, M^{n+}$ 表示。惰性金属本身不参与电极反应，仅起传递电子的作用，故称为零类电极。例如，将铂片插入含有 Fe^{3+} 和 Fe^{2+} 的溶液中组成铂（$Pt \mid Fe^{3+}, Fe^{2+}$）电极。

电极反应：$Fe^{3+} + e \rightleftharpoons Fe^{2+}$

电极电位（25℃）：$\varphi = \varphi^\ominus + 0.059\lg \dfrac{a_{Fe^{3+}}}{a_{Fe^{2+}}}$ 或 $\varphi = \varphi^{\ominus\prime} + 0.059\lg \dfrac{c_{Fe^{3+}}}{c_{Fe^{2+}}}$

这类电极的电极电位随溶液中氧化态和还原态活（浓）度比值的变化而改变，可用于测定溶液中两者的活(浓)度或它们的比值。

(4) 第三类电极:由金属 M、金属 M 离子和金属 N 离子与相同阴离子生成的难溶盐沉淀或难离解的配合物、N 离子组成的电极体系,用 M│MX│NX│N^{n+}表示,其中 MX 与 NX 是难溶盐化合物或难离解配合物。这类电极有三个相界面,故称为第三类电极。例如,将银丝插入 $Ag_2C_2O_4$、CaC_2O_4 和 Ca^{2+}溶液中组成第三类银($Ag│Ag_2C_2O_4│CaC_2O_4│Ca^{2+}$)电极。

电极反应:$Ag_2C_2O_4 + Ca^{2+} + 2e \rightleftharpoons Ag + CaC_2O_4$

电极电位(25℃):$\varphi = \varphi^{\ominus}_{Ag^+/Ag} + 0.059 \lg a_{Ag^+}$

$$= \varphi^{\ominus}_{Ag^+/Ag} + \frac{0.059}{2} \lg \frac{K_{sp,Ag2C2O4}}{K_{sp,CaC2O4}} + \frac{0.059}{2} \lg a_{Ca^{2+}}$$

$$\varphi^{\ominus'} = \varphi^{\ominus}_{Ag^+/Ag} + \frac{0.059}{2} \lg \frac{K_{sp,Ag2C2O4}}{K_{sp,CaC2O4}}$$

$$\therefore \varphi = \varphi^{\ominus'} + \frac{0.059}{2} \lg a_{Ca^{2+}}$$

这类电极的电极电位与溶液中 N^{n+}离子活(浓)度有关,可用于测定溶液中 N^{n+}的离子活(浓)度。

2. 膜电极　是以固体膜或液体膜为传感器,对溶液中某特定离子产生选择性响应的电极,又称离子选择电极(ion selective electrode)。响应机制主要是基于响应离子在敏感膜上产生交换和扩散,形成膜电位。电极电位与溶液中某特定响应离子的活(浓)度符合能斯特方程。离子选择电极主要分为原电极、气敏电极和酶电极等。

(1) 原电极:原电极(primary electrode)亦称基本电极,是指直接测定有关离子活(浓)度的离子选择电极,主要包括:

1) 晶体电极:晶体电极(crystalline electrode)是指由难溶盐单晶、多晶或混晶化合物均匀混合制成的一类膜电极。例如,氟离子选择电极,简称氟电极,由 LaF_3 单晶膜、Ag-AgCl 内参比电极及 NaCl-NaF 内充液组成,其电极电位为:

$$\varphi = K - \frac{RT}{F} \ln a_{F^-} \qquad \text{式(7-1)}$$

2) 非晶体电极:非晶体电极(noncrystalline electrode):是指电极膜由非晶体活性化合物均匀分布在惰性支持体上制成的一类电极,分为刚性基质电极和流动载体电极。

刚性基质电极(rigid matrix electrode),也称玻璃电极(glass electrode),是由不同组成的玻璃吹制成电极膜的电极,如 pH 玻璃电极、Na^+、K^+、Li^+、Ag^+、Cs^+等各种阳离子选择性电极。由于玻璃电极的玻璃膜组成不同,因此对不同阳离子产生选择性响应。

流动载体电极(electrodes with a mobile carrier),也称液膜电极,是由浸有液体离子交换剂(与响应离子有作用的中性配位剂作载体溶于有机溶剂中组成)的惰性微孔支持体制成电极膜的电极,亦称液膜电极。例如,钙离子选择电极(图 7-4)的电活性物质是带负电荷的二癸基磷酸钙液体离子交换剂,用苯基磷酸二正辛酯溶液作溶剂,放入微孔膜中构成电极,其电极电位为:

$$\varphi = K + \frac{RT}{2F} \ln a_{Ca^{2+}} \qquad \text{式(7-2)}$$

此外,还有带正电荷载体的 NO_3^- 电极和中性载体的 K^+、Na^+电极等。

(2) 气敏电极:气敏电极(gas-sensing electrode)是一种气体传感器,是在原电极敏感膜上覆盖一层透气薄膜(具有疏水性,只允许气体透过,而不允许溶液中的离子通过),将原电极与待测试液隔开,在透气薄膜与原电极之间充有一定组成的溶液(中介液)。测量时向待测液中加入一定的化学试剂,使待测物转变成一定的气体,该气体透过透气膜进入中介液,由于发生化学反应使中介液的组成发生变化,产生原电极响应的离子或改变响应离子的活(浓)度,从而求得待测物的量。例如二氧化碳气敏电极,当二氧化碳气体透过透气膜进入中介液(0.01mol/L 碳酸氢钠电解质溶液)时,则溶液的 pH 就会发生改变,通过 pH 玻璃电极的电位变化就可以间接测定二氧化碳的含量。

另外,还有 NH_3、NO_2、SO_2、O_2、H_2S、HCN 和 HF 等气敏电极。

（3）酶电极:酶电极(enzyme electrode)是利用酶在生化反应中高选择性的催化作用使生物大分子迅速分解或氧化,催化反应的产物可由相应的离子选择电极检测。因此,酶电极是由原电极和生物膜制成的复膜电极。生物膜主要由具有分子识别能力的生物活性物质如酶、微生物、生物组织、核酸、抗原和抗体组成。如葡萄糖酶电极(glucose oxidase)是将葡萄糖氧化酶(glucose oxidase,GOD)固定在电极表面组成选择性识别葡萄糖的电化学生物膜电极。当葡萄糖氧化酶电极插入到含有溶解氧的葡萄糖待测溶液中时,在电极敏感膜葡萄糖氧化酶催化下,待测液中的葡萄糖被 O_2 氧化生成葡萄糖酸和过氧化氢:

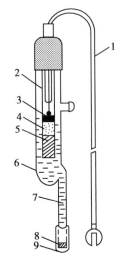

1. 浸有液体离子交换剂的多孔膜;2. 螺旋头;3. 液体离子交换剂;4. 内参比溶液;5. Ag-AgCl 参比电极。

图 7-4　钙离子选择电极结构

$$葡萄糖+O_2+H_2O \xrightarrow{GOD} 葡萄糖酸+H_2O_2$$

阳极反应:$H_2O_2 \longrightarrow 2H^+ + O_2 + 2e(\varphi^\ominus = +0.69V)$

阴极反应:$2H^+ + 2e + 1/2O_2 \longrightarrow H_2O(\varphi^\ominus = +0.401V)$

总电池反应:$H_2O_2 \longrightarrow H_2O + 1/2O_2$

待测液阴极附近氧的量减少,导致氧化还原电流减少;待测液阳极附近 H_2O_2 的量减少,也导致氧化还原电流减少,而氧化还原电流减少量与葡萄糖浓度成正比,故葡萄糖氧化酶传感器可通过测定 O_2 或 H_2O_2 的含量间接测定葡萄糖的含量。

在酶电极研究的基础上,人们又提出了电化学生物传感器(electrochemical biosensor)。电化学生物传感器是指由生物体成分(酶、抗原、抗体、激素等)或生物体本身(细胞、细胞器、组织等)作为敏感元件,电化学电极作为转换元件,以电位或电流为特征检测信号的传感器。电化学生物传感器可选用不同生物材料作为敏感元件,具有高度选择性,能快速、直接获取生物体内的各种生物信息,为进行人体相关的生理、病理医学基础研究和临床医学诊断提供有效的技术和手段。伴随纳米科学技术的蓬勃发展,纳米材料在电分析化学领域得到很好的应用。纳米材料具有合成简单、比表面积大、表面反应活性高、生物相容性好和电化学性质优良等特点,使其可以在纳米水平上研究生物大分子及其复合体或细胞的结构与功能,为电化学生物传感器研究开辟一条新的道路。

（二）参比电极

参比电极(reference electrode)是指在一定条件下,电极电位不随溶液组成和浓度的变化而改变,保持基本恒定的一类电极。参比电极必须具备以下条件:①可逆性好,当有微电流通过时电极电位保持不变;②重现性和稳定性好,使用寿命长;③阻抗大,电流密度小,受温度的影响小。在电化学分析测量中,饱和甘汞电极和银-氯化银电极是电位法中最常用的参比电极。

1. 饱和甘汞电极　饱和甘汞电极(saturated calomel electrode,SCE)由金属汞、甘汞(Hg_2Cl_2)和饱和 KCl 溶液组成(图 7-5),用 $Hg|Hg_2Cl_2(s)|$KCl 表示。饱和甘汞电极属于金属-金属难溶盐电极。

电极由内、外两个玻璃套管组成,内管上端封接一根铂丝,铂丝上部

1. 电极引线;2. 玻璃内管;3. 汞;4. 汞-甘汞糊(Hg_2Cl_2 和 Hg 研磨的糊);5. 石棉或纸浆;6. 玻璃外管套;7. 饱和 KCl 溶液;8. 素烧瓷片;9. 小橡皮塞。

图 7-5　饱和甘汞电极

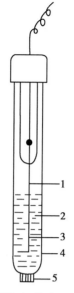

1. 银丝；2. 饱和 KCl 溶液；3. 银-氯化银；4. 玻璃管；5. 素烧瓷芯。

图 7-6　银-氯化银电极

与电极引线相连,铂丝下部插入汞层中(汞层厚约 0.5~1cm)。汞层下部是汞和甘汞的糊状物,内玻璃管下端用石棉或纸浆类多孔物堵塞。外玻璃管内充饱和 KCl 溶液,最下端用素烧瓷微孔物质封紧,既可将电极内外溶液隔开,又可提供内外溶液离子通道,起到盐桥的作用。

电极反应：$Hg_2Cl_2 + 2e \rightleftharpoons 2Hg + 2Cl^-$

电极电位(25℃)：$\varphi = \varphi^\ominus - 0.059\lg a_{Cl^-}$　或　$\varphi = \varphi^{\ominus'} - 0.059\lg c_{Cl^-}$

由上式可见,当温度一定时,电极电位与 KCl 溶液浓度有关,当 KCl 溶液浓度一定时,甘汞电极的电位是一定值,其中饱和甘汞电极是最常用的一种参比电极。25℃时,不同 KCl 浓度的甘汞电极电位见表 7-1。

表 7-1　25℃时不同 KCl 浓度的甘汞电极电位

名称	0.1mol/L 甘汞电极	标准甘汞电极（NCE）	饱和甘汞电极（SCE）
$c_{KCl}/(mol/L)$	0.1	1.0	饱和
φ/V	0.333 7	0.280 1	0.241 2

2. 银-氯化银电极　银-氯化银电极(silver-silver chloride electrode)在指示电极中已介绍,结构见图 7-6,属于金属-金属难溶盐电极。由于 Ag-AgCl 电极结构简单、体积小,常作为各种离子选择电极的内参比电极。25℃时不同 KCl 浓度的 Ag-AgCl 电极电位见表 7-2。

表 7-2　25℃时不同 KCl 浓度的 Ag-AgCl 电极电位

名称	0.1mol/L 银-氯化银电极	标准银-氯化银电极	饱和银-氯化银电极
$c_{KCl}/(mol/L)$	0.1	1.0	饱和
φ/V	0.288 0	0.222 3	0.199 0

第三节　直接电位法

直接电位法(direct potentiometry)是根据被测组分的电化学性质,选择合适的指示电极与参比电极,浸入待测溶液中组成原电池,测量原电池的电动势,根据能斯特方程求得待测溶液中被测组分活(浓)度的方法。直接电位法常用于溶液 pH 的测定及离子浓度的测定,具有选择性好、灵敏度高、分析速度快、可以测定有色和混浊溶液等特点。

一、溶液 pH 的测定

氢电极、氢醌电极和 pH 玻璃电极均可作为溶液 pH 测定的指示电极,其中 pH 玻璃电极最为常用。pH 玻璃电极属于膜电极,它对溶液中 H^+ 有选择性响应。

（一）pH 玻璃电极

1. pH 玻璃电极的结构和响应机制　pH 玻璃电极一般由内参比电极、内参比溶液、玻璃膜、高度绝缘的导线和电极插头等部分组成,其结构如图 7-7 所示。玻璃管下端是由特殊玻璃制成厚度约为 0.05~0.1mm 的球形膜,球内装有 pH 为 7 或 pH 为 4 的 KCl 内参比缓冲溶液,插入 Ag-AgCl 内参比电极。因为玻璃电极的内阻很高(约 100MΩ),所以电

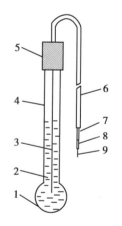

1. 玻璃膜球；2. 内参比溶液；3. Ag-AgCl 电极；4. 玻璃管；5. 电极帽；6. 外套管；7. 网状金属屏；8. 高绝缘塑料；9. 电极导线。

图 7-7　pH 玻璃电极

导线及引出线都要高度绝缘,且线外套有屏蔽隔离罩,以防漏电和静电干扰。

普通的玻璃电极膜由 21.4% Na_2O、6.4% CaO、72.2% SiO_2 组成。玻璃电极对 H^+ 的选择性响应与电极膜的特殊组成有关。在特殊玻璃组成的硅酸晶格中 Na^+ 可以自由移动,而溶液中的 H^+ 可进入晶格占据 Na^+ 点位,但其他高价阳离子和阴离子都不能进出晶格。当玻璃膜浸入水溶液中后,溶液中的 H^+ 可以进入玻璃膜与 Na^+ 进行交换,交换反应如下:

$$H^+ \quad + \quad Na^+GL^- \quad \rightleftharpoons \quad H^+GL^- \quad + \quad Na^+$$
（溶液）　（玻璃膜）　　　　（玻璃膜）　　（溶液）

交换反应在中性或酸性溶液中向右进行得很完全。当玻璃膜在水中充分浸泡时,H^+ 可向玻璃膜内渗透并使交换反应达到平衡,在玻璃膜表面形成约 $10^{-5} \sim 10^{-4}$ mm 溶胀水化层或水化凝胶层,简称水化层。在水化层外表面 Na^+ 的点位几乎被 H^+ 占据,越深入水化层内部,H^+ 的数量越少,Na^+ 数量越多。在玻璃膜的中间部分,因无 H^+ 和 Na^+ 的交换反应,其点位全部被 Na^+ 占据,称为干玻璃层(约 10^{-1} mm)。

当充分浸泡的玻璃电极置待测 pH 试液中时,由于待测液中的 H^+ 活(浓)度与水化层中的 H^+ 活(浓)度不同,H^+ 将产生浓差扩散,结果使玻璃膜外表面与试液间两相界面的电荷分布发生改变,形成双电层,产生电位差,称此电位差为外相界电位 $\varphi_{外}$;同理,在玻璃膜内表面与内参比溶液间也产生电位差称为内相界电位 $\varphi_{内}$,见图 7-8。

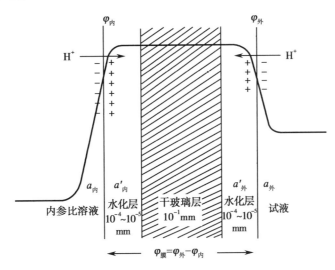

图 7-8　玻璃电极膜分层及电位产生示意图

经热力学证明,相界电位 $\varphi_{外}$、$\varphi_{内}$ 均符合能斯特方程(注意相界电位的方向是指玻璃膜对溶液而言):

$$\varphi_{外} = K_1 + \frac{2.303RT}{F} \lg \frac{a_{外}}{a'_{外}} \qquad \text{式}(7\text{-}3)$$

$$\varphi_{内} = K_2 + \frac{2.303RT}{F} \lg \frac{a_{内}}{a'_{内}} \qquad \text{式}(7\text{-}4)$$

式中,$a_{外}$、$a_{内}$ 分别为待测试样和内参比溶液中 H^+ 的活度;$a'_{外}$、$a'_{内}$ 分别为玻璃膜外、内水化层中 H^+ 的活度;K_1,K_2 分别为外、内水化层的结构参数。

由于待测试液和内参比溶液中的 H^+ 活度不同,相界电位 $\varphi_{外}$ 和 $\varphi_{内}$ 也不相同,这样跨越整个玻璃膜就产生了电位差称为膜电位,用 $\varphi_{膜}$ 表示:

$$\varphi_{膜} = \varphi_{外} - \varphi_{内} = \left(K_1 + \frac{2.303RT}{F} \lg \frac{a_{外}}{a'_{外}} \right) - \left(K_2 + \frac{2.303RT}{F} \lg \frac{a_{内}}{a'_{内}} \right) \qquad \text{式}(7\text{-}5)$$

当玻璃膜内外表面结构相同,膜的内外表面 Na^+ 的点位全部被 H^+ 占据,那么就有 $K_1 = K_2$, $\alpha'_{外} = \alpha'_{内}$,则:

$$\varphi_{膜} = \frac{2.303RT}{F}\lg\frac{a_{外}}{a_{内}}$$　　　　　　式(7-6)

又因为玻璃电极中内参比溶液的 H^+ 浓度一定,即 $a_{内}$ 为定值,所以:

$$\varphi_{膜} = K' + \frac{2.303RT}{F}\lg a_{外}$$　　　　　　式(7-7)

对于整个玻璃电极而言,其电极电位 φ 为:

$$\varphi = \varphi_{内参比} + \varphi_{膜} = \varphi_{AgCl/Ag} + \left(K' + \frac{2.303RT}{F}\lg a_{外}\right)$$　　　式(7-8)

$$= (\varphi_{AgCl/Ag} + K') - \frac{2.303RT}{F}pH = K - \frac{2.303RT}{F}pH$$

在 25℃ 时,　　　　　　　$\varphi = K - 0.059\ pH$　　　　　　式(7-9)

式中,K 称为电极常数,与玻璃电极性能有关。

由式(7-8)或式(7-9)可见,在一定温度下,玻璃电极的电位 φ 与待测试液的 pH 呈线性关系,符合能斯特方程,这是 pH 玻璃电极作为指示电极测定溶液 pH 的理论依据。

2. pH 玻璃电极的性能

(1)转换系数:假设式(7-8)中 $S = \frac{2.303RT}{F}$,则式(7-8)变为 $\varphi = K - SpH$。

若 $\varphi_1 = K - SpH_1$,$\varphi_2 = K - SpH_2$,则 $\Delta\varphi = \varphi_2 - \varphi_1 = -S(pH_2 - pH_1) = -S\Delta pH$

$$S = -\Delta\varphi/\Delta pH$$　　　　　　式(7-10)

S 为玻璃电极的转换系数或电极系数,指溶液每改变一个 pH 单位引起玻璃电极电位的变化值。S 是 φ-pH 曲线的斜率,与温度有关,25℃ 时,$S = 0.059V(59mV)$。通常玻璃电极的 S 值略小于理论值(不超过 2mV),S 值会因电极使用过久而偏离理论值。

(2)碱差与酸差:一般玻璃电极只有在 pH1～9 时,φ-pH 曲线才呈良好的线性关系,否则会产生碱差或酸差,如图 7-9 所示。

碱差也称为钠差,是指用 pH 玻璃电极测定 pH>9 的溶液时,测得的 pH 偏低,产生负误差。产生碱差的主要原因是当溶液 pH>9 时,溶液中的 H^+ 浓度较低,Na^+ 浓度较高,Na^+ 可以进入玻璃膜的水化层占据一些点位,使玻璃电极在对 H^+ 响应的同时,对 Na^+ 也产生响应,从而使测得的 H^+ 的表观活(浓)度增高,pH 降低。为了克服碱差对测定结果的影响,可使用组成为 Li_2O、Cs_2O、La_2O_3、SiO_2 的高碱锂玻璃电极,此电极在 pH1～14 范围内均可使用。

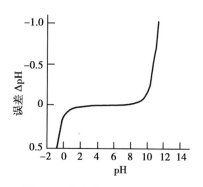

图 7-9　玻璃电极的酸差与碱差

酸差是指用 pH 玻璃电极测定 pH<1 的强酸或盐浓度较大的溶液时,测得的 pH 偏高,产生正误差。产生酸差的确切原因至今尚不清楚,有人认为可能是在强酸溶液中,H^+ 以 H_3O^+ 形式传递,因此水分子活度减小,到达玻璃膜水化层的 H_3O^+ 活度减小,测得溶液的 pH 增高。

(3)不对称电位:由式(7-6)可知,当 $a_{外} = a_{内}$ 时,$\varphi_{膜}$ 应等于零,但实际上 $\varphi_{膜}$ 并不等于零,仍有 1～3mV 的电位差。这一电位差称为不对称电位(asymmetry potential),用 φ_{as} 表示。产生不对称电位的主要原因是玻璃膜内外表面的结构和性能不完全相同、外表面玷污、化学腐蚀和机械损伤等因素所致。干玻璃电极的 φ_{as} 较大且不稳定,在水中充分浸泡(至少 24 小时)后可使 φ_{as} 降低且趋于稳定。因此,玻璃电极在使用前必须在水中充分浸泡一定时间。不同玻璃电极的 φ_{as} 不同，φ_{as} 随时间而变化，在短期内可认为是定值。

（4）电极的内阻：玻璃电极的内阻很大，用其组成电池测量电动势时，只允许有微小的电流通过，否则会引起很大的误差。如玻璃电极内阻 $R = 100M\Omega$ 时，若使用一般灵敏检流计（测量中有 $10^{-9}A$ 电流通过），由于 $V = IR$，则 $V = 10^{-9} \times 100 \times 10^6 = 0.1V$，相当于 1.7pH 单位的误差；而用电子电位计时，测量中通过电流很小（$10^{-12}A$），$V = 0.000\ 1V$，相当于 0.001 7pH 单位的误差。可见，测定溶液 pH 必须在专门的电子电位计上进行。目前常用的酸度计有 pHS-2 型、pHS-3C 型等，这些酸度计都有毫伏换档键，因此，也可作为电位计直接测量电池电动势。

（5）使用温度：玻璃电极一般应在 0~50℃ 范围使用。温度太低，玻璃电极内阻增大；温度太高，电极使用寿命缩短。

（二）溶液 pH 的测定方法

直接电位法测定溶液 pH，常用 pH 玻璃电极作为指示电极，饱和甘汞电极作为参比电极，浸入待测液中组成原电池：

$$(-)\ Ag\ |\ AgCl(s), 内充液\ |\ 玻璃膜\ |\ 试液\ \vdots\ KCl(饱和), Hg_2Cl_2(s)\ |\ Hg(+)$$

原电池的电动势为：
$$E = \varphi_{SCE} - \varphi_{玻} \qquad\qquad 式(7\text{-}11)$$

将式（7-8）代入式（7-11）中得：
$$E = \varphi_{SCE} - \left(K - \frac{2.303RT}{F}pH\right)$$

在一定条件下，φ_{SCE} 是常数，因此：
$$E = K' + \frac{2.303RT}{F}pH \qquad\qquad 式(7\text{-}12)$$

由式（7-12）可知，在一定条件下，原电池的电动势 E 与溶液 pH 呈线性关系。通过测量 E，就可求出溶液的 pH 或 H^+ 浓度。但由于 K' 受溶液组成、电极种类及电极使用时间等诸多因素影响，K' 不能准确测定，也就难以准确计算溶液 pH。因此，在实际工作中常采用直接比较法。

在相同条件下，首先测量已知 pH 标准缓冲溶液的电动势：
$$E_S = K' + \frac{2.303RT}{F}pH_S \qquad\qquad 式(7\text{-}13)$$

然后测量待测溶液电动势：
$$E_X = K' + \frac{2.303RT}{F}pH_X \qquad\qquad 式(7\text{-}14)$$

式（7-14）减去式（7-13）得：
$$pH_X = pH_S + \frac{E_X - E_S}{2.303RT/F} \qquad\qquad 式(7\text{-}15)$$

由式（7-15）可知，由于 pH_S 已知，通过测定 E_X 和 E_S 即可求出 pH_X，无须知道 K'，这样就可消除 K' 的不确定性对结果产生的误差。

在直接比较法中，饱和甘汞电极或玻璃电极在标准缓冲溶液和待测溶液中可能产生不相等的液接电位，两者的差值称为残余液接电位（residual liquid junction potential），其值很小，约相当±0.01pH 单位，但很难准确测定。所以，在直接比较法中应选择与待测溶液的离子强度、pH 接近的标准缓冲溶液，以消除残余液接电位对测量结果引起的误差。实际测量时，一般先用两个标准缓冲溶液校正仪器，然后测量试液，即可直接读出待测溶的 pH。

使用 pH 玻璃电极测量溶液 pH 应注意：①普通 pH 玻璃电极适用测量 pH 范围为 1~9；②标准缓冲溶液的 pH_S 应尽量与待测溶液的 pH_X 接近；③玻璃电极使用前需在蒸馏水中浸泡 24 小时以上，测定后用蒸馏水彻底清洗,不用时宜浸在缓冲溶液或蒸馏水中保存;④标准缓冲溶液与待测液的温度必须相同并尽量保持恒定;⑤标准缓冲溶液的配制、使用、保存应严格按规定进行(见附录九);⑥由于F⁻腐蚀玻璃膜,因此,玻璃电极不能用于含氟化物酸性溶液的 pH 测定。

（三）复合 pH 电极

复合 pH 电极(combination pH electrode)是将玻璃电极和参比电极(甘汞电极或银-氯化银电极)组合在一起,构成单一电极体,其结构见图 7-10,由内外两个同心管构成。内管为常规的玻璃电极,外管为用玻璃或高分子材料制成的参比电极,内盛参比电极电解液,插有 $Hg-Hg_2Cl_2$ 电极或 $Ag-AgCl$ 电极,下端为微孔隔离材料,起盐桥作用。

复合 pH 电极具有使用方便、体积小、坚固、耐用、有利于小体积溶液 pH 测定等优点,已广泛地用于各种溶液的 pH 测定。

二、其他离子浓度的测定

测定离子浓度最常用的指示电极是离子选择电极(ion-selective electrode),离子选择电极属于膜电极,它对溶液中特定离子有选择性响应。

（一）离子选择电极

1. 离子选择电极的结构和响应机制　离子选择电极的结构如图 7-11 所示。电极膜是离子选择电极最重要的组成部分,膜材料和内参比溶液中均含有与待测离子相同的离子。当电极浸入响应离子溶液后,在电极膜和溶液界面间形成双电层,产生了稳定的膜电位。离子选择电极的电位只与待测溶液中响应离子的活(浓)度有关:

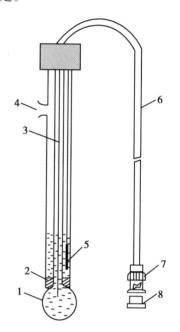

1. 玻璃电极;2. 瓷塞;3. 内参比电极;4. 充液口;5. 参比电极体系;6. 导线;7. 插口;8. 防尘塞。

图 7-10　复合 pH 电极

$$\varphi = K \pm \frac{2.303RT}{nF}\lg a_i = K' \pm \frac{2.303RT}{nF}\lg c_i \qquad \text{式(7-16)}$$

式中,K 和 K' 为电极常数;n 为响应离子的电荷数;响应离子为阳离子时取"+",为阴离子时取"−"。

2. 离子选择电极的性能

（1）线性范围:以离子选择电极的电极电位对响应离子活(浓)度的负对数作图所得到的曲线称为工作曲线。工作曲线的直线部分所对应的离子活(浓)度范围称为离子选择电极的线性范围。图7-12 中 CD 段对应的活度范围即为线性范围。

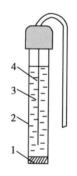

1. 电极膜;2. 电极管;3. 内充液;
4. 内参比电极。

图 7-11　离子选择电极基本结构

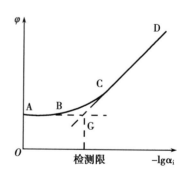

图 7-12　离子选择电极工作曲线及检测限

（2）检测限:指离子选择电极能够检测出待测离子的最低浓度,检测限是离子选择电极的主要性能指标之一,检测限可由工作曲线确定。当活度降低时,电极响应发生变化,曲线逐渐弯曲(图7-12中 AB 段)。AB 与 CD 延长线的交点 G 所对应的活度即为检测限。IUPAC 也曾建议,将工作曲线偏离线性 $18/n$（25℃）mV 处离子活度定义为检测限。

（3）选择性系数:选择性系数(selectivity coefficient)是指在相同条件下,同一电极对 Y(干扰离子)和 X(被测离子)离子响应能力之比,亦即提供相同电位响应的 X 离子和 Y 离子的活度比,表示为:

$$K_{X,Y} = \frac{a_X}{(a_Y)^{n_X/n_Y}}$$

其中,n_X、n_Y 分别为待测离子和干扰离子的电荷数。$K_{X,Y}$ 值越小,电极对 X 离子响应的选择性越高,Y 离子的干扰作用越小。例如,玻璃电极 $K_{H^+,Na^+} = 10^{-11}$,说明该电极对 H^+ 的响应比对 Na^+ 响应高 10^{11} 倍。$K_{X,Y}$ 是与实验条件有关的常数,只能用来粗略估算共存离子的干扰程度,不能用于干扰校正。

若考虑共存干扰离子 Y 对电极电位的贡献时,则式(7-16)可修正为尼可尔斯基-艾森曼方程式(Nicolsky-Eiseman equation):

$$\varphi = K \pm \frac{2.303RT}{nF} \lg[a_X + K_{X,Y}(a_Y)^{n_X/n_Y}] \qquad \text{式(7-17)}$$

（4）有效 pH 范围:指离子选择电极的 pH 使用范围,超出该范围就会产生较大的误差。

（5）响应时间:指离子选择电极与参比电极一起浸入待测离子溶液后,电池电动势达到稳定所需的时间。响应时间一般为数秒到数十分钟。在实际工作中,一般通过搅拌试液来提高扩散速率,缩短相应时间。

（二）离子浓度的测定方法

以待测离子的离子选择电极为指示电极,饱和甘汞电极(SCE)为参比电极,浸入待测试液中组成原电池:

$$(-)离子选择电极 | 试液 ‖ KCl(饱和),Hg_2Cl_2(s) | Hg(+)$$

电池电动势为:$E = \varphi_{SCE} - \varphi_{离}$[①]

将式(7-16)代入上式:

$$E = \varphi_{SCE} - \left(K' \pm \frac{2.303RT}{nF} \lg c_i \right) = K \mp \frac{2.303RT}{nF} \lg c_i \qquad \text{式(7-18)}$$

为了保证式(7-18)中 K' 为常数,要求溶液中的离子强度要足够大且稳定,为此,电位法测定必须加入大量的惰性电解质,同时为满足在一定 pH 下测定和消除干扰离子的需要,还需加入缓冲溶液和掩蔽剂。实际工作中,将惰性电解质、缓冲溶液和掩蔽剂的混合溶液称“总离子强度调节剂”(total ion strength adjustment buffer, TISAB),可见,TISAB 是一种不含被测离子、不与被测离子反应、不污染或损害电极膜的浓电解质溶液。例如,用氟离子选择电极测溶液中氟含量时,可用 KNO_3、枸橼酸钾、HAc-NaAc 混合体系作为 TISAB。

利用离子选择电极测量待测离子的浓度时,由于存在液接电位、不对称电位以及活度系数未知等原因,通常不能由能斯特方程直接计算得到待测组分的含量,而是需要采用下述方法进行测定。

1. 直接比较法　又称两次测量法或标准对照测量法。在相同的测试条件下,用同一对电极分别测定标准溶液(c_S)和待测溶液(c_X)组成电池的电动势(E_S 和 E_X),将其代入式(7-18)并相减,则有:

$$E_X - E_S = \mp \frac{2.303RT}{nF}(\lg c_X - \lg c_S) \qquad \text{式(7-19)}$$

---

① 按照 IUPAC 惯例,原电池电动势为指示电极的电极电位与参比电极的电极电位之差。不过两种方法测定结果是一样的。

由式(7-19)可求出 c_X 值。注意:①阳离子取"−",阴离子取"+";②标准溶液浓度应与待测离子浓度相近。

2. 工作曲线法　用待测离子的对照品配制标准系列溶液(基质应与试样相同),然后,在相同的测定条件下,用选定的指示电极和参比电极按浓度从低到高分别测量其电池电动势。以测得的电动势 E_s 对 $\lg c_s$(或 $-pc_s$)作图,得到工作曲线。同时,用同一对电极测量试样溶液的电动势 E_X,从工作曲线上便可求出待测离子的浓度 c_X。这种方法适用于大批量样品分析。

3. 标准加入法　又称添加法或增量法,即将标准溶液加入试样溶液中进行测定。即先测定体积为 V_X、浓度为 c_X 的待测试液电动势 E_X,然后向试液中加入浓度为 c_s($c_s > 10c_X$),体积为 V_s($V_s < V_X/10$)的待测离子标准溶液,测得电动势为 E,则:

$$E_X = K \mp \frac{2.303RT}{nF} \lg c_X, \quad E = K \mp \frac{2.303RT}{nF} \lg \frac{c_X V_X + c_s V_s}{V_X + V_s}$$

令 $S = \mp \dfrac{2.303RT}{nF}$,于是,$\Delta E = E - E_X = S\lg \dfrac{c_X V_X + c_s V_s}{(V_X + V_s)c_X}$ 整理后得:

$$c_X = \frac{c_s V_s}{V_X + V_s}\left(10^{\Delta E/S} - \frac{V_X}{V_X + V_s}\right)^{-1} \qquad \text{式}(7\text{-}20)$$

由于 $V_X \gg V_s$,可认为 $(V_X + V_s) \approx V_X$,上式可简化为:

$$c_X = \frac{c_s V_s}{V_X}(10^{\Delta E/S} - 1)^{-1} \qquad \text{式}(7\text{-}21)$$

根据式(7-21)求算出试液中待测离子的浓度。该方法因为加入前后试液的性质基本不变,所以准确度较高,不需加入 TISAB,操作简单、快速,适用于基质组成复杂、变动性大以及份数不多的样品分析。

(三)测定结果的准确度

1. 电极选择性误差　设待测离子活度为 a_X,干扰离子活度为 a_Y,电位法测定时 Y 离子在 X 离子选择电极上产生响应,则使测定 X 离子浓度增加了 $K_{X,Y}(a_Y)^{n_X/n_Y}$(即 Δc),引起测定浓度的相对误差为:

$$\frac{\Delta c}{c}(\%) = \frac{K_{X,Y}(a_Y)^{n_X/n_Y}}{a_X} \times 100\% \qquad \text{式}(7\text{-}22)$$

例如,$K_{Na^+,H^+} = 30$,$a_{Na^+} = 10^{-4}\,mol/L$,$a_{H^+} = 10^{-7}\,mol/L$,则测定 Na^+ 时,H^+ 造成的误差为:$\dfrac{30 \times 10^{-7}}{10^{-4}} \times 100\% = 3\%$。

2. 电动势测量误差　对于电池电动势(电位)的测量引起的误差,通过对式(7-18)微分,得到测定浓度的相对误差为:

$$\frac{\Delta c}{c} = \frac{nF}{RT}\Delta E \approx 39n\Delta E \approx 3\,900n\Delta E\% \qquad \text{式}(7\text{-}23)$$

由式(7-23)可知,浓度的相对误差与电池电动势的绝对误差和离子价数有关。若电池电动势实际测量时 $\Delta E = \pm 1\,mV$,对于一价离子($n = 1$),相对误差达 $\pm 3.9\%$;对于二价离子,相对误差达 $\pm 7.8\%$。若 $\Delta E = \pm 0.1\,mV$ 时,对于一价离子($n = 1$),相对误差为 $\pm 0.39\%$;对于二价离子,相对误差为 $\pm 0.78\%$。

第四节　电位滴定法

电位滴定法(potentiometric titration)是根据在滴定过程中电池电动势的变化来确定滴定终点的一类滴定分析方法。电位滴定法适用于各种滴定分析法,特别是没有合适指示剂、溶液颜色较深或浑浊,难于用指示剂判断终点的滴定分析法,电位滴定法的准确度比直接电位法高,而且易实现连续、自动和微量滴定。

一、电位滴定法的基本原理

在被测物的溶液中插入相应的指示电极和参比电极组成原电池,将它们连接在电子电位计上(图 7-13)。在不断搅拌下,用滴定管加入滴定剂,并记录滴定剂体积和电池的电动势。随着滴定的进行,被测离子浓度减小,导致指示电极的电位也发生变化。化学计量点附近,被测离子的浓度发生突变,引起指示电极电位的突变。因此,测量电池电动势的变化即可确定滴定终点。

记录滴定过程中滴定剂的消耗体积(ml)和响应电动势(mV),计算出 ΔE、ΔV、$\Delta E/\Delta V$(一阶微商)、$\Delta^2 E/\Delta V^2$(二阶微商)并列表。表 7-3 是一典型的化学计量点附近电位滴定数据记录及数据处理表。

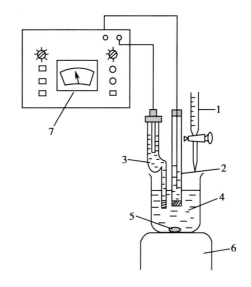

1. 滴定管;2. 指示电极;3. 参比电极;4. 待测溶液;
5. 搅拌子;6. 电磁搅拌器;7. 电位测量仪。

图 7-13　电位滴定装置图

表 7-3　典型的电位滴定部分数据

V/ml	E/mV	ΔE	ΔV	$\Delta E/\Delta V$ /(mV/ml)	$\bar{V}$/ml	$\Delta\left(\dfrac{\Delta E}{\Delta V}\right)$	$\dfrac{\Delta^2 E}{\Delta V^2}$
10.00	168						
		34	1.00	34	10.50		
11.00	202						
		16	0.20	80	11.10		
11.20	218						
		7	0.05	140	11.225		
11.25	225					120	2 400
		13	0.05	260	11.275		
11.30	238					280	5 600
		27	0.05	540	11.325		
11.35	265					−20	−400
		26	0.05	520	11.375		
11.40	291					−220	−4 400
		15	0.05	300	11.425		
11.45	306						
		10	0.05	200	11.475		
11.50	316						

可通过以下几种方法确定滴定终点:

1. E-V 曲线法　以滴定剂的体积 V 为横坐标,电动势 E(电位计读数)为纵坐标作图得到 E-V 曲线,如图 7-14(a)所示。曲线的转折点(拐点)即为滴定终点。

2. $\Delta E/\Delta V$-$\bar{V}$ 曲线法　又称一阶微商法。以相邻两次加入滴定剂体积的算术平均值 $\bar{V}$ 为横坐标,$\Delta E/\Delta V$(滴定剂单位体积变化引起电动势的变化值)为纵坐标作图,得到 $\Delta E/\Delta V$-$\bar{V}$ 曲线,如图 7-14(b)所示。曲线的最高点即为滴定终点。

3. $\Delta^2 E/\Delta V^2$-V 曲线法　又称二阶微商法。以 V 为横坐标,$\Delta^2 E/\Delta V^2$(滴定剂单位体积改变所引起 $\Delta E/\Delta V$ 的变化)为纵坐标作图,得到 $\Delta^2 E/\Delta V^2$-V 曲线,如图 7-14(c)所示。曲线上 $\Delta^2 E/\Delta V^2 = 0$ 处即为滴定终点。

由于滴定终点附近的曲线线段近似为直线,因此可用二阶微商内插法计算滴定终点(终点必然在 $\Delta^2 E/\Delta V^2$ 值发生正、负号变化所对应的滴定体积之间)。例如表 7-3 中,加入滴定剂 11.30ml 时,

$\Delta^2 E/\Delta V^2 = 5\ 600$;加入 11.35ml 时,$\Delta^2 E/\Delta V^2 = -400$。按下图进行二阶微商内插法计算:

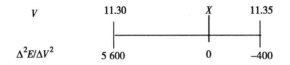

设:滴定终点($\Delta^2 E/\Delta V^2 = 0$)时,加入滴定剂为 Xml

$(11.35-11.30) : (-400-5\ 600) = (X-11.30) : (0-5\ 600)$

解得:$X = 11.35$

二、电位滴定法的应用

电位滴定法是容量分析中用以确定终点的方法或选择核对指示剂变色域的方法,也可用于一些平衡常数的测定。电位滴定法在药物分析中广泛应用,《中国药典》(2020 年版)规定了很多药物的含量测定采用电位滴定法。

（一）电位滴定的类型

电位滴定法可用于各类滴定分析。滴定反应类型不同,选用的指示电极和参比电极不同。下面简要介绍电位滴定法在各类滴定分析中的应用。

1. 酸碱滴定法　在酸碱滴定中常用 pH 玻璃电极为指示电极,饱和甘汞电极为参比电极。用 pH 计测量滴定过程中溶液的 pH 变化,绘制 pH-V 滴定曲线,确定滴定终点。这种确定滴定终点的方法比用指示剂确定终点要灵敏,pH 突跃范围很小

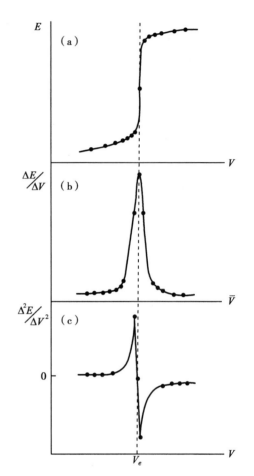

图 7-14　电位滴定法终点的确定

（a）E-V 曲线;（b）$\Delta E/\Delta V$-$\bar{V}$ 曲线;（c）$\Delta^2 E/\Delta V^2$-V 曲线

即可确定滴定终点。此外,还可用于测定弱酸或弱碱的平衡常数,例如 NaOH 滴定一元弱酸 HA,半中和点时 $[HA] = [A^-]$,故 $K_a = [H^+]$,即 $pK_a = pH$,可通过 pH-V 曲线求出半中和点时的 pH,即求得了弱酸的离解常数。

在非水溶液的酸碱滴定中为了避免甘汞电极漏出的水溶液影响测定结果,必须用饱和氯化钾无水乙醇溶液代替电极中的饱和氯化钾水溶液。在滴定生物碱或有机碱的氢卤酸盐时,可采用适当的盐桥隔开甘汞电极与滴定溶液,避免漏出的氯化物干扰测定。

2. 沉淀滴定法　在沉淀滴定中应根据不同的滴定剂选择适宜的指示电极,例如,以硝酸银标准溶液滴定卤素离子(X^-)时,可用 Ag 电极(纯银丝)或 X^- 选择电极作指示电极;以硝酸汞标准溶液滴定卤素离子(X^-)时,可用汞电极(铂丝上镀汞,或汞池,或把金电极浸入汞中做成金汞齐)或 X^- 选择电极作指示电极。在这类滴定中,可用 KNO_3 盐桥将试液与甘汞电极隔开,或选用双液接饱和甘汞电极(图 7-15)作参比电极。双液接饱和甘汞电极是将普通饱和甘汞电极置于一个有 KNO_3 溶液的玻璃套管,用此硝酸钾盐桥隔开饱和甘汞电极和滴定溶液,防止甘汞电极漏出的 Cl^- 对测定的干扰。

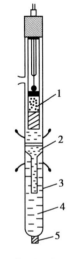

1. 饱和甘汞电极;2. 磨砂接口;3. 玻璃套管;4. 硝酸钾溶液;5. 素烧瓷。

图 7-15　双液接饱和甘汞电极示意图

3. 配位滴定法　在配位滴定中根据被滴定金属离子不同,可选择相应的金属离子选择电极或铂电极作指示电极。例如,滴定 Ca^{2+} 时可用

Ca^{2+}选择电极,滴定Fe^{3+}时可用铂电极(应加Fe^{2+})等。参比电极常用饱和甘汞电极。另外,还应注意溶液的pH、温度、干扰离子的掩蔽等分析条件对实验结果的影响。电位滴定法用于配位滴定分析,还可以测定配合物的稳定常数。

4. 氧化还原滴定法　在氧化还原滴定中通常用铂电极作指示电极,饱和甘汞电极作参比电极。由于氧化还原反应的本质是电子得失,因此多数氧化还原滴定都可用电位滴定法确定滴定终点。

（二）应用示例

【示例7-1】　异戊巴比妥钠的含量测定

《中国药典》(2020年版)采用沉淀电位滴定法测定异戊巴比妥钠的含量,电极系统为银电极-KNO_3盐桥-饱和甘汞电极,以$AgNO_3$溶液为滴定剂,滴定反应为:

实验步骤：取本品约0.2g,精密称定,加40ml甲醇使溶解,再加入新制的3% Na_2CO_3溶液15ml,参照《中国药典》(2020年版)电位滴定法(通则0701),用$AgNO_3$滴定液(0.1mol/L)滴定。每1ml $AgNO_3$滴定液(0.1mol/L)相当于24.83mg的$C_{11}H_{17}N_2NaO_3$。

说明：测定中使用的Na_2CO_3溶液临用新配,因为Na_2CO_3溶液久置后可吸收空气中CO_2,生成$NaHCO_3$,使含量明显下降;银电极在临用前需用硝酸浸洗1~2分钟,再用水淋洗干净后使用。

【示例7-2】　维生素B_1的含量测定

《中国药典》(2020年版)采用非水溶液中的酸碱电位滴定法测定维生素B_1的含量,电极系统为玻璃电极-饱和甘汞电极,采用高氯酸标准溶液,以冰醋酸-醋酐为介质进行滴定。维生素B_1的结构式如下：

$$M_{C_{12}H_{17}ClN_4OS \cdot HCl} = 337.3\text{g/mol}$$

若将维生素B_1($C_{12}H_{17}ClN_4OS \cdot HCl$)记为B,其滴定反应如下：

$$B + HAc \longrightarrow BH^+ \cdot Ac^-$$

$$BH^+ \cdot Ac^- + HClO_4 \longrightarrow BH^+ \cdot ClO_4^- + HAc$$

实验步骤：取本品约0.12g,精密称定,加20ml冰醋酸,微热使溶解,放冷,加醋酐30ml,参照《中国药典》(2020年版)电位滴定法(通则0701),用$HClO_4$滴定液(0.1mol/L)滴定,并将滴定的结果用空白试验校正。每1ml $HClO_4$滴定液(0.1mol/L)相当于16.86mg的$C_{12}H_{17}ClN_4OS \cdot HCl$。

说明：饱和甘汞电极套管内装氯化钾的饱和无水甲醇溶液。玻璃电极用后应立即清洗并浸在水中保存。

第五节   永停滴定法

永停滴定法（dead-stop titration），又称双电流或双安培滴定法，它是根据滴定过程中电流的变化确定滴定终点的方法。永停滴定法的装置简单，准确度高，确定终点方便、快捷。

一、永停滴定法的基本原理

将两个相同的铂电极插入待测物溶液中，在两电极间外加一个小电压（10~200mV），并在线路中串联一个灵敏的检流计G（图7-16）。在不断搅拌下加入滴定剂，观察滴定过程中电流的指针变化，指针位置突变点，即为滴定终点。也可通过记录加入滴定剂的体积 V 和相应的电流 I，绘制 I-V 滴定曲线，从中找出滴定终点。

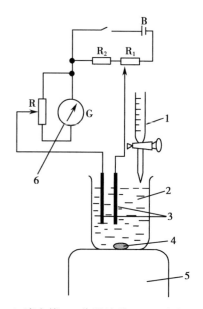

氧化还原电对可分为可逆电对和不可逆电对两种。可逆电对是指溶液与双铂电极组成电池，当外加一个很小的电压时即能产生电解作用，有电流通过。在氧化还原反应的任一瞬间都能建立起氧化还原平衡且表现出与能斯特方程理论电位值相符合的实际电极电位。如 Fe^{3+}/Fe^{2+}、Ce^{4+}/Ce^{3+}、I_2/I^- 等电对。不可逆电对是指溶液与双铂电极组成电池，外加一小电压不能发生电解，在氧化还原反应的任一瞬间不能真正建立氧化还原平衡，而实际电位与能斯特方程理论电位相差颇大。如 MnO_4^-/Mn^{2+}、$Cr_2O_7^{2-}/Cr^{3+}$、$S_4O_6^{2-}/S_2O_3^{2-}$ 等电对。

1. 滴定管；2. 待测溶液；3. Pt 电极；4. 搅拌子；5. 电磁搅拌器；6. 电流测量仪。

图 7-16   永停滴定装置图

若溶液中同时存在可逆 I_2/I^- 电对的氧化态（I_2）及还原态（I^-）物质，向溶液中插入一支铂电极，按照能斯特方程有：

$$\varphi_{I_2/I^-} = \varphi_{I_2/I^-}^{\ominus\prime} + \frac{0.059}{2}\lg\frac{c_{I_2}}{c_{I^-}^2} \quad (25℃)$$

若溶液中同时插入两支相同的铂电极，则因两个电极的电位相同，电极间电位差为零，无电流通过电池。若在两个电极之间外加一小电压，接正端的铂电极发生氧化反应：$2I^- \Longleftrightarrow I_2+2e$，接负端的铂电极发生还原反应：$I_2+2e \Longleftrightarrow 2I^-$。因为两个电极上同时发生反应，它们之间就有电流通过。在外加电压下发生的电极反应叫电解反应，电解反应产生的电流称电解电流。在滴定过程中，反应电对氧化态和还原态的浓度相等时，电流最大；若浓度不等时，电流大小则由浓度小的氧化态或还原态的浓度决定。

若溶液中同时存在 $S_4O_6^{2-}/S_2O_3^{2-}$ 电对的氧化态（$S_4O_6^{2-}$）及还原态（$S_2O_3^{2-}$）物质，向溶液中插入铂电极，若在两个电极之间外加一小电压，接正端的铂电极发生氧化反应：$2S_2O_3^{2-} \Longleftrightarrow S_4O_6^{2-}+2e$，接负端的铂电极不发生还原反应。故当溶液中存在 $S_4O_6^{2-}/S_2O_3^{2-}$ 电对外加一个小电压时，不能发生电解作用，无电流产生。

永停滴定法就是依据在外加小电压下，溶液中有可逆电对就会产生电解电流，无可逆电对就不产生电解电流的现象来确定终点的。

下面讨论三种 I-V 滴定曲线及终点的判断。

1. 可逆电对滴定不可逆电对   例如 I_2 滴定硫代硫酸钠，氧化还原反应为：

$$I_2 + 2S_2O_3^{2-} \Longrightarrow 2I^- + S_4O_6^{2-}$$

化学计量点前,溶液中只有 I^- 和不可逆电对 $S_4O_6^{2-}/S_2O_3^{2-}$ 存在,因此无电解反应,即无电流产生。此时电流计的指针一直停在接近零电流的位置不动。化学计量点后,滴入稍过量的 I_2 液,溶液中便有了 I_2/I^- 可逆电对形成,电极上发生电解反应并产生电流,且电流强度随着过量 I_2 浓度的增加而增大,电流计指针发生偏转,滴定过程中的 I-V 曲线如图 7-17 所示。这种类型的滴定,是以电流计的指针从停在零位附近到发生偏转并不再回至零位为滴定终点。图中 V_e 为滴定终点时 I_2 标准溶液的体积。

2. 不可逆电对滴定可逆电对　例如硫代硫酸钠液滴定碘液,氧化态还原反应为:

$$2S_2O_3^{2-} + I_2 \Longrightarrow S_4O_6^{2-} + 2I^-$$

化学计量点前,溶液中有 I_2/I^- 可逆电对存在,因此有电解电流,随着滴定的进行,I_2 浓度逐渐变小,电流也逐渐变小;计量点时,降至零电流;计量点后,溶液中仅有 $S_4O_6^{2-}/S_2O_3^{2-}$ 不可逆电对和 I^-,无电解反应发生,电流停滞在零电流附近不再变化,滴定过程中的 I-V 曲线如图 7-18 所示。这种类型的滴定是以电流计指针突然下降至零并保持不变为滴定终点的。

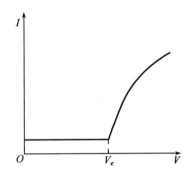

图 7-17　I_2 滴定 $Na_2S_2O_3$ 的电流变化曲线

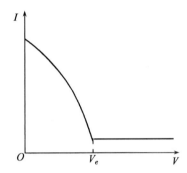

图 7-18　$Na_2S_2O_3$ 滴定 I_2 的电流变化曲线

3. 可逆电对滴定可逆电对　例如 Ce^{4+} 液滴定 Fe^{2+} 液,氧化态还原反应为:

$$Ce^{4+} + Fe^{2+} \Longrightarrow Ce^{3+} + Fe^{3+}$$

滴定前,溶液中仅有 Fe^{2+} 而无 Fe^{3+},无电解反应,无电流;滴定开始后,随着 Ce^{4+} 的滴入,Fe^{3+} 逐渐生成,溶液中有 Fe^{3+}/Fe^{2+} 可逆电对形成,产生电流,而且随着 Fe^{3+} 浓度的增加,电流越来越大;当 $c_{Fe^{3+}} = c_{Fe^{2+}}$ 时,电流最大;继续滴入 Ce^{4+} 液,Fe^{2+} 浓度逐渐下降,电流逐渐变小;化学计量点时,溶液中几乎无 Fe^{2+},电流降至最低点;化学计量点后,过量的 Ce^{4+} 与溶液中的 Ce^{3+} 形成 Ce^{4+}/Ce^{3+} 可逆电对,电流又开始上升。Ce^{4+} 滴定 Fe^{2+} 的 I-V 滴定曲线如图 7-19 所示。

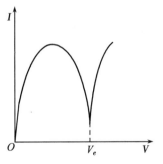

图 7-19　Ce^{4+} 滴定 Fe^{2+} 的电流变化曲线

二、永停滴定法的应用

永停滴定法在药物分析中有着重要的应用,已成为《中国药典》(2020 年版)亚硝酸钠滴定法和卡尔·费歇尔滴定法确定滴定终点的法定方法。

【示例 7-3】　苯佐卡因的含量测定

《中国药典》(2020 年版)采用亚硝酸钠法测定苯佐卡因的含量,用永停滴定法指示滴定终点,电极系统为双铂电极。终点前,亚硝酸钠与苯佐卡因发生重氮化反应,溶液中无可逆电对,无电流通过,电流指针停在零位(或接近于零位);终点后,稍过量的亚硝酸钠在酸性条件下反应形成的 NO 与溶液中 HNO_2 组成 HNO_2/NO 可逆电对,两电极上的电极反应为:

$$阳极\qquad NO+H_2O \longrightarrow HNO_2+H^++e$$

$$阴极\qquad HNO_2+H^++e \longrightarrow NO+H_2O$$

此时,电路中有电流通过,电流指针突然偏转不再回零,指示到达滴定终点。

实验步骤:取本品约 0.35g,精密称定,照《中国药典》(2020 年版)永停滴定法(通则 0701),用亚硝酸钠标准溶液(0.1mol/L)滴定。每 1ml 亚硝酸钠标准溶液(0.1mol/L)相当于 16.52mg 的 $C_9H_{11}NO_2$。

【示例 7-4】　注射用阿奇霉素中微量水分的测定

卡尔·费歇尔滴定法测定药物中微量水分时(参见第五章),常选用永停滴定法确定滴定终点,电极系统为双铂电极。终点前,溶液中无可逆电对,电流指针在零位;终点后,稍过量的 I_2 与溶液中的 I^- 组成 I_2/I^- 可逆电对,电极反应为:

$$阳极\qquad 2I^- \longrightarrow I_2+2e$$

$$阴极\qquad I_2+2e \longrightarrow 2I^-$$

此时,电路中有电流通过,电流指针突然偏转不再回零,指示到达滴定终点。

实验步骤:精密称取本品适量,置干燥的具塞锥形瓶中,加无水甲醇适量溶解,在不断振摇(或搅拌)下用费休氏试液滴定,用永停滴定法指示终点;另做空白试验。含水量不得超过 2.0%。

药物电化学
分 析 简 介
(拓展阅读)

第七章
目标测试

习　　题

1. 25℃,将 pH 玻璃电极与饱和甘汞电极浸入 pH＝6.87 的标准缓冲溶液中,测得电动势为 0.386V,将该电极浸入到待测 pH 的溶液中,测得电动势为 0.508V,计算待测溶液的 pH。

(8.94)

2. 若 $K_{H^+Na^+}=1\times10^{-15}$,这意味着提供相同电位时,溶液中允许 Na^+ 浓度是 H^+ 浓度的多少倍?若 Na^+ 浓度为 1.0mol/L 时,测量 pH＝13.00 的溶液,所引起的相对误差是多少?

(10^{15},1.0%)

3. 某钙离子选择电极的选择系数 $K_{Ca^{2+},Na^+}=0.001\,6$。使用该电极测定 Ca^{2+} 浓度为 2.8×10^{-4}mol/L 的溶液,若该溶液中含 0.15mol/L 的 NaCl,计算:①由于 NaCl 的存在对结果产生的相对误差是多少?②若要使相对误差减少到 2% 以下,NaCl 的浓度不能大于多少?

(12.9%,0.059mol/L)

4. 用下列电池按直接电位法测定草酸根离子浓度。

$$Ag｜AgCl(固)｜KCl(饱和)｜\!｜ C_2O_4^{2-}(未知浓度)｜Ag_2C_2O_4(固)｜Ag$$

(1)推导出 pC_2O_4 与电池电动势之间的关系式(已知 $K_{sp,Ag_2C_2O_4}=1.0\times10^{-11}$)。

(2)若将一未知浓度的草酸钠溶液置入此电池,在 25℃时测得电池电动势为 0.402V,Ag-AgCl 电极为负极,计算未知溶液的 pC_2O_4。

(已知 $\varphi^{\ominus}_{AgCl/Ag}=+0.199\,0V$,$\varphi^{\ominus}_{Ag^+/Ag}=+0.799\,5V$)

$$(4.27)$$

5. 下列电池的电动势为 0.460V。计算反应 $M^{2+} + 4Y^- \rightleftharpoons MY_4^{2-}$ 生成的配合物 MY_4^{2-} 的稳定常数 $K_{MY_4^{2-}}$（已知 $\varphi_{M^{2+}/M}^{\ominus} = +0.022\ 1V$）。

$$M \mid M^{2+}(0.040\ 0mol/L), Y^-(0.400mol/L) \; \vdots \; SHE(标准氢电极)$$

$$(2.65 \times 10^{17})$$

6. 用氟离子选择电极测定饮用水中 F^- 含量。取水样 20.00ml，加总离子强度调节缓冲液 20.00ml，测得电动势为 140.0mV；然后在此溶液中加入浓度为 1.00×10^{-2} mol/L 的氟标准溶液 1.00ml，测得电动势为 120.0mV。若氟电极的响应斜率为 58.5mV/pF，求 1L 饮用水中 F^- 的质量（$M_F = 19.00g/mol$）。

$$(7.58mg)$$

7. 用 NaOH 标准溶液（0.125 0mol/L）滴定 50.00ml 某一元弱酸的部分数据见下表。

求：①绘制滴定曲线；②绘制 $\Delta pH/\Delta V\text{-}\overline{V}$ 曲线；③绘制 $\Delta^2 pH/\Delta V^2\text{-}V$ 曲线；④计算该酸溶液的浓度；⑤计算弱酸的离解常数 K_a。

体积/ml	0.00	4.00	8.00	20.00	36.00	39.20
pH	2.40	2.86	3.21	3.81	4.76	5.50
体积/ml	39.92	40.00	40.08	40.80	41.60	
pH	6.51	8.25	10.00	11.00	11.24	

$$(④0.100\ 0\ mol/L，⑤1.55 \times 10^{-4})$$

8. 农药保棉磷（$M_{C_{12}H_{16}O_3PS_2N_3} = 345.4g/mol$）在强碱性溶液中，按下式水解：

$$C_{12}H_{16}O_3PS_2N_3 \xrightarrow{OH^-} \underset{\text{（邻氨基苯甲酸）}}{\text{COO}^- \atop \text{NH}_2} + \ 其他产物$$

水解产物邻氨基苯甲酸在酸性介质中可用 NaNO$_2$ 标准溶液进行重氮化滴定，以永停滴定法确定滴定终点。今称取油剂样品 0.451 0g，置 50ml 量瓶中，用苯溶解并稀释至刻度，摇匀，移取 10.00ml，置 200ml 分液漏斗中，加入 KOH 溶液（1mol/L）20ml 水解，待水解反应完全后，用苯或三氯甲烷萃取分离出去水解反应生成的干扰物质。将水相移入 200ml 烧杯中，加适量盐酸，插入两支铂电极，外加约 50mV 电压，用 NaNO$_2$ 滴定液（0.010 10mol/L）滴定，测得部分数据见下表。求保棉磷的质量分数。

NaNO$_2$ 体积/ml	5.00	10.00	15.00	17.50	18.50	19.50	20.05	20.10	20.15
电流（10^{-9}A）	1.3	1.3	1.4	1.4	1.5	1.5	30.0	61.0	92.0

$$(77.35\%)$$

（熊志立）

第八章

紫外-可见分光光度法

学习要求

1. **掌握** 波数、波长、频率和光子能量间的换算;光谱分析法的分类;紫外吸收光谱的特征,电子跃迁类型、吸收带类型、特点及影响因素;Lambert-Beer 定律及其物理意义、适用条件、偏离因素;紫外-可见分光光度法用于单组分定量的方法。
2. **熟悉** 电磁波谱的分区;紫外-可见分光光度计的主要部件、工作原理;紫外-可见分光光度计的几种光路类型;比色法的原理及显色反应条件选择;紫外-可见分光光度法定性及纯度检查方法;多组分定量的线性方程组法和双波长法。
3. **了解** 紫外吸收光谱与有机化合物分子结构的关系。

第一节 概　　述

光学分析法(optical analysis)是基于检测物质受能量激发后产生的电磁辐射(electromagnetic radiation)或电磁辐射与物质相互作用后发生的信号变化以获得物质的组成、含量和结构的一类仪器分析方法。光学分析法可以分为光谱分析方法和非光谱分析方法。非光谱分析法是指那些不涉及物质内部能级的跃迁,仅通过测量电磁辐射的某些基本性质(反射、折射、干涉、衍射和偏振)变化的分析方法,例如折射法、旋光法、浊度法和 X 射线衍射法等。而当物质与外界能量相互作用时,物质内部发生能级跃迁,记录由能级跃迁所产生的辐射能强度随波长(或相应单位)的变化,所得的图谱称为光谱(spectrum),也称为波谱。利用物质的光谱进行定性、定量和结构分析的方法称为光谱分析法(spectroscopic analysis),简称光谱法,例如原子发射光谱法、原子吸收光谱法、原子荧光光谱法、分子荧光光谱法、紫外-可见吸收光谱法、红外吸收光谱法、核磁共振波谱法等。原子发射光谱法和原子吸收光谱法常用于痕量金属的测定;紫外-可见吸收光谱法和荧光光谱法主要用于有机物质和某些无机物质的定量分析;红外吸收光谱法、拉曼光谱法和核磁共振波谱法可用于纯化合物的定性分析和结构分析。

紫外-可见吸收光谱法(ultraviolet and visible spectroscopy, UV-vis)又称紫外-可见分光光度法(ultraviolet and visible spectrophotometry),是基于物质分子对紫外-可见光区(200~760nm)电磁辐射的吸收特性建立起来的一种定性、定量和结构分析的方法。紫外-可见吸收光谱主要产生于分子的外层价电子在电子能级间的跃迁。紫外-可见分光光度法的灵敏度较高,一般可达 $10^{-6} \sim 10^{-4}$ g/ml,部分可达 10^{-7} g/ml,其测定准确度一般为 0.5%,性能较好的仪器的测定准确度可达 0.2%。紫外-可见分光光度法具有仪器普及、操作简单、重现性好和灵敏度高等优点,已广泛应用于医药卫生、食品分析、临床检验、生物化学等领域。

本章主要介绍紫外-可见分光光度法的基本原理、定性和定量分析方法,第九、十、十一和十二章将分别介绍荧光分析法、红外吸收光谱法、原子吸收分光光度法和核磁共振波谱法。在学习这些光谱分析法之前,有必要先了解电磁辐射的基本性质和光谱分析法的分类,下面进行简要介绍。

一、电磁辐射和电磁波谱

光是一种电磁辐射(又称电磁波),是一种以巨大速度通过空间而不需要任何物质作为传播媒介的光(量)子流,它具有波动性和微粒性。

1. 波动性　光的波动性主要体现为光的干涉、衍射、反射和折射等现象,用波长 λ、波数 σ 和频率 ν 作为表征。λ 是在波的传播路线上具有相同振动相位相邻两点之间的线性距离。σ 是每厘米长度中波的数目,单位 cm^{-1}。ν 是每秒内的波动次数,单位 Hz。在真空中波长、波数和频率的关系为:

$$\nu = c/\lambda \qquad\qquad 式(8-1)$$

$$\sigma = 1/\lambda = \nu/c \qquad\qquad 式(8-2)$$

式中 c 是光在真空中的传播速度,不同波长的电磁辐射在真空中的传播速度均相同,$c = 2.997\ 925 \times 10^{10} cm/s$。在其他透明介质中,由于电磁辐射与介质分子的相互作用,传播速度比在真空中稍慢一些,波长也相应变化。

2. 微粒性　光的微粒性主要体现在光电效应、光的吸收和发射等现象,用每个光子具有的能量 E 作为表征。光子的能量与频率成正比,与波长成反比。它与频率、波长和波数的关系为:

$$E = h\nu = hc/\lambda = hc\sigma \qquad\qquad 式(8-3)$$

式中 h 是普朗克常数(Plank constant),其值等于 $6.626\ 2 \times 10^{-34} J \cdot s$,能量 E 的单位常用电子伏特(eV)和焦耳(J)等表示($1eV = 1.602\ 0 \times 10^{-19} J$)。

应用式(8-3)可以计算不同波长或频率电磁辐射光子的能量。如 1mol($6.022\ 17 \times 10^{23}$ 个)波长为 200nm 的光子的能量为:

$$E = \frac{6.626\ 2 \times 10^{-34} \times 2.997\ 925 \times 10^{10} \times 6.022\ 17 \times 10^{23}}{2.00 \times 10^{-5}} = 5.98 \times 10^{5} J$$

3. 电磁波谱　从 γ 射线至无线电波都是电磁辐射,光是电磁辐射的一部分,它们在性质上是完全相同的,区别仅在于波长或频率不同,即光子具有的能量不同。将电磁辐射按照光子能量大小排列,组成电磁波谱。电磁波谱(electromagnetic spectrum)的分区、相对应的能量范围和所激发跃迁类型及产生的波谱类型见表8-1。

第一个光谱研究者(拓展阅读)

二、光谱分析法的分类

光谱分析法按电磁辐射作用于物质粒子的类型,分为原子光谱法和分子光谱法两种;按能级跃迁方向不同,分为吸收光谱法、发射光谱法和散射光谱法。

1. 原子光谱法和分子光谱法

(1)原子光谱法:原子光谱法(atomic spectroscopy)是以测量气态原子(或离子)外层或内层电子能级跃迁所产生的原子光谱为基础的分析方法。原子光谱是由一条条明锐的彼此分立的谱线组成的线状光谱,这种线状光谱只反映原子或离子的性质而与原子或离子来源的分子状态无关,所以原子光谱可以确定试样物质的元素组成和含量,但不能给出物质分子结构的信息。药物分析领域常用的是原子吸收光谱法和原子荧光光谱法。

(2)分子光谱法:分子光谱法(molecular spectroscopy)是基于物质分子与电磁辐射作用时,分子内部发生了量子化的能级之间的跃迁,测量由此产生的发射、吸收或散射辐射的波长和强度而进行分析的方法,如红外吸收光谱法、紫外-可见吸收光谱法、分子荧光和磷光光谱法等,表现形式为带状光谱。分子光谱除了电子能级跃迁(n),还有组成分子的各原子之间的振动能级(ν)和分子作为整体的转动能级(J)跃迁,这三种不同的能级跃迁都是量子化的,如图8-1所示。实际上,只有用远红外光或微波照射分子时才能得到纯粹的转动光谱;无法获得纯粹的振动光谱和电子光谱。

表 8-1   电磁波谱分区示意表

能量 （eV）	频率 （Hz）	辐射 区段	波长 （常用单位）	波数 （cm^{-1}）	光谱类型	跃迁类型
$4.1×10^6$	$1×10^{21}$	γ射线	0.000 3nm	$3.3×10^{10}$	γ射线 发射	核反应
$4.1×10^4$	$1×10^{19}$	X射线	0.03nm	$3.3×10^8$	X射线 吸收 发射	电子 （内层）
410	$1×10^{17}$		3nm	$3.3×10^6$		
4.1	$1×10^{15}$	紫外	300nm	$3.3×10^4$	真空紫外吸收 吸收	电子 （外层）
		可见			紫外可见发射 荧光	
$4.1×10^{-2}$	$1×10^{13}$	红外	30μm	$3.3×10^2$	红外吸收 拉曼	分子 振动
$4.1×10^{-4}$	$1×10^{11}$	微波	3mm	$3.3×10^0$		分子 转动
$4.1×10^{-6}$	$1×10^9$		30cm	$3.3×10^{-2}$	微波 吸收	电子自旋 共振 磁场诱导电子 自旋能级跃迁
		无线 电波				
$4.1×10^{-8}$	$1×10^7$		30m	$3.3×10^{-4}$	核磁共振	磁场诱导 核自旋能 级跃迁

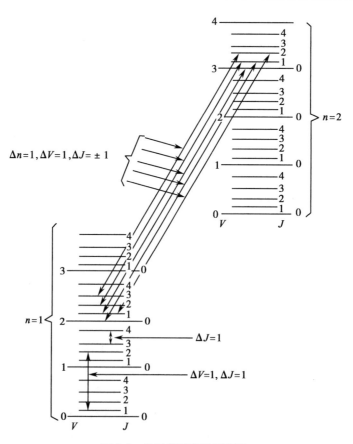

$\Delta n=1, \Delta V=1, \Delta J=\pm 1$

图 8-1   分子能级跃迁示意图

2. 吸收光谱法、发射光谱法和散射光谱法

（1）吸收光谱法：吸收光谱是物质吸收相应的辐射能而产生的光谱，其产生的必要条件是所提供的辐射能量恰好满足该吸收物质两能级间跃迁所需的能量。利用物质的吸收光谱进行定性定量及结构分析的方法称为吸收光谱法（absorption spectrometry）。根据物质对不同波长的辐射能的吸收，建立了各种吸收光谱法（表 8-2）。

表 8-2　常见的吸收光谱法

方法名称	辐射源	作用物质	检测信号
莫斯鲍尔（γ 射线）光谱法	γ 射线	原子核	吸收后的 γ 射线
X 射线吸收光谱法	X 射线 放射性同位素	Z >10 的重金属原子的内层电子	吸收后透过的 X 射线
原子吸收光谱法	紫外-可见光	气态原子外层电子	吸收后透过的紫外-可见光
紫外-可见吸收光谱法	远紫外光 5~200nm 近紫外光 200~400nm 可见光 400~760nm	具有共轭结构的有机分子外层电子和有色无机物价电子	吸收后透过的紫外-可见光
红外吸收光谱法	近红外光 760~2 500nm （13 000~4 000cm⁻¹） 中红外光 4 000~400cm⁻¹ 远红外光 50~500μm	低于 1 000nm 为分子价电子，1 000~2 500nm 为分子基团振动 分子振动 分子转动	吸收后透过的红外光
电子自旋共振波谱法	10 000~800 000MHz 微波	未成对电子	吸收
核磁共振波谱法	60~900MHz 射频	原子核磁量子	共振吸收

（2）发射光谱法：发射光谱是指构成物质的原子、离子或分子受到辐射能、热能、电能或化学能的激发跃迁到激发态后，由激发态回到基态时以电磁辐射的方式释放能量而产生的光谱。利用物质的发射光谱进行定性定量分析的方法称为发射光谱法（emission spectroscopy）。常见的发射光谱法有原子发射光谱法、原子荧光光谱法、分子荧光光谱法和磷光光谱法等。

（3）散射光谱法：电磁辐射通过介质时会发生散射。如果光子与介质分子之间发生了非弹性碰撞，碰撞时光子不仅改变了运动方向，而且还有能量的交换，光频率发生变化，则称为拉曼散射。这种散射光的频率与入射光的频率不同，称为拉曼位移。拉曼位移的大小与分子的振动和转动能级有关，利用拉曼位移研究物质结构的方法称为拉曼光谱法（Raman spectroscopy）。

第二节　紫外-可见分光光度法的基本原理

一、电子跃迁类型

紫外-可见吸收光谱是分子中的价电子在不同的分子轨道之间跃迁而产生的。分子中的价电子包括形成单键的 σ 电子、双键的 π 电子和非成键的 n 电子（亦称 p 电子）。电子围绕分子或原子运动的概率分布叫作轨道。轨道不同，电子所具有的能量也不同。分子轨道可以认为是当两个原子靠近而结合成分子时，两个原子的原子轨道以线性组合而生成的两个分子轨道。其中一个分子轨道具有较低能量称为成键轨道，另一个分子轨道具有较高能量称为反键轨道。如图 8-2 所示，两个氢原子的

s电子结合并以σ键组成氢分子,其分子轨道具有σ成键轨道和σ*反键轨道。同样,两个原子的p轨道平行地重叠起来,组成两个分子轨道时,该分子轨道称π成键轨道和π*反键轨道。π键的电子重叠比σ键的电子重叠少,键能低,跃迁所需的能量低。分子中n电子的能级,基本上保持原来原子状态的能级,称非键轨道。比成键轨道所处能级高,比反键轨道能级低。由上所述,分子中不同轨道的价电子具有不同能量,处于低能级的价电子吸收一定能量后,就会跃迁到较高能级,如图8-3所示。

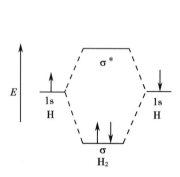

图8-2　H_2的成键和反键轨道

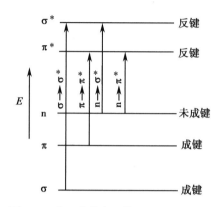

图8-3　分子中价电子能级及跃迁示意图

在紫外和可见光区范围内,有机化合物的吸收光谱主要由σ→σ*、π→π*、n→σ*、n→π*及电荷迁移跃迁产生,无机化合物的吸收光谱主要由电荷迁移跃迁和配位场跃迁产生。

1. σ→σ*跃迁　处于σ成键轨道上的电子吸收光能后跃迁到σ*反键轨道。分子中σ键较为牢固,故跃迁需要较高的能量,吸收峰在远紫外区。饱和烃类的C—C属于这类跃迁,最大吸收波长λ_{max}一般都小于150nm,如乙烷的λ_{max}在135nm。

2. π→π*跃迁　处于π成键轨道上的电子跃迁到π*反键轨道上,所需的能量小于σ→σ*跃迁所需的能量,孤立双键的π→π*跃迁产生的吸收峰一般发生在波长160~200nm,其特征是吸光系数ε(详见朗伯-比尔定律)很大,一般$\varepsilon>10^4$,为强吸收。例如CH_2═CH_2的吸收峰在165nm,ε为10^4。具有共轭双键的化合物,π→π*跃迁所需能量降低,吸收波长向长波方向移动,吸收增强,如丁二烯的λ_{max}在217nm(ε为21 000)。共轭键愈长跃迁所需能量愈小,吸收增强。

3. n→π*跃迁　含有杂原子不饱和基团,同时含有π电子和n电子,如>C═O、>C═S、—N═N—等化合物,其n非键轨道中孤对电子吸收能量后,向π*反键轨道跃迁,这种跃迁吸收峰一般在近紫外区(200~400nm)。吸收强度弱,ε小,在10~100。例如丙酮的$\lambda_{max}=279$nm,ε为10~30。

4. n→σ*跃迁　含—OH、—NH_2、—X、—S等杂原子饱和基团的化合物,其杂原子中孤对电子吸收能量后向σ*反键轨道跃迁,这种跃迁可以吸收的波长在200nm左右。如CH_3OH和CH_3NH_2的n→σ*跃迁波长分别为183nm和213nm。

5. 电荷迁移跃迁　某些分子同时具有电子给予体和电子接受体两部分,这种分子在电磁辐射的激发下,会强烈地吸收辐射能,使电子从给予体向接受体相联系的轨道上跃迁,所产生的吸收光谱称为电荷迁移吸收光谱。电荷迁移跃迁实质是一个分子内的氧化-还原过程。某些有机化合物如取代芳烃可产生这种分子内电荷迁移吸收。许多无机配合物也有电荷迁移吸收光谱,不少过渡金属离子与含生色团的试剂反应所生成的配合物以及许多水合无机离子均可产生电荷迁移跃迁。电荷迁移吸收光谱的特点是谱带较宽,一般λ_{max}较大;吸收较强,通常摩尔吸光系数$\varepsilon_{max}>10^4$,用于定量分析,可以提高检测的灵敏度。

6. 配位场跃迁　元素周期表中的第四、第五周期的过渡金属元素分别含有3d和4d轨道,镧系和锕系分别含有 4f 和 5f 轨道,在配体存在下过渡元素 5 个能量相等的 d 轨道和镧、锕元素 7 个能量相等的 f 轨道分别分裂成几组能量不等的 d 轨道及 f 轨道,当它们吸收光能后,低能态的 d 电子或 f 电子可以分别跃迁到高能态的 d 或 f 轨道上去,由于这类跃迁必须在配体的配位场作用下才有可能产生,因此称为配位场跃迁。与电荷迁移跃迁比较,由于选择规则的限制,配位场跃迁吸收的摩尔吸光系数较小,一般 $\varepsilon_{max} < 10^2$,位于可见光区。

二、紫外-可见吸收光谱常用术语

吸收光谱(absorption spectrum)又称吸收曲线,是以波长 λ(nm)为横坐标,以吸光度 A(或透光率 T)为纵坐标所描绘的曲线,如图 8-4 所示,吸收光谱一般都有一些特征,分别用一些术语进行描述。

吸收峰(absorption peak):曲线上吸光度最大的地方,它所对应的波长称最大吸收波长(λ_{max})。

吸收谷(absorption valley):峰与峰之间吸光度最小的部位,该处的波长称最小吸收波长(λ_{min})。

肩峰(shoulder peak):在一个吸收峰旁边产生的一个曲折,对应波长为 λ_{sh}。

末端吸收(end absorption):在图谱短波端呈现强吸收而不成峰形的部分。

生色团(chromophore):是有机化合物分子结构中含有 $\pi \rightarrow \pi^*$ 或 $n \rightarrow \pi^*$ 跃迁的基团,即能在紫外-可见光范围内产生吸收的原子基团,如>C =C、>C =O、—N =N—、—NO₂、—C =S 等。如化合物中几个生

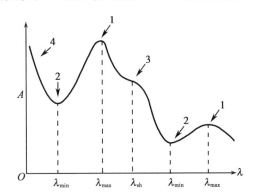

1. 吸收峰;2. 谷;3. 肩峰;4. 末端吸收。

图 8-4　吸收光谱示意图

色团相互共轭,则各个孤立生色团所产生的吸收带将被新的共轭吸收带取代,其波长比孤立生色团的吸收波长更长,吸收增强。

助色团(auxochrome):是指含有非键电子的杂原子饱和基团,当它们与生色团或饱和烃相连时,能使该生色团或饱和烃的吸收峰向长波方向移动,并使吸收强度增加的基团。如—OH、—NH₂、—OR、—SH、—SR、—Cl、—Br、—I 等。

红移(red shift):亦称长移(bathochromic shift),是由于化合物的结构改变,如发生共轭作用、引入助色团,以及溶剂改变等,使吸收峰向长波方向移动的现象。

蓝(紫)移(blue shift):亦称短移(hypsochromic shift),是化合物的结构改变时或受溶剂影响使吸收峰向短波方向移动的现象。

增色效应和减色效应:由于化合物结构改变或其他原因,使吸收强度增加称增色效应或浓色效应(hyperchromic effect);使吸收强度减弱称减色效应或淡色效应(hypochromic effect)。

强带(strong band)和弱带(weak band):化合物的紫外-可见吸收光谱中,摩尔吸光系数 $\varepsilon_{max} > 10^4$ 的吸收峰称为强带;$\varepsilon_{max} < 10^2$ 的吸收峰称为弱带。

三、吸收带及其与分子结构的关系

吸收带(absorption band)是说明吸收峰在紫外-可见光谱中的位置。根据电子和轨道种类,可把吸收带分为六种类型。

1. R 带　从德文 radikal(基团)得名。由 $n \rightarrow \pi^*$ 跃迁引起的吸收带,是杂原子的不饱和基团,如>C =O、—NO、—NO₂、—N =N—等这一类发色团的特征。它的特点是处于较长波长范围(~300nm),是弱吸收,其摩尔吸光系数值一般在 100 以内。溶剂极性增加,R 带发生短移。另外,当有强吸收峰在其附近时,R 带有时出现长移,有时被掩盖。

2. K带 从德文 konjugation(共轭作用)得名。相当于共轭双键中 π→π* 跃迁所产生的吸收峰，其特点是摩尔吸光系数值一般大于 10^4，为强带。如丁二烯 CH_2＝CH—CH＝CH_2 的 λ_{max} 为 217nm，ε 为21 000，就属于 K 带。苯环上若有发色团取代，并形成共轭，也会出现 K 带。

3. B带 从 benzenoid(苯的)得名。是芳香族(包括杂芳香族)化合物的特征吸收带。苯蒸气在 230~270nm 处出现精细结构的吸收光谱，又称苯的多重吸收带。因在蒸气状态中分子间彼此作用小，反映出孤立分子振动、转动能级跃迁；在苯的异丙烷溶液中，因分子间作用加大，转动消失仅出现部分振动跃迁，因此谱带较宽，如图 8-5 所示；在极性溶剂中，溶剂和溶质间相互作用更大，振动光谱表现不出来，因而精细结构消失，B 带出现一个宽峰，其重心在 256nm 附近，ε 为 200 左右。

4. E带 也是芳香族化合物特征吸收带，是由苯环结构中三个乙烯的环状共轭系统的 π→π* 跃迁所产生，分为 E_1 和 E_2 带，如图 8-5 所示。E_1 带的吸收峰约在 180nm，ε 为 4.7×10^4；E_2 带的吸收峰约在 200nm，ε 为 7 000 左右，都属于强带吸收。

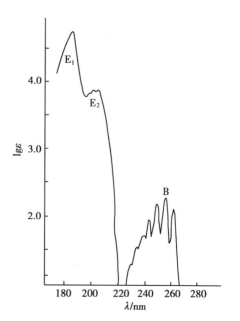

图 8-5 苯异丙烷溶液的紫外吸收光谱

5. 电荷转移吸收带 指的是许多无机物(如碱金属卤化物)和某些有机物混合而得的分子配合物，在外来辐射激发下强烈地吸收紫外光或可见光，从而获得的可见或紫外吸收带。如在乙醇介质中，将醌与氢醌混合，可获得暗绿色的醌氢醌结晶，它的吸收峰在可见光区内。

6. 配位体场吸收带 指的是过渡金属水合离子或过渡金属离子与显色剂(通常是有机化合物)所形成的配合物，吸收适当波长的可见光(或紫外光)，从而获得的吸收带。如 $Ti(H_2O)_6^{3+}$ 的吸收峰在 490nm 处。

六种主要吸收带在光谱区中的位置和大致强度，如图 8-6 所示。一些化合物的电子结构、跃迁类型和吸收带的关系如表 8-3 所示。

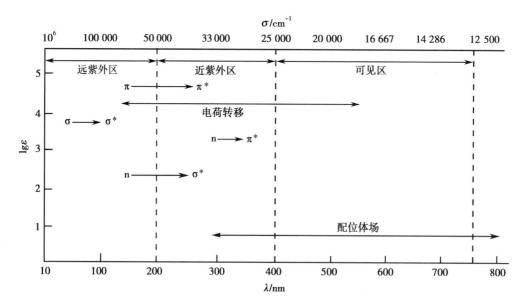

图 8-6 几种常见的紫外与可见光吸收光谱的位置

表 8-3　一些化合物的电子结构、跃迁和吸收带

化合物	电子结构	跃迁	λ_{max}/nm	ε_{max}	吸收带
乙烷	σ	$\sigma \rightarrow \sigma^*$	135	10 000	
1-己硫醇	n	$n \rightarrow \sigma^*$	224	120	
碘丁烷		$n \rightarrow \sigma^*$	257	486	
乙烯	π	$\pi \rightarrow \pi^*$	165	10 000	
乙炔		$\pi \rightarrow \pi^*$	173	6 000	
丙酮	π 和 n	$\pi \rightarrow \pi^*$	约 160	16 000	
		$n \rightarrow \sigma^*$	194	9 000	
		$n \rightarrow \pi^*$	279	15	R
$CH_2\!=\!CH\!-\!CH\!=\!CH_2$	π-π	$\pi \rightarrow \pi^*$	217	21 000	K
$CH_2\!=\!CH\!-\!CH\!=\!CH\!-\!CH\!=\!CH_2$		$\pi \rightarrow \pi^*$	258	35 000	K
$CH_2\!=\!CH\!-\!CHO$	π-π 和 n	$\pi \rightarrow \pi^*$	210	11 500	K
		$n \rightarrow \pi^*$	315	14	R
苯	芳香族 π	芳香族 $\pi \rightarrow \pi^*$	约 180	60 000	E_1
		芳香族 $\pi \rightarrow \pi^*$	约 200	8 000	E_2
		芳香族 $\pi \rightarrow \pi^*$	255	215	B
苯乙烯 $\bigcirc\!-\!CH\!=\!CH_2$	芳香族 π-π	芳香族 $\pi \rightarrow \pi^*$	244	12 000	K
		芳香族 $\pi \rightarrow \pi^*$	282	450	B
甲苯 $\bigcirc\!-\!CH_3$	芳香族 π-σ	芳香族 $\pi \rightarrow \pi^*$	208	2 460	E_2
		芳香族 $\pi \rightarrow \pi^*$	262	174	B
苯乙酮 $\bigcirc\!-\!C(O)CH_3$	芳香族 π-π, n	芳香族 $\pi \rightarrow \pi^*$	240	13 000	K
		芳香族 $\pi \rightarrow \pi^*$	278	1 110	B
		$n \rightarrow \pi^*$	319	50	R
苯酚 $\bigcirc\!-\!OH$	芳香族 π-n	芳香族 $\pi \rightarrow \pi^*$	210	6 200	E_2
		芳香族 $\pi \rightarrow \pi^*$	270	1 450	B

四、影响吸收带的因素

紫外-可见吸收光谱系分子吸收光谱,吸收带的位置易受分子中结构因素和测定条件等多种因素的影响,在较宽的波长范围内变动。虽然影响因素很多,但它的核心是对分子中电子共轭结构的影响。

1. 位阻影响　化合物中若有两个发色团产生共轭效应,可使吸收带长移。但若两个发色团由于立体阻碍妨碍它们处于同一平面,就会影响其共轭效应,这种现象在光谱图上能反映出来。如二苯乙烯,反式结构的 K 带 λ_{max} 比顺式明显长移,且吸光系数也增加,如图 8-7 所示。这是因为顺式结构有立体阻碍,苯环不能与乙烯双键在同一平面上,不易产生共轭。

λ_{max}=280nm(ε=10 500)
顺式二苯乙烯

λ_{max}=295.5nm(ε=29 000)
反式二苯乙烯

2. 跨环效应　跨环效应是指非共轭基团之间的相互作用。分子中两个非共轭发色团处于一定的空间位置,尤其是在环状体系中,有利于电子轨道间的相互作用,这种作用称为跨环效应。例如,在有些 β、γ 不饱和酮中,虽然双键与羰基不形成共轭体系,但由于适当的立体排列,使羰基氧的孤对电子和双键的 π 电子发生作用,以致使相当于 $n \rightarrow \pi^*$ 跃迁的 R 吸收带向长波移动,同时其吸收强度增强。如,H_2C◇$=O$ 在 214nm 处显示一中等强度的吸收带,同时在 284nm 处出现一 R 带。此外,当 $C=O$ 的 π 轨道与一个杂原子的 P 轨道能够有效交盖时,也会出现跨环效应。如 ⟨⟩ 的 $\lambda_{max} = 238nm$,$\varepsilon_{max} = 2\,535$。

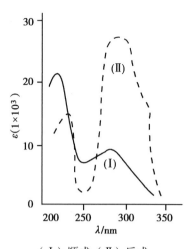

（Ⅰ）顺式;（Ⅱ）反式。

图 8-7　二苯乙烯顺反异构体的紫外吸收光谱

3. 溶剂效应　改变溶剂的极性除影响吸收峰位置外,还影响吸收强度及光谱形状,所以一般应注明所用溶剂。极性溶剂使 $n \rightarrow \pi^*$ 和 $\pi \rightarrow \pi^*$ 跃迁吸收峰位置向不同方向移动,一般使 $\pi \rightarrow \pi^*$ 跃迁吸收峰向长波方向移动,而使 $n \rightarrow \pi^*$ 跃迁吸收峰向短波方向移动,后者的移动一般比前者移动大。例如 4-甲基-3-戊烯-2-酮 ($H_3C-\underset{O}{C}-CH=C\genfrac{}{}{0pt}{}{CH_3}{CH_3}$) 的溶剂效应见表 8-4。

表 8-4　溶剂极性对 4-甲基-3-戊烯-2-酮的两种跃迁吸收峰的影响

跃迁类型	正己烷	三氯甲烷	甲醇	水	迁移
$\pi \rightarrow \pi^*$	230nm	238nm	237nm	243nm	长移
$n \rightarrow \pi^*$	329nm	315nm	309nm	305nm	短移

在 $\pi \rightarrow \pi^*$ 跃迁中,激发态的极性比基态大,激发态与极性溶剂之间相互作用所降低的能量大,造成跃迁所需能量变小,使吸收峰长移。而在 $n \rightarrow \pi^*$ 跃迁中,基态的极性大,非键电子(n 电子)与极性溶剂之间能形成较强的氢键,使基态能量降低大于反键轨道与极性溶剂相互作用所降低的能量,因而跃迁所需能量变大,故吸收波长短移,见图 8-8。

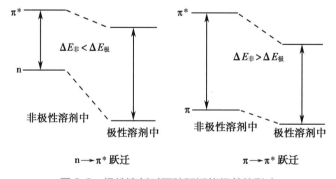

图 8-8　极性溶剂对两种跃迁能级差的影响

另外,有些物质的蒸气光谱呈现出明显的振动和转动精细结构,而在溶液中因为溶剂化作用,限制了分子的转动和振动,并且随溶剂极性增大,精细结构逐渐消失,呈现宽的谱带包埋,如图 8-9 所示,四氮杂苯在不同情况下的吸收光谱。因此,为获得紫外-可见吸收光谱的特征精细结构,应在溶解度允许的情况下尽可能选用极性小的溶剂。

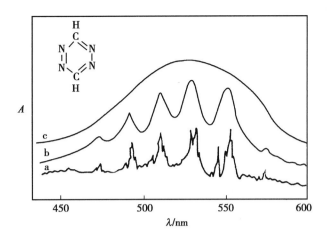

a. 四氮杂苯蒸气；b. 四氮杂苯溶于环己烷中；c. 四氮杂苯溶于水中。

图 8-9　四氮杂苯的吸收光谱

4. 体系 pH 的影响　体系的 pH 对紫外吸收光谱的影响是比较普遍的，无论是对酸性、碱性或中性物质都有明显的影响。如酚类化合物由于体系的 pH 不同，其离解情况不同，而产生不同的吸收光谱。

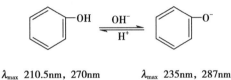

λ_{max} 210.5nm，270nm　　　　　λ_{max} 235nm，287nm

五、朗伯-比尔定律

朗伯-比尔定律（Lambert-Beer law）是紫外-可见分光光度法的基本定律，是描述物质对单色光吸收的强弱与吸光物质的浓度和厚度间关系的定律，是分光光度法进行定量分析的依据和基础。定律推导如下：

光束在单位时间内所传输的能量或光子数是光的功率（辐射功率），可用符号 P 表示。在光度法中，习惯上用光强这一名词代替光功率，并以符号 I 代表。

假设一束平行单色光通过一个含有吸光物质的物体（气体、液体或固体）。物体的截面积为 S，厚度为 l，如图 8-10 所示。物体中含有 n 个吸光质点（原子、离子或分子）。光通过此物体后，一些光子被吸收，光强从 I_0 降低至 I。

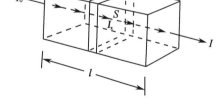

图 8-10　光通过截面积为 S 厚度为 l 的吸光介质

取物体中一个极薄的断层来讨论，设此断层中所含吸光质点数为 dn，这些能捕获光子的质点可以看作截面 S 上被占去一部分不让光子通过的面积 dS，即

$$dS = kdn \qquad\qquad 式（8-4）$$

则光子通过断层时，被吸收的概率是

$$\frac{dS}{S} = \frac{kdn}{S}$$

因而使投射于此断层的光强 I_X 被减弱了 dI_X，所以有

$$-\frac{dI_X}{I_X} = \frac{kdn}{S}$$

由此可得,光通过厚度为 l 的物体时,有

$$\int_{I_0}^{I} \frac{dI_X}{I_X} = \int_{0}^{n} \frac{k dn}{S} \qquad -\ln \frac{I}{I_0} = \frac{kn}{S}$$

$$-\lg \frac{I}{I_0} = \lg e \cdot k \cdot \frac{n}{s} = E \cdot \frac{n}{s} \qquad \text{式(8-5)}$$

又因截面积 S 与体积 V,质点总数 n 与浓度 c 等有以下关系

$$S = \frac{V}{l} \qquad n = V \cdot c$$

所以

$$\frac{n}{S} = l \cdot c \qquad -\lg \frac{I}{I_0} = Ecl \qquad \text{式(8-6)}$$

上式即为朗伯-比尔定律的数学表达式。其中 I/I_0 是透光率(transmittance, T),常用百分数表示;又以 A 代表 $-\lg T$,并称之为吸光度(absorbance),于是:

$$A = -\lg T = Ecl \qquad 或 \qquad T = 10^{-A} = 10^{-Ecl} \qquad \text{式(8-7)}$$

上式说明单色光通过吸光介质后,透光率 T 与浓度 c 或厚度 l 之间的关系是指数函数的关系。例如,浓度增大 1 倍时,透光率从 T 降至 T^2。而吸光度与浓度或厚度之间是简单的正比关系,其中 E 是吸光系数(absorptivity)。吸光系数的物理意义是吸光物质在单位浓度及单位厚度时的吸光度。在给定单色光、溶剂和温度等条件下,吸光系数是物质的特性常数,表明物质对某一特定波长光的吸收能力。不同物质对同一波长的单色光,可有不同吸光系数,吸光系数愈大,表明该物质的吸光能力愈强,测定的灵敏度愈高,所以吸光系数是定性和定量的依据。

吸光系数有两种表示方式:

1. 摩尔吸光系数　是指在一定波长时,溶液浓度为 1mol/L、厚度为 1cm 的吸光度,用 ε 或 E_M 标记。

2. 百分吸光系数　百分吸光系数也称比吸光系数,是指在一定波长时,100ml 溶液中含被测物质 1g、厚度为 1cm 的吸光度,用 $E_{1cm}^{1\%}$ 表示。

摩尔吸光系数和百分吸光系数之间的关系是

$$\varepsilon = \frac{M}{10} \cdot E_{1cm}^{1\%} \qquad \text{式(8-8)}$$

式中,M 是吸光物质的摩尔质量。摩尔吸光系数一般不超过 10^5 数量级,通常 ε 在 $10^4 \sim 10^5$ 为强吸收,小于 10^2 为弱吸收,介于两者之间称中强吸收。吸光系数 ε 或 $E_{1cm}^{1\%}$ 不能直接测得,需要用已知准确浓度的稀溶液测得吸光度换算而得。

例 8-1　氯霉素(M 为 323.15g/mol)的水溶液在 278nm 处有吸收峰。设用纯品配制 100ml 含有 2.00mg 的溶液,以 1.00cm 厚的吸收池在 278nm 处测得透光率为 24.3%,计算百分吸光系数和摩尔吸光系数。

解:$E_{1cm}^{1\%} = \dfrac{-\lg T}{c \cdot l} = \dfrac{0.614}{0.002\ 00} = 307 \qquad \varepsilon = \dfrac{323.15}{10} \times E_{1cm}^{1\%} = 9\ 921$

如果溶液中同时存在两种或两种以上吸光物质(a、b、c…)时,只要共存物质不互相影响吸光性质,即不因共存物而改变本身的吸光系数,则溶液的总吸光度是各组分吸光度的总和,即 $A_{总} = A_a + A_b + A_c + \cdots$,而各组分的吸光度由各自的浓度与吸光系数所决定。吸光度的这种加和性质是计算分光光度法测定混合组分的依据。

六、偏离朗伯-比尔定律的因素

按照朗伯-比尔定律,吸光度 A 与浓度 c 之间的关系应该是一条通过原点的直线。事实上,往往

容易发生偏离直线的现象而引入误差。导致偏离的主要原因有化学方面和光学方面的因素。

（一）化学因素

溶液中溶质可因浓度改变而有离解、缔合、与溶剂间的作用等原因而发生偏离朗伯-比尔定律的现象。例如图 8-11 是亚甲蓝阳离子水溶液的吸收光谱，单体的吸收峰在 660nm 处，而二聚体的吸收峰在 610nm 处。随着浓度的增大，660nm 处吸收峰减弱，而 610nm 处吸收峰增强，吸收光谱形状改变。由于这个现象的存在，而使吸光度与浓度关系发生偏离。

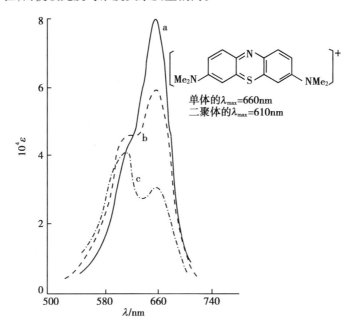

a. 6.36×10^{-6} mol/L；b. 1.27×10^{-4} mol/L；c. 5.97×10^{-4} mol/L。

图 8-11　亚甲蓝阳离子水溶液的紫外-可见吸收光谱

又例如，重铬酸钾的水溶液有以下平衡：

$$Cr_2O_7^{2-}+H_2O \rightleftharpoons 2H^+ + 2CrO_4^{2-}$$

若溶液稀释 2 倍，$Cr_2O_7^{2-}$ 浓度不是减少 2 倍，而是受稀释后平衡向右移动的影响，$Cr_2O_7^{2-}$ 浓度的减少明显地多于 2 倍，结果偏离朗伯-比尔定律，而产生误差。

由化学因素引起的偏离，有时可控制溶液条件设法减免。上例若在强酸性溶液中测定 $Cr_2O_7^{2-}$ 或在强碱性溶液中测定 CrO_4^{2-} 都可避免偏离现象。

（二）光学因素

1. 非单色光　朗伯-比尔定律的一个重要前提是入射光为单色光，但事实上真正的单色光是难以得到的。当光源为连续光谱时，采用单色器所分离出来的光同时包含了所需波长的光和附近波长的光，即是具有一定波长范围的光。这一宽度称为谱带宽度（band width），常用半峰宽来表示，见图 8-12。

谱带宽度 S 的值愈小，单色性愈好。但因仍是复合光，故仍可以使吸光度改变而偏离朗伯-比尔定律，这主要是由于物质对不同波长的光有不同的吸光系数。

现以一种简单情况为例，设被测物对波长为 λ_1 与 λ_2 两种光的吸光系数为 E_1 与 E_2。测定时，两种光各以强度为 I_{0_1} 与 I_{0_2} 同时入射试样。则因

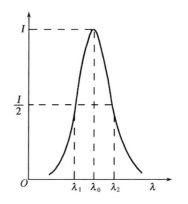

图 8-12　单色光的谱带宽度
（$S=\lambda_2-\lambda_1$）

$$I = I_0 \cdot 10^{-Ecl}$$

故此混合光的透光率为：

$$T = \frac{I_1 + I_2}{I_{0_1} + I_{0_2}} = \frac{I_{0_1} \cdot 10^{-E_1 cl} + I_{0_2} \cdot 10^{-E_2 cl}}{I_{0_1} + I_{0_2}} = 10^{-E_1 cl} \cdot \frac{I_{0_1} + I_{0_2} \cdot 10^{(E_1 - E_2)cl}}{I_{0_1} + I_{0_2}}$$

$$A = -\lg T = E_1 cl - \lg \frac{I_{0_1} + I_{0_2} \cdot 10^{(E_1 - E_2)cl}}{I_{0_1} + I_{0_2}} \hspace{2cm} 式(8-9)$$

从式(8-9)可以看出,只有当 $E_1 = E_2$ 时, $A = Ecl$ 才能成立。当 $E_1 \neq E_2$ 时, A 与 c 之间不是直线关系,即与朗伯-比尔定律不相符合。假若 λ_1 是所需光的波长,则 λ_2 的光所产生的影响将是: $E_1 < E_2$ 时,使吸光度增大,产生正偏差; $E_1 > E_2$ 时,使吸光度降低,产生负偏差; E_2 与 E_1 的差值愈大,偏差愈显著。这种影响的程度还与两种光的强度比和检测器对两种光灵敏度的差异等因素有关。所以入射光的谱带宽度将严重影响物质的吸光系数值和吸收光谱形状。在相同谱带宽度条件下,选择吸收峰作为测定波长时,因为在峰位附近各波长的 E 值变化不大,因非单色光引起的偏离要比其他波长处小得多。

2. 杂散光　从分光器得到的单色光中,还有一些不在谱带宽度范围内的与所需波长相隔较远的光,称为杂散光(stray light)。杂散光一般来源于仪器制造过程中难以避免的瑕疵,仪器的使用和保养不善,光学元件受到尘染或霉蚀是杂散光增多的常见原因。杂散光也可使光谱变形、变值。特别是在透射光很弱的情况下,会产生明显的作用。现代仪器中杂散光强度的影响可以减少到忽略不计。但在接近末端吸收处,有时因杂散光影响而出现假峰。

3. 散射光和反射光　样品溶液中悬浮的微粒质点的直径大于入射光波长时,微粒质点对入射光有散射作用,入射光在吸收池内外界面之间通过时又有反射作用。散射光和反射光都是入射光谱带宽范围内的光,对透射光强度有直接影响。

光的散射可使透射光减弱。真溶液质点小,散射光不强,可用空白对比补偿。但胶体、混浊液等质点大,散射光强,一般不易制备相同空白补偿,常使测得的吸光度偏高,产生正误差,分析中不容忽视。

反射也使透光强度减弱,使测得的吸光度偏高,一般情况下可用空白对比补偿,但当空白溶液与试样溶液的折射率有较大差异时,可使吸光度值产生偏差,不能完全用空白对比补偿。

4. 非平行光　通过吸收池的光一般都不是真正的平行光,倾斜光通过吸收池的实际光程将比垂直照射的平行光的光程长,使厚度 l 增大而影响测量值。这种测量时实际厚度的变异也是同一物质用不同仪器测定吸光系数时,产生差异的主要原因之一。

（三）透光率测量误差

透光率测量误差 ΔT 是测量中的随机误差,来自仪器的噪声(noise)。测定结果的相对误差与透光率测量误差间的关系可由朗伯-比尔定律导出：

$$c = \frac{A}{El} = \lg \frac{1}{T} \cdot \frac{1}{El}$$

微分后并除以上式即可得浓度的相对误差 $\Delta c/c$ 为：

$$\frac{\Delta c}{c} = \frac{0.434 \Delta T}{T \lg T} \hspace{2cm} 式(8-10)$$

上式表明测定结果的相对误差取决于透光率 T 和透光率测量误差 ΔT 的大小。

噪声可分为以下两种：

1. 暗噪声　暗噪声(dark noise)是光电检测器或热检测器与放大电路等各部件的不确定性引起的,这种噪声的强弱取决于各种电子元件和线路结构的质量、工作状态以及环境条件等。不论是有光照射或无光照射, ΔT 可视为一个常量。高精度的分光光度计暗噪声 ΔT 可低达 0.01% ,但大多数分光光度计的 ΔT 在 ±0.2% ~ ±1% 。假定为 0.5% ,代入式(8-10),算出不同透光率或吸光度值时的浓度相对误差,作图得图 8-13 中的实线。

由图 8-13 实线可以看出当 A 值在 0.2～0.7,相对误差较小,是测量最适宜范围,测量的吸光度过低或过高,$\Delta c/c$ 值急剧上升。曲线最低点所对应的 T 值或 A 值,即为最小误差的读数。可将式(8-10)的导数取零值求得:

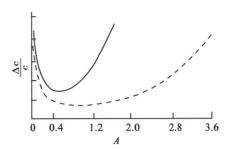

$$\left(\frac{\Delta c}{c}\right)' = \left(\frac{\Delta T}{T\ln T}\right)' = -\Delta T \cdot \frac{1+\ln T}{(T\ln T)^2} = 0$$

$$\ln T = -1$$

$$T = 0.368; \quad A = 0.434$$

图 8-13　暗噪声(—)与讯号噪声(···)的误差曲线

在工作中没有必要去寻求这一最小误差点,只要求测量在最适宜范围(A 为 0.2～0.7)即可;值得指出的是上述推导结果未考虑 ΔT 的大小变化,而实际上 ΔT 的大小与测量最适宜范围也有直接关系,所以在高精度的分光光度计上可以根据仪器性能说明和实际测量结果确定适宜的测量范围。

2. 讯号噪声　讯号噪声也称信号散粒噪声(signal shot noise)。光敏元件受光照射时电子是一个一个地受激发而迁移的。用很小的时间单位来衡量,每一单位时间中电子迁移数量是不相等的,而是在某一均值周围的随机数,形成测量光强时的不确定性。随机数变动的幅度随光照增强而增大,讯号噪声与被测光强的平方根成正比,其比值 K 与光的波长及光敏元件的品质有关。由讯号噪声产生的 ΔT 可用下式表示:

$$\Delta T = TK\sqrt{\frac{1}{T}+1}$$

代入式(8-10)得:

$$\frac{\Delta c}{c} = \frac{0.434K}{\lg T} \cdot \sqrt{\frac{1}{T}+1} \qquad\qquad 式(8-11)$$

按式(8-11)所得的浓度相对误差与测得值间的关系如图 8-13 中虚线所示,误差较小的范围一直延伸到高吸光度区。这对测定是个有利因素。

第三节　紫外-可见分光光度计

紫外-可见分光光度计是在紫外-可见光区可任意选择不同波长的光测定吸光度的仪器。商品仪器的类型很多,性能差别悬殊,但其基本组成相似,如图 8-14 所示。

图 8-14　紫外-可见分光光度计组成方框图

一、紫外-可见分光光度计的结构组成

1. 光源　光源是提供入射光的装置。对分子吸收测定来说,通常希望能连续改变测量波长进行测定,故分光光度计要求有能在所需光谱区域内发射强度足够且稳定的、具有连续光谱且发光面积小的光源。紫外区和可见区通常分别用氘灯和钨灯两种光源。

(1)钨灯和卤钨灯:钨灯光源是固体炽热发光的光源,又称白炽灯,发射光能的波长覆盖较宽,但紫外区很弱,通常取其波长大于 350nm 的光,为可见区光源。白炽灯的发光强度与供电电压的 3～4 次方成正比,所以供电电压要稳定。卤钨灯是钨灯灯泡内充碘和溴的低压蒸气,可延长钨丝的寿命,发光强度比钨灯高。

（2）氢灯和氘灯:氢灯和氘灯均是气体放电发光的光源,发射自 150nm 至约 400nm 的连续光谱。由于玻璃吸收紫外光,故灯泡必须具有石英窗或用石英灯管制成。氘灯比氢灯昂贵,但发光强度和灯的使用寿命比氢灯增加 2~3 倍。现在仪器多用氘灯。气体放电发光需先激发,同时应控制稳定的电流,所以都配有专用的电源装置。

2. 单色器   紫外-可见分光光度计中单色器的作用是将来自光源的连续光谱按波长顺序色散,并从中分离出一定宽度的谱带。单色器由入射狭缝、准直镜、色散元件、物镜和出射狭缝构成。其中色散元件是关键部件,有棱镜和光栅两种,如图 8-15 所示,早期的仪器多用棱镜,现代紫外-可见分光光度计基本都采用光栅。

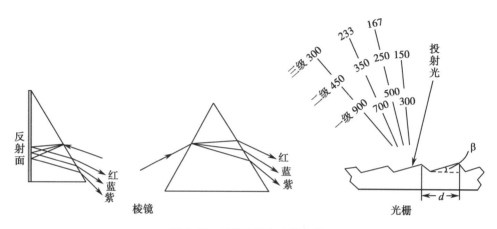

图 8-15   棱镜色散与光栅色散

光栅是根据光的衍射和干涉原理将复合光色散为连续光谱经狭缝而形成单色光,它可用于紫外、可见和近红外光谱区域,而且在整个波长范围内具有良好的、几乎均匀一致的色散率,且具有适用波长范围宽、分辨力高、成本低、便于保存和易于制作等优点,是目前应用最多的色散元件。用于紫外区的光栅,用铝作反射面,在平滑玻璃表面上,每 1mm 刻槽一般为 600~1 200 条。近年来采用激光全息技术生产的全息光栅(holographic grating)质量更高,已得到普遍采用。在紫外分光光度计中一般用镀铝的抛物柱面反射镜作为准直镜。铝面对紫外光反射率比其他金属高,但铝易受腐蚀,应注意保护。

狭缝宽度直接影响分光质量,狭缝过宽,单色光不纯,可使吸光度变值;狭缝宽度过窄,光通量减小,灵敏度降低;若增大放大器的放大倍数则使噪声增大,影响准确度,因此狭缝宽度要恰当。一般以尝试减少狭缝宽度,试样吸光度不再改变时的宽度为合适。

3. 吸收池   吸收池是用于盛放试液的装置。用光学玻璃制成的吸收池,只能用于可见光区。用熔融石英(二氧化硅)制成的吸收池,适用于紫外光区,也可用于可见光区。盛空白溶液的吸收池与盛试样溶液的吸收池应互相匹配,即有相同的厚度与相同的透光性。为减少光损失,测定时吸收池的光面必须完全垂直于光束方向。指纹、油污或者光面壁上其他附着物都会影响其透射率,应注意保持两光面的清洁,避免其损蚀。

4. 检测器   检测器是一种光电转换元件,是检测单色光通过溶液被吸收后透射光的强度,并把这种光信号转变为电信号的装置。作为紫外-可见光区的辐射检测器,一般常用光电效应检测器,它是将接收到的辐射功率变成电流的转换器,如光电池和光电管。最近几年来采用了光学多道检测器,在光谱分析检测器技术中,出现了重大革新。

（1）光电池:光电池有硒光电池和硅光电池。硒光电池只能用于可见光区。硅光电池能同时适用于紫外区和可见区。光电池是一种光敏半导体,当光照时就产生光电流,在一定范围内光电流大小与照射光强成正比,可直接用微电流计测量。光电池只能用于谱带宽度较大的低档仪器。

（2）光电管：光电管是由一个阳极和一个光敏阴极组成的真空（或充少量惰性气体）二极管,阴极表面镀有碱金属或碱金属氧化物等光敏材料,当它被有足够能量的光照射时,能够发射出电子。当在两极间有电位差时,发射出的电子流向阳极而产生电流,电流大小决定于照射光的强度。光电管有很高内阻,所以产生的电流很容易放大,如图 8-16 所示。目前国产光电管有紫敏光电管,为铯阴极,适用于 200～625nm;红敏光电管为银氧化铯阴极,用于 625～1 000nm。因此,紫外-可见分光光度计需同时配有红敏和紫敏光电管。

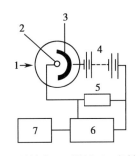

1. 照射光;2. 阳极;3. 光敏阴极;4. 90V 直流电源;5. 高电阻;6. 直流放大器;7. 指示器。

图 8-16　光电管检测示意图

（3）光电倍增管（photomultiplier tube,PMT）:光电倍增管的原理和光电管相似,结构上的差别是在光敏金属的阴极和阳极之间还有几个倍增级(一般是九个),如图 8-17 所示。阴极遇光发射电子,此电子被高于阴极 90V 的第一倍增极加速吸引,当电子打击此倍增极时,每个电子使倍增极发射出几个额外电子。然后电子再被电压高于第一倍增极 90V 的第二倍增极加速吸引,每个电子又使此倍增极发射出多个新的电子。这个过程一直重复到第九个倍增极。从第九个倍增极发射出的电子已比第一倍增极发射出的电子数大大增加,然后被阳极收集,产生较强的电流,再经放大,光电倍增管检测器大大提高了仪器测量的灵敏度。

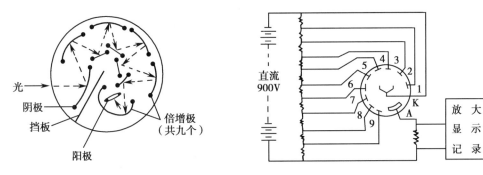

图 8-17　光电倍增管检测示意图

（4）二极管阵列检测器（DAD）:近年来光学多道检测器如光二极管阵列检测器（photo-diode array detector）已经装配到紫外-可见分光光度计中。光二极管阵列是在晶体硅上紧密排列一系列光二极管,每一个二极管相当于一个单色仪的出口狭缝。两个二极管中心距离的波长单位称为采样间隔,因此二极管阵列分光光度计中,二极管数量愈多,分辨率愈高。例如,Agilent8453 型紫外-可见分光光度计的二极管阵列检测器由 1 024 个二极管组成,在 190～1 100nm 范围内,数字显示周期对应的光照时间为 100 毫秒。在极短时间,可获得全光光谱。

5. 讯号处理与输出装置　光电管输出的电讯号很弱,需经过放大才能以某种方式将测量结果显示出来,讯号处理过程也会包含一些数学运算,如对数函数、浓度因素等运算乃至微积分等处理。

输出装置可由电表指示、数字显示、荧光屏显示,还可以进行结果打印及曲线扫描等。显示方式一般都有透光率与吸光度两种,有的还可转换成浓度、吸光系数等显示。现代分光光度计一般配有电脑或相关数字接口,以便操作控制和信息处理。

二、紫外-可见分光光度计的类型和光学性能

（一）光路类型

紫外-可见分光光度计的光路系统,目前一般可分为单光束、双光束、双波长、二极管阵列和光纤探头等几种。

1. 单光束紫外-可见分光光度计   单光束紫外-可见分光光度计用钨灯或氘灯作光源,从光源到检测器只有一束单色光。这种简易型分光光度计结构简单,价格便宜,操作方便,适用于给定波长处测定吸光度或透光率等常规分析,但对光源发光强度的稳定性要求较高。

2. 双光束紫外-可见分光光度计   双光束光路是被普遍采用的光路,图 8-18 表示其光路原理。

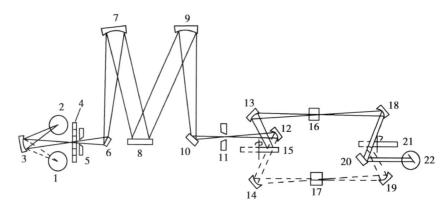

1. 钨灯;2. 氘灯;3. 凹面镜;4. 滤光片;5. 入射狭缝;6、10、20. 平面镜;7、9. 准直镜;8. 光栅;11. 出射狭缝;12、13、14、18、19. 凹面镜;15、21. 扇面镜;16. 参比池;17. 样品池;22. 光电倍增管。

图 8-18   双光束紫外-可见分光光度计光路示意图

光源发出的光经反射镜反射,通过过滤散射光的滤光片和入射狭缝,经过准直镜和光栅分光,经出射狭缝得到单色光。单色光被旋转扇面镜分成交替的两束光,分别通过样品池和参比池,再经与其同步的另一扇面镜将两束光交替地照射到光电倍增管,使光电倍增管产生一个交变脉冲讯号,经过比较放大后,由输出装置显示出透光率、吸光度、浓度或进行波长扫描,记录吸收光谱。扇面镜以每秒几十转至几百转的速度匀速旋转,使单色光能在很短时间内交替通过空白与试样溶液,可以减免因光源强度不稳而引入的误差。测量中不需要移动吸收池,可在随意改变波长的同时记录所测量的光度值,便于描绘吸收光谱。

3. 双波长紫外-可见分光光度计   双波长光路具有两个并列的单色器,分别产生两束不同波长的单色光,通过斩光器使两束单色光在很短时间内交替通过同一吸收池,得到的结果是试样对两种单色光的吸光度值之差,利用该差值与浓度成正比的关系测定含量。在有背景干扰或共存组分吸收干扰的情况下,能提高方法的灵敏度和选择性。

4. 二极管阵列紫外-可见分光光度计   二极管阵列紫外-可见分光光度计是一种具有全新光路系统的仪器,其光路原理如图 8-19 所示。

由光源发出的光,经消色差聚光镜聚焦后通过样品池,再聚焦于光栅的入口狭缝上。透过光经全息光栅表面色散并投射到二极管阵列检测器上。二极管阵列的电子系统可在 1/10 秒的极短时间内获得整个光谱范围内的全部信息。

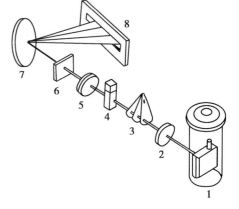

1. 光源:钨灯或氘灯;2、5. 消色差聚光镜;3. 光闸;4. 吸收池;6. 入口狭缝;7. 全息光栅;8. 二极管阵列检测器。

图 8-19   二极管阵列紫外-可见分光光度计光路图

5. 光纤探头式紫外-可见分光光度计   光纤探头的特点是直接插入样品溶液检测,不需吸收池,不受外界光线的影响,安装简易,操作灵活,常用于生产过程中质量监控和环境监测。

（二）光学性能

分光光度计型号很多,改进也快,近几年来很多仪器装配了计算机和光学多道二极管阵列检测器,使仪器的质量、功能和自动化程度都得到了很大提高。不论哪种型号分光光度计,都有自己的光学性能规格,现以国产中档分光光度计光学性能加以说明。

1. 波长范围　仪器能测量波长范围为 190~1 100nm。

2. 光谱带宽　光谱带宽为 2nm。

3. 波长准确度　仪器显示的波长数值与单色光的实际波长值之间的误差为±0.3nm。

4. 波长重现（复）性　重复使用同一波长,单色光实际波长的变动值≤0.2nm。

5. 透光率测量范围　仪器能测量透光率范围为 0~200%（T）。

6. 吸光度测量范围　仪器能测量吸光度范围为 -0.3~3.00（A）。

7. 光度准确度　以透光率测量值的误差表示。透光率满量程误差为±0.3%（NBS$_{900}$或铬酸钾溶液）。

8. 光度重复性　同样情况下重复测量透光率的变动性为±0.3%。

9. 分辨率　单色器分辨两条靠近的谱线的能力。260nm 处为 $\Delta\lambda = 0.3$nm。

10. 杂散光　通常以测光讯号较弱的波长处（如 200 或 220nm、310 或 340nm 处）所含杂散光的强度百分比为指标。220nm 处 NaI（1% g/ml）≤0.1%。

（三）仪器的校正

即使一台性能良好的分光光度计,在正式使用之前,也需要对仪器的主要性能指标如波长的准确度、吸光度的准确度以及吸收池的光学性能等进行检查或校正。

1. 波长的校正　氢灯或氘灯的发射谱线中有几根原子谱线,可作为波长校正用,常用的有 486.13nm（F 线）和 656.28nm（C 线）。

稀土玻璃（如镨钕玻璃、钬玻璃）在相当宽的波长范围内有特征吸收峰,可以很方便地用来检查和校正分光光度计的波长读数。某些元素辐射产生的强谱线也可以用于检查和校正波长,如汞灯的 546.1nm 是强绿色谱线、钾的 776.5nm、铷的 780.0nm 以及铯的 852.1nm 都可应用。在可见光区校正波长的最简便方法是绘制镨钕玻璃的吸收光谱。

苯蒸气在紫外区有很特征的 B 吸收带,如图 8-20 所示。用它来检查波长读数也是非常方便的。只要在吸收池内滴 1 滴液体苯,盖上吸收池盖,待苯挥发充满整个吸收池后,即可测绘苯蒸气的吸收光谱。这是一个很实用的标准波长校正法。

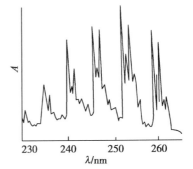

图 8-20　苯蒸气 B 带的精细结构

2. 吸光度的校正　某些物质如硫酸铜、硫酸钴铵、重铬酸钾的标准溶液,可用来检查或校正分光光度计的吸光度标度,其中以重铬酸钾溶液应用最普遍。《中国药典》（2020 年版）四部 0401 项中规定,精密称定干燥至恒重的基准重铬酸钾约 60mg,采用 0.005mol/L 硫酸溶液溶解并稀释至 1 000ml,进行吸光度准确度检定。

3. 吸收池的校正（配对）　在吸收池 A 内装入试样溶液,在吸收池 B 内装入参比溶液。测量试液的吸光度,然后倾出吸收池内的溶液,洗净吸收池。再分别在吸收池 A 内装入参比溶液,在吸收池 B 内装入试样溶液,测量吸光度。要求前后两次测得的吸光度差值应小于 1%。在校正吸收池时,应多选择几个波长测量吸光度,得到的校正值可供以后实验中使用。

第四节　有机化合物的紫外吸收光谱与结构分析

有机化合物的紫外吸收光谱特征,主要决定于分子中生色团和助色团及其共轭情况,不能体现整个分子的结构特征。因此,单独用紫外吸收光谱不能完全确定化合物的分子结构,必须结合红外吸收光谱、核磁共振波谱和质谱等信息才能进行化合物的结构分析。利用紫外吸收光谱研究有机化合物的结构,可以推定分子的骨架,判断生色团之间的共轭关系和估计共轭体系中取代基的种类、位置和数目。

一、有机化合物的紫外吸收光谱

(一)饱和碳氢化合物

饱和碳氢化合物只有 σ 电子,因此只能产生 $\sigma \rightarrow \sigma^*$ 跃迁,所需能量很大,其吸收峰在远紫外区,这类化合物在 200~400nm 没有吸收,在紫外吸收光谱分析中常用作溶剂。

(二)含孤立助色团和生色团的饱和有机化合物

饱和碳氢化合物上的氢被氧、氮、硫、卤素等杂原子取代后,分子内除 σ 电子外还有 n 电子,因而有 $n \rightarrow \sigma^*$ 跃迁。$n \rightarrow \sigma^*$ 跃迁所需能量比 $\sigma \rightarrow \sigma^*$ 小,所以吸收峰长移。杂原子的电负性小和离子半径大,其 n 电子能级高,$n \rightarrow \sigma^*$ 跃迁所需的能量小,吸收峰波长较长(表 8-5)。

表 8-5　含有杂原子的饱和化合物的吸收峰

助色团	化合物	溶剂	跃迁	λ_{max}	ε_{max}
—	CH_4	气态		<150nm	—
—Cl	CH_3Cl	正己烷	$n \rightarrow \sigma^*$	173nm	200
—Br	$CH_3CH_2CH_2Br$	正己烷	$n \rightarrow \sigma^*$	208nm	300
—I	CH_3I	正己烷	$n \rightarrow \sigma^*$	259nm	400
—OH	CH_3OH	正己烷	$n \rightarrow \sigma^*$	177nm	200
—SH	CH_3SH	乙醇	$n \rightarrow \sigma^*$	195nm	1 400
—NH_2	CH_3NH_2	乙醇	$n \rightarrow \sigma^*$	215nm	600

含孤立生色团化合物会产生 $\pi \rightarrow \pi^*$ 跃迁(表 8-6),因含杂原子双键,故还会产生 $n \rightarrow \pi^*$ 和 $n \rightarrow \sigma^*$ 跃迁,孤立双键的 $\pi \rightarrow \pi^*$ 吸收峰在 150~180nm。酮和醛有三个吸收峰:$n \rightarrow \sigma^*$ 跃迁吸收峰在 190nm 左右;$\pi \rightarrow \pi^*$ 吸收峰在 150~180nm;$n \rightarrow \pi^*$ 吸收峰在 275~295nm。

表 8-6　一些孤立生色团的最大吸收峰

生色团	化合物	溶剂	跃迁	λ_{max}	ε_{max}
>C=C<	乙烯	气态	$\pi \rightarrow \pi^*$	171	10 000
—C≡C—	乙炔	气态	$\pi \rightarrow \pi^*$	173	6 000
>C=O	乙醛	气态	$n \rightarrow \pi^*$	289	12.5
			$\pi \rightarrow \pi^*$	150	20 000
			$n \rightarrow \sigma^*$	182	10 000
	丙酮	正己烷	$n \rightarrow \sigma^*$	194	9 000
		气态	$\pi \rightarrow \pi^*$	156	15 000
		正己烷	$n \rightarrow \pi^*$	279	15
—COOH	乙酸	水	$n \rightarrow \pi^*$	204	40
—COOR	乙酸乙酯	水	$n \rightarrow \pi^*$	204	60
—$CONH_2$	乙酰胺	甲醇	$n \rightarrow \pi^*$	205	150
—COCl	乙酰氯	庚烷	$n \rightarrow \pi^*$	240	34
>C=N—	丙酮肟	水	$n \rightarrow \pi^*$	190	5 000
—N=N—	偶氮甲烷	二氧六环	$n \rightarrow \pi^*$	347	4.5
—N=O	亚硝基丁烷	乙醚	$n \rightarrow \pi^*$	300	100
—NO_2	硝基甲烷	乙醇	$n \rightarrow \pi^*$	271	18.6

（三）共轭烯烃

在同一分子中有两个双键,其间由两个以上亚甲基隔开,则它们的吸收峰位置与只含一个双键的吸收峰位置相同,只是吸收强度约增加1倍。若分子中两个双键间只隔一个单键则成为共轭系统,生成大π键,使π与π^*间能级距离变小,吸收峰长移,吸收增强。随着共轭体系增加,$\pi \to \pi^*$跃迁所需能量减小,吸收峰长移增加,ε增大,化合物可由无色逐渐变为有色。

（四）α,β不饱和酮、醛、酸和酯

若双键和羰基未形成共轭化合物,其紫外吸收光谱分别呈现$C=C$和$C=O$双键的$\pi \to \pi^*$跃迁,约在200nm附近有两个强吸收峰,另外在约280nm处有羰基的$n \to \pi^*$吸收峰。但在α,β不饱和醛、酮中,由于$C=C$和$C=O$共轭,使$\pi \to \pi^*$长移至200~260nm,ε约为10 000。而$n \to \pi^*$跃迁长移到310~350nm,$\varepsilon<100$。溶剂对不饱和酮、醛有显著影响,一般溶剂极性增加使$\pi \to \pi^*$跃迁红移,而使$n \to \pi^*$跃迁蓝移。羧酸和酯都含有羰基,有$\pi \to \pi^*$和$n \to \pi^*$跃迁。但它们羰基上的碳原子,直接连有含未共用电子对的助色团(—OH、—OR)。这些助色团上的n电子与羰基双键的π电子产生共轭,使成键的π轨道和反键的π^*轨道的能级都提高,而成键的π轨道提高得更大些,这样使$\pi \to \pi^*$距离变小,跃迁吸收峰长移。然而未共用电子对的n轨道的能量未变,但π^*轨道能级已提高,所以$n \to \pi^*$跃迁所需能量增大,$n \to \pi^*$跃迁吸收峰短移。因此羧酸和酯的$\pi \to \pi^*$跃迁吸收峰比相应的酮、醛的吸收峰波长较长,而$n \to \pi^*$跃迁吸收峰比相应的酮、醛的吸收峰波长较短。

（五）芳香族化合物

1. 苯和取代苯　苯是最简单的芳香族化合物,它具有环状共轭体系,在紫外光区有E_1、E_2带和B带三个吸收带,这些带都是$\pi \to \pi^*$跃迁产生的。B带是芳香化合物特征,对鉴定芳香化合物很有作用。B带的精细结构在极性溶剂中消失。

当苯环上有取代基时,苯的三个带都长移,ε值也增大,B带的精细结构因取代基而变得简单化。取代苯中,因E_1带在远紫外区,研究较少,而E_2带和B带研究最为广泛。取代基的性质不同红移效应不同,各种取代基的红移效应强弱次序大致如下:

供电子取代基:—$CH_3<$—$Cl<$—$Br<$—$OH<$—$OCH_3<$—$NH_2<$—$O<$—$NHCOCH_3<$—NCH_3

吸电子取代基:—$NH_3^+<$—$SO_2NH_2<$—$COO^-\leqslant$—$CN^-<$—$COOH<$—$CHO<$—NO_2

（1）助色团取代:烷基取代对苯的光谱形状影响不大,仍保持B带的精细结构,只是每个吸收带略向长移,吸收强度也略有增加,当苯环上具有孤对电子杂原子取代基时,由于产生$n \to \pi^*$共轭,E_2带和B带明显长移,ε值也显著增大。苯环上助色团取代时,并随着溶剂极性不同,其精细结构变为简单或消失,如图8-21所示。把苯酚变为酚盐时,由于孤对电子的增加,使$n \to \pi^*$共轭加强,E_2和B带长移,ε值加大。利用中性溶液和碱性溶液的紫外吸收光谱进行比较可以推测苯酚结构的存在与否。又如把苯胺变成苯胺盐,由于失去孤对电子,$n \to \pi^*$共轭消失,吸收带与苯相似,这也是用以判断苯胺结构存在与否的根据。

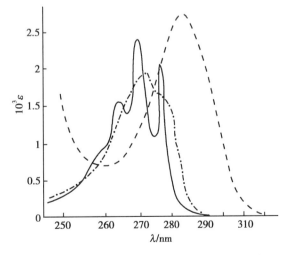

图8-21　不同溶剂对苯酚紫外吸收光谱的影响
—环己烷　—·—乙醇　----0.1mol/L NaOH 溶液

（2）生色团取代:生色团取代时,在200~250nm处出现K带,$\varepsilon>10^4$,B带长移也大。有的化合物如苯甲醛和乙酰苯等有K带、B带还有R带。有些化合物的B带可被K带掩盖。含羰基化合物,如果在极性溶液中测定,R带有时被B带掩盖。

2. 芳杂环化合物　饱和的五元和六元杂环化合物的吸收峰波长都低于 200nm,而芳杂环化合物才有紫外吸收。五元不饱和杂环化合物,如呋喃、噻吩和吡咯等,相当于环戊二烯的 CH_2 被杂原子取代,但其分子中杂原子上 n 电子参加了芳环共轭所需的六个 π 电子,这类化合物不显现 n→π* 跃迁吸收带,因此它们的紫外吸收光谱也与环戊二烯相似。

六元氮芳杂环的光谱和相应的芳烃相似,但 B 带强度增大,精细结构简化甚至消失,并增加一个 n→π* 跃迁,但其吸收带常被掩盖。苯和吡啶、萘和喹啉、蒽和吖啶的光谱非常相似。

二、有机化合物的结构分析

1. 初步推断化合物的基团　如果化合物在 220~800nm 范围内无吸收($\varepsilon<1$),则可能是脂肪族饱和碳氢化合物、胺、腈、醇、醚、氯代烃和氟代烃,不含直链或环状共轭体系,没有醛、酮等基团。如果在 210~250nm 有吸收带,可能含有两个共轭单位;在 260~300nm 有强吸收带,可能含有 3~5 个共轭单位;250~300nm 有弱吸收带表示有羰基存在;在 250~300nm 有中等强度吸收带,而且含有振动结构,表示有苯环存在;如果化合物有颜色,分子中含有的共轭生色团一般在五个以上。

2. 异构体的推定

(1)结构异构体:许多结构异构体之间可利用其双键的位置不同,应用紫外吸收光谱可以推定异构体的结构。例如松香酸(Ⅰ)和左旋松香酸(Ⅱ)的 λ_{max} 分别为 238nm 和 273nm,相应 ε 值分别为 15 100 和 7 100。这是因为Ⅱ为同环双烯,共轭体系的共平面性好,因此Ⅱ的 λ_{max} 比Ⅰ的 λ_{max} 长;对于共轭体系而言,Ⅱ的空间位阻更严重,因此Ⅰ型的 ε 比Ⅱ型的 ε 大得多。

(2)顺反异构体:顺式异构体一般都比反式的波长短,而且 ε 小。这是由空间位阻引起的。

$$（Ⅰ） \qquad （Ⅱ）$$

3. 化合物骨架的推定　未知化合物与已知化合物的紫外吸收光谱一致时,可以认为两者具有同样的生色团,根据这个原理可以推定未知化合物的骨架。例如维生素 K_1(A)有吸收带:λ_{max} 249nm($\lg\varepsilon=4.28$)、260nm($\lg\varepsilon=4.26$)、325nm($\lg\varepsilon=3.28$)。查阅文献与 1,4-萘醌的吸收带 λ_{max} 250nm($\lg\varepsilon=4.6$)、λ_{max}330nm($\lg\varepsilon=3.8$)相似,因此把(A)与几种已知 1,4-萘醌的光谱进行比较,发现(A)与 2,3-二烷基-1,4 萘醌(B)的吸收带很接近,这样就推定了(A)的骨架。

$$（A） \qquad （B）$$

第五节　定性分析方法

紫外-可见分光光度法在药物分析中广泛应用,在各国药典中,有很多药物的鉴别和检查项目都采用了紫外-可见分光光度法。

一、鉴别分析

利用紫外-可见分光光度法对有机化合物进行定性鉴别的主要依据是多数有机化合物具有吸收光谱特征,例如吸收光谱形状,吸收峰数目,各吸收峰的波长位置、强度和相应的吸光系数值等。结构完全相同的化合物应有完全相同的吸收光谱;但吸收光谱相同的化合物却不一定是同一个化合物。因为有机分子选择吸收的波长和强度,主要决定于分子中的生色团和助色团及其共轭情况。利用紫外-可见分光光度法进行化合物的定性鉴别,一般采用对比法。将试样的吸收光谱特征与标准化合物的吸收光谱特征进行对照比较;也可以利用文献所载的紫外-可见标准图谱进行核对。如果两者完全相同,则可能是同一种化合物;如两者有明显差别,则肯定不是同一种化合物。

1. **对比吸收光谱特征数据**　最常用于鉴别的光谱特征数据是吸收峰所在的波长(λ_{max})。若一个化合物中有几个吸收峰,并存在谷或肩峰,应该同时作为鉴定依据,这样更显示光谱特征的全面性。

具有不同或相同吸收基团的不同化合物,可有相同的λ_{max}值,但它们的ε或$E_{1cm}^{1\%}$值常有明显差异,所以吸光系数值也常用于化合物的定性鉴别。如含有3位酮基4位烯基键的甾体化合物(结构如下),在无水乙醇中测得的λ_{max}值相同,都是240nm±1nm,但它们的$E_{1cm}^{1\%}$有明显差异,可以作为鉴别的依据。另外,多烯型($C=C-C=C$)、苯乙烯型($C=C-C_6H_5$)和α,β不饱和酮型($C=C-C=O$)等化合物有顺反异构体,一般反式比顺式异构体的ε大。

安宫黄体酮 ($M = 386.53$g/mol)
$\lambda_{max} = 240$nm $\pm$ 1nm
$E_{1cm}^{1\%} = 408$

炔诺酮 ($M = 298.43$g/mol)
$\lambda_{max} = 240$nm $\pm$ 1nm
$E_{1cm}^{1\%} = 571$

2. **对比吸光度(或吸光系数)的比值**　当物质的紫外吸收光谱有不止一个吸收峰时,可根据在不同吸收峰处(或峰与谷)测得吸光度的比值作为鉴别的依据,因为用的是同一浓度的溶液和同一厚度的吸收池,取吸光度比值也就是吸光系数比值可消去浓度与厚度的影响。

$$\frac{A_1}{A_2} = \frac{E_1 cl}{E_2 cl} = \frac{E_1}{E_2}$$

下面举一个收载于《中国药典》(2020年版)的药物鉴别应用示例。

例8-2　维生素B_{12}的鉴别

操作步骤: 取本品适量,精密称定,加水溶解并定量稀释制成每1ml中约含25μg的溶液。照紫外-可见分光光度法(通则0401)测定,在278nm、361nm与550nm的波长处有最大吸收。361nm与278nm波长处的吸光度的比值应为1.70~1.88;361nm与550nm波长处的吸光度的比值应为3.15~3.45。

3. **对比吸收光谱的一致性**　用上述几个光谱数据作鉴别,不能发现吸收光谱曲线中其他部分的差异。必要时,需将试样与已知标准品配制成相同浓度的溶液,在同一条件下分别描绘吸收光谱,核对其一致性。也可利用文献所载的标准图谱进行核对。只有在光谱曲线完全一致的情况下才可以初步认为它们可能是同一物质。若光谱曲线有差异,则可认定试样与标准品并非同一物质。为了使分析更准确可靠,需注意测定时应采用与待测物质作用力小的非极性溶剂,且采用窄的光谱通带,以保持光谱的精细结构。例如,10μg/ml 的醋酸可的松、醋酸氢化可的松与醋酸泼尼松的乙醇溶液,有几乎完全相同的 λ_{max}(240nm)、$E_{1cm}^{1\%}$(390)或 ε(1.57×10^4),但从它们的吸收光谱曲线上可以看出其中的某些差别,据此可以得到鉴别。

用紫外吸收光谱数据或曲线进行定性鉴别,有一定的局限性。主要是因为紫外吸收光谱一般只有一个或几个宽吸收带,曲线的形状变化不多;在成千成万种有机化合物中,不相同的化合物可以有很类似甚至雷同的吸收光谱。所以在得到相同的吸收光谱时,应考虑到有并非同一物质的可能性。而在两种纯化合物的吸收光谱有明显差别时,却可以肯定两者不是同一种物质。

二、纯度检查

1. 杂质检查　如果化合物在紫外-可见光区没有明显吸收,而所含杂质有较强的吸收,那么含有少量杂质就可用光谱检查出来。例如,乙醇和环己烷中若含少量杂质苯,苯在256nm 处有吸收峰,而乙醇和环己烷在此波长处无吸收,乙醇中含苯量低达 0.001% 也能从光谱中检查出来。

若化合物有较强的吸收峰,而所含杂质在此波长处无吸收峰或吸收很弱,杂质的存在将使化合物的吸光系数值降低;若杂质在此吸收峰处有比化合物更强的吸收,则将使吸光系数值增大;有吸收的杂质也将使化合物的吸收光谱变形;这些都可用作检查杂质是否存在的方法。

2. 杂质的限量检测　对于药物中的杂质,常需制订一个容许其存在的限量。如肾上腺素在合成过程中有一中间体肾上腺酮,当它还原成肾上腺素时,反应不够完全而带入产品中,成为肾上腺素的杂质,而影响肾上腺素疗效。因此,肾上腺酮的量必须规定在某一限量之下。在 HCl 溶液(0.05mol/L)中肾上腺素与肾上腺酮的紫外吸收光谱有显著不同,在 310nm 处,肾上腺酮有吸收峰,而肾上腺素没有吸收,如图 8-22 所示。可利用 310nm 检测肾上腺酮的混入量。方法是将肾上腺素试样用 HCl 液 0.05mol/L 制成每 1ml 含 2mg 的溶液,在 1cm 吸收池中,于 310nm 处测定吸光度 A。规定 A 值不得超过 0.05,则以肾上腺酮在 310nm 处的 $E_{1cm}^{1\%}$ 值(435)计算,相当于含酮体不超过 0.06%。有时用峰谷吸光度的比值控制杂质的限量。例如,碘解磷定注射液可能存在分解产物杂质,在碘解磷定的最大吸收波长 294nm 处,这些杂质几乎没有吸收,但在碘解磷定的吸收谷 262nm 处有一些吸收,因此就可利用碘解磷定注射液的峰谷吸光度之比值作为这些杂质的限量检查指标。已知纯品碘解磷定的 A_{294}/A_{262}=3.39,如果碘解磷定注射液存在分解产物杂质,则在 262nm 处吸光度增加,使峰谷吸光度之比小于 3.39。为了限制杂质的含量,规定峰谷吸光度比值应不小于 3.1。

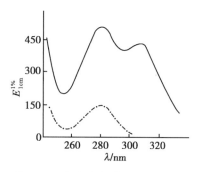

图 8-22　肾上腺素(·—·)与肾上腺酮(—)的紫外吸收光谱

第六节　定量分析方法

紫外-可见分光光度法的灵敏度较高,不仅可用于常量组分的含量测定,也可用于微量组分和痕量组分的测定以及多组分混合物的同时测定。在各国药典中,许多药物的含量测定方法都采用了紫外-可见分光光度法。

一、单组分的定量方法

根据朗伯-比尔定律,物质在一定波长处的吸光度与浓度之间有线性关系。因此,只要选择一定的波长测定溶液的吸光度,即可求出浓度。通常应选被测物质吸收光谱中的吸收峰处,以提高灵敏度并减少测量误差。被测物如有几个吸收峰,可选无其他物质干扰的、较高的吸收峰。一般不选择紫外吸收光谱中靠近短波长的末端吸收峰。

许多溶剂本身在紫外光区有吸收,选用的溶剂应不干扰被测组分的测定。当采用小于某波长的紫外光照射溶剂时,溶剂对此辐射产生强烈吸收,此时溶剂会严重地干扰待测组分的测定,则该波长称为溶剂的紫外截止波长。所以选择溶剂时,组分的测定波长必须大于溶剂的截止波长。一些溶剂的截止波长列于表8-7。

表8-7　一些常用溶剂的截止波长

溶剂	截止波长/nm	溶剂	截止波长/nm	溶剂	截止波长/nm
水	200	乙醇	215	乙酸乙酯	260
环己烷	200	正己烷	220	四氯化碳	260
甲醇	205	2,2,4-三甲基戊烷	220	甲酸甲酯	260
乙醚	210	对-二氧六环	220	苯	260
异丙醇	210	甘油	230	甲苯	285
甲基环己烷	210	1,2-二氧己烷	233	吡啶	305
正丁醇	210	二氯甲烷	235	丙酮	330
96%硫酸	210	三氯甲烷	245	二硫化碳	385

单组分试样可采用吸光系数法、工作曲线法和对照法进行定量测定。

（一）吸光系数法

根据朗伯-比尔定律 $A = Ecl$,若 l 和吸光系数 ε 或 $E_{1cm}^{1\%}$ 已知,即可根据测得的 A 求出被测物的浓度。

$$c = \frac{A}{E \cdot l}$$

通常 ε 和 $E_{1cm}^{1\%}$ 可以从手册或文献中查到,这种方法也称绝对法。

例8-3　维生素 B_{12} 的水溶液在361nm处的 $E_{1cm}^{1\%}$ 值为207,盛于1cm吸收池中,测得溶液的吸光度为0.414,计算溶液中维生素 B_{12} 的浓度。

解:$c = \dfrac{A}{E_{1cm}^{1\%} \cdot l} = \dfrac{0.414}{207 \times 1} = 0.002\ 00\ (g/100ml) = 20.0\mu g/ml$

应注意计算结果是100ml中所含溶质的克数,这是百分吸光系数的定义所决定的。若用 ε 计算,则是每升溶液含溶质的摩尔数。

（二）工作曲线法

用吸光系数作为换算浓度的因数进行定量的方法,不是任何情况下都能适用的。特别是在单色光不纯的情况下,测得的吸光度值可以随所用仪器不同而在一个相当大的幅度内变化不定,若用吸光系数换算成浓度,则将产生很大误差。但若是确定一台仪器,固定其工作状态和测定条件,则浓度与吸光度之间的关系在很多情况下仍然可以是线性关系或近似于线性的关系。即

$$A = Kc \hspace{4cm} 式(8-12)$$

此时,K 值已不再是物质的常数,不能用作定性依据。K 值只是个别具体条件下的比例常数,不能互相通用。虽然有这些限制,但由于对仪器的要求不高,所以,根据式(8-12)的关系进行定量是吸收光度法中较简便易行的方法。

先配制一系列浓度不同的标准溶液（或称对照品溶液）,在测定条件相同的情况下,分别测定其吸光度,然后以标准溶液的浓度为横坐标,以相应的吸光度为纵坐标,绘制 A-c 关系图,如果符合朗伯-比尔定律,理论上讲可获得一条通过原点的直线,如图8-23所示,称为工作曲线（或标准曲线）。但多

数情况下工作曲线并不通过原点。在相同条件下测出试样溶液的吸光度,就可以从工作曲线上查出试样溶液的浓度。也可用直线回归方程计算试样溶液的浓度。

（三）对照法

在同样条件下配制标准溶液和试样溶液,在选定波长处,分别测量吸光度,根据朗伯-比尔定律:

$$A_s = Ec_s l$$

$$A_x = Ec_x l$$

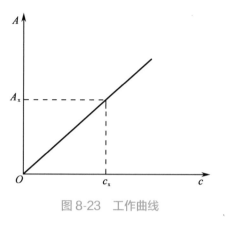

图 8-23　工作曲线

因是同种物质、同台仪器及同一波长测定,故 l 和 E 相等,所以:

$$\frac{A_s}{A_x} = \frac{c_s}{c_x}$$

$$c_x = \frac{A_x}{A_s} \cdot c_s \qquad\qquad 式(8-13)$$

分光光度法测定配位化合物的配位比和稳定常数（拓展阅读）

采用对照法定量时,标准溶液和试样溶液的浓度应尽量接近,以免由于 $A\text{-}c$ 曲线不通过原点而产生测量误差。

紫外-可见分光光度法不仅可以测定试样中组分的含量,而且还可用于测定弱酸（碱）的离解常数和配合平衡常数及配合物组成。下面仅介绍一元弱酸 HA 的离解常数的测定。

配制分析浓度为 c 的弱酸溶液,分别调节溶液 pH,在测定波长处测吸光度,若在此波长处 HA 与 A^- 均有吸收,则在高酸（碱）度时,该酸几乎以 HA（或 A^-）形式存在,此时溶液的吸光度分别为:

$$A_{HA} = \varepsilon_{HA} c \quad 或 \quad A_{A^-} = \varepsilon_{A^-} c$$

当溶液酸度在两者之间时,根据吸光度的加和性,则

$$A = \varepsilon_{HA}\left[HA\right] + \varepsilon_{A^-}\left[A^-\right] = \varepsilon_{HA}\frac{c\left[H^+\right]}{K_a + \left[H^+\right]} + \varepsilon_{A^-}\frac{cK_a}{K_a + \left[H^+\right]}$$

$$K_a = \left(\frac{A_{HA} - A}{A - A_{A^-}}\right) \cdot \left[H^+\right] \qquad\qquad 式(8-14)$$

只要测得 A_{HA}、A_{A^-}、A 和 pH,就可求得 K_a。

以测定维生素 B_6 的 pK_a 值为例,称取维生素 B_6 约 25mg,溶于水中,使成 100ml,为维生素 B_6 的贮备液。供试液按表 8-8 制备成 pH 各不相同但含维生素 B_6 的浓度相同的五种溶液。在 pH=2 时为酸式体,在 pH=7 时为碱式体。

表 8-8　维生素 B_6 的五种供试溶液的组成

溶液	维生素 B_6 贮备液体积/ml	0.1mol/L HCl 体积/ml	0.05mol/L 的 NaAc 体积/ml	pH7 磷酸盐缓冲液体积/ml	总体积/ml
A	10.0	10	0		100.0
B	10.0	6	25	0	100.0
C	10.0	4	25	0	100.0
D	10.0	2	25	0	100.0
E	10.0	0	0	50	100.0

将溶液 A(酸式体)与溶液 E(碱式体)分别置于1cm吸收池中,在230~375nm波长范围内进行扫描。重叠两个吸收光谱,选择适当的测定波长,测定每种溶液的吸光度,并用 pH 计测定 B、C 与 D 的 pH,按式(8-14)求算 K_a 值。

二、同时测定多组分的定量方法——计算分光光度法

有两种或多种组分共存时,可根据各组分吸收光谱相互重叠的程度分别考虑测定方法。最简单的情况是各组分的吸收峰所在波长处,其他组分没有吸收,如图 8-24(1)所示,则可按单组分的测定方法分别在 λ_1 处测定 a 组分和在 λ_2 处测定 b 组分的浓度。

如果 a、b 两组分的吸收光谱有部分重叠,如图 8-24(2)所示,在 a 组分的吸收峰 λ_1 处 b 组分没有吸收,而在 b 的吸收峰 λ_2 处 a 组分却有吸收,则可先在 λ_1 处按单组分测定混合物溶液中 a 组分的浓度 c_a,再在 λ_2 处测定混合物溶液的吸光度 A_2^{a+b},即可根据吸光度的加和性计算出 b 组分的浓度 c_b。

因为 $A_2^{a+b}=A_2^a+A_2^b=E_2^a \cdot c_a l+E_2^b \cdot c_b l$

$$c_b=\frac{1}{E_2^b l}(A_2^{a+b}-E_2^a \cdot c_a l) \qquad\qquad 式(8\text{-}15)$$

式中 a、b 两组分在 λ_2 处的吸光系数 E_2^a 与 E_2^b 需事先求得。

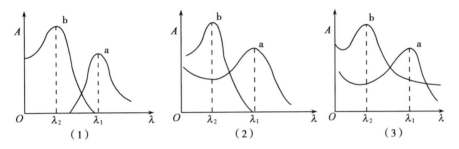

图 8-24　混合组分吸收光谱的三种可能情况示意图

在混合物测定中更多遇到的情况是各组分的吸收光谱相互都有干扰,如图 8-24(3)所示。若先测得 λ_1 与 λ_2 处两组分各自的吸光系数 E 之值,并在两波长处测得混合溶液吸光度 A,当 $l=1$cm 时,则

$$A_1^{a+b}=A_1^a+A_1^b=E_1^a c_a+E_1^b c_b$$
$$A_2^{a+b}=A_2^a+A_2^b=E_2^a c_a+E_2^b c_b$$

解此线性方程组,可求出两组分的浓度:

$$c_a=\frac{A_1^{a+b}E_2^b-A_2^{a+b}E_1^b}{E_1^a E_2^b-E_2^a E_1^b}$$

$$c_b=\frac{A_1^{a+b}E_2^a-A_2^{a+b}E_1^a}{E_1^b E_2^a-E_1^a E_2^b}$$

更复杂情况需要运用计算分光光度法来解决。计算分光光度法是运用数学、统计学与计算机科学的方法,在传统分光光度法基础上,通过测量试验设计与数据的变换、解析和预测,对物质进行定性定量的方法,属于化学计量学的范畴。但在化学术语中,不可与研究化合物组成的经典"化学计量关系"概念相混淆。计算分光光度分析的方法很多,涉及数学的很多领域,概括起来,可分为数值计算法和数学变换法两大类。

数值计算方法多用于多组分样品的定量分析,对于含 n 个组分的混合物,若在 m 个波长处测得吸光度值,则可得含 m 个 n 元一次方程的线性方程组。该方程组即为数值计算的数学模型。然后,通过计算处理(求解),可以同时得出所有共存组分各自的含量。常用的方法有图解法(等吸收双波长消

去法、系数倍率法、三波长法等)、信号处理方法(卡尔曼滤波法)和矩阵解法(最小二乘法、P矩阵法、主成分回归法和偏最小二乘法等)。

数学变换法是通过数学处理对以朗伯-比尔定律为基础的吸光度分析作一次数学的抽象,建立吸收曲线的数学信息与物质的量之间的联系,并据此对物质进行定性、定量的方法。主要的数学变换法有导数光谱法、正交函数法和褶合光谱法等。

下面介绍一种有代表性的计算分光光度法——等吸收双波长法。吸收光谱重叠的a、b两组分混合物中,若要消除b的干扰以测定a,可从b的吸收光谱上选择两个吸光度相等的波长λ_1和λ_2,测定混合物的吸光度差值,然后根据ΔA值来计算a的含量。选择波长的原则:①干扰组分b在这两个波长应具有相同的吸光度,即$\Delta A^b = A^b_{\lambda_1} - A^b_{\lambda_2} = 0$;②被测组分在这两个波长处的吸光度差值$\Delta A^a$应足够大。现用作图法说明波长组合的选定方法。如图8-25(1)所示,a为被测组分,可以选择组分a的吸收峰波长作为测定波长λ_1,在这一波长位置作x轴的垂线,此直线与干扰组分b的吸收光谱相交某一点,再从这一点作一条平行于x轴的直线,此直线又与b的吸收光谱相交于一点或数点,则选择与这些交点相对应的波长作为参比波长λ_2。当λ_2有几个波长可供选择时,应当选择使被测组分的ΔA^a尽可能大的波长。若被测组分的吸收峰波长不适合作为测定波长,也可以选择吸收光谱上其他波长,只要能满足上述两条件就行。图8-25(1)的数学运算如下:

$$A_2 = A^a_2 + A^b_2 \quad A_1 = A^a_1 + A^b_1 \quad A^b_2 = A^b_1$$
$$\Delta A = A_2 - A_1 = A^a_2 - A^a_1 = (E^a_2 - E^a_1)c_a \cdot l \qquad \text{式(8-16)}$$

被测组分a在两波长处的ΔA值愈大,愈有利于测定。同样方法可消去组分a的干扰,测定b组分的含量,如图8-25(2)所示。

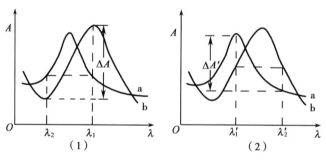

图8-25 等吸收双波长测定法示意图

三、比色法

可见光区的分光光度法又称为比色法(colorimetry)。比色法之所以能被广泛采用,除了方法本身有灵敏、简便等优点以外,最主要的原因是许多不吸收可见光的无色物质可以用显色反应变成有色物质,使之能用比色法测定,而且能提高测定灵敏度和选择性。显色反应有各种类型,如配位反应、氧化还原反应、缩合反应等,其中应用最广的是配位反应。

(一)显色反应及其条件

金属离子与配位体可形成稳定的有色配合物或配合离子,吸光系数ε值可高达10^5,灵敏度高,且常有较好的选择性,适用于微量分析。配位体多为有机物,已经有大量的有机试剂用于比色分析。也可利用金属离子作试剂,测定具有配位体性质的有机物,例如用铝或锆测定黄酮类化合物。

金属离子与两种或两种以上配位体形成多元配合物,用得较多的是与两种配位体形成的三元配合物,有提高比色分析选择性和灵敏度的作用。

一些表面活性剂参与金属离子和显色剂的反应时能形成胶束状化合物,使吸收峰长移,且吸光系数增大。表面活性剂多为长碳链的季铵盐类以及动物胶与聚乙烯醇等。

形成离子对(离子缔合物)的反应也被应用于比色法。例如生物碱类与酸性染料或雷氏盐、金属配位阴离子与阳离子表面活性剂等形成的离子对都可用于比色分析。

显色反应的有色产物,若能溶于有机溶剂,则可萃取后进行比色测定,有利于排除干扰和提高灵敏度。

1. 对显色反应的要求　①被测物质与所生成的有色物质之间,必须有确定的定量关系,方能使反应产物的吸光度准确地反映被测物的含量;②反应产物必须有足够的稳定性,以保证测得的吸光度有一定的重现性;③如试剂本身有色,则反应产物的颜色与试剂颜色须有明显的差别,即产物与试剂对光的最大吸收波长应有较大差异,才能分辨产物的吸收与试剂的吸收;④反应产物的摩尔吸光系数足够大($10^3 \sim 10^5$),才能有足够的灵敏度;⑤显色反应须有较好的选择性,才能减免干扰因素。对于萃取比色法,应有足够大的分配比,以保证萃取完全。

2. 反应的条件　显色反应能否达到上述要求,与反应条件有很大关系。对显色反应影响较大的因素主要有显色试剂与溶剂、酸碱度、反应时间及温度等。

(1) 显色试剂与溶剂:选用显色试剂不但应依据显色反应的灵敏度、显色的稳定性和反应的选择性,同时还应考虑试剂的用量。为使反应能进行完全,常需有过量的显色试剂,但试剂的用量可影响产物的组成。例如,Fe^{3+} 与 SCN^- 的配位反应,可生成多种不同组成的配位离子。SCN^- 的浓度低时,主要产物是 $FeSCN^{2+}$;当 SCN^- 为 0.1mol/L 左右时,生成 $Fe(SCN)_2^+$;若 SCN^- 的浓度大于 0.2mol/L,则生成 $Fe(SCN)_6^{3-}$ 等阴离子。为使产物组成一定,应控制试剂的浓度。

溶剂的性质可影响物质对光的吸收,使之呈现不同的颜色。例如,苦味酸在水溶液中呈黄色,而在三氯甲烷中则几乎无色。溶剂也与显色反应产物的稳定性有关,例如硫氰化铁红色配合物在丁醇中比在水中稳定。在萃取比色法中,则应选用分配比高的萃取溶剂。

(2) 酸碱度:许多有色物质的颜色随溶液中的氢离子浓度而改变,同时显色反应的历程也多与溶液的酸碱度有关。例如,配位反应中所用配位剂多为弱酸,溶液的酸度也会影响配位剂离解,酸度过低可使金属离子水解沉淀。在不同酸度时,可生成不同组成的配位离子。如 Fe^{3+} 与磺基水杨酸根 ($C_7H_4SO_6^{2-}$) 的配位,在 pH1.8~2.5 时,生成 $Fe(C_7H_4SO_6)^+$(红褐色);pH4~8 时,生成 $Fe(C_7H_4SO_6)_2^-$(褐色);pH8~11.5 时,形成 $Fe(C_7H_4SO_6)_3^{3-}$(黄色);pH>12 时,生成 $Fe(OH)_3$ 沉淀,不能显色。

其他反应,如氧化还原反应、缩合反应等,溶液的酸碱性也是重要条件之一,有些反应对溶液的酸碱性很敏感,须用缓冲溶液来保持溶液的 pH。

(3) 时间:由于反应速度不同,完成反应所需时间常有较大差异。有色产物也会在放置过程中发生变化。有的反应显色后经过短时间放置颜色即逐渐减退;有的颜色慢慢加深,需经过一定时间才能充分显色。有的反应颜色能保持较长时间稳定不变;有的只能维持短暂的稳定时间。对于一个显色反应,各个步骤所需时间和颜色能稳定地保持多久,常须通过实验确定。

(4) 温度及其他:很多显色反应在室温下进行,室温的变动一般影响不大。有些涉及氧化还原或缩合等的反应,常须考虑温度。提高温度可促进反应,但也可产生副反应,须在适当的温度下进行。有些反应与溶解度有关,也要考虑温度。提高温度促进溶解,以利反应进行;或降低温度以避免沉淀溶解,都应根据具体的反应考虑适当的温度。

见光易变质的产物,放置过程中应避光。易受空气中氧干扰的,应密闭放置。

3. 反应条件的控制　须通过实验确定显色反应的最适宜条件。对于已经制订的比色方法,不应随意更改条件。需要改变条件或新建方法中要考察某一条件对显色的影响时,可通过实验描绘吸光度-条件曲线,或不同条件下的吸光度-浓度曲线,从中选定适宜的条件。例如考察显色时间,可在显色后每隔一段时间测一次吸光度,测量多次,从所得到的吸光度-时间曲线上找到显色稳定的时间范围,从而确定最适宜的时间。又如考察试剂用量与灵敏度和准确度的关系,固定其他条件,改变试剂用量即可。其他条件如酸碱度、温度等,均可仿此。

4. 参比溶液的选择   在比色法中,由于过量显色剂和其他试剂(如缓冲剂、掩蔽剂等)甚至溶剂本身所引起的吸收,都会影响对显色产物的吸光度测量,因此,必须对这些影响因素进行校正,以求消除或尽可能减小这种影响。最常用的校正方法是扣除参比溶液(空白溶液)。参比溶液的选择应视具体情况而定。通常:

(1)当被测物、显色剂及所用其他试剂在测定波长都无吸收时,可用纯溶剂(如蒸馏水)做参比溶液。

示差分光光度法(拓展阅读)

(2)当被测物无吸收,而显色剂或其他试剂在测定波长处有吸收时,可用不加试样的"试剂空白"做参比溶液。

(3)若被测物本身在测量波长处有吸收,而显色剂等无吸收,则采用不加显色剂的"试样空白"做参比溶液。

(4)如显色剂和被测物在测量波长都有吸收,可将一份试样溶液加入适当掩蔽剂,将待测组分掩蔽起来,使之不再与显色剂反应,然后按相同步骤加入显色剂和其他试剂,所得溶液作为参比溶液。

(二)测定方法

有色溶液的测定可用前述各种类型的紫外-可见分光光度计和相应的各种测定方法。但比例常数 K 值一般不是普适常数,所以,必须先用对照品找出吸光度 A 与浓度 c 间的关系,即绘制工作曲线。若曲线是弯曲的,则测得试样溶液吸光度后,就从这一曲线上查得其浓度。如果曲线有明显的直线关系,则可用直线回归的方法,求出回归方程。一般情况下,通过实验条件的探索和改进,大都可以得到一个比较满意的操作方法,使吸光度与浓度间的关系在一定的浓度范围内有较好的直线关系。

第八章
目标测试

习　题

1. 卡巴克洛的摩尔质量为 236g/mol,将其配成每 100ml 含 0.496 2mg 的溶液,盛于 1cm 吸收池中,在 λ_{max} 为 355nm 处测得 A 值为 0.557,试求其的 $E_{1cm}^{1\%}$ 及 ε 值。

$$(E_{1cm}^{1\%} = 1\ 123, \varepsilon = 2.65 \times 10^4)$$

2. 称取维生素 C 0.050 0g 溶于 100ml 的 0.005mol/L 硫酸溶液中,再准确量取此溶液 2.00ml 稀释至 100ml,取此溶液于 1cm 吸收池中,在 λ_{max}245nm 处测得 A 值为 0.551,求试样中维生素 C 的质量分数。($E_{1cm}^{1\%}$245nm = 560)

$$(98.4\%)$$

3. 有一化合物在醇溶液中的 λ_{max} 为 240nm,其 ε 为 1.70×10^4,摩尔质量为 314.47g/mol。试问配制什么样浓度(g/100ml)测定含量最为合适?

$$(3.70 \times 10^{-4} \sim 1.29 \times 10^{-3}, 最佳 8.03 \times 10^{-4})$$

4. 金属离子 M^+ 与配合剂 X^- 形成配合物 MX,其他种类配合物的形成可以忽略,在 350nm 处 MX 有强烈吸收,溶液中其他物质的吸收可以忽略不计。包含 0.000 500mol/L M^+ 和 0.200mol/L X^- 的溶液,在 350nm 和 1cm 比色皿中,测得吸光度为 0.800;另一溶液由 0.000 500mol/L M^+ 和 0.025 0mol/L

X^-组成,在同样条件下测得吸光度为0.640。设前一种溶液中所有M^+均转化为配合物,而在第二种溶液中并不如此,试计算MX的稳定常数。

(163)

5. K_2CrO_4 的碱性溶液在 372nm 有最大吸收。已知浓度为 $3.00×10^{-5}$mol/L 的 K_2CrO_4 碱性溶液,于 1cm 吸收池中,在 372nm 处测得 $T=71.6\%$。求:①该溶液的吸光度;②K_2CrO_4 溶液的 ε_{max};③当吸收池为 3cm 时该溶液的 $T\%$。

(①$A=0.145$;②$\varepsilon_{max}=4\,833$;③$T=36.7\%$)

6. 精密称取维生素 B_{12} 对照品 20.0mg,加水准确稀释至 1 000ml,将此溶液置厚度为 1cm 的吸收池中,在 $\lambda=361$nm 处测得其吸光度为 0.414。另有两个试样,一为维生素 B_{12} 的原料药,精密称取 20.0mg,加水准确稀释至 1 000ml,同样在 $l=1$cm、$\lambda=361$nm 处测得其吸光度为 0.400;一为维生素 B_{12} 注射液,精密吸取 1.00ml,稀释至 10.00ml,同样测得其吸光度为 0.518。试分别计算维生素 B_{12} 原料药及注射液的含量。

(96.6%,0.250mg/ml)

7. 有一 A 和 B 两化合物混合溶液,已知 A 在波长 282nm 和 238nm 处的吸光系数 $E_{1cm}^{1\%}$ 值分别为 720 和 270;而 B 在上述两波长处吸光度相等。现把 A 和 B 混合液盛于 1.0cm 吸收池中,测得 λ_{max} 282nm 处的吸光度为 0.442;在 λ_{max} 238nm 处的吸光度为 0.278,求 A 化合物的浓度(mg/100ml)。

(0.364)

8. 配制某弱酸的 HCl 0.5mol/L、NaOH 0.5mol/L 和邻苯二甲酸氢钾缓冲液(pH=4.00)的三种溶液,其浓度均为含该弱酸 0.001g/100ml。在 $\lambda_{max}=590$nm 处分别测出其吸光度如表。求该弱酸的 pK_a。

(4.14)

溶液	A(λ_{max}=590nm)	主要存在形式
pH=4.00	0.430	[HIn]与[In$^-$]
0.5mol/L NaOH 溶液	1.024	[In$^-$]
0.5mol/L HCl 溶液	0.002	[HIn]

(朱臻宇)

第九章

荧光分析法

第九章
教学课件

学习要求

1. **掌握** 荧光分析法的基本原理;分子荧光的发生过程;激发光谱和发射光谱;荧光光谱的特征;荧光定量分析方法。
2. **熟悉** 分子从激发态返回基态的各种途径;分子结构与荧光的关系;影响荧光强度的因素。
3. **了解** 荧光分光光度计;荧光分析的相关技术及其应用。

第一节 概　述

发射光谱是处于激发态的原子、离子或分子返回基态时产生的光谱,分为线状光谱(line specturm)、带状光谱(band spectrum)和连续光谱(continuous spectrum)。线状光谱是由气态或高温下物质在离解为原子或离子时被激发后而发射的光谱;带状光谱是由分子被激发后而发射的光谱;连续光谱是由炽热的固体所发射的。

利用物质的发射光谱进行定性定量分析的方法称为发射光谱法(emission spectrometry)。气态原子或离子在热激发或电激发下,使其外层电子由基态跃迁到激发态。处于激发态的电子十分不稳定,在极短时间内便返回到基态或其他较低的能级。在返回过程中,特定元素可发射出一系列不同波长的特征光谱线,这些谱线按一定的顺序排列,并保持一定强度比例,通过这些谱线的特征来识别元素,测量谱线的强度来进行定量分析的方法称为原子发射光谱法(atomic emission spectroscopy)。气态金属原子和物质分子受电磁辐射(一次辐射)激发后,能以发射辐射的形式(二次辐射)释放能量返回基态,这种二次辐射称为荧光(fluorescence)或磷光(phosphorescence),测量由原子发射的荧光和分子发射的荧光或磷光的强度和波长所建立的方法分别称为原子荧光光谱法、分子荧光光谱法和分子磷光光谱法。

荧光是物质分子接受光子能量被激发后,从激发态的最低振动能级返回基态时发射出的光。1575 年西班牙的内科医生、植物学家 N. Monardes 第一次记录了荧光现象。但直到 1852 年英国数学家 G.G. Stokes 在考察奎宁和叶绿素的荧光时,才首次对荧光产生的机理进行了阐释,并由发荧光的矿物"萤石(fluorbaryt)"推演而提出"荧光"这一术语。

荧光分析法(fluorometry)是根据物质的荧光谱线特性及其强度进行定性、定量分析的方法。如果待测物质是分子,则称为分子荧光;如果待测物质是原子,则称为原子荧光。根据激发光的波长范围又可分为紫外-可见荧光、红外荧光和 X 射线荧光。荧光分析法的主要优点是灵敏度高,其检测限一般达 10^{-10} g/ml,甚至可达 10^{-12} g/ml,比紫外-可见分光光度法低 3 个数量级以上;同时又具有荧光寿命、荧光量子产率、激发峰波长、发射峰波长等多种参数,因而有较好的选择性;并且仪器设备也相对较为简单。近年来荧光分析法在生物化学、医学、药学、化学等各领域研究中的应用与日俱增。本章主要讨论分子荧光分析法(molecular fluorometry)。

第二节　荧光分析法的基本原理

一、荧光的产生

（一）分子的电子能级与激发过程

物质的分子体系中存在着电子能级、振动能级和转动能级,在室温时,大多数分子处在电子基态的最低振动能级,当受到一定的辐射能的作用时,就会发生能级之间的跃迁。

在基态时,分子中的电子成对地填充在能量最低的各轨道中。根据泡利(Pauli)不相容原理,一个给定轨道中的两个电子,必定具有相反方向的自旋,即自旋量子数分别为 $1/2$ 和 $-1/2$,其总自旋量子数 s 等于 0,即基态没有净自旋。电子能级的多重性可用 $M=2s+1$ 表示,当 $s=0$ 时,分子的多重性 $M=1$,此时分子所处的电子能态称为单重态(singlet state),用符号 S 表示。当 $s=1$ 时,分子的多重性 $M=3$,此时分子所处的电子能态称为三重态(triplet state),用符号 T 表示。可见,基态的多重性 $2s+1=1$。

当基态的一个电子吸收光辐射被激发而跃迁至较高的电子能态时,通常电子不发生自旋方向的改变,即两个电子的自旋方向仍相反,总自旋量子数 s 仍等于 0,这时分子处于激发单重态($2s+1=1$)。在某些情况下,电子在跃迁过程中还伴随着自旋方向的改变,这时分子的两个电子的自旋方向相同,自旋量子数都为 $1/2$,总自旋量子数 s 等于 1,这时分子处于激发三重态($2s+1=3$)。

分子的基态、激发单重态和激发三重态的电子分布见图 9-1。激发单重态与相应的三重态的区别在于电子自旋方向不同及三重态的能级稍低一些。

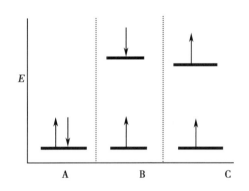

A. 基态；B. 激发单重态；C. 激发三重态。

图 9-1　单重态和三重态的电子分布

（二）分子荧光和磷光

根据波兹曼(Boltzmann)分布,分子在室温时基本上处于电子能级的基态。当吸收了紫外-可见光后,基态分子中的电子只能跃迁到激发单重态的各个不同振动-转动能级,根据自旋禁阻选律,不能直接跃迁到激发三重态的各个振动-转动能级。

处于激发态的分子是不稳定的,通常以辐射跃迁和无辐射跃迁等方式释放多余的能量而返回至基态,发射荧光是其中的一条途径。这些过程叙述如下,相应的示意图,见图 9-2,图中 S_0、S_1^* 和 S_2^* 分别表示分子的基态、第一和第二电子激发的单重态,T_1^* 表示第一电子激发的三重态。

1. 振动弛豫　振动弛豫(vibrational relaxation)是处于激发态各振动能级的分子通过与溶剂分子的碰撞而将部分振动能量传递给溶剂分子,其电子则返回到同一电子激发态的最低振动能级的过程。由于能量不是以光辐射的形式放出,故振动弛豫属于无辐射跃迁。振动弛豫只能在同一电子能级内进行,发生振动弛豫的时间约为 10^{-12} 秒。

2. 内部能量转换　内部能量转换(internal conversion)简称内转换,是当两个电子激发态之间的能量相差较小以致其振动能级有重叠时,受激分子常由高电子能级以无辐射方式转移至低电子能级的过程。如在图 9-2 中,S_1^* 的较高振动能级与 S_2^* 的较低振动能级的势能非常接近,内转换过程($S_2^* \rightarrow S_1^*$)很容易发生。

3. 荧光发射　荧光发射(fluorescence emission)指的是无论分子最初处于哪一个激发单重态,通过内转换及振动弛豫,均可返回到第一激发单重态的最低振动能级,然后再以辐射形式发射光量子而

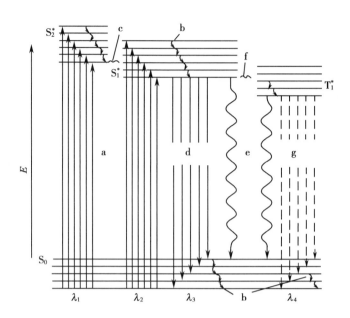

a. 吸收；b. 振动弛豫；c. 内转换；d. 荧光；e. 外转换；f. 体系间跨越；g. 磷光。

图 9-2   荧光和磷光产生示意图

返回至基态的任一振动能级上,这时发射的光量子称为荧光。由于振动弛豫和内转换损失了部分能量,故荧光的波长总比激发光波长要长。发射荧光的过程约为 $10^{-9} \sim 10^{-7}$ 秒。由于电子返回基态时可以停留在基态的任一振动能级上,因此得到的荧光谱线有时呈现几个非常靠近的峰。通过进一步振动弛豫,这些电子都很快地回到基态的最低振动能级。

4. 外部能量转换　外部能量转换(external conversion)简称外转换,是溶液中的激发态分子与溶剂分子或与其他溶质分子之间相互碰撞而失去能量,并以热能的形式释放能量的过程。外转换常发生在第一激发单重态或激发三重态的最低振动能级向基态转换的过程中。外转换会降低荧光强度。

5. 体系间跨越　体系间跨越(intersystem crossing)是处于激发态分子的电子发生自旋反转而使分子的多重性发生变化的过程。如图 9-2 所示:S_1^* 的最低振动能级同 T_1^* 的最高振动能级重叠,则有可能发生体系间跨越($S_1^* \rightarrow T_1^*$)。分子由激发单重态跨越到激发三重态后,荧光强度减弱甚至熄灭。含有重原子如碘、溴等的分子时,体系间跨越最为常见,原因是在高原子序数的原子中,电子的自旋与轨道运动之间的相互作用较大,有利于电子自旋反转的发生。另外,在溶液中存在氧分子等顺磁性物质也容易发生体系间跨越,从而使荧光减弱。

6. 磷光发射　磷光发射(phosphorescence emission)指的是经过体系间跨越的分子再通过振动弛豫降至激发三重态的最低振动能级,分子在激发三重态的最低振动能级可以存活一段时间,然后返回至基态的各个振动能级而发出光辐射,这种光辐射称为磷光。由于激发三重态的能级比激发单重态的最低振动能级能量低,所以磷光辐射的能量比荧光更小,亦即磷光的波长比荧光更长。因为分子在激发三重态的寿命较长,所以磷光发射比荧光更迟,需要 $10^{-4} \sim 10$ 秒或更长的时间。由于荧光物质分

室温磷光分析法(拓展阅读)

子与溶剂分子间相互碰撞等因素的影响,处于激发三重态的分子常常通过无辐射过程失活回到基态,因此在室温下一般较少呈现磷光,早期常将磷光试样冷却到液氮温度形成低温刚性玻璃体以观察磷光,即低温磷光,但深冷的实验条件使其应用受到了限制。近年来随着技术的进步,可通过将试样固定在固体基质上,或溶解在胶束溶液、环糊精溶液中,提高试样分子三重态稳定性和磷光量子效率,从而实现在室温下对磷光的检测,并在此基础上发展了室温磷光分析法。

二、荧光的激发光谱和荧光光谱

荧光物质分子都具有两个特征光谱,即激发光谱(excitation spectrum)和荧光光谱(fluorescence spectrum)或称发射光谱(emission spectrum)。

激发光谱表示不同激发波长的辐射引起物质发射某一波长荧光的相对强度。绘制激发光谱曲线时,固定发射单色器在某一波长,通过激发单色器扫描,以不同波长的入射光激发荧光物质,记录荧光强度(F)对激发波长(λ_{ex})的关系曲线,即激发光谱,其形状与其吸收光谱极为相似。

荧光光谱表示在所发射的荧光中各种波长组分的相对强度。绘制发射光谱时,使激发光的波长和强度保持不变,通过发射单色器扫描以检测各种波长下相应的荧光强度,记录荧光强度(F)对发射波长(λ_{em})的关系曲线,即荧光光谱。

激发光谱和荧光光谱反映了物质的结构特征,因此,可用于鉴别荧光物质,而且是选择测定波长的依据。图9-3是硫酸奎宁的激发光谱和荧光光谱。

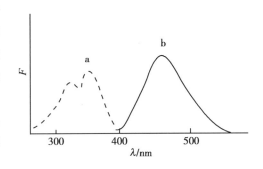

图9-3 硫酸奎宁的激发光谱(a)及荧光光谱(b)

溶液荧光光谱通常具有如下特征:

1. 斯托克斯位移 斯托克斯位移(Stokes shift)是指荧光发射波长总是大于激发光波长的现象。因英国科学家 Stokes 在1852年首次观察到而得名。

激发态分子通过内转换和振动弛豫过程而迅速到达第一激发单重态 S_1^* 的最低振动能级,是产生斯托克斯位移的主要原因。荧光发射可能使激发态分子返回到基态的各个不同振动能级,然后进一步损失能量,这也产生斯托克斯位移。此外,激发态分子与溶剂分子的相互作用,也会加大斯托克斯位移。

2. 荧光光谱的形状与激发波长无关 虽然分子的电子吸收光谱可能含有几个吸收带,但其荧光光谱却只有一个发射带,因为即使分子被激发到高于 S_1^* 的电子激发态的各个振动能级,然而由于内转换和振动弛豫的速度很快,都会下降至 S_1^* 的最低振动能级,然后才发射荧光,所以荧光发射光谱只有一个发射带,而且荧光光谱的形状与激发波长无关。

3. 荧光光谱与激发光谱的镜像关系 图9-4是蒽的激发光谱和荧光光谱。由图可见,蒽的激发光谱有两个峰,a峰是由分子从基态 S_0 跃迁到第二电子激发态 S_2^* 而形成的。在高分辨的荧光图谱上可观察到 b 峰由一些明显的小峰 b_0、b_1、b_2、b_3 和 b_4 组成,它们分别由分子吸收光能后从基态 S_0 跃迁至第一电子激发态 S_1^* 的各个不同振动能级而形成(图9-5),b_0 峰相当于 b_0 跃迁线,b_1 峰相当于 b_1 跃迁线,依次类推。各小峰间波长递减值 $\Delta\lambda$ 与振动能级差 ΔE 有关,各小峰的高度与跃迁概率有关。蒽的荧光光谱同样包含 c_0、c_1、c_2、c_3 和 c_4 等一组小峰。它们分别由分子从第一电子激发态 S_1^* 的最低振动能级跃迁至基态 S_0 的各个不同振动能级而发出光辐射所形成,c_0 峰相当于 c_0 跃迁线,c_1 峰相当于 c_1 跃迁线,依次类推。同样,各小峰的高度与跃迁概率有关。由于电子基态的振动能级分布与激发态相似,故激发光谱与荧光光谱的形状相似,而且两者之间存在"镜像对称"关系。

三、荧光与分子结构的关系

(一)荧光寿命和荧光效率

荧光寿命和荧光效率是荧光物质的重要发光参数。

荧光寿命(fluorescence life time)是当除去激发光源后,分子的荧光强度降低到最大荧光强度的 $1/e$ 所需的时间,常用 τ_f 表示。当荧光物质受到一个极其短暂的光脉冲激发后,它从激发态到基态的变化可用指数衰减定律表示:

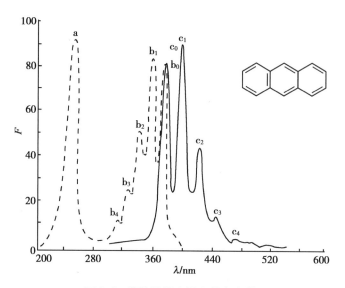

图 9-4　蒽的激发光谱和荧光光谱

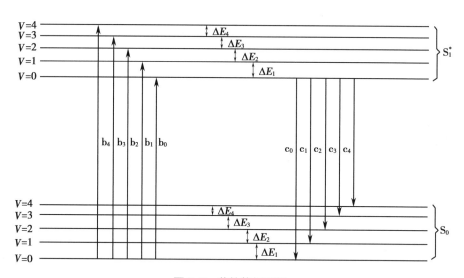

图 9-5　蒽的能级跃迁

$$F_t = F_0 e^{-Kt}$$

式 (9-1)

式中 F_0 和 F_t 分别是在激发时 $t=0$ 和激发后时间 t 时的荧光强度，K 是衰减常数。假定在时间 $t=\tau_f$ 时测得的 F_t 为 F_0 的 $1/e$，即 $F_t = (1/e)F_0$，则根据式 (9-1)

$$\frac{F_0}{e} = F_0 e^{-K\tau_f}$$

即

$$1/e = e^{-K\tau_f}, \quad K\tau_f = 1, \quad K = \frac{1}{\tau_f}$$

式 (9-1) 可写成 $\dfrac{F_0}{F_t} = e^{Kt}$，得

$$\ln \frac{F_0}{F_t} = \frac{t}{\tau_f}$$

如果以 $\ln \dfrac{F_0}{F_t}$ 对 t 作图，直线斜率即为 $\dfrac{1}{\tau_f}$，由此可计算荧光寿命。利用分子荧光寿命的差别，可以进行荧光物质混合物的分析。

荧光效率(fluorescence efficiency)又称荧光量子产率(fluorescence quantum yield),是指激发态分子发射荧光的光子数与基态分子吸收激发光的光子数之比,常用 φ_f 表示:

$$\varphi_f = \frac{发射荧光的光子数}{吸收激发光的光子数}$$

如果在受激分子回到基态的过程中没有其他去活化过程与发射荧光过程竞争,那么在这一段时间内所有激发态分子都将以发射荧光的方式回到基态,这一体系的荧光效率就等于1。一般物质的荧光效率在0~1。例如荧光素钠在水中 $\varphi_f = 0.92$;荧光素在水中 $\varphi_f = 0.65$;蒽在乙醇中 $\varphi_f = 0.30$;菲在乙醇中 $\varphi_f = 0.10$。荧光效率低的物质虽然有较强的紫外吸收,但所吸收的能量都以无辐射跃迁形式释放,内转换和外转换的速度很快,所以没有荧光发射。

（二）有机化合物结构与荧光的关系

能够发射荧光的物质需同时具备两个条件:有强的紫外-可见吸收和一定的荧光效率。一般来说,长共轭分子具有 $\pi \rightarrow \pi^*$ 跃迁的较强紫外吸收(K带),刚性平面结构分子具有较高的荧光效率,而在共轭体系上的取代基对荧光光谱和荧光强度也有很大影响。

1. 长共轭结构　绝大多数能产生荧光的物质都含有芳香环或杂环,因为芳香环和杂环分子具有长共轭的 $\pi \rightarrow \pi^*$ 跃迁。π电子共轭程度越大,荧光强度(荧光效率)越大,而荧光波长也长移。如下面三个化合物的共轭结构与荧光的关系:

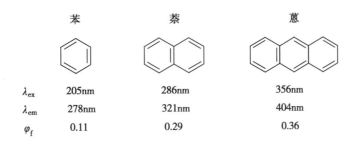

	苯	萘	蒽
λ_{ex}	205nm	286nm	356nm
λ_{em}	278nm	321nm	404nm
φ_f	0.11	0.29	0.36

除芳香烃外,含有长共轭双键的脂肪烃也可能有荧光,但这一类化合物的数目不多。维生素 A 是能发射荧光的脂肪烃之一。

2. 分子的刚性　在同样的长共轭分子中,分子的刚性越强,荧光效率越大,荧光波长产生越长。例如,在相似的测定条件下,联苯和芴的荧光效率 φ_f 分别为 0.2 和 1.0,两者的结构差别在于芴的分子中加入亚甲基成桥,使两个苯环不能自由旋转,成为刚性分子,结果共轭 π 电子的共平面性增加,荧光效率大大增加。

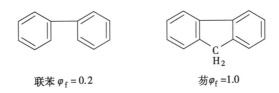

联苯 $\varphi_f = 0.2$　　　　芴 $\varphi_f = 1.0$

本来不发生荧光或荧光较弱的物质与金属离子形成配位化合物后,如果刚性和共平面性增加,那么就可以发射荧光或增强荧光。例如,8-羟基喹啉是弱荧光物质,与 Mg^{2+}、Al^{3+} 形成配位化合物后,荧光增强。

相反,如果原来结构中共平面性较好,但由于位阻效应使分子共平面性下降后,则荧光减弱。例如,1-二甲氨基萘-7-磺酸盐的 $\varphi_f = 0.75$,1-二甲氨基萘-8-磺酸盐的 $\varphi_f = 0.03$,这是因为后者的二甲氨基与磺酸盐之间的位阻效应,使分子发生了扭转,两个环不能共平面,因而使荧光大大减弱。

对于顺反异构体,顺式分子的两个基团在同一侧,由于位阻效应使分子不能共平面而没有荧光。例如,1,2-二苯乙烯的反式异构体有强烈荧光,而其顺式异构体没有荧光。

3. 取代基　取代基可分为三类:第一类取代基能增加分子的 π 电子共轭程度,常使荧光效率提高,荧光波长长移,如—NH$_2$、—OH、—OCH$_3$、—NHR、—NR$_2$、—CN 等,常为给电子取代基。第二类基团减弱分子的 π 电子共轭程度,使荧光减弱甚至熄灭,如—COOH、—NO$_2$、—C $=$ O、—NO、—SH、—NHCOCH$_3$、—F、—Cl、—Br、—I 等,常为吸电子取代基。第三类取代基对 π 电子共轭体系作用较小,如—R、—SO$_3$H 等,对荧光的影响也不明显。

（三）荧光试剂

为了提高测定的灵敏度和选择性,常使弱荧光物质与某些荧光试剂作用,以得到强荧光性产物,扩大荧光分析法的应用范围。荧光试剂的种类很多,以下是几个重要的荧光试剂:

1. 荧光胺（fluorescamine）　能与脂肪族和芳香族伯胺形成高强度的荧光衍生物,荧光条件为:$\lambda_{ex} = 275$、$390nm$,$\lambda_{em} = 480nm$。荧光胺及其水解产物均不显荧光。

2. 邻苯二甲醛（OPA）　在 2-巯基乙醇存在下,pH9～10 的缓冲溶液中,OPA 能与伯胺类,特别是半胱氨酸、脯氨酸及羟脯氨酸外的 α-氨基酸生成灵敏的荧光产物。荧光条件为:$\lambda_{ex} = 340nm$,$\lambda_{em} = 455nm$。

3. 1-二甲氨基-5-氯化磺酰萘（Dansyl-Cl，丹酰氯）　能与伯、仲胺及酚基的生物碱反应生成荧光产物。与丹酰氯类似的丹酰肼（Dansyl-NHNH$_2$）能与可的松等化合物的羰基缩合,产生强烈荧光。荧光条件为:$\lambda_{ex} = 365nm$,$\lambda_{em} = 500nm$ 左右。

4. 测定无机离子的荧光试剂　无机离子一般不显荧光,然而很多无机离子能与具有 π 电子共轭结构的有机化合物形成荧光的配合物,故可用荧光法测定。还有一些无机阴离子如 CN$^-$、F$^-$ 等,能与Al、Zr 等离子强烈配位而使原有的荧光配合物的荧光减弱或熄灭,从而可测定 CN$^-$、F$^-$ 等离子的浓度。目前利用荧光试剂可对近 70 种无机元素进行荧光测定。

四、影响荧光强度的外部因素

分子所处的外界环境,如温度、溶剂、酸度、荧光熄灭剂等都会影响荧光效率,甚至影响分子结构及立体构象,从而影响荧光光谱的形状和强度。了解和利用这些因素,选择合适的测定条件,可以提高荧光分析的灵敏度和选择性。

1. 温度　对于溶液的荧光强度有显著的影响。在一般情况下,随着温度的升高,溶液中荧光物质的荧光效率和荧光强度将降低。这主要是因为温度升高时,分子运动速度加快,分子间碰撞概率增加,使无辐射跃迁增加,从而降低了荧光效率。例如荧光素钠的乙醇溶液,在 0℃ 以下,温度每降低10℃ ,φ_f 增加 3%,在 -80℃ 时,φ_f 为 1。

2. 溶剂　同一物质在不同溶剂中,其荧光光谱的形状和强度都有差别。一般情况下,荧光波长随着溶剂极性的增强而长移,荧光强度也增强。如上一章所述,在极性溶剂中,$\pi \rightarrow \pi^*$ 跃迁的能量差 ΔE 小,使紫外吸收波长和荧光波长均长移。此外,跃迁概率也增加,故强度也增强。

溶剂黏度低时,分子间碰撞机会增加,使无辐射跃迁增加,导致荧光减弱。故荧光强度随溶剂黏度的降低而减弱。上述温度对荧光强度的影响也与溶剂的黏度有关,温度上升,溶剂黏度降低,因此荧光强度下降。

3. 酸度　当荧光物质本身是弱酸或弱碱时,溶液的酸度对其荧光强度有较大影响,这主要是因为在不同酸度中分子和离子间的平衡改变,因此荧光强度也有差异。每一种荧光物质都有它最适宜的发射荧光的存在形式,也就是有它最适宜的 pH 范围。例如苯胺在 pH7～12 的溶液中主要以分子形式存在,由于—NH$_2$ 是提高荧光效率的取代基,故苯胺分子会发生蓝色荧光。但在 pH<2 和 pH>13 的溶液中均以离子形式存在,故不能发射荧光。

4. 荧光熄灭剂　荧光熄灭又称荧光淬灭,是指荧光物质分子与溶剂分子或其他溶质分子相互作用引起荧光强度降低的现象。引起荧光熄灭的物质称为荧光熄灭剂（fluorescence quenching medium）。

如卤素离子、重金属离子、氧分子以及硝基化合物、重氮化合物、羰基和羧基化合物均为常见的荧光熄灭剂。荧光熄灭的原因很多,机制也很复杂,主要类型包括:①因荧光物质的分子与熄灭剂分子碰撞而损失能量;②荧光物质的分子与熄灭剂分子作用生成了本身不发光的化合物;③溶解氧的存在,使荧光物质氧化,或是由于氧分子的顺磁性,促进了体系间跨越,使激发单重态的荧光分子转变成三重态;④浓度较大(超过 1g/L)时,还会发生自熄灭现象。

荧光物质中引入荧光熄灭剂会使荧光分析产生误差,但是,如果一个荧光物质在加入某种熄灭剂后,荧光强度的减弱和荧光熄灭剂的浓度呈线性关系,则可以利用这一性质测定荧光熄灭剂的含量,这种方法称为荧光熄灭法(fluorescence quenching method)。如利用氧分子对硼酸根-二苯乙醇酮配合物的荧光熄灭效应,可进行微量氧的测定。

5. 散射光　当一束平行单色光照射在液体样品上时,大部分光线透过溶液,小部分由于光子和物质分子相碰撞,使光子的运动方向发生改变而向不同角度散射,这种光称为散射光(scattering light)。

光子和物质分子发生弹性碰撞时,不发生能量的交换,仅仅是光子运动方向发生改变,这种散射光叫作瑞利散射光(Rayleigh scattering light),其波长与入射光波长相同。

光子和物质分子发生非弹性碰撞时,在光子运动方向发生改变的同时,光子与物质分子发生能量的交换,光子把部分能量转移给物质分子或从物质分子获得部分能量,而发射出比入射光稍长或稍短的光,这种散射光叫作拉曼散射光(Raman scattering light)。

散射光对荧光测定有干扰,尤其是波长比入射光波长更长的拉曼光,因其波长与荧光波长接近,对荧光测定的干扰更大,必须采取措施消除。

选择适当的激发波长可消除拉曼光的干扰。以硫酸奎宁为例,从图9-6(上)可见,无论选择320nm 或350nm 为激发光,荧光峰总是在 448nm。将空白溶剂(0.1mol/L H_2SO_4)分别在 320nm 及350nm 激发光照射下进行测定,从图9-6(下)可见,当激发光波长为320nm 时,溶剂的拉曼光波长是360nm,对荧光测定无干扰;当激发光波长为350nm 时,拉曼光波长是400nm,对荧光测定有干扰,因而应选择320nm 为激发波长。

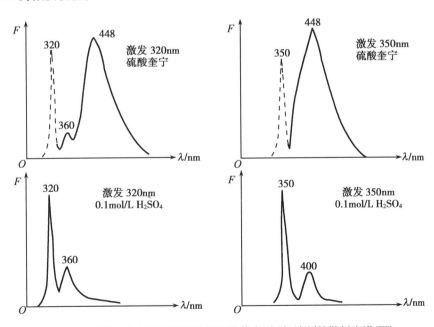

图 9-6　硫酸奎宁在不同激发波长下的荧光(上)与溶剂的散射光谱(下)

表9-1 为水、乙醇、环己烷、四氯化碳及三氯甲烷等五种常用溶剂在不同波长激发光照射下拉曼光的波长,可供选择激发波长或溶剂时参考。从表中可见,四氯化碳的拉曼光与激发光的波长极为相近,所以其拉曼光几乎不干扰荧光测定。而水、乙醇及环己烷的拉曼光波长较长,使用时必须注意。

表 9-1　在不同波长激发光下主要溶剂的拉曼光波长　　　　　　　　　单位:nm

溶剂	激发光				
	248	313	365	405	436
水	271	350	416	469	511
乙醇	267	344	409	459	500
环己烷	267	344	408	458	499
CCl_4	—	320	375	418	450
$CHCl_3$	—	346	410	461	502

第三节　荧光分光光度计

一、荧光分光光度计的结构组成

　　用于测量荧光强度的仪器有滤光片荧光计、滤光片-单色器荧光计和荧光分光光度计三类。滤光片荧光计的激发滤光片让激发光通过;发射滤光片常用截止滤光片,截去所有的激发光和散射光,只允许试样的荧光通过,这种荧光计不能测定光谱,但可用于定量分析。滤光片-单色器荧光计是将发射滤光片用光栅代替,这种仪器不能测定激发光谱,但可测定荧光光谱。荧光分光光度计是两个滤光片都用光栅取代,它既可测量某一波长处的荧光强度,还可绘制激发光谱和荧光光谱。

　　荧光分光光度计的主要部件由激发光源、激发单色器(置于样品池前)和发射单色器(置于样品池后)、样品池及检测系统组成。其结构如图 9-7 所示。基本部件和紫外-可见分光光度计大致相同。荧光分光光度计一般采用氙灯作光源,因为氙灯发射的谱线强度大,而且是连续光谱,分布在 250~700nm 波长范围内,并且在 300~400nm 波长之间的谱线强度几乎相等。激发光通过入射狭缝,经激发单色器分光后照射到被测物质上,发射的荧光再经发射单色器分光后用光电倍增管检测,并经信号放大系统放大后记录。

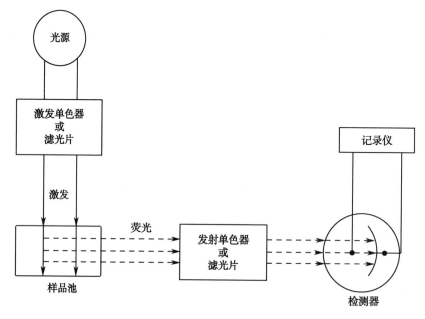

图 9-7　荧光分光光度计结构示意图

二、荧光分光光度计的校正

1. 灵敏度校正　荧光分光光度计的灵敏度可用被检测出的最低信号来表示,或用某一对照品的稀溶液在一定激发波长光的照射下,能发射出一定信噪比时的荧光强度的最低浓度表示。由于影响荧光分光光度计灵敏度的因素很多,同一型号的仪器,甚至同一台仪器在不同时间操作,所得的结果也不尽相同。因而在每次测定时,在选定波长及狭缝宽度的条件下,先用一种稳定的荧光物质,配成浓度一致的对照品溶液对仪器进行校正,即每次将其荧光强度调节到相同数值(50%或100%)。如果被测物质所产生的荧光很稳定,自身就可作为对照品溶液。紫外-可见光范围内最常用的是$1\mu g/ml$的硫酸奎宁对照品溶液(0.05mol/L硫酸中)。

2. 波长校正　若仪器的光学系统或检测器有所变动,或在较长时间使用之后,或在重要部件更换之后,有必要用汞灯的标准谱线对单色器波长刻度重新校正,这一点在要求较高的测定工作中尤为重要。

3. 激发光谱和荧光光谱的校正　用荧光分光光度计所测得的激发光谱或荧光光谱往往是表观的,与实际光谱有一定差别。产生这种现象的原因较多,最主要的原因是光源的强度随波长而改变以及每个检测器(如光电倍增管)对不同波长光的接受程度不同,及检测器的感应与波长不呈线性。尤其是当波长处在检测器灵敏度曲线的陡坡时,误差最为显著。因此,在用单光束荧光分光光度计时,先用仪器上附有的校正装置将每一波长的光源强度调整到一致,然后以表观光谱上每一波长的强度除以检测器对每一波长的感应强度进行校正,以消除误差。目前生产的荧光分光光度计大多采用双光束光路,故可用参比光束抵消光学误差。

第四节　定量分析方法

一、溶液荧光强度与物质浓度的关系

由于荧光物质是在吸收光能而被激发之后才发射荧光的,因此溶液的荧光强度与该溶液中荧光物质吸收光能的程度以及荧光效率有关。溶液中荧光物质被入射光(I_0)激发后,可以在溶液的各个方向观察荧光强度(F)。但由于激发光的一部分被透过,因此,在激发光的方向观察荧光是不适宜的。一般是在与激发光源垂直的方向观测,如图9-8所示。设溶液中荧光物质浓度c,液层厚度为l。

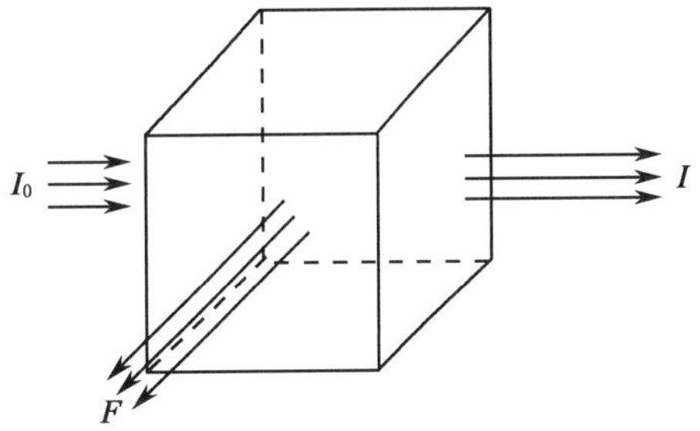

图 9-8　溶液的荧光测定

荧光强度正比于被荧光物质吸收的光强度,即
$F \propto (I_0 - I)$,

$$F = K'(I_0 - I)　　　　　　　式(9-2)$$

K'为常数,其值取决于荧光效率。根据朗伯-比尔定律:

$$I = I_0 10^{-Ecl}　　　　　　　式(9-3)$$

将式(9-3)代入式(9-2),得到:

$$F = K'I_0(1 - 10^{-Ecl}) = K'I_0(1 - e^{-2.3Ecl})　　　式(9-4)$$

即

$$F = K'I_0\left[1 - \left(1 + \frac{(-2.3Ecl)}{1!} + \frac{(-2.3Ecl)^2}{2!} + \frac{(-2.3Ecl)^3}{3!} + l\right)\right]$$

$$= K'I_0 \left[2.3Ecl - \frac{(-2.3Ecl)^2}{2!} - \frac{(-2.3Ecl)^3}{3!} - \cdots \right] \qquad 式(9-5)$$

若浓度 c 很小，Ecl 值也很小，当 $Ecl \leq 0.05$ 时，式(9-5)括号中第二项以后的各项可以忽略。所以：

$$F = 2.3K'I_0 Ecl = Kc \qquad 式(9-6)$$

因此，在低浓度时，溶液的荧光强度与溶液中荧光物质的浓度呈线性关系；但是当 $Ecl>0.05$ 时，式(9-5)括号中第二项以后的数值就不能忽略，此时荧光强度与溶液浓度之间不呈线性关系。

式(9-6)是荧光定量分析法的依据。荧光分析测定的是在很弱背景下的发射光强度，且其测定的灵敏度取决于检测器的灵敏度，即只要改进光电倍增管和放大系统，使极微弱的荧光也能被检测到，就可以测定很稀的溶液，因此，荧光分析法的灵敏度很高。而紫外-可见分光光度法测定的是透过光强和入射光强的比值，即 I/I_0，当浓度很低时，检测器难以检测两个大信号（I_0 和 I）之间的微小差别，而且即使将光强信号放大，由于透过光强和入射光强都被放大，比值仍然不变，对提高检测灵敏度不起作用，故紫外-可见分光光度法的灵敏度不如荧光分析法高。

二、直接测定法

1. 工作曲线法 与紫外-可见分光光度法相似，只是以荧光强度为纵坐标，对照品溶液的浓度为横坐标绘制工作曲线。然后在同样条件下测定试样溶液的荧光强度，由工作曲线求出试样中荧光物质的含量。

与紫外-可见分光光度法不同的是，在绘制工作曲线时，常采用系列中某一对照品溶液作为基准，将空白溶液的荧光强度读数调至零，将该对照品溶液的荧光强度读数调至 100% 或 50%，然后测定系列中其他各个对照品溶液的荧光强度。在实际工作中，当仪器调零之后，先测定空白溶液的荧光强度，然后测定对照品溶液的荧光强度，从后者中减去前者，得到的就是对照品溶液本身的荧光强度，再绘制工作曲线。为了使在不同时间所绘制的工作曲线能一致，在每次绘制工作曲线时均采用同一对照品溶液对仪器进行校正。

2. 比例法 如果荧光分析的工作曲线通过原点，就可选择其线性范围，用比例法进行测定。取已知量的对照品，配制一对照品溶液（c_s），使其浓度在线性范围之内，测定荧光强度（F_s），然后在同样条件下测定试样溶液的荧光强度（F_x）。按比例关系计算试样中荧光物质的含量（c_x）。

在空白溶液的荧光强度调不到 0 时，必须从 F_s 及 F_x 值中扣除空白溶液的荧光强度（F_0），然后进行计算。

$$\frac{F_s - F_0}{F_x - F_0} = \frac{c_s}{c_x} \qquad c_x = \frac{F_x - F_0}{F_s - F_0} \times c_s$$

三、间接测定法

对于本身不发射荧光，或者因荧光量子产率过低而无法进行直接测定的物质，可以采用间接测定法进行定量分析。

1. 荧光衍生法 此法通过化学反应、电化学反应或光化学反应使本身不发射荧光的待测物质转变为另一种发射荧光的化合物，再通过测定该化合物的荧光强度，可间接测定待测物质。例如维生素 B_1 本身不发射荧光，但可在碱性溶液中用铁氰化钾等一些氧化剂将它氧化为发荧光的硫胺荧。又如《中国药典》（2020 年版）采用荧光分析法测定利血平片含量。利血平本身荧光量子产率低，但通过化学衍生法可使利血平的三甲氧基苯甲酰结构被氧化，产生的物质具有较高的荧光效率。测定时，分别取供试品溶液与对照品溶液，加五氧化二矾试液，激烈振摇后，在 30℃ 放置 1 小时使其氧化后，取出，于室温下，以 400nm 为激发波长，500nm 为发射波长测定荧光强度并计算供试品溶液浓度。该化学衍生法速率较慢,也可采用光化学衍生法,在乙酸介质中于254nm光照射下得到其光化学氧化产物。

2. 荧光淬灭法　假如待测物质本身虽不发射荧光,但却具有能使某种荧光物质的荧光淬灭的能力,由于荧光淬灭的程度与待测物质的浓度有着定量的关系,那么通过测量荧光化合物荧光强度的下降程度即可间接测定该分析物质。如大多数过渡金属离子与具有荧光性质的芳香族配位剂配合后,往往使配位剂的荧光淬灭,从而可对这些金属离子进行间接测定。

3. 敏化荧光法　倘若待测物质不发射荧光,但可以通过选择合适的荧光试剂作为能量受体,在待测物质受激发后,经由单重态-单重态(或三重态-三重态)的能量转移过程,将激发能传递给能量受体,使能量受体分子被激发而发射荧光,再通过测定能量受体所发射的荧光强度,也可以对待分析物质进行间接测定。此外,对于浓度很低的荧光分析物质,若能寻找到某种合适的敏化剂(能量供体),并加大其浓度;则当敏化剂与待测物质紧密接触的情况下,敏化剂与待测物质之间的激发能转移效率很高,这样便能大大提高待测物质测定的灵敏度。例如在滤纸上用萘作敏化剂以测定低浓度的蒽时,可使蒽的检测限提高3个数量级。

四、多组分混合物的荧光分析法

在荧光分析中,由于每种荧光物质既具有特征激发光谱,又具有特征发射光谱,因此多组分混合物的荧光分析法要比紫外-可见分光光度法具有更高的选择性,有时可简单地通过选择合适的激发波长或发射波长,即可达到选择性地测定混合物中某种组分的目的。例如,当混合物中各组分的荧光峰相距较远,而且相互之间无显著干扰,则可分别在不同波长处测定各个组分的荧光强度,从而直接求出各个组分的浓度。倘若混合物中各组分的荧光峰波长相近,彼此严重重叠,但它们的激发光谱有显著差别,则可通过选择不同的激发波长进行分别测定。

在仅通过选择激发波长和发射波长无法达到混合物中各组分分别测定的目的时,还可利用荧光强度的加和性质,在适宜的荧光波长处,测定混合物的荧光强度,再根据各组分在该荧光波长处的荧光强度,列出联立方程式,分别求出它们各自的含量。

随着技术的进步,还可以采用更为先进的荧光分析技术,如同步荧光分析、导数荧光分析、时间分辨荧光分析、相分辨荧光分析等方法,以及化学计量学的方法,来达到多组分混合物分别测定或同时测定的目的。

第五节　几种新的荧光分析技术简介

近年来,随着物理学、材料学、计算机科学等学科新成就的不断引入,大大推动了荧光分析法在理论和应用方面的进展,促进了诸如激光诱导荧光分析、同步荧光分析、时间分辨荧光分析、空间分辨荧光分析、单分子荧光分析、荧光免疫分析等新方法、新技术的发展,并且相应地加速了各式各样新型的荧光分析仪器的问世,使荧光分析法不断朝着高效、痕量、微观、实时、原位和自动化的方向发展,方法的灵敏度、准确度和选择性日益提高,方法的应用范围大大拓展。

1. 激光诱导荧光分析　激光诱导荧光分析(laser induced fluorometry, LIF)是采用单色性极好、强度更大的激光作为光源的荧光分析方法。与一般光源荧光测定相比,灵敏度可提高2~10倍,甚至可进行单分子检测。因此,激光诱导荧光分析法已成为分析超低浓度物质灵敏而有效的方法,应用领域越来越广泛。

2. 同步荧光分析　同步荧光分析(synchronous fluorometry)是在荧光物质的激发光谱和荧光光谱中选择一适宜的波长差值 $\Delta\lambda$(通常 $\Delta\lambda = \lambda_{em}^{max} - \lambda_{ex}^{max}$),同时扫描发射波长和激发波长,得到同步荧光光谱。若 $\Delta\lambda$ 值相当于或大于斯托克斯位移,就能获得尖而窄的同步荧光峰。因其谱带窄,减小了谱图重叠现象和杂散光的干扰,选择性和灵敏度都得以提高。因荧光物质浓度与同步荧光峰峰高呈线性关系,故可用于定量分析。同步荧光光谱的信号 $F_{sp}(\lambda_{ex}, \lambda_{em})$ 与激发光信号 F_{ex} 及荧光发射信号 F_{em} 间的关系为:

$$F_{sp}(\lambda_{ex}, \lambda_{em}) = KcF_{ex}F_{em}$$

K 为常数。可见当物质浓度 c 一定时,同步荧光信号与所用的激发波长信号及发射波长信号的乘积成正比。

3. 时间分辨荧光分析　时间分辨荧光分析(time-resolved fluorometry)是利用不同物质的荧光寿命不同,在激发和检测之间延缓时间的不同,以实现选择性检测。时间分辨荧光分析采用脉冲激光作为光源。激光照射试样后所发射的荧光是一混合光,它包括待测组分的荧光、其他组分或杂质的荧光和仪器的噪声。如果选择合适的延缓时间,可测定被测组分的荧光而不受其他组分、杂质的荧光及噪声等的干扰;可对光谱重叠,但荧光寿命不同的组分进行分别测定。将时间分辨荧光法应用于免疫分析,已发展成为时间分辨荧光免疫分析法。

4. 空间分辨荧光分析技术　空间分辨荧光分析(space-resolved fluorometry)主要包括:共聚焦荧光分析、全内反射荧光分析、多光子荧光分析以及近场荧光分析。共聚焦荧光分析利用"针孔"效应,可对样品进行纵深剖析;全内反射荧光分析则可有效排除本体干扰,获取界面层信息;多光子激发荧光分析根据非线性光学原理提高空间分辨率;近场荧光分析则借用扫描隧道显微镜原理,突破传统光学衍射的限制。这些技术虽然原理各异,但都具有卓越的空间分辨能力,应用到显微成像上能获得比常规荧光显微技术更好的分辨效果。

5. 单分子荧光分析　单分子检测被称为分析化学的极限,荧光分析法是实现单分子检测最灵敏的光学分析法,因此单分子荧光分析(single molecule fluorometry)被广为采用。对单分子荧光的探测必须满足两个基本要求:①在被照射的体积中只有一个分子与激光发生相互作用;②确保单分子的信号大于背景干扰信号。通过配合降低研究体系的浓度(密度)和缩小探测体积可达到这两点要求。单分子荧光的典型特征是量子跳跃现象,这一重要特征导致了实验中观察到的单分子荧光光谱和荧光强度的波动现象。测定单分子的荧光量子跳跃过程、荧光寿命和荧光量子产率可以提供关于荧光分了所在的局域环境的特性和变化情况的信息。单分子荧光的另一重要特征是其偏振特性,利用单个分子跃迁偶极矩的方向以及分子所处的环境的差异可以研究和推测生物大分子的结构和功能。

6. 荧光免疫分析　荧光免疫分析(fluorescence immunoassay)的基本原理是将不影响抗原抗体活性的荧光色素标记在抗体(或抗原)上,与其相应的抗原(或抗体)结合后,在荧光显微镜下呈现特异性荧光反应,通过荧光显微镜、激光共聚焦显微镜、流式细胞仪等仪器的检测,达到定位、示踪、含量测定等目的。荧光免疫分析技术主要有两种类型。①直接法:直接将已标记抗体加入样本中,使之与待分析抗原发生特异性结合。该法操作简便、特异性高,非特异荧光染色因素少;缺点是敏感度偏低,每检测一种抗原需制备相应的特异性抗体。②间接法:第一步先用未标记的特异抗体(第一抗体)与抗原进行反应,第二步再加入荧光标记的抗抗体(第二抗体)反应。如果第一步发生了抗原抗体反应,则标记的第二抗体就会和已结合抗原的抗体进一步结合,形成第一抗体—抗原—第二抗体(荧光标记)复合物,从而实现对未知抗原(抗体)的检测。该方法的优点为制备一种标记的抗体即可用于多种抗原抗体系统的检测。

荧光免疫分析的标记物主要有有机荧光染料、酶、无机金属配合物、复合纳米材料等几类,对方法的灵敏度和选择性至关重要,也是近年来研究的热点。为了检测样品中的痕量物质,还可以利用酶联放大、脂质体包裹、多重标记、聚合酶链式反应放大(PCR)等检测信号放大技术以获得更高的灵敏度。该技术的主要特点是特异性强、敏感性高、速度快,目前已广泛地应用于生物化学、免疫学、分子生物学、病理学和诊断学等方面。

第九章
目标测试

习 题

1. 荧光和磷光的发生机制有何不同? 什么条件下可观察到磷光?

2. 如何区别瑞利光和拉曼光? 如何减少散射光对荧光测定的干扰?

3. 具有哪些分子结构的物质有较高的荧光效率?

4. 可通过哪些技术提高荧光分析法的灵敏度和选择性?

5. 请设计两种方法测定溶液 Al^{3+} 的含量。(一种化学分析方法,一种仪器分析方法)

6. 某溶液的吸光度为 0.035,试计算式(9-5)括号中第二项与第一项之比。

7. 硫酸奎宁分子具有喹啉环结构,可产生较强且稳定的荧光。在 $\lambda_{ex} = 360nm$,$\lambda_{em} = 445nm$ 时测定荧光强度,所得数据如下表所示,计算样品溶液的浓度。

硫酸奎宁浓度/(μg/ml)	0.4	0.8	1.2	1.6	2.0	样品溶液
相对荧光强度	10.7	21.2	31.6	41.7	51.6	32.0

(1.2μg/ml)

(李 嫣)

第十章

红外吸收光谱法

第十章
教学课件

学习要求

1. **掌握** 红外吸收光谱法的基本原理(红外吸收产生的条件及分子振动形式、影响吸收峰位置的因素、特征峰和相关峰);常见有机化合物烷、烯、芳香、醇、酚、羰基类等的基频峰位置、分布及其典型光谱;红外光谱的解析方法。
2. **熟悉** 分子振动能级和振动自由度;吸收峰的强度;基频峰、泛频峰、特征区、指纹区;炔、醚、硝基化合物、腈、胺类化合物的典型光谱。
3. **了解** 傅里叶变换红外光谱仪的工作原理、性能指标及其主要部件;固体及液体样品的制备;衰减全反射附件。

第一节 概 述

红外吸收光谱法(infrared absorption spectroscopy,IR)是根据物质分子对红外光区电磁辐射的吸收特性进行定性、定量和结构分析的方法。习惯上将红外光区划分为三个区域,即近红外区(波长 $0.78\sim2.5\mu m$,波数 $12\ 800\sim4\ 000cm^{-1}$)、中红外区(波长 $2.5\sim25\mu m$,波数 $4\ 000\sim400cm^{-1}$)和远红外区(波长 $25\sim1\ 000\mu m$,波数 $400\sim10cm^{-1}$),其中,中红外区是研究和应用最多的区域,也是《中国药典》(2020 年版)红外分光光度法使用的光谱区域,主要用于化合物的鉴别、检查或含量测定。近些年来,近红外光谱法(near-infrared spectroscopy)在药学领域的应用也越来越广泛。物质分子吸收红外光引起分子振动能级之间跃迁,记录由能级跃迁所产生的辐射能强度随波长或波数变化的图谱称为红外吸收光谱(infrared absorption spectrum),简称红外光谱(infrared spectrum)。因为红外光能引起分子振动能级跃迁,而振动能级跃迁同时伴随许多转动能级的跃迁,故红外光谱也称为振-转光谱(vibrational-rotational spectrum)。红外吸收光谱的纵坐标用百分透光率(T,%)或吸光度(A)表示,横坐标用波数(σ,单位 cm^{-1})或波长(λ,单位 μm)表示,如图 10-1 所示。

近红外光谱简介(拓展阅读)

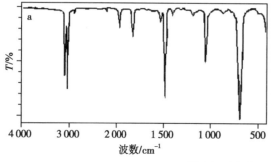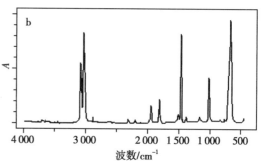

a. 纵坐标透光率;b. 纵坐标吸光度。

图 10-1 苯分子的红外吸收光谱图

理论上每一个化合物都有其特征的红外光谱,因此,红外光谱具有特征性和指纹性。红外光谱法主要是利用红外光谱吸收峰的位置、强度及形状来判断化合物的类别、基团的种类、取代类型、结构异构及氢键等,从而推断化合物的结构,同时也可用于化合物的定量分析。

第二节　红外吸收光谱法的基本原理

一、分子振动能级

红外吸收光谱是由于分子的振动能级跃迁引起的。下面以双原子分子或基团振动为例说明分子的振动能级跃迁,图 10-2 为双原子分子振动示意图。

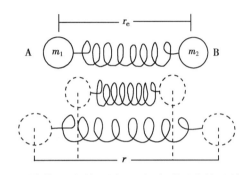

r_e. 平衡位置原子间距离;r. 振动瞬间原子间距离。

图 10-2　双原子分子振动示意图

把含 A、B 两个不同质量 m_1、m_2 的原子看作两个小球,把连结两个小球的化学键看成质量可以忽略不计的弹簧,则这两个原子间的伸缩振动即为沿键轴方向的谐振子简谐振动。简谐振动过程中位能 U 与原子间距离 r 及平衡距离 r_e 之间的关系如下式:

$$U = \frac{1}{2}K(r-r_e)^2 \qquad 式(10\text{-}1)$$

式中 U 为振动过程中的位能;K 为化学键力常数,N/cm。$r=r_e$ 时,$U=0$;$r>r_e$ 或 $r<r_e$ 时,$U>0$。振动过程中谐振子模型的位能曲线如图 10-3 中的 a-a′ 所示,图中 b-b′ 为非谐振子的位能曲线。

分子在振动过程中的总能量 $E_V = U+T$,T 为动能。当 $r=r_e$ 时,$U=0$,则 $E_V=T$。当 A、B 两原子距平衡位置最远时,$T=0$,$E_V=U$。根据量子力学,分子振动过程中的总能量为:

$$E_V = \left(V+\frac{1}{2}\right)h\nu \qquad 式(10\text{-}2)$$

式中 ν 是分子振动频率,V 是振动量子数,$V=0,1,2,3\cdots$。当分子处于基态时,$V=0$,$E_V=1/2h\nu$,此时

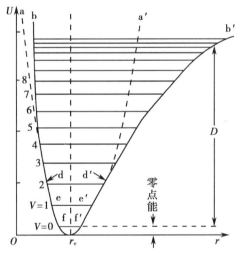

图 10-3　双原子分子位能曲线

振动的振幅最小。当分子受到红外辐射照射时,若红外辐射的光子能量等于分子振动能级差时,分子将吸收红外辐射由基态跃迁至激发态,振动的振幅增大。由于振动能级是量子化的,因此:

$$h\nu_L = \Delta E_V \qquad 式(10\text{-}3)$$

式中 ν_L 是光子频率。由式(10-2)可得分子振动能级差为:

$$\Delta E_V = \Delta V \cdot h\nu \qquad 式(10\text{-}4)$$

将式(10-4)代入式(10-3)得:

$$\nu_L = \Delta V \cdot \nu \qquad 式(10\text{-}5)$$

式(10-5)说明,只有当红外辐射频率等于分子振动频率的 ΔV 倍时,分子才能吸收红外辐射能量产生红外吸收光谱。若振动由基态($V=0$)跃迁到第一激发态($V=1$)时,$\Delta V=1$,则 $\nu_L=\nu$,此时所产生的吸收峰称为基频峰(fundamental bands)。

二、振动形式和振动自由度

（一）振动形式

双原子分子只有一种振动形式，即伸缩振动（stretching vibration）。多原子分子的振动比较复杂，包括两类振动形式，伸缩振动和弯曲振动（bending vibration）。研究各种分子的振动形式，有利于进一步了解光谱中吸收峰的起因、数目及变化规律。下面以亚甲基和甲基为例，对不同的振动形式进行说明。

1. 伸缩振动   指化学键两端的原子沿键轴方向进行周期性变化的运动，用 ν 表示。伸缩振动又分为对称伸缩振动（symmetrical stretching vibration）（ν^s）和不对称伸缩振动（asymmetrical stretching vibration）（ν^{as}）。亚甲基的对称伸缩振动（$\nu^s_{CH_2}$）是指亚甲基上的两个碳氢键同时伸长或缩短；亚甲基的不对称伸缩振动（$\nu^{as}_{CH_2}$）是指亚甲基上的两个碳氢键交替伸长与缩短。

2. 弯曲振动   指键角发生规律性变化的振动，又称为变形振动。

（1）面内弯曲振动：面内弯曲振动（in-plane bending vibration）是指在由几个原子所构成的平面内进行的弯曲振动，用 β 表示。面内弯曲振动可分为剪式振动（scissoring vibration）和面内摇摆振动（rocking vibration）。①剪式振动是指振动过程中键角发生规律性的变化，似剪刀的"开"与"闭"，用 δ 表示。亚甲基的剪式振动表现为两个碳氢键间夹角的规律性变化。②面内摇摆振动是指在由几个原子所构成的平面内，基团作为一个整体进行摇摆，用 ρ 表示。亚甲基的面内摇摆振动，表现为两个碳氢键的同方向同角度的摆动。

（2）面外弯曲振动：面外弯曲振动（out-of-plane bending vibration）是指在垂直于由几个原子所构成的平面方向上进行的弯曲振动，用 γ 表示。面外弯曲振动又可分为面外摇摆振动（out-of-plane wagging vibration）和蜷曲振动（twisting vibration）。①面外摇摆振动是分子或基团的端基原子同时在垂直于由几个原子所构成的平面内同方向振动，用 ω 表示。如亚甲基的两个氢原子同时做同向垂直于平面方向上的运动。②蜷曲振动是分子或基团的端基原子同时在垂直于由几个原子所构成的平面内反方向振动，用 τ 表示。如亚甲基两个氢原子同时做反向垂直于平面方向上的运动。

（3）变形振动：变形振动（deformation vibration）是指多个化学键端的原子相对于分子的其余部分的弯曲振动，用 δ 表示。变形振动可分为对称变形振动和不对称变形振动。①对称变形振动是分子中三个化学键与分子轴线构成的夹角 θ 同时变小或变大，形似花瓣的"开"与"闭"，用 δ^s 表示。如甲基的三个碳氢键同时向轴线做同角度的变化。②不对称变形振动是分子中三个化学键与分子轴线构成的夹角 θ 交替变小与变大，用 δ^{as} 表示。如甲基的三个碳氢键同时交替向轴线做同角度的变化。

亚甲基和甲基的各种振动形式见图 10-4。

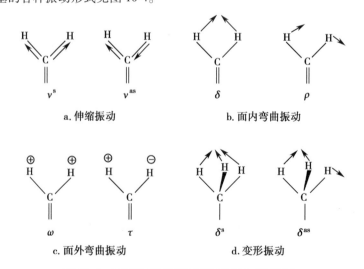

图 10-4   亚甲基和甲基的各种振动形式示意图

（二）振动自由度

振动自由度是分子基本振动的数目,即分子的独立振动数。了解分子的振动自由度可以帮助了解物质分子红外光谱可能产生的吸收峰的个数。多原子分子的振动虽然复杂,但仍可以分解为许多简单的基本振动,如伸缩振动和弯曲振动。波长 $2.5 \sim 25\mu m$ 的中红外辐射,能量较小,不足以引起电子能级的跃迁,故只需考虑分子中的平动(平移)、振动和转动能量的变化。分子平动能量的改变不产生光谱,而分子转动能级跃迁产生的远红外光谱不在中红外光谱的研究范围,因此应该扣除这两种运动形式。

确定一个原子在三维空间的位置需要 3 个坐标 (x, y, z),即每个原子有 3 个运动自由度,要确定含 N 个原子的分子的空间位置则需要 $3N$ 个坐标,即分子有 $3N$ 个自由度。这 $3N$ 个自由度包括有平动、振动和转动自由度。然而分子是由化学键将原子连结成的一个整体,分子的重心向任何方向的移动都可以分解为沿 3 个坐标方向的移动,因此,分子有 3 个平动自由度。

非线型分子可以绕 3 个坐标轴转动,因而有 3 个转动自由度。线型分子以键轴为转动轴转动时,其转动惯量等于零,没有能量的变化。因而,线型分子只有 2 个转动自由度。

分子的振动自由度 = $3N$(运动自由度) - 平动自由度 - 转动自由度。例如,水分子为非线型分子,振动自由度 = $3N-3-3 = 3$,说明水分子有 3 种基本振动形式:

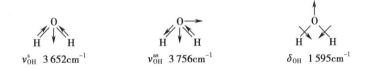

$$\nu_{OH}^{s}\ 3\ 652cm^{-1} \qquad \nu_{OH}^{as}\ 3\ 756cm^{-1} \qquad \delta_{OH}\ 1\ 595cm^{-1}$$

CO_2 为线型分子,振动自由度 = $3N-3-2 = 4$,说明 CO_2 有 4 种基本振动形式:

$$\nu_{C=O}^{s}\ 1\ 340cm^{-1} \qquad \nu_{C=O}^{as}\ 2\ 350cm^{-1} \qquad \beta_{C=O}\ 666cm^{-1} \qquad \gamma_{C=O}\ 666cm^{-1}$$

三、红外吸收光谱产生的条件

按照振动自由度的描述,CO_2 分子的基本振动数为 4,它在红外吸收光谱上应出现 $\nu_{C=O}^{s}1\ 340cm^{-1}$、$\nu_{C=O}^{as}2\ 350cm^{-1}$、$\beta_{C=O}666cm^{-1}$ 及 $\gamma_{C=O}666cm^{-1}$ 四个吸收峰。但其红外光谱上只出现 $2\ 350cm^{-1}$ 和 $666cm^{-1}$ 两个吸收峰。为什么会出现基本振动吸收峰的数目少于振动自由度?下面简要说明其原因。

1. 简并　振动频率完全相同的吸收峰在红外光谱中重叠,这种现象称为红外光谱的简并。如 CO_2 分子的 $\beta_{C=O}$ 和 $\gamma_{C=O}$,虽然振动形式不同,但振动频率相同,二者产生的基频峰因在红外光谱图上的位置相同而简并,所以只能观测到一个吸收峰。简并是基本振动吸收峰数目少于振动自由度的首要原因。

2. 非红外活性振动　当振动过程中分子的瞬间偶极矩不发生变化时,不产生红外光的吸收,这种现象称为非红外活性振动(infrared inactive vibration)。CO_2 虽有 $\nu_{C=O}^{s}$ 振动,但红外吸收光谱上却无 $\nu_{C=O}^{s}1\ 340cm^{-1}$ 峰。这是由于 CO_2 是线型分子,虽然两个 $C=O$ 键的偶极矩都不为零,但分子的偶极矩是这两个键偶极矩的矢量和,当 CO_2 分子振动处于平衡位置时,由于正、负电荷重心重合,偶极矩 $\mu = 0$。在对称伸缩振动过程中正、负电荷重心仍然重合,即 $r = 0$,$\mu = 0$,偶极矩没有变化,$\Delta\mu = 0$。但在不对称伸缩振动过程中,其中一个键伸长,而另一个键缩短,使正、负电荷重心不重合,$r \neq 0$,$\mu \neq 0$,故 $\Delta\mu \neq 0$。因此,CO_2 的不对称伸缩振动 $\nu_{C=O}^{as}$ 在 $2\ 350cm^{-1}$ 处出现吸收峰。由此可见,只有在振动过程中偶极矩发生变化的振动才能吸收能量相当的红外辐射,在红外吸收光谱上观测到吸收峰。故把能引起偶极矩变化的振动称为红外活性振动(infrared active vibration);不能引起偶极矩变化的振动称为非红外活性振动。这是由于红外辐射是具有交变电场与磁场的电磁波,在红外活性振动过程中,分子的电荷分布发生改变而产生的交变电场,使分子振动与电磁辐射的振荡电场相偶合,便产生分子对红外辐射的吸收。

综上所述,红外吸收光谱的产生必须满足两个条件:

(1)红外辐射的能量必须与分子的振动能级差相等,$E_L = \Delta V \cdot h\nu$ 或 $\nu_L = \Delta V \cdot \nu$,即分子(或基团)的振动频率与振动量子数之差的乘积等于红外辐射的照射频率。

(2)分子振动过程中其偶极矩必须发生变化,即瞬间偶极矩变化 $\Delta\mu \neq 0$,只有红外活性振动才能产生吸收峰。

四、吸收峰的强度

这里讨论的吸收峰强度(intensity of absorption band)不是浓度与吸光度之间的关系,而是红外吸收光谱上吸收峰的相对强度(简称峰强)。下面以醋酸丙烯酯的红外光谱(图 10-5)为例,讨论影响吸收峰相对强度的因素。

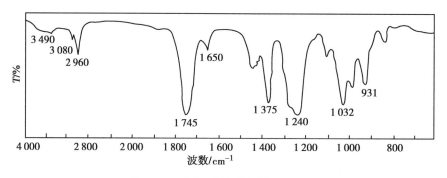

图 10-5　醋酸丙烯酯的红外吸收光谱

图 10-5 中的 1 745cm^{-1} 为 $\nu_{C=O}$ 峰,1 650cm^{-1} 为 $\nu_{C=C}$ 峰,两个吸收峰的峰位非常接近,但是两个峰的强度却相差甚远。原因是 C=O 基团中氧与碳的电负性相差较大,在伸缩振动时偶极矩的变化很大;而 C=C 基团中碳与碳的电负性相同,在伸缩振动时偶极矩的变化不大。所以,在不考虑相邻基团相互影响的前提下,键的偶极矩愈大,伸缩振动过程中偶极矩的变化愈大,吸收峰的强度亦愈强。因此当分子中含有杂原子时,其红外光谱吸收峰一般都比较强。

基态分子中很少一部分,在吸收某种频率的红外光后产生振动能级的跃迁而处于激发态,激发态分子不稳定,通过与周围基态分子的碰撞等过程,损失能量而回到基态。当这些过程达到动态平衡时,激发态分子数占总分子数的百分数称为跃迁概率。跃迁概率可用峰强来量度,跃迁概率越大,其吸收峰越强。所以峰强度也与振动能级的跃迁概率密切相关。例如:图 10-5 中 1 745cm^{-1} 和 3 490cm^{-1} 都是由 C=O 伸缩振动引起的,即 C=O 吸收一定能量的红外光后,能级从基态($V=0$)跃迁至第一激发态($V=1$),产生 1 745cm^{-1} 峰,剩余能量又将其继续激发至第二激发态($V=2$)产生 3 490cm^{-1} 峰。虽然 C=O 从 $V=0 \to 2$ 跃迁较 $V=0 \to 1$ 跃迁伸缩振动的振幅增大,偶极矩变大,峰强本该增强,但 $V=0 \to 2$ 跃迁较 $V=0 \to 1$ 跃迁概率减小,因此,1 745cm^{-1} 峰明显强于 3 490cm^{-1} 峰。

由此可见,吸收峰的强度主要由两个因素决定:①振动过程中键的偶极矩变化;②振动能级间的跃迁概率。当然,峰强还与振动形式有关,因为振动形式不同对分子中电荷分布的影响不同,使得偶极矩变化不同,所以吸收峰的强度也不同。通常峰强与振动形式之间有如下规律:①$\nu^{as} > \nu^s$;②$\nu > \beta$。另外,峰强还与分子结构的对称性有关,结构对称的分子在振动过程中,若其振动方向也对称,则振动的偶极矩始终为零,没有吸收峰出现。如三氯乙烯与四氯乙烯的红外光谱(Sadtler 光谱 62K 与 72K)

明显不同,前者有 $\nu_{C=C}$ 峰($\sim 1\ 580\text{cm}^{-1}$),后者结构完全对称,$\nu_{C=C}$ 峰消失。

吸收峰的绝对强度,一般用摩尔吸光系数 ε 来描述。当 $\varepsilon > 100$ 时,称为非常强峰(vs);$20 \sim 100$ 范围内,为强峰(s);$10 \sim 20$ 范围内,为中强峰(m);$1 \sim 10$ 范围内,为弱峰(w);$\varepsilon < 1$ 时,为非常弱峰(vw)。

五、吸收峰的位置

吸收峰的位置(简称峰位)通常用振动能级跃迁时吸收红外线的波数 σ_L(或频率 ν_L、波长 λ_L)表示。

(一)基本振动频率

如前所述,把化学键相连的两个原子看作谐振子,根据简谐子振动的 Hooke 定律,化学键基本振动频率为:

$$\nu = \frac{1}{2\pi}\sqrt{\frac{K}{\mu}}\ (\text{s}^{-1}) \qquad \text{式(10-6)}$$

式中 K 为化学键力常数(N/cm),是指化学键两端的原子由平衡位置拉长单位长度时的恢复力。单键、双键及叁键的 K 分别近似为 5、10 及 15N/cm。化学键力常数越大,化学键的强度越大。μ 为 A、B 原子的折合质量,即 $\mu = \dfrac{m_A \cdot m_B}{m_A + m_B}$。其中 m_A、m_B 分别为化学键两端原子 A 和 B 的质量。

因为 $\sigma = \dfrac{1}{\lambda} = \dfrac{\nu}{c}$,所以

$$\sigma = \frac{1}{2\pi c}\sqrt{\frac{K}{\mu}} \qquad \text{式(10-7)}$$

由于相对原子质量与原子质量存在阿伏伽德罗(Avogadro)常数关系,因此将原子 A 和 B 的折合相对原子质量 μ' 代替折合质量 μ 可得:

$$\sigma\ (\text{cm}^{-1}) = 1\ 302\sqrt{\frac{K}{\mu'}} \qquad \text{式(10-8)}$$

式(10-8)说明,化学键力常数 K 越大,折合相对原子质量 μ' 越小,则谐振子的振动频率越大,即振动吸收峰的波数越大。

由式(10-8)可知:

1. 折合相对原子质量相同的基团,其化学键力常数越大,伸缩振动基频峰的波数越高。由于 $K_{C\equiv C} > K_{C=C} > K_{C-C}$,所以 $C\equiv C$、$C=C$、$C-C$ 的红外振动波数顺序为:$\sigma_{C\equiv C} > \sigma_{C=C} > \sigma_{C-C}$,如表 10-1 所示。

表 10-1 不同基团的基本振动频率

化学键类型	折合相对原子质量 μ'	化学键力常数 K /(N/cm)	基团振动波数 σ/cm^{-1}
C—C	6	5	1 190
C=C	6	10	1 680
C≡C	6	15	2 060

2. 折合相对原子质量越小,基团的伸缩振动波数越高。以共价键与氢原子组成基团的红外振动波数均出现在高波数区。例如:$\sigma_{O-H} 3\ 600 \sim 3\ 200\text{cm}^{-1}$,$\sigma_{C-H} 2\ 911\text{cm}^{-1}$,$\sigma_{N-H} 3\ 500 \sim 3\ 300\text{cm}^{-1}$。

3. 以共价键与 C 原子组成基团的其他原子随着原子质量的增加,红外振动波数减小。例如:$\sigma_{C-H} > \sigma_{C-C} > \sigma_{C-O} > \sigma_{C-Cl} > \sigma_{C-Br} > \sigma_{C-I}$。

4. 折合相对原子质量相同的基团,一般 $\nu > \beta > \gamma$。例如:$\nu_{C-H} > \beta_{C-H} > \gamma_{C-H}$。

（二）基频峰与泛频峰

1. 基频峰　前面已经介绍,基频峰是分子吸收一定频率的红外线,由振动能级的基态($V=0$)跃迁至第一激发态($V=1$)时,所产生的吸收峰。由于$\Delta V=1$,所以$\nu_L=\nu$。一般情况下基频峰的位置规律性比较强且强度比较大,在红外光谱上较易识别。一些主要基团的基频峰分布,见图10-6。

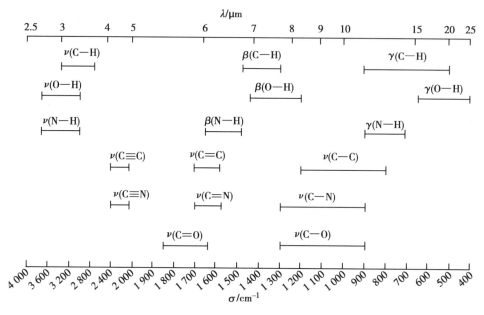

图10-6　基频峰的分布简图

由图10-6可以看出,各种基团的基频峰都出现在一段区间内,很难将它用一个波数表示,这是因为基团与基团间、化学键与化学键间、基团与溶剂间都存在着相互影响。

2. 泛频峰　吸收一定频率的红外线后,分子振动能级由基态($V=0$)跃迁至第二激发态($V=2$)、第三激发态($V=3$)等所产生的吸收峰,分别称为二倍频峰、三倍频峰等,这些吸收峰总称为倍频峰(overtone)。在倍频峰中,二倍频峰较弱但仍能观测到,三倍频峰及三倍以上的倍频峰,因为跃迁概率很小,一般峰强都很弱,故常观测不到。

由于分子振动的非谐振性质,位能曲线中的能级差并非等距,随着振动量子数V的逐渐增大,其振动能级差ΔE逐渐减小(图10-3)。所以倍频峰的频率不是基频峰频率的整数倍,而是略小一些。例如,HCl分子的基频峰频率2 835.9cm^{-1}最强,二倍频峰(较弱)至五倍频峰(很弱)频率依次为5 668.0cm^{-1}、8 347.0cm^{-1}、10 923cm^{-1}和13 397cm^{-1}。

除倍频峰之外,有些弱峰还由两个或多个基频峰频率的和或差产生,$\nu_1+\nu_2\cdots$峰称为合频峰,$\nu_1-\nu_2\cdots$峰称为差频峰。

倍频峰、合频峰及差频峰统称为泛频峰。泛频峰多数为弱峰,一般在红外光谱上不易辨认。泛频峰的存在,使红外光谱变得复杂,但却增加了红外光谱的特征性。例如,取代苯的泛频峰出现在2 000~1 667cm^{-1}(5~6μm),主要由苯环上碳-氢键面外弯曲振动的倍频峰等构成,其特征性很强,可与碳-氢键面外弯曲的基频峰并用以确定苯环的取代情况。

（三）影响吸收峰位置的因素

由于化学环境不同,同一基团在不同分子中吸收红外光的频率不同。因此,了解分子中影响基团吸收峰位置的因素,有利于对化合物分子结构做出准确判定。

1. 分子内部结构因素

（1）诱导效应:由于取代基团的吸电子作用,使被取代基团周围电子云密度降低,吸收峰向高频方向移动。以$\nu_{C=O}$为例说明诱导效应(inductive effect):

$$\nu_{C=O}\quad 1\ 715cm^{-1}\qquad 1\ 735cm^{-1}\qquad 1\ 800cm^{-1}\qquad 1\ 870cm^{-1}$$

由于吸电子基团的引入,使羰基的双键性增强,化学键力常数增大,其伸缩振动频率增加。

(2) 共轭效应:由于共轭效应(conjugative effect)的存在使吸收峰向低频方向移动。例如芳香酮、α,β-不饱和羰基化合物或酰胺化合物,由于羰基与苯环或双键、孤对电子共轭,π电子的离域增大,羰基双键性减弱,化学键力常数减小,与脂肪酮相比吸收峰向低波数方向移动。

$$\nu_{C=O}\quad 1\ 715cm^{-1}\qquad 1\ 685cm^{-1}\qquad 1\ 690cm^{-1}\qquad 1\ 680cm^{-1}$$

在同一化合物中,诱导效应与共轭效应往往同时存在,所以吸收峰的位置由占主导地位的影响因素决定。例如,饱和酯 $\nu_{C=O}$ 的峰位一般出现在 1 735cm^{-1},这是因为其诱导效应大于其共轭效应,所以波数比一般酮的 $\nu_{C=O}$ 峰波数高;而硫酯中因硫的电负性比氧小,共轭效应大于诱导效应,硫酯 $\nu_{C=O}$ 峰一般出现在 1 690cm^{-1},比一般酮的 $\nu_{C=O}$ 峰波数低。

$$\nu_{C=O}\quad 1\ 715cm^{-1}\qquad 1\ 735cm^{-1}\qquad 1\ 690cm^{-1}$$

(3) 空间效应:空间效应(steric effect)是指由于空间作用的影响,基团电子云密度发生变化,从而引起振动频率发生变化的现象。如 1-乙酰环己烯和 1-乙酰-2-甲基-6,6-二甲基环己烯(见下面结构),由于后者羰基邻位取代基的影响,空间位阻增大,共平面减弱,共轭受到限制,致使 $\nu_{C=O}$ 峰出现在高波数区。

$$\nu_{C=O}\quad 1\ 663cm^{-1}\qquad\qquad 1\ 693cm^{-1}$$

(4) 环张力效应:由于环张力的影响,环状化合物吸收频率比同碳链状化合物吸收频率高,这种效应称为环张力效应(ring effect)。环状化合物随着环元素的减少,环张力增加,环外双键被增强,振动频率升高;环内双键被削弱,双键振动频率降低。

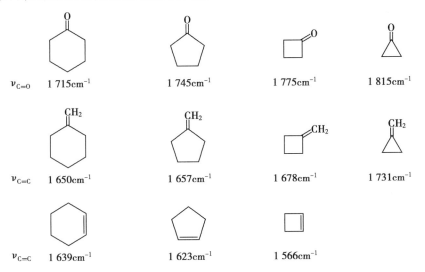

$$\nu_{C=O}\quad 1\ 715cm^{-1}\qquad 1\ 745cm^{-1}\qquad 1\ 775cm^{-1}\qquad 1\ 815cm^{-1}$$

$$\nu_{C=C}\quad 1\ 650cm^{-1}\qquad 1\ 657cm^{-1}\qquad 1\ 678cm^{-1}\qquad 1\ 731cm^{-1}$$

$$\nu_{C=C}\quad 1\ 639cm^{-1}\qquad 1\ 623cm^{-1}\qquad 1\ 566cm^{-1}$$

（5）互变异构效应：互变异构效应（tautomerism effect）是指分子存在互变异构现象时，在其红外吸收光谱上能观察到各种异构体的吸收峰且峰位也将发生移动。例如，在 CCl_4 溶液中乙酰乙酸乙酯的红外光谱上能看到互变异构体酮型（$\nu_{C=O}$ 1 738cm^{-1}、1 717cm^{-1}）及烯醇型（$\nu_{C=O}$ 1 650cm^{-1}）的特征吸收峰。烯醇型 $\nu_{C=O}$ 峰强度较小且与 $\nu_{C=C}$ 峰重叠，说明烯醇型较少。

$$CH_3-\underset{\underset{O}{\|}}{C}-CH_2-\underset{\underset{O}{\|}}{C}-OC_2H_5 \rightleftharpoons CH_3-\underset{\underset{OH--------}{|}}{C}=CH_2-\underset{\underset{O}{\|}}{C}-OC_2H_5$$

（6）氢键效应：氢键效应（hydrogen bond effect）是指氢键的形成使形成氢键基团的伸缩振动频率明显地向低频方向移动且峰变宽，吸收强度增强。形成分子间氢键基团的振动频率受化合物的浓度影响较大，但是形成分子内氢键基团的振动频率与化合物的浓度无关。如：极稀的乙醇溶液，乙醇呈游离状态，ν_{OH} 3 640cm^{-1}，随浓度增加而形成二聚体、多聚体，它们的羟基峰逐渐向低频移动，波数分别为 3 515cm^{-1} 及 3 350cm^{-1}；羧酸溶液不仅 ν_{OH} 向低频方向移动，且强度增强，同时 $\nu_{C=O}$ 也向低频方向移动。又如：2-羟基-4-甲氧基苯乙酮，因为分子内氢键的存在使羰基和羟基的伸缩振动的基频峰大幅度地向低频方向移动，ν_{OH} 为 2 835cm^{-1}，$\nu_{C=O}$ 为 1 623cm^{-1}。

（7）费米共振效应：费米共振效应（Fermi resonance effect）是由频率相近的泛频峰与基频峰的相互作用而产生，结果使泛频峰的强度增加或发生分裂。例如：苯甲醛的 $\nu_{CH(O)}$ 2 850cm^{-1} 和 2 750cm^{-1} 两个吸收峰是由醛基的 ν_{C-H} 2 800cm^{-1} 峰与 δ_{C-H} 1 390cm^{-1} 的 2 倍频峰 2 780cm^{-1} 发生费米共振而引起的。

（8）振动偶合效应：振动偶合效应（vibrational coupling effect）是指分子中两个或两个以上相同的基团靠得很近时，相同基团之间发生偶合，使其相应特征吸收峰发生分裂。如：化合物中存在有 $-CH(CH_3)_2$ 或 $-C(CH_3)_3$ 时，由于甲基空间距离相距很近，使 C—H 面内弯曲振动 δ_{CH}^s 1 380cm^{-1} 峰发生分裂，出现双峰。酸酐的两个羰基 $\nu_{C=O}$ 互相偶合出现两个强的吸收峰。

2. 外部因素

（1）物态效应：同一化合物在不同的聚集状态下，红外吸收频率和强度都会发生变化。气态样品由于分子间的作用力小，其红外光谱常常可提供游离化合物的结构信息。增大气体压力，分子间的作用力增大，吸收峰变宽。液态样品由于分子间作用力较大，易产生分子间缔合和形成氢键，因此吸收峰向低频方向移动，且峰变宽。固态样品红外吸收峰尖锐且丰富，因此固态样品的红外吸收光谱用于定性鉴别或结构分析更可靠。图 10-7 为正己酸在气态（10-7a）和液态（10-7b）的红外吸收光谱。

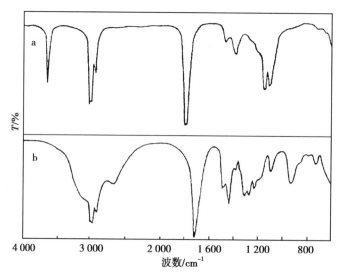

图 10-7   正己酸在气态（a）和液态（b）的红外吸收光谱

（2）溶剂效应：溶质的极性基团（如 C＝O、N＝O 等）随溶剂极性的增大，伸缩振动频率降低，峰强增加。其原因主要是因为溶质的极性基团和极性溶剂间形成氢键，使吸收峰向低频方向移动。因此，在测定化合物红外吸收光谱时，应尽可能在非极性的稀溶液中进行。

（四）特征区和指纹区

按照基团在中红外光谱上吸收峰的位置，习惯上把 $4\ 000 \sim 1\ 300 cm^{-1}$ 区域称为特征区，$1\ 300 \sim 400 cm^{-1}$ 区域称为指纹区。

1. 特征区　红外光谱特征区（$4\ 000 \sim 1\ 300 cm^{-1}$，$2.5 \sim 7.69 \mu m$）是化学键和基团的特征振动频率区。特征区吸收峰较稀疏，易辨认，每个吸收峰都和一定的基团相对应，一般可用于鉴定基团的存在。该区域主要包含含氢单键的伸缩振动峰、各种双键、叁键的伸缩振动峰以及部分含氢单键的面内弯曲振动峰。

通过在特征区查找特征峰的存在与否，确定或否定基团或化学键的存在，以确定化合物的类别。

2. 指纹区　红外光谱指纹区（$1\ 300 \sim 400 cm^{-1}$，$7.69 \sim 25 \mu m$）吸收峰的特征性强，可用于区别不同化合物结构上的微小差异，犹如人的指纹，故称为指纹区。指纹区吸收峰强度和位置相似，相互干扰较大，再加上各种弯曲振动的能级差较小，因此，该区域的吸收峰密集、复杂多变、不易辨认。指纹区主要包括单键的伸缩振动峰和多数基团的面外弯曲振动峰。

通过指纹区查找相关吸收峰，以进一步佐证特征区确定的基团或化学键的存在，同时还可以确定化合物的细微结构。

六、特征峰和相关峰

1. 特征峰　特征峰（characteristic band）是指用于鉴别化学键或基团存在的吸收峰。化合物的红外光谱是其分子结构的客观反映，谱图中的吸收峰对应于分子中某化学键或基团的振动形式，同一基团的振动频率总是出现在一定区域。例如 C＝O，在 $1\ 870 \sim 1\ 540 cm^{-1}$ 出现强大的吸收峰时，一般认为是羰基伸缩振动峰。由于该峰的存在，可以鉴定化合物的结构中存在羰基，因此，我们把 $\nu_{C=O}$ 峰称为羰基的特征峰。

图 10-8 为正辛烷、环己烷、1-辛烯和 1-辛炔的红外吸收光谱。比较图 10-8a 和图 10-8c，可以看出，1-辛烯比正辛烷多了 $3\ 080 cm^{-1}$、$1\ 640 cm^{-1}$、$995 cm^{-1}$ 及 $915 cm^{-1}$ 峰，这四个峰源于 1-辛烯的 $\nu_{=CH_2}^{as}$（$3\ 080 cm^{-1}$）、$\nu_{C=C}$（$1\ 640 cm^{-1}$）和 $\gamma_{=CH}$（$995 cm^{-1}$）、$\gamma_{=CH_2}$（$915 cm^{-1}$），为—CH＝CH_2 的特征峰。比较图 10-8a 和图 10-8d，可以看出，1-辛炔比正辛烷多了 $3\ 320 cm^{-1}$ 和 $2\ 120 cm^{-1}$ 峰，此二峰源于 1-辛炔的 $\nu_{=CH}$（$3\ 320 cm^{-1}$）和 $\nu_{C=C}$（$2\ 120 cm^{-1}$），是—CH≡CH 的特征峰。在图 10-8a 和图 10-8b 中，ν_{C-H}（$2\ 965 cm^{-1}$、$2\ 865 cm^{-1}$、$2\ 992 cm^{-1}$ 及 $2\ 876 cm^{-1}$）和 δ_{C-H}（$1\ 450 cm^{-1}$、$1\ 380 cm^{-1}$ 和 $1\ 530 cm^{-1}$）为—CH_3 和—CH_2 的特征峰。

2. 相关峰　相关峰（correlation band）是一组具有相互依存和佐证关系的吸收峰。在多原子分子中一个基团可能有数种振动形式，而每一种红外活性振动一般能产生一个相应的吸收峰，甚至还能观测到各种泛频峰。例如 1-辛烯红外光谱（图 10-8c）中观测到的 $\nu_{=CH_2}^{as}$、$\nu_{C=C}$、$\gamma_{=CH}$ 及 $\gamma_{=CH_2}$ 峰就是由—CH＝CH_2 基团产生的一组相关峰，即只有在红外光谱中同时观测到这 4 个峰，才能证明端基烯烃基团的存在。用一组相关峰确定一个基团的存在是红外光谱解析的重要原则。有时由于峰与峰的重叠或峰强度太弱，并非所有相关峰都能被观测到，但必须找到主要的相关峰才能认定基团的存在。

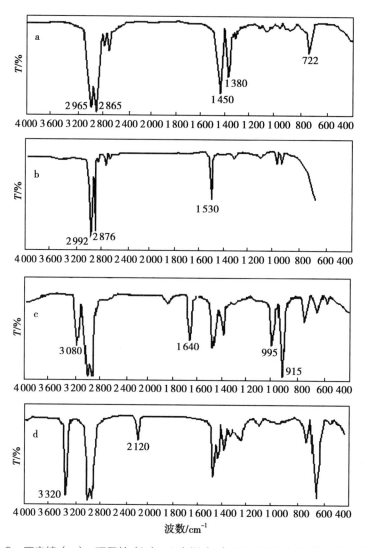

图10-8 正辛烷（a）、环己烷（b）、1-辛烯（c）和1-辛炔（d）的红外吸收光谱

第三节   有机化合物的典型红外吸收光谱

通过对各类化合物的典型红外吸收光谱的讨论,可以熟悉和掌握各种基团或化学键的吸收峰的峰位、峰强及峰形特点及变化规律,总结和归纳吸收峰与分子结构的关系,为化合物的结构分析奠定基础。

一、脂肪烃类

1. 烷烃 烷烃的主要特征峰为 ν_{C-H}（$3\,000\sim2\,850cm^{-1}$）、δ_{C-H}（$1\,480\sim1\,350cm^{-1}$）,如图 10-8a 所示。

（1）碳氢伸缩振动（ν_{C-H}）:①—CH_3 的 ν^{as}（$2\,962\pm10$）cm^{-1}（s）,ν^s（$2\,872\pm10$）cm^{-1}（s）。②—CH_2— 的 ν^{as}（$2\,926\pm10$）cm^{-1}（s）,ν^s（$2\,853\pm10$）cm^{-1}（s）。环烷烃与卤素等相连接的—CH_2—,ν_{C-H} 向高频区移动,如图 10-8b 所示。③次甲基的 ν_{C-H} 出现在（$2\,890\pm10$）cm^{-1}（w）,常被—CH_3 和—CH_2 的 ν_{C-H} 掩盖。

（2）碳氢弯曲振动（δ_{C-H}）:①—CH_3 的 δ^{as}（$1\,450\pm20$）cm^{-1}（s）,δ^s（$1\,380\sim1\,370$）cm^{-1}（s）;环烷烃与卤素等相连接的—CH_2—的 δ_{C-H} 向高频区移动,如图 10-8b 所示。②—CH_2—的 δ（$1\,465\pm20$）cm^{-1}（m）,

$\rho \sim 722\text{cm}^{-1}(\text{m})$（$n \geqslant 4$）。

烷烃的吸收峰有如下特点：①烷烃的 ν_{C-H} 振动波数小于 $3\,000\text{cm}^{-1}$，并且有 $\nu_{CH_3}^{as} > \nu_{CH_2}^{as} > \nu_{CH_3}^{s} > \nu_{CH_2}^{s}$。②甲基的 $\delta_{CH_3}^{s}$ 与亚甲基的 δ_{CH_2} 在谱图上常常为一叠加峰。③当化合物中存在有 —CH(CH$_3$)$_2$、—C(CH$_3$)$_3$ 或 —C(CH$_3$)$_2$— 时，由于振动偶合 $\delta_{CH_3}^{s}$ 峰发生分裂，出现双峰。如果是异丙基，双峰分别位于 $1\,385\text{cm}^{-1}$ 和 $1\,375\text{cm}^{-1}$ 左右，其峰强基本相等；如果是叔丁基，双峰分别位于 $1\,365\text{cm}^{-1}$ 和 $1\,395\text{cm}^{-1}$ 附近，且 $1\,365\text{cm}^{-1}$ 峰的强度强于 $1\,395\text{cm}^{-1}$ 峰的强度；$\delta_{CH_3}^{s}$ 峰的出现是化合物中甲基存在的有力证据。④$n \geqslant 4$ 的直链烷烃在 722cm^{-1} 左右出现 ρ_{CH_2} 峰，并且随着 CH$_2$ 个数减少，ρ_{CH_2} 吸收峰向高波数方向移动。

2. 烯烃　烯烃的主要特征峰为 $\nu_{=C-H}$（$3\,100 \sim 3\,000\text{cm}^{-1}$）、$\nu_{C=C}$（$\sim 1\,650\text{cm}^{-1}$）、$\gamma_{=C-H}$（$1\,010 \sim 650\text{cm}^{-1}$）峰，如图 10-8c 所示。

烯烃的吸收峰有如下特点：①$\nu_{=CH_2}^{as}$ $3\,095 \sim 3\,075\text{cm}^{-1}$（m）峰为烯烃的重要特征峰之一。②$\nu_{C=C}$ 峰的位置与取代情况有关，一般是随着双键上取代基数目的增多，$\nu_{C=C}$ 向高波数区域移动（可高 50cm^{-1} 左右）；峰的强度也和取代情况有关，乙烯或具有对称中心的反式烯烃和四取代烯烃的 $\nu_{C=C}$ 峰消失。共轭双烯或 C=C 与 C=O、C≡N、芳环等共轭时，$\nu_{C=C}$ 频率降低 $10 \sim 30\text{cm}^{-1}$。其中共轭双烯若没有对称中心，由于双键的相互作用而产生两个 $\nu_{C=C}$ 峰，例如不对称的 1,3-戊二烯的谱图在 $1\,650\text{cm}^{-1}$ 和 $1\,600\text{cm}^{-1}$ 附近有两个峰，而对称的 1,3-丁二烯的谱图上仅在 $1\,600\text{cm}^{-1}$ 附近有一吸收峰。③$\gamma_{=C-H}$ 峰是烯烃最特征的吸收峰，其位置主要取决于双键上的取代类型。④环烯中，随着环元素的减少，环张力增加，环烯双键振动频率（$\nu_{C=C}$）减小，环丁烯达最小。

3. 炔烃　炔烃的主要特征峰为 $\nu_{=CH}$（$3\,333 \sim 3\,267\text{cm}^{-1}$）、$\nu_{C=C}$（$2\,260 \sim 2\,100\text{cm}^{-1}$）峰，如图 10-8d 所示。$\nu_{=CH}$ 峰很强，且比 ν_{OH} 和 ν_{NH} 峰要窄，易于与 ν_{OH} 及 ν_{NH} 区别开来。$\nu_{C=C}$ 峰是高度特征峰。

二、芳香烃类

芳香烃类化合物的特征峰：芳氢伸缩振动 $\nu_{=CH}$（$3\,100 \sim 3\,000\text{cm}^{-1}$，w $\sim$ m）、泛频峰（$2\,000 \sim 1\,667\text{cm}^{-1}$，vw）、苯环骨架振动 $\nu_{C=C}$（$1\,650 \sim 1\,430\text{cm}^{-1}$）、芳氢面内弯曲振动 $\beta_{=C-H}$（$1\,250 \sim 1\,000\text{cm}^{-1}$，w）、芳氢面外弯曲振动 $\gamma_{=C-H}$（$910 \sim 665\text{cm}^{-1}$，s）。由于泛频峰强度较弱，$\beta_{=C-H}$ 常与该区域的其他峰重叠而不好辨认，因此芳烃的主要特征峰为 $\nu_{=CH}$、$\nu_{C=C}$、$\gamma_{=C-H}$。甲苯的红外光谱见图 10-9。

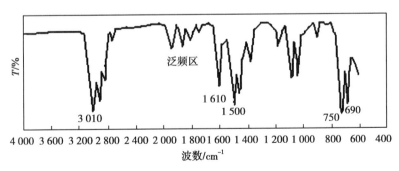

图 10-9　甲苯的红外吸收光谱

芳烃的吸收峰有如下特点：①$\nu_{=CH}$（$3\,100 \sim 3\,000\text{cm}^{-1}$，w $\sim$ m）峰为芳烃的重要特征之一，但易与烯烃的 $\nu_{=CH}$ 混淆。②$2\,000 \sim 1\,667\text{cm}^{-1}$ 的泛频峰由 $\gamma_{=C-H}$ 的倍频峰和合频峰引起，峰非常弱，常与 $\gamma_{=C-H}$ 峰联用来鉴别芳环的取代情况。③$\nu_{C=C}$ 为苯环的骨架振动，在 $1\,650 \sim 1\,450\text{cm}^{-1}$ 范围内出现的多个吸收峰，是鉴别有无芳环存在的重要特征，其中 $\sim 1\,600\text{cm}^{-1}$ 和 $\sim 1\,500\text{cm}^{-1}$ 两个吸收峰最为重要。苯环与取代基共轭后 $\nu_{C=C}$ 除出现 $\sim 1\,600\text{cm}^{-1}$ 和 $\sim 1\,500\text{cm}^{-1}$ 外，还会出现 $\sim 1\,580\text{cm}^{-1}$ 吸收峰，并因共轭作用而

使其峰强度增强。当分子对称时，~1 600cm⁻¹谱峰很弱不易识别。间或在1 450cm⁻¹处出现第四个吸收峰，但易与$\delta_{CH_3}^{as}$、$\delta_{CH_3}^{s}$峰发生重叠。④$\gamma_{=C-H}$峰反映苯环被取代后剩余相邻质子振动偶合的情况。该峰出现的位置对相邻氢的数目极为敏感，一般随着相邻氢的数目减少，$\gamma_{=C-H}$峰逐渐移向高波数区域。通常将芳环在910~665cm⁻¹出现的吸收峰都归结为苯环芳氢的面外弯曲振动（$\gamma_{=C-H}$）峰，但实际上720~665cm⁻¹出现的吸收峰应为苯环骨架面外弯曲振动（$\gamma_{C=C}$）峰。取代苯泛频区及其面外弯曲振动的峰形、峰位及峰强，见图10-10。

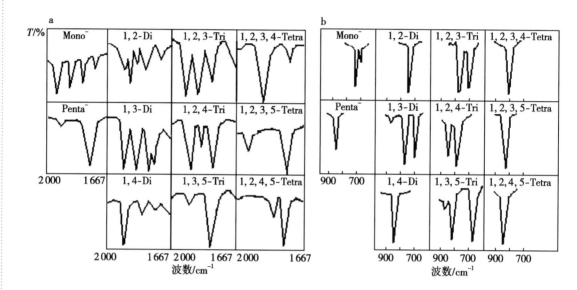

图 10-10   取代苯泛频区（a）及其面外弯曲振动（b）的峰形、峰位及峰强

三、醇、酚和醚类

1. 醇和酚   都有ν_{OH}、ν_{C-O}及β_{OH}峰，但β_{OH}的特征性差。酚还具有芳香结构的一组相关峰，可用于区别醇与酚。

（1）羟基伸缩振动（ν_{OH}）：游离的醇或酚ν_{OH}在3 640~3 610cm⁻¹（s，尖），聚合物的ν_{OH}在3 600~3 200cm⁻¹（s，稍宽）。ν_{OH}的峰位和峰强度受温度、浓度和聚集状态等因素影响很大。游离的ν_{OH}峰及形成分子内氢键的ν_{OH}峰的峰形较尖锐，而形成分子间氢键的ν_{OH}峰较宽，并且随浓度的增加，向低波数方向移动亦越大。

（2）碳氧单键伸缩振动（ν_{C-O}）：醇和酚的ν_{C-O}在1 260~1 000cm⁻¹（s），饱和伯醇1 085~1 050cm⁻¹（s），饱和仲醇1 124~1 087cm⁻¹（s），饱和叔醇1 205~1 124cm⁻¹（s），酚$\nu_{=C-O}$1 260~1 170cm⁻¹（s）。

（3）羟基面内弯曲振动（β_{OH}）：吸收峰在1 420~1 330cm⁻¹，因受其他峰的干扰，应用受到限制。

2. 醚   醚的主要特征峰为ν_{C-O-C}^{as}和ν_{C-O-C}^{s}峰，如果化合物结构对称，ν_{C-O-C}^{s}峰消失或减弱。醚与醇类的主要区别是醚没有ν_{OH}峰。①脂肪醚ν_{C-O-C}^{as}1 150~1 070cm⁻¹（vs）；正构烷基醚的ν_{C-O-C}^{as}1 140~1 110cm⁻¹为强吸收峰（图10-11c），带有支链的醚在1 125cm⁻¹和1 110cm⁻¹附近可能有两个吸收峰。②烷基芳香醚$\nu_{=C-O-C}^{as}$1 275~1 200cm⁻¹（vs）；$\nu_{=C-O-C}^{s}$1 075~1 020cm⁻¹（s）。③乙烯基醚$\nu_{=C-O-C}^{as}$1 225~1 200cm⁻¹（vs）；$\nu_{=C-O-C}^{s}$1 075~1 020cm⁻¹（s）。后两种醚均因氧与双键共轭，=C—O键力常数K增大，故频率升高。

正己醇、苯酚和丁醚的红外吸收光谱见图10-11。

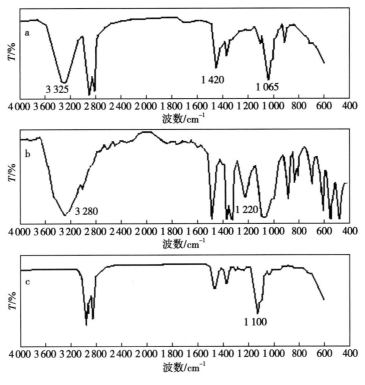

图 10-11　正己醇（a）、苯酚（b）和丁醚（c）的红外吸收光谱

四、羰基类化合物

由于羰基化合物中的 $\nu_{C=O}$ 偶极矩变化大,在 1 870~1 540cm^{-1} 出现位置相对稳定、强度大的吸收峰,而且在此区域干扰较少,所以 $\nu_{C=O}$ 是红外吸收光谱上最易识别的吸收峰。有关羰基化合物 $\nu_{C=O}$ 吸收波数见表 10-2。

表 10-2　羰基化合物 $\nu_{C=O}$ 吸收波数　　　　　单位:cm^{-1}

酸酐 I	酰氯	酸酐 II	酯	醛	酮	羧酸	酰胺
1 810	1 800	1 760	1 735	1 725	1 715	1 710	1 690

（一）酮类

通常饱和脂肪酮的 $\nu_{C=O}$ 出现在 1 715cm^{-1}（vs）, $\nu_{C=O}$ 的 2 倍频峰出现在 3 430cm^{-1}（vw）附近。改变羰基周围的环境,可使峰位变化。α,β-不饱和酮及芳香酮由于共轭 $\nu_{C=O}$ 峰向低波数方向移动,出现在 1 685~1 665cm^{-1}（s）。环酮随环张力增大, $\nu_{C=O}$ 频率增大,出现在 1 815~1 715cm^{-1}（s）。甲乙酮的红外吸收光谱见图 10-12。

（二）醛类

醛类化合物的 $\nu_{C=O}$ 1 725cm^{-1} 及醛基氢的 ν_{C-H} ~2 820cm^{-1}、~2 720cm^{-1} 是鉴定醛类化合物的主要特征峰。当羰基与双键或芳环共轭时,由于共轭效应的影响 $\nu_{C=O}$ 向低频方向移动至 1 710~1 685cm^{-1}。当 C=O 的 α 位由电负性基团取代时,由于诱导效应的影响, $\nu_{C=O}$ 峰振动频率向高频方向移动。由于醛基的 ν_{C-H} 与其 δ_{C-H}（1 390cm^{-1}）的第一倍频峰发生费米共振,在 2 830~2 695cm^{-1} 出现两个（~2 820cm^{-1}、~2 720cm^{-1}）中等强度醛基氢 ν_{C-H} 峰,2 820cm^{-1} 峰有时易被分子中脂肪烃基的 ν_{C-H} 吸收峰掩盖,2 720cm^{-1} 特征性较强。苯甲醛的红外吸收光谱见图 10-13。

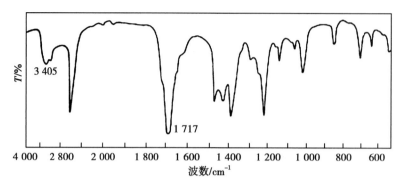

图 10-12   甲乙酮的红外吸收光谱

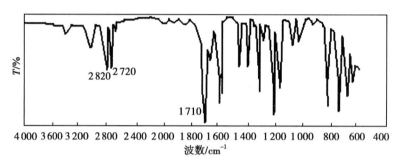

图 10-13   苯甲醛的红外吸收光谱

（三）酰卤类

酰卤的 $\nu_{C=O}$ 及 ν_{C-X} 峰是其主要特征峰。其中饱和酰卤的 $\nu_{C=O}$ 位于 ~1 800cm^{-1}，不饱和酰卤位于 1 810~1 745cm^{-1}。

（四）羧酸类

羧酸的主要特征峰有 ν_{OH} 3 400~2 500cm^{-1}、$\nu_{C=O}$ 1 740~1 650cm^{-1}、γ_{OH} 955~915cm^{-1} 等峰。硬脂酸和苯甲酸的红外吸收光谱见图 10-14。

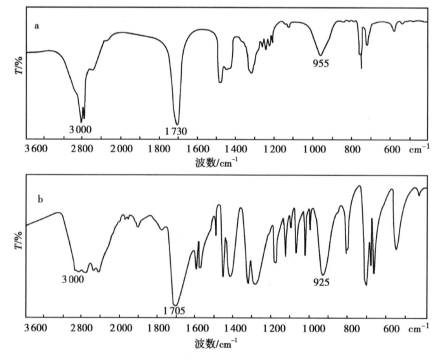

图 10-14   硬脂酸（a）和苯甲酸（b）的红外吸收光谱

1. ν_{OH}　单体 ν_{OH} 约为 3 550cm^{-1}，峰形尖锐，聚合体 ν_{OH} 为 3 400～2 500cm^{-1}，峰形宽而钝，其中心在 3 000cm^{-1} 附近，饱和与不饱和碳氢伸缩振动峰常被 ν_{OH} 峰部分淹没，只露出峰顶。

2. $\nu_{C=O}$　饱和脂肪酸单体的 $\nu_{C=O}$ 出现在 ~1 760cm^{-1} 处，饱和与不饱和羧酸二聚体的 $\nu_{C=O}$ 一般出现在 1 710～1 700cm^{-1}，芳香酸因其共轭作用 $\nu_{C=O}$ 向低波数移至 1 705～1 685cm^{-1}，羰基 α 位有电负性基团取代时，$\nu_{C=O}$ 峰向高波数方向移动，例如三氯乙酸 $\nu_{C=O}$ 峰位于 1 742cm^{-1}。形成分子内氢键在更大程度上降低 $\nu_{C=O}$ 频率，例如水杨酸 $\nu_{C=O}$ 峰在 1 665cm^{-1}。

3. γ_{OH}　在 955～915cm^{-1} 有一特征的宽谱带，系由羧酸二聚体的 γ_{OH} 引起的，常用于确认—COOH 基团的存在。

（五）酯类

酯有 $\nu_{C=O}$ ~1 735cm^{-1}（s）和 ν_{C-O-C} 1 300～1 000cm^{-1}（s）等主要特征峰。有时二倍频的 $\nu_{C=O}$ 峰出现在 3 450cm^{-1} 附近，该峰虽然很弱，但也能用来确定酯的结构。乙酸乙酯的红外吸收光谱见图 10-15。

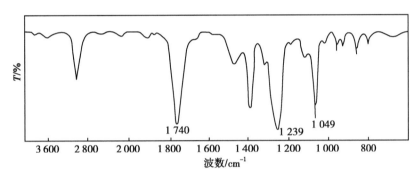

图 10-15　乙酸乙酯的红外吸收光谱

1. $\nu_{C=O}$　饱和脂肪酸酯（甲酸酯除外）的 $\nu_{C=O}$ 峰位于 1 750～1 725cm^{-1}，甲酸酯、α,β-不饱和酸酯和芳香酸酯的 $\nu_{C=O}$ 峰位于 1 730～1 715cm^{-1}。酯羰基峰的强度居于酮羰基和羧酸羰基之间。

2. ν_{C-O-C}　酯在 1 300～1 000cm^{-1} 表现出 ν^{as}_{C-O-C} 和 ν^{s}_{C-O-C} 两个吸收峰，其中 ν^{as}_{C-O-C} 峰位于 1 300～1 150cm^{-1}，ν^{s}_{C-O-C} 峰位于 1 150～1 000cm^{-1}。ν^{as}_{C-O-C} 峰强度大而宽，ν^{s}_{C-O-C} 峰强度较小。一般饱和酯的 ν^{as}_{C-O-C} 峰位于 1 210～1 163cm^{-1}，α,β-不饱和酸酯位于 1 300～1 160cm^{-1}，芳香酸酯位于 1 310～1 250cm^{-1}。

（六）酸酐类

酸酐在 $\nu^{as}_{C=O}$ 1 850～1 800cm^{-1}（s）和 $\nu^{s}_{C=O}$ 1 780～1 740cm^{-1}（s）出现两个强的特征吸收峰，这是酸酐的两个羰基伸缩振动偶合的结果。丁酸酐的红外吸收光谱见图 10-16。

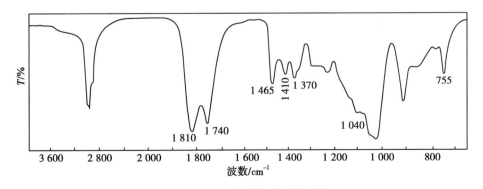

图 10-16　丁酸酐的红外吸收光谱

（七）酰胺类

酰胺类化合物的主要特征峰为 $\nu_{C=O}$ 1 680～1 630cm^{-1}（s）、ν_{NH} 3 500～3 100cm^{-1}（s）、β_{NH} 1 670～1 510cm^{-1}（s）及 ν_{C-N} 1 400～1 250cm^{-1}（vs）。因为伯酰、仲酰胺能形成分子间氢键，所以在较浓溶液和固态样品中常看到的是缔合 ν_{NH} 和 $\nu_{C=O}$ 峰。苯甲酰胺的红外吸收光谱见图 10-17。

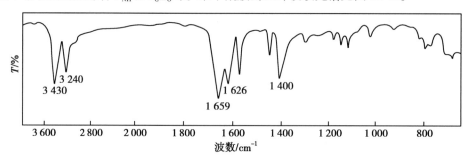

图 10-17　苯甲酰胺的红外吸收光谱

1. ν_{NH}　游离伯酰胺的 ν_{NH} 在～3 500cm^{-1} 和～3 400cm^{-1} 处出现强度大致相等的双峰，缔合态时 ν_{NH} 的双峰向低频方向移动至～3 300cm^{-1} 和～3 180cm^{-1}。游离态仲酰胺的 ν_{NH} 在 3 500～3 400cm^{-1} 出现一个峰，缔合态的 ν_{NH} 位于 3 330～3 060cm^{-1}。叔酰胺无此峰。N—H 伸缩振动峰比 O—H 伸缩振动峰弱而尖锐。

2. $\nu_{C=O}$（酰胺 I 谱带）　伯酰胺游离态的 $\nu_{C=O}$ 在 1 690～1 670cm^{-1}，缔合态 1 655～1 630cm^{-1}。仲酰胺游离态 1 680～1 630cm^{-1}，缔合态 1 655～1 630cm^{-1}。叔酰胺 1 680～1 630cm^{-1}。若连接在氮原子上的 R 基为吸电子基团，则 $\nu_{C=O}$ 频率增大。

3. β_{NH}（酰胺 II 谱带）　伯酰胺游离态 β_{NH} 在 1 620～1 590cm^{-1}，缔合态 1 665～1 610cm^{-1}。仲酰胺游离态 1 550～1 510cm^{-1}，缔合态 1 570～1 515cm^{-1}。酰胺 II 谱带的波数比酰胺 I 谱带的波数要略低一些，二者峰可能相互干扰，产生重叠。

4. ν_{C-N}　伯酰胺出现在～1 400cm^{-1}，仲酰胺出现在 1 300cm^{-1}，峰很强。

五、含氮类化合物

除酰胺外，含氮有机化合物主要包括胺类、氨基酸、硝基化合物、N-杂环化合物以及腈类等，这里只讨论部分含氮化合物的特征吸收情况。

（一）胺

胺的主要特征峰有 ν_{NH} 3 500～3 300cm^{-1}（m，尖）、δ_{NH} 1 650～1 510cm^{-1}（m～s）及 ν_{C-N} 1 360～1 020cm^{-1}（m）吸收峰。另外在 900～650cm^{-1} 出现 γ_{NH}（m～s）的宽带吸收。正己胺的红外吸收光谱见图 10-18。

1. ν_{NH}　游离伯胺在 ν^{as}_{NH} 3 500cm^{-1} 和 ν^{s}_{NH} 3 400cm^{-1} 出现双峰，缔合将使 ν^{as}_{NH}、ν^{s}_{NH} 两峰向低波数方向移动。游离仲胺 ν_{NH} 出现在 3 500～3 300cm^{-1}，缔合将使 ν_{NH} 峰移至 3 350～3 310cm^{-1}（w）。叔胺无 ν_{NH}

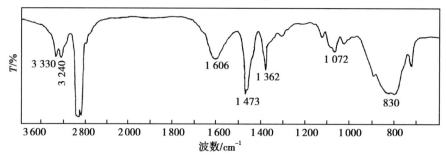

图 10-18　正己胺的红外吸收光谱

峰。脂肪胺 ν_{NH} 峰较弱,芳香胺 ν_{NH} 峰较强。

2. δ_{NH}　　伯胺的 δ_{NH} 位于 1 650 ~ 1 570cm^{-1},脂肪族仲胺的 δ_{NH} 峰很少看到,芳香族仲胺的 δ_{NH} 峰在 1 515cm^{-1} 附近,但较弱。

3. ν_{C-N}　　脂肪族伯胺、仲胺及叔胺的 ν_{C-N} 峰位于 1 250 ~ 1 020cm^{-1}(w ~ m)。芳香族胺的 ν_{C-N} 峰位于 1 380 ~ 1 250cm^{-1}(s)。

（二）硝基化合物

硝基化合物的特征峰为 $\nu_{NO_2}^{as}$ 1 590 ~ 1 500cm^{-1}(vs) 和 $\nu_{NO_2}^{s}$ 1 390 ~ 1 330cm^{-1}(vs) 两峰,强度大,易辨认。脂肪族硝基化合物 $\nu_{NO_2}^{as}$ 位于 1 570 ~ 1 545cm^{-1}(vs), $\nu_{NO_2}^{s}$ 位于 1 390 ~ 1 360cm^{-1}(vs)。芳香族硝基化合物 $\nu_{NO_2}^{as}$ 位于 1 530 ~ 1 500cm^{-1}(vs), $\nu_{NO_2}^{s}$ 位于 1 370 ~ 1 330cm^{-1}(vs)。对硝基苯甲醛的红外吸收光谱见图 10-19。

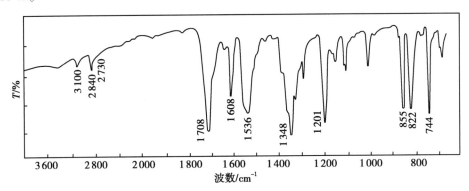

图 10-19　对硝基苯甲醛的红外吸收光谱

（三）腈类化合物

腈类化合物的特征峰为 $\nu_{C\equiv N}$ 2 260 ~ 2 215cm^{-1}(w ~ m)。饱和脂肪腈 $\nu_{C\equiv N}$ 位于 2 260 ~ 2 240cm^{-1}(w ~ m),当 α 位碳原子上有氧、氯等吸电子原子时,峰强变弱甚至消失。共轭效应使 $\nu_{C\equiv N}$ 向低频方向移动。不饱和腈 $\nu_{C\equiv N}$ 在 2 240 ~ 2 225cm^{-1}(s),芳香腈 $\nu_{C\equiv N}$ 位于 2 240 ~ 2 215cm^{-1}(s)。对甲基苯甲腈的红外吸收光谱见图 10-20。

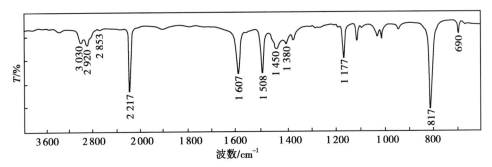

图 10-20　对甲基苯甲腈的红外吸收光谱

第四节　红外光谱仪

红外光谱仪(infrared spectrophotometer)与紫外-可见分光光度计的组成基本相同,由光源、吸收池、单色器、检测器、记录仪及有关附件等部分组成。红外光谱仪的发展大体划分为三个阶段。第一代红外光谱仪使用岩盐棱镜作为色散元件,岩盐棱镜因易吸潮损坏、分辨率低等缺点而被淘汰。20世纪 60 年代出现了第二代红外光谱仪,即基于光栅衍射完成分光的光栅式红外光谱仪,由于其分辨能力超过棱镜式红外光谱仪,价格便宜,对外围环境要求低等特点,使用至今。但是光栅式红外光谱仪扫描速度慢,灵敏度较低,无法实现色谱-红外光谱联用。20世纪70年代以后诞生了第三代红外光谱仪,即基于干涉调频分光的傅里叶变换红外光谱仪(Fourier transform infrared spectrophotometer, FTIR)。由于其具有分辨率高、扫描速度快、结构简单、体积小、重量轻等优点,应用日益广泛,并有取代第二代光栅式红外光谱仪的趋势。因此,本节只对傅里叶变换红外光谱仪的主要部件、工作原理及特点进行简要介绍。

一、傅里叶变换红外光谱仪

(一)傅里叶变换红外光谱仪的结构组成

傅里叶变换红外光谱仪主要由光源、单色器、检测器、计算机及数据采集与处理系统和有关附件组成。

1. 光源 凡是能发射连续波长的红外线,且发散度小、寿命长的物体均可作为红外光源。中红外区常用的辐射源有硅碳棒、能斯特灯等。

(1)硅碳棒:硅碳棒(globar)是由碳化硅烧结制成的实心棒,一般工作温度为1 200~1 500℃,发射的红外辐射能够覆盖整个中红外波段,最大发射波数为5 500~5 000cm^{-1}。优点是坚固、寿命长、稳定性好、结构简单、点燃容易。缺点是必须用变压器调压后才能使用。

(2)能斯特灯:能斯特灯(Nernst glower)是由氧化锆(ZrO$_2$)、氧化钍(ThO$_2$)、氧化钇(Y$_2$O$_3$)等的混合物烧结而成,工作温度在1 800℃左右,最大发射波数为7 100cm^{-1}。优点是其发光强度是同温度硅碳棒的两倍,寿命长,稳定性好。缺点是性脆易碎且价格较贵。

2. 单色器 FTIR仪的单色器是迈克尔逊(Michelson)干涉仪,其光学示意图如图10-21所示。图中定镜M$_1$与动镜M$_2$互相垂直放置,定镜M$_1$固定不动,动镜M$_2$可按图示方式平行移动。在与M$_1$及M$_2$呈45°角处的位置上放有半透膜光束分裂器BS(由半导体锗和KBr单晶组成),BS可使入射光一半透过,一半被反射。自辐射源发出的红外光进入干涉仪后,被分束器分裂成两束光,光束I(透射光)射至动镜,光束II(反射光)射至定镜,它们分别被动镜和定镜反射至分束器,光束I再被反射到样品,光束II透过分束器同时到达样品。当动镜移动,可使光束I和光束II的光程差发生变化,这就使光束I和光束II的相位也发生变化,两束光发生干涉,并可看到干涉条纹。当动镜连续匀速移动时,即匀速连续改变两光束的光程差,当光程差是半波长的偶数倍时,发生相长干涉,产生明线;当为半波长的奇数倍时,发生相消干涉,产生暗线;若光程差既不是半波长的偶数倍,也不是奇数倍,则相干光强度介于两种情况之间。当多种频率的光进入干涉仪后叠加,产生包括辐射源提供的所有光谱信息的干涉图。

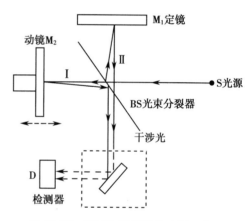

图10-21 迈克尔逊干涉仪光学示意图

当干涉光透过样品(或被样品反射)时,干涉光中某些波长的光可被样品吸收,使得干涉图发生变化。干涉图信号经检测器转变成电讯号,在计算机内经傅里叶变换后即得红外光谱图。

3. 检测器 由于FTIR具有极快的扫描速度,因此目前多采用热电型和光电导型检测器。热电型检测器用热电材料硫酸三苷肽(TGS)的单晶薄片做检测元件。将TGS薄片正面镀铬,反面镀金,形成两电极。当红外光投射至TGS薄片上,温度升高,表面电荷减少,相当于TGS释放了部分电荷,释放的电荷经放大转变成电压或电流的方式进行测量。热电型检测器的波长特性曲线平坦,对各种频率的响应几乎一样,室温下即可使用,且价格低廉。

光电导型检测器的灵敏度一般比热电型检测器高一个数量级,响应速度更快,适用于快速扫描测量和色谱-红外光谱的联用。但它需要液氮冷却,且在低于 $650cm^{-1}$ 的低频区灵敏度有所下降。例如汞镉碲(MCT)检测器,工作温度在液氮冷却下保持 77K,适用波数范围为 $5\,000\sim400cm^{-1}$。

4. 计算机及数据采集与处理系统　使用计算机及光谱数据采集与处理系统对采集的光谱信号进行傅里叶变换计算,将带有光谱信息的时域干涉图转换成以波数为横坐标的红外光谱图。

5. 有关附件　随着红外光谱技术的不断发展,红外光谱仪附件也得到不断更新换代。衰减全反射(attenuated total reflection,ATR)附件是红外光谱仪常用的一种附件,在常规红外光谱仪上配置 ATR 附件即可实现样品的红外光谱测定。ATR 附件主要分为四类:水平 ATR、单次反射 ATR、可变角 ATR 及圆形池 ATR。ATR 附件材料包括 ZnSe 晶体、Ge 晶体、金刚石晶体和 Si 晶体。通过 ATR 附件测定红外光谱是取表面清洁平整的供试品适量,与衰减全反射棱镜底面紧密接触,红外光束在晶体内发生衰减全反射后到达检测器,采集样品红外光谱。该法具有制样简单,操作方便,对样品形状及含水量无特殊要求,非破坏性;检测区域小,灵敏度高,可实现样品原位测试等特点。在《中国药典》(2020 年版)四部通则中,ATR 法是包装材料测定方法之一,适用于塑料产品及粒料、橡胶产品。

（二）傅里叶变换红外光谱仪的工作原理

FTIR 仪是通过测量干涉图和对干涉图进行快速傅里叶变换的方法得到红外光谱。如图 10-21 及图 10-22 所示,由光源发射出的红外光经准直系统变为一束平行光束后进入干涉仪系统,经干涉仪调制得到一束干涉光,干涉光通过样品(S)后成为带有样品信息的干涉光到达检测器 D,检测器将干涉光讯号变为电讯号,但这种带有光谱信息的干涉信号难以进行光谱解析。将它通过模/数转换器(A/D)送入计算机,由计算机上安装的光谱数据采集与处理系统进行快速傅里叶变换数学处理,将这一干涉信号所带有的光谱信息转换成以波数为横坐标的红外光谱图,然后再通过数/模转换器(D/A)送入绘图仪得到红外光谱图,或者将红外光谱图通过打印机直接打印出来。

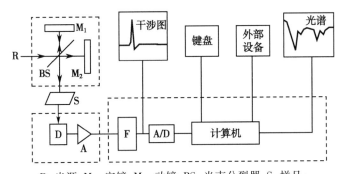

R. 光源;M_1. 定镜;M_2. 动镜;BS. 光束分裂器;S. 样品;
D. 检测器;A. 放大器;F. 滤光器;A/D. 模数转换器。

图 10-22　傅里叶变换红外光谱仪工作原理图

（三）傅里叶变换红外光谱仪的主要特点

1. 灵敏度高　样品量少到 $10^{-9}\sim10^{-11}$ g 仍可看到清晰的图谱。

2. 分辨率高　波数准确度可达 $0.5cm^{-1}$,甚至 $0.005cm^{-1}$。

3. 测定的光谱范围宽　可测光谱范围为 $10\,000\sim10cm^{-1}$。

4. 扫描速度快　一般在 1 秒内即可完成全光谱范围的扫描,比色散型仪器快数百倍,使得色谱-红外光谱的联用成为现实,目前已有 GC-FTIR,HPLC-FTIR 等联用的商品仪器。

二、红外光谱仪的性能

红外光谱仪的性能指标包括分辨率、波数的准确度与重复性、透光率或吸光度的准确度与重复性等,其中分辨率、波数的准确度与重复性是仪器的主要性能指标。这些指标关系到光谱图中的峰位、峰强及峰形的准确描述,直接影响到光谱解析与结构认定的正确性。

1. **分辨率**　是指在某波数或波长处恰能分开两个吸收峰的相对波数差（$\Delta\sigma/\sigma$）或相对波长差（$\Delta\lambda/\lambda$），通常多用波数差（$\Delta\sigma$）来表示。FTIR 仪器的分辨率可达 $0.5\sim0.2\text{cm}^{-1}$。符合《中国药典》（2020 年版）四部通则 0402 红外分光光度法要求的红外光谱仪应是扫描聚苯乙烯薄膜（厚度约为 0.04mm）红外光谱的高波数区 $3\ 110\sim2\ 850\text{cm}^{-1}$ 内能清晰地分辨出 7 个碳氢键伸缩振动峰（其中 5 个不饱和碳氢伸缩峰，2 个饱和碳氢伸缩峰）。其中峰 $2\ 851\text{cm}^{-1}$ 与谷 $2\ 870\text{cm}^{-1}$ 之间的分辨深度不小于 18% 透过率；峰 $1\ 583\text{cm}^{-1}$ 与谷 $1\ 589\text{cm}^{-1}$ 之间的分辨深度不小于 12% 透过率。聚苯乙烯薄膜高波数区的局部放大红外光谱图见图 10-23。

2. **波数准确度及重复性**　波数准确度是指仪器对某吸收峰测得波数与该吸收峰文献值之差。波数重复性是指多次重复测量同一样品的同一吸收峰波数的最大值与最小值之差。仪器的波数（或波长）的准确度与其机械系统的精度有关，同时与光路的调整质量、温度和湿度的变化等因素有关。常用聚苯乙烯薄膜（厚度约为 0.04mm）绘制光谱图，用 $3\ 027\text{cm}^{-1}$、$2\ 851\text{cm}^{-1}$、$1\ 601\text{cm}^{-1}$、$1\ 028\text{cm}^{-1}$、907cm^{-1} 处的波数进行校正。FTIR 仪在 $3\ 000\text{cm}^{-1}$ 附近的波数误差应不大于 $\pm5\text{cm}^{-1}$，在 $1\ 000\text{cm}^{-1}$ 附近的波数误差应不大于 $\pm1\text{cm}^{-1}$。

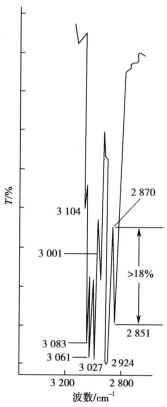

图 10-23　聚苯乙烯薄膜高波数区的局部放大红外光谱图

第五节　红外吸收光谱解析及应用

一、试样的制备

红外吸收光谱分析对样品的要求：①样品的纯度>98%，否则要进行分离提纯；②样品应不含水分，否则不仅干扰样品中羟基峰的观察，而且影响高波数区吸收峰的判定；③选择符合所测光谱波段要求的溶剂配制溶液。

（一）固体试样

1. **压片法**　压片法是测定固体样品应用最广泛的一种方法。将试样和 KBr 粉末置入玛瑙乳钵中研磨均匀，装入压片模具制备 KBr 片。同时制备 KBr 空白片作为参比。整个操作应在红外灯下进行，以防止吸潮。试样在固体分散介质中的比例量为 $(1\sim2):100(V/V)$。要求 KBr 为光谱纯（或 AR 以上精制）、粒度约 200 目，且为干燥品。若测定的试样为盐酸盐应采用 KCl 固体分散介质压片。

2. **糊膏法（浆糊法）**　将固体试样研细后分散在与其折射率相近的液体介质中研磨成均匀糊剂，取适量供试品糊剂夹于两块空白 KBr 片中，测定红外吸收光谱。常用的液体分散介质有液体石蜡、六氯丁二烯和氟化煤油，液体石蜡在 $2\ 960\sim2\ 850\text{cm}^{-1}$、$1\ 460\text{cm}^{-1}$、$1\ 380\text{cm}^{-1}$ 和 720cm^{-1} 有吸收峰，六氯丁二烯在 $4\ 000\sim1\ 700\text{cm}^{-1}$ 及 $1\ 500\sim1\ 200\text{cm}^{-1}$ 两区间无吸收峰，氟化煤油在 $4\ 000\sim1\ 200\text{cm}^{-1}$ 无吸收峰。

3. **薄膜法**　制备合适厚度（$0.01\sim0.1$mm）的薄膜的方法依试样的理化性质而定：低熔点的试样可在熔融后倾于平滑的表面上制膜；结晶性试样可在熔化后置于岩盐窗片上制膜；不溶于水的试样热融后倾入水中，使其在水面上成膜；倾在汞面上成膜特别理想，取膜容易，也不会污染试样。因此，想要获取既没有溶剂影响，又没有分散介质影响的光谱最好选择薄膜法。

（二）液体试样

1. 液体池法　将供试品溶解在适当溶剂中制成浓度为 1% ~ 10% 的溶液,置于装有岩盐窗片的液体池中,并以溶剂作空白,测定红外光谱。一般液体试样及有合适溶剂的固体试样均可采用液体池法。该法需要选用在测定波数区无严重干扰吸收的溶剂。最常用的溶剂有 CCl_4、CS_2、$CHCl_3$、环己烷等,对于某些难溶性高聚物或其他化合物多采用四氢呋喃、吡啶、二甲基甲酰胺等溶剂溶解。CCl_4 在 850 ~ 730 cm^{-1} 有吸收,另在 3 600 ~ 2 800 cm^{-1}、1 600 ~ 1 500 cm^{-1}、1 280 ~ 1 200 cm^{-1}、1 100 ~ 980 cm^{-1} 处稍有吸收,故 CCl_4 的适用波数范围为 4 000 ~ 900 cm^{-1},但仍须扣除 CCl_4 在上述几处的微干扰吸收。

红外光谱
测定法(拓
展阅读)

2. 夹片法及涂片法　对于挥发性不大的液体试样可采用夹片法,即将液体试样滴在一片 KBr 窗片上,用另一片 KBr 窗片夹住后测定,方法简便实用。对于黏度大的液体样品可采用涂片法,即将液体样品涂在一片 KBr 窗片上测定,不必夹片。KBr 窗片使用后,须用合适的有机溶剂清洗,晾干后存放。

二、红外光谱解析方法

红外光谱可提供化合物类别、基团、结构异构等信息,是测定有机化合物结构的有力工具。在解析红外吸收光谱前应了解以下几点:

1. 试样的来源和性质　试样的来源可帮助估计试样及杂质范围,试样的纯度可帮助了解试样是否需要分离提纯,有灰分则说明含无机物。

2. 待测试样溶剂的选择和去除　制样时要防止所使用溶剂或液体分散介质与试样之间发生化学反应,并在测定时应充分除去。

3. 试样的物理化学常数　样品的熔点、沸点、比旋度、折光率、色谱保留值等常数均可作为光谱解析确定化合物结构的佐证。

4. 化合物的分子式　化合物的分子式可用来计算不饱和度,以估计化合物是否含双键、叁键及芳环。

不饱和度表示有机分子中碳原子的饱和程度,即分子结构中距离达到饱和时所缺一价元素的"对"数。计算不饱和度(U)的经验公式为:

$$U = \frac{2 + 2n_4 + n_3 - n_1}{2} \qquad\qquad 式(10\text{-}9)$$

式中 n_1、n_3、n_4 分别为一价、三价、四价元素的数目。①链状饱和脂肪族化合物的不饱和度为 0;②一个双键或脂环的不饱和度为 1;③一个叁键的不饱和度为 2;④一个苯环的不饱和度为 4。

5. 试样的浓度和厚度　在基线透光率为 90% ~ 95% 的条件下,试样的适宜浓度和厚度应使最强谱峰的透光率在 1% ~ 5%。

光谱解析前应尽可能排除"假峰",即克里斯琴森(Christiansen)效应、干涉条纹、外界气体、光学切换等因素和"鬼峰"(H_2O、CO_2、溴化钾中的杂质盐 KNO_3、K_2SO_4、残留 CCl_4、容器的萃取物等)的干扰。注意试样的晶型,并排除无机离子吸收峰的干扰。

应根据不同情况对红外光谱进行解析。若要确定已知范围的未知化合物,可采用已知物光谱对照法。即将试样与对照品在完全相同的条件下测定红外吸收光谱,若两者的光谱完全相同,则确认是同一化合物。也可与标准光谱对照来判断,纯物质的红外光谱可与萨特勒(Sadtler)标准光谱(或其他标准图谱数据库)进行对照,若为药典规格或其他商业规格的试样,所测得的光谱应与商业光谱对照。对全新化合物及结构复杂化合物的化学结构确证,仅靠红外光谱往往不能解决问题,尚须使用 UV、MS、NMR 及 X-Ray、元素分析等方法进行综合光谱解析。

结构分析中应对红外光谱的特征区和指纹区按照由简单到复杂的顺序进行解析。以下介绍红外光谱解析的一般原则。

1. 解析红外光谱的三要素　峰位、峰强及峰形是红外光谱解析的三要素。首先要识别峰位，其次观看峰强，然后分析峰形。例如，$\nu_{C=O}$一般在 1 870~1 540cm^{-1}出现强峰，若在此区间出现一个强度弱的吸收峰，这并不一定证明试样结构中含有羰基，而可能是某含羰基的杂质。再如，缔合羟基、缔合伯胺基及炔氢在红外光谱上的峰位相差不大，但其峰形却相差甚远。

2. 用一组相关峰确认一个基团　遵循一组相关峰确认一个基团的原则，防止利用某特征峰片面地确认基团，而出现"误诊"的现象。例如，谱图中在 2 962cm^{-1} ± 10cm^{-1}、2 872cm^{-1} ± 10cm^{-1}、1 450cm^{-1}±20cm^{-1}、1 380~1 370cm^{-1}处同时出现吸收峰时方可断定待测结构中含甲基。同时，特征频率区未发现某基团的特征峰，则可否定该基团的存在。

3. 红外光谱的解析顺序　先观察解析特征区，以确定化合物有何基团，并归属其类别，然后结合指纹区找到所有相关吸收峰，最后初步确认化合物的结构。

4. 基团与特征频率的相关关系　了解和熟悉常见基团的特征吸收频率，对熟练解析红外光谱、快速判断化合物的取代基团及类型，确定化合物的结构有很大帮助。基团与特征频率相关性见表10-3。

表 10-3　基团与特征频率的相关表

σ/cm^{-1}	λ/μm	振动类型	基团或化合物
4 000~3 200	2.5~3.1	$\nu_{O-H,N-H}$	伯胺和仲胺、醇、酰胺、有机酸、酚
3 310~3 000	3.0~3.3	$\nu_{C\equiv H,=C-H}$	炔、烯、芳族化合物
3 000~2 700	3.3~3.7	ν_{C-H}	甲基、亚甲基、次甲基、醛
2 500~2 000	4.0~5.0	$\nu_{X\equiv Y,X=Y=Z}$	炔、丙二烯、腈、叠氮化物、硫氰酸盐(酯)
1 870~1 550	5.4~6.5	$\nu_{C=O}$	酯、酮、酰胺、羧酸、醛、酸酐、酰卤
1 690~1 500	5.9~6.7	$\nu_{C=C,C=N}$,$\nu^{as}_{NO_2}$,δ_{NH}	芳环、烯、胺、硝基化合物
1 490~1 150	6.7~8.7	δ_{C-H},δ_{OH}	甲基、亚甲基、羟基
1 310~1 020	7.6~9.8	ν_{C-O-C}	醇、酚、酯
1 000~665	10.0~15.0	$\gamma_{=C-H}$	烯、芳香族
850~500	11.8~20.0	ν_{C-X},ρ_{CH_2}	有机卤化物、亚甲基 $n \geqslant 4$

三、红外光谱解析示例

【示例10-1】　由 C、H 组成的液体化合物相对分子质量为 84，沸点为 63.4℃。其红外吸收光谱见图 10-24。试通过红外光谱解析，判断该化合物的结构。

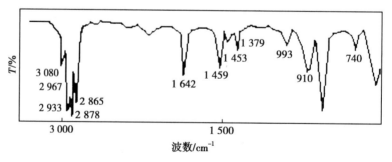

图 10-24　某 C、H 化合物的红外吸收光谱

解：1. 由于化合物的相对分子质量为 84，又只有 C、H 组成，可推断分子式为 C_6H_{12}。

2. 计算不饱和度 $U = \dfrac{2+2\times6-12}{2} = 1$，该化合物可能含有一个双键或一个环。

3. 特征区第一强峰1 642cm⁻¹。从峰位、峰强及表10-3基团与特征频率相关表判断可知为烯烃的 $\nu_{C=C}$（~1 650cm⁻¹）特征吸收,可确定是烯烃类化合物。用于鉴定烯烃类化合物的吸收峰有 $\nu_{=CH}$、$\nu_{C=C}$ 和 $\gamma_{=CH}$。由附录十提供的相关峰:①$\nu_{=CH}$3 080cm⁻¹强度较弱;②$\nu_{C=C}$非共轭发生在1 642cm⁻¹,强度中等;③$\gamma_{=CH}$910cm⁻¹强度较强,为同碳双取代结构,由此可见,该化合物为端基烯烃。

4. 特征区第二强峰1 459cm⁻¹。此峰应为饱和烃的 δ_{CH}^{as}。用于鉴定烷烃类化合物的吸收峰有 ν_{-CH}、δ_{CH}^{as},①ν_{-CH} 2 967cm⁻¹、2 933cm⁻¹、2 878cm⁻¹、2 865cm⁻¹强度较强;②δ_{CH}^{as}1 459cm⁻¹,δ_{CH}^{s}1 379cm⁻¹,有端甲基,此峰未发生分裂,证明端基只有一个甲基。又因 ρ_{CH_2}740cm⁻¹,该化合物中有直链—$(CH_2)_n$—结构。

5. 综上所述,该化合物结构为:$CH_2=CH(CH_2)_3CH_3$。

6. C_6H_{12}化合物各峰归属,见表10-4所示。

表10-4　化合物 C_6H_{12}各峰归属

振动形式	波数/cm⁻¹	强度	化学键	结构单元	不饱和度
ν_{-CH}	2 967	s	—C—H	—$(CH_2)_3CH_3$	
	2 933	s			
	2 878	s			
	2 865	s			
δ_{CH}^{as}	1 459	m,s		—CH_3	1
δ_{CH}^{s}	1 379	m			
ρ_{CH_2}	740	—		—CH_2—	
$\nu_{=CH}$	3 080	w	=C—H	$CH_2=CH$—	
$\gamma_{=CH}$	993	s			
	910	s			
$\nu_{C=C}$	1 642	m	—C=C—		

7. 经与 NIST Chemistry WebBook,SRD 69 标准图谱及沸点等数据对照,证明结论正确。

【示例10-2】 由 C、H 组成的某化合物分子式为 $C_{14}H_{12}$,其红外吸收光谱见图10-25。试根据红外吸收光谱进行解析,推测该化合物的结构。

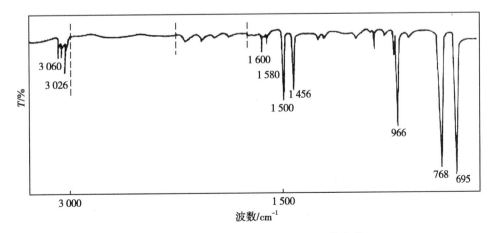

图 10-25　某 $C_{14}H_{12}$化合物的红外吸收光谱

解： 1. 计算不饱和度 $U = \dfrac{2+2\times14-12}{2} = 9$，该化合物可能含有苯环。

2. 在特征区内，3 060cm^{-1}、3 026cm^{-1}（w）可能为苯环的 $\nu_{=C-H}$ 峰。对照附录十数据，$\nu_{C=C}$ 1 600cm^{-1}、1 580cm^{-1}，1 500cm^{-1}、1 456cm^{-1} 及指纹区 $\gamma_{=C-H}$768cm^{-1} 与 695cm^{-1} 推测为取代苯的特征吸收峰。苯环与取代基共轭后，$\nu_{C=C}$ 除在 ~1 600cm^{-1} 及 ~1 500cm^{-1} 出现吸收峰外，还会出现 ~1 580cm^{-1} 吸收峰，推测苯环与取代基团有共轭作用。当分子对称时，~1 600cm^{-1} 吸收峰较弱，由图谱推测化合物分子对称性较好。

3. 芳烃在 2 000~1 667cm^{-1} 的泛频峰较弱，常与 $\gamma_{=C-H}$ 联用来鉴别芳环的取代情况。由图 10-10a 结合本例红外光谱的泛频峰推测苯环为单取代苯。

4. 将分子式 $C_{14}H_{12}$ 扣除 ⬡— 部分，剩余部分为 C_8H_7，其不饱和度仍然大于 4，说明化合物分子中可能还存在一个苯环；将剩余部分 C_8H_7 继续扣除 ⬡— 部分，得到 C_2H_2，即—CH＝CH—。因烯烃的 $\gamma_{=C-H}$ 峰在 1 010~650cm^{-1}，而苯环芳氢的 $\gamma_{=C-H}$ 峰通常出现在 910~665cm^{-1}，由本例图谱推测 966cm^{-1} 的吸收峰为烯烃的 $\gamma_{=C-H}$ 峰。

5. 烯烃的 $\gamma_{C=C}$ 峰的位置和强度均与取代情况有关，具有对称中心的反式烯烃的 $\gamma_{C=C}$ 峰消失。由于图谱中无 $\gamma_{C=C}$ 峰，表明化合物分子完全对称。

6. 综上所述，推测化合物结构如下：

7. $C_{14}H_{12}$ 化合物各峰归属见表 10-5。

表 10-5　化合物 $C_{14}H_{12}$ 各峰归属

振动形式	波数/cm^{-1}	强度	化学键	结构单元	不饱和度
$\nu_{=C-H}$	3 060	w~m	＝C—H		
	3 026	w~m			
$\nu_{C=C}$	1 600	w	—C＝C—	⬡	9
	1 580	—			
	1 500	s			
	1 456	—			
$\gamma_{=C-H}$	768	s	＝C—H		
	695	s			
	966	s		—CH＝CH—	

8. 经与 NIST 的 Chemistry Web Book，SRD 69 标准图谱反式-1, 2-二苯乙烯（$C_{14}H_{12}$）对照，证明结论正确。

【示例 10-3】　某未知物的分子式为 $C_{10}H_{10}O_4$，测得其红外吸收光谱如图 10-26 所示，试推断其

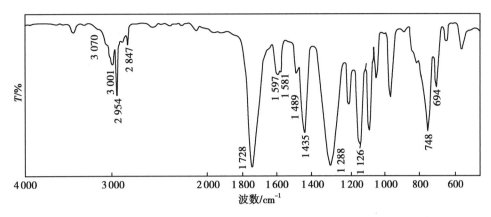

图 10-26　$C_{10}H_{10}O_4$ 的红外吸收光谱

分子结构式。

解： 1. 计算不饱和度 $U = \dfrac{2+2\times10-10}{2} = 6$，结构式中可能含有 1 个苯环和 1 个叁键或 2 个双键或 1 个双键和 1 个环。

2. 谱图的 2 400~2 100cm^{-1} 无吸收峰，可否定叁键的存在。

3. 由不饱和度提示可能含苯环。特征区内 $\nu_{=C-H}$3 070cm^{-1}、3 001cm^{-1}、$\nu_{C=C}$1 597cm^{-1}、1 581cm^{-1}、1 489cm^{-1} 及指纹区 $\gamma_{=C-H}$748cm^{-1} 有取代苯的特征吸收峰，对照附录十数据说明存在邻位二取代苯基单元结构。其中 $\nu_{C=C}$1 581cm^{-1} 是因取代基与苯环发生共轭，使 1 600cm^{-1} 峰分裂而产生的。

4. 特征区内第一强峰 1 728cm^{-1}（vs）。从峰位、峰强及峰形判断应为典型的 $\nu_{C=O}$ 峰，也符合不饱和度提示存有双键的可能。苯环骨架的分裂峰 1 581cm^{-1} 的存在，提示 C=O 有可能直接连接在苯环上而发生共轭。

5. 特征区内接近 3 000cm^{-1} 又低于 3 000cm^{-1} 的峰应为典型的烷烃 ν_{C-H} 峰，按附录十提供的 —CH$_3$ 的一组相关峰均可查到：$\nu_{CH_3}^{as}$2 954cm^{-1}、$\nu_{CH_3}^{s}$2 847cm^{-1}、$\delta_{CH_3}^{as}$1 435cm^{-1}。其中 2 954cm^{-1}、2 847cm^{-1} 两峰，可能因甲基与杂原子相连而使其频率降低。1 435cm^{-1} 为典型甲氧基的 $\delta_{CH_3}^{as}$ 峰。证实结构中含甲氧基。

6. 指纹区内强峰 1 288cm^{-1}（vs）。从峰位、峰强及峰形判断应为酯的 ν_{C-O-C}（1 300~1 000cm^{-1}）峰。酯的一组相关峰：$\nu_{C=O}$1 728cm^{-1}（vs）、ν_{C-O-C}^{as}1 288cm^{-1}（vs）、ν_{C-O-C}^{s}1 126cm^{-1}（s）。结合前面分析结果，结构中存在 Ar—COOCH$_3$ 单元。

7. 由不饱和度等于 6 和已确定的结构单元（Ar—COOCH$_3$）可知，该化合物中还可能有一个双键。而图谱中无 $\nu_{C=C}$ 峰，故不存在 C=C，结合分子式为 $C_{10}H_{10}O_4$ 和苯环的邻双取代类型，该化合物应有 2 个 —COOCH$_3$ 单元结构。

8. 综上所述，该未知物的结构式可能为：

$$\text{邻苯二甲酸二甲酯结构式}$$

9. $C_{10}H_{10}O_4$ 化合物各峰归属见表 10-6。

表 10-6　化合物 $C_{10}H_{10}O_4$ 各峰归属

振动形式	波数/cm^{-1}	强度	化学键	结构单元	不饱和度
$\nu_{=C-H}$	3 070	w	=C—H		6
	3 001	m			
$\gamma_{=C-H}$	748	vs			
	694	w			
$\nu_{C=C}$	1 597	w	C=C		
	1 581	—			
	1 489	—			
$\nu_{C=O}$	1 728	vs	C=O		
ν_{C-O-C}^{as}	1 288	vs	C—O—C		
ν_{C-O-C}^{s}	1 126	s			
$\nu_{CH_3}^{as}$	2 954	s	—C—H	—CH$_3$	
$\nu_{CH_3}^{s}$	2 847	—			
$\delta_{CH_3}^{as}$	1 435	m			

10. 将该化合物的红外吸收光谱与 Sadtler 标准红外光谱(光栅号 8135)邻苯二甲酸二甲酯($C_{10}H_{10}O_4$)的红外吸收光谱对照,完全一致,说明所推断化学结构正确。

红外光谱与
拉曼光谱的
区别(拓展
阅读)

第十章
目标测试

习　　题

1. 化合物的结构式如下,试写出各基团的特征峰、相关峰,并估计其峰位。

$$CH_2=CH-\text{〈苯环〉}-C(=O)-NHCH_3$$

2. 某化合物分子式为 C_5H_6O,其紫外光谱的最大吸收在 227nm($\varepsilon=10^4$),其红外光谱有吸收带: 3 015cm^{-1}、2 905cm^{-1}、1 687cm^{-1} 和 1 620cm^{-1}。试判断该化合物的结构。

3. 下列基团的 C—H 伸缩振动(ν_{C-H})出现在什么区域?

—CH$_3$	=CH$_2$	≡CH	—C(=O)—H
A	B	C	D

4. 化合物 A、B、C 在红外区域有何吸收?

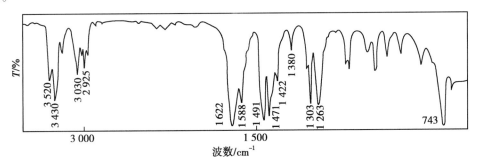

A   B   C

5. 如何用红外光谱法区别下列每组中的化合物?分别写出各化合物基团的红外吸收波数。

(1) 化合物苯环—CH$_3$ ；化合物苯环—CH(CH$_3$)$_2$ ；化合物苯环—C(CH$_3$)$_3$

(2) 化合物苯环—CH$_2$NH$_2$ ；化合物苯环—CH$_2$OH ；化合物苯环—CH$_2$COOH

(3) 化合物苯环—CH$_2$NH$_2$ ；化合物苯环—CH$_2$NHCH$_3$ ；化合物苯环—CH$_2$N(CH$_3$)$_2$

6. 某化合物的红外光谱图上有以下几个主要吸收谱带:3 430 cm^{-1}，3 240 cm^{-1}，1 659 cm^{-1}，1 626 cm^{-1}，1 581 cm^{-1}，1 443 cm^{-1}。推导该化合物最可能的结构是下列哪种化合物?为什么?

A   B

C   D

(B)

7. 已知未知物的分子式为 C$_7$H$_9$N,测得其红外吸收光谱(图 10-27)。试通过光谱解析推断其分子结构。

图 10-27 C$_7$H$_9$N 的红外吸收光谱

8. 已知未知物的分子式为 $C_{10}H_{12}O$，试从其红外光谱(图 10-28)推导出其结构。

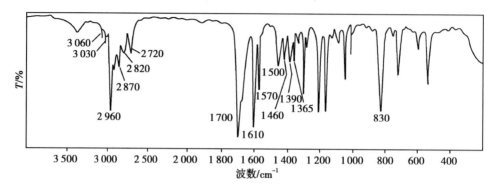

图 10-28 $C_{10}H_{12}O$ 的红外吸收光谱

$$\left(CH_3 \atop CH_3 \right) CH - \langle 苯环 \rangle - C{O \atop H} \right)$$

9. 已知未知物的分子式为 $C_4H_6O_2$，根据红外吸收光谱(图 10-29)推断其结构。

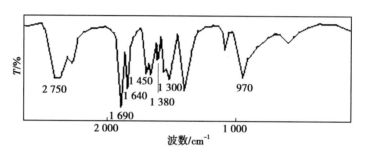

图 10-29 $C_4H_6O_2$ 化合物的红外吸收光谱

$$\left({CH_3 \atop H} C = C {H \atop CO_2H} \right)$$

（聂   磊）

第十一章

原子吸收分光光度法

学习要求

1101

第十一章
教学课件

1. **掌握** 原子吸收分光光度法的基本原理;定量分析方法。
2. **熟悉** 原子吸收分光光度计的结构组成;实验条件的选择;消除干扰的方法。
3. **了解** 原子吸收分光光度法的特点;吸收线变宽的原因;原子吸收分光光度计的类型。

第一节 概 述

根据与电磁辐射作用的物质是以气态原子(或离子)还是以分子形式存在,光谱分析法分为原子光谱法和分子光谱法。分子光谱法是以测量分子中电子能级、振动和转动能级跃迁所产生的光谱为基础的分析方法,如紫外-可见吸收光谱法、红外吸收光谱法和分子荧光光谱法等。原子光谱法是以测量气态原子(或离子)外层或内层电子能级跃迁所产生的光谱为基础的分析方法,主要包括原子吸收光谱法(atomic absorption spectroscopy,AAS)、原子发射光谱法(atomic emission spectrometry,AES)、原子荧光光谱法(atomic fluorescence spectrometry,AFS)和 X 射线荧光光谱法(X-ray fluorescence spectrometry,XRF)。本章主要介绍原子吸收光谱法。

原子吸收光谱法又称原子吸收分光光度法(atomic absorption spectrophotometry,AAS),是基于蒸气中待测元素的基态原子对特征电磁辐射的吸收作用来进行定量分析的方法。早在 1802 年,英国化学家沃拉斯顿(W. H. Wollaston)等就发现在太阳连续光谱中存在着一些暗线条,并证明这些暗线条是太阳大气圈中的某些金属原子(如钠元素等)对太阳光中同一元素原子辐射吸收的结果。后来又证实同一种原子只能吸收特定波长的光,但仅局限于天体物理研究和应用。直到 1955 年,澳大利亚科学家沃尔什(A. Walsh)把原子吸收光谱应用到分析领域中,原子吸收光谱分析技术才得到迅速发展,至今已发展成为金属元素测定重要的方法之一,被广泛应用于材料科学、环境科学、生命科学和医学研究中,尤其是在分析与人体健康和疾病有着密切联系的微量元素的工作中发挥了重要的作用。

原子吸收分光光度法的主要优点有:①灵敏度高,检出限可达 $10^{-14} \sim 10^{-10}$ g。该法比原子发射光谱法高几个数量级,因为原子发射光谱测定的是占原子总数不到 1% 的激发态原子,而原子吸收光谱测定的是占原子总数 99% 以上的基态原子;②选择性好,谱线及基体干扰少,且易消除,原子吸收光谱是元素的固有特征吸收,采用特定的锐线光源,光源辐射的光谱较纯,避免了其他谱线的干扰;③精密度高,在一般低含量测定中,相对标准偏差 RSD 为 1% ~ 3%,如采用高精度的测量方法,RSD<1%;④应用范围广,目前可采用原子吸收分光光度法进行测定的元素已达 70 多种,不仅可以测定金属元素,也可以用间接法测定某些非金属元素和有机化合物。

原子吸收分光光度法的主要局限性有:①工作曲线的线性范围窄,一般为一个数量级范围;②使用不方便,大多数仪器每测一种元素就要使用一个相应的空心阴极灯,而且一次只能检测一个元素,主要用于微量单元素的分析;③某些元素检出能力差,一些易形成稳定化合物的元素(如 W、Ni、Ta、Zr、Hf、稀土元素等)以及非金属元素,由于原子化效率低,化学干扰比较严重,检测结果不理想。

近20年来,使用连续光源和中阶梯光谱,结合用光导摄像管、二极管阵列的多元素分析检测器,设计出微机控制的原子吸收分光光度计,实现了多元素的同时测定,而与现代分离技术的联用,使得原子吸收分光光度法的应用前景更为广阔。

电感耦合等
离子体发射
光谱

电感耦合等
离子体质谱
联用技术

第二节　原子吸收分光光度法的基本原理

一、原子的量子能级和能级图

原子由原子核和核外电子组成,电子一方面绕原子核运动,有相应的轨道角动量,另一方面还做自旋运动,有相应的自旋角动量。每个核外电子的运动状态可用四个量子数来描述:主量子数 n、角量子数 l、磁量子数 m 和自旋量子数 m_s。主量子数 n 决定电子能量的高低以及核外电子距离核的远近,$n=1,2,3\cdots$正整数;角量子数 l 决定电子空间运动的角动量以及原子轨道的形状,$l=0,1,2,3,\cdots,$ $n-1$;磁量子数 m 决定原子轨道在空间的伸展方向,$m=0,\pm1,\pm2,\pm3,\cdots,\pm l$,共可取 $2l+1$ 个数值;自旋量子数 m_s 决定电子自旋的方向,$m_s=\pm1/2$。

由于核外电子之间存在相互作用,整个原子的运动状态(能级)常用主量子数 n、总角量子数 L、总自旋量子数 S 和总内量子数 J 为参数的光谱项(spectral term)来表征,光谱项的符号为: $n^{2S+1}L_J$,其中主量子数 n 表示核外电子的分层,n 取一系列整数;总角量子数 L 是外层价电子角量子数 l 的矢量和,即 $L=\sum l_i$,$L=0,1,2,3\cdots$,相应的光谱项符号为 S,P,D,F$\cdots$;总自旋量子数 S 是外层价电子自旋量子数 m_s 的矢量和,即 $S=\sum m_{s,i}$,$S=0,\pm1/2,\pm1,\pm3/2,\pm2\cdots$;总内量子数 J 是外层价电子的总角量子数 L 与总自旋量子数 S 的矢量和,$J=|L-S|$,$|L-S|+1$,$|L-S|+2\cdots$,$(L+S)$,当 $L\geqslant S$ 时,J 有 $2S+1$ 个取值,当 $L<S$ 时,J 有 $2L+1$ 个取值。光谱项符号中 $2S+1$ 表示光谱项的数目,称为光谱项的多重性。把 J 值不同的光谱项称为光谱支项,每个光谱项包含 $2S+1$ 个光谱支项。

例如,基态钠原子的电子结构为 $(1S)^2(2S)^2(2P)^6(3S)^1$,主量子数 $n=3$,总角量子数 $L=0$,用 S 表示,总自旋量子数 $S=1/2$,总内量子数只有一个取值,$J=1/2$,所以钠原子的基态光谱项为:$3^2S_{1/2}$。当钠原子的价电子从基态 S 轨道跃迁到第一激发态 P 轨道后,主量子数 $n=3$,总角量子数 $L=1$,用 P 表示,总自旋量子数 $S=1/2$,总内量子数 J 有 2 个取值,$J=1/2$ 或 3/2,故钠原子的激发态光谱项为 $3^2P_{1/2}$ 和 $3^2P_{3/2}$。

在光谱学中,把原子中所有可能存在的能级状态及能级跃迁用图解的形式表示,称为原子的能级图。钠原子部分能级图见图 11-1。通常纵坐标表示原子的能量 E,单位是电子伏特(eV)或波数(cm^{-1}),基态原子的能量最低,$E=0$;横坐标表示实际存在的光谱支项。各能级之间产生的跃迁用线连接。当 $n\rightarrow\infty$ 时,原子处于电离状态,这时体系的能量相当于电离能。原子的价电子在不同能级间跃迁就产生了原子谱线(图中斜线部分)。钠原子在基态 $3^2S_{1/2}$ 和第一激发态($3^2P_{3/2}$、$3^2P_{1/2}$)之间跃迁,产生 589.0nm 和 589.6nm 的两条谱线。

原子由基态跃迁到激发态时，所吸收的一定波长的辐射线称为共振吸收线，再跃迁返回基态时，则发射相同波长的辐射线，称为共振发射线，二者统称为元素共振线（resonance line）。由于从基态到第一激发态的跃迁最容易发生，产生的谱线最强，称为第一共振线或主共振线，因其是元素最灵敏谱线，因此在实际测定中，大多利用共振线作为分析线进行定量分析。例如，589.0nm 和 589.6nm 是钠原子的两条灵敏谱线。由于各元素的原子结构和外层电子排布不同，不同元素的原子从基态激发至第一激发态时，吸收的能量也不同，因此，共振线是各元素的特征谱线，可作为元素定性分析的依据。

二、原子在各能级的分布

气态的基态原子对特征谱线的吸收是原子吸收分光光度法的基础。因此，试样中能产生一定浓度的被测元素的基态原子，是原子吸收分析中的一个关键问题。在原子化过程中，大多数化合物均发生离解并使元素转变成原子状态，其中包括基态原子和激发态原子。在一定温度下的热力学平衡体系中，激发态原子数 N_j 与基态原子数 N_0 之间遵循玻尔兹曼（Boltzmann）分布定律，即

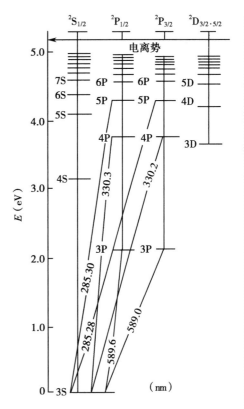

图 11-1　钠原子部分的电子能级图

$$\frac{N_j}{N_0} = \frac{g_j}{g_0} e^{-\frac{E_j - E_0}{KT}}$$

式（11-1）

式中，g_j、g_0 分别为激发态和基态的统计权重，它表示能级的简并度，即相同能级的数目；E_j 和 E_0 分别为激发态和基态能量，$E_j - E_0$ 为激发能；T 为绝对温度（激发温度）；K 为玻尔兹曼（Boltzmann）常数，其值为 $1.38 \times 10^{-23} J/K$。

在原子光谱中，根据元素谱线的波长，就可知道对应的 g_j/g_0、$E_j - E_0$，因此用式（11-1）可计算一定温度下的 N_j/N_0 值。表 11-1 列出了几种元素的第一激发态与基态原子数之比 N_j/N_0。从式（11-1）和表 11-1 可知：①温度 T 愈高，N_j/N_0 比值愈大，即激发态原子数随温度升高而增加，而且按指数关系变大；②在相同温度下，电子跃迁能级差（$E_j - E_0$）即激发能越小，吸收波长愈长，N_j/N_0 值愈大。

表 11-1　某些元素共振激发态与基态原子数之比 N_j/N_0

共振线/nm		g_j/g_0	激发能 ΔE_j/eV	N_j/N_0		
				$T=2\,000K$	$T=2\,500K$	$T=3\,000K$
Na	589.0	2	2.104	9.86×10^{-6}	1.11×10^{-4}	5.83×10^{-4}
Ca	422.7	3	2.932	1.22×10^{-7}	3.67×10^{-6}	3.55×10^{-5}
Fe	372.0	—	3.332	2.29×10^{-9}	1.04×10^{-6}	1.31×10^{-6}
Ag	328.1	2	3.778	6.03×10^{-10}	4.84×10^{-8}	8.99×10^{-7}
Cu	324.7	2	3.817	4.82×10^{-10}	4.04×10^{-8}	6.65×10^{-7}
Mg	285.2	3	4.346	3.35×10^{-11}	5.20×10^{-9}	1.50×10^{-7}
Pb	283.3	3	4.375	2.83×10^{-11}	4.55×10^{-9}	1.34×10^{-7}
Zn	213.9	3	5.795	7.45×10^{-15}	6.22×10^{-12}	5.50×10^{-10}

在采用火焰光源的原子吸收分光光度法中,原子化温度一般小于 3 000K,而大多数元素的激发能为 2~10eV,最强共振线都低于 600nm,所以,N_j/N_0 一般均小于 10^{-3},即激发态的原子数 N_j 还不到基态原子数 N_0 的 0.1%,甚至更少。因此,基态原子数 N_0 近似地等于被测元素的总原子数 N。也可以认为,所有的吸收都是在基态进行的,这就大大地减少了可以用于原子吸收的吸收线的数目,每种元素仅有 3~4 个有用的光谱线,这是原子吸收分光光度法灵敏度高、抗干扰能力强的一个重要原因。

三、原子吸收线的轮廓和变宽

原子吸收光谱与紫外-可见吸收光谱在吸收形式上并无差异,都遵循朗伯-比尔定律,但在吸收机制上存在本质差别。紫外-可见吸收光谱属于分子光谱,除了分子外层电子能级跃迁外,同时还有振动和转动能级的跃迁,是一种宽带吸收,谱带宽度通常在 $10^{-1} \sim 10^{-2}$nm,甚至更宽,可以使用连续光谱。原子吸收光谱的产生是由于原子外层电子能级的跃迁,是一种窄带吸收(由于微观粒子的特性和测定条件的影响使吸收线展宽),吸收宽度仅有 10^{-3}nm 数量级,通常只能使用锐线光源。原子吸收光谱与紫外-可见吸收光谱产生的示意图见图 11-2。

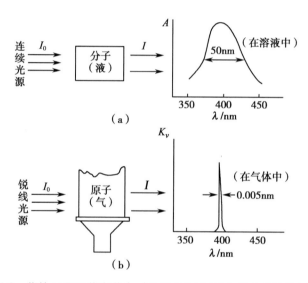

图 11-2 紫外-可见吸收光谱(a)和原子吸收光谱(b)产生的示意图

(一)原子吸收线的轮廓

原子吸收只发生电子能级的跃迁,基态原子蒸气仅对某一单一波长的辐射产生吸收,从理论上讲,原子吸收光谱中应是一条光谱线,称为线状光谱。但是由于受到多种因素的影响,实际测定的原子吸收光谱线并非一条严格的几何线,而是具有一定宽度(或频率范围,或波长范围)的峰形图,称为原子吸收线的轮廓。

原子吸收线的轮廓有多种表示方法。若用透过光强(I_ν)对频率 ν(或波长)作图,得原子吸收谱线的轮廓如图 11-3(a)所示。ν_0 称为中心频率,中心频率是由原子能级所决定。由图 11-3(a)可见,在 ν_0 处透过光强度最小,即吸收最大,实际为元素共振线,它由原子的能级分布特征决定。若将吸收系数 K_ν 对频率 ν 作图,得原子吸收谱线的轮廓如图 11-3(b)所示。K_ν 为原子对频率为 ν 的辐射吸收系数;在中心频率(ν_0)处,有一极大值称为峰值吸收系数(K_0)。吸收线的半宽度(half width,$\Delta\nu$)是中心频率(或中心波长)的吸收系数一半($K_0/2$)处所对应的谱线轮廓上两点间的频率差(或波长差),吸收线的半宽度($\Delta\nu$)为 0.001~0.005nm。同样,处于激发态的原子返回基态时所发射的谱线,存在类似的现象,只不过发射谱线的宽度要比吸收线窄得多,半宽度($\Delta\nu$)为 0.000 5~0.001nm,同种原子的吸收线轮廓与发射线轮廓的中心频率(ν_0)完全相同,但吸收线轮廓与发射线轮廓有差异。

原子吸收光谱特征可用吸收线的中心频率(ν)、吸收线的半宽度($\Delta\nu$)和强度(由两能级之间的跃

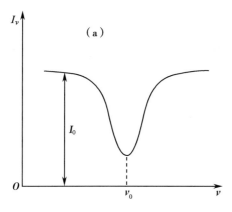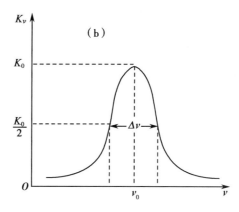

图 11-3　原子吸收线的谱线轮廓

迁概率决定)来表征。原子吸收线的半宽度($\Delta\nu$)为 $0.001 \sim 0.005\text{nm}$,比分子吸收带的峰宽要小得多。

(二)谱线变宽的因素

吸收线的半峰宽受很多因素的影响,下面讨论主要因素。

1. 自然宽度　是由原子本身性质引起。在无外界条件影响时谱线仍有一定的宽度,称为自然宽度(natural width),用 $\Delta\nu_N$ 表示。它与原子发生能级间跃迁的激发态原子的有限寿命(平均为 10^{-8} 秒)有关,不同谱线有不同的自然宽度。激发态原子的寿命愈短,吸收线的自然宽度愈宽。多数情况下,自然宽度约为 10^{-5}nm 数量级。与谱线的其他变宽的宽度相比,$\Delta\nu_N$ 可以忽略不计。

2. 多普勒变宽　多普勒变宽(Doppler broadening)是由于原子在空间作无规则热运动引起,所以又称为热变宽,用 $\Delta\nu_D$ 表示。在原子吸收分析中,基态原子处于高温环境下,呈现出无规则随机运动。当一些粒子向着仪器的检测器运动时,呈现出比原来更高的频率或更短的波长;反之,则呈现出比原来更低的频率或更长的波长,这就是物理学的多普勒效应。因此对检测器而言,接收到的是各种频率或波长略有不同的光,因而表现出吸收线的变宽。测定的温度越高,被测元素的原子质量越小,原子的相对热运动越剧烈,热变宽越大。当气态原子处于热力学平衡状态时,热变宽的计算公式如下:

$$\Delta\nu_D = 7.16 \times 10^{-7} \nu_0 \sqrt{\frac{T}{A}} \qquad \text{式(11-2)}$$

式中,ν_0 为谱线的中心频率,T 为热力学温度,A 为待测元素的原子量。$\Delta\nu_D$ 与被测元素谱线的中心频率(ν_0)和 $\sqrt{T}$ 成正比,与 $\sqrt{A}$ 成反比。对某一定元素,其 ν_0 和 A 一定,则 $\Delta\nu_D$ 只与 T 有关;温度越高,$\Delta\nu_D$ 越大,即吸收线变宽越严重。通常 $\Delta\nu_D$ 为 10^{-3}nm 数量,是谱线变宽的主要因素。

3. 压力变宽　压力变宽(pressure broadening)是由于在一定压力蒸气下吸光原子与蒸气中其他粒子(分子、原子、离子和电子)间相互碰撞而引起能级的微小变化,使发射或吸收的光量子频率改变而导致的变宽。这种变宽与吸收区气体的压力有关,压力升高时,粒子间相互碰撞概率增大,谱线变宽严重。其变宽数值约为 10^{-3}nm 数量级。根据与其碰撞粒子的不同,又可分为下列两种变宽:

(1)霍尔兹马克变宽:霍尔兹马克变宽(Holtsmark broadening)又称共振变宽,是被测元素激发态原子与基态原子间碰撞引起的谱线变宽,用 $\Delta\nu_R$ 表示。它随试样原子蒸气浓度增加而增加。在通常原子吸收分光光度法测定条件下,金属原子蒸气压在 0.133Pa 以下时,即测定元素的浓度较低,共振变宽可忽略不计。而当蒸气压力达到 13.3Pa 时,即测定元素的浓度较高时才有影响,共振变宽效应则明显地表现出来。

(2)洛伦茨变宽:洛伦茨变宽(Lorentz broadening)是被测元素原子与其他粒子(原子、分子、离子、电子)相互碰撞而引起的谱线变宽,用 $\Delta\nu_L$ 表示,其计算公式如下:

$$\Delta\nu_L = 2N_A \sigma^2 P \sqrt{\frac{2}{\pi RT}\left(\frac{1}{A} - \frac{1}{M}\right)} \qquad \text{式(11-3)}$$

式中，N_A 为阿佛伽德罗常数，σ^2 为原子和其他粒子碰撞的有效截面积，P 为外界气体压力，A 为待测元素的相对原子量，M 为外界气体的相对分子质量，T 为热力学温度，R 为气体常数（8.31J/mol·K）。

由式（11-3）可知，$\Delta \nu_L$ 大小随原子化区内气体压力增大而增大，压力越大，粒子空间密度越大，碰撞的可能性就越高，谱带变宽越严重。外界气体的分子量不同，对谱线展宽产生影响也不同。

除上述因素外，影响谱线变宽的还有电场变宽、磁场变宽、自吸变宽等。但在通常的原子吸收分析实验条件下，吸收线变宽主要受多普勒变宽与洛伦兹变宽的影响。在 2 000~3 000K 的温度范围内，原子吸收线的宽度为 $10^{-3} \sim 10^{-2}$nm。在分析测定中，谱线变宽往往会导致原子吸收分析的灵敏度下降。

四、原子吸收值与原子浓度的关系

（一）积分吸收

若光强为 I_0 的特征谱线通过厚度为 l 的原子蒸气时，一部分光被吸收，透过光的强度为 I_ν，与紫外-可见分光光度法中一样，I_0 与 I_ν 服从朗伯-比尔定律，即

$$\frac{I_\nu}{I_0} = e^{-K_\nu l} \qquad 式（11-4）$$

或

$$A = -\lg \frac{I_\nu}{I_0} = 0.434 K_\nu l \qquad 式（11-5）$$

式中，K_ν 是吸收系数，它与入射光的频率、基态原子浓度及原子化温度等有关。

分子吸收光谱宽带上的任意各点是与不同的能级跃迁（主要是振转能级不同）相联系的，其吸收系数与分子浓度成正比。而原子吸收线轮廓是同种基态原子在吸收其共振辐射时被展宽了的吸收带，原子吸收线轮廓上的任意各点都与相同的能级跃迁相联系。因此，基态原子浓度与吸收线轮廓所包括的面积（称为积分吸收）成正比。根据经典色散理论，吸收线的积分吸收（integrated absorption）数学表达式为：

$$\int K_\nu \mathrm{d}\nu = \frac{\pi e^2}{mc} N_0 f \qquad 式（11-6）$$

式中，c 是光速；m、e 分别为电子的质量和电荷；f 是振子强度，表示每个原子中能够吸收或发射特定频率光的平均电子数，N_0 是单位体积内能够吸收频率为 $\nu_0 \pm \Delta \nu$ 范围内辐射的基态原子数目，因激发态原子数目所占比例非常少，$N_0 \approx N$。在一定条件下，对于给定的元素，f 可为定值，式中 π、e、m、c 为常数，用 K 表示。可以看出，积分吸收与被测元素原子的总数 N 呈简单的线性关系。若能测得积分吸收值，即可计算出待测元素的原子密度。但由于大多数元素的吸收线的半宽度为 10^{-3}nm 左右，测定如此窄的积分吸收要求单色器的分辨率达 50 万以上，而目前的单色器难以满足这样的要求。因此采用低分辨率的色散仪，以峰值吸收测量法代替积分吸收法就能进行定量分析。峰值吸收测量示意图见图 11-4。

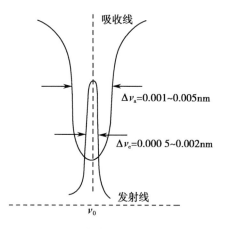

图 11-4　峰值吸收测量示意图

（二）峰值吸收

1955 年，澳大利亚科学家瓦尔什（A. Walsh）证明峰值吸收系数也与基态原子浓度成正比。峰值吸收法（peak absorption）是直接测量吸收线轮廓的中心频率或中心波长所对应的峰值吸收系数 K_0，来确定蒸气中的原子浓度。如果采用半峰宽比吸收线半峰宽还要小的锐线光源，且发射线的中心与吸收线中心波长或频率一致，如图 11-4 所示，则能测出峰值吸收系数。因此可用测量峰值吸收系数代

替积分吸收系数的测定。

在只考虑多普勒展宽的条件下，峰值吸收系数 K_0 可表示为：

$$K_0 = \frac{2}{\Delta\nu}\sqrt{\frac{\ln 2}{\pi}} \cdot \int K_\nu d\nu \qquad\qquad 式(11\text{-}7)$$

将式(11-6)代入式(11-7)得：

$$K_0 = \frac{2}{\Delta\nu}\sqrt{\frac{\ln 2}{\pi}} \cdot \frac{\pi e^2}{mc}N_0 f = \frac{2}{\Delta\nu}\sqrt{\frac{\ln 2}{\pi}} \cdot KN \qquad\qquad 式(11\text{-}8)$$

由上式可知，峰值吸收系数与原子总数 N 成正比。在实际测量中，采用锐线光源，用最大吸收系数（中心吸收系数）K_0 代替 K_ν，吸光度式(11-5)可表示为：

$$A = 0.434 \cdot \frac{2}{\Delta\nu}\sqrt{\frac{\ln 2}{\pi}} \cdot KNl \qquad\qquad 式(11\text{-}9)$$

测定条件一定时，$\Delta\nu$ 为常数，厚度 l 一定，与其他常数合并到 K' 中，N 与待测元素的浓度 c 成一定的比例，吸光度与被测元素在试样中的浓度关系可表示为：

$$A = K'c \qquad\qquad 式(11\text{-}10)$$

即在一定条件下，峰值吸收处测得的吸光度与试样中待测元素的浓度呈线性关系，这就是原子吸收分光光度法的定量分析基础。

第三节　原子吸收分光光度计

原子吸收分光光度计与普通的紫外-可见分光光度计的结构基本相同，只是用锐线光源代替了连续光源，用原子化器代替了吸收池。原子吸收分光光度计主要由光源、原子化器、分光系统和检测系统四个部分组成，附属装置有背景校正系统和自动进样系统。

原子吸收分光光度计的结构如图 11-5 所示。试样经适当的预处理，成为试液，试液在原子化器中雾化为细雾，与燃气混合后送至燃烧器，试液中被测元素在高温中转化为基态原子，并吸收从光源发射出的与被测元素对应的特征波长辐射，透过光再经单色器分光后，由光电倍增管接收并放大，从读数装置中显示出吸光度值或光谱图。

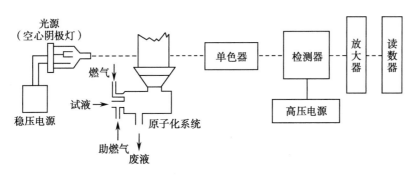

图 11-5　原子吸收分光光度计结构示意图

一、原子吸收分光光度计的结构组成

（一）光源

光源的作用是发射被测元素基态原子所吸收的特征共振线，故称为锐线光源（narrow-line source）。对光源的基本要求是：发射辐射波长的半宽度要明显小于吸收线的半宽度，辐射强度足够大，稳定性好，背景信号低（低于共振辐射强度的1%），使用寿命长等。最常用的锐线光源是被测元

素材料作为阴极的空心阴极灯。

1. 空心阴极灯　主要有一个阳极(钨、钛或锆棒)和一个空心圆筒形阴极(由被测元素的金属或合金化合物构成)。阴极和阳极密封在带有光学窗口(石英窗口或玻璃窗口)的玻璃管内,内充低压(几百帕)的惰性气体(氖气或氩气),其构造见图11-6。

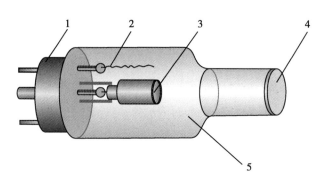

1. 灯座;2. 阳极;3. 阴极;4. 石英窗口;5. 内充惰性气体。

图 11-6　空心阴极灯构造

空心阴极灯(hollow cathode lamp, HCL)是一种低压气体放电管。在高压电场(300~500V)作用下,便开始辉光放电,这时电子由阴极高速射向阳极并与载气原子碰撞而使之电离,带正电荷的惰性气体离子在电场作用下,轰击阴极表面,使阴极表面的金属原子溅射。溅射出来的金属原子与其他粒子碰撞而被激发,激发态的原子在返回基态时,发射出相应元素的特征共振线。

空心阴极灯所发射的谱线强度及宽度与灯的工作电流有关。一般为几毫安至几十毫安。因此,阴极温度和气体放电温度都不很高,谱线的多普勒变宽可控制得很小,灯内的气体压力很低,洛伦茨变宽也可忽略。因此,所得谱线较窄,灵敏度较高。在正常工作条件下,空心阴极灯是一种实用的锐线光源。空心阴极灯发射的光谱主要是阴极元素的光谱,因此用不同的被测元素材料作阴极,可制成各种被测元素的空心阴极灯。缺点是每测一种元素就要换一个灯,使用不方便。

2. 多元素空心阴极灯　将多种金属粉末按一定的比例混合并压制和烧结,作为阴极,可制得多元素空心阴极灯。最多可达 7 种元素,如 Al-Ca-Cu-Fe-Mg-Si-Zn。只要更换波长,就能在一个灯上同时进行几种元素的测定。缺点是辐射强度、灵敏度、寿命都不如单元素灯。组合越多,光谱特性越差,谱线干扰也越大。

(二)原子化器

原子化器(atomizer)的作用是提供能量,使试样干燥、蒸发并使被测元素转化为气态的基态原子。由于原子化器的性能将直接影响测定的灵敏度和测定的重复性,因此要求它具有较高的原子化效率、较小的记忆效应和较低的噪声。原子化器主要有四种类型:火焰原子化器(flame atomizer)、石墨炉原子化器(graphite furnace atomizer)、氢化物发生原子化器(hydrogen generation atomizer)、冷蒸气原子化器(cold atom atomizer)。

1. 火焰原子化器　火焰原子化器由化学火焰提供能量,使被测元素原子化。常用的是预混合型原子化器,它包括雾化器、雾化室和燃烧器三部分,如图11-7所示。

雾化器(nebulizer)的作用是将试液变成高度分散的雾状。雾滴越小,越细,在火焰中越有利于基态原子的生成。

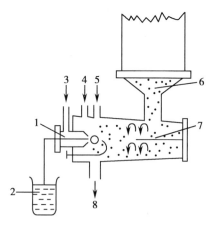

1. 雾化器;2. 溶液;3. 空气;4. 乙炔;5. 助燃气;6. 燃烧器;7. 扰流器;8. 废液。

图 11-7　预混合型火焰原子化器示意图

雾化器的雾化效率一般在10%左右,它是影响火焰原子化灵敏度和检出限的主要因素。

雾化室(atomizing chamber)的作用是使较大雾粒沉降、凝聚从废液口排出,并且使雾粒与燃气、助燃气均匀混合形成气溶胶,再进入火焰原子化区,另外还可起缓冲稳定混合气气压的作用,使燃烧器产生稳定的火焰。

燃烧器(burner)的作用是产生火焰,将被测物质分解为基态原子。试样溶液经雾化后进入燃烧器,经火焰干燥、熔化、蒸发、离解、激发和化合等复杂过程,在此过程中,除产生大量的基态原子外,还产生极少量的激发态原子、离子和分子等其他粒子。燃烧器所用的喷灯有"孔型"和"长缝型",常用是吸收光程较长的长缝型(单缝)燃烧器。燃气和助燃气在雾化室中预混合后,在燃烧器缝口点燃形成火焰。燃烧火焰由不同种类的气体混合产生,火焰的组成将直接关系到测定的灵敏度、稳定性和干扰等。因此对不同的元素,应选择不同的火焰。燃气和助燃气种类、流量不同,火焰的最高温度也不同(表11-2)。常用的是乙炔-空气和乙炔-氧化亚氮火焰,前者火焰的最高温度在2 600K左右,它能为35种以上元素充分原子化提供最适宜的温度;后者火焰的最高温度约为3 200K,可用于火焰中生成耐热(难熔)金属氧化物的元素,如铝、硅、硼等的测定。

表11-2　几种类型的火焰及温度

火焰类型	化学反应式	最高温度/K
丙烷-空气	$C_3H_8+5O_2 \Longrightarrow 3CO_2+4H_2O$	2 200
氢气-空气	$2H_2+O_2 \Longrightarrow 2H_2O$	2 300
乙炔-空气	$2C_2H_2+5O_2 \Longrightarrow 4CO_2+2H_2O$	2 600
乙炔-氧化亚氮	$C_2H_2+5N_2O \Longrightarrow 2CO_2+H_2O+5N_2$	3 200

火焰原子化器具有操作简单、重现性好、灵敏度较高等特点,但它的主要缺点是原子化效率(atomization efficiency)低,约为10%,自由原子在吸收区域停留时间短,限制了测定灵敏度的提高。无火焰原子化装置可以提高原子化效率,使AAS法分析灵敏度提高10~20倍,因而得到广泛应用。

2. 石墨炉原子化器　石墨炉原子化器(graphite furnace atomizer)是一种利用电能加热盛放试样的石墨管,使之达到高温以实现试样原子化。管式石墨原子化器的结构如图11-8所示。主要由炉体、石墨管和电、水、气供给系统组成。石墨管外径为6mm,内径为4mm,长度为28~50mm左右,管两端用铜电极夹住。管上有一进样孔,孔径1~2mm,试样用微量注射器直接由进样孔注入石墨管中,通过铜电极向石墨管供电。石墨管作为电阻发热体,通电后可达到2 000~3 000℃高温,以蒸发试样和使试样原子化。铜电极周围用水箱冷却,盖板盖上后构成保护气室,室内通以惰性气体氩或氮,以有效地除去在干燥和挥发过程中的溶剂、基体蒸气,同时也保护已原子化的原子不再被氧化。

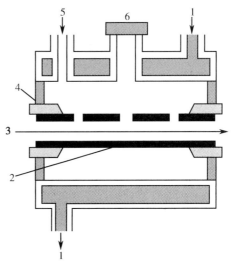

1. 水;2. 石墨管;3. 光束;4. 绝缘材料;
5. 惰性气体;6. 可卸式窗。

图11-8　高温石墨管原子化器示意图

石墨炉原子化升温过程分为干燥、灰化(去除基体)、原子化、净化(去除残渣)四个阶段。干燥温度一般仅110℃左右,其目的是蒸发除去溶剂,或样品中挥发性较大的组分。灰化的目的是在不损失被测元素的前提下,在较高的温度(350~1 200℃)下,将沸点较高的基体蒸发除去,或是对脂肪和油等基体物质进行热解。原子化是施加大功率于石墨炉上，待测元素在原子化温度（2 400~3 000℃）进行原子化。净化的作用是将温度升至最大允许值，除去残留在管内的残渣，消除记忆效应。

石墨炉原子化法的优点：原子化在充有惰性保护气的气室内，在强还原性石墨介质中进行，有利于难溶氧化物的原子化；可不经过前处理，直接进行分析，适于生物试样的分析；原子化效率高，达90%以上，所以灵敏度比火焰法增加10~20倍。但也存在不足，如重现性较差、基体效应大等问题。石墨炉原子化法与火焰原子化法的比较见表11-3。

表 11-3　火焰原子化法与石墨炉原子化法的比较

方法	火焰原子化法	石墨炉原子化法
原子化热源	化学火焰能	电热能
原子化温度	相对较低（一般<3 000℃）	相对较高（可达 3 000℃）
原子化效率	较低（<30%）	高（>90%）
进样体积	较多（1~5ml）	较少（5~100μl）
讯号形状	平顶形	尖峰状
检出限	高 Cd：0.5ng/ml Al：20ng/ml	低 Cd：0.002ng/ml Al：1.0ng/ml
重现性	较好，RSD 为 0.5%~1%	较差，RSD 为 1.5%~5%
基体效应	较小	较大

3. 氢化物发生原子化器　氢化物发生原子化器由氢化物发生器和原子化装置组成，属于低温原子化技术。有一些元素（如 Hg、Ge、Sn、Pb、As、Sb、Bi、Se 和 Te 等）采取液体进样时，无论是火焰原子化或石墨炉原子化均不能得到较好的灵敏度。但这些元素易生成共价的氢化物，其在常温常压下为气态，因此易从母液中分离出来。在一定酸度下，用强还原剂 KBH_4 或 $NaBH_4$ 将这些元素还原成极易挥发、易受热分解的氢化物，载气将这些氢化物送入原子化装置（石英管）后，在低温下即可进行原子化。例如砷反应如下：

$$H_3AsO_3+NaBH_4+H^+ \Longrightarrow AsH_3+H_2+H_3BO_3+Na^+$$

通过氢化反应将砷转变成气态 AsH_3，使待测元素与基体分离，因而可以消除和降低干扰。

氢化物原子化法由于还原转化为氢化物时的效率高，该法具有设备简单、选择性好、基体干扰少和分离富集作用等优点，其检出限比火焰法低 1~3 个数量级。

4. 冷蒸气发生器原子化器　由冷蒸气发生器原子化器和原子吸收池组成，专门用于汞的测定。在酸性溶液中，用 $SnCl_2$ 将无机汞化合物还原为金属汞，它在常温常压下易形成汞原子蒸气。用载气将汞蒸气导入石英吸收管中直接进行测定，不需加热石英管分解试样，因此也称为冷原子吸收法。对于有机汞化合物，必须先经过适当的化学预处理，一般用 $KMnO_4$ 和 H_2SO_4 的混合物分解有机汞化合物，再用 $SnCl_2$ 还原出汞原子，逸出液相，然后由载气（Ar 或 N_2，也可用空气）将汞原子蒸气送入吸收池内进行测定。

（三）分光系统

原子吸收分光光度计的分光系统主要由色散元件（光栅等）、反射镜和狭缝等组成。由于原子吸收谱线本身比较简单，光源采用锐线光源，吸收值测量采用峰值吸收测定法，因而对单色器分辨率的要求不是很高。单色器的作用是将所需的共振吸收线与邻近干扰线分离。然后通过对出口狭缝的调节使非分析线被阻隔，只有被测元素的共振线通过出口狭缝，进入检测器。为了防止原子化时产生的其他辐射不加选择地都进入检测器，并避免光电倍增管的疲劳，单色器通常放置在原子化器后（这是与分子吸收的分光光度计主要不同点之一）。单色器中的关键部件是色散元件，现多用光栅。以多个元素灯组合的复合光源,配以中阶梯光栅与棱镜组合的分光系统,基本可以满足多元素同时测定的要求。

(四)检测系统

检测系统主要由检测器、放大器和数据处理系统组成。检测器的作用是将单色器分出的光信号转换成电信号,常用光电倍增管。将光电倍增管的电信号放大后,由读数装置显示或记录仪记录,也可用计算机自动处理系统输出结果。一些现代原子吸收检测器采用了电荷偶合器件(CCD)和电荷注入器件(CID),特别适合弱光的检测。光电二极管阵列(photodiode array,PDA)以及其他类型的固态检测器(solid state detector,SSD),能同时获得多个波长下的光谱信息,适用于多元素的同时测定。

由检测器转换后的电信号须经信号测量和显示系统处理,转变为易于理解并处理的信息,这一过程是由信号测量和读出系统完成,现代仪器均配备了微机程序控制、自动数据处理等系统。

背景校正装置是原子吸收分光光度计不可缺少的附属装置,常用的有氘灯背景校正装置、塞曼效应背景校正装置和自吸效应背景校正装置。

二、原子吸收分光光度计的类型

目前,常用的原子吸收分光光度计分为单光束和双光束两种类型。此外,还有同时测定多元素的多波道型原子吸收分光光度计。

1. 单光束原子吸收分光光度计　单道单光束型仪器只有一个空心阴极灯,外光路只有一束光,一个单色器和一个检测器。其基本结构类似于紫外-可见分光光度计,不同之处在于其光源采用空心阴极灯,是锐线光源,吸收池是由原子化器代替,单色器置于原子化器之后。这类仪器结构简单,共振线在传播过程中辐射能损失较少,单色器能获得较大亮度,故有较高的灵敏度,价格低廉,便于维护。其缺点是由于光源辐射不稳定,会引起基线漂移。为获得较稳定的光束,元素灯往往要充分预热20~30分钟,在测量过程中还需注意校正基线,以免引进系统误差。

2. 双光束原子吸收分光光度计　典型的双光束仪器见图11-9。由光源发射的共振线被斩光器分成两束强度相等、波长相同的光束,一束测量光S通过原子化器,另一束光R作为参比不通过原子化器,两束光交替进入单色器,然后进行检测。由于两束光均由同一光源发出,检测系统输出的信号是这两光束的信号差。因此,参比光束的作用可以消除光源和检测器不稳定带来的影响。其缺点是仍不能消除原子化系统的不稳定和背景吸收的影响,而且仪器结构复杂,价格较贵。

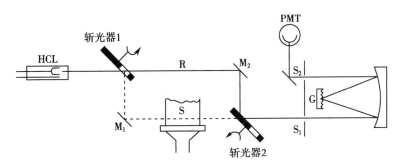

M_1、M_2. 反光镜;S_1、S_2. 狭缝;G. 光栅;R. 参与光束;S. 样品光束。

图 11-9　双光束原子吸收分光光度计光学系统

第四节　定量分析方法

一、测定条件选择

1. 取样量与试样处理　原子吸收分光光度法的取样量应根据被测元素的性质、含量、分析方法及要求的精度来确定。在火焰原子化法中,应该在保持燃气和助燃气一定比例与一定的总气体流量的条件下,测定吸光度随喷雾试样量的变化,达到最大吸光度的试样喷雾量,就是应当选取的试样量。在火焰原子化法中,进样量过大对火焰会产生冷却效应,吸光度下降。在实际工作中,通过实验测定吸光度值随进样量的变化规律,选择合适的进样量。

采用火焰原子化器时,需要对固体样品进行预处理,使待测元素完全转入溶液中。无机固体样品常采用酸溶法或熔融法处理,有机固体样品一般采用干法灰化法或湿法消化法处理。处理试样时要避免被测元素的损失。微波消解法在密封容器内加压进行,其消解速度比传统加热消解快,且重复性好,还避免了挥发性元素的损失,减少试剂消耗和环境污染。采用石墨炉原子化器可以直接分析固体样品,采用程序升温,可分别控制试样的干燥、灰化、原子化和净化过程。

测量过程中要注意防止试样被污染,其主要污染来源是水、容器、试剂和大气。用来配制对照品溶液的试剂不能含有被测元素,但其基体组成应尽可能与被测试样接近。

2. 分析线的选择　通常选择主共振线作为分析线(analytical line),因为主共振线一般也是最灵敏的吸收线。但是,并不是在任何情况下都一定要选用主共振线作为分析线。例如,Hg、As、Se 等的主共振线位于远紫外区,火焰组分对其有明显吸收,故用火焰法测定这些元素时就不宜选择其主共振线作分析线。又如,在分析较高浓度的试样时,有时宁愿选取灵敏度较低的其他共振线,以便得到合适的吸收值来改善校正曲线的线性范围。而对于微量或痕量元素的测定,就必须选用最强的共振线。另外,当被测元素的共振线与其他共存杂质元素的发射或吸收线重叠时,将对测量结果造成干扰,应加以注意。最适宜的分析线,视具体情况由实验决定。实验的方法是,首先扫描空心阴极灯的发射光谱,了解有哪几条可供选择的谱线;然后喷入试液,查看这些谱线的吸收情况,应该选择不受干扰而吸收值适宜的谱线作为分析线。

3. 狭缝宽度　由于吸收线的数目比发射线的数目少得多,谱线重叠的概率大大减少。因此,可使用较宽的狭缝,以增加灵敏度,提高信噪比。但是狭缝过宽,入射辐射的频率范围变宽,使得邻近分析线的其他辐射线干扰增强,从而使工作曲线弯曲,线性范围变小。合适的狭缝宽度可由实验方法确定,即将试液喷入火焰中,调节狭缝宽度,并观察相应的吸光度变化,吸光度大且平稳时的最大狭缝宽度即为最适宜狭缝宽度。对于谱线简单的元素(如碱金属、碱土金属)通常可选用较大的狭缝宽度;对于多谱线的元素(如过渡金属、稀土金属)要选择较小的狭缝,以减少干扰,改善线性范围。

4. 空心阴极灯的工作电流　空心阴极灯的工作电流与辐射强度和灯的使用寿命有关。灯电流过低,放电不稳定,谱线输出强度低;灯电流过大,发射谱线变宽,灵敏度下降,灯的寿命也会缩短。一般说来,在保证放电稳定和足够光强的条件下,尽量选用低的工作电流,以延长灯的使用寿命。通常选用最大电流的 1/2 ~ 2/3 为工作电流。在实际工作中,通过绘制吸光度-灯电流曲线选择最佳灯电流。

5. 原子化条件的选择　在火焰原子化法中,火焰的选择和调节是保证原子化效率的关键。对于分析线在 200nm 以下的短波区的元素如 Se、P 等,由于烃类火焰有明显吸收,宜选用氢火焰。对于易电离元素如碱金属和碱土金属,不宜采用高温乙炔火焰,应采用温度稍低的丙烷-空气或氢气-空气火焰,以防止电离的干扰。反之,对于易形成难离解氧化物的元素如 B、Be、Al、Zr、稀土等,则应采用高温火焰,最好使用富燃火焰。而雾化状态,燃气和助燃气比率、燃烧器的高度等均会影响火焰区内基态原子的有效寿命,而直接影响测定的灵敏度。石墨炉原子化法中,原子化程序要经过干燥、灰化、原子化和净化几个阶段,各阶段的温度与持续时间均要通过实验选择。干燥是一个低温除去溶剂的过程,应在稍低于溶剂沸点的温度下进行,以防止试样飞溅。热解、灰化的目的是破坏和蒸发除去试样基体,在保证被测元素没有明显损失的前提下,将试样加热到尽可能的高温。原子化温度应选择吸收信号最大时的最低温度。原子化阶段停止载气通过,可以降低基态原子逸出的速度,提高基态原子在石墨管中的停留时间和密度,有利于提高分析方法的灵敏度和改善检出限。

二、干扰及其消除方法

原子吸收分光光度法具有干扰少、选择性好的特点,但在某些情况下干扰问题仍不容忽视。干扰效应主要有电离干扰、基体干扰、化学干扰和光学干扰。

1. 电离干扰　电离干扰(ionization interference)是由于被测元素在原子化过程中发生电离,使参与吸收的基态原子数减少而造成吸光度下降的现象。电离电位越低,火焰温度越高,则电离干扰越严重。加入高浓度的消电离剂(易电离元素),可以有效地抑制和消除电离干扰效应。常用的消电离剂是碱金属元素的盐(如钾、钠、铯等元素),如 CsCl、KCl 和 NaCl。例如,测定 Ca 时加入一定量的 KCl 或 NaCl 作为消电离剂,可以消除 Ca 的电离干扰。

2. 基体干扰　基体干扰(matrix interference)即物理干扰。是指试样在处理、转移、蒸发和原子化过程中,由于试样物理特性的变化引起吸光度下降的现象。在火焰原子化法中,试液的黏度、表面张力、溶剂的蒸气压、雾化气体压力、取样管的直径和长度等将影响吸光度。在石墨炉原子化法中,进样量大小、保护气的流速等均影响吸光度。物理干扰是非选择性干扰,对试样中各元素的影响基本上是相似的。配制与被测试样组成相近的对照品或采用标准加入法,是消除物理干扰最常用的方法。

3. 化学干扰　化学干扰(chemical interference)是指在溶液或气相中,由于被测元素与其他共存组分之间发生化学反应,生成难离解或难挥发的化合物,从而影响被测元素化合物的离解和降低原子化效率。它主要影响被测元素原子化过程的定量进行,使参与的基态原子数减少而影响吸光度。化学干扰是原子吸收分析的主要干扰来源。

消除化学干扰常用的有效方法有:①加入释放剂,释放剂与干扰组分生成比被测元素更稳定或更难挥发的化合物,使被测元素从其与干扰物质形成的化合物中释放出来。例如磷酸盐干扰 Ca 的测定,当加入 La 或 Sr 之后,La 和 Sr 同磷酸根结合而将 Ca 释放出来。②加入保护剂,保护剂与被测元素形成稳定的又易于分解和原子化的化合物,以防止被测定元素和干扰元素之间的结合。例如,加入 EDTA,它与被测元素 Ca、Mg 形成配合物,从而抑制了磷酸根对 Mg、Ca 的干扰。③适当提高火焰温度,可以抑制或避免某些化学干扰。例如采用高温氧化亚氮-乙炔火焰,使某些难挥发、难离解的金属盐类、氧化物、氢氧化物原子化效率提高。如上述方法仍然达不到效果,则需考虑采取预先分离的方法来消除干扰。

4. 光学干扰　光学干扰(optical interference)是指原子光谱对分析线的干扰。主要包括光谱线干扰和非吸收线干扰。光谱线干扰是指在所选光谱通带内,试样中共存元素的吸收线与被测元素的分析线相近(吸收线重叠)而产生的干扰,使分析结果偏高。例如测定 Fe 选用共振线 271.903nm 时,Pt 271.904nm 吸收线与此有重叠干扰。消除办法是另选灵敏度较高而干扰少的分析线(如选用 Fe 248.33nm 为分析线可消除 Pt 的干扰)或用化学方法分离干扰元素。

非吸收线干扰是一种背景吸收(background absorption)。它是指检测器所检测待测元素特征吸收以外的所有吸收信号。其中包括原子化过程中出现的分子吸收和光的散射及折射。原子化过程中生成的气体分子、氧化物、盐类等对共振线的吸收及微小固体颗粒使光产生散射而引起的干扰。它是一种宽带吸收,干扰比较严重。如 NaCl、KCl、NaNO$_3$ 等在紫外区有很强的分子吸收带;在波长<250nm

时,H_2SO_4、H_3PO_4等有很强的吸收,而HNO_3、HCl的吸收较小。因此原子吸收法中常用HNO_3与HCl的混合液作为试样的预处理试剂。

背景吸收校正方法主要有邻近线法、连续光源(在紫外光区通常用氘灯)法、塞曼(Zeeman)效应法等。①邻近线背景校正法是用分析线测量原子吸收与背景吸收的总吸光度,再选一条与分析线相近的非吸收线,测得背景吸收。两次测量的吸光度相减,即为扣除背景后原子吸收的吸光度值。②连续光源法是用氘灯与锐线光源,采用双光束外光路,斩光器使入射强度相等的两灯发出的光辐射交替地通过原子化器,用锐线光源测定的吸光度值为原子吸收和背景吸收的总吸光度,而用氘灯测定的吸光度仅为背景吸收,两者之差即是经过背景校正后的被测定元素的吸光度值。③塞曼效应校正背景是利用在磁场作用下简并的谱线发生裂分的现象进行的。磁场将吸收线分裂为具有不同偏振方向的组分,利用这些分裂的偏振成分来区别被测元素吸收和背景吸收。塞曼效应校正背景法分为两大类——光源调制法与吸收线调制法。光源调制法是将强磁场加于光源,吸收线调制法是将磁场加于原子化器,后者应用更为广泛。

三、灵敏度和检出限

在微量、痕量甚至超痕量分析中,灵敏度与检出限是评价分析方法与仪器性能的重要指标。

(一)灵敏度

灵敏度为测量值的增量(dA)与相应的被测元素浓度的增量(dc)之比,即$s = dA/dc$,它表示被测元素浓度或含量改变一个单位时所引起的测量信号吸光值的变化量。由此可见,灵敏度就是工作曲线的斜率,表明吸光度对浓度的变化率,变化率越大,s越大,方法的灵敏度越高。

在原子吸收分光光度分析中,更习惯用1%吸收灵敏度表示,也称特征灵敏度(characteristic sensitivity)。其定义为能产生1%吸收(或吸光度为0.004 4)信号时,所对应的被测元素的浓度或被测元素的质量。1%吸收灵敏度愈小,方法灵敏度愈高。

1. 特征浓度(characteristic concentration)   在火焰原子吸收法中,采用特征浓度表示灵敏度。特征浓度是指在一定的试验条件下,能产生0.004 4吸光度时所对应的被测元素的浓度($\mu g/ml$),即

$$s_c = \frac{0.004\ 4 \times c_x}{A} \qquad \text{式(11-11)}$$

式中,c_x为试液的浓度,A为c_x试液的吸光度的平均值。

例如,1.0$\mu g/ml$镁溶液,测得吸光度为0.550,则镁的特征浓度为:

$$s_c = \frac{0.004\ 4 \times 1.0}{0.550} = 0.008\ 00\mu g/ml = 8.00ng/ml$$

2. 特征质量(characteristic mass)   在石墨炉原子吸收法中,采用特征质量表示灵敏度。特征质量是指在一定的试验条件下,能产生0.004 4吸光度所对应的被测元素的质量(g或μg),即

$$s_m = \frac{0.004\ 4 \times m_x}{A} = \frac{0.004\ 4 \times c_x V}{A} \qquad \text{式(11-12)}$$

式中,m_x为被测元素x的质量,A为试液的吸光度的平均值,V为试液进样的体积(ml)。

(二)检出限

只有被测量达到或高于检出限(detection limit,D),才能可靠地将有效分析信号与噪声区分开。因此,检出限是在给定的分析条件和某一置信度下可被检出的最小浓度或最小量。通常以空白溶液测量信号的标准偏差(σ)的3倍所对应的被测元素浓度($\mu g/ml$)或质量(g或μg)来表示,即

$$D_c = \frac{3\sigma c_x}{A} \qquad \text{式(11-13)}$$

或 $$D_m = \frac{3\sigma m_x}{A} = \frac{3\sigma c_x V}{A} \qquad 式(11-14)$$

式中，c_x、m_x、V、A 与灵敏度中含义相同，σ 为至少 10 次连续测量的空白值的标准偏差。

四、定量分析方法

原子吸收分光光度法常用的定量分析方法有工作曲线法、标准加入法和内标法。

1. 工作曲线法　在仪器推荐的浓度范围内，配制合适的系列标准溶液，浓度依次增加，并分别加入相应试剂，必要时加入一定的干扰抑制剂及基体改进剂，同时以相应试剂制备空白对照溶液。依次测定空白对照液和各浓度对照品溶液的吸光度 A，每个溶液至少测定 3 次，并取平均值，绘制 A-c 标准曲线。在相同条件下，测定被测试样的吸光度，由工作曲线可求得试样中被测元素的浓度或含量。试样溶液的吸光值应落在工作曲线的线性范围内及控制在 0.2~0.8。此法简便、快速，适用于组成简单的大批量样品分析，不适用于基体复杂样品。

2. 标准加入法　当试样组成复杂或组成不确定，且试样基体影响较大，又没有基体空白，或测定纯物质中极微量的元素时，可以采用标准加入法（standard addition method）。在实际工作中标准加入法多采用作图法，又称直线外推法。操作方法：取 n 份（$n \geq 4$）等量待测液分别置于 n 个容量瓶或比色管中，其中一份为不加被测元素对照品溶液，其余分别精密加入不同浓度的被测元素对照品溶液，最后稀释至相同的体积，制成加入对照品溶液从零开始递增的一系列溶液：c_x+0、c_x+c_s、c_x+2c_s、…、c_x+nc_s。在相同条件下分别测得它们的吸光度为 A_0、A_1、A_2、…、A_n。将吸光度读数与相应的被测元素加入量作图，延长此直线至与 X 轴的延长线相交，此交点与原点间的距离（可由回归方程计算）即相当于供试品溶液取样量中被测元素的含量，如图 11-10 所示。

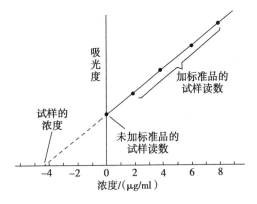

图 11-10　标准加入法图解

使用标准加入法时应注意：试样中被测元素的浓度应在 A-c_s 工作曲线的线性范围内；应该进行试剂空白的扣除。该方法只是消除分析中的基体效应干扰，而不能消除其他干扰，如分子吸收、背景吸收等；对于斜率太小的曲线（即灵敏度差），容易引进较大的误差。

3. 内标法　内标法（internal standard method）是在对照品溶液和试样溶液中分别加入一定量的试样中不存在的第二种元素作内标元素（例如测定 Cd 时可选内标元素 Mn），同时测定这两种溶液的吸光度比值 $A_s/A_内$、$A_x/A_内$。然后绘制 $A_s/A_内$-c 工作曲线。A_s、$A_内$ 分别为对照品溶液中被测元素和内标元素的吸光度，c 为对照品溶液中被测元素的浓度。再根据试样溶液的 $A_x/A_内$，从工作曲线上即可求出试样中被测元素的浓度。

内标元素应与被测元素在原子化过程中具有相似的特性。内标法可消除在原子化过程中由于实验条件（如燃气及助燃气流量、基体组成、表面张力等）变化而引起的误差。但内标法的应用需要使用双波道型原子吸收分光光度计。

第十一章
目标测试

习　题

1. 在原子吸收分光光度法中,为什么要使用锐线光源?

2. 为什么不同的元素具有不同的共振线?

3. 试计算火焰温度为 2 000K 时,Ba 553.56nm 谱线的激发态与基态原子数之比。(已知 $g_j/g_0=3$,光速 $c=2.998\times10^{10}$cm/s, $h=6.626\times10^{-34}$J·s, $K=1.380\,6\times10^{-23}$J/K)

$$(6.756\times10^{-6})$$

4. 原子吸收存在哪些干扰? 分别在什么情况下出现? 如何抑制或消除这些干扰?

5. 原子吸收分光光度法测定镁灵敏度时,若配制浓度为 2.00μg/ml 的水溶液,测得其透光率为 50%,试计算镁的灵敏度。

$$(0.029\,2\mu g/ml)$$

6. 用标准加入法测定一无机试样溶液中镉的浓度,各试液中加入镉对照品溶液后,用水稀释至 50.0ml,测得吸光度如下,求试样中镉的浓度。

序号	试液/ml	加入镉对照品溶液（10.0μg/ml）的毫升数	吸光度
1	20.0	0.00	0.042
2	20.0	1.00	0.080
3	20.0	2.00	0.116
4	20.0	4.00	0.190

$$(0.574mg/L)$$

7. 用原子吸收分光光度法测定自来水中镁的含量。取一系列镁对照品溶液(1.00μg/ml)及自来水样于 50ml 量瓶中,分别加入 5% 锶盐溶液 2ml 后,用蒸馏水稀释至刻度,测得吸光度如下。计算自来水中镁的含量(mg/L)。

序号	1	2	3	4	5	6	自来水样
镁对照品溶液/ml	0.00	1.00	2.00	3.00	4.00	5.00	20.00
吸光度	0.043	0.092	0.110	0.187	0.234	0.282	0.135

$$(0.095\,5mg/L)$$

（黄丽英）

第十二章

核磁共振波谱法

第十二章
教学课件

学习要求

1. **掌握** 核磁共振波谱法的基本原理；化学位移及其影响因素；自旋偶合和自旋分裂；$n+1$ 规律及广义 $2nI+1$ 规律；核磁共振氢谱一级图谱的解析。

2. **熟悉** 自旋系统及其命名原则；常见质子的化学位移以及简单二级图谱的解析；碳谱的化学位移及去偶方法。

3. **了解** 碳谱及二维谱的有关原理。

第一节 概　　述

核磁共振（nuclear magnetic resonance，NMR）是指具有磁矩的原子核在外磁场的作用下吸收一定频率的无线电波而发生自旋能级跃迁的现象。核磁共振波谱法（nuclear magnetic resonance spectroscopy）是利用原子核对无线电波的共振吸收进行定性、定量及结构分析的方法。自 1945 年 Stanford 大学的 F. Bloch 和 Harvard 大学的 E. M. Purcel 两个独立研究团队同时发现核磁共振现象以来，核磁共振波谱法在化学、生物、医药、材料科学等各个领域得到了广泛应用。

核磁共振波谱是通过改变无线电波的照射频率或外磁场的磁场强度，以原子核发生共振吸收时产生的信号强度为纵坐标，以不同化学环境的原子核的化学位移为横坐标的图谱。核磁共振波谱能够提供 3 种信息：化学位移、偶合常数以及不同核的信号强度比。通过综合这些信息，可以推断特定原子（如 ^1H、^{13}C、^{15}N 和 ^{19}P 等）的原子数、所在的化学环境以及邻近官能团的种类。

目前应用最多的是核磁共振氢谱（也称氢核磁共振谱，简称氢谱，^1H-NMR）和核磁共振碳谱（也称碳-13 核磁共振谱，简称碳谱，^{13}C-NMR）。在核磁共振氢谱中，由化学位移可判定甲基质子、芳基质子、烯基质子、醛基质子等；由偶合常数和自旋-自旋分裂可判别质子的化学环境及与其相连的基团之间的关系；通过积分高度或峰面积可以求出各组共振峰对应质子的相对数量；在核磁共振碳谱中，可以判断饱和碳、烯碳、芳香碳、羰基碳等；通过弛豫时间可以确认碳原子的类型，并用于结构推测，还可用于研究分子的大小、分子运动的各向异性、分子内旋转、空间位阻等；通过核的 Overhauser 效应，可以测得质子在空间的相对距离。在有机化合物结构测定中，核磁共振氢谱与碳谱互为补充。

随着相关技术的发展（如超导磁体、脉冲傅里叶变换技术、同位素标记等），困扰核磁共振的低灵敏度问题已大大改善，应用范围也日趋扩大，目前核磁共振波谱法不但可以测试液体试样，也可以分析固体试样，同时也可顺利实现灵敏度比较低的 ^{13}C 和 ^{15}N 等核的 NMR 分析。NMR 分析既不破坏样品，又能提供多种结构信息，应用非常广泛。经过 70 多年的发展，核磁共振技术形成了两个主要的学科分支，即核磁共振波谱（NMR）和磁共振成像（MRI）。本章主要介绍核磁共振氢谱，简要介绍核磁共振碳谱。

第二节　核磁共振波谱法的基本原理

一、原子核的自旋

（一）自旋分类

核磁共振的研究对象为具有磁矩的原子核。原子核有自旋现象,因而有自旋角动量(spin angular momentum)P。原子核是带正电荷的粒子,其自旋运动将产生磁矩,但并非所有同位素原子核都有磁矩,只有存在自旋运动的原子核才具有磁矩。

核自旋特征用自旋量子数(spin quantum number)I来描述。原子核可按I的数值分为以下3类:

（1）质量数与电荷数(原子序数)皆为偶数的核,$I=0$。这类核的磁矩为零,不产生核磁共振信号,如^{12}C、^{16}O等。

（2）质量数为奇数,电荷数可为奇数或偶数的核,$I=1/2$ 或 $1/2$ 的倍数($3/2,5/2,\cdots$)。如^{19}F、^{1}H、^{13}C等,核磁矩不为零,其中$I=1/2$的核是目前核磁共振研究与测定的主要对象。

（3）质量数为偶数,电荷数为奇数的核,I为整数($I=1,2,\cdots$),如^{2}H、^{14}N等。这类核有自旋现象,也是核磁共振的研究对象。在外磁场中,可把它们看成是绕主轴旋转的椭圆体,核磁矩的空间量子化比$I=1/2$的核复杂,故目前研究得较少。

各种核的自旋量子数见表12-1。

表12-1　各种核的自旋量子数和核磁共振

质量数	电荷数 （原子序数）	自旋量子数 （I）	NMR 信号	原子核
偶数	偶数	0	无	$^{12}_{6}C$、$^{16}_{8}O$、$^{32}_{16}S$
奇数	奇数	1/2	有	$^{1}_{1}H$、$^{19}_{9}F$、$^{31}_{15}P$、$^{15}_{7}N$
		3/2	有	$^{11}_{5}B$、$^{79}_{35}Br$、$^{35}_{17}Cl$
奇数	偶数	1/2	有	$^{13}_{6}C$
		3/2	有	$^{33}_{16}S$
偶数	奇数	1	有	$^{2}_{1}H$、$^{14}_{7}N$

（二）核磁矩

自旋运动的原子核具有自旋角动量P,同时也具有由自旋感应产生的核磁矩(nuclear magnetic moment)。自旋角动量P的数值大小可用核的自旋量子数I来描述,P是表述原子核自旋运动特性的矢量参数,如式(12-1)所示:

$$P=\frac{h}{2\pi}\sqrt{I(I+1)} \qquad 式(12-1)$$

核磁矩μ是表示自旋核磁性强弱特性的矢量参数。矢量P与矢量μ方向一致,且具有如下关系:

$$\mu=\gamma P \qquad 式(12-2)$$

式中γ为磁旋比(magnetogyric ratio),是核磁矩μ与自旋角动量P之间的比例常数,也是原子核的一个重要的特性常数。

自旋量子数不为零的原子核都有核磁矩,核磁矩的方向服从右手螺旋定则,如图12-1所示。

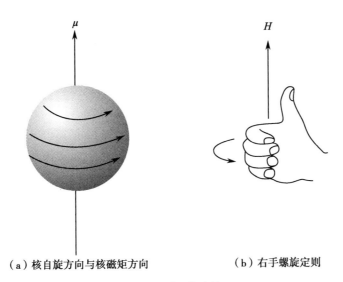

（a）核自旋方向与核磁矩方向　　　　（b）右手螺旋定则

图 12-1 质子的自旋

二、原子核的自旋能级和共振吸收

（一）核自旋能级分裂

无外磁场时,原子核的自旋运动通常是随机的,因而自旋产生的核磁矩在空间的取向是任意的。若将原子核置于磁场中,则核磁矩由原来的随机无序排列状态趋向整齐有序排列。

每个自旋取向分别代表原子核的某个特定的能级状态,用磁量子数(magnetic quantum number)m 来表示。按照量子理论,磁性核在外加磁场中的自旋取向数不是任意的,共有 $2I+1$ 个取向。

$$即\ m=I,\ I-1,\ I-2,\cdots,\ -I+1,\ -I \qquad\qquad 式（12-3）$$

例如 $^1H(I=1/2)$,m 的取值数目为 $2\times1/2+1=2$ 个,由式(12-3)可知,$m=1/2$ 及 $-1/2$。说明 I 为 1/2 的核,在外磁场中核磁矩只有两种取向。$m=1/2$ 时,核磁矩在外磁场方向 Z 的投影(μ_z)顺磁场;$m=-1/2$ 时,μ_z 逆磁场,如图 12-2(a)所示。当 $I=1$ 时,例如 ^2H,m 可取 $2\times1+1=3$ 个值,$m=1$、0、-1。核磁矩在外磁场中有 3 种取向,如图 12-2(b)所示。

核磁矩在外磁场空间作用下的取向不是任意的,是量子化的,这种现象称为空间量子化。核磁矩在磁场方向 Z 轴上的分量取决于角动量在 Z 轴上的分量(P_z),$P_z=\dfrac{h}{2\pi}m$,代入式(12-2)得:

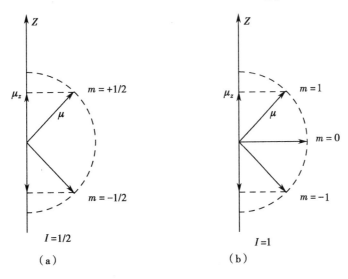

（a）　　　　　　　　　　　　（b）

图 12-2 外加磁场中不同 I 的原子核的核磁矩取向

$$\mu_z = \gamma \cdot m \cdot \frac{h}{2\pi}$$
　　式(12-4)

核磁矩的能量与 μ_z 和外磁场强度 H_0 有关：

$$E = -\mu_z H_0 = -m \cdot \gamma \cdot \frac{h}{2\pi} H_0$$
　　式(12-5)

　　不同取向的核具有不同的能级，I 为 1/2 的核，$m = 1/2$ 的 μ_z 顺磁场，能量低；$m = -1/2$ 的 μ_z 逆磁场，能量高。两者的能级差随 H_0 的增大而增大，这种现象称为能级分裂，如图 12-3 所示。

$$m = -1/2 : E = -\left(-\frac{1}{2}\right) \cdot \gamma \cdot \frac{h}{2\pi} H_0$$

$$m = 1/2 : E = -\left(\frac{1}{2}\right) \cdot \gamma \cdot \frac{h}{2\pi} H_0$$

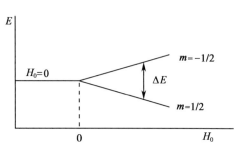

图 12-3　I=1/2 核的能级分裂

　　则
$$\Delta E = E_2 - E_1 = \gamma \cdot \frac{h}{2\pi} H_0$$
　　式(12-6)

　　式(12-6)说明 $I = 1/2$ 的核的两能级差与外磁场强度(H_0)及磁旋比(γ)的关系。

（二）原子核的共振吸收

1. 原子核的进动　对 ^1H 来说，在磁场中，质子的核磁矩与外磁场成一定的角度，核一方面在绕自旋轴自旋，同时又由于自旋轴与外磁场成一定的角度，所以自旋的核受到一个外力矩的作用，使得质子在自旋的同时还绕一个假想轴回旋进动，称为拉莫尔进动（或拉莫尔回旋）（Larmor precession），这恰与一个自旋的陀螺在与地球重力场的重力线倾斜时的情况相似，如图 12-4 所示。

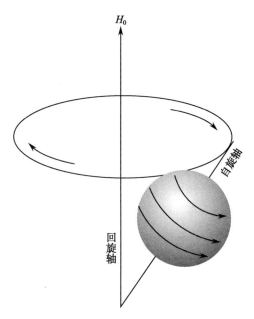

图 12-4　原子核的进动

　　进动频率(ν)与外加磁场强度(H_0)的关系可用 Larmor 方程表示：

$$\nu = \frac{\gamma}{2\pi} H_0$$
　　式(12-7)

　　质子的 $\gamma = 2.675\ 19 \times 10^8\ T^{-1} \cdot S^{-1}$；$^{13}C$ 核的 $\gamma = 6.726\ 15 \times 10^7 T^{-1} \cdot S^{-1}$。式(12-7)说明核一定时，$H_0$ 增大，进动频率增加。在 H_0 一定时，磁旋比小的核，进动频率小。根据式(12-7)可以算出 ^1H 及 ^{13}C 在不同外磁场强度中的进动频率。

2. 共振吸收条件　在外磁场中，具有核磁矩的原子核存在着不同能级。当用某一特定频率的电磁波照射样品时，且电磁波的能量 $E\left(E = h\nu_0\right)$ 恰好等于能级能量差 $\Delta E \left(\Delta E = \gamma \cdot \dfrac{h}{2\pi} H_0\right)$，即 $E = \Delta E$。

$$\nu_0 = \frac{\gamma}{2\pi} H_0$$
　　式(12-8)

　　也就是说，当 $\nu_0 = \nu$ 时，原子核产生共振。原子核会吸收射频的能量，由低能级跃迁到高能级，这个现象就是核磁共振。

　　例如，质子在 $H_0 = 1.409\ 2T$ 的磁场中，进动频率 ν 为 60MHz，吸收 ν_0 为 60MHz 的电磁波，而发生能

级跃迁。跃迁结果为核磁矩由顺磁场($m=1/2$)跃迁至逆磁场($m=-1/2$),如图 12-5 所示。

由量子力学的选律可知,只有 $\Delta m=\pm 1$ 的跃迁才是允许的,即跃迁只能发生在两个相邻能级间。对于 $I=1/2$ 的核有两个能级,跃迁简单,发生在 $m=1/2$ 与 $m=-1/2$ 之间,如图 12-5 所示。

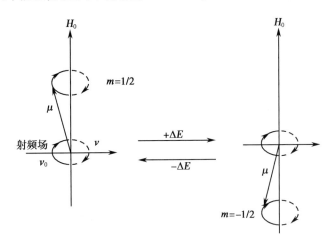

图 12-5 共振吸收与弛豫

对于 $I=1$ 的核,有三个能级:$m=1$、0 及 -1。跃迁只能发生在 $m=1$ 与 $m=0$ 或 $m=0$ 与 $m=-1$ 之间,而不能发生在 $m=1$ 与 $m=-1$ 之间。

三、自旋弛豫

所有的吸收光谱都具有其共性,当电磁波的能量 $h\nu_0$ 等于样品分子的某种能级差 ΔE 时,样品可以吸收电磁辐射,从低能级跃迁到高能级。同样,原子核可通过多种途径释放能量,从高能级回到低能级,恢复至发生磁共振前的磁矩状态。原子核通过无辐射途径释放能量,从高能态回到低能态的过程叫作弛豫(relaxation)。

通常在热力学平衡条件下,自旋核在两个能级间的定向分布数目遵从 Boltzmann 分配定律。对 ${}^1H$ 来说,若外加磁场为 1.409 2T、温度为 300K 时,低能态核的数目(n^+)和高能态核的数目(n^-)的比例为:

$$\frac{n^+}{n^-}=e^{\frac{\Delta E}{kT}}=e^{\frac{\gamma h H_0}{2\pi kT}}=1.000\ 009\ 9 \qquad 式(12-9)$$

式中,k 为 Boltzmann 常数,其他符号含义同前。

也就是说,低能态的核数仅比高能态核数多百万分之十。而核磁共振信号就是靠这多出的约百万分之十的低能态原子核的净吸收而产生。随着 NMR 吸收过程进行,如果高能态核不能通过有效途径释放能量回到低能态,那么低能态的核数就越来越少,一定时间后,$(n^-)=(n^+)$,这时不会再有射频吸收,NMR 信号即消失,这种现象称为饱和(saturation)。因此,在核磁共振中,若无有效的弛豫过程,容易发生饱和现象。

自旋弛豫有两种形式,即自旋-晶格弛豫(spin-lattice relaxation)和自旋-自旋弛豫(spin-spin relaxation)。

(1)自旋-晶格弛豫:处于高能态的核自旋体系将能量传递给周围环境(晶格或溶剂),恢复到低能态的过程,称为自旋-晶格弛豫,也称为纵向弛豫(longitudinal relaxation)。纵向弛豫反映了自旋体系与环境之间的能量交换。这种弛豫在 ${}^{13}C$-NMR 波谱中有特殊的重要性。弛豫过程所需的时间用半衰期 T_1 表示,T_1 是高能态寿命和弛豫效率的量度,T_1 越小,弛豫效率越高。T_1 值的大小与核的种类、样品的状态和温度有关。固体物质的 T_1 值很大,可达几小时;液体、气体的 T_1 值一般只有 $10^{-4}\sim 10^{-2}$ 秒。

（2）自旋-自旋弛豫：自旋体系内处于高能态的自旋核将能量传递给邻近低能态同类磁性核的过程，称为自旋-自旋弛豫，又称为横向弛豫（transverse relaxation）。这个过程只是体系内同类磁性核自旋状态能量交换，自旋体系的总能量不发生改变，其半衰期用 T_2 表示。固体试样中各核的相对位置比较固定，利于自旋-自旋之间的能量交换，T_2 很小，一般为 $10^{-4} \sim 10^{-5}$ 秒；气体和液体试样的 T_2 约为 1 秒。

在脉冲傅里叶变换 NMR 中，可以测定每种磁核的 T_1 和 T_2，它们是解析物质化学结构的重要参数。

第三节　化　学　位　移

一、屏蔽效应

根据 Larmor 公式［式（12-7）］的计算及共振条件 $\nu_0 = \nu$，质子在 1.409 2T 的磁场中，应该只吸收 60MHz 的电磁波，发生自旋能级跃迁，如果固定射频频率，是否所有的质子都在同一个磁场强度下产生共振呢？实验发现，各种不同化学环境的质子，所吸收的频率稍有不同，差异在 10^{-5} 范围内。

共振频率之所以有微小差别，是因为质子受分子中各种化学环境的影响。所谓化学环境主要指质子的核外电子云及其邻近的其他原子核。例如，绕核电子在外加磁场的诱导下，产生与外加磁场方向相反的感应磁场，使质子实际受到的磁场强度稍有降低，如图 12-6 所示，这种核外电子及其他因素对抗外加磁场的现象称为屏蔽效应（shielding effect）。

若以 σ 表示屏蔽常数（shielding constant），外加磁场强度为 H_0，则屏蔽效应的大小为 σH_0，核实际受到磁场强度 H 为 $H_0 - \sigma H_0$。因此，Larmor 方程应修正为：

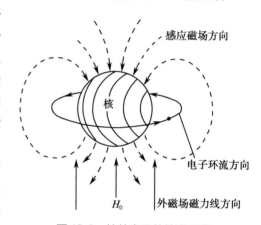

感应磁场方向

核

电子环流方向

H_0　外磁场磁力线方向

图 12-6　核外电子的抗磁屏蔽

$$\nu = \frac{\gamma}{2\pi}(1 - \sigma)H_0 \qquad\qquad 式（12-10）$$

由式（12-10）可见：①在固定 H_0，改变照射频率（扫频）时，屏蔽常数 σ 大的质子，进动频率 ν 小，共振峰（共振吸收峰）向低频端（右端）发生位移；反之，则向高频端（左端）发生位移。②在固定 ν_0，改变磁场强度（扫场）时，则 σ 大的质子，需在较大的 H_0 下共振，共振峰向高场（右端）方向发生位移；反之则向低场（左端）发生位移。因而核磁共振谱的右端相当于低频、高场；左端相当于高频、低场。

二、化学位移的表示

由于屏蔽效应的存在，不同化学环境的质子的共振频率（进动频率或吸收频率）不同，这种现象称为化学位移（chemical shift）。但由于屏蔽常数很小，不同化学环境的质子的共振频率相差很小，要精确测量其绝对值较困难，并且屏蔽作用引起的化学位移的大小与外磁场强度成正比，而目前的商品仪器磁场强度也不同，若用磁场强度或频率表示化学位移，则不同兆赫仪器测量的数据也不同。为克服绝对磁场测量的难题，同时也使不同磁场强度的测定值有一个共同的标准，目前的测定方法都是利用标准物的化学位移为原点，用核共振频率的相对差值来表示化学位移，符号为 δ（原单位为 ppm，但现在已基本不使用，只保留数值）。化学位移是核磁共振谱的定性参数，与测试仪器无关。

若固定磁场强度 H_0 进行扫频，则

$$\delta = \frac{\nu_{试样} - \nu_{标准}}{\nu_{标准}} \times 10^6 = \frac{\Delta \nu}{\nu_{标准}} \times 10^6 \qquad 式（12-11）$$

式中，$\nu_{试样}$ 与 $\nu_{标准}$ 分别为被测试样及标准品的共振频率。

若固定照射频率 ν_0 进行扫场，则式（12-11）可改为：

$$\delta = \frac{H_{标准} - H_{试样}}{H_{标准}} \times 10^6 = \frac{\Delta H}{H_{标准}} \times 10^6 \qquad 式（12-12）$$

式中，$H_{标准}$、$H_{试样}$ 分别为标准及试样共振时的场强。标准物一般为四甲基硅烷（TMS），TMS 中质子的屏蔽常数大于大多数化合物中质子的屏蔽常数，所以信号出现在较高磁场处。

例如，CH_3Br

（1）$H_0 = 1.409\ 2T$，$\nu_{TMS} = 60MHz$，$\nu_{CH_3} = 60MHz + 162Hz$，

$$\delta = \frac{162}{60 \times 10^6} \times 10^6 = 2.70$$

（2）$H_0 = 2.348\ 7T$，$\nu_{TMS} = 100MHz$，$\nu_{CH_3} = 100MHz + 270Hz$，

$$\delta = \frac{270}{100 \times 10^6} \times 10^6 = 2.70$$

从上述计算可明显看出，用两台不同场强（H_0）的仪器所测得的共振频率不等，但 δ 值一致。

核磁共振谱的横坐标用 δ 表示时，TMS 的 δ 值定为 0（为图右端）。向左，δ 值增大。一般氢谱横坐标 δ 值为 0~10。共振峰若出现在 TMS 之右，则 δ 为负值。

三、化学位移的影响因素

影响化学位移的因素有两类：一类是内部因素即分子结构因素，包括局部屏蔽效应、磁各向异性效应和杂化效应等；另一类是外部因素，包括分子间氢键和溶剂效应等。

根据 Larmor 公式可以判定，若某种影响因素使质子周围电子云密度降低，去屏蔽增加，则化学位移增大；相反，某种影响因素使质子周围电子云密度升高，屏蔽效应增加，则化学位移减小。

（一）局部屏蔽效应

局部屏蔽效应（local shielding）是质子核外成键电子云产生的抗磁屏蔽效应。这种效应与质子附近的基团或原子的吸电子或供电子作用有关。在质子附近有电负性（吸电子作用）较大的原子或基团时，则质子表面的电子云密度降低，将使共振峰的位置移向低场（谱图的左方）；反之，屏蔽作用将使共振峰的位置移向高场（谱图的右方）。与不同电负性基团连接时 CH_3 质子的化学位移见表 12-2。

表 12-2　CH_3X 型化合物的化学位移

CH_3X	CH_3F	CH_3OH	CH_3Cl	CH_3Br	CH_3I	CH_4	$(CH_3)_4Si$
X	F	O	Cl	Br	I	H	Si
电负性	4.0	3.5	3.1	2.8	2.5	2.1	1.8
δ	4.26	3.40	3.05	2.68	2.16	0.23	0

由表 12-2 可以看出，随着相邻基团电负性的增加，CH_3 基质子外围电子云密度不断降低，化学位移（δ）不断增大，即为 ^1H-NMR 中能够根据共振峰的化学位移大体推断质子的类型的原理。

（二）磁各向异性

磁各向异性（magnetic anisotropy）也称远程屏蔽效应（long range shielding effect）。化学键尤其是 π 键，因电子的流动将产生一个小的诱导磁场，并通过空间影响到邻近的质子。在电子云分布不是球形对称时，这种影响在化学键周围也是不对称的。有的地方与外加磁场方向一致，将使外加磁场强度增加，使该处质子共振峰向低磁场方向移动，即产生负屏蔽效应（deshielding effect），所以化学位移（δ）

增大;有的地方则与外加磁场方向相反,将使外加磁场强度减弱,使该处质子共振峰向高磁场方向移动,即产生正屏蔽效应(shielding effect),所以化学位移(δ)减小,这种效应叫作磁的各向异性效应。

磁各向异性效应与局部屏蔽效应的不同在于,局部屏蔽效应是通过化学键起作用,而磁各向异性效应是通过空间起作用。磁各向异性效应具有方向性,其大小和正负与距离和方向有关。

下面介绍一些化学键产生的磁各向异性效应。

(1)单键:C—C单键具有磁各向异性效应,但比π电子环流引起的磁各向异性效应小得多。

C—C单键产生一个锥形的磁各向异性效应,C—C单键是去屏蔽区的轴,如图12-7所示。

C—C单键的两个碳原子上的质子都受这个C—C单键的去屏蔽效应。当CH_4上的质子相继被烷基取代后,剩余的质子受去屏蔽效应增大,化学位移向低场移动。用电负性来考虑,也能得到同样的结论,因为甲基的电负性比质子要大。所以CH_3、CH_2、CH的化学位移顺序为$CH_3 < CH_2 < CH$。

又如,在椅式构象的环己烷系统中,直立键上的质子处于屏蔽区,平伏键上的质子处于去屏蔽区。所以,直立键上的质子比平伏键上的质子受屏蔽作用大,δ值较小,两者δ值的差别一般在0.2~0.5。但在室温下,因构象式之间的快速翻转平衡,所以只给出一个尖锐的单峰。

(2)双键:C=C和C=O双键的π电子形成结面(nodal plane),结面电子在外加磁场诱导下形成电子环流,从而产生感应磁场。双键上、下为两个锥形的屏蔽区,双键平面上、下方为正屏蔽区,平面周围则为负屏蔽区,如图12-8所示,烯烃质子因正好处于负屏蔽区,故其共振峰移向低场,δ值为4.5~5.7。

醛基质子除与烯烃质子相同位于双键的负屏蔽区,同时受相连氧原子强烈电负性的影响,故共振峰将移向更低场,δ值为9.4~10。

(3)叁键:C≡C叁键的π电子以键轴为中心呈对称分布(共4块电子云),在外磁场诱导下,π电子可以形成绕键轴的电子环流,从而产生感应磁场。在键轴方向上下为正屏蔽区;与键轴垂直方向为负屏蔽区,如图12-9所示,与双键的磁各向异性的方向相差90°。炔烃质子有一定的酸性,可见其外围电子云密度较低,但它处于叁键的正屏蔽区,故其化学位移δ值反而小于烯烃质子(烯烃质子处于负屏蔽区)。例如,乙炔质子的δ值为2.88,而乙烯质子为5.25。

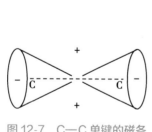

图12-7　C—C单键的磁各向异性

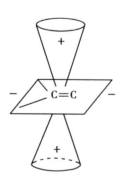

图12-8　C=C双键的磁各向异性

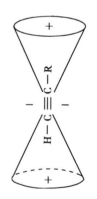

图12-9　C≡C叁键的磁各向异性

(4)苯环:苯环有三个双键,六个π电子形成大π键,在外磁场诱导下,很容易形成电子环流,产生感应磁场,其屏蔽情况如图12-10所示。在苯环中心,感应磁场的磁力线方向与外磁场的磁力线方向相反,使处于苯环中心的质子实受磁场强度降低,屏蔽效应增大,具有这种作用的空间称为正屏蔽区,以"+"表示。处于正屏蔽区的质子的δ值降低(共振峰右移)。在平行于苯环平面四周的空间,次级磁场的磁力线与外磁场一致,使得处于此空间的质子实受场强增加,这种作用称为顺磁屏蔽效应。相应的空间称为去屏蔽区或负屏蔽区,以"−"表示。苯环上质子的δ值为7.27,就是因为这些质子处于去屏蔽区。

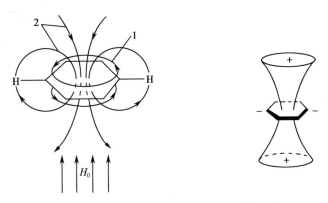

1. 苯环的电子环流；2. 电子环流产生的感应磁场。

图 12-10 苯环的磁各向异性

大环芳香化合物的环内与环平面的上下是屏蔽区，环平面外侧是去屏蔽区。例如，十八碳环壬烯 $C_{18}H_{18}$ 环内 6 个质子的 δ 值为 -2.99，而环外 12 个质子则为 9.28，两者相差 12.27。

十八碳环壬烯（$C_{18}H_{18}$）的结构

（三）氢键影响

氢键对质子的化学位移影响非常敏感。例如羟基质子，在极稀溶液中不形成氢键，δ 为 0.5~1.0；而在浓溶液中，形成氢键，则 δ 为 4~5。例如，乙醇的 CCl_4 溶液，浓度为 0.5%（g/ml）及 10%（g/ml）时，羟基质子的化学位移 δ 分别约为 1.1 及 4.3，相差很大。随浓度降低，氢键减弱，羟基峰向高场位移。与其他杂原子相连的活泼氢都有类似的性质，由于氢键形成与温度、浓度及溶剂极性有关，而使这类质子呈现变动的化学位移，出现在一个很宽的范围。当分子结构允许形成分子内氢键时，δ 值增大。

综上所述，质子由于所处化学环境不同而具有不同的化学位移，各种质子在核磁共振谱上出现的大体范围如图 12-11 所示。

四、化学位移的计算

某些类别的质子的 δ 值可以通过不同的公式做出估算。当然，这些计算公式都是经验公式，对不同的化合物的计算误差大小不等。

1. 甲基质子、亚甲基质子与次甲基质子的化学位移 在核磁共振氢谱中，甲基峰形状比较特征，其 δ 值小，亚甲基和次甲基质子的 δ 值较大。它们的化学位移可用下式计算：

$$\delta = B + \Sigma S_i \qquad\qquad 式（12-13）$$

式中，B 为基础值（标准值）。甲基（CH_3）、亚甲基（CH_2）及次甲基（CH）质子的 B 值分别为 0.87、1.20 及 1.55；S_i 为取代基对化学位移的贡献值。S_i 与取代基种类及位置有关，同一取代基在 α 位比 β 位影响大，取代基影响列于表 12-3 中。

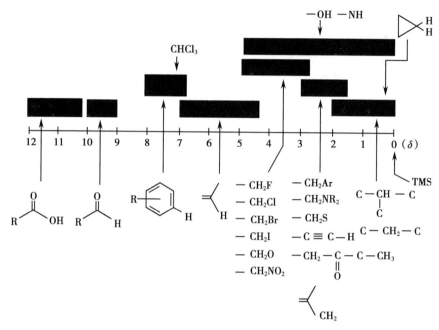

图 12-11 各种质子的化学位移简图

表 12-3 取代基对甲基、亚甲基和次甲基质子化学位移的影响[①]

$$\begin{bmatrix} C-C-H \\ \beta \quad \alpha \end{bmatrix}$$

取代基	质子类型	α 位移 (S_α)	β 位移 (S_β)	取代基	质子类型	α 位移 (S_α)	β 位移 (S_β)
—R		0	0	—Ar	CH_3	1.40	0.35
—CH＝CH—	CH_3	0.78	—		CH_2	1.45	0.53
	CH_2	0.75	0.10		CH	1.33	—
	CH	—	—	—Cl	CH_3	2.43	0.63
	CH_2	2.30	0.53	—OR	CH_3	2.43	0.33
	CH	2.55	0.03		CH_2	2.35	0.15
—Br	CH_3	1.80	0.83		CH	2.00	—
	CH_2	2.18	0.60	—OCOR	CH_3	2.88	0.38
	CH	2.68	0.25	（R 为 R 或 Ar）	CH_2	2.98	0.43
—I	CH_3	1.28	1.23		CH	3.43（酯）	—
	CH_2	1.95	0.58	—COR	CH_3	1.23	0.18
	CH	2.75	0.00	（R 为 R 或 Ar,	CH_2	1.05	0.31
—CH＝CH—R*	CH_3	1.08	—	OR,OH,H）	CH	1.05	—
—OH	CH_3	2.50	0.33	—NRR′	CH_3	1.30	0.13
	CH_2	2.30	0.13		CH_2	1.33	0.13
	CH	2.20	—		CH	1.33	—

注:R 为饱和脂肪烃基;Ar 为芳香基;R* 为—C＝CH—R 或—COR。

[①] 摘自 Silverstein R.M.Spectrometric Identification of Organic Compounds.1981.225

例 12-1 计算丙酸异丁酯中各类质子的化学位移。

$$CH_3-CH_2-\overset{\overset{\displaystyle O}{\parallel}}{C}-O-\overset{\overset{\displaystyle CH_3(c)}{|}}{CH}-CH_2-CH_3$$
$$(b)\ (e) \qquad\qquad (f)\ (d)\ (a)$$

（1）CH_3 $\delta_a = 0.87+0(R) = 0.87($ 实测 0.90 $)$

$\delta_b = 0.87+0.18(\beta\text{-COOR}) = 1.05($ 实测 1.16 $)$

$\delta_c = 0.87+0.38(\beta\text{-OCOR}) = 1.25($ 实测 1.21 $)$

（2）CH_2 $\delta_d = 1.20+0.43(\beta\text{-OCOR}) = 1.63($ 实测 1.55 $)$

$\delta_e = 1.20+1.05(\alpha\text{-COOR}) = 2.25($ 实测 2.30 $)$

（3）CH $\delta_f = 1.55+3.43(\alpha\text{-OCOR}) = 4.98($ 实测 4.85 $)$

2. 烯烃质子的化学位移 随着取代基的不同而发生很大变化，可用下列公式计算：

$$\delta_{C=C-H} = 5.28+Z_{同}+Z_{顺}+Z_{反} \qquad\qquad 式（12\text{-}14）$$

式中，Z 为取代常数，下标依次为同碳、顺式及反式取代基。取代基对烯烃质子化学位移的影响如表 12-4 所示。

表 12-4 取代基对烯烃质子化学位移的影响[①]

取代基	$Z_{同}$	$Z_{顺}$	$Z_{反}$	取代基	$Z_{同}$	$Z_{顺}$	$Z_{反}$
—H	0	0	0	—CH_2O—、—CH_2I	0.67	-0.02	-0.07
—R	0.44	-0.26	-0.29	—C≡N	0.23	0.78	0.58
—R（环）	0.71	-0.33	-0.30	—C=C	0.98	-0.04	-0.21
—C=C（共轭）*	1.26	0.08	-0.01	—CH_2N	0.66	-0.05	-0.23
—C=O	1.10	1.13	0.81	—C≡C—	0.50	0.35	0.10
—C=O（共轭）*	1.06	1.01	0.95	—OR（R 共轭）*	1.14	-0.65	-1.05
—COOH	1.00	1.35	0.74	—OCOR	2.09	-0.40	-0.67
—COOH（共轭）*	0.69	0.97	0.39	—Ar	1.35	0.37	-0.10
—COOR	0.84	1.15	0.56	—Br	1.04	0.40	0.55
—COOR（共轭）*	0.68	1.02	0.33	—Cl	1.00	0.19	0.03
—CHO	1.03	0.97	1.21	—F	1.03	-0.89	-1.19
—CON<	1.37	0.93	0.35	—NR_2	0.69	-1.19	-1.31
—COCl	1.10	1.41	0.99	—NR_2（共轭）*	2.30	-0.73	-0.81
—OR（R 饱和）	1.18	-1.06	-1.28	—SR	1.00	-0.24	-0.04
—CH_2S—	0.53	-0.15	-0.15	—SO_2—	1.58	1.15	0.95
—CH_2Cl、—CH_2Br	0.72	0.12	0.07				

注：[①] 摘自赵天增. 核磁共振氢谱. 北京：北京大学出版社, 1983.

*：取代基与其他基团共轭。

例 12-2 计算乙酸乙烯酯三个烯烃质子的化学位移。

$$\underset{CH_3COO}{\overset{H_c}{\diagup}}C=C\underset{H_b}{\overset{H_a}{\diagdown}}$$

$\delta_a = 5.28+0+0-0.67 = 4.61($ 实测 4.43 $)$

$\delta_b = 5.28+0-0.40+0 = 4.88($ 实测 4.74 $)$

$\delta_c = 5.28+2.09+0+0 = 7.37($ 实测 7.18 $)$

第四节　偶合常数

一、自旋偶合和自旋分裂

屏蔽效应使不同化学环境的质子产生了化学位移。分子中各质子的核磁矩间的相互作用,虽对化学位移没有影响,但对图谱的峰形有着重要的影响。如碘乙烷的甲基峰为三重峰,亚甲基(CH_2)为四重峰,是甲基与亚甲基的质子相互干扰的结果(图 12-12)。

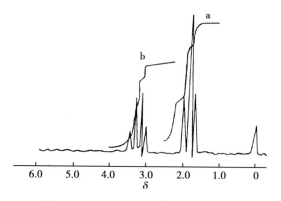

图 12-12　CH_3CH_2I 的 ^{1}H-NMR 图谱

（一）自旋分裂的产生

自旋偶合是核自旋产生的核磁矩间的相互干扰,又称为自旋-自旋偶合(spin-spin coupling),简称自旋偶合。自旋分裂是由自旋偶合引起共振峰分裂的现象,又称为自旋-自旋分裂(spin-spin splitting),简称自旋分裂。

在 H-H 偶合中,峰分裂是由于邻近碳原子上的质子的核磁矩的存在,轻微地改变了被偶合质子的屏蔽效应而发生的。核与核间的偶合作用通过成键电子传递,一般只考虑相隔两个或三个键的核间的偶合。

下面以碘乙烷和 HF 为例,说明自旋分裂的机制。

1. 碘乙烷中甲基和亚甲基质子的自旋分裂

（1）甲基质子峰的分裂:每个质子有两种自旋取向($m = 1/2, -1/2$)。若以 b_1 和 b_2 表示 CH_2 的两个质子,这两个质子有以下 4 种自旋取向组合:①b_1 和 b_2 都与外部磁场平行;②b_1 是顺磁场,但 b_2 是逆磁场;③b_1 是逆磁场,但 b_2 是顺磁场;④b_1 和 b_2 都是逆磁场。质子 b_1 和 b_2 等价(所处的磁性环境相同),因此②和③没有差别,结果,只能产生 3 种局部磁场。甲基质子受到这三种局部磁场的干扰分裂为三重峰,如图 12-13 所示。

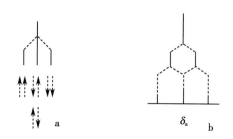

图 12-13　CH_3CH_2I 中 CH_3 质子的自旋分裂
a. 自旋分裂图;b. 简图

简单偶合时,峰裂距称为偶合常数(J)。J_{ab} 表示 a 与 b 核的偶合常数。由于 $J_{ab1} = J_{ab2}$,甲基质子受到亚甲基两个质子的干扰分裂两次形成三重峰,峰高(强度)比为 1:2:1,如图 12-13b 所示。

（2）亚甲基质子峰的分裂:甲基三个质子的自旋取向产生四种不同效应。①↑↑↑;②↑↑↓　↑↓↑　↓↑↑;③↓↓↑　↓↑↓　↑↓↓;④↓↓↓,使亚甲基质子受到甲基三个质子的干扰分裂三次,形成峰高比为 1:3:3:1 的四重峰。分裂简图如图 12-14 所示。

2. HF 中 ^{1}H 与 ^{19}F 的自旋分裂　氟(^{19}F)自旋量子数 I 等于 1/2,与 ^{1}H 相同,在外加磁场中也有两个方向相反的自旋取向。这两种不同的自旋取向将通过电子的传递作用,对相邻 ^{1}H 核实受磁场强度产生一定的影响。当 ^{19}F 核的自旋取向与外加磁场方向一致($m = +1/2$)时,传递到 ^{1}H 核时将使外加磁场增加,使实际作用于 ^{1}H 核的磁场强度增大,所

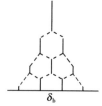

图 12-14　CH_3CH_2I 中 CH_2 质子的自旋分裂简图

以 ^1H 核共振峰将移向低场区;反之,当 ^{19}F 核的自旋取向与外加磁场相反($m=-1/2$)时,传递到 ^1H 核时将使外加磁场强度降低,使实际作用于 ^1H 核的磁场强度减弱,所以 ^1H 核共振峰将移向高场区。由于 ^{19}F 核这两种自旋取向的概率相等,所以 HF 中 ^1H 核共振峰均裂为强度或面积相等(1:1)的两个小峰(二重峰)。同理,HF 中 ^{19}F 核也会因相邻 ^1H 核的自旋干扰,偶合裂分为强度或面积相等(1:1)的两个小峰。但是 ^{19}F 的磁矩与 ^1H 核不同,故在同样的电磁辐射频率照射下,在 HF 的 ^1H-NMR 谱中虽可看到 ^{19}F 核对 ^1H 核的偶合影响,但看不到 ^{19}F 核的共振信号。

并非所有的原子核对相邻质子都有自旋偶合干扰作用。如 ^{12}C 、 ^{16}O 等原子核,其 $I=0$,无自旋角动量,也无核磁矩,其对相邻质子不会引起自旋偶合干扰。而 ^{35}Cl 、 ^{79}Br 、 ^{127}I 等原子核,虽然 $I \neq 0$,预期对相邻质子有自旋偶合干扰作用,但因它们的电四极矩(electric quadrupole moments)很大,会引起相邻质子的自旋去偶作用(spin decoupling),因此依然看不到偶合干扰现象。如 ^{13}C 等原子核,虽然 $I=1/2$,对相邻质子有自旋偶合干扰作用,但这些核在自然界中的天然丰度非常低(^{13}C 为 1.1%),其偶合干扰作用产生的分裂峰强度非常弱甚至可以忽略。因此,核磁共振氢谱中主要考虑质子与质子之间的自旋偶合作用,这种作用称为同核偶合(homo-coupling)。

(二)自旋分裂的规律

通过上述分析可知,自旋分裂是有一定规律的。碘乙烷的亚甲基质子受相邻甲基三个质子干扰,分裂为四重峰。同时甲基质子受相邻亚甲基两个质子的干扰,分裂为三重峰。因此可得出如下规律:

某基团的质子与 n 个相邻质子偶合时将被分裂为 $n+1$ 重峰,而与该基团本身的质子数无关。此规律称为 $n+1$ 律。

按 $n+1$ 律分裂的图谱为一级图谱。服从 $n+1$ 律的一级图谱多重峰峰高比为二项式展开式的系数比:单峰(single,s),二重峰(doublet,d;1:1),三重峰(triplet,t;1:2:1),四重峰(quartet,q;1:3:3:1),五重峰(quintet;1:4:6:4:1),六重峰(sextet;1:5:10:10:5:1),…

对于 $I \neq 1/2$ 的核,峰分裂则服从 $2nI+1$ 律($n+1$ 律是 $2nI+1$ 规律的特殊形式)以氘核为例,其 $I=1$,如在一氘碘甲烷中(CH_2DI),质子受一个氘的干扰,分裂为三重峰,服从 $2nI+1$ 律。氘受两个质子的干扰,也分裂为三重峰,但服从 $n+1$ 律。

若某基团与 n 、 n' …个质子相邻并发生简单偶合,有下述两种情况:

(1)峰裂距相等(偶合常数相等):仍服从 $n+1$ 律,分裂峰数为 $(n+n'+\cdots)+1$ 。

例如, $CH_3CH(Br)CH_2COOH$, $J_{ac}=J_{bc}$, H_c (—CH—)分裂为 $(3+2)+1=6$ 重峰(1:5:10:10:5:1)。

(2)峰裂距不等(偶合常数不等):则分裂成 $(n+1)(n'+1)\cdots$ 重峰。

例如,丙烯腈 $\begin{smallmatrix} H_b \\ H_c \end{smallmatrix} C=C \begin{smallmatrix} H_a \\ CN \end{smallmatrix}$ 核磁共振谱(图 12-15), H_a 、 H_b 及 H_c 三个质子偶合,但 $J_{ab} \neq J_{bc} \neq J_{ac}$ 。在 220MHz 的仪器上测试,每个质子都被分裂成双二重峰,峰高比为 1:1:1:1(图 12-15)。双二重峰不是一般的四重峰(1:3:3:1),不要混淆。这种情况可以认为是 $n+1$ 律的广义形式。

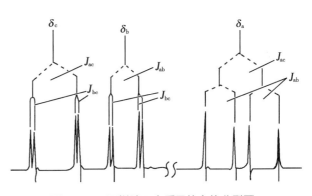

图 12-15 丙烯腈三个质子的自旋分裂图

二、偶合常数

自旋偶合产生峰的分裂,峰裂距反映了相互偶合作用的强弱,称为偶合常数,单位为 Hz。对简单偶合而言,峰裂距即偶合常数。对于高级偶合($\Delta\nu/J < 10$), $n+1$ 律不再适用,其偶合常数需通过计算

才能求出。偶合常数的符号为 $^{n}J_{c}^{s}$，n 表示偶合核间隔键数，s 表示结构关系，c 表示互相偶合核。

按偶合核间隔键数，可分为偕偶、邻偶及远程偶合。按核的种类可分为 H-H 偶合及 ^{13}C-H 偶合等，相应的偶合常数用 $J_{\text{H-H}}$ 及 $J_{^{13}\text{C-H}}$ 等表示。偶合常数的影响因素可主要从三方面考虑：偶合核间隔距离、角度及电子云密度等。峰裂距只决定于偶合核的局部磁场强度，因此，偶合常数与外磁场强度 H_0 无关。

（1）间隔的键数：相互偶合核间隔键数增多，偶合常数的绝对值减小。

偕偶（geminal coupling）：指同一碳原子上两个质子的偶合，也称同碳偶合。偶合常数用 ^{2}J 或 J_{gem}（$J_{偕}$）表示。^{2}J 一般为负值，双键上的偕偶常数可为正值。偕偶常数变化范围较大，与结构有密切关系。一般来说，大多数 sp^3 杂化基团上质子的 ^{2}J 为 $-10 \sim -15$Hz。在饱和溶液中，同碳偶合引起的分裂经常在 NMR 谱上看不到，如 CH_3I 中甲基上的 3 个质子因甲基的自由旋转，化学位移相同，因此 CH_3 峰为单峰。烯烃质子的 $^{2}J = 0 \sim 5$Hz，在 NMR 上可以看到同碳偶合引起的分裂。

邻偶（vicinal coupling）：指位于两个相邻碳原子上的两个（组）质子之间的相互偶合，即相隔三个键的质子间的偶合，用 ^{3}J 或 J_{vic}（$J_{邻}$）表示，^{3}J 常数符号一般为正值。在 NMR 中遇到最多的是邻偶，一般 ^{3}J 为 $6 \sim 8$Hz。

规律：$J_{烯}^{trans} > J_{烯}^{cis} \approx J_{炔} > J_{链烷}$（自由旋转）

远程偶合（long range coupling）：指相隔 4 个或 4 个以上化学键的质子之间的偶合，用 $J_{远}$ 表示。例如，苯环的间位质子的偶合，J^{m} 为 $1 \sim 4$Hz；对位质子的偶合，J^{p} 为 $0 \sim 2$Hz。除了具有大 π 键或 π 键的系统外，远程偶合常数一般都很小，一般在 $0 \sim 3$Hz。

（2）角度：偶合常数对角度的影响很敏感。以饱和烃的邻偶为例，偶合常数与双面夹角 α 有关。$\alpha = 90°$ 时，J 最小；在 $\alpha < 90°$ 时，随 α 的减小，J 增大；在 $\alpha > 90°$ 时，随 α 的增大，J 增大。这是因为偶合核的核磁矩在相互垂直时，干扰最小，例如，$J_{aa} > J_{ae}$（a 竖键、e 横键）。

（3）电负性：因为偶合作用靠价电子传递，因而取代基 X 的电负性越大，X—CH—CH— 的 $^{3}J_{\text{H-H}}$ 越小。

偶合常数是核磁共振谱的重要参数之一，可用它研究核间关系、构型、构象及取代位置等。一些有代表性的偶合常数列于表 12-5 中。

表 12-5　一些有代表性的偶合常数　　　　　　　　　　　　　　单位：Hz

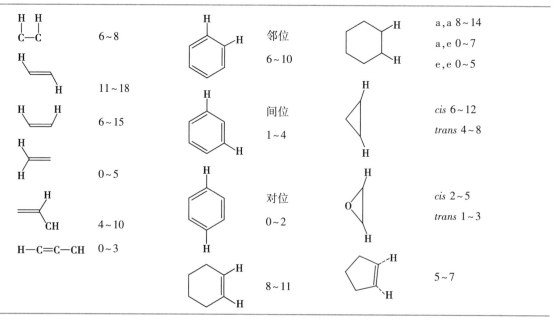

注：a 为竖键；e 为横键。

三、自旋系统

分子中几个(组)质子相互发生自旋偶合作用组成的独立体系称为自旋系统(spin system)。了解光谱(或部分光谱)属于哪种自旋系统,研究核间偶合关系的规律,才能正确解析光谱。而在对自旋系统命名之前,必须弄清某组质子的等价性质。

(一)磁等价

在核磁共振谱中,有相同化学环境的核具有相同的化学位移,这种有相同化学位移的核称为化学等价(chemical equivalence)核。例如,甲烷分子中有 4 个质子,它们的化学环境是完全相同的,化学位移相同,因此它们是化学等价的。

分子中一组化学等价核(化学位移相同)与分子中的其他任何一个核都有相同强弱的偶合,则这组核为磁等价(magnetic equivalence)核或称磁全同核。

例如,在室温下碘乙烷(CH_3CH_2I)甲基 3 个质子有相同的化学位移($\delta 1.84$),亚甲基两个质子与甲基质子偶合时,偶合常数相等(7.45Hz),产生裂距相等的三重峰,甲基三个质子是磁等价的。同样,亚甲基的两个质子也具有相同的化学位移($\delta 3.13$),与甲基三个质子偶合,偶合常数相等,产生裂距相等的四重峰,亚甲基的两个质子也是磁等价的。

磁等价核有下列特点:①组内核化学位移相等;②与组外核偶合的偶合常数相等;③在无组外核干扰时,组内核虽有偶合,但不产生裂分。

必须注意,磁等价核必定是化学等价核,但化学等价核并不一定是磁等价核,而化学不等价必定磁不等价。例如:1,1-二氟乙烯 $H_2C=CF_2$ 分子中两个 ^1H 和两个 ^{19}F 分别都是化学等价的,但组内的任意一个核与另一组核的偶合常数不同,即 $J_{H_1F_1} \neq J_{H_1F_2}$,$J_{H_2F_1} \neq J_{H_2F_2}$,所以两个 ^1H 是磁不等价。同理,两个 ^{19}F 也是磁不等价的核。

由此可见,在同一碳上的质子,不一定都是磁等价。又如碘乙烷在低温下取某种固定构象时,甲基中的 3 个质子为磁不等价。可是在室温下,分子绕 C—C 键高速旋转,使各质子都处于一个平均的环境中,因此,甲基中的 3 个质子和亚甲基中的两个质子分别都是磁等价的。

另外,与手性碳原子相连的—CH_2—上的两个质子也是磁不等价的。例如,在化合物 2-氯丁烷中,H_a 和 H_b 质子是磁不等价的。

$$H_3C-\overset{\overset{H_a}{|}}{C}-\overset{\overset{H}{|}}{\underset{\underset{Cl}{|}}{C}}-CH_3$$

芳环上取代基的邻位质子也可能是磁不等价的。例如,对-硝基氯苯中,H_A 与 $H_{A'}$ 的化学位移虽然相同,但 H_A 与 H_B 是邻位偶合,而 $H_{A'}$ 与 H_B 则为对位偶合,$J_{H_AH_B} \neq J_{H_{A'}H_B}$,故 H_A 与 $H_{A'}$ 是磁不等价。同理,H_B 与 $H_{B'}$ 也是磁不等价核。

单键具有双键性质时,如 $R-\overset{\overset{O}{\|}}{C}-NH_2$ 的 C—N 键带有双键性,即 $\overset{O}{\underset{R}{\|}}C=N\overset{H}{\underset{H}{<}}$,因此 NH_2 的两个质子是磁不等价。

除此之外,固定在苯环上的—CH_2—质子以及单键不能自由旋转时,都会产生磁不等价。

(二)自旋系统的命名

1. 定义　分子中化学等价核构成一个核组,相互偶合的一些核或几个核组构成一个自旋系统。

自旋系统是独立的,一般不与其他自旋系统偶合。

例如,乙基异丁基醚含有两个自旋系统:CH_3CH_2—和—CH_2—$CH(CH_3)_2$。

通常,规定 $\Delta\nu/J>10$ 为一级偶合(弱偶合);$\Delta\nu/J<10$ 为高级偶合(强偶合)或称二级偶合。根据偶合的强弱,可以把核磁共振谱分为若干系统。按偶合核的数目可分为二旋、三旋及四旋系统等。

2. 命名原则

(1)化学位移相同的核构成一个核组,用一个大写英文字母表示。

(2)若组内的核为磁等价核,则在大写字母右下角用阿拉伯数字注明该组核的数目。如 CH_3I 的甲基为 A_3 系统。

(3)几个核组之间分别用不同的字母表示。在一个自旋系统内,若包含两个核组,它们之间的化学位移相差很大($\Delta\nu/J>10$),可用英文字母表中距离较远的两个字母来表示,即可用 A 与 X 两个字母表示,如 CH_3CH_2I 的乙基为 A_2X_3 系统;如它们之间的化学位移相差很小($\Delta\nu/J<10$),可用英文字母表中距离较近的两个字母来表示,即用 A 与 B 表示,如 Cl—CH_2—CH_2—COOH 中间两个 CH_2 构成 A_2B_2 系统。

在一个自旋系统内,若包含三个核组,每个核组内强偶合,但核组间弱偶合($\Delta\nu/J>10$),则其中一核组用 A,另一核组用 M,第三核组用 X 表示。如乙酸乙烯酯中的三个氢为 AMX 系统。

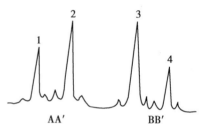

图 12-16 对氯苯胺苯环部分的 ^{1}H-NMR 图谱横坐标扩展图

(4)在一个核组中的核化学等价但磁不等价,则用两个相同字母表示,并在另一个字母的右上角加撇、双撇以示区别。例如,对氯苯胺中四个质子构成 AA′BB′系统($\delta_A 6.60$,$\delta_B 7.02$,$J\approx 6Hz$),如图 12-16 所示。

3. 核磁图谱的分类 核磁共振图谱分为一级图谱和二级图谱。

(1)一级图谱:是由一级偶合产生的图谱,或称一级光谱(first order spectrum)。具有如下特征:①服从 $n+1$ 律;②多重峰的峰高比为二项式的各项系数比;③核间干扰弱,$\Delta\nu/J>10$;④多重峰的中间位置是该组质子的化学位移;⑤多重峰的裂距是偶合常数。

常见的一些偶合系统:二自旋系统如 AX;三自旋系统如 AX_2、AMX;四自旋系统如 AX_3、A_2X_2;五自旋系统如 A_2X_3 等。

例如,1,1,2-三氯乙烷为 AX_2 系统;碘乙烷为 A_2X_3 系统(图 12-12);乙酸乙烯酯的烯烃质子为 AMX 系统。

(2)二级图谱:是由高级偶合形成的图谱,又称为二级光谱(second order spectrum)或高级图谱。其特征为:①不服从 $n+1$ 律;②多重峰的峰高比不服从二项式各项系数比,核间干扰强,$\Delta\nu/J<10$,光谱复杂;③化学位移一般不是多重峰的中间位置,需由计算求得;④除了一些较简单的光谱可由多重峰裂距求偶合常数外(如 AB 系统),多数需由计算求得。

高级偶合系统涉及许多内容,不是本教材要求范围。下面仅举两例以予以说明,需要时可参考有关资料。

单取代苯 若取代基为饱和烷基,则构成 A_5 系统,呈现单峰;取代基不是饱和烷基时,则可能构成 ABB′CC′系统,如苯酚等。

双取代苯 若对位取代苯的两个取代基 X≠Y,苯环上四个质子可能形成 AA′BB′系统,如对氯苯胺,如图 12-16 所示。对取代苯的谱图具有鲜明的特点,是取代苯谱图中最易识别的。它粗看是左右对称的四重峰,中间一对峰强,外面一对峰弱,每个峰可能还有各自小的卫星峰。若 X=Y,则可能形成 A_4 系统,如对苯二甲酸(芳氢 $\delta=8.11$,单峰)等。邻位取代苯,若 X=Y,但不是烷基时,可能形成 AA′BB′系统,如邻苯二甲酸($\delta_A=7.71$,$\delta_B=7.51$)。若 X≠Y,则可能形成 ABCD 系统,其谱图很复杂,如阿司匹林。间位取代苯,若两个取代基 X ≠ Y,可能形成 ABCD 系统,如间氨基苯甲醚;若 X = Y,则可能形成 AB$_2$C 系统,如 1,3-二氯苯。间位取代苯的谱图一般也是相当复杂的,但两个取代基团中间的隔离质子因无 ^3J 偶合,经常显示粗略的单峰。当该单峰未与别的峰组重叠时,由该单峰可以判断间位取代苯的存在。当该单峰虽与别的峰组重叠,但从中可看出有粗略的单峰时,由此仍然可以估计间位取代苯的存在。

随着核磁共振仪的发展,尤其是超导磁体的应用,使得高磁场的仪器日渐普遍。目前,600MHz 的核磁共振仪已常见,900MHz 的商品仪器也不再罕见。这些高磁场的仪器可将一些复杂的偶合简化成一级偶合,这是因为化学位移的频率差值(Δν)随着外磁场强度增加而增加,而偶合常数(J)基本保持不变,因此 Δν/J 也随之变大。例如,丙烯腈的三个烯烃质子,在 60MHz 仪器中测得的谱图属 ABC 系统,在 220MHz 时,就变成 AMX 系统。

第五节　核磁共振仪

目前应用的核磁共振仪按扫描方式不同可分为两大类:连续波核磁共振仪和脉冲傅里叶变换核磁共振仪。早期应用的主要是连续波核磁共振仪,而现在应用的核磁共振仪主要是脉冲傅里叶变换核磁共振仪。

连续波(continuous wave,CW)是指射频的频率或外磁场的强度为连续变化的,即进行连续扫描,一直到被观测的核依次被激发发生核磁共振。在扫描过程中可以固定照射频率,通过改变磁场强度获得核磁共振谱(扫场法,swept field),也可以固定磁场强度,改变照射频率而获得核磁共振谱(扫频法,swept frequency)。但无论采用哪种扫描方式,连续波核磁共振谱仪采用的都是单频发射和接收方式,在某一时刻内,只记录谱图中很窄的一部分信号(一条谱线),即单位时间内获得的信息很少。在这种情况下,对那些核磁共振信号很弱、化学位移范围宽的核,如 ^{13}C、^{15}N 等,一次扫描所需时间长,且通常丰度低,信号弱,需采用多次扫描进行累加。为解决上述问题,目前多采用脉冲傅里叶变换核磁共振仪(pulse Fourier transform nuclear magnetic resonance spectrometer,PFT-NMR)。

脉冲傅里叶变换核磁共振仪的基本结构如图 12-17 所示。

脉冲傅里叶变换核磁共振仪一般主要由磁场系统、电子系统和操作平台等几部分组成。磁场系统主要包括磁体、探头和前置放大器;电子系统主要由电子元器件组成,其作用是产生信号并将其放大,数据采集以及运行(包括硬件)的控制;操作平台的主要作用是通过计算机进行运行的总体控制,

核磁共振成像技术的发展及其在医学中的应用(拓展阅读)

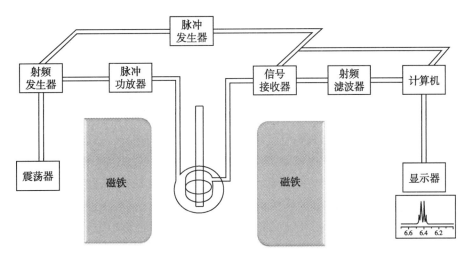

图 12-17　脉冲傅里叶变换核磁共振仪示意图

同时完成数据的处理和储存。

脉冲傅里叶变换核磁共振仪是用一个强的射频,以脉冲方式(一个脉冲中同时包含了一定范围的各种频率的电磁辐射)将样品中所有化学环境不同的同类核同时激发,发生共振,同时接收信号。而试样中每种核都对脉冲中单个频率产生吸收。为了恢复平衡,各个核通过各种方式弛豫,在接收器中可以得到一个随时间逐步衰减的信号,称自由感应衰减(free induction decay,FID)信号,经过傅里叶变换转换成一般的核磁共振图谱。

现代脉冲傅里叶变换共振仪所采用超导磁铁产生的高磁场可达 200~950MHz,仪器性能大大提高,实验脉冲时间短,每次脉冲的时间间隔一般仅为几秒。许多在连续波仪器上无法做到的测试可以在脉冲傅里叶变换共振仪上完成。

傅里叶变换核磁共振仪的测定速度快,除可进行核的动态过程、瞬变过程、反应动力学等方面的研究外,还易于实现累加技术。因此从共振信号强的 ^1H、^{19}F 核到共振信号弱的 ^{13}C、^{15}N 核,均能测定。

第六节   核磁共振氢谱解析及应用

一、试样溶液的制备

NMR 分析一般要求试样纯度>98%,但现代 NMR 技术还可进行混合物分析。试样量一般为 10mg 左右,若采用脉冲傅里叶变换核磁共振仪,试样量可大大减少,氢谱一般只需 1mg 左右,甚至更少,但试样少时需要更多时间进行信号累加。

选择溶剂时主要考虑试样的溶解度,对样品不产生干扰信号,所以氢谱常使用氘代溶剂,常用的溶剂有 D_2O、$CDCl_3$、CD_3OD(甲醇-d_4)、CD_3CD_2OD(乙醇-d_6)、CD_3COCD_3(丙酮-d_6)、C_6D_6(苯-d_6)及 CD_3SOCD_3(二甲亚砜-d_6;DMSO-d_6)等。

制备试样溶液时,常需加入标准物,以有机溶剂溶解样品时,常用四甲基硅烷(TMS)为标准物;以重水为溶剂溶解试样时,可采用 4,4-二甲基-4-硅代戊磺酸钠(DSS)为标准物。这两种标准物的甲基屏蔽效应都很强,其共振峰一般均出现在高场。一般质子的共振峰都出现在它们的左侧,因而规定它们的 δ 值为 0.00。

测定时,应考虑有足够的谱宽。当待测物可能含有酚羟基、烯醇基、羧基及醛基等,图谱需扫描至 δ 10 以上。当待测物可能含有活泼氢(OH、NH、SH 及 COOH 等)时,可进行重水交换,以证明其是否存在。

二、核磁共振氢谱解析方法

核磁共振氢谱中的化学位移、偶合常数及峰面积积分曲线可分别提供质子类型、核间关系及质子分布三方面的信息,图谱解析是利用这信息进行定性分析和结构分析。

(一)峰面积和质子数目的关系

在 ^1H-NMR 谱上,各吸收峰的面积与引起该吸收的质子数目成正比。峰面积常以积分曲线高度表示。积分曲线的画法由左至右,即由低磁场向高磁场。积分曲线总高度(用 cm 或小方格表示)和吸收峰的总面积相当,即相当于质子的总个数。而每一相邻水平台阶高度则取决于引起该吸收的质子数目。目前的核磁共振波谱仪自带的软件系统基本都可将积分值直接给出。当知道元素的组成式,即知道该化合物总共有多少个氢原子时,根据积分曲线便可确定谱图中各峰所对应的质子数目,即质子分布,也称氢分布;如果不知道元素组成,但谱图中有能判断质子数目的基团(如甲基、羟基、单取代芳环等),以此为基准也可以判断化合物中各种含氢基团的氢原子数目。

例 12-3　计算图 12-18 中 a、b、c、d 各峰对应的质子数目。

测量各峰的积分高度,a 为 1.6cm,b 为 1.0cm,c 为 0.5cm,d 为 0.6cm。质子分布可采用下面两种方法求出。

(1) 由每个(或每组)峰面积的积分值在总积分值中所占比例求出。

总质子数为 7,则

$$a\text{峰相当于的质子数} = \frac{1.6}{1.6+1.0+0.5+0.6} \times 7 = 3$$

$$b\text{峰相当于的质子数} = \frac{1.0}{1.6+1.0+0.5+0.6} \times 7 = 2$$

同理计算出 c 峰和 d 峰各相当于 1 个质子。

(2) 依已知含质子数目峰的积分值为准,求出一个质子相当的积分值,而后求出质子分布。

本题中 δ_d 7.70 很易认定为羧基质子的共振峰,因而 0.60cm 相当 1 个 H,因此

$$a\text{峰质子数为} \frac{1.6}{0.6} \approx 3 \quad b\text{峰为} \frac{1.0}{0.6} \approx 2 \quad c\text{峰为} \frac{0.5}{0.6} \approx 1$$

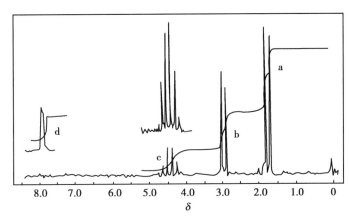

图 12-18　化合物 $C_4H_7BrO_2$ 的 ^{1}H-NMR 图谱

(二) 解析步骤

1. 检查谱图是否合格,包括基线是否平坦,内标物(通常是 TMS)峰位是否准确,溶剂中残存的 ^{1}H 信号是否出现在预定的位置。

2. 根据已知分子式,算出不饱和度 U。

3. 根据氢谱的积分曲线计算出各个信号对应的质子数,即质子分布。

4. 先解析孤立甲基峰,例如 CH_3—O—、CH_3—N— 及 CH_3—Ar 等均为单峰。

5. 解析低场共振峰醛基质子 $\delta \sim 10$,酚羟基质子 δ 9.5~15,羧基质子 δ 11~12 及烯醇质子 δ 14~16。

6. 计算 $\Delta\nu/J$,确定图谱中的一级与高级偶合部分。先解析图谱中的一级偶合部分,由共振峰的化学位移值及峰裂分,确定归属及偶合系统。

7. 解析图谱中高级偶合部分,①先查看 $\delta 7$ 左右是否有芳烃质子的共振峰,按分裂图形确定自旋系统及取代位置;②难解析的高级偶合系统可先进行纵坐标扩展,若不解决问题,可更换高场强仪器或运用双照射等技术测定;也可用位移试剂使不同基团谱线的化学位移拉开,从而使图谱简化。

8. 含活泼氢的未知物,可对比重水交换前后光谱的改变,以确定活泼氢的峰位及类型(OH、NH、SH、COOH 等)。

9. 根据各组峰的化学位移和偶合关系的分析,推出若干结构单元,最后组合为几种可能的结构式。

10. 结构初定后,查表或计算各基团的化学位移,核对偶合关系与偶合常数是否合理;或利用 UV、IR、MS 和 ^{13}C-NMR 等信息加以确认。

三、核磁共振氢谱解析示例

【示例12-1】 某含溴化合物分子式为 $C_4H_7BrO_2$,其核磁共振氢谱如图 12-18 所示。试推测其化学结构。已知 $\delta_a 1.78$(d)、$\delta_b 2.95$(d)、$\delta_c 4.43$(sex)、$\delta_d 10.70$(s);$J_{ac} = 6.8$Hz,$J_{bc} = 6.7$Hz。

解:1. 不饱和度 $U = \dfrac{2+2\times 4-8}{2} = 1$,只含 1 个双键或一个环,为脂肪族化合物。

2. 质子分布计算过程见例 12-3。

3. 由质子分布及化学位移,可以得知 a 为 CH_3,b 为 CH_2,c 为 CH,d 为 COOH。

4. 由偶合关系确定连接方式。a 为二重峰,说明与 1 个质子相邻,即与 CH 相邻;b 为二重峰,也说明与 CH 相邻;c 为六重峰,峰高比符合 $1:5:10:10:5:1$,符合 $n+1$ 律,说明与 5 个质子相邻。因为各峰的裂距相等,所以 $J_{ac} \approx J_{bc}$,则 5 个质子是 3 个甲基质子与 2 个亚甲基质子之和,故该未知物具有—CH_2—CH—CH_3 基团,为偶合常数相等的 A_2MX_3 自旋系统。根据这些信息,未知物有两种可能结构:

$$CH_3{-}CH{-}CH_2{-}Br \qquad CH_3{-}CH{-}CH_2{-}COOH$$
$$\quad\ \ | \qquad\qquad\qquad\qquad\quad\ \ |$$
$$\quad\ COOH \qquad\qquad\qquad\qquad\ Br$$
$$\qquad（Ⅰ） \qquad\qquad\qquad\qquad\quad （Ⅱ）$$

5. 由次甲基的化学位移可以判断亚甲基是与羧基还是与溴相连。可按式(12-13)及表 12-3 计算:

Ⅰ:$\delta_{CH} = 1.55+1.05+0.25 = 2.85$

Ⅱ:$\delta_{CH} = 1.55+2.68+0 = 4.23$

4.23 与 c 峰的 δ 值 4.43 接近,因此,未知物的结构是 Ⅱ 不是 Ⅰ。

6. 核对未知物光谱与 Sadtler 6714M 3-溴丁酸的标准光谱一致。证明未知物结构式是 Ⅱ。

【示例12-2】 某未知化合物的分子式为 $C_{10}H_{13}O_2N$,其 ^{1}H-NMR 谱如图 12-19 所示,$\delta_a 1.26$(t;1.0cm)、$\delta_b 2.0$(s;1.0cm)、$\delta_c 3.95$(q;0.6cm)、$\delta_d 6.78$(m,多重峰;0.6cm)、$\delta_e 7.52$(m,多重峰;0.6cm)、$\delta_f 9.7$(s;0.3cm)。试推测其化学结构。

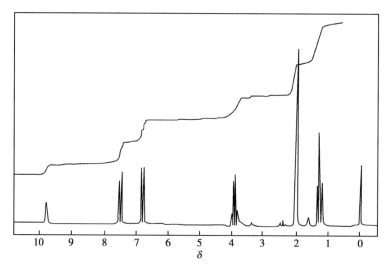

图 12-19　化合物 $C_{10}H_{13}O_2N$ 的 ^{1}H-NMR 图谱

解:1. 计算不饱和度,$U=\dfrac{2+2\times10+1-13}{2}=5$,可能有苯环。

2. 质子分布,a峰:质子数 $=\dfrac{1.0}{1.0+1.0+0.6+0.6+0.6+0.3}\times13=3$

同理,b峰:3H;c峰:2H;d峰:2H;e峰:2H;f峰:1H。

3. 根据化学位移、氢分布及峰形

(1) a、c应为—CH₂—CH₃。理由:a与—CH₂相邻分裂为三重峰,c与—CH₃相邻分裂为四重峰。$\delta_c=3.95$,说明与吸电子基团相连,根据分子式可知,可能与O相连。

(2) $\delta_d6.78(2H,m)$、$\delta_e7.52(2H,m)$,查图12-11为芳环质子,根据峰形与图12-16相似,质子数又为4个,可能是对双取代苯环(AA′BB′系统)。

(3) $\delta_b2.0(3H,s)$为孤立—CH₃,查图12-11,可能与—CO相连。

(4) $\delta_d9.7(1H,s)$:由分子式 $C_{10}H_{13}O_2N$ 中减去 $(C_6H_4+C_4H_8O_2)$ 余 NH(氨基),说明结构式中可能含有—ArNH基团,其化学位移在8.5~9.5,实测值为9.7,化学位移基本吻合。

4. 未知物可能结构为:CH₃CHN———OCH₂CH₃

5. 核对:①不饱和度吻合;②查对 Sadtler 标准图谱 NMR 波谱,证明结论合理。

【示例12-3】 某含氮化合物分子式为 $C_8H_9NO_2$,已知 $\delta_a1.96(s)$,$\delta_b7.33(q)$,$J=9Hz$,$\delta_c9.12(s)$,$\delta_d9.64(s)$,其核磁共振氢谱如图12-20所示。试推测其化学结构。

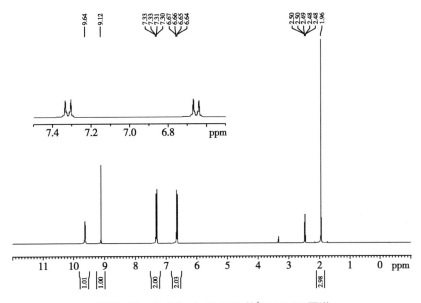

图 12-20 化合物 $C_8H_9NO_2$ 的 ¹H-NMR 图谱

解:1. 根据不饱和度 $U=\dfrac{2+2\times8+1-9-0}{2}=5$,结构中可能含有苯环。

2. 质子分布由高场到低场 $\delta_a1.96(s)$,$\delta_b7.33(q)$,$J=9Hz$,$\delta_c9.12(s)$,$\delta_d9.64(s)$。每组峰面积的积分值求得每组质子个数:

(1) a峰相当于的质子数 $=\dfrac{2.98}{2.98+2.03+2.00+1.00+1.01}\times9=3$

(2) b峰相当于的质子数 $=\dfrac{2.03+2.00}{2.98+2.03+2.00+1.00+1.01}\times9=4$

（3）c 峰相当于的质子数 $= \dfrac{1.00}{2.98+2.03+2.00+1.00+1.01} \times 9 = 1$

（4）d 峰相当于质子数 $= \dfrac{1.01}{2.98+2.03+2.00+1.00+1.01} \times 9 = 1$

3. 根据化学位移、质子分布、峰形及峰的积分面积解析

（1）$\delta\ 1.96(3H,s)$，为—CH_3。

（2）$\delta\ 6.67{-}7.33(q)$，质子数又为 4，参照本书中对氯苯胺中四个质子图谱，可知是对取代苯环（$AA'BB'$ 系统）。

（3）单峰分别来自—OH、—NH_2 中的活泼氢，根据质子的个数与核磁积分情况可知为—NH—。

（4）由分子式 $C_8H_9NO_2$ 减去—NH—、—OH、—C_6H_4、—CH_3 后还剩余 $-\overset{\overset{\text{O}}{\|}}{C}-$，且除了苯环不饱和度 4 外，正好余 1 个不饱和度与羰基结构相符。

4. 未知物是对乙酰氨基苯酚，结构如下：

第七节　核磁共振碳谱和相关谱简介

一、核磁共振碳谱

^{13}C-NMR 信号于 1957 年被发现，但迟至 1970 年才开始应用碳谱直接研究有机物的碳骨架和含碳基团。主要原因在于放射性同位素 ^{13}C 的天然丰度太低，仅为 ^{12}C 的 1.108%，而且 ^{13}C 的磁旋比 γ 是 ^{1}H 的 1/4。而磁共振的灵敏度与 γ^3 成正比，所以碳谱的灵敏度相当于 ^{1}H 谱的 1/5 800。20 世纪 70 年代出现了脉冲傅里叶 NMR 仪器（PFT-NMR）才使 ^{13}C 的 NMR 信号的测定成为可能。近年来 ^{13}C-NMR 技术及其应用有了飞速的发展。

碳谱的主要优点在于具有宽的化学位移范围，以及可以给出有机化合物的"骨架"信息。氢谱化学位移一般小于 20，^{13}C 谱的化学位移一般在 0~250。摩尔质量在 500g/mol 以下的有机化合物，碳谱几乎可以分辨每一个碳原子。若去掉碳、氢原子之间的偶合，每个碳原子对应一条尖锐、分立的谱线。通过碳谱能对未知化合物得到概观的了解：分子中有多少个碳原子；它们各自属于哪些基团；伯、仲、叔、季碳原子各有多少等。

碳原子的弛豫时间 T_1 较长，能被准确测定，T_1 可以判断结构归属，并进行构象测定。

从 ^{13}C-NMR 谱中还可以直接观测不带氢的含碳基团的信息，如羰基、腈基等。

碳谱的主要缺点是灵敏度低，^{13}C 的 NMR 信号很弱，因此，所需样品量比 ^{1}H 谱大，而在测定时必须多次扫描，进行长时间的信号累加。所以，积累碳谱数据的速度较 ^{1}H 谱慢。碳谱中峰面积与碳数不成正比，这也是碳谱的缺点之一。

（一）碳谱的化学位移

碳谱与氢谱的基本原理相同，化学位移（δ_c）定义及表示法与氢谱一致。所以内标物也与氢谱相同，统一用 TMS 作为 ^{13}C 化学位移的零点。

影响碳谱化学位移的因素很多，主要有杂化效应、诱导效应及磁各向异性等。而且磁各向异性中的顺磁屏蔽效应占主导作用，它使 ^{13}C 核的核磁共振信号大幅度移向低场。

δ_c 值受碳原子杂化影响顺序与 δ_H 平行，屏蔽常数的顺序为：$\sigma_{sp3} > \sigma_{sp} > \sigma_{sp2}$。碳谱的化学位移为 sp^3-C 在 $-2.1{\sim}43$，sp^2-C 在 $100{\sim}165$，sp-C 在 $67{\sim}92$。

取代基电负性对 α 位 CH_2 的影响也与 δ_H 平行。随取代基电负性的增大,去屏蔽增大,α 碳化学位移增大;而对 β 位碳的影响,近似为一常数。

各类碳的化学位移顺序与氢谱中各类碳上对应质子的化学位移顺序大体一致,若质子在高场,则该质子连接的碳也在高场;反之,若质子在低场,则该质子连接的碳也在低场。

常见基团碳核的化学位移简图见图 12-21,可供了解各种影响因素对 δ_c 的影响,并可作为碳谱解析的参考。各类碳的化学位移可参考有关专著。

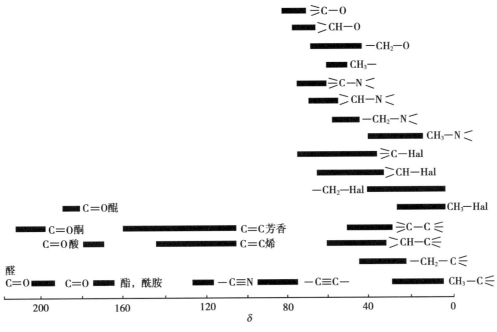

图 12-21　常见基团中 ^{13}C 的化学位移简图

(二)去偶方法

碳与其相连的质子偶合常数很大,$^1J_{CH}$ 为 100~200Hz。$^{13}C-^1H$ 的偶合使 $^{13}C-NMR$ 谱图更加复杂,而不易辨认,在实验中往往采用各种去偶方法,对某些或全部偶合作用加以屏蔽,使谱图简单化。目前所见到的碳谱一般都是质子去偶谱。一般选用 3 种去偶法:质子宽带去偶法(broad band decoupling)、偏共振去偶法(off-resonance decoupling)和选择性质子去偶法(selective proton decoupling)。

1. 质子宽带去偶　质子宽带去偶也称噪声去偶(proton noise decoupling)。是在扫描时同时用一个强的去偶射频在可使全部质子共振的频率区照射,覆盖全部质子的共振频率,使所有 ^1H 对 ^{13}C 核的偶合影响全部消除,每种碳核在图谱上均表现为一个单峰。同时,去偶时伴随有 NOE 效应(nuclear overhauser effect),使 ^{13}C 核的信号强度增强。质子去偶谱的缺点是不能获得与 ^{13}C 核直接相连的 ^1H 的偶合信息,因而也就不能区别伯、仲、叔碳。

2. 偏共振去偶　为了弥补质子宽带去偶的不足,保留重要的结构信息,提出了偏共振去偶技术。偏共振去偶技术是在测定碳谱时,另外加一个照射射频,其中心频率不在 ^1H 的共振区中间,而是比 TMS 的 ^1H 共振频率高 100~500Hz,与各种质子的共振频率偏离。结果使 ^1H 与 ^{13}C 核在一定程度上去偶,直接相连的 ^1H 核的偶合作用仍保留,但偶合常数比未去偶时小。它仍得到甲基碳四重峰、亚甲基碳三重峰、次甲基碳双峰,但裂距变小。这样即使碳骨架结构十分清晰,又避免谱图过于复杂。

目前,偏共振去偶的实验通常可由 DEPT 等实验来代替。

3. 选择性质子去偶　是对 $^{13}C-NMR$ 信号进行归属时最常用的方法之一。在质子信号归属已经清楚的前提下,用某一特定质子共振频率的射频照射该质子,以去掉被照射质子对 ^{13}C 的偶合。使与该质子直接相连的 ^{13}C 的信号发生谱线简并,作为单峰出现,从而确定相应 ^{13}C 信号的归属。

4. DEPT 谱　又称无畸变极化转移技术(distortionless enhancement by polarization transfer)　通过改变^{1}H核的第三脉冲宽度(θ),θ可设置为45°、90°、135°,不同的设置将使 CH、CH$_2$和 CH$_3$基团显示不同的信号强度和符号。根据 DEPT 谱,可以区分碳原子类型。季碳原子在 DEPT 谱中不出峰。θ 为45°时,CH、CH$_2$和 CH$_3$均出正峰;90°时,只有 CH 显示正峰;135°时,CH$_3$、CH 显示正峰,CH$_2$出负峰。以肉桂酸乙酯为例,其结构和化学位移为:

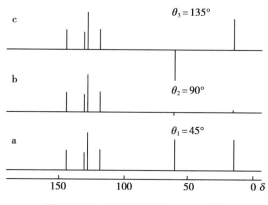

其 DEPT 谱如图 12-22 所示,$\theta=45°$,除季碳原子δ 166.5 和δ 134.7 外均出峰;$\theta=90°$,只有 CH 碳原子出峰;$\theta=135°$,CH、CH$_3$显正峰,CH$_2$为负峰。

图 12-22　肉桂酸乙酯的 DEPT 谱

二、相关谱

在前述^{1}H-NMR 及^{13}C-NMR 谱中,均以横坐标代表频率(v_H或v_C),纵坐标代表信号强度,这些只使用一种频率表示的图谱,称为一维谱(one dimentional NMR,1D-NMR)。二维核磁共振谱(2D-NMR)是将化学位移-化学位移或化学位移-偶合常数对核磁信号作二维展开而成的图谱。它包括 J-分解谱(J resolved spectroscopy)、化学位移相关谱(chemical shift correlation spectroscopy,COSY 谱)和多量子谱(multiple quantum spectroscopy)等多种新技术。下面只介绍^{1}H-^{1}H 相关谱和^{13}C-^{1}H 相关谱。

1. 氢-氢位移相关谱(^{1}H-^{1}H COSY 谱)　是^{1}H 和^{1}H 核之间的位移相关谱,两轴均为^{1}H 核的化学位移。一般的 COSY 谱是 90°谱。从对角线两侧成对称分布的任一相关峰出发,向两轴作 90°垂线,在轴上相交的两个信号即为相互偶合的两个^{1}H 核。

在只有单重偶合存在时,一个^{1}H 核信号在图上只有一个相关峰;但当有多重偶合影响时,则可能不止一个。以图 12-23a 为例,在其^{1}H-^{1}H COSY 谱(图 12-23b)上,H-1(CH$_3$)只有一个相关峰,显示与 H-2(CH$_2$)相连;H-2 有两个相关峰,显示除与 H-1 相连外,还与 H-4(CH)相连;H-4 也有两个相关峰,显示除与 H-2 相连外,还与 H-3(CH$_2$)相连。如再结合化学位移及氢的数目,可以很容易地确定整个分子的结构。所得结果比 1D-^{1}H-NMR 更直接、更可靠,且在信号重叠严重时,其效果尤为突出。

2. 碳-氢位移相关谱(^{13}C-^{1}H COSY 谱)　是两轴分别为^{13}C 及^{1}H 核的化学位移的二维谱。可以判断^{13}C-^{1}H 之间的偶合相关,代替 1D-NMR 中的选择性质子去偶谱。

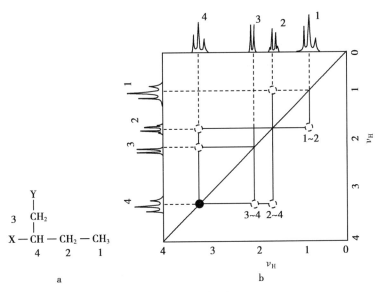

图 12-23 某化合物的^{1}H-^{1}H COSY 谱

^{13}C 核与 ^{1}H 核的偶合除 $^{1}J_{CH}$ 外、还有 $^{2}J_{CH}$、$^{3}J_{CH}$ 等远程偶合。但在通常的 ^{13}C-^{1}H COSY 谱中，预先作特殊设定，以观察 $^{1}J_{CH}$ 范围内的偶合影响，相关峰只出现在 ^{13}C 信号化学位移及与之直接连接的 ^{1}H 信号化学位移的交叉处。图谱的解析方法以图 12-24 所示乙苯的 ^{13}C-^{1}H COSY 谱为例，从横轴（^{1}H 轴）的 H-1 信号向下作垂直延伸，可与相关峰相交。再由该相关峰向左水平延伸，达 ^{13}C 轴上 δ 15.56 处，表示两者偶合相关，故 15.56 处的 ^{13}C 信号应为 C-1。如此类推，在知道 ^{1}H（或 ^{13}C）的信号归属时，通过相关峰追踪，应能确定其对应 ^{13}C（或 ^{1}H）核的信号归属。对一般有机化合物来说，多在采用 ^{1}H-^{1}H COSY 谱搞清 ^{1}H 的信号

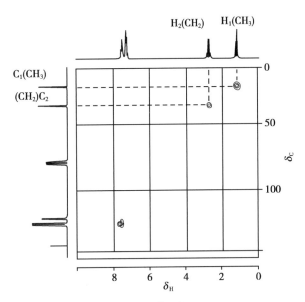

图 12-24 乙苯的^{13}C-^{1}H COSY 谱

归属基础上，再通过测定 ^{13}C-^{1}H COSY 谱以解决 ^{13}C 的信号归属。当然，对复杂化合物来说，宜在测定之前，先用 DEPT 法确定各个 ^{13}C 信号的峰数目。

并非所有的 ^{13}C 或 ^{1}H 信号在 ^{13}C-^{1}H COSY 谱上都会出现相关峰。例如季碳和羰基碳信号因不直接连氢，故不出现相关峰。同理，羟基上的氢信号也不会出现相关峰。

在化学位移相关谱中，还有侧重表现远程偶合相关的远程氢-氢相关谱（long range ^{1}H-^{1}H COSY 谱）及远程碳-氢相关谱（long range ^{13}C-^{1}H COSY 谱）。可用于判断同核（^{1}H-^{1}H）及异核（^{13}C-^{1}H）之间的远程偶合相关。

核磁共振仪
超低温探头
（拓展阅读）

第十二章
目标测试

习　题

1. 下列哪一组原子核不产生核磁共振信号？为什么？

①$_1^2H$、$_7^{14}N$；②$_9^{19}F$、$_6^{12}C$；③$_6^{12}C$、$_1^1H$；④$_6^{12}C$、$_8^{16}O$

2. 单取代苯的取代基为烷基时，苯环上的 5 个质子为单峰，为什么？两取代基为极性基团（如卤素、—NH₂、—OH 等）时，苯环的质子变为多重峰，试说明原因，并推测自旋系统。

3. 在质子共振谱中，可以看到 HF 质子的双峰，但只能看到 HCl 质子单峰。为什么？

4. 某未知物的分子式为 $C_9H_{13}N$。已知 $\delta_a 1.22(d)$、$\delta_b 2.80(sep)$、$\delta_c 3.44(s)$、$\delta_d 6.60(m，多重峰)$ 及 $\delta_e 7.03(m)$。其核磁共振氢谱如图 12-25 所示，试推断其化学结构。

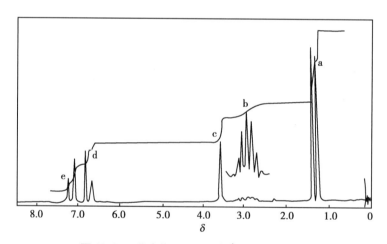

图 12-25　化合物 $C_9H_{13}N$ 的 ^1H-NMR 图谱

$$\left(H_2N-\!\!\!\bigcirc\!\!\!-CH-(CH_3)_2\right)$$

5. 由下述 ^1H-NMR 图谱进行波谱解析，给出未知物的分子结构及自旋系统。

（1）已知化合物的分子式为 C_9H_{12}，核磁共振氢谱如图 12-26 所示。

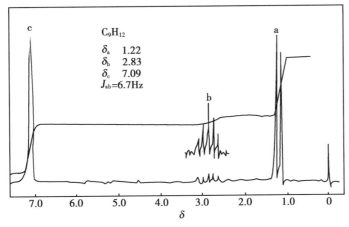

图 12-26　化合物 C_9H_{12} 的 ^{1}H-NMR 图谱

（异丙苯，A_6X 及 A_5 2 个自旋系统）

（2）某一含有 C、H、N 和 O 的化合物，其相对分子质量为 147，C 为 73.5%，H 为 6%，N 为 9.5%，O 为 11%，核磁共振氢谱如图 12-27 所示。试推测该化合物的结构。

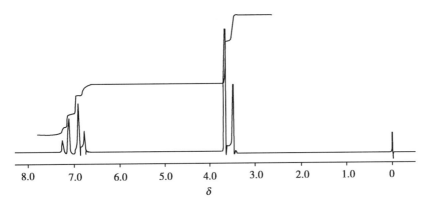

图 12-27　相对分子质量为 147 的某化合物的 ^{1}H-NMR 图谱

$$\left(H_3C-O-\underset{}{\bigcirc}-CH_2-C\equiv N\right)$$

（3）已知化合物的分子式为 $C_{10}H_{10}Br_2O$，核磁共振氢谱如图 12-28 所示。

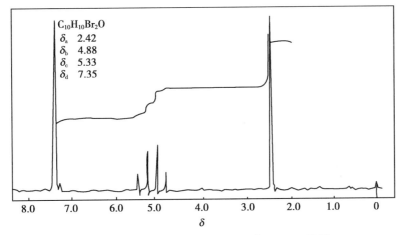

图 12-28　化合物 $C_{10}H_{10}Br_2O$ 的 ^{1}H-NMR 图谱

（$C_6H_5CHBr-CHBrCOCH_3$；A_5、AB、A_3）

6. 某一含氮化合物的分子式为 C_6H_7NO,已知 δ_a 4.35(s),δ_b 6.39(q),$J=9Hz$,δ_c 8.31(s)。其核磁共振氢谱如图 12-29 所示,试推断其化学结构。

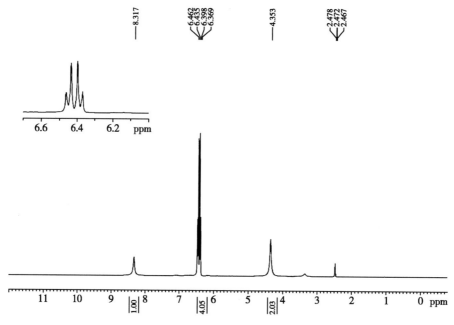

图 12-29   化合物 C_6H_7NO 的 ^1H-NMR 图谱

（韦国兵）

第十三章

质 谱 法

学习要求

1. **掌握** 质谱法的基本原理;分子离子峰的判断依据;不同离子类型和阳离子的特征裂解方式在结构分析中的作用;质谱仪的结构组成和工作原理;常用离子源的原理和优缺点;常用质量分析器的类型和优缺点。
2. **熟悉** 有机化合物的质谱解析、综合波谱解析方法和一般步骤。
3. **了解** 质谱法的特点;质谱法发展概况。

第一节 概 述

质谱法(mass spectrometry,MS)是应用多种离子化技术将物质分子转化为气态离子,再利用电场和磁场将运动的离子按照质荷比(m/z)大小进行分离后检测,从而进行物质成分和结构分析的方法。根据质谱图提供的信息,可以进行有机化合物及无机化合物的定性和定量分析、结构分析、样品中各同位素比的测定及固体表面结构和组成分析等。

1910 年,英国学者 J.J.Thomson 发现带电荷的离子在没有聚焦作用的电场和磁场组合装置中的运动轨迹与其质荷比有关,并于 1912 年制造出第一台质谱仪,由此创立了质谱法。后来,F.W.Aston 和 A.J.Dempster 采用不同思路改进了 Thomson 最初的"抛物线型质量分析仪器",分别于 1918 年和 1919 年制成第一台方向聚焦质谱仪和速度聚焦质谱仪,用于 50 多种元素及其同位素相对丰度的分析测定。1942 年,用于石油分析的第一台商品质谱仪出现,质谱法开始用于有机化合物的分析。20 世纪 60 年代出现了气相色谱-质谱联用(gas chromatography-mass spectrometry,GC-MS)仪,质谱仪的应用领域发生了巨大的变化,成为有机物分析的重要仪器。80 年代后期,软离子化技术的相继问世和液相色谱-质谱联用(liquid chromatography-mass spectrometry,LC-MS)仪的成功研制,使得质谱法的应用拓展到分析强极性、难挥发、热不稳定样品和生物大分子的研究范围,迅速成为现代分析化学最前沿的领域之一。

质谱法具有如下特点:①灵敏度高,通常一次分析仅需几微克的样品,检测限可达 $10^{-11} \sim 10^{-9}$ g;②响应时间短,分析速度快,扫描 1~1 000 原子质量单位(unified atomic mass unit,u)一般仅需 1 至几秒,易于实现与气相色谱和液相色谱在线联用,自动化程度高;③信息量大,能得到样品分子的结构信息和精确相对分子质量,还可测定分子式。此外,质谱法因其广泛的应用范围,已成为生物化学、药物学、食品化学、环境化学、医学和毒物学等各个领域进行分析测试和科学研究的重要手段,特别是色谱-质谱联用技术的逐渐成熟,使质谱法成为各类科学研究中不可或缺的有力工具。近 20 年来,由于各种质谱软电离技术迅速发展,尤其在生命科学研究方面取得突破性进展,生物质谱(biological mass spectrometry)成功实现了蛋白质、核酸、多糖、多肽等生物大分子准确相对分子质量的测定以及多肽和蛋白质中氨基酸序列的测定,成为蛋白质组学和代谢组学中的关键核心技术。

第二节　质谱法的基本原理

一、离子的产生

由于分析样品的多样性和分析要求的差异性,物质电离的方法(也称离子化方法)各不相同。质谱分析中常用的电离方法有电子轰击电离、化学电离、快原子轰击电离、电喷雾电离和基质辅助激光解吸电离等。各种电离方法都是通过对应的各种离子源来实现的。下面介绍电子轰击电离和化学电离产生离子的过程。

在电子轰击电离源内,受高能电子流的轰击,样品分子 M 失去电子而发生电离,通常失去一个电子,生成分子离子(molecular ion),用符号 $M^{+\cdot}$ 表示,即

$$M+e(高速) \longrightarrow M^{+\cdot} +2e(低速)$$

如果电子能量大大超过分子的电离能,可导致分子中各种化学键的断裂,产生各种碎片离子。

在化学电离源内,引入的大量反应气 CH_4 在高能电子流轰击下电离,生成初级离子 $CH_4^{+\cdot}$、CH_3^+ 等,即

$$CH_4+e(高速) \longrightarrow CH_4^{+\cdot} +2e$$

$$CH_4^{+\cdot} \longrightarrow CH_3^+ +H^\cdot$$

$CH_4^{+\cdot}$、CH_3^+ 快速与大量存在的 CH_4 分子发生离子-分子反应,生成二次离子 CH_5^+ 和 $C_2H_5^+$,即

$$CH_4+CH_4^{+\cdot} \longrightarrow CH_5^+ +CH_3^\cdot$$

$$CH_4+CH_3^+ \longrightarrow C_2H_5^+ +H_2$$

样品分子 M 与 CH_5^+ 和 $C_2H_5^+$ 发生质子转移反应,生成准分子离子(quasi-molecular ion)$[M+H]^+$,也可以生成加合离子 $[M+C_2H_5]^+$,即

$$CH_5^+ +M \longrightarrow [M+H]^+ +CH_4$$

$$C_2H_5^+ +M \longrightarrow [M+C_2H_5]^+$$

二、质量色散和方向聚焦

样品分子在离子源中被离子化后加速进入质量分析器,运动的离子在质量分析器中按质荷比(m/z)大小实现分离。质谱仪的种类很多,原理也不尽相同。以半圆形单聚焦质谱仪为例,质量为 m 的带电粒子(如正离子)进入磁极的弯曲区,受磁场作用而作匀速圆周运动,由于磁场作用使飞行轨道发生弯曲,此时离子受到磁场施加的向心力 $zevH$ 作用,且离子的离心力 $\dfrac{mv^2}{R}$ 也同时存在,只有在上述两力平衡时离子才能飞出磁极的弯曲区,即

$$zevH=\frac{mv^2}{R} \qquad\qquad 式(13-1)$$

式中 H 为磁场强度,z 为电荷,e 为离子的荷电单位($e=1.60\times10^{-19}C$),v 为运动速度,m 为质量,R 为曲率半径(单位 cm)。

离子动能的大小与加速电压 V 的关系可表示为

$$\frac{1}{2}mv^2=zV \qquad\qquad 式(13-2)$$

由式(13-1)和式(13-2)整理得

$$\frac{m}{z} = \frac{H^2 R^2 e}{2V} \qquad \text{式（13-3）}$$

若以电荷量作为离子的荷电单位，并用 z 表示离子的电荷量，可得

$$R = \frac{1.41}{H} \sqrt{\frac{mV}{z}} \qquad \text{式（13-4）}$$

由式（13-4）可知，离子在磁场中运动轨迹半径 R 由 V、H 和质荷比 m/z 决定。若加速电压和磁场固定，轨道半径仅与离子的 m/z 有关。不同 m/z 的离子经磁场后，由于偏转半径不同而彼此分开，质量大的偏转大，质量小的偏转小。如果检测器位置不变，即轨道半径 R 不变，H 固定，$m/z \propto 1/V$，连续改变加速电压（电压扫描，voltage scanning），或 V 固定，连续改变磁场强度 H（磁场扫描，magnetic fields canning），则可以使 m/z 不同的离子按顺序进入检测器产生信号。

由以上分析可知，由离子源发出的不同 m/z 的离子，经过磁场后可以按照一定的 m/z 顺序彼此分开，即磁场对不同质量的离子有质量色散（mass dispersion）作用，犹如棱镜对不同波长的光有色散作用一样。另外，m/z 相同而入射方向不同的离子经磁场偏转后可以聚集到一起，即无论其进入磁场时的方向如何，经质量色散后均具有相同的运动半径，最终被聚集成一个离子束通过狭缝到达检测器，这种汇聚作用称为方向聚焦（direction focusing）作用，就像透镜对光的作用一样。

三、质谱的表示方法

质谱的表示方法主要有两种形式，一种为棒图即质谱图，另一种为表格即质谱表。

1. 质谱图　质谱图是以质荷比（m/z）为横坐标、相对强度（relative abundance）为纵坐标构成，一般将原始质谱图上最强的离子峰定为基峰（base peak）并设定相对强度为 100%，其他离子峰以其对基峰的相对百分值表示。甲苯的质谱图见图 13-1。

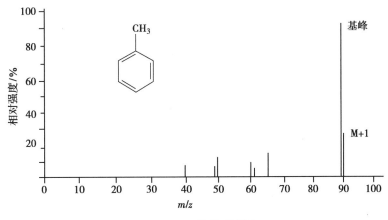

图 13-1　甲苯的质谱图

2. 质谱表　质谱表是用表格形式表示质谱数据，按照质荷比的大小排列成序。质谱表应用较少，但这种表直接列出了质谱的相对强度，对定量计算更加直观和方便。表 13-1 是甲苯的部分质谱表。

表 13-1　甲苯的质谱表

m/z 值	38	39	45	50	62	63	65	91	92	93	94
相对强度	4.4	16	3.9	6.3	9.1	8.6	11	100（基峰）	68（M）$^+$	5.3（M+1）$^+$	0.21（M+2）$^+$

从质谱图上可以很直观地观察到整个分子的质谱全貌，而质谱表则可以准确地给出精确的 m/z 值及相对强度值，有助于进一步分析。

目前已建立了以 EI 源为离子源(详见第五节)的几十万个有机化合物标准质谱图的数据库(简称谱图)。分析一个未知物,得到质谱图后,可以通过计算机进行谱库检索,查得该质谱图对应的化合物,方便、快捷和省力。

第三节 离 子 类 型

物质分子在离子源中可发生多种电离,同一分子可产生多种离子,从质谱图上也可看到许多离子峰。有机质谱中出现的离子峰主要有以下几种:分子离子峰、碎片离子峰、同位素离子峰、重排离子峰及亚稳离子峰等。

一、分子离子

化合物分子通过某种电离方式,失去一个外层价电子而形成带正电荷的离子称为分子离子(molecular ion),用符号 $M^{+\cdot}$ 表示,"+"表示带一个单位的正电荷,"·"表示有一个不成对电子。

$$M \xrightarrow{-e} M^{+\cdot}$$

分子离子是分子失去一个电子所得的离子,所以其 m/z 数值等于化合物的相对分子质量,一般出现在质谱图的最右侧,由此可推断化合物的分子式,是有机化合物的重要质谱数据。

二、碎片离子

分子离子产生后可能具有较高的能量,将会通过进一步碎裂或重排而释放能量,碎裂后产生碎片离子(fragment ion)。碎片离子与分子结构密切相关,通过各种碎片离子相对峰高的分析,有可能获得整个分子结构的信息。但由此获得的分子拼接结构并不总是合理的,因为碎片离子并不是只由 $M^{+\cdot}$ 一次碎裂产生,可能是由进一步断裂或重排产生更小的次级碎片离子,因此要准确地进行定性分析最好与标准图谱进行比较。

$$M \xrightarrow{-e} M^{+\cdot} \xrightarrow{裂解} 初级碎片离子 \xrightarrow{裂解} 次级碎片离子\cdots$$

由于键断裂的位置不同,同一分子离子可产生不同荷质比的碎片离子,其相对丰度与键断裂的难易程度以及化合物的结构有关。质谱中常见的中性碎片和碎片离子见附录十二。

三、亚稳离子

质量为 m_1 的离子离开离子源进入质量分析器,由于碰撞等原因,在飞行过程中进一步裂解失去中性碎片而形成低质量的 m_2^+,一部分能量被中性碎片带走,此时的离子比在离子源中产生的 m_2^+ 的能量小,且很不稳定,这种离子称为亚稳离子(metastable ion),用 m^* 表示。

$$m_1^+ \xrightarrow{在离子源中裂解} m_2^+ + 中性碎片$$

$$m_1^+ \xrightarrow{在飞行途中裂解} m^* + 中性碎片$$

亚稳离子具有峰宽大(2~5 个质量单位)、相对强度低、m/z 不为整数等特点,很容易从质谱图中观察出来。表观质量 m^* 与 m_1^+ 和 m_2^+ 关系是:

$$m^* = \frac{(m_2^+)^2}{m_1^+} \qquad\qquad 式(13\text{-}5)$$

亚稳离子峰的出现表明 m_1^+ 和 m_2^+ 之间存在"母子亲缘关系",即存在 $m_1 \xrightarrow{裂解} m_2$ 碎裂途径。通过亚稳离子 m^* 找到相关母离子的质量 m_1 与子离子的质量 m_2,从而确定裂解途径。

苯乙酮的质谱图见图 13-2。图中出现 m/z 136、105、77、56.5 等离子峰，m/z 56.5 为亚稳离子峰。$m^* = (77)^2/105 = 56.47 \approx 56.5$，$m/z$ 77 离子是 m/z 105 离子裂解，丢失 CO 产生。

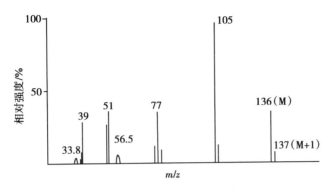

图 13-2　苯乙酮的质谱图

四、同位素离子

有些元素具有一定自然丰度的同位素，含有同位素的离子称为同位素离子（isotopic ion）。一些常见元素同位素的相对丰度如表 13-2 所示。

表 13-2　几种常见元素同位素的相对丰度

元素	质量数	相对丰度/%	天然丰度/%	峰类型	元素	质量数	相对丰度/%	天然丰度/%	峰类型
H	1	100.00	99.98	M	C	12	100.00	98.9	M
	2	0.016	0.016	M+1		13	1.08	1.07	M+1
O	16	100.00	99.76	M	S	32	100.00	95.02	M
	17	0.04	0.04	M+1		33	0.80	0.85	M+1
	18	0.20	0.20	M+2		34	4.40	4.21	M+2
N	14	100.00	99.63	M	Cl	35	100.00	75.53	M
	15	0.36	0.37	M+1		37	32.5	24.47	M+2
					Br	79	100.00	50.54	M
						81	98.00	49.46	M+2

从表 13-2 可知，各元素的最轻同位素的天然丰度最大。一般质谱图中的分子离子峰是由丰度最大的同位素组成。此外，在质谱图中还可能出现由一个或多个重质同位素组成的分子所形成的离子峰，其 m/z 为 M+1、M+2 等。

由于有机化合物中一般含碳的原子数较多，故质谱中碳的同位素峰比较常见；^2H 及 ^{17}O 的丰度比太小，可忽略不计；^{34}S、^{17}Cl 和 ^{81}Br 的丰度比较大，因此含有 S、Cl 和 Br 的分子离子或碎片离子其 $[M+2]^+$ 峰强度大，同位素峰特征性强，可根据 M^+ 和 $[M+2]^+$ 同位素峰强度比推断分子中是否含有 S、Cl 和 Br 原子及其原子数目。

对于含 S 的有机化合物，质谱图上有 $[M+2]^+$ 峰，其 $I_{(M+2)^+}/I_{(M)^+}$ 值约为 0.044n（n 为分子中 S 的个数）。^{35}Cl 和 ^{37}Cl 丰度比 100∶32.5≈3∶1，^{79}Br 与 ^{81}Br 的丰度比 100∶98≈1∶1，且同位素之间相差两个质量单位。故含氯和溴的有机化合物一般有较强的 $[M+2]^+$、$[M+4]^+$、$[M+6]^+$ 等离子峰。单独含有氯或溴的有机化合物，同位素的峰强比可近似按二项展开式 $(a+b)^n$ 计算，其中 n 是分子中含氯或溴原子的数目，a、b 分别为轻质同位素和重质同位素的丰度比。对于氯，则 $a=3$，$b=1$；对于溴，

$a=b=1$。

例如 $CHCl_3$，含有 3 个 Cl 原子，$n=3$，$a=3$，$b=1$，代入二项式即可求出各同位素强度比：$(a+b)^n=a^3+3a^2b+3ab^2+b^3=27+27+9+1$，即 M^+ : $[M+2]^+$: $[M+4]^+$: $[M+6]^+$ 各离子峰的强度比近似等于 $27:27:9:1$。

第四节　阳离子的裂解类型

在质谱中的大多数离子峰是根据有机化合物自身裂解规律形成的。了解质谱的裂解规律和方式，对于研究质谱信息和推断有机物结构十分重要。质谱裂解通常有单纯裂解、重排开裂和复杂裂解等类型。

在表示质谱的断裂方式时，习惯上采用下述的符号和术语：单电子转移用鱼钩状的半箭号"⌒"表示，双电子转移用箭头"⌒"表示；具有未配对电子的离子称为奇数电子离子（odd-electron ion，OE），这样的离子同时又是自由基，有较高反应活性，记作"$^{+\cdot}$"；无未配对电子的离子则为偶数电子离子（even-electron ion，EE），以"$^+$"表示。

判断碎片离子含有偶数还是奇数个电子的规则：由 C、H、O、N 组成的离子，当 N 原子个数为偶数时，如果离子的质量数（m）为偶数，必含奇数个电子，如果离子的质量数（m）为奇数，必含偶数个电子；反之，当 N 原子个数为奇数时，若离子的质量数（m）为偶数，必含偶数个电子，如果离子的质量数（m）为奇数，则必含奇数个电子。断裂后正电荷一般在杂原子或 π 键上，故正电荷的符号一般标在杂原子或 π 键上；当电荷位置不明确时，可用"$[\ ]^+$"或"$[\ ]^{+\cdot}$"表示，当碎片离子结构复杂时，可用"$\urcorner^{+\cdot}$"或"$\urcorner^+$"表示。

一、单纯裂解

仅一个化学键发生断裂称单纯裂解。化学键（σ 键）断裂时，电子分配通常有均裂、异裂及半异裂 3 种方式。

1. 均裂　σ 键开裂后，成键电子对被两碎片各保留一个，称为均裂（homolytic cleavage）。

$$A\!-\!\!\!\!\frown\!\!\!\!-\!B \longrightarrow A\cdot + \cdot B$$

例如：脂肪伯胺可发生 σ 键均裂：

$$R\!-\!CH_2\!-\!\!\!\frown\!\!\!-\!CH_2\!-\!\overset{+\cdot}{N}H_2 \xrightarrow{均裂} R\!-\!CH_2\cdot + \cdot CH_2\!-\!\overset{+\cdot}{N}H_2$$

2. 异裂　σ 键开裂后，两个成键电子都归属于某一个碎片，称为异裂（heterolytic cleavage）。

$$A\!-\!\!\frown\!\!-\!B \longrightarrow A^+ + B^- \ (或B:)$$

例如：脂肪酮可发生 σ 键异裂，若 $R_1>R_2$，则

$$\begin{array}{c}R_1\\R_2\end{array}\!\!\!\overset{+}{C}O \xrightarrow{异裂} R_2\!-\!\dot{C}\!=\!O + R_1^+$$

3. 半异裂　已离子化的 σ 键开裂，电荷和未成对电子分离，称为半异裂（hemi-heterolytic cleavage）。

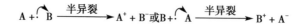

例如,烷烃游离基可发生半异裂。

$$R_1—CH_2—CH_2—R_2^{\bullet +} \xrightarrow{半异裂} R_2 + R_1—CH_2—CH_2^{+}$$

由于化学键的断裂位置不同,烷烃的质谱图上出现化学式为 C_nH_{2n+1}(即 m/z 15,29,43,57,71…)等一系列相差 14 质量数的离子碎片,即为半异裂产物。一般以 m/z 43,57 最大,且支链烷烃的断裂易发生在被取代的碳原子上。

质谱复杂的裂解过程都是由一些基本的裂解类型构成的。下面介绍质谱中最基本、最常见的特征裂解方式。

二、α 裂解

在含有 C—X 单键或 C═X 双键基团(X 为 C、O、S、Cl 等)的有机化合物,如饱和杂原子、不饱和杂原子或不饱和键等,与该基团相连的单键称为 α 键。该类化合物受高能电子的轰击,生成带有自由基的分子离子或碎片离子,其自由基中心带有强烈的成对倾向(可提供一个电子),与相邻 α 原子提供的一个电子形成新键,同时该 α 原子的另一个键断裂,称为 α 裂解(α cleavage)。

例如,脂肪伯胺可发生 α 裂解。

$$R—CH_2 ⌢ CH_2—\overset{+\cdot}{NH_2} \xrightarrow{均裂} R—CH_2\cdot + \cdot CH_2—\overset{+\cdot}{NH_2}$$

引发 α 裂解的倾向由游离基中心的给电子能力决定,不同类型自由基引发 α 裂解反应的速度不同,一般顺序为:N > S、O、π、R$^{\bullet}$ > Cl、Br > H。其中 π 表示一个不饱和中心,R* 表示一个烷自由基,由此顺序可见,含 N 化合物易发生 α 裂解。

α 裂解属于均裂,对于同一个自由基离子,当存在多个可能发生 α 裂解的位置时,遵循"最大烷基自由基丢失规律",即在反应中心丢失最大烷基自由基具有高的概率。

例如,3-甲基-3 己醇氧自由基可发生 α 裂解。

$$
n\text{-}C_3H_7\text{-}\underset{\underset{C_2H_5}{|}}{\overset{\overset{CH_3}{|}}{C}}\text{-}\overset{+\cdot}{OH}
\begin{cases}
\longrightarrow n\text{-}C_3H_7^{\bullet} + \underset{\underset{C_2H_5}{|}}{\overset{\overset{CH_3}{|}}{C}}{=}\overset{+}{OH} \;(m/z\ 73,\ 100\%) \\[4mm]
\longrightarrow C_2H_5^{\bullet} + C_3H_7\text{-}\underset{\underset{C_2H_5}{|}}{\overset{\overset{CH_3}{|}}{C}}{=}\overset{+}{OH} \;(m/z\ 87,\ 50\%) \\[4mm]
\longrightarrow CH_3^{\bullet} + C_3H_7\text{-}\underset{\underset{C_2H_5}{|}}{\overset{}{C}}{=}\overset{+}{OH} \;(m/z\ 101,\ 10\%)
\end{cases}
$$

由于 α 键的断裂位置不同,质谱图上可观察到 3 种 α 裂解产物,但强度差异很大,丢失最大烷基自由基的裂解占优势,强度次序为:m/z 73 > m/z 87 > m/z 101。

若化合物分子中含有苄基基团(如烷基苯、烷基吲哚、烷基萘、烷基喹啉等),受电子轰击失去一个 π 键电子,剩余的一个 π 键电子形成一个自由基中心(单电子),与该基团 C 原子相连的 α 键断裂引发的 α 裂解称为苄基断裂(benzylic cleavage),产生一个稳定的苄基离子。苄基裂解通常发生在带有烷基侧链的芳香类化合物中,且是主要的裂解方式,所产生的离子峰常为基峰。例如,丙基苯可发生苄基裂解。

在电子轰击下,苯环上的一对 π 电子被电离,游离基中心定域到苯环上,诱导 α 键发生断裂,形成 α 键的一对电子中的单电子与被电离后的 π 键的孤对电子形成新键,失去烷基自由基,生成偶电子离子。

若化合物分子中含有烯丙基基团($—CH_2—HC=CH_2$),受电子轰击同样失去一个 π 键电子,剩余的一个 π 键电子形成一个自由基中心,与该基团($—CH_2—HC=CH_2$)相连的 α 键断裂引发的 α 裂解称为烯丙基裂解(allylic cleavage)。

烯丙基裂解通常是含有双键的链烃化合物中最主要的特征裂解方式,生成偶电子烯丙基离子具有共振稳定性,在质谱图中表现出很高的丰度,常为基峰。

三、重排裂解

质谱中分子离子在裂解成碎片时,某些碎片离子不是由单纯裂解产生,而是通过断裂两个或两个以上化学键,裂解时内部原子或基团重新排列或转移而形成的离子,称为重排离子(rearrangement ion),这种裂解称为重排裂解(rearrangement cleavage)。分子离子在裂解成碎片时,某些原子或基团重新排列或转移而形成的离子,称为重排离子。重排裂解类型很多,最重要的是麦氏重排(McLafferty 重排)和逆第尔斯-阿尔德反应(retro-Diels-Alder reaction,又称逆第一阿反应)。

1. 麦氏重排　可发生麦氏重排的化合物是酮、醛、酸、酯、酰胺、羰基衍生物、烯、炔及烷基苯等,是一些含有 $C=O$、$C=N$、$C=S$、$C=C$ 及苯环的化合物,且与该基团相连的键上具有 γ-H 原子时,通过六元环过渡态,γ-H 转移到杂原子或双键碳原子上,同时 β 键(相对于 $C=O$、$C=N$、$C=S$、$C=C$ 及苯环等基团)断裂,形成一个中性分子(烯烃)和一个质量数为偶数、电子数为奇数的离子($OE^{\ddagger}$),该过程即为麦氏重排裂解。

例如,2-己酮的质谱中出现很强的 m/z 58 峰就是麦氏重排所形成的。

又如,烯烃可发生麦氏重排。

γ-H转移

中性分子　　　　m/z 56

2. 逆第尔斯-阿尔德反应　　不饱和环的开裂遵循逆第尔斯-阿尔德反应（retro-Diels-Alder reaction），简称 RDA 重排。1,3-丁二烯与乙烯化合物裂解产生一个六元环烯化合物的反应，称为第尔斯-阿尔德反应（Diels-Alder reaction）。分子中含有环己烯结构单元时，环己烯裂解成一离子化的共轭双烯化合物（或衍生物）和乙烯分子（或其衍生物），该重排过程称为 RDA 裂解。该裂解途径由单电子引发，经过两次 α 断裂，即逆第-阿反应，形成一个中性分子和离子化双烯衍生物。逆第-阿反应很好地解释具有环己烯结构的各种化合物的裂解过程。正电荷优先保留在较低电离电位的碎片上。

例如：1,8-萜二烯通过 RDA 重排裂解，生成乙烯衍生物和丁二烯离子。

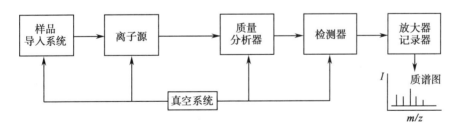

m/z 136　　　　　　　　　　　　　丁二烯离子　　　　中性分子

m/z 68

第五节　质　谱　仪

一、质谱仪的结构组成

质谱仪主要由真空系统、样品导入系统、离子源、质量分析器、离子检测系统、计算机控制及数据处理系统等组成，如图 13-3 所示。离子源和质量分析器是质谱仪的两个核心部件。

图 13-3　质谱仪的组成方框图

（一）真空系统

质谱仪的进样系统、离子源、质量分析器、检测器等均需在真空状态下工作。若真空度过低，会造成离子散射和残余气体分子碰撞引起能量变化、本底增高、裂解模式改变和记忆效应，从而使图谱复杂化，干扰离子源中电子束的正常调节、加速极放电等问题。离子源真空度一般为 $10^{-5} \sim 10^{-4}$ Pa，质量分析器和检测器真空度要求更高，介于 $10^{-6} \sim 10^{-5}$ Pa。一般质谱仪采用两级真空系统，由机械泵（前级低真空泵）预抽真空，然后用高效率扩散泵或分子泵（高真空泵）连续地抽真空。

（二）样品导入系统

样品导入系统亦称进样系统，其作用是高效重复地将样品引入到离子源中且不能造成真空度的降低。常用的进样装置有 3 种：间接式进样系统、直接探针进样系统和色谱联用进样系统。

1. 间接式进样系统　也称为加热样品导入系统或间歇式进样系统,常用于气体和易挥发试样,典型设计如图 13-4 所示。

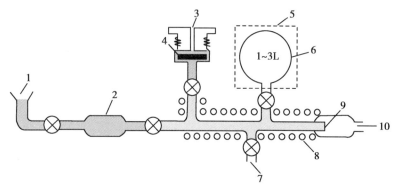

1. 气体入口;2. 计量体积;3. 液体引入;4. 隔片;5. 试样炉;6. 贮样器;
7. 抽真空;8. 加热器;9. 分子漏孔;10. 至离子源。

图 13-4　典型的间接式进样系统

通过气体入口和液体引入管将少量(10~100μg)样品引入贮样器中,贮样器由玻璃或上釉不锈钢制成,被抽真空并加热至 160℃,试样瞬时气化或保持气态。由于进样系统的压力比离子源的压力大,样品离子通过分子漏隙(通常是带有一个小针孔的玻璃或金属膜)以分子流的形式渗透到高真空的离子源中。

2. 直接探针进样系统　对于热敏性固体、难挥发性固体或液体试样,在直接进样杆(即探针杆)尖端装上少许样品(1~10μg),减压后送入离子源,快速加热使之气化并被离子源离子化。探针杆中试样的温度可冷却至约 100℃,或在数秒钟内加热到较高温度(达到 300℃左右)。

3. 色谱联用进样系统　适用于多组分分析。利用与质谱仪联机的气相色谱仪或高效液相色谱仪将混合物分离后,通过联机"接口"进入离子源,依次进行各组分的质谱分析(详见第十八章色谱-质谱联用分析法)。

(三) 离子源

离子源(ion source)又称电离源,其功能是将气态样品分子转化成离子,并对离子进行加速,同时又具有准直和聚集作用,使离子汇聚成具有一定几何形状和能量的离子束进入质量分析器。在离子源的出口对离子施加一个加速电压,使离子加速到达质量分析器。

离子化所需要的能量因分子不同而差异很大,因此,对于不同的分子应选择不同的离子化方法。通常能给样品较大能量的离子化方法称为硬离子化方法,而给样品较小能量的离子化方法称为软离子化方法。目前,质谱仪中有多种离子源可供选择,如电子轰击电离源(electron impact ion source,EI)、化学电离源(chemical ionization source,CI)、快原子轰击电离源(fast atom bombardment ion source,FAB)、大气压电离源(atmospheric pressure ion source,API)及基质辅助激光解吸电离源(matrix-assisted laser desorption ion source,MALDI),无机质谱仪采用电感耦合等离子体(inductively coupled plasma,ICP)离子源。

1. 电子轰击电离源　EI 是一种硬离子化方法,适用于小分子(一般相对分子质量 400 以下)的检测。EI 源的结构示意图见图 13-5,由电离室(离子盒)、灯丝(锑或钨灯丝)、离子聚焦透镜和一对磁极组成。样品经过气化后经分子漏入孔进入电离室,受到灯丝发出的高能电子流撞击,电子传递部分能量给分子,若分子 M 获得能量高于分子的电离能,则失去电子而发生电离成为正离子,若失去一个电子则形成分子离子(M^{+}),此过程一般需 10eV。

在 EI 状态下约有 1/1 000 的样品分子发生电离。

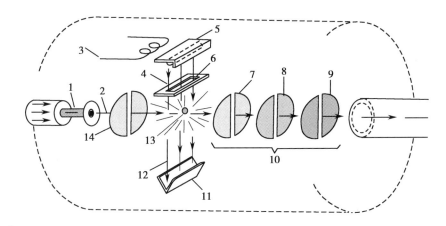

1. 分子漏入孔；2. 气体束；3. 加热器；4. 灯丝；5. 屏蔽；6. 电子狭缝；

7. 第一加速狭缝；8. 聚集狭缝；9. 第二加速狭缝；10. 离子加速区；

11. 阳极；12. 电子束；13. 离子化区；14. 反射极。

图 13-5　电子轰击电离源的结构示意图

当 EI 源具有足够的能量时(一般为 70eV)，有机化合物分子不仅可能失去一个电子形成分子离子，也有可能进一步发生化学键的断裂或分子内原子重排，形成各种低质量数的碎片离子、重排离子及中性自由基，产生较多带有结构信息的正离子，在推斥极作用下经加速和聚集成离子束，通过狭缝进一步准直后进入质量分析器，并按质荷比(m/z)大小进行分离记录其信息。

EI 优点：①非选择性电离，只要样品能气化即可，电离效率高；②应用最早、最广，操作简便，技术成熟，重现性好，稳定性高，标准的质谱图基本都是采用 EI 源获得；③灵敏度高，所得碎片离子多，为质谱图提供丰富的结构信息，是化合物的"指纹图谱"。EI 缺点：①样品必须能气化，不适宜分析难挥发、热敏性的物质；②对于相对分子质量较大或稳定性差的化合物，在 EI 方式下分子离子不稳定，易碎裂，得不到相对分子质量信息。

在质谱中获得样品的重要信息之一是其相对分子质量，但经电子轰击产生的 M^{+} 峰，往往不存在或其强度很低，必须采用比较温和的软离子化方法。

2. 化学电离源　CI 是相对温和的离子化方式。CI 源的结构与 EI 源相似，但气密性比 EI 源好。在离子源内充满一定压强的反应气($10^{-4} \sim 10^{-2}$Pa)，用高能电子流(~ 500eV)轰击反应气体使之电离，生成初级离子；然后初级离子与未电离的反应气分子进行一系列的离子-分子碰撞反应，生成二次加合离子，二次离子与样品分子发生碰撞，使样品电离。化学电离源常用的反应气是 CH_4、丙烷、异丁烷、NH_3、$H_2O(g)$、H_2 或 He 等。

CI 优点：①准分子离子峰强度大，便于利用[$M+H$]$^{+}$ 或[$M-H$]$^{+}$ 峰准确推断相对分子质量。②图谱简单，峰数目较少，易获得有关化合物基团的信息。离子化过程中新生离子所获得能量不高，故分子中 C—C 键断裂的可能性较小，一般仅涉及从质子化分子中除去基团或氢原子的开裂反应。③适宜做多离子检测。CI 缺点：①图谱与实验条件有关，不同仪器获得的 CI 图不能比较或检索，因此一般不能制作标准图谱；②碎片离子少，缺少样品的结构信息；③样品需加热气化后进行离子化，故不适合于热不稳定、难挥发物质的分析。

3. 快原子轰击电离源　FAB 也是一种软离子化方法，它是利用原子枪或离子枪射出中性的原子或离子，轰击样品分子的原子通常是惰性稀有气体 Ar(或 Xe)。由电场使 Ar(或 Xe)电离，离子枪产生高能量 Ar^{+}，Ar^{+} 进入充氩气电荷交换室，经电荷交换，形成高能中性快速氩原子流，高速氩原子流撞击涂有样品的金属板，向样品分子转移能量使样品离子化，引入质量分析器中进行分离。即

$$Ar^+(快)+Ar(热) \longrightarrow Ar(快)+Ar^+(热)$$

$$M \xrightarrow{\quad Ar(快)撞击 \quad} M^{+\cdot} + e$$

FAB 优点:①易得到较强的分子离子或准分子离子,由此获得化合物相对分子质量的信息。样品常用基质或底物(甘油)调和后涂于金属靶上,生成离子是被测物分子-质子及基质或底物作用生成的准分子离子。如$[M+H]^+$、$[M+G+H]^+$(G 为基质)、$[2M+H]^+$、$[M+G+H-H_2O]^+$ 及 $[2M+H-H_2O]^+$。②在离子化过程中样品无需加热气化(不同于 EI 和 CI),且离子化能力强,对强极性、难气化化合物也能电离,适合于热不稳定、强极性分子、生物分子及配合物的分析,如肽类、低聚糖、天然抗生素、有机金属配合物等。FAB 缺点:重现性差,对于非极性化合物的检测灵敏度低,且基质在低质量数区(400 以下)会产生较多干扰峰。

4. 大气压电离源　API 是大气压下的质谱离子化技术的总称,包括电喷雾电离(electrospray ionization,ESI)、大气压化学电离(atmospheric pressure chemical ionization,APCI)和大气压光电离(atmospheric pressure photo ionization,APPI)等技术,均为软离子化技术。ESI 是应用最为广泛的 API 技术,既可以分析小分子,又可以分析大分子。ESI 和 APCI 是液相色谱-质谱联用仪常用的离子源(详见第十八章),也是液相色谱和质谱仪之间的接口装置。

5. 基质辅助激光解吸电离源　MALDI 是一种新型软电离技术,它利用对使用的激光波长范围具有吸收并能提供质子的基质(常用小分子液体或结晶化合物),将样品与其混合溶解并形成混合体,在真空下用激光束轰击样品和基质的混合体,基体吸收激光能量,并传递给样品,从而使样品解吸电离。MALDI 的优点是准分子离子峰强,对杂质的耐受量大,广泛应用于多肽、蛋白质、低聚核苷酸和低聚糖,可分析相对分子质量达 40 万以上的物质。MALDI 与飞行时间质量分析器联用已成为生命科学研究中非常重要的工具。被广泛应用的两种基质分子是烟酸和芥子酸,它们的吸收波长正好和所用的激光波长相吻合。

(四)质量分析器

质量分析器(mass analyzer)的作用是将离子源中产生的样品离子按质荷比 m/z 分开,得到按质荷比大小顺序排列的质谱图。质量分析器的主要类型有磁质量分析器(magnetic mass analyzer)、四极杆质量分析器(quadrupole mass analyzer)、飞行时间质量分析器(time-of-flight mass analyzer,TOF)、离子阱质量分析器(ion trap mass analyzer)和静电场轨道阱质量分析器(orbitrap mass analyzer)等。

1. 磁质量分析器　磁质量分析器分为单聚焦质量分析器(single focusing mass analyzer)和双聚焦质量分析器(double focusing mass analyzer)。下面以单聚焦质量分析器为例说明其工作原理。

单聚焦质量分析器是最早用于质谱仪的质量分析器,如图 13-6 所示。

单聚焦质量分析器仅用一个扇形磁场,能对离子束实现质量色散和方向聚焦作用,但它不能对 m/z 相同而能量不同的离子实现聚焦。单聚焦质量分析器的分辨率可达 5 000。若要求分辨率大于 5 000,则需要双聚焦质量分析器。

双聚焦质量分析器通常在磁场前加一个静电分析器(electrostatic analyzer),同时实现能量(或速度)和方向的双聚焦,如图 13-7 所示。将一扇形静电分析器置于离子源和扇形磁场分析器间,进入电场的离子受到静电力作用,改作圆周运动,离子所受电场力与离子运动离心力平衡,即

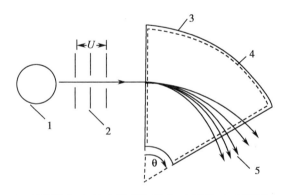

1. 离子源;2. 加速和准直狭缝;3. 上磁极;4. 下磁极;
5. 分离开离子(至检测器)。

图 13-6　单聚焦质量分析器的工作原理示意图

$$zE = \frac{mv^2}{R} \qquad \text{式}(13\text{-}6)$$

式中，E 为电场强度，z 为离子电荷，m 为离子质量，v 为离子速度，R 为离子在电场中轨道半径。如 E 一定，R 仅取决于离子的速度或动能。加速离子束进入静电场后，只有动能（或速度）与曲率半径可以满足式（13-6）的离子才能通过狭缝，实现能量（或速度）聚焦（energy or velocity focusing），然后这些具有相同能量的离子进入磁场，实现质量色散和方向聚焦，从而大大提高分辨率。

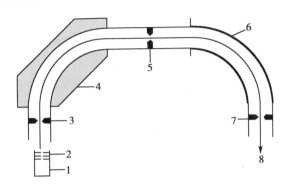

1. 离子源；2. 加速区；3，5，7. 狭缝；4. 静电分析器；6. 磁场分析器；8. 至检测器。

图 13-7　双聚焦质量分析器的工作原理示意图

双聚焦质量分析器的优点：分辨率远高于单聚焦质量分析器，可达 160 000，质量准确度 0.03μg；相对分子质量 600 的化合物可测至误差 ±0.000 2u。缺点：价格贵，体积大，操作、调整和维护均较为困难。

2. 四极杆质量分析器　四极杆质量分析器又称四极滤质器，是目前广泛采用的质量分析器，其工作原理如图 13-8 所示，由两对（四根）平行的圆柱形或双曲面的椅状金属电极组成，对角电极连接，两组电极间施加一定的直流电压和频率为射频范围的交流电压。被加速的离子束穿过对准四根极杆之间的准直小孔，其中一对电极加上直流电压 U，另一对电极加上射频电压 $V\cos\omega t$（V 为电压的交流幅值，ω 为高频电压角频率，t 为时间），在极间形成一个射频场，正电极电压为 $U+V\cos\omega t$，负电极为 $-(U+V\cos\omega t)$。离子进入此射频场后，受到电场力作用，只有 m/z 合适的离子才会通过稳定的振荡进入检测器产生信号（这些离子称为共振离子），其他离子在运动过程中撞击在筒形电极上而被"过滤"掉，最后被真空泵抽走（称为非共振离子）。只要改变 U 和 V 并保持 U/V 比值恒定，离子就能按照 m/z 大小分开形成质谱图。射频电压 V 的改变可以是连续式的，也可以是跳跃式的。当 V 连续改变时，得到全扫描谱图；当 V 跳跃式改变时，只能检测某些 m/z 的离子，即选择离子检测。

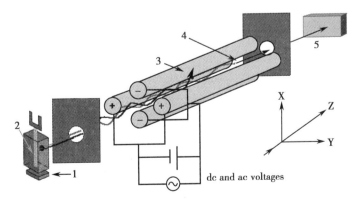

1. 电子收集极；2. 离子束；3. 非共振离子；4. 共振离子；5. 分开的离子束。

图 13-8　四极杆质量分析器的工作原理示意图

四极杆质量分析器优点:①可以快速地进行全扫描和在相对较低的真空下运行,有利于与色谱联用,常用于色谱和质谱联用的仪器;②仪器紧凑,体积小、重量轻,操作方便。缺点:①极限分辨率可达2 000,与单聚焦质量分析器大体相同,低于双聚焦质量分析器;②质量范围较窄,一般为10~1 000原子质量单位(u);③不能提供亚稳离子信息。

　　3. 飞行时间质量分析器　TOF是一种无磁动态质量分析器,其工作原理如图13-9所示。TOF的核心是一个离子漂移管(ion drift tube),由离子源产生的离子经脉冲加速电场加速,以相同的动能进入漂移管,不同质荷比的离子飞出离子源的速率为:

$$v = \sqrt{\frac{2zeV}{m}} \qquad\qquad 式(13\text{-}7)$$

　　若以电子的电荷量作为离子的荷电单位,并用z表示离子的电荷量,以速率为v飞越长度L(约1m)的无场漂移管,所用时间为t,则

$$t = \frac{L}{v} = L \times \sqrt{\frac{m}{2zV}} \qquad\qquad 式(13\text{-}8)$$

　　由式(13-8)可知,具有不同m/z的离子到达离子检测器的时间差Δt:

$$\Delta t = \frac{L}{v_2} - \frac{L}{v_1} = L \times \left(\sqrt{\frac{m_2}{2z_2 V}} - \sqrt{\frac{m_1}{2z_1 V}} \right) = \frac{L}{\sqrt{2V}} \times \left(\sqrt{\frac{m_2}{z_2}} - \sqrt{\frac{m_1}{z_1}} \right) \qquad 式(13\text{-}9)$$

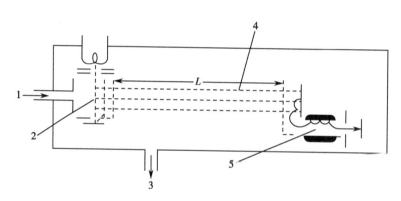

1. 试样入口;2. 离子化区;3. 抽真空;4. 离子漂移管;5. 离子检测器。

图13-9　飞行时间质量分析器的工作原理示意图

　　由此可见,Δt取决于m/z的平方根之差。离子的质荷比越大,到达接收器所用时间越长,离子的质荷比越小,到达接收器所用时间越短,据此可以把不同质量的离子按m/z大小进行分离。

　　TOF优点:①检测离子的质荷比没有上限,测定相对分子质量的范围扩展到几十万原子质量单位(u),特别适合于生物大分子的测定;②可获得高分辨质谱,不同荷质比离子可同时检测,扫描速度快,可实现快速的离子传输,特别适于与MALDI离子源搭配;③灵敏度高,适合于作为串联质谱的第二级质量分析器,如四级杆-飞行时间串联质谱Q-TOF;④结构简单,便于维护。缺点:分辨率随质荷比的增加而降低,质量越大,飞行时间的差值越小,分辨率越低;要求离子尽可能同时开始飞行,需要脉冲开关。

　　4. 离子阱质量分析器　离子阱质量分析器是通过电场或磁场将气相离子控制并贮存一段时间的装置。常见的有两种形式:一种是离子回旋共振技术,另一种是较简单的离子阱,由一环形电极和上下端罩盖电极构成,如图13-10所示。以端罩电极接地,在环电极上施以变化的射频电压,此时处于阱中具有合适m/z的离子将在环中指定的轨道上稳定旋转,若增加该电压,则较重的离子转至指定稳定轨道,而轻些的离子将偏出轨道并与环电极发生碰撞。当离子源产生的离子由上端小孔进入阱中后,射频电压开始扫描,陷入阱中离子的轨道则会依次发生变化而从底端离开环电极腔,从而被检

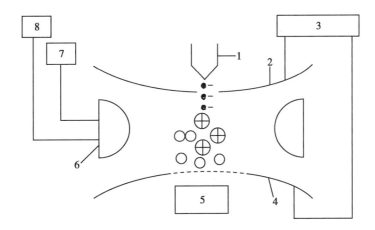

1. 灯丝;2,4. 端罩;3. 交流电压合成器;5. 电子倍增管;6. 环电极;

7. 直流电源;8. 交流电源。

图 13-10　离子阱质量分析器的工作原理示意图

测器检测。

离子阱质量分析器优点:①结构简单、成本低且易于操作;②灵敏度高,比四极质量分析器高 10~1 000 倍;③质量范围大,可以得到多级质谱,有利于结构解析。缺点:分辨率不够高,不能实现高分辨质谱。

5. 静电场轨道阱质量分析器　Orbitrap 质量分析器是一种拥有超高分辨率的质量分析器,由俄罗斯科学家 Alexander Makarov 发明。2011 年,基于 Orbitrap 技术的世界第一台四极杆-静电场轨道阱高分辨质谱仪 Q Exactive 正式推向市场。如图 13-11 所示,分析物在离子源离子化后,将依次进入四极杆质量分析器(quadrupole)、C 形阱(CTrap)以及静电场轨道阱(orbitrap)。若需要采集碎片,还将在进入 Orbitrap 前在高能碰撞池(HCD collision cell)中进行碎裂。Orbitrap 质量分析器形状如同纺锤体,由纺锤形中心电极和两个外半电极组成,外半电极包裹住纺锤形中心电极,离子在中间飞行,受到中心静电场的引力,围绕中心纺锤形电极做圆周轨道运动。被捕集到的离子在纺锤形电场中的运动轨迹是复杂的螺旋形,有径向、轴向和回旋三种运动,但只有离子轴向振荡频率不依赖于离子的动能和位置,直接与质荷比 m/z 有关,经过傅里叶变换和质量校准后,得到质谱图信息。

Orbitrap 质量分析器优点:①具有超高分辨率,可达 150 000;②可进行高精度质量扫描,外标校正

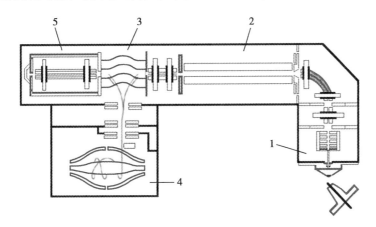

1. 离子源;2. 四极杆质量分析器;3. C 形阱;4. 静电场轨道阱;5. 高能碰撞池。

图 13-11　静电场轨道阱质量分析器的工作原理示意图

条件下为 3ppm,内标校正条件下可达 1ppm,优于 Q-TOF(10~20ppm),有超强的稳定性;③灵敏度高,线性离子阱-静电场轨道阱组合式高分辨质谱仪 LTQ-Orbitrap 的灵敏度为数百 fg;④可实现多级质谱,LTQ 可提供多达 10 级的碎片离子,且各级碎片之间有关联性,所有信息被用于建立一个分子结构的指纹特征,是复杂结构式确证,尤其是同分异构体确证必需的质谱数据。Orbitrap 广泛应用于生命科学前沿领域,但如果想要得到高分辨率,需要牺牲质谱的采集速度。

(五)离子检测器

离子检测器(ion detector)的功能是接收由质量分析器分离的离子进行离子计数并转换成电信号放大输出,经计算机采集和处理,得到按不同质荷比 m/z 排列和对应离子丰度的质谱图。质谱仪常用的检测器有法拉第杯(Faraday cup)、光电倍增管、电子倍增管、微通道板和闪烁计数器等。

质谱检测器
(视频)

法拉第杯是最简单的一种离子检测器,与质谱仪的其他部分保持一定电位差以便捕获离子,当离子经过一个或多个抑制栅极进入杯中时,将产生电流,经转换成电压后进行放大记录,配以合适的放大器可以检测约 10^{-16} A 的离子流,但其仅适用于加速电压小于 1kV 的质谱仪。

现代质谱仪的离子检测器常采用电子倍增管,其增益可达 $10^5 \sim 10^8$ 倍。单个电子倍增管基本上没有空间分辨能力,将电子倍增管微型化集成为微型多通道检测器,其工作原理与电子倍增管类似,但可获得更高的增益及较低的噪声。

二、质谱仪的主要性能指标

1. 质量范围　质谱仪能够进行分析的相对原子质量(或相对分子质量)或 m/z 最小到最大的质量范围,称为质量范围(mass range)。通常采用原子质量单位进行度量。目前四极滤质器质谱仪的质量范围一般为 10~1 000amu,磁质谱仪一般为 1~10 000amu,飞行时间质谱仪无上限。

2. 分辨率　质谱仪分开相邻质量离子的能力,称为分辨率(resolution power,R)。若有两个相等强度的相邻峰,当两峰间的峰谷不大于其峰高 10%(图 13-12)时,认为两峰已经分开,则

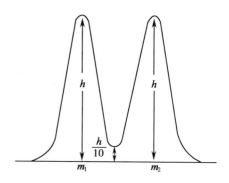

图 13-12　质谱仪 10% 峰谷分辨率

$$R = \frac{m_1}{m_2 - m_1} = \frac{m_1}{\Delta m}$$

式(13-10)

式中 m_1、m_2 为质量数,且 $m_1 < m_2$,故在两峰质量数较小时,要求仪器分辨率大。

根据 R 值高低,可将质谱仪分为低分辨质谱仪和高分辨质谱仪。R 小于 1 000 的称为低分辨质谱仪,如单聚焦磁质谱仪、四极滤质器质谱仪和离子阱质谱仪等,仪器价格相对较低,可以满足一般有机分析的要求。若要进行准确的同位素质量及有机分子质量的准确测定,则需要 $R>1$ 000 的高分辨质谱仪,如双聚焦磁质谱仪,目前其分辨率可达 160 000,价格较高。

3. 灵敏度　质谱仪的灵敏度(sensitivity)有 3 种表示方法。绝对灵敏度是指仪器可以检测到的最小样品量;相对灵敏度是指仪器可以同时检测的大组分与小组分含量之比;分析灵敏度是指输入仪器的样品量与仪器产生的信号强度之比。

4. 质量准确度　质量准确度(mass accuracy)又称质量精度,即离子质量实测值 M 与理论值 M_0 的相对误差。其定义式如下:

$$质量精度 = \frac{|M - M_0|}{m} \times 10^6$$

式(13-11)

式中,m 为离子质量的整数。

例如,质谱图上某一碎片离子峰的离子质量实测值 364.250 4,理论值为 364.250 9,其质量精度为:

$$质量精度 = \frac{|M-M_0|}{m} \times 10^6 = \frac{|364.250\ 4-364.250\ 9|}{364} \times 10^6 = 1.4ppm$$

三、质谱仪的类型

质谱仪(mass spectrometer)是根据带电粒子在电磁场中能够偏转的原理,按物质原子、分子或分子碎片的质量差异进行分离和检测物质组成的一类仪器。质谱仪有多种分类方法:按照应用范围不同,可分为同位素质谱仪(isotope mass spectrometer)、无机质谱仪(inorganic mass spectrometer)、有机质谱仪(organic mass spectrometer)和生物质谱仪(biological mass spectrometer);按分辨率强弱,可分为高分辨质谱仪(high resolution mass spectrometer)、中分辨质谱仪和低分辨质谱仪;按工作原理差异,可分为静态仪器和动态仪器;按质量分析器的类型,可分为四极杆质谱仪(quadrupole mass spectrometer)、离子阱质谱仪(ion trap mass spectrometer)、飞行时间质谱仪(time-of-flight mass spectrometer)、磁质谱仪(magnetic mass spectrometer)、傅里叶变换离子回旋共振质谱仪(Fourier transform ion cyclotron resonance mass spectrometer)和静电场轨道阱质谱仪(orbitrap mass spectrometer)等。

第六节　有机化合物的质谱特征

有机化合物的质谱裂解行为与其基团的性质密切相关。化合物由于具有不同的结构,在质谱中会显示特有的化学键断裂方式和规律,所以可利用质谱中的特征离子来确定有机化合物的结构。

一、烃类

1. 烷烃

(1) 分子离子峰强度弱,且随碳链增长而降低,通常碳数<40 的烷烃分子离子峰可观察到。

(2) 有 m/z 相差 14 个质量数的一系列含奇数质量数的碎片离子峰(C_nH_{2n+1}),即 m/z 29、43、57、71、85、99、…强度逐渐减弱。正构烷烃的碎片离子峰峰顶连接起来将成为一条圆滑的抛物线,在分子离子峰处略有抬高,支链烷烃无此特征。

(3) $C_3H_7^+$(m/z 43)和 $C_4H_9^+$(m/z 57)的峰强度较大。

(4) 在比 C_nH_{2n+1} 离子小一个质量数处有一个小峰,即 C_nH_{2n} 离子,m/z 28、42、56、70、84、98、…一系列弱峰是由 H 转移重排而形成的。

正构烷烃的裂解规律(图片)

(5) 支链烷烃的裂解首先出现在分支处,正电荷在支链多的一侧,以丢失最大烃基为最稳定。其中,m/z 71、85、113、127 处峰的强度不规则,表明这四处一定是化合物的分支处。其他特征与直链烷烃类似。4-甲基十烷的质谱图见图 13-13。

2. 烯烃

(1) 分子离子峰比烷烃强。

(2) 与直链烷烃质谱有相似的规律,易生成质量数相差 14 的 C_nH_{2n-1} 碎片离子峰(m/z 27、41、55、69、…)。

(3) 容易发生烯丙基裂解(α 键断裂)得到烯丙基离子峰(—CH_2—HC $=$ CH_2^+),故 m/z 41 峰一般较强,是链烯的特征峰之一。

(4) 烯烃含 C_γ 和 H_γ,可发生麦氏重排裂解。

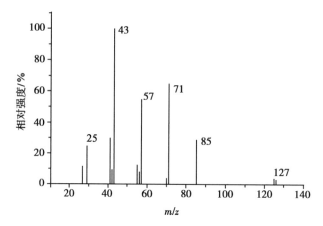

图 13-13　4-甲基十烷的质谱图

3. 芳烃

（1）分子离子稳定,有较强的分子离子峰。

（2）烷基取代苯基团 β 位易发生断裂,一个不成对的电子与相邻的 α 原子形成新键,这种裂解方式称为 β 裂解(β cleavage)。侧链芳烃容易发生 β 裂解,经重排产生 m/z 91 䓬鎓特征离子;由于䓬鎓离子稳定,成为许多取代苯如甲苯、二甲苯、乙苯和正丙苯等的基峰。正丙苯的质谱图见图 13-14,基峰是 m/z 91。

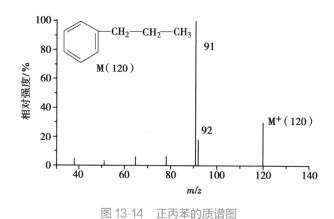

图 13-14　正丙苯的质谱图

（3）䓬鎓离子 m/z 91 的基峰,进一步裂解失去乙炔,产生 m/z 65 的环戊二烯正离子及 m/z 39 的环丙烯离子。

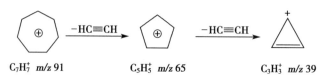

（4）烷基苯能发生 α 裂解产生 m/z 77 的苯基离子($C_6H_5^+$)峰,进一步裂解产生环丙烯离子及 m/z 51 的环丁二烯离子。

（5）具有 γ-H 的烷基取代苯,能发生麦氏重排裂解,产生 m/z 92 重排离子 $C_7H_8^+$。

综上所述,烷基取代苯的特征离子有:䓬鎓离子 $C_7H_7^+$（m/z 91）、$C_6H_5^+$（m/z 77）、$C_5H_5^+$（m/z 65）及 $C_3H_3^+$（m/z 39）等离子。

二、醇类

饱和脂肪醇的质谱特征如下:

（1）分子离子峰很弱,往往观察不到,因为容易失去一个 H_2O,在判断醇类的分子离子峰时要谨慎。

（2）易发生 α 裂解,生成一组氧鎓离子,质谱图中的主要碎片几乎都是 α 裂解产生的。

（3）易发生脱水重排反应,产生 M-18 离子。

（4）直链伯醇会出现含羟基的碎片离子（m/z 31、45、59、…）、烷基离子（m/z 29、43、57、…）及烯烃离子（m/z 27、41、55、…）三种碎片离子,因此质谱峰较多。

三、醛和酮类

1. 醛

（1）分子离子峰较强,芳香醛的分子离子峰更稳定。

（2）易发生 α 裂解产生醛 R^+（芳醛 Ar^+）、m/z 29（CHO^+）及 $[M\text{-}1]^+$ 的准分子离子峰。$[M\text{-}1]^+$ 是醛类的特征峰。

（3）具有 γ-H 的醛,能发生麦氏重排裂解,随 α-取代基不同可得到 m/z 44、58、72 的离子峰,一般是基峰,表明高级脂肪醛的麦氏重排裂解是主要的。可根据麦氏重排后的碎片峰判断碳上的支链大小。

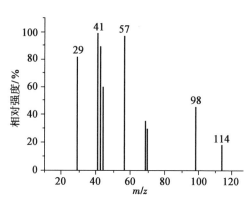

（4）长链脂肪醛可发生 β 裂解，生成无氧碎片离子峰 m/z 29、43、57、…（29+14n）。壬醛的质谱图见图 13-15。

2. 酮

（1）酮的断裂与醛相似，重要的是 α 裂解，酮羰基（C＝O）两侧都可以发生，遵守丢失最大烃基规则。

（2）酮类有明显的分子离子峰 m/z 58（C_3）、72（C_4）、86（C_5）、…及 α 裂解后形成的 m/z（43+14n）峰都是重要的峰。α 裂解后较大的酰基还可丢失中性分子 CO 得到烷基正离子。

图 13-15 壬醛的质谱图

（3）具有 γ-H 的酮，能发生麦氏重排裂解。

$$\begin{array}{c} R_1 \\ \diagdown \\ C = O^{+\cdot} \\ \diagup \\ R_2 \\ (R_2 > R_1) \end{array} \quad \begin{array}{l} \xrightarrow{\text{均裂}} R_1 - C \equiv O^+ + R_2\cdot \\ \\ \xrightarrow{\text{异裂}} R_1 - C \equiv \overset{\cdot}{O} + R_2^+ (m/z\ 15+14n) \end{array}$$

四、羧酸与酯类

1. 一元饱和脂肪酸及其酯的分子离子峰是中至弱峰；芳酸及其酯有较强的分子离子峰。

2. 易发生 α 裂解产生 $^+O \equiv C - OR_1$、OR_1、$R - C \equiv O^+$ 及 R_1^+。

$$\begin{array}{c} \overset{+\cdot}{\underset{\parallel}{O}} \\ R - C - OR_1 \\ (\text{酸的} R_1 \text{为} H) \end{array} \quad \begin{array}{l} \xrightarrow{-R\cdot} \overset{+}{O} \equiv C - OR_1 \xrightarrow{-CO} OR_1^+ \\ \\ \xrightarrow{-OR_1} R - C \equiv O^+ \xrightarrow{-CO} R^+ \end{array}$$

3. 具有 γ-H 的酸和酯，能发生麦氏重排裂解，其重排过程产生 m/z 60 的强特征离子峰。

$$\begin{array}{c} R_1 \\ | \\ CH \\ | \\ CH \\ | \\ R_2 \quad CH_2 \end{array} \begin{array}{c} H \\ \diagdown \\ C = O^{+\cdot} \\ \diagup \\ OH \end{array} \xrightarrow{\text{麦氏重排}} \begin{array}{c} R_1 \\ \diagdown \\ \diagup \\ R_2 \end{array} + \begin{array}{c} H \\ \diagdown \\ O^+ \\ \diagup \\ H_2\overset{\cdot}{C} \quad OH \\ m/z\ 60 \end{array}$$

4. 芳香酸分子离子峰强，其主要峰由失去—OH（$M=17$）和失去—COOH（$M=45$）形成。若邻位基团中带氢，失去水（$M=18$）的峰为主要峰。

五、含氮化合物

1. 脂肪胺

（1）分子离子峰较弱，甚至不出现。

（2）易发生 α 裂解而产生亚胺正离子，优先丢失最大烃基，最终获得 m/z（30+14n）的离子。

（3）伯酰胺在 R—CONH₂ 键处断裂（O＝C＝N⁺H₂），在 m/z 30 处出现强峰。例如三乙胺

$(M=101)(C_2H_5)_2N^+$ 基团 β 位通过 β 裂解生成 $(C_2H_5)_2N=CH_2$ m/z 86 亚胺正离子,经过进一步的 R—N 键开裂并伴随 H 原子的转移生成 m/z 58 的离子。

(插图)

2. 芳胺

(1) 分子离子峰很强,苯胺失去一个氨基上的氢原子得到中等强度的 [M-1]$^+$ 峰。

(2) 有烃基侧链的苯胺发生苄基断裂生成 m/z 106 的氨基䓬鎓离子。

(3) 伯胺易失去 HCN($M=27$)和 H_2CN($M=28$),苯胺可产生明显的 m/z 66 和 65 的环戊二烯离子峰。

(插图)

m/z 93　　　　　*m/z 66*　　　　　*m/z 65*

3. 酰胺

(1) 分子离子峰较弱。

(2) 具有羰基化合物的开裂特点,易发生 α 裂解而产生 $O=C=^+NHR$、$^+O=C=NHR$、^+NHR 及 $R—C≡O^+$。

(插图)

(3) 具有 γ-H 的酰胺,易发生麦氏重排。

(插图)

m/z 59　　　　　中性分子

第七节　质谱解析及应用

一、分子式的确定

质谱是物质鉴定的最有力工具之一,包括相对分子质量测定、化学式确定及结构鉴定等。有机结构分析和质谱解析过程中,由于确认了化合物的分子离子峰即可确定其相对分子质量,根据分子离子和相邻较小质荷比碎片离子的关系,可判断化合物类型及可能含有的基团,并由此推断化合物的分子式,因而分子离子峰的确认十分重要。

1. **分子离子峰的识别**　分子离子峰位于质谱图中 m/z 值最大的位置,处于质谱图的最右端。但质谱图中最右端的峰不一定就是分子离子峰。还应注意:①当出现 M+n(n=1,2,…)同位素峰时,同位素峰可能出现在质荷比最高处;②某些分子离子不稳定,可能被电子轰击后裂解为离子而不出现分子离子峰,这时质谱图中 m/z 值最大的位置是碎片离子而非分子离子;③样品中杂质在高质量端出峰,干扰大。因此确定分子离子峰时需考虑以下几点。

(1) 分子离子峰的质量必须符合氮数规律:组成有机化合物的主要元素为 C、H、O、N、S,其中只有 N 的化合价为奇数(3),而质量数为偶数(14),所以不含氮或含偶数个氮的有机化合物,其分子离子峰 m/z 一定是偶数;含奇数个氮的化合物分子离子峰 m/z 一定是奇数,这一规律称为氮数规律,简称为氮律。

(2) 有机化合物分子离子峰稳定性规律:分子离子峰相对强度取决于分子离子结构稳定性。碳数越多、碳链较长和有链分支的分子,分裂概率越高,其分子离子峰的稳定性越低;具有 π 键的芳香族化合物和共轭链烯,分子离子稳定,分子离子峰大。各类化合物分子离子稳定性规律为:芳环>共轭多烯>烯>脂环化合物>羰基化合物>直链烷烃>醚>酯>胺>酸>醇>高度分支烷烃。

(3) 分子离子峰与其相邻碎片离子的质量差应合理:分子离子峰与邻近离子峰出现质量差为 4~14 是不合理的,因为化合物不可能连续失去 4 个 H 或不够 1 个 CH_3 的碎片;同理,出现下列质量差也是不合理的:21~25、37~38、50~53。经电离后,分子离子可能损失一个 H 或 CH_3、H_2O、C_2H_4、…等碎片,相应为 M-1、M-15、M-18、M-28、…碎片峰。质谱中常见的中性碎片和碎片离子,见附录十二。

(4) 分子离子峰的强弱与实验条件有关:改变质谱仪的操作条件,可提高分子离子峰的相对强度。如降低 EI 源的电压,分子离子峰的强度会增强,碎片离子峰的强度相应减小。另外,如使用 CI、FAB 等电离技术,一般会得到较强的分子离子峰。

(5) 准分子离子峰[M+1]⁺和[M-1]⁺峰:醚、酯、胺、酰胺、腈化合物、氨基酸酯、胺醇等可能有较强的[M+1]⁺峰;芳醛、某些醇或某些含氮化合物可能有较强的[M-1]⁺峰。

2. **相对分子质量的测定**　对于有一定挥发性、能得到质谱图的化合物,用质谱法测定其相对分子质量是最快、最精确的方法,因为质谱图中一般分子离子峰的质荷比在数值上就等于该化合物的相对分子质量。但严格来说,两者具有不同的概念并存在微小的差别。因为质荷比是离子中丰度最大的同位素质量计算的,而相对分子质量是由分子中各元素同位素质量的加权平均值计算而得。

3. **分子式的确定**　质谱法推导分子式有两种方法,一种是由同位素离子峰确定分子式,另一种是利用高分辨质谱仪精确测定相对分子质量,再推测分子式。

(1) 由同位素离子峰确定分子式:拜诺(Beynon)计算了相对分子质量在 500 以下,且只含 C、H、O、N 的化合物的同位素离子峰[M+2]⁺、[M+1]⁺与分子离子峰的相对强度(以 M⁺峰的强度为 100),测定分子离子及碎片离子的质量,编制成表,称为 Beynon 表。只要质谱图中[M+2]⁺、[M+1]⁺峰能准确测量其相对强度,由 Beynon 表便可确定其分子式。表 13-3 是 Beynon 表中 M126 的部分。

表 13-3　Beynon 表中 M126 的部分

分子式	M+1	M+2	分子式	M+1	M+2
$C_4H_4N_3O_2$	5.61	0.53	$C_5H_8NO_2$	7.01	0.62
$C_5H_6N_2O_2$	5.34	0.57	$C_7H_{10}O_2$	7.80	0.66
$C_5H_8N_3O$	6.72	0.85	$C_8H_2N_2$	9.44	0.44
$C_5H_{10}N_4$	7.09	0.22	$C_8H_{14}O$	8.91	0.56
$C_6H_6O_3$	6.70	0.79	$C_{10}H_6$	10.90	0.64

如 M^+ 的 $m/z=126$，且（M+1）$^+$、（M+2）$^+$ 峰相对强度分别为 6.71% 和 0.81%，查 Beynon 表可知，可能分子式为 $C_5H_8N_3O$ 和 $C_6H_6O_3$。由于 $C_5H_8N_3O$ 不符合"氮律"，所以分子式应为 $C_6H_6O_3$。此法得到的分子式还应由质谱的碎片离子峰或红外光谱、核磁共振谱等进一步确证。

（2）高分辨质谱仪精确测定相对分子质量：由高分辨质谱仪精确测得化合物的精确质量（小数点后 4~6 位数字），将其输入计算机的相应数据处理系统（数据库系统）即可得到该分子的元素组成，从而确定分子式，即数据对照与分子的检索由计算机完成。该法准确、简便，是目前有机质谱中应用最多的方法。

如高分辨质谱测得某化合物的精确相对分子质量为 126.032 8，由同位素峰推测该化合物不含 S、Cl、Br 等元素。将上述信息输入计算机，则可给出表 13-4 所示的可能分子式。

表 13-4 质量数为 126 化合物的可能元素组成

质量数	编号	分子式	实测值
126	1	C_9H_4NO	126.032 802
	2	$C_2H_2N_6O$	126.032 799
	3	$C_4H_4N_3O_2$	126.032 797
	4	$C_6H_6O_3$	126.032 799

其中 1、3 不符合氮律，2 写不出合理的结构式，该化合物最合理的分子式应为 $C_6H_6O_3$。此结论得到了 IR 和 NMR 谱的证实。

二、质谱解析步骤

从质谱图可以获得有机物的相对分子质量、分子式、组成分子的结构单元及连接次序等信息，但对于比较复杂的有机物单凭质谱数据推测结构相当困难，需要辅之以其他波谱信息。解析质谱的一般步骤如下：

1. 由质谱图中的高 m/z 值端确定分子离子峰，确定相对分子质量，并从分子离子峰的强弱初步判断化合物的类型及是否含有 Cl、Br、S 等元素。

2. 根据同位素丰度或高分辨质谱数据确定分子离子和重要碎片离子元素组成，并确定可能分子式。

3. 由分子式计算化合物的不饱和度，确定化合物中双键和芳环的数目。

4. 研究质谱的概貌，判断分子性质，对化合物类型进行归属。

5. 根据重要的低质量离子系列、高质量端离子和丢失中性碎片后的碎片离子等信息，并参考其他光谱数据，列出可能的分子结构。

6. 根据标准化合物的质谱图及其他信息，筛选验证并确定化合物的组成。

三、质谱解析示例

【示例 13-1】 一个未知物 $C_9H_{10}O_2$ 的质谱如图 13-16 所示，试推测其分子结构。

解析：图 13-16 中 m/z 150 的分子离子峰较强，且具有很强的 m/z 91 的䓬鎓离子特征峰，表明未知物可能为烷基取代苯。由分子式计算不饱和度等于 5，说明结构中可能有一个苯环和一个双键。有 m/z 91、65、51 碎片离子峰，说明未知物具有 $C_6H_5—CH_2—$ 基团，m/z 43 峰很强，该碎片峰的归属应是 $CH_3C≡O^+$。由分子式 $C_9H_{10}O_2$ 减去已推断出的结构单元 $C_6H_5—CH_2—$ 和 CH_3CO，仅余一个 O，因此未知物的结构可能是 $C_6H_5—CH_2—O—COCH_2$（醋酸苄酯）。最后验证：基峰 m/z 108 为重排离子峰，该重排反应为醋酸苄酯或苯酯的特征反应。

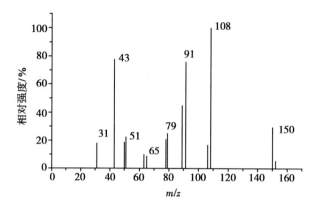

图 13-16 未知物 $C_9H_{10}O_2$ 的质谱图

m/z 108 重排离子还可产生以下扩环反应:

上述各离子均能在质谱图上找到,证明结论正确。

第八节 有机化合物的波谱综合解析

对有机化合物进行结构分析时,仅凭一种谱图确定其结构是不够的,往往需要利用未知物(纯物质)的质谱(MS)、紫外吸收光谱(UV)、红外吸收光谱(IR)、核磁共振谱(NMR)进行综合解析,各种波谱数据相互补充、相互验证,才能得出正确的结论。

一、综合解析程序

1. 分子式的确定 分子式是结构鉴定的基础。确定分子式的方法主要有:

(1) 元素分析法:采用元素分析仪定量测出分子中 C、H、O、S 等元素的含量,由此计算各元素的原子比,拟定元素分析测得的分子式,最后根据相对分子质量和实验式确定分子式。

(2) 质谱法:由高分辨质谱得到分子离子峰的精密质量确定分子式;若采用低分辨的质谱,则可根据同位素峰强度比,利用 Beynon 表推测化合物的分子式。

(3) 核磁共振波谱法:提供化合物中碳原子的数目,辅以氢谱,可方便地推算分子式。

得到化合物的相对分子质量、元素分析数据及核磁共振波谱数据即可利用下式计算分子中 C 原子数,从而确定分子式。

$$C\text{ 原子数} = \frac{\text{相对原子质量-分子中氢的质量-其他原子质量}}{12}$$

2. 结构单元和未知物的确定

（1）了解样品的来源（天然品、合成品等）、物理化学性质与其相关参数。

（2）由质谱得到分子离子峰的精密质量数或同位素峰强度比确定分子式（必要时，结合元素分析）。质谱碎片离子提供的结构信息，有些特征性很强的碎片离子能作为某基团存在的证据，但多数信息留作验证结构时用。

（3）由分子式计算未知物的不饱和度，推测未知物的类别，如芳香族（单环、稠环等）、脂肪族（饱和或不饱和、链式、脂环及环数）及含不饱和基团数目等。

（4）根据紫外吸收光谱上吸收峰的位置，推测未知物共轭情况及类别（芳香族、不饱和脂肪族）。

（5）根据红外吸收光谱推测未知物类别及可能具有的基团等。

（6）根据核磁共振谱氢谱推测未知物中所含质子的信息（如氢数目、类别、相邻氢之间的关系、连接方式等），根据碳谱推测碳骨架信息。

（7）验证：①根据所得结构式计算不饱和度，应与由分子式计算的不饱和度一致；②按裂解规律，查对所拟定的结构式应裂解出的主要碎片离子，是否能在 MS 上找到相应的碎片离子峰；③校对标准光谱或文献光谱。

二、综合解析示例

【示例13-2】 某化合物的波谱图（图13-17～图13-20）及数据如下。已知紫外光谱：$\lambda_{max}^{C_2H_5OH} =$ 275nm（ε_{max} 12），试推测其结构。

解析：（1）确定分子式：从质谱图（图13-18）可知，m/z 114 为分子离子峰，得到相对分子质量。可采用同位素相对强度法，由 $[M+1]^+$ 或 $[M+2]^+$ 与 M 峰的相对丰度比估算分子式：

$$\frac{M+1}{M} = \frac{1}{13} = 7.7\% \qquad \frac{M+2}{M} = \frac{0.06}{12} = 0.46\%$$

查 Beynon 表，M114、（M+1）% 在 6.7%～8.4% 的分子式共有 4 个（含奇数 N 原子的已排除）。

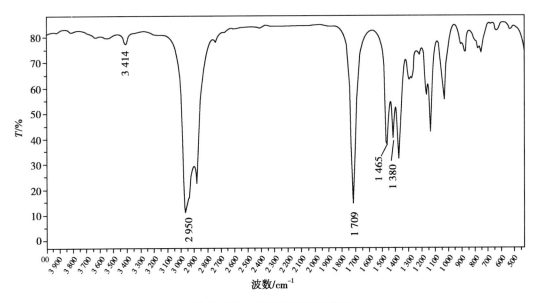

图 13-17 未知物的红外光谱图

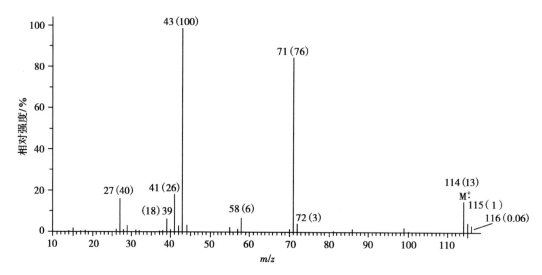

图 13-18 未知物的质谱图

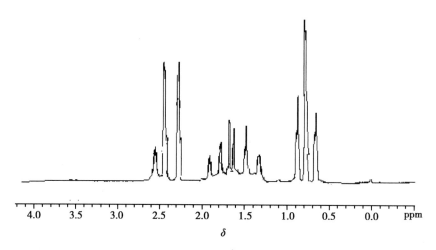

图 13-19 未知物的^{1}H 核磁共振图

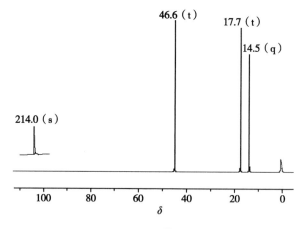

图 13-20 未知物的^{13}C 核磁共振图

分子式	M+1	M+2
$C_6H_{10}O_2$	6.72	0.59
$C_6H_{14}N_2$	7.47	0.24
$C_7H_{14}O$	7.83	0.47
$C_7H_2N_2$	8.36	0.37

其中(M+2)%与实测数据相近的分子式只有$C_7H_{14}O$,因此该未知物的分子式应为$C_7H_{14}O$。

(2) 计算不饱和度:由分子式$C_7H_{14}O$计算出不饱和度$U=1$,说明该化合物为脂肪族化合物,分子中有一个双键或脂环。

(3) 确定结构单元:①由紫外光谱可知在$\lambda_{max}^{C_2H_5OH}=275nm$峰很弱($\varepsilon_{max}12$),说明为 n→π *跃迁引起。又因为200nm以上无其他吸收,表明分子中无共轭体系,只有一个含杂原子的不饱和基团($C=O$)。②由红外光谱(图13-17)可见,1 709cm^{-1}为$\nu_{C=O}$峰,3 414cm^{-1}为$\nu_{C=O}$的倍频峰,说明分子中有羰基存在,该未知物为脂肪酮或醛。又因为在2 900～2 700cm^{-1}处未见醛基的特征双峰,故排除醛。该未知物应为脂肪酮,其分子式可表示为$C_6H_{14}C=O$。③由核磁共振碳谱(图13-20)可知,碳谱峰数比碳原子数少,说明分子结构可能是对称的。由$\delta_C=214.0$表明,分子结构中有羰基存在,与红外光谱所得结论一致。④由核磁共振氢谱(图13-19)可知,谱图中出现三组峰,说明分子中含有三类不同的质子。积分曲线高度表明其比值为2：2：3。对谱图中三组峰的分析如下:$\delta0.86$三重峰:该峰为3个质子,为—CH_3,裂分为三重峰表明其相邻碳上有2个质子,即可能是CH_3—CH_2—结构。$\delta2.37$三重峰:该峰为2个质子,$\delta2.37$表明—CH_2—与一强电负性基团相连,很可能为—CH_2—CO—结构(CH_3—CO—为$\delta2.10$),又因该峰裂分为三重峰,说明其相邻碳上有2个质子,故其结构应为—CH_2—CH_2—CO—。$\delta1.57$六重峰:该峰为2个质子,裂分为六重峰,表明其相邻碳上有5个质子,即结构应是CH_3—CH_2—CH_2—,又因峰位在$\delta1.57$处,说明它离强电负性基团不远,所以可推测有如下结构:

$$\underset{0.86\quad1.57\quad2.37}{H_3C—CH_2—CH_2—\underset{\|}{\underset{O}{C}}—}$$

(4) 考察剩余结构单元,推测出最可能的结构式:用分子式减去已知结构单元即可得到剩余结构单元(剩余式)$C_7H_{14}O-C_4H_7O=C_3H_7(U=0)$,剩余式—$C_3H_7$的结构只能为:

$$H_3C—CH_2—CH_2— \quad 或 \quad H_3C—\underset{|}{CH}—CH_3$$

该剩余式中的7个氢应与已知结构单元CH_3—CH_2—CH_2—CO—的7个氢具有相同的化学环境。同时,由于14个氢在氢谱中只给出3种质子类型,表明分子结构具有对称性。故剩余式的结构为CH_3—CH_2—CH_2—。这样,将已知结构单元与剩余式相连接,即可初步确定化合物的结构式为:

$$CH_3CH_2CH_2—\underset{\|}{\underset{O}{C}}—CH_2CH_2CH_3$$

$$\textbf{4-庚酮}$$

(5) 验证:以质谱数据对结构式进行验证。质谱图(图13-18)上m/z 43、m/z 71是因脂肪酮的α裂解产生,这种类型的开裂在酮类质谱中经常出现:

$$H_3C-CH_2-CH_2 \atop H_3C-CH_2-CH_2 }C\overset{+\cdot}{=}O \xrightarrow{\text{异裂}} CH_3CH_2\overset{+}{C}H_2 + CH_3CH_2CH_2C\overset{\cdot}{\equiv}\overset{+}{O}$$
$$\textit{m/z}\ 43$$

$$H_3C-CH_2-CH_2 \atop H_3C-CH_2-CH_2 }C\overset{+\cdot}{=}O \xrightarrow{\text{均裂}} CH_3CH_2CH_2C\overset{+}{\equiv}\overset{\cdot\cdot}{O} + CH_3CH_2\overset{\cdot}{C}H_2$$
$$\textit{m/z}\ 71$$

m/z 58 是经过麦氏重排裂解产生：

m/z 114   *m/z* 58

验证结果说明所提出的结构式是合理的。

第十三章
目标测试

习   题

1. 有机化合物的质谱裂解过程中,通常有哪些特征裂解方式?

2. 质谱仪由哪几部分组成(画出质谱仪的方框示意图)?各部分的作用是什么?

3. 离子源的作用是什么?离子源产生的离子类型有哪些?试述几种常见离子源的原理及优缺点。

4. 质谱仪质量分析器的作用是什么?常用的质量分析器有哪些?

5. 某一脂肪胺的分子离子峰为 *m/z* 87,基峰 *m/z* 30,以下哪个结构与上述质谱数据相符?为什么?

$$CH_3 \atop CH_3 }CHCH_2CH_2NH_2 \qquad\qquad CH_3CH_2-\underset{CH_3}{\overset{CH_3}{\underset{|}{\overset{|}{C}}}}H-NH_2$$
A   **B**

（A）

6. 解释下列化合物质谱中某些主要离子的可能断裂途径。①丁酸甲酯质谱中的 *m/z* 43、59、71、74;②乙基苯质谱中的 *m/z* 91;③庚酮-4 质谱中的 *m/z* 43、71、86;④三乙胺质谱中的 *m/z* 30、58、86。

7. 某化合物 C_4H_8O 的质谱图如图 13-21 所示,试推断其结构,并写出主要碎片离子的断裂过程。

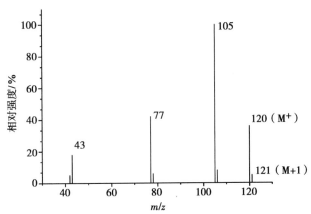

图 13-21　C_4H_8O 的质谱图

$$\left(\begin{array}{c} O \\ \parallel \\ H_3CH_2C-C-CH_3 \end{array}\right)$$

8. 某未知化合物 C_8H_8O 的质谱图如图 13-22 所示,试推断其结构,并写出主要碎片离子的断裂过程。

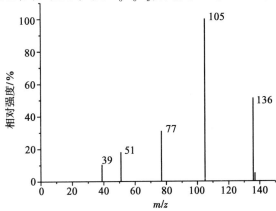

图 13-22　C_8H_8O 的质谱图

$$\left(\begin{array}{c} O \\ \parallel \\ \text{〇}-C-CH_3 \end{array}\right)$$

9. 由元素分析测得某化合物的组成式为 $C_8H_8O_2$,其质谱如图 13-23 所示,确定化合物的结构。

图 13-23　$C_8H_8O_2$的质谱图

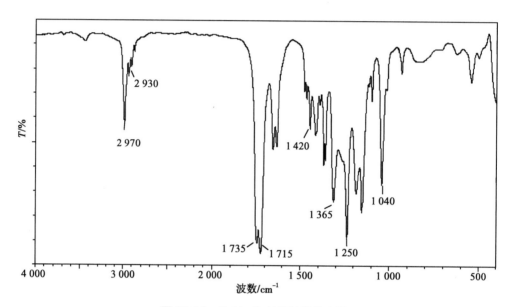

10. 某未知物的 95% 乙醇溶液在 245nm 有最大吸收（lgε_{max}2.8）；该未知物纯品的质谱显示，分子离子峰 m/z 为 130，参照元素分析分子式应为 $C_6H_{10}O_3$；核磁共振氢谱：$\delta1.20$ 为 3 质子三峰，$\delta2.20$ 为 3 质子单峰，$\delta3.34$ 为 2 质子单峰，$\delta4.11$ 为 2 质子四峰。红外光谱及质谱如图 13-24 及图 13-25 所示。试推测其结构。

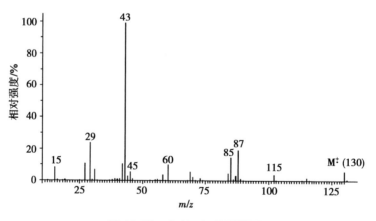

图 13-24　$C_6H_{10}O_3$ 的红外吸收光谱

图 13-25　$C_6H_{10}O_3$ 的质谱图

（CH_3—CO—CH_2—COO—CH_2—CH_3，乙酰乙酸乙酯）

（李云兰）

第十四章

气相色谱法

学习要求

1. **掌握** 色谱法的有关概念和各种色谱参数的计算公式；气-液色谱法和气-固色谱法的分离机制；塔板理论和速率理论；固定液的选择原则和方法；热导检测器和氢焰离子化检测器的检测原理；定性分析和定量分析方法。

2. **熟悉** 色谱法的分类；色谱分离过程；气相色谱固定相和载气；气相色谱仪的结构组成和工作流程；分离条件选择方法；电子捕获检测器的检测原理与特点。

3. **了解** 色谱法的发展；毛细管气相色谱法的特点和仪器。

第十四章
教学课件

第一节 概 述

色谱法（chromatography）是利用物质在做相对运动的两相之间进行反复多次的"分配"过程而产生差速迁移，从而实现混合组分的分离分析的方法。与其他分析方法不同，色谱法是先将混合物中各组分分离后再逐个进行分析，因而具有分离和分析两种功能。

色谱法始于 20 世纪初，俄国植物学家 M. S. Tswett 在研究植物叶子中的色素组成时做了一个著名的实验。他将碳酸钙粉末放在竖立的玻璃管中，从顶端注入植物色素的提取液，然后不断加入石油醚冲洗。在实验中发现植物色素慢慢地向下移动并逐渐分散成数条不同颜色的色带。1906 年，M. S. Tswett 在发表相关研究论文时将这种分离方法称为"色谱法"。在色谱法中，固定在柱管内的填充物称为固定相（stationary phase），沿固定相流动的液体称为流动相（mobile phase），装填有固定相的柱子称为色谱柱（column）。如今，色谱法不仅用于有色物质的分离，而且大量用于无色物质的分离。虽然"色谱"已失去原来的含义，但色谱法名称仍在沿用。

色谱法经过一个多世纪的发展，对科学的进步和生产的发展都有重要贡献，已成为一门专门的科学——色谱学，广泛应用于医药、化工、材料和环境等诸多领域，是复杂混合物最重要的分离分析方法。

一、色谱法的分类

利用各种组分的物理和物理化学性质在不同固定相和流动相的相互作用和分离机制，出现了各种不同类型的色谱方法，从不同的角度出发有多种色谱分类方法。

（1）按流动相与固定相的物态分类：色谱法的流动相可以是气体、液体或超临界流体，相应的色谱法可分为气相色谱法（gas chromatography，GC）、液相色谱法（liquid chromatography，LC）和超临界流体色谱法（supercritical fluid chromatography，SFC）。

色谱法的固定相可以是固体或液体，相应的气相色谱法又可分为气-固色谱法（gas-solid chromatography,GSC)和气-液色谱法(gas-liquid chromatography,GLC),相应的液相色谱法则可分为液-固色谱法(liquid-solid chromatography,LSC)和液-液色谱法(liquid-liquid chromatography,LLC)。

（2）按操作形式分类：色谱法可分为柱色谱法(column chromatography)、平面色谱法(planar chromatography)、逆流色谱法(countercurrent chromatography)等类别。

柱色谱法是将固定相装于柱管内,流动相通过重力或加压作用流经固定相。按分离的规模及柱子尺寸不同,柱色谱法又可分为制备柱色谱法、常规柱色谱法、毛细管柱色谱法等类别。按固定相填充情况,柱色谱法则可分为填充柱色谱法、整体柱色谱法、开管柱色谱法等类别。

平面色谱法是将固定相涂布于平面的载板上或附着在纸纤维或基质膜上,流动相通过毛细或加压作用流经固定相。平面色谱法又分为纸色谱法(paper chromatography)、薄层色谱法(thin layer chromatography,TLC)和薄膜色谱法(thin film chromatography)等。

逆流色谱法是将液体的固定相装入螺旋柱管内,流动相通过加压作用泵入做旋转运动的螺旋柱管内,与固定相形成逆向对流。

（3）按色谱过程的分离机制分类：色谱法可分为分配色谱法(partition chromatography)、吸附色谱法(adsorption chromatography)、离子交换色谱法(ion exchange chromatography)、分子排阻色谱法(molecular exclusion chromatography,MEC)、化学键合相色谱法(chemically bonded phase chromatography)、亲和色谱法(affinity chromatography)、手性色谱法(chiral chromatography)等类型。

（4）按流动相的驱动力分类：色谱法可分为气相色谱法、液相色谱法、毛细管电泳法(capillary electrophoresis,CE)、毛细管电色谱法(capillary electrochromatography,CEC)等类别。气相色谱法依靠气压驱动流动相,液相色谱法依靠液压或毛细作用驱动流动相,毛细管电泳法依靠电压驱动流动相,毛细管电色谱法依靠电压和/或液压驱动流动相。在液相色谱法中,按流动相的压力(以及固定相的规格),又可分为经典液相色谱法、高效液相色谱法和超高效液相色谱法(ultra-high performance liquid chromatography,UPLC),经典液相色谱法为常压输送流动相,高效液相色谱法和超高效液相色谱法为高压输送流动相。

色谱法的简单分类如下：

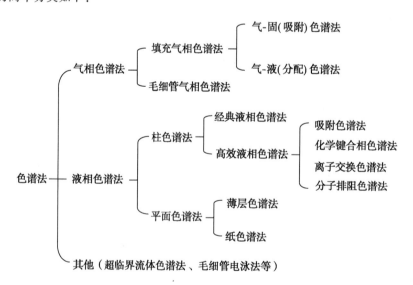

二、气相色谱法简介

气相色谱法是以气体为流动相的色谱方法,主要用于分离分析易挥发的物质。1941年,英国生物化学家马丁(Martin)和辛格(Synge)提出用气体作为流动相的可能性;1952年,詹姆斯(James)和马丁(Martin)实现了用气相色谱法分离测定复杂混合物,建立了著名的塔板理论,同年由于在色谱领域的突出贡献获得了诺贝尔化学奖;1955 年第一台商品气相色谱仪问世,实现了分离后的在线分析,奠定了现代色谱法的基础。1956 年,荷兰科学家范第姆特(Van Deemter)等发展了描述色谱过程的速率理论;1965 年,吉丁斯(Giddings)扩展了色谱理论,为气相色谱的发展奠定了理论基础。此后,各种固定相的发展以及毛细管气相色谱的出现,使气相色谱的分离能力不断提高,特别是气相色谱-质谱联用技术的推出,有效地弥补了色谱法定性专属差的弱点。目前,气相色谱法已成为一种高效能、高选择性、高灵敏度、操作简单、应用广泛的分离分析方法,在医药、石油化工、环境监测、生物化学等领域得到了广泛的应用。在药学和中药学领域,气相色谱法已成为药物含量测定和杂质检查、中药挥发油分析、溶剂残留分析、体内药物分析等的一种重要手段。近年来,随着色谱理论的逐渐完善和色谱技术的发展,特别是计算机技术的应用,为气相色谱法开辟了更加广阔的应用前景。

气相色谱法的特点主要体现在:

(1) 分离效能高:一般填充柱的理论塔板数可达数千,毛细管柱最高可达 100 多万,可以使一些分配系数很接近的难分离物质获得良好的分离。例如用开管型毛细管柱,一次可从汽油中分离检测 150 多个碳氢化合物的色谱峰。

(2) 高灵敏度:由于使用了高灵敏度的检测器,气相色谱法可以检测低至 $10^{-13} \sim 10^{-11} g$ 的物质,适合于痕量分析。如检测药品中残留的有机溶剂,中药、农副产品、食品、水质中的农药残留量,运动员体液中的兴奋剂等。

(3) 高选择性:通过选择合适的固定相,气相色谱法可分离同分异构体、放射性核素、手性对映体等性质极为相似的组分。

(4) 简单、快速:气相色谱法分析操作简单、分析快速,通常一个试样的分析可在几分钟到几十分钟内完成,最快时可在几秒内完成。而且目前多数色谱仪的操作及数据处理都实现了自动化。

(5) 应用广泛:气相色谱法可以分析气体试样,也可分析易挥发或可转化为易挥发物质的液体和固体。只要沸点在 500℃ 以下,热稳定性好,相对分子质量在 400 以下的物质,原则上都可直接采用气相色谱法分析。气相色谱法所能分析的有机物约占全部有机物的 20%。通过适当的样品前处理,气相色谱法也可分析部分无机离子、高分子和生物大分子化合物。

第二节　色谱过程和色谱基本术语

一、色谱过程

试样中的各个组分随流动相经过色谱柱中的固定相时,会与固定相接触发生相互作用。由于各组分的结构和性质不同,各组分与固定相作用的类型、强度也不同,在固定相上滞留的程度也不同,即被流动相携带向前移动的速度不等,产生差速迁移,从而实现样品组分的分离。

色谱过程是组分分子在流动相和固定相间多次"分配"的过程。以两种组分为例表示吸附柱色谱法的色谱过程(图 14-1)。把含有 A、B 两组分的混合物加到色谱柱的顶端,A、B 均被吸附到吸附剂(固定相)上。然后用适当的流动相洗脱(elution),当流动相流过时,已被吸附在固定相上的两种组分又溶于流动相中而被解吸,并随着流动相向前移行,已解吸的组分遇到新的吸附剂,又再次被吸附。如此,在色谱柱上发生反复多次的吸附-解吸(或称分配)的过程。若两种组分的结构和理化性质存在着微小的差异,则它们在吸附剂表面的吸附能力和在流动相中的溶解度也存在微小的差异,吸附力较弱的组分,如图 14-1 中的 A 则随流动相移动较快。经过反复多次的重复,使微小的差异积累起来,其结果就使吸附能力较弱的 A 先从色谱柱中流出,吸附能力较强的 B 后流出色谱柱,从而使两组分得到分离。

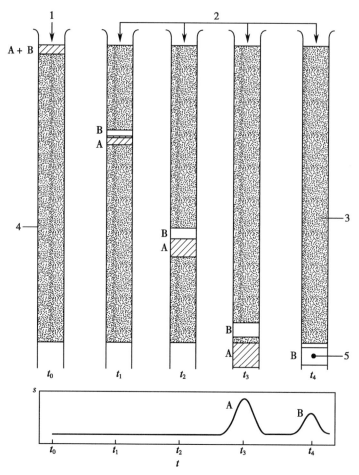

1. 样品；2. 流动相；3. 固定相；4. 色谱柱；5. 检测器。

图 14-1 色谱过程示意图

二、色谱基本术语

(一) 色谱流出曲线

经色谱柱分离后的各组分随流动相依次进入检测器,检测器将流动相中各组分浓度或质量的变化转变为可测量的电信号,记录此信号强度随时间变化的曲线,称为色谱流出曲线,又称为色谱图(chromatogram),如图 14-2 所示。

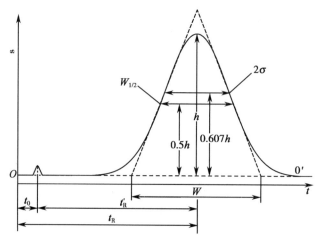

图 14-2 色谱流出曲线

1.基线（base line）　仅有流动相通过检测器时,所得到的流出曲线称为基线。基线可以反映仪器及操作条件的恒定程度。稳定的基线是一条平行于横轴(时间轴)的直线。

2.色谱峰（peak）　色谱流出曲线上的突起部分称为色谱峰。正常色谱峰为对称形正态分布曲线,曲线有最高点,以此点的横坐标为中心,曲线对称地向两侧快速、单调下降。不正常色谱峰有两种:拖尾峰(tailing peak)和前延峰(leading peak)。拖尾峰前沿陡峭,后沿平缓;前延峰前沿平缓,后沿陡峭。

3.峰高（peak height, h）　色谱峰顶点与基线之间的垂直距离。

4.标准差（standard deviation, σ）　正态色谱流出曲线上两拐点间距离之半称为标准差。标准差是可用来衡量组分被洗脱出色谱柱的分散程度的参数,其值越大,组分越分散;反之越集中。对于正常峰,σ 为 0.607 倍峰高处的峰宽之半。

5.半峰宽（peak width at half height, $W_{1/2}$）　峰高一半处的峰宽称为半峰宽。半峰宽与标准差的关系为:

$$W_{1/2} = 2.355\sigma \qquad\qquad 式(14\text{-}1)$$

6.峰宽（peak width, W）　通过色谱峰两侧拐点作切线,在基线上所截得的距离称为峰宽,也称为基线宽度。峰宽与标准差或半峰宽的关系为:

$$W = 4\sigma \quad 或 \quad W = 1.699 W_{1/2} \qquad\qquad 式(14\text{-}2)$$

7.峰面积（peak area, A）　色谱峰曲线与基线间包围的面积称为峰面积。正常色谱峰的峰面积与峰高和半峰宽的关系为:

$$A = 1.065 h \cdot W_{1/2} \qquad\qquad 式(14\text{-}3)$$

（二）相平衡参数

如前所述,色谱过程是样品组分在固定相和流动相之间反复多次的"分配"过程,这种"分配"过程常用分配系数和容量因子来描述。

1.分配系数（partition coefficient, K）　在一定温度和压力下,组分在两相中达到分配平衡时在固定相中与流动相中的浓度之比称为分配系数,即

$$K = \frac{c_s}{c_m} \qquad\qquad 式(14\text{-}4)$$

式中,c_s 和 c_m 分别为组分在固定相和流动相中的浓度。分配系数仅与组分、固定相和流动相的性质及温度有关。在一定条件(固定相、流动相、温度)下,分配系数是组分的特征常数。

2.容量因子（capacity factor, k）　在一定温度和压力下,组分在两相中达到分配平衡后,其在固定相和流动相中的质量之比称为容量因子,又称为质量分配系数或分配比,即

$$k = \frac{m_s}{m_m} \qquad\qquad 式(14\text{-}5)$$

式中,m_s 和 m_m 分别为组分在固定相和流动相中的质量。

若用 V_s 和 V_m 分别表示色谱柱中固定相和流动相的体积,则有

$$k = \frac{c_s V_s}{c_m V_m} = K \frac{V_s}{V_m} \qquad\qquad 式(14\text{-}6)$$

（三）保留值（定性参数）

保留值是试样中各个组分在色谱柱中保留行为的量度指标,反映各组分与固定相相互作用程度(包括作用力的类型、大小),这与两者分子结构密切相关,是典型的色谱热力学参数和色谱定性的依据。

1.保留时间（retention time, t_R）　从进样到某组分在柱后出现浓度极大时的时间,即从进样开始到某组分的色谱峰顶点时的时间。保留时间是色谱法的基本定性参数,主要用于柱色谱法。

2. 死时间（dead time，t_0）　不被固定相保留的组分从进样到其在柱后出现浓度极大时的时间，称为死时间。

3. 调整保留时间（adjusted retention time，t'_R）　某组分由于与固定相发生作用而被固定相保留，比不被固定相保留的组分在色谱柱中多停留的时间称为调整保留时间，即组分在固定相中滞留的时间。调整保留时间与保留时间和死时间的关系为：

$$t'_R = t_R - t_0 \qquad \text{式(14-7)}$$

在实验条件（温度、固定相等）一定时，调整保留时间仅决定于组分的性质，因此它是常用的色谱定性参数之一。

4. 保留体积（retention volume，V_R）　从进样开始到某组分在柱后出现浓度极大时通过色谱柱所需的流动相体积。保留体积与保留时间和流动相流速（F_c，ml/min）的关系为：

$$V_R = t_R \cdot F_c \qquad \text{式(14-8)}$$

流动相流速大，组分的保留时间短，但两者的乘积不变，因此保留体积与流动相流速无关。

5. 死体积（dead volume，V_0）　由进样器至检测器的流路中未被固定相占有的空间体积称为死体积。死体积是色谱柱中从进样器至色谱柱间导管的容积、固定相的孔隙及颗粒间隙、柱出口导管及检测器内腔容积的总和。如果忽略各种柱外死体积，则死体积近似为流动相在色谱柱中占有的体积。而死时间则相当于流动相充满死体积所需的时间。死体积与死时间和流动相流速的关系为：

$$V_0 = t_0 \cdot F_c \qquad \text{式(14-9)}$$

6. 调整保留体积（adjusted retention volume，V'_R）　由保留体积扣除死体积后的体积称为调整保留体积。调整保留体积与保留体积和死体积的关系为：

$$V'_R = V_R - V_0 = t'_R \cdot F_c \qquad \text{式(14-10)}$$

调整保留体积与流动相流速无关，是常用的色谱定性参数之一。

7. 相对保留值（relative retention，r）　是两组分的调整保留值之比。常用于未知组分的定性。若是相邻两组分则称为分离因子（separation factor，α），也曾称选择性因子（$\alpha = K_2/K_1 = k_2/k_1 = t'_{R_2}/t'_{R_1}$），表示色谱系统的分离选择性指标。相对保留值通过测定参考物质 2 与被测组分 1 的保留时间，按照下式计算相对保留值 $r_{2,1}$。相对保留值是色谱定性的参数之一。

$$r_{2,1} = \frac{t'_{R_2}}{t'_{R_1}} = \frac{V'_{R_2}}{V'_{R_1}}$$

8. 保留指数（retention index，I）　把组分的保留行为换算成相当于含有几个碳的正构烷烃的保留行为，通常是用与被测组分的保留时间相近的两个正构烷烃作为标准，来标定被测组分的保留指数，其定义式如下：

$$I_x = 100 \left[z + n \frac{\lg t'_{R(x)} - \lg t'_{R(z)}}{\lg t'_{R(z+n)} - \lg t'_{R(z)}} \right] \qquad \text{式(14-11)}$$

式中，I_x 为被测组分的保留指数，又称 Kovats 指数（Kovats index），z 与 $z+n$ 为正构烷烃对应的碳原子数。n 可为 1、2、…，通常为 1。人为规定正构烷烃的保留指数为其碳原子数的 100 倍，如正己烷、正庚烷及正辛烷等的保留指数分别为 600、700 及 800，其余类推。保留指数也是色谱定性常用的参数。

（四）分离度

分离度（resolution，R）：指相邻两组分分离的程度，是描述相邻两组分在色谱柱中分离情况的参数，其定义式为：

$$R = \frac{2(t_{R_2} - t_{R_1})}{W_1 + W_2} \qquad \text{式(14-12)}$$

式中,t_{R_1}、t_{R_2}分别为组分1、2的保留时间,W_1、W_2分别为组分1、2的色谱峰宽。通过测量相邻两组分的保留时间和峰宽,即可计算出分离度,如图14-3所示。

设组分1、2的色谱峰为正常峰,且$W_1 \approx W_2 = 4\sigma$,当$R = 1$时,两峰顶间距为$4\sigma$,两峰基本分开(两峰峰基略有重叠),两峰不重叠部分大于或等于各自峰全部面积的95.4%。当$R = 1.5$时,峰顶间距为6σ,则两峰完全分开,两峰不重叠面积达99.7%。在做定量分析时,为了能获得较好的精密度与准确度,应使$R \geqslant 1.5$。

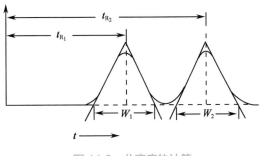

图14-3　分离度的计算

第三节　气相色谱法的分离原理

一、气-液色谱法和气-固色谱法的分离机制

如前所述,气相色谱法可按照分离机制、固定相的聚集状态和操作形式进行分类。按照分离机制,可分为吸附色谱和分配色谱。按固定相的聚集状态,可分为气-液色谱法和气-固色谱法两类,气-固色谱法属于吸附色谱法,而气-液色谱法属于分配色谱法。根据操作形式,气相色谱法属于柱色谱法范畴,按色谱柱的粗细不同,可分为填充柱气相色谱法和毛细管柱气相色谱法两种。填充柱是将固定相填充在金属或玻璃管中(内径2~4mm)。毛细管柱(capillary column)(内径0.1~1.0mm)可分为开管毛细管柱(open tubular column)、填充毛细管柱(packed capillary column)等。本节着重从分离机制介绍气-液色谱法和气-固色谱法。

(一)气-液色谱法

气-液色谱法和液-液色谱法都属于分配色谱法,其分离机制是利用样品中不同组分在固定相或流动相中的溶解度差别,即分配系数的差别而实现分离。分配色谱法的分离原理示意图见图14-4。

样品组分分子被流动相携带经过固定相时,组分在固定相和流动相间进行分配,处于动态平衡时,溶质在固定相与流动相中的浓度之比(严格应为活度比)为分配系数:

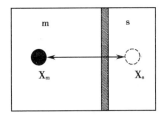

m. 流动相;s. 固定相;X. 样品组分分子。

$$K = \frac{[X_s]}{[X_m]} = \frac{m_s / V_s}{m_m / V_m} \qquad 式(14\text{-}13)$$

图14-4　分配色谱示意图

式中,$[X_s]$为组分在固定相中的浓度,$[X_m]$为组分在流动相中的浓度,m_s为组分在固定相中的质量,m_m为组分在流动相中的质量,V_s为固定相的体积,V_m为流动相的体积。

分配色谱法是基于不同组分在两相之间的分配系数K的差别而实现分离。K值较大的组分在固定相中的溶解度较大,随流动相迁移的速度较慢;K值较小的组分则迁移的速度较快。K与组分的性质、固定相和流动相的性质以及温度有关。在气-液色谱法中,由于流动相是气体,对分离无选择性,因此依据组分的性质选择合适的固定液尤为重要。

(二)气-固色谱法

气-固色谱法和液-固色谱法都属于吸附色谱法,其分离机制是利用样品中不同组分对固定相表面活性吸附中心的吸附能力差别,即吸附系数的差别而实现分离。在分离过程中,样品组分的吸附分离行为决定于:①组分分子与流动相分子对吸附剂表面活性中心的竞争;②组分分子的基团与吸附剂表面活性中心的氢键、偶极和诱导等作用;③组分在流动相中的溶解性。吸附色谱法的分离原理示意图见图 14-5。

组分分子被流动相携带经过固定相时,与流动相分子争夺吸附剂表面的活性中心,即发生如下竞争吸附:

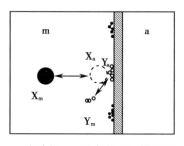

m. 流动相;a. 固定相;X. 样品组分分子;Y. 流动相分子。

图 14-5　吸附色谱示意图

$$X_m + nY_a \rightleftharpoons X_a + nY_m$$

达到吸附平衡时,吸附系数(adsorption coefficient)可用下式表示:

$$K_a = \frac{[X_a][Y_m]^n}{[X_m][Y_a]^n}$$

因流动相的量很大,$[Y_m]^n/[Y_a]^n$ 近似为常数,且吸附只发生于吸附剂表面,所以吸附系数可写成:

$$K_a = \frac{[X_a]}{[X_m]} = \frac{m_a/S_a}{m_m/V_m} \qquad\qquad 式(14\text{-}14)$$

式中,$[X_a]$ 为组分在吸附剂表面的浓度,$[X_m]$ 为组分在流动相中的浓度,m_a 为组分在吸附剂表面的质量,m_m 为组分在流动相中的质量,S_a 为吸附剂的表面积,V_m 为流动相的体积。

吸附色谱法是基于不同组分在吸附剂表面的吸附系数 K_a 的差别而实现分离。K_a 值较大的组分对吸附剂的吸附能力较强,随流动相迁移的速度较慢;K_a 值较小的组分则迁移的速度较快。K_a 主要与组分的性质、吸附剂的活性和流动相的性质有关。在气-固色谱法中以气体作为流动相主要起输送样品组分的作用,因此 K_a 的大小取决于组分的性质、吸附剂的活性和柱温条件。

在气相色谱分离过程中,基于不同的机制,使样品中各组分与流动相和固定相的作用能产生差异(如分配系数 K 或吸附系数 K_a 的差异),导致各组分在色谱柱中差速迁移,从而实现分离。将组分的迁移速度与流动相的迁移速度之比称为保留比,以 R' 表示。保留比可由下式计算:

$$R' = \frac{L/t_R}{L/t_0} = \frac{t_0}{t_R}$$

式中,L 为色谱柱的长度,死时间 t_0 近似于组分在流动相中的时间,t_R 为组分在流动相和固定相中的时间之和。

组分分子只有在流动相中时才能被流动相携带移动。R' 也可以理解为组分在流动相出现的概率,即流动相中组分的质量占组分总质量(流动相和固定相中组分的质量之和)的分数,即有如下关系:

$$R' = \frac{t_0}{t_R} = \frac{c_m V_m}{c_m V_m + c_s V_s}$$

整理得,

$$t_R = t_0\left(1 + K\frac{V_s}{V_m}\right) \qquad\qquad 式(14\text{-}15)$$

或

$$t_R = t_0(1 + k) \qquad\qquad 式(14\text{-}16)$$

在色谱条件一定时,t_R 仅取决于分配系数 K,K 值较大的组分的保留时间较长,流出色谱柱较晚。显然,不同组分实现色谱分离的先决条件是组分的分配系数存在差异,则它们被流动相携带移动的速度也不同,即产生差速迁移。在气相色谱中,样品中各组分差速迁移的产生主要取决于固定相的选择。

二、气相色谱法的固定相

(一)气-液色谱法的固定相

气-液色谱的固定相由固定液(stationary liquid)和载体(support)组成。载体是一种惰性固体颗粒,用作支持物。固定液是涂渍在载体表面上的高沸点物质。

1. 固定液　固定液一般是高沸点液体,在室温下呈固态或液态,在操作温度下为液态。

(1) 对固定液的要求:①在操作温度下蒸气压低于10Pa,否则固定液易流失。因此,每一固定液都有其"最高使用温度",实际使用时以不超过最高使用温度以下20℃为宜。②热稳定性好,在高柱温下不分解,不与试样组分发生化学反应。③对被分离组分的选择性要高,即分配系数有较大差别。④对试样中各组分有足够的溶解能力。

(2) 固定液的分类:据统计,固定液已有700多种。表14-1列出了部分常用固定液。为便于使用时选择合适的固定液,通常按照化学结构类型和极性进行分类。

表 14-1　气相色谱常用固定液

名称	相对极性	最高使用温度/℃	参考用途
角鲨烷	0	150	标准非极性固定液
甲基硅油(OV-101)	+1	350	分析非极性化合物
邻苯二甲酸二壬酯(DNP)	+2	150	分析中等极性化合物
聚苯基甲基硅氧烷(OV-17)	+2	350	分析中等极性化合物
聚三氟丙基甲基硅氧烷(QF-1)	+2	250	分析中等极性化合物
氰基硅橡胶(XE-60)	+3	250	分析中等极性化合物
聚乙二醇(PEG-20M)	+4	250	分析氢键型化合物
丁二酸二乙二醇聚酯(DEGS)	+4	220	分析极性化合物如酯类
β,β′-氧二丙腈	+5	100	标准极性固定液

根据化学结构,固定液可分为烃类、聚硅氧烷类、聚乙二醇类和酯类等。烃类中常用的为角鲨烷(又称鲨鱼烷,异三十烷,squalane)和阿皮松(apiezon)。聚硅氧烷类是目前最常用的固定相,其基本结构为:

$$(CH_3)_3Si—O—(\overset{\overset{\displaystyle CH_3}{|}}{\underset{\underset{\displaystyle R}{|}}{Si}}—O—)_n—Si(CH_3)_3$$

根据取代基的不同,又分为聚甲基硅氧烷(如 SE-30、OV-1)、聚苯基甲基硅氧烷(如 OV-17)、聚氟烷基甲基硅氧烷(如 QF-1、OV-210)和聚氰烷基甲基硅氧烷(如 XE-60、OV-225)等。聚乙二醇-20 000 (PEG-20M)是常用的聚乙二醇类固定液。酯类主要有中等极性的邻苯二甲酸酯(如邻苯二甲酸二壬酯,DNP)和强极性的线性脂肪族聚酯(如丁二酸二乙二醇聚酯,DEGS)。

除了按照化学结构分类外,固定液还可以按照相对极性进行分类。关于固定液的极性至今没有确切的定义,一般认为,固定液的极性是固定液与被测组分之间作用力的函数,表示含有不同基团的固定液与组分中的基团(以及亚甲基)相互作用力的大小,借以描述固定液的分离特征。1959 年,罗胥奈德(Röhrschneider)提出用"相对极性"(P)来表征固定液的分离特征。规定 β,β′-氧二丙腈的相对极性为100,角鲨烷为0,其他固定液的相对极性与它们比较,在0~100。测定方法是:用苯与环己烷(或正丁烷与丁二烯)为分离物质对,分别在对照柱 β,β′-氧二丙腈及角鲨烷柱上测定它们的相对保留值的对数 q_1 及 q_2。然后在被测固定液柱上测得 q_x。代入下式计算被测固定液的相对极性 P_x:

$$P_x = 100 \left(1 - \frac{q_1 - q_x}{q_1 - q_2}\right) \qquad 式(14\text{-}17)$$

式中 $q = \lg \dfrac{t'_{R(苯)}}{t'_{R(环己烷)}}$ 或 $q = \lg \dfrac{t'_{R(丁二烯)}}{t'_{R(正丁烷)}}$。

根据相对极性 P 的数值大小,可将固定液分成 5 级,1~20 为+1 级,21~40 为+2 级,依此类推。0 和+1 级为非极性固定液,+2 和+3 级为中等极性固定液,+4 和+5 级为极性固定液。

固定液的极性是组分与固定液分子之间作用力的函数,不仅与固定液本身有关,而且与被分离化合物的性质有关。评价极性所用的化合物不同,则与固定液的作用力将不同,固定液所显示的极性也不同。因此,罗胥奈德和麦克雷诺(McReynolds)分别于1966年和1970年提出了更精细的固定液极性表征方法(附表13-1)。

(3)固定液的选择:固定液的极性直接影响组分与固定液分子间的作用力的类型和大小,因此对于给定的被测组分,固定液的极性是选择固定液的重要依据。一般可以根据"相似性原则",即按被分离组分的极性或基团类型与固定液相似的原则来选择。由于被分离组分和固定液的极性相似,它们之间的相互作用力较强,组分在固定液中的溶解度大,在柱上的保留强,被测组分被分离的可能性也就较大。具体选择方法如下:

非极性组分一般选用非极性固定液,如OV-101、SE-30等。此时,组分与固定液分子间的作用力是色散力,组分在两相间的分配系数主要由它们的蒸气压决定,各组分将按沸点顺序流出色谱柱,沸点低的组分先出峰。若试样中有极性组分,相同沸点的极性组分先流出色谱柱。

中等极性组分选用中等极性固定液,如OV-17,分子间作用力为诱导力和色散力。出峰顺序与沸点和极性有关,若组分之间极性差异小而沸点有较大差异则按沸点顺序出峰;若组分沸点相近,而极性有较大差异,则极性小的组分先出峰,如苯和环己烷,两者沸点接近,但苯的极性大于环己烷,故环己烷先出峰。

极性组分选用极性固定液,如OV-225、DEGS等,分子间作用力主要为静电力(定向作用力)。组分按极性顺序流出色谱柱,极性小的组分先流出色谱柱。

能形成氢键的组分可选氢键型固定液,如PEG-20M,它们之间的作用力主要是氢键。各组分按与固定液分子形成氢键的能力大小先后流出,形成氢键能力弱的组分先流出色谱柱。

在实际工作中遇到的样品往往比较复杂,利用"极性相似"原则选择固定液时,还要注意混合物中组分性质差别情况,若分离非极性和极性混合物,一般选用极性固定液。分离沸点差别较大的混合物,一般选用非极性固定液。

对于难分离的组分,也可用两种或两种以上的固定液,采用混涂、混装或串联方式进行分离。

2. 载体　载体(support)又称为担体,一般是化学惰性的多孔性颗粒。它为固定液提供一个惰性表面,使其能铺展成薄而均匀的液膜。

(1)对载体的要求:①比表面积大,粒度和孔径分布均匀;②没有吸附性能(或很弱),不与固定液和被测组分发生化学反应;③热稳定性好;④有一定的机械强度。

(2)载体的分类:载体可分为硅藻土载体和非硅藻土载体。玻璃微球、聚四氟乙烯载体属于非硅藻土载体,这类载体耐腐蚀、固定液涂渍量低,适用于分析强腐蚀性物质,但其表面为非浸润性的,柱效低。目前常用载体为硅藻土载体,是将天然硅藻土压成砖形,在900℃煅烧,然后粉碎、过筛而成。因处理方法不同,又分为红色载体和白色载体两种。

红色载体:天然硅藻土煅烧后,其中所含的铁形成氧化铁,而使载体呈淡红色,故称红色载体。如6201、chromosorb P 等。红色载体表面孔穴密集,孔径较小,比表面积大,机械强度比白色载体大,但吸附活性和催化活性强。该类载体适合涂渍非极性固定液,用于非极性组分的分离分析。

白色载体:煅烧前在原料中加入少量助熔剂Na_2CO_3,煅烧后使铁生成无色的铁硅酸钠,而使硅藻土呈白色。如101、chromosorb W 等。白色载体由于助熔剂的存在形成疏松颗粒,表面孔径较粗,比表面积小,机械强度比红色载体差,但吸附活性低,常与极性固定液配伍,用于分离极性组分。

(3)载体的钝化:所谓载体的钝化,就是以适当方法减弱或消除载体表面的吸附活性。硅藻土载体表面存在的硅醇基会与易形成氢键的化合物作用,产生拖尾;载体中所含的少量金属氧化物(如氧化铁、氧化铝等)可能使被测组分发生吸附和催化降解,故需要除去这些活性中心。常用的载体钝化方法有以下几种。

酸洗法:用 6mol/L HCl 浸泡 20~30 分钟,除去载体表面的铁等金属氧化物。酸洗载体适用于分析酸性化合物。

碱洗法:用 5% 氢氧化钾-甲醇液浸泡或回流,除去载体表面的 Al_2O_3 等酸性作用点。碱洗载体适用于分析胺类等碱性化合物。

硅烷化法:将载体与硅烷化试剂反应,除去载体表面的硅醇基。主要用于分析形成氢键能力较强的化合物,如醇、酸及胺类等。常用的硅烷化试剂有二甲基二氯硅烷(dimethyldichlorosilane,DMCS)、六甲基二硅胺(hexamethyldisilazane,HMDS)。

（二）气-固色谱法的固定相

气-固色谱法的固定相即吸附剂,通常是多孔性微粒状物质,具有较大的比表面积,在其表面有许多吸附中心。因为吸附中心的多少及其吸附能力的强弱直接影响吸附剂的性能。目前常用的气-固色谱固定相有吸附剂和高分子多孔微球等。常用吸附剂有活性炭、石墨化炭黑、硅胶、氧化铝、分子筛等。分子筛常用 4A、5A 及 13X,4、5 及 13 表示平均孔径(Å,1Å=0.1nm),A 及 X 表示类型,表示其中 Al 和 Si 含量比不同,A 型分子筛中 Al_2O_3 与 SiO_2 的摩尔比为 1:2,X 型为 1:2.8。

在气-固色谱法中,吸附剂可根据组分性质按下述原则选择:①若样品组分沸点、极性相近,但分子直径不同,可选用适当孔径的分子筛,利用分子筛的孔径效应分离。②若样品组分沸点相近,极性不同,其沸点低时,可选用 5A 分子筛,沸点高时,可选用活性氧化铝或硅胶。③若样品组分极性相近,沸点不同,其沸点低时,可选用活性炭,沸点高时,可选用活性氧化铝。④若使用一种吸附剂不能完全分离时,可用两种或多种吸附剂串联使用。

吸附剂多用于 H_2、O_2、N_2、NO_X、CO 等永久性气体及低相对分子质量化合物的分离分析。如分析永久性气体时,可先用硅胶柱将 CO_2 和其他组分分开,再用 5A 或 13X 分子筛柱分离 H_2、O_2、N_2、CO、CH_4。

高分子多孔微球(GDX)是一种人工合成的固定相,由苯乙烯或乙基乙烯苯与二乙烯苯交联共聚而成,属于非极性固定相。若在聚合时引入不同的极性基团,就可以得到具有一定极性的高聚物。高分子多孔微球的使用特点:①耐高温,最高使用温度可达 200~300℃;②色谱峰形对称;③无柱流失现象,柱寿命长;④一般按极性顺序分离化合物,极性大者先出峰。

高分子多孔微球特别适合有机物中痕量水的分析,也可用于多元醇、脂肪酸、腈类和胺类等分析。在药物分析中,常用于酊剂中含醇量或有机物中微量水等的测定。

（三）毛细管气相色谱柱

由于毛细管柱内径小,其固定相经历了装填固定相、固定相负载在内壁,以及键合固定相的发展过程,毛细管气相色谱柱从毛细管填充柱演变成现在的空心毛细管柱。戈雷(Golay)于 1957 年把固定液直接涂在毛细管管壁上,发明了空心毛细管柱(capillary column),又称为开管柱(open tubular column)或 Golay 柱。1958 年,戈雷(Golay)提出涂壁毛细管色谱速率理论,推动了毛细管色谱的发展。1979 年弹性熔融石英毛细管柱的问世,开创了毛细管色谱的新纪元。现代气相色谱分析普遍使用空心毛细管色谱柱。

与填充柱相比,毛细管柱具有以下特点:

(1) 分离效能高:毛细管色谱可用比填充柱长得多的色谱柱,长至上百米,每米塔板数一般在 2 000~5 000,总柱效可达 10^4~10^6。另外,毛细管柱的液膜薄、传质阻抗小、开管柱没有涡流扩散的影响,也使柱效提高。由于柱效高,所以毛细管色谱对固定液选择性的要求就不再那么苛刻。

(2) 柱渗透性好:毛细管柱一般为开管柱,阻力小,可在较高的载气流速下分析,分析速度较快。

(3) 柱容量小:由于毛细管柱柱体积小,只有几毫升,固定液液膜薄,涂渍的固定液只有几十毫克,因此柱容量小,允许的最大进样量很少,一般需采用分流进样。

(4) 易实现气相色谱-质谱联用:由于毛细管柱的载气流速小,易于维持质谱仪离子源的高真空度。

（5）应用范围广：毛细管色谱具有高效、快速等特点，其应用遍及诸多学科和领域。在医药领域，常用于体液分析、药动学研究、药品中有机溶剂残留量以及兴奋剂检测等。

1. 毛细管气相色谱柱的分类   根据毛细管柱的材质，可分为金属毛细管柱、玻璃毛细管柱和弹性熔融石英毛细管柱（fused silica open tubular column, FSOT 柱），目前主要用弹性熔融石英毛细管柱。毛细管柱的内径一般为 0.1~1.0mm，根据制备方式可分为开管型毛细管和填充型毛细管，气相色谱法中常用开管型毛细管柱。开管型毛细管柱按内壁的状态可分为：

（1）涂壁毛细管柱（wall coated open tubular column, WCOT）：把固定液涂渍在毛细管内壁上。现在大部分毛细管柱属于这种类型。

（2）多孔层毛细管柱（porous-layer open tubular column, PLOT）：在毛细管内壁上附着一层多孔固体，如熔融二氧化硅或分子筛等，可涂渍或不涂固定液。这种毛细管柱容量较大，柱效较高。

（3）载体涂层毛细管柱（support coated open tubular column, SCOT）：先在毛细管内壁上黏附一层载体，如硅藻土载体，在此载体上再涂以固定液。制柱时可"先涂后拉"或"先拉后涂"。

（4）交联或键合毛细管柱：将固定液通过化学反应键合于毛细管壁或载体上，或通过交联反应使固定液分子间交联成网状结构，可提高柱效，提高使用温度，减少柱流失。

按毛细管内径可分为：

（1）常规毛细管柱：这类毛细管柱的内径为 0.1~0.35mm，目前常用的是 0.10mm、0.25mm 和 0.32mm 的内径毛细管。

（2）小内径毛细管柱（microbore column）：这类毛细管柱是指内径小于 100μm，一般为 50μm 的弹性石英毛细管柱。这类色谱柱主要用于快速分析。

（3）大内径毛细管柱（megaobore column）：这类毛细管柱的内径一般为 0.53mm。其固定液液膜可以小于 1μm，也可高达 5μm。大内径、厚液膜毛细管柱可以代替填充柱用于常规分析。

2. 毛细管气相色谱柱的制备   毛细管气相色谱柱的制备包括拉制、柱表面处理、固定液的涂渍等步骤。目前用得最多的是弹性熔融石英毛细管，其吸附活性低，在拉制过程中管外表面被涂上聚酰亚胺保护层，有一定的柔性，使用方便。

固定液液膜必须涂渍均匀，且不因柱温和其他操作条件变化而被破坏。拉制的毛细管内壁是光滑的，固定液不易涂渍均匀，可用化学反应法和沉积细颗粒法使内壁粗糙化。沉积细颗粒法是用有机胶做黏合剂，将 5~10μm 的细颗粒（如载体）沉积在毛细管内壁上，然后加热除去黏合剂。在涂渍固定液前还需对管壁表面钝化，可用硅烷化、carbowax 20M 处理等方法。

经表面处理后的毛细管可以用动态法或静态法涂渍固定液，一般膜厚为 0.1~1.5μm。涂渍方法制备的毛细管柱，往往会产生柱流失，同时液膜易破裂形成液滴而使柱性能恶化。使固定液分子之间以及固定液与柱内表面进行共价键合制备的交联柱可改善这种状况。交联毛细管柱具有以下优点：①液膜稳定，形成的固定相膜不易剥落，并可以制备大口径、厚液膜柱；②由于交联键合作用，固定液的挥发性很低，故热稳定性好、使用温度高、柱流失小、使用寿命长；③耐溶剂洗涤。交联毛细管由于稳定性好，而适用于毛细管色谱与质谱、红外等仪器的联用。

三、气相色谱法的流动相

气相色谱法中使用的流动相称为载气（carrier gas）。目前使用的载气的种类并不多，主要有氦气、氢气、氮气、氩气等，应用最多的是氢气和氮气。氦气在普通气相色谱中应用较少，主要用于气相色谱-质谱联用分析。载气的选择和纯化，主要取决于选用的检测器、色谱柱以及分析要求。

氮气安全、价廉，所以最为常用，但其热导系数与大多数有机化合物相近，故使用热导检测器时灵敏度低。由于氢气具有相对分子质量小、热导系数大、黏度小等特点，在使用热导检测器时，常用氢气作载气,但氢气易燃、易爆,操作时应特别注意安全。氦气的相对分子质量小、热导系数大、黏度小,使用时线速度大,比氢气安全,常用于毛细管气相色谱-质谱联用分析。

载气以及辅助气体中存在的水分、氧气、烃类等杂质将影响色谱分离和检测,如烃类杂质将增大氢焰离子化检测器的基线噪声,水分和氧气会严重损毁或污染色谱柱和检测器等,降低检测灵敏度。为此,在进入气相色谱仪前的管路中应增加净化器(装有硅胶、分子筛和催化剂等填料),以除去载气和辅助气体中的水分、氧气和烃类等杂质。硅胶和分子筛可以除水分,活性铜基催化剂和105型钯催化剂可降低氧含量,采用5A分子筛净化器可消除微量烃。净化器中的填料应经常更换。

载气流量和压力的控制直接影响分析结果的准确性和重现性,尤其是在毛细管气相色谱法中,载气流量小,如控制不精确,将影响保留时间和分析结果的重现性。中低档仪器常用阀门和转子流量计控制压力和流量,高档仪器基本上采用电子压力传感器和电子流量控制器,通过计算机自动控制压力和流量。

第四节　气相色谱法的基本理论

在色谱分离过程中,要使各组分达到足够的分离度,即各组分的保留时间要有较大的差异。一方面取决于各组分在两相间的分配系数,以及各物质(包括试样中各个组分、固定相和流动相)的化学结构和物理化学性质,即与色谱热力学过程有关。另一方面还与各组分在色谱柱中运动有关,因为各组分在固定相和流动相之间的扩散和传质行为必然影响色谱峰宽,只有组分的色谱峰宽足够窄,才可能实现与相邻组分分离,这与色谱动力学过程有关。因此,色谱理论的研究包括热力学和动力学两方面:热力学理论是从相平衡观点来研究分配过程,以塔板理论(plate theory)为代表;动力学理论是从动力学观点来研究各种动力学因素对峰展宽的影响,以速率理论(rate theory)为代表。

一、塔板理论

1941年英国学者马丁(Martin)和辛格(Synge)以载气为流动相把色谱分离过程比拟为蒸馏过程提出了塔板理论。塔板理论把色谱柱看作一个有若干层塔板的分馏塔。被分离的混合物在每个塔板的间隔内,在相对移动的流动相与固定相间达到动态分配平衡,然后被流动相携带从一块塔板转移至另一块塔板,再达到新的动态分配平衡。经多次的平衡、转移,各组分按分配系数的大小顺序,依次流出色谱柱。由于一根色谱柱的塔板数远比分馏塔的塔板数多,因此只要组分间的分配系数存在微小的差异,即可通过色谱柱实现分离。

塔板理论是在如下基本假设的前提下提出的:①在色谱柱一小段高度H内,组分可以在两相中瞬间达到动态分配平衡,H称为塔板高度;②分配系数在各塔板内是常数;③流动相不是连续地而是间歇式地进入色谱柱,且每次只进入一个塔板体积;④样品组分都先加在第0号塔板上,且组分的纵向扩散可以忽略不计。

利用塔板理论可以推导出色谱流出曲线和数学表达式。

(一)质量分配和转移

塔板理论的假设实际上是把组分在两相间的连续转移过程,分解为间歇的在单个塔板中的分配平衡过程。

以分配色谱为例,如图14-6所示。假设A与B的混合物($K_A = 2$,$K_B = 0.5$)进入色谱柱,色谱柱的塔板数为5($n = 5$),以r表示塔板编号,即$r = 0$、1、2、3、…、$n-1$。图中每一竖格代表一块塔板,每一竖格中的上层格代表流动相,下层格代表固定相,格中数据代表组分A和B的质量分数,N为转移次数。每次转移包括两步:首先进入一个塔板体积的流动相,各塔板中的流动相转移至下一块塔板;下一步是分配平衡。箭头的方向是组分迁移的方向。

图 14-6   分配色谱过程模型图

$K_A=2, K_B=0.5$

首先考虑组分 A($K_A=2$)的分配转移过程。单位质量的 A 随流动相一次加入至第 0 号塔板上，A 在固定相和流动相间进行分配,达平衡后,A 在 0 号塔板内固定相中和流动相中的质量分数分别为 0.667 和 0.333。当一个塔板体积的新鲜流动相进入第 0 号塔板时,就将原第 0 号塔板内含有 A(0.333)的流动相推入第 1 号塔板,而原第 0 号塔板内固定相中的 A(0.667)仍留在第 0 号塔板内,A 在第 0 号塔板内和第 1 号塔板内重新分配。然后再向第 0 号塔板加入一个塔板体积的流动相,则将第 0、1 号塔板中含有 A 的流动相依次推入第 1、2 号塔板中。待分配平衡后再依次转移,周而复始。

为了计算上的方便,设在每块塔板中流动相与固定相的体积相同。设 p 和 q 分别为组分在第 0 号塔板内下层流动相中的质量分数和上层固定相中的质量分数,经过 N 次分配平衡和转移后,在各塔板内组分的含量分布符合二项式$(p+q)^N$的展开式。

例如,转移 3 次时,各塔板内组分的含量与二项式展开式的各项数值相对应:

$$(p+q)^3 = p^3 + 3p^2q + 3pq^2 + q^3 \qquad 式(14-18)$$

将 $p=0.667, q=0.333, N=3$,代入式(17-19),得

$$(0.667+0.333)^3 = 0.297+0.444+0.222+0.037$$

所计算出的四项数分别是第 0、1、2 及 3 号塔板内组分的质量分数。

转移 N 次后,第 r 号塔板内组分的质量分数(^NX_r)可由二项式展开后的第 r 项直接求出,即

$$^NX_r = \frac{N!}{r!(N-r)!}p^{N-r}q^r \qquad 式(14-19)$$

将 $p=0.667, q=0.333, N=3, r=2$ 代入式(14-17),可直接计算出第 2 号塔板内 A 组分的质量分数为:

$$^3X_2 = \frac{3!}{2!(3-2)!}\times0.667^{3-2}\times0.333^2 = \frac{6}{2\times1}\times0.667\times0.333^2 = 0.222$$

同样,将 $p=0.333, q=0.667, N=3, r=2$ 代入式(14-17)也可以计算出 B 组分的质量分数为:

$$^3X_2 = \frac{3!}{2!(3-2)!}\times0.333^{(3-2)}\times0.667^2 = 0.444$$

需要说明的一点是,二项式展开解出的各项是各号塔板内上下两层中组分含量之和。若需求转移 N 次后,在 r 号塔板内,流动相中组分含量(^Nq_r)及固定相中组分含量(^Np_r),则需由分配系数计算。

$$^Nq_r = \frac{1}{1+K}{}^NX_r \qquad 式(14-20)$$

$$^Np_r = \frac{K}{1+K}{}^NX_r \qquad 式(14-21)$$

经过 3 次分配后,可按式(14-20)和式(14-21)计算得到 $N=3$ 时 A 和 B 组分在流动相中的质量分数分别为 0.074 和 0.296,在固定相的分数分别为 0.148 和 0.148。

按上述方法处理,可以计算出经过 N 次转移后各个塔板内组分 A 的分布情况。同样,也可以计算出组分 B($K_B=0.5$)在各个塔板内的分布情况。由图 14-6 可以看出,分配系数大的组分 A,转移 4 次后,其浓度最高峰在第 1 号塔板上;而分配系数小的组分 B 的浓度最高峰则在第 3 号塔板上。因此可以说明,分配系数小的组分迁移速度快,反之则迁移速度慢。以上仅仅分析了 5 块塔板,转移 4 次后的分离情况。事实上,一根色谱柱的塔板数往往大于 10^3,因此只要两个组分的分配系数存在微小的差异,便能获得良好的分离效果。

（二）色谱流出曲线方程

按照二项式分布式计算的结果,以组分 A 在柱出口处的质量分数对 N 作图,所绘制的流出曲线为不对称的二项式分布曲线,如图 14-7 所示。这是因为塔板数太少的缘故。一根色谱柱的塔板数在 10^3 以上,流出曲线趋于正态分布曲线,需用正态分布方程来描述组分流出色谱柱的浓度(c)与时间(t)的关系:

$$c = \frac{c_0}{\sigma\sqrt{2\pi}}e^{-\frac{(t-t_R)^2}{2\sigma^2}} \qquad 式(14-22)$$

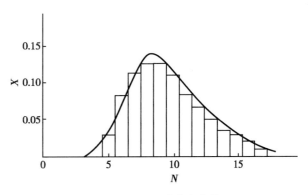

图 14-7 二项式分布曲线

式中,c 为任意时间 t 时的组分浓度,σ 为标准差,t_R 为保留时间,c_0 为峰面积 A,即相当于某组分的总

量。式(14-22)称为色谱流出曲线方程。

根据式(14-22),当 $t=t_R$ 时,c 有极大值,用 c_{max} 表示(c_{max} 即流出曲线的峰高,也可用 h 表示),则

$$c_{max} = \frac{c_0}{\sigma\sqrt{2\pi}} \qquad 式(14\text{-}23)$$

将式(14-23)代入式(14-22),得

$$c = c_{max} \cdot e^{-\frac{(t-t_R)^2}{2\sigma^2}} \qquad 式(14\text{-}24)$$

式(14-24)为流出曲线方程式的常用形式。由此式可知,不论 $t>t_R$ 或 $t<t_R$ 时,浓度 c 都小于 c_{max}。c 随时间 t 向峰两侧对称下降,下降速率取决于 σ,σ 越小,峰越尖锐。

（三）塔板数和塔板高度

根据流出曲线方程,可以导出塔板数或称理论塔板数(number of theoretical plates)与标准差(峰宽或半峰宽)和保留时间的关系:

$$n = \left(\frac{t_R}{\sigma}\right)^2 = 16\left(\frac{t_R}{W}\right)^2 = 5.54\left(\frac{t_R}{W_{1/2}}\right)^2 \qquad 式(14\text{-}25)$$

则理论塔板高度(height equivalent to a theoretical plate)或称理论板高为:

$$H = \frac{L}{n} \qquad 式(14\text{-}26)$$

理论塔板数和理论塔板高度可定量地描述色谱柱的柱效,但由于色谱系统存在死体积,组分因此消耗的死时间与分配平衡无关,扣除死体积或死时间的影响,可更好地反映色谱柱的实际柱效。因此常用 t'_R 代替 t_R 计算塔板数,称为有效塔板数(n_{eff}),求得的塔板高度称为有效塔板高度或称有效板高。

$$n_{eff} = \left(\frac{t'_R}{\sigma}\right)^2 = 16\left(\frac{t'_R}{W}\right)^2 = 5.54\left(\frac{t'_R}{W_{1/2}}\right)^2 \qquad 式(14\text{-}27)$$

塔板数是组分在色谱柱内两相间分配平衡次数的量度,塔板数与塔板高度是广泛应用在色谱实践中评价色谱柱柱效的主要指标,具有重要的理论与实用价值。

塔板理论以分配平衡为基础,并依此导出色谱流出曲线方程,定量地评价了色谱柱的柱效,初步揭示了色谱分离的真实过程。但塔板理论的某些假设与实际色谱过程不符,如塔板理论假设组分在塔板内瞬间达到分配平衡及纵向扩散可以忽略。事实上,流动相携带组分通过色谱柱时,由于速度较快,组分在固定相与流动相间不可能真正达到分配平衡。组分在色谱柱中的纵向扩散也是不能忽略的。塔板理论也没有考虑各种动力学因素对色谱柱内传质过程的影响,无法解释柱效与流动相流速的关系,不能说明影响柱效的主要因素。

二、速率理论

速率理论是荷兰学者范第姆特(Van Deemter)在1956年提出的,该理论充分考虑了组分在两相间的扩散和传质过程,全面研究了影响色谱柱效的动力学因素。

（一）塔板高度的统计学意义

色谱峰的峰展宽是由于组分分子在色谱柱内无规则运动的结果,这种随机过程导致组分分子在色谱柱内呈正态分布,因此常用标准偏差 σ 或方差 σ^2 作为组分分子在色谱柱内离散程度的量度,总的离散程度 σ^2 是单位柱长内分子离散的累积,且与柱长成正比,即

$$\sigma^2 = HL \quad 或 \quad H = \sigma^2/L \qquad 式(14\text{-}28)$$

式中,L 为柱长,H 仍称为塔板高度,但与塔板理论中的塔板高度具有不同的含义。速率理论的塔板高度是柱内单位长度中组分分子离散的程度,作为一个色谱参数使用,是描述色谱峰扩展的指标。

根据随机理论,有限个独立随机变量和的方差等于它们的方差和。因此色谱过程总的色谱峰的扩展,等于各独立因素引起的色谱峰扩展的和,即组分分子总的离散等于各独立离散因素的和,因此离散项具有加合性,即

$$\sigma^2 = \sigma_1^2 + \sigma_2^2 + \sigma_3^2 + \cdots\cdots + \sigma_n^2 = \sum_{i=1}^{n} \sigma_i^2 \qquad 式(14\text{-}29)$$

色谱柱柱效采用单位柱长上溶质分子离散项的和表示,即

$$H = H_1 + H_2 + H_3 + \cdots\cdots + H_n$$

$$= \sigma_1^2/L + \sigma_2^2/L + \sigma_3^2/L + \cdots\cdots + \sigma_n^2/L = \sum_{i=1}^{n} H_i \qquad 式(14\text{-}30)$$

总的塔板高度等于各独立因素对塔板高度的贡献之和。H 为单柱长上组分分子总的离散度,是单个分子离散度的统计概念。

（二）速率理论方程

Van Deemter 根据气相色谱过程中的物料平衡、扩散及传质现象与组分运动速率关系的偏微分方程,导出了速率理论方程,又称 Van Deemter 方程,其简化方程式为:

$$H = A + B/u + Cu \qquad 式(14\text{-}31)$$

式中,H 为塔板高度（cm）;A、B 及 C 为三个常数,分别代表涡流扩散系数、纵向扩散系数和传质阻抗系数,其单位分别为 cm、cm^2/s 及 s;u 为流动相的线速度（cm/s）,可由柱长 L 和死时间 t_0 求得。

1. 影响柱效的动力学因素　按照色谱速率理论方程式(14-31)将影响塔板高度的因素归纳成三项,即涡流扩散项 A、纵向扩散项 B/u 和传质阻抗项 Cu。各项在气相色谱中的物理意义如下:

（1）涡流扩散:涡流扩散（eddy diffusion）也称为多径扩散。在填充色谱柱中,由于填料粒径大小不等,填充不均匀,使同一个组分的不同分子经过多个不同长度的途径流出色谱柱,一些分子沿较短的路径运行,较快通过色谱柱;另一些分子沿较长的路径运行,发生滞后,结果使色谱峰展宽,如图 14-8 所示。涡流扩散引起的峰展宽由下式表示:

$$H_1 = H_e = A = \sigma_1^2/L = 2\lambda d_p$$

在速率方程中: $\qquad\qquad A = 2\lambda d_p \qquad 式(14\text{-}32)$

式中,λ 为填充不规则因子,简称填充因子,其大小与填料颗粒大小及其分布和填充均匀性有关;d_p 为填料（固定相）颗粒的平均直径。

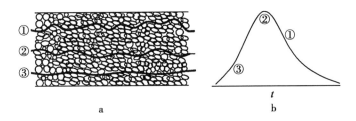

图 14-8　涡流扩散产生的峰展宽
a. 分子经过的路径;b. 峰展宽

式(14-32)表明,采用均匀、较细粒径的载体,并且填充均匀,可减小涡流扩散项,提高柱效。但 d_p 太小则不易填均匀,而且柱压也大,在填充柱气相色谱中,一般采用粒度 60~80 目或 80~100 目的载体。

（2）纵向扩散:纵向扩散（longitudinal diffusion）也称为分子扩散。组分进入色谱柱时,是以"塞子"的形式存在于色谱柱的很小一段空间中,由于浓度梯度的存在,组分将向"塞子"前、后扩散,造成色谱峰展宽,如图 14-9 所示。

纵向扩散引起的峰展宽由下式表示:

$$H_2 = H_d = B/u = \sigma_2^2/L = 2\gamma D_g/u \qquad 式（14-33）$$

其中

$$B = 2\gamma D_g \qquad 式（14-34）$$

式中，B 为纵向扩散系数或分子扩散系数；γ 为扩散阻碍因子，其大小与填充物的形状、填充状况有关；D_g 为组分在载气中的扩散系数。对填充柱而言，由于填料的存在，使扩散有障碍，$\gamma < 1$，硅藻土载体的 γ 为 $0.5 \sim 0.7$。空心毛细管柱因扩散无障碍，$\gamma = 1$。D_g 除了与组分的性质有关外，还与载气种类、柱温、柱压等因素有关。D_g 与载气相对分子质量（M）的平方根成反比，随柱温（T）升高而增大，随柱压（P）增大而减小。

因此，采用相对分子质量较大的载气（如 N_2）、控制较低的柱温、采用较高的载气流速，可以减小分子扩散，有利于提高柱效。但载气相对分子质量大时，黏度大，柱压较高。一般来说，载气线速度较低时用相对分子质量较大的氮气，较高时宜用氦气或氢气。

由于组分在气相中的分子扩散系数比其在液相中大 $10^4 \sim 10^5$ 倍，因而在气-液色谱中，组分在液相中的分子扩散可以忽略不计。

（3）传质阻抗：组分被流动相带入色谱柱后，通过两相界面进入固定相，并扩散至固定相内部，进而达到动态分配"平衡"。当纯的或含有低于"平衡"浓度的流动相到来时，固定相中组分的部分分子将回到两相界面逸出，而被流动相带走（转移）。这种溶解、扩散、转移的过程称为传质过程。影响此过程进行的阻力称为传质阻抗（mass transfer resistance），用传质阻抗系数 C 描述。由于传质阻力的存在，组分不能在两相间瞬间达到平衡，即色谱柱总是在非平衡状态下工作，结果使有些分子随流动相向前移动较快（比平衡状态下的分子），而另一些分子则滞后，从而引起峰展宽，如图 14-10 所示。

传质阻抗既存在于固定相中，也存在于流动相中，所引起的峰展宽也由固定相传质阻抗（H_s）与流动相传质阻抗（H_m）所组成，由下式表示：

$$H_3 = H_s + H_m = C_s u + C_m u = \sigma_3^2/L \qquad 式（14-35）$$

式中，C 为传质阻抗系数，包括固定相传质阻抗系数 C_s 和流动相传质阻抗系数 C_m。因此，在气相色谱中传质阻抗项为：

$$Cu = C_g u + C_l u = (C_g + C_l) u \qquad 式（14-36）$$

式中，C_g 为组分在气相和气-液界面之间进行质量交换时的气相传质阻抗系数，C_l 为组分在气-液界面和液相之间进行质量交换时的液相传质阻抗系数。在填充柱气相色谱中，C_g 很小，可忽略不计，故 $C \approx C_l$。

$$C_1 = \frac{2k}{3(1+k)^2} \frac{d_f^2}{D_1} \qquad 式（14-37）$$

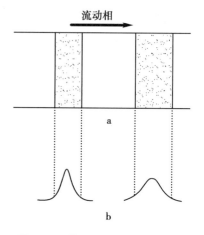

图 14-9　纵向扩散产生的峰展宽
a. 柱内谱带构型；b. 相应的色谱峰

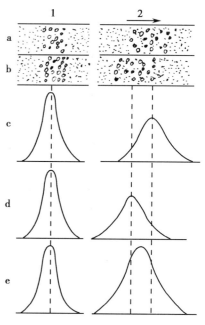

1. 无传质阻抗；2. 有传质阻抗。

图 14-10　传质阻抗产生的峰展宽
a. 流动相；b. 固定相；c. 流动相中组分的分布；d. 固定相中的组分分布；e. 色谱峰形状

式中,d_f 为固定液的液膜厚度,D_1 为组分在固定液中的扩散系数。

液相传质过程是指组分从气-液界面扩散进入固定液,并扩散至固定液深部,进而达到分配平衡,然后再回到气-液界面,这个过程需要一定时间。而此时,气相中的组分分子仍随载气不断向前运动,这就造成了峰形的扩张。从式(14-37)能看出,固定相的液膜涂渍得越薄,组分的液相传质阻力就愈小。载气流速对传质阻抗项的影响也很大,当载气流速增大时,传质阻抗项增大,柱效降低。

2. 流速对柱效的影响　根据以上讨论和 Van Deemter 方程式可知,流动相线速度对涡流扩散无影响,但对纵向扩散和传质阻抗的影响比较复杂。如图 14-11 所示,纵向扩散项在较低的线速度时随流速的升高迅速减小,但随着线速度的继续增加,这一变化趋于平缓;流动相传质阻抗(主要在液相色谱中)随流动相线速度增加而增大,但在线速度较大时,几乎是一恒定值,但固定相传质阻抗则(主要在气相色谱中)随着流速的增加而增大。

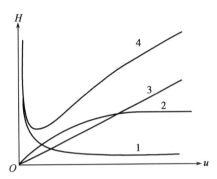

1. 纵向扩散项(B/u);2. 流动相传质阻抗($C_m u$);3. 固定相传质阻抗($C_s u$);4. H-u 曲线图。

图 14-11　流速与纵向扩散和传质阻抗的关系

由于流动相线速度对纵向扩散和传质阻抗有不同作用,其综合作用的结果如图 14-11 中的曲线 4 所示,在某一流速塔板高度有一极小值(H_{min}),这一流速称为最佳流速(u_{opt})。对于一定的色谱柱和试样,u_{opt} 和 H 可由式(14-31)微分求得:

$$\frac{\mathrm{d}H}{\mathrm{d}u} = -\frac{B}{u^2} + C = 0$$

$$u_{opt} = \sqrt{\frac{B}{C}} \qquad 式(14-38)$$

将式(14-38)带入式(14-31)得:

$$H_{min} = A + 2\sqrt{BC} \qquad 式(14-39)$$

在较低线速度时($0 \sim u_{opt}$),纵向扩散起主要作用,线速度增大,塔板高度降低,柱效升高;在较大线速度时($u > u_{opt}$),传质阻抗起主要作用,线速度增大,塔板高度增高,柱效降低。

以上讨论表明各组分分离的色谱动力学过程受多种因素的影响:载体的粒度、色谱柱填充的均匀程度、载气的种类和流速、固定液的液膜厚度和柱温等因素都对柱效产生直接的影响。其中有些因素是互相制约的,如增加载气流速,分子扩散项减小,但是传质阻抗项却增加了。又如柱温升高有利于减小传质阻抗,但是又加剧了分子扩散。总的来说,低柱温有利于分离。因此,要提高柱效,必须综合考虑这些因素的影响,并通过实验选择适宜的操作条件。

（三）毛细管气相色谱速率理论方程

1958 年戈雷(Golay)提出了毛细管柱的速率理论方程式,它是在 van Deemter 方程式基础上改进而来的,称为 Golay 方程式:

$$H = B/u + C_g u + C_1 u \qquad 式(14-40)$$

式中各项的物理意义及影响因素与填充柱的速率方程式相同。由于毛细管柱是空心的,故涡流扩散项 $A = 0$;纵向扩散项中的弯曲因子 γ 为 1,$B = 2D_g$;传质阻抗项中 C_1 与填充柱的速率方程相同;气相传质阻抗在填充柱中是忽略不计的,而在毛细管色谱中由于柱径小不能忽略,Golay 方程详细式表示如下:

$$H = \frac{2D_g}{u} + \frac{r^2(1+6k+11k^2)}{24D_g(1+k)^2}u + \frac{2kd_f^2}{3(1+k)^2D_1}u \qquad 式(14-41)$$

式中,r 为毛细管柱半径,其余各项同前。从 Golay 方程可看出,毛细管柱半径越小,柱效越高。随载气线速增加,纵向扩散项很快下降,而传质阻抗项增加。对于高效薄液膜的空心毛细管柱,液相传质阻抗项较小,影响柱效的主要是气相传质阻抗项,为了降低该项,增加 D_g,常采用高扩散系数和低黏度的氦气或氢气作载气。理论上讲,柱内径越小越好,但内径太小会影响柱渗透性和固定液涂渍量。一旦这些技术性困难被克服,色谱柱技术将产生新的飞跃。

第五节　气相色谱仪

一、气相色谱仪的结构组成

气相色谱仪是气相色谱分析的工具,在现有的商品化的气相色谱仪中有填充柱气相色谱仪、毛细管气相色谱仪以及制备气相色谱仪三种,较为先进的气相色谱仪通常兼容不同规格和类型的色谱柱,实现分析及制备等多种功能。虽然气相色谱仪型号繁多、功能各异,但其基本结构组成是相似的,一般由气路系统、进样系统、分离系统、检测系统、温控系统和数据采集与处理系统六部分组成。气相色谱的一般工作流程为:载气由高压钢瓶或气体发生器供给,经进样系统到色谱柱,再到检测器;样品由进样系统导入,随载气进入色谱柱进行色谱分离,被分离的组分依次进入检测器产生信号,信号经色谱工作站采集、记录、处理后,得到色谱图(chromatogram)。

下面主要介绍填充柱气相色谱仪和毛细管气相色谱仪。

（一）填充柱气相色谱仪

填充柱气相色谱仪是以填充色谱柱为核心的仪器,其结构组成如图 14-12 所示。

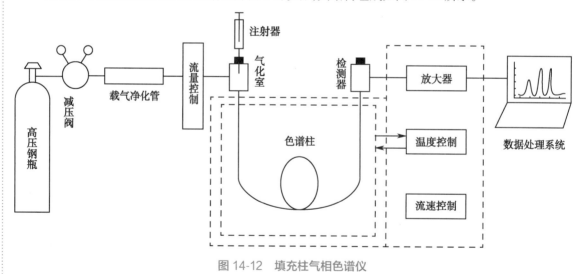

图 14-12　填充柱气相色谱仪

1. 气路系统　气路系统(gas supply system)提供高纯载气,并保持流速稳定。包括载气和检测器所需气体的气源、气体净化、气体流速控制装置。气体从气瓶或气体发生器经减压阀、净化管、流量控制器和压力调节阀,然后通过色谱柱,由检测器排出。整个系统保持密封,不得有气体泄漏。

2. 进样系统　进样系统(sample injection system)的作用是引入试样,保证试样中的组分气化并有效地导入色谱柱。进样系统包括进样器、气化室,另有衬管及电加热丝等装置。

3. 分离系统　分离系统(column system)使气化的试样组分在色谱柱内尽可能地分离。分离系统包括色谱柱和带色谱炉的柱温箱,其中色谱柱是分离的关键,分离系统是色谱仪的心脏部分。

4. 检测系统　检测系统(detection system)对柱后已分离的组分进行检测,将浓度或质量转变成相应的电信号。检测系统主要包括检测器、放大器等装置。

5. 温度控制系统　温度控制系统(temperature control system)用于控制和指示气化室、色谱柱、检测器的温度,保证试样各组分以气体的形式进行分离和检测。温控系统包括热敏元件、温度控制器和温度指示器等。温度控制不仅影响气化效率,而且影响色谱柱的分离效能和检测器的灵敏度和稳定性,因此在气相色谱分析中是需要实验优化的操作条件。

6. 数据采集与处理系统　数据采集与处理系统(data acquisition and processing system)采集和处理输入的电信号,并转变成色谱数据和色谱图进行定性和定量分析。数据采集与处理系统包括数字采集、色谱工作站、打印和显示装置等。现代的色谱工作站是色谱仪的专用计算机系统,具有色谱条件选择、控制、优化乃至智能化等多种功能。

（二）毛细管气相色谱仪（包括顶空进样装置和分流装置）

毛细管气相色谱仪与填充柱气相色谱仪没有本质的差别,主要区别除了在分离系统中填充柱改为毛细管柱外,在进样系统中增加了分流装置和在柱后增加了尾吹气供气装置。常用的氢焰离子化检测器毛细管柱气相色谱仪见图14-13。

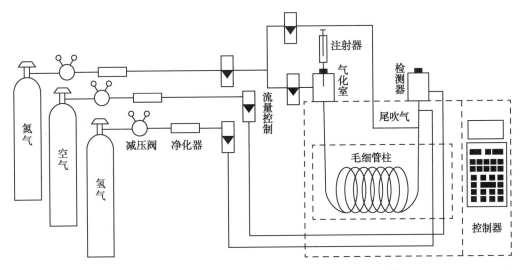

图 14-13　配备氢焰离子化检测器的毛细管柱气相色谱仪

1. 进样系统　填充气相色谱柱的流速一般在 30~50ml/min,柱外死体积对峰展宽的影响可以忽略不计。毛细管气相色谱柱的柱容量小,流速一般在 1ml/min 以下,色谱峰宽度小,柱外效应对分离效率和定量结果的准确度影响很大。因此,在进样部分要有特殊的装置——分流进样器,如图 14-14 所示。目前常用的有分流/不分流进样器、柱上进样器和程序升温进样器等,相应地有多种进样方式,如图 14-15 所示。

（1）分流进样:分流进样(split injection)是使用最早、最广泛的进样方式。分流进样器结构简单、操作方便,而且只要改变操作条件、衬管类型就可成为不分流进样器,所以通称为分流/不分流进样器,其结构如图 14-15 所示。进入进样器的载气分成两路,一路作为隔垫吹扫气;另一路通过衬管一部分进入毛细管柱,另一部分分流放空。分流进样的作用:一是控制样品进入色谱柱的量,保证毛细管柱不会超载;二是保证起始谱带较窄。

进柱试样组分的摩尔数与放空试样组分的摩尔数之比称为分流比(split ratio),一般等于通过色谱柱的载气流量与放空流量之比。分流比按具体要求设定,普通毛细管柱分流比通常为 1∶20~1∶500;对稀释样品、气体样品和大口径毛细管柱,分流比为 1∶2~1∶15。自动化程度高的仪器,分流比可直接设定,由仪器控制;普通仪器的分流比通过阀门调节,用皂膜流速计测定流速后计算获得。

分流进样的优点:①操作简单;②只要色谱柱安装合适,柱外效应较小,柱效高;③当样品中有难挥发组分时,会留在蒸发室中,不会污染色谱柱,但应注意经常更换衬管。

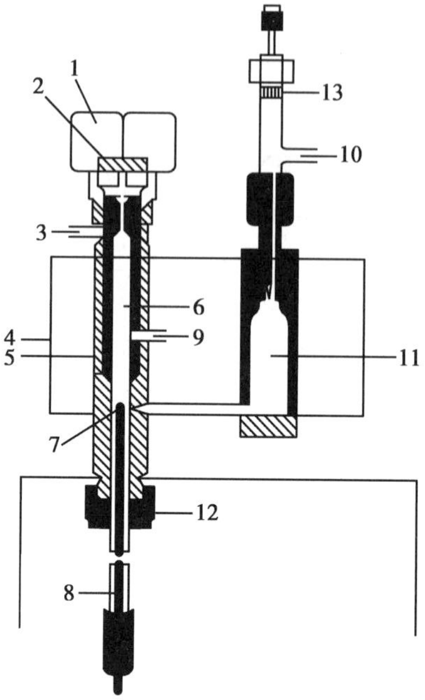

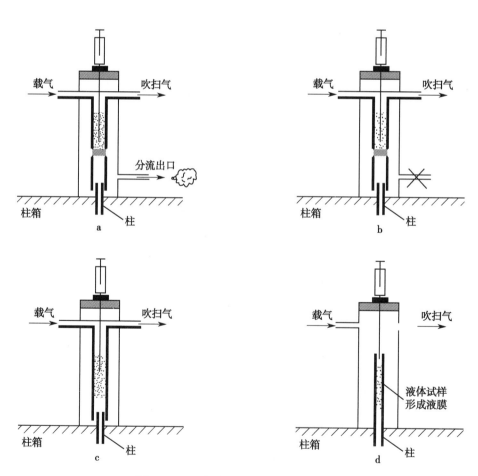

1. 进样帽;2. 隔膜;3. 隔膜吹扫;4. 电加热块;5. 气体清洗冷却;6. 衬管;7. 分流点;8. 毛细管色谱柱;9. 载气入口;10. 分流出口;11. 气体缓冲器;12,13. 适配器+石墨垫。

图 14-14 分流进样器

图 14-15 毛细管气相色谱仪的进样方式

a. 分流进样;b. 不分流进样;c. 直接进样;d. 冷柱头进样

分流进样的缺点：①对宽沸程试样易产生非线性分流，使试样失真。②载气消耗大。设置电磁开关时间程序（某些仪器有"载气节省模式"），可减少载气消耗。③热稳定性差的试样易发生热分解。

（2）不分流进样：不分流进样（splitless injection）是指试样注入进样器后全部迁移进入毛细管柱进行分析，该方式特别适用于痕量分析。

不分流进样可在分流进样器上实现，进样时关闭放空阀，此时载气把试样组分带入色谱柱，经过30~80秒，打开放空阀，把残余试样组分放空，同时色谱炉开始程序升温进行分析。

不分流进样时应注意以下事项：①不分流进样多用于稀样品，预处理或稀释时的溶剂应与试样极性相匹配，否则会使谱带展宽；②程序升温起始温度要低于溶剂沸点，试样在柱头冷聚焦，使进样峰变窄，如试样组分沸点高，则起始温度可高于溶剂沸点；③由于溶剂量大，应尽量用耐溶剂冲洗的交联毛细管柱。

（3）直接进样（direct injection）：直接进样与不分流进样相似，没有分流系统装置，如图14-15c所示。该方式主要用于大口径毛细管柱（≥0.53mm）。

（4）冷柱头进样（cold on-column injection）：冷柱头进样是直接把试样液体冷注射到毛细管柱头上，在柱内气化，如图14-15d所示。该方式适用于沸程宽和热不稳定的化合物分析。

在实际分析中应根据试样液体的性质、被测组分的含量、沸点高低以及热稳定性，选择合适的方式进样。除上述方式外，在现代气相色谱分析中已研发出多种进样器，并不断地改进进样技术，比如大体积进样适应于痕量或超痕量组分的分析，程序升温方式进样可减小化合物热分解的几率，避免溶剂产生的"进样歧视"的影响。

2.尾吹供气装置　　与填充柱气相色谱分析相比，毛细管柱内径小，尽管载气流速很高，但流量却很低1~3ml/min（通常填充色谱柱为20~80ml/min），因此检测器及连接管道的死体积必须很小，避免引起色谱峰展宽。实际上进入毛细管柱的样品处理量非常少，由于载气流量很小，样品组分流出柱时速度会锐减，在色谱柱出口与检测器之间的死体积会引起分离后组分在柱后的"停留"，导致组分进一步扩散，因此毛细管气相色谱仪在色谱柱后增加尾吹供气装置，利用载气尾吹使经色谱柱分离后的组分迅速进入检测器，减少流出组分的弥散，以避免色谱峰展宽，减小保留时间，提高检测器灵敏度。毛细管气相色谱仪和填充气相色谱仪流路的比较见图14-16。

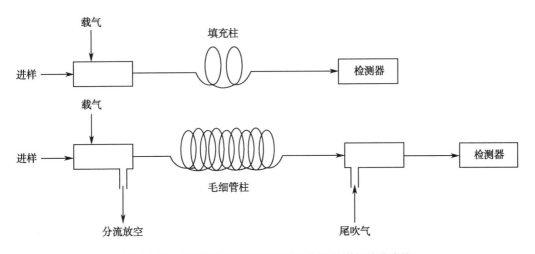

图14-16　毛细管气相色谱仪和填充气相色谱仪流路比较

二、气相色谱检测器

检测器（detector）是气相色谱仪的重要组成部分，它是一种换能装置，其作用是将柱后载气中各组分浓度或质量的变化转变成可测量的电信号。气相色谱检测器种类较多，原理和结构各异，其中最常用的是热导检测器(thermal conductivity detector,TCD)、氢焰离子化检测器(hydrogen flame ionization detector,FID)、电子捕获检测器(electron capture detector,ECD)、火焰光度检测器(flame photometric detector,FPD)和热离子检测器(thermionic detector,TID)等。

按照对不同类型组分是否具有选择性响应,可分为通用型检测器和选择性检测器。热导检测器属于通用型检测器,电子捕获检测器、火焰光度检测器等属于选择性检测器。根据检测器的输出信号与组分含量间的关系不同,可分为浓度型检测器和质量型检测器两大类。浓度型检测器的响应值与载气中组分浓度成正比,例如热导检测器、电子捕获检测器等。质量型检测器的响应值与单位时间内进入检测器的组分质量成正比,例如氢焰离子化检测器、火焰光度检测器和热离子检测器等。

（一）检测器的性能指标

多数检测器的信号形式是微分型,即测量柱流出组分的瞬时变化,因此要求检测器能对所有被分离的组分进行灵敏地检测。理想的检测器应具有通用性强、灵敏度高、线性范围宽、响应快、噪声低、稳定性好等特点。目前常用的检测器的主要性能指标见表 14-2。

表 14-2　常用检测器的性能

检测器	检测对象	噪声	检测限	线性范围	合适载气
TCD	通用	$0.005 \sim 0.01\text{mV}$	$10^{-10} \sim 10^{-6}\text{g/ml}$	$10^{4} \sim 10^{5}$	H_2、He
FID	含 C、H 化合物	$(1 \sim 5) \times 10^{-14}\text{A}$	$<2 \times 10^{-12}\text{g/s}$	$10^{6} \sim 10^{7}$	N_2
ECD	含电负性基团	$10^{-11} \sim 10^{-12}\text{A}$	$1 \times 10^{-14}\text{g/ml}$	$10^{3} \sim 10^{5}$	N_2
TID	含 N、P 化合物	$\leqslant 5 \times 10^{-14}\text{A}$	N:$<10^{-12}\text{g/s}$ P:$<10^{-13}\text{g/s}$	$10^{4} \sim 10^{5}$	N_2、Ar
FPD	含 S、P 化合物	$10^{-9} \sim 10^{-10}\text{A}$	S:$\leqslant 5 \times 10^{-11}\text{g/s}$ P:$\leqslant 10^{-12}\text{g/s}$	S:10^{3} P:10^{4}	N_2、He

1. 灵敏度　灵敏度(sensitivity)是指检测器对某组分浓度或质量的变化所产生的响应信号变化率,又称响应值或应答值。常用两种方法表示,即浓度型检测器常用 S_c 和质量型检测器常用 S_m。S_c 为1ml 载气携带 1mg 的某组分通过检测器时产生的电压,单位为 mV·ml/mg。S_m 为每秒有 1g 的某组分被载气携带通过检测器所产生的电压,单位为 mV·s/g。

灵敏度可以通过实验来测定:

$$S_c = A q_v / m \qquad\qquad 式（14-42）$$

$$S_m = A / m \qquad\qquad 式（14-43）$$

式中,A 为峰面积(mV · min),q_v 为流动相流量(ml/min),m 为进入检测器中样品的量(mg)。

2. 噪声和漂移　无样品通过检测器时,由于仪器本身和工作条件等偶然因素引起的基线起伏称为噪声(noise,N)。噪声的大小用基线波动的最大宽度来衡量,如图 14-17 所示,单位一般用 mV 表示。漂移(drift,d)通常指基线在单位时间内单方向缓慢变化的幅值,单位为 mV/h。噪声和漂移与下列因素有关:检测器的稳定性、载气与辅助气的纯度和流速稳定性、柱温稳定性、固定相的流失。

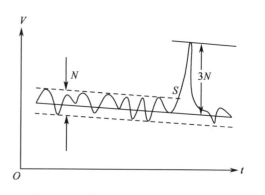

图 14-17　检测器噪声和检出限示意图

3. 检测限　某组分的峰高恰为噪声的 3 倍时,单位时间内载气引入检测器中该组分的质量(D_m),或单位体积载气中所含该组分的量(D_c)称为检测限(detection limit)。低于此限时组分峰将被噪声所淹没,而检测不出来。检测限越低,检测器性能越好。检测限可以通过实验来测定。

$$D_c = \frac{3N}{S_c} \qquad 式(14-44)$$

$$D_m = \frac{3N}{S_m} \qquad 式(14-45)$$

式中,D_c(mg/ml)为浓度型检测器检出限,D_m(g/s)为质量型检测器检出限,N 为噪声(mV)。

4. 线性范围 是指响应信号与被测物浓度的关系呈线性的范围,通常以线性范围内被测物最大浓度与最小浓度的比值来表示。不同检测器线性范围有很大差别(表 14-2),线性范围越宽越好。对于同一个检测器,不同组分有不同的线性范围;对于同一组分,不同检测器线性范围也有很大差别。

(二)热导检测器

热导检测器是利用被测组分与载气之间热导率的差异来检测组分的浓度变化。这种检测器具有结构简单、不破坏样品、通用性强等优点,但与其他检测器相比,灵敏度较低。

1. 结构与检测原理 热导检测器的信号检测部分为热导池,由池体和热敏元件(热敏电阻丝,常用钨丝或铼钨丝)组成。热导池可分为双臂热导池和四臂热导池。如将两个材质、电阻相同的热丝,装入一个双腔池体中,可构成双臂热导池,如图 14-18 所示。一臂连接在色谱柱后,成为测量臂;另一臂连接在色谱柱前,只通载气,成为参考臂。两臂的电阻分别为 R_1 与 R_2,将 R_1 与 R_2 与两个阻值相等的固定电阻 R_3、R_4 组成惠斯顿电桥。

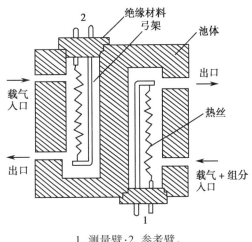

1. 测量臂;2. 参考臂。

图 14-18 双臂热导池示意图

给热导池通电,热丝升温,所产生的热量被载气带走,并以热导方式通过载气传给池体。当热量的产生与散热建立动态平衡时,热敏电阻丝的温度恒定,其电阻值也恒定。若参考臂和测量臂中均只通纯载气,两个热导池中的热敏电阻丝温度相等,则 $R_1 = R_2$,$R_1/R_2 = R_3/R_4$,电桥处于平衡状态,检流计中无电流通过。

当柱后载气携带样品组分进入测量臂时,若组分与载气的热导率不等,热敏电阻丝周围温度则会产生变化,其电阻值 R_1 也随之发生变化,$R_1 \neq R_2$,$R_1/R_2 \neq R_3/R_4$,检流计指针发生偏转,将此微小电流通过电阻转化成电压并放大,就成为检测信号。

如 R_3 和 R_4 也换成热敏元件,则构成四臂热导池,其检测灵敏度高于双臂热导池。

2. 使用注意事项 ①热导检测器为浓度型检测器,当进样量一定时,峰面积与载气流速成反比,而峰高受流速影响较小。因此用峰面积定量时,需严格保持流速恒定。②为避免热敏电阻丝被烧断,在没有通载气时不能加桥电流,而在关仪器时应先切断桥电流再关载气。③在其他条件一定时,热导检测器的灵敏度与载气和组分之间热导率的差值有关,差值越大灵敏度越高。表 14-3 列出了一些物质的热导率。氢气和氦气的热导率比有机化合物的热导率大很多,因此灵敏度高,且不会出倒峰。④热导检测器响应值与桥电流的 3 次方成正比,增加桥电流可提高灵敏度,但桥电流增加,热敏电阻丝易被氧化,噪声也会变大,还易将热敏元件烧坏。所以在灵敏度足够的情况下,应尽量采取较低桥电流以保护热敏元件。当以 N_2 为载气时桥电流一般为 $100 \sim 150mA$,而以 H_2 为载气时桥电流为 $150 \sim 200mA$。⑤降低检测室温度可增加导热,提高灵敏度。但检测器温度不得低于柱温,以防样品组分在检测室中冷凝引起基线不稳。通常检测室温度应高于柱温 $20 \sim 50℃$。

表14-3　一些气体的热导率（λ×10⁵，J/cm·s·℃，100℃时）

气体	热导率	气体	热导率
氢	224.3	甲烷	45.8
氦	175.6	丙烷	26.4
氮	31.5	乙醇	22.3
空气	31.5	丙酮	17.6

（三）氢焰离子化检测器

氢焰离子化检测器是利用有机物在氢火焰的作用下化学电离而形成离子流,借测定的离子流强度进行检测。其主要特点是灵敏度高,响应快,噪声小,线性范围宽。缺点是检测时样品被破坏,且一般只能测定含碳化合物。

1. 结构与检测原理　氢焰离子化检测器由离子化室、火焰喷嘴、发射极（负极）和收集极（正极）组成,如图14-19所示。在收集极和发射极之间加有150~300V的极化电压,形成一外加电场。检测时,被测组分被载气携带,与氢气混合进入离子化室,在氢气燃烧所产生的高温(约2 100℃)火焰中电离成正离子和电子。产生的离子和电子在收集极和发射极的外电场作用下定向运动而形成电流。产生的电流很微弱,需经放大器放大后,才能得到色谱峰。产生的微电流大小与进入离子室的被测组分含量有关,含量愈高,产生的微电流就愈大。氢焰离子化检测器对大多数含碳有机化合物有很高的灵敏度,故适宜痕量有机物的分析。

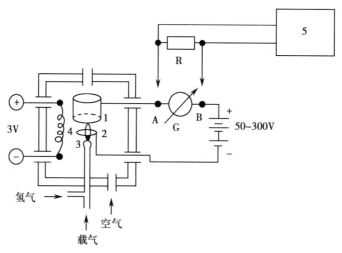

1. 收集极;2. 发射极;3. 氢火焰;4. 点火线圈;5. 微电流放大器。

图14-19　氢焰离子化检测器示意图

2. 使用注意事项　①氢焰离子化检测器要使用3种气体,载气常用氮气,燃气用氢气,空气作为助燃气。三者流量关系:$N_2:H_2=1:1~1.5$,$H_2:$空气 $=1:5~10$。②氢焰离子化检测器为质量型检测器,峰高取决于单位时间引入检测器的组分质量,在进样量一定时,峰高与载气流速成正比,而流速对峰面积则影响较小。因此一般采用峰面积定量。在用峰高定量时,需保持载气流速恒定。

（四）电子捕获检测器

电子捕获检测器是一种高选择性、高灵敏度的检测器,它只对含有强电负性元素的物质,如含有卤素、硝基、羰基、氰基等的化合物有响应,元素的电负性越强,检测灵敏度越高,其检测下限可达 10^{-14}g/ml。

1. 结构与检测原理　电子捕获检测器的结构,如图14-20所示。在检测器的池体内,装有一个圆筒状的β射线放射源作为负极,以一个不锈钢棒作为正极,在两极施加直流电或脉冲电压。可用^{3}H或^{63}Ni作为放射源,一般常用后者。前者使用温度较低(<190℃),寿命较短,半衰期为12.5年。后者可在较高的温度(300~400℃)下使用,半衰期为85年。

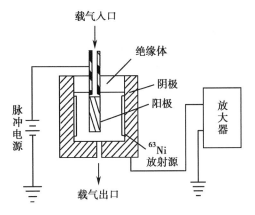

图14-20　电子捕获检测器示意图

当载气进入检测室时,在β射线的作用下发生电离,产生正离子和低能量的电子:

$$N_2 \longrightarrow N_2^+ + e$$

生成的正离子和电子在电场作用下分别向两极运动,形成恒定的电流,称为基流。当含强电负性元素的物质进入检测器时,就会捕获这些低能电子,产生带负电荷的离子并释放出能量:

$$AB + e \longrightarrow AB^- + E$$

带负电荷的离子和载气电离生成的正离子碰撞生成中性化合物,结果使基流降低,产生负信号,形成倒峰。经放大器放大,极性转换,输出正峰信号。信号的大小与进入检测器的组分的浓度成正比。

2. 使用注意事项　①应使用高纯度载气,一般采用高纯氮(纯度≥99.999%),载气中若含有少量的O_2和H_2O等电负性组分,对检测器的基流和响应值会有很大的影响,长期使用将严重污染检测器。因此,除使用高纯度载气外,还应采用脱氧管等净化装置除去其中的微量杂质。②载气流速对基流和响应信号也有影响,可根据条件试验选择最佳载气流速,通常为40~100ml/min。③检测器中含有放射源,应注意安全,不可随意拆卸。

(五)其他检测器

在气相色谱法中还会用到热离子检测器、火焰光度检测器。

1. 热离子检测器　又称氮磷检测器(nitrogen phosphorus detector,NPD),是一种对含N、P的有机物的检测具有高灵敏度、高选择性和线性范围宽的检测器,其结构与氢焰离子化检测器相似,只是在FID检测器的喷嘴与收集极之间加一个含硅酸铷的玻璃球,被电流加热的铷珠逸出少量的Rb^+,在电场作用下定向移动形成基流。当含氮、磷化合物流出色谱柱时,在受热的铷珠周围发生热离子化反应,生成CN^-或PO^-或PO_2^-,从而增大了碱金属的电离作用,产生大量电子使信号大大增强,形成对N、P的选择性检测。失去电子的Rb^+又被负极吸收还原,维持铷珠的长期使用。

热离子检测器的响应与含N、P的有机物的流速成正比,其线性范围可达10^5,但其响应还与化合物的分子结构有关,易分解成CN基的化合物其响应值也大,其他结构尤其是硝酸酯、酰胺类响应小。一般的大小顺序为偶氮化合物>腈化物>含氮杂环化合物>芳胺>硝基化合物>脂肪胺>酰胺。热离子检测器由于选择性高,使用寿命长,灵敏度高(可检测到5×10^{-13}g/s的偶氮苯化合物,5×10^{-13}g/s的含磷化合物,如马拉硫磷),广泛应用于农药、石油、食品、药物、香料及临床医学等多个领域。

2. 火焰光度检测器　又称硫磷检测器,是一种分析S、P化合物的高灵敏度、高选择性的检测器。在结构上是一个简单的火焰发射光谱仪,可分为气路、发光和光接收三部分。气路与氢焰离子化检测器相同,原理上不同之处在于含S、P化合物在喷嘴的富氢焰(温度2 000~3 000K)中燃烧时产生激发态的S_2^*和HPO^*碎片分子,分别可以发出350~430nm和480~600nm的一系列特征光。通过使用硫用394nm滤片和磷用526nm滤光片分光,用光电倍增管接收检测其最大波长发射光,将光强转变成电流信号,经放大器放大后采集即得所需组分信号。

火焰光度检测器是一种对S和P选择性高的质量型检测器,其灵敏度比烃类化合物高10 000倍,常用于大气痕量污染物的分析以及水和农副产品中有机硫和有机磷农药残留量的测定。由于氮磷检测器对 P 的灵敏度高于火焰光度检测器,而且更可靠,因此火焰光度检测器现今多作为含 S 化合物的专用检测器。

除上述介绍的检测器外,根据化合物的性质和分析的用途,在气相色谱法中还有光离子化检测器、电解电导检测器、微波等离子体检测器、质谱检测器、傅里叶变换红外光谱检测器等,可参考相关专著。

第六节   气相色谱分离条件的选择

一、气相色谱分离基本方程

在色谱分析中,对于多组分混合物的分离分析,在进行定量分析时,只有组分完全分离($R>1.5$),才能获得较好的精密度和准确度。由速率理论可知,要提高相邻组分的分离度,固定相、柱温及载气的选择是主要考虑的三方面。

假设两组分峰宽近似相等,可推导出分离度与柱效(n)、分离因子(α)及保留因子(k)间的关系式:

$$R = \frac{\sqrt{n}}{4} \cdot \frac{\alpha-1}{\alpha} \cdot \frac{k_2}{1+k_2}$$

a b c

式(14-46)

式(14-46)称为色谱分离基本方程式。式中 a 为柱效项,b 为柱选择性项,c 为柱容量项,k_2 为色谱图上相邻两组分中第二组分的保留因子,α 为分离因子,即 $\alpha=K_2/K_1=k_2/k_1$。式(14-46)表明分离度 R 随体系的热力学性质(α 和 k)的改变而变化,也与色谱动力学过程密切相关(n 的改变),是衡量色谱系统的总效能指标。因此,要获得满意的分离度,就要提高 α、n 以及 k。n、k 和 α 对分离度的影响,如图 14-21 所示,增加 k,分离度增加,但使峰变宽;增加 n,则峰变锐而改善分离度;增加 α,分离选择性增加而提高分离度。

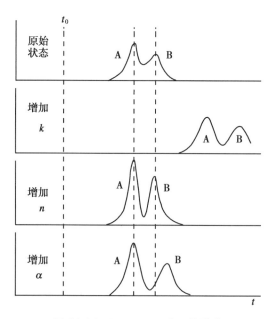

图 14-21 k、n、α 对 R 的影响

二、气相色谱条件选择

气相色谱条件的选择主要依据速率理论以及色谱分离基本方程式,实际工作中应考虑以下条件。

1. 固定相 α 反映了固定液的选择性,α 越大,表明固定液的选择性越好。当 $\alpha=1$ 时,无论柱效有多高,k 为多大,R 都为零,两组分不可能分离。保留因子 k 与组分分配系数、固定液的用量和柱温有关。α 和 k 取决于试样中各组分本身的性质和固定相性质,所以选择合适的固定相是分离的关键。增加固定液的用量(即液膜厚度)可增大保留因子 k 从而提高分离度,但会延长分析时间,而且固定液若太厚,传质阻抗增大,会引起色谱峰展宽。

对于固定相负载在内壁的空心毛细管柱,毛细管涂渍的液膜厚度对柱效的影响较大。因此,毛细管的液膜厚度的选择需按实际分析要求确定。分离挥发性低、热稳定性差的物质时需用薄液膜柱,这样可以降低柱温和减少柱流失,对快速分析,液膜厚度可低至 $0.05\mu m$;分析高挥发性、保留值小的物质时,要求液膜厚度大于 $1\mu m$。

2. 载气流速和种类 根据式(14-31)和图 14-11 可知,载气线速度 u 越小,B/u 项越大,而 Cu 项越小。在低流速($0\sim u_{opt}$)时,B/u 项起主导作用,此时,为减小分子扩散应选用相对分子质量较大的载气,如氮气。在高流速($u>u_{opt}$)时,Cu 项起主导作用,因此选用相对分子质量较小的载气,如氢气,可以减小气相传质阻力,提高柱效。在实际工作中使用的线速度往往稍高于最佳线速度,此时虽使柱效略有降低但影响不大,而分析时间可缩短。使用填充柱时,氮气的最佳实用线速度为 $10\sim 12cm/s$,氢气为 $15\sim 20cm/s$。

在毛细管色谱中常用的载气有氮气、氢气和氦气,不同载气的 Golay 方程曲线,如图 14-22 所示。从曲线极小值和它的平坦程度可以看出:氦气和氢气作载气时,最佳柱效和氮气差不多,但最佳线速度比氮气大,有利于缩短分析时间。考虑到操作的安全性,在毛细管气相色谱中多用氮气和氦气作载气。

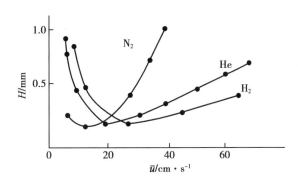

图 14-22 载气效应的 Golay 方程曲线

3. 柱温 在选定色谱柱后,柱温是影响色谱分离的关键因素之一,会直接影响分离效能和分析速度。提高柱温,组分的挥发加快,分配系数减小,不利于分离;降低柱温,传质阻力增大,峰形扩张,严重时引起拖尾,并延长分析时间。总体来说,降低柱温有利于提高分离度,因此在选择柱温时应综合考虑。柱温选择原则是:在使最难分离的组分能得到良好的分离,分析时间适宜,并且峰形不拖尾的前提下,尽可能采用较低柱温。具体应按试样组分的沸点不同而选择。

(1)高沸点试样($300\sim 400^\circ C$):柱温可低于沸点 $100\sim 150^\circ C$,采用低固定液涂渍量($1\%\sim 3\%$)。

(2)沸点$<300^\circ C$的试样:柱温可在比平均沸点低 $50^\circ C$ 至平均沸点的范围内。固定液涂渍量为 $5\%\sim 25\%$。

(3)宽沸程试样:对于复杂的宽沸程(沸程$>100^\circ C$)试样,恒定柱温常不能兼顾两头,需采取程序升温(temperature programming)方法,即在一个分析周期内,按照一定程序改变柱温,使不同沸点的组分在合适温度下得到分离。程序升温可以是线性的,也可以是非线性的。

图 14-23 为程序升温与恒定柱温对沸程为 225℃ 的烷烃与卤代烃 9 个组分的混合物的分离效果比较。a 为恒定柱温 $T_c=45^\circ C$,30 分钟内只有 5 个组分流出色谱柱,但低沸点组分分离较好。b 为 $T_c=120^\circ C$,因柱温升高,保留时间缩短,低沸点成分峰密集,分离度不佳。c 为程序升温。由 30℃ 起始,升温速度为 5℃/min。使低沸点及高沸点组分都能在各自适宜的温度下分离,且峰形和分离度都好。

恒温色谱图与程序升温色谱图的主要差

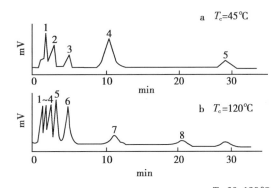

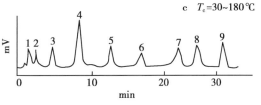

1. 丙烷($-42^\circ C$);2. 丁烷($-0.5^\circ C$);3. 戊烷($36^\circ C$);
4. 己烷($68^\circ C$);5. 庚烷($98^\circ C$);6. 辛烷($126^\circ C$);7. 溴仿($150.5^\circ C$);8. 间氯甲苯($161.6^\circ C$);9. 间溴甲苯($183^\circ C$)。

图 14-23 宽沸程混合物的恒温色谱和程序升温色谱分离效果的比较

别是前者色谱峰的半峰宽随 t_R 的增大而增大,后者的半峰宽与 t_R 无关。

4. 柱长和内径　填充柱的柱长和内径通常分别为 0.5~5m 和 3~6mm,毛细管柱的柱长和内径一般为 20~50m 和 0.1~0.5mm。由式(14-46)可知,分离度随 n 增加而增加,在塔板高度不变的条件下, n 与柱长 L 成正比, $(R_1/R_2)^2=n_1/n_2=L_1/L_2$,因此增加柱长对分离有利。但增加柱长会延长分析时间。因此在达到一定分离度的条件下,应尽可能使用短柱。柱内径增大可增加柱容量、有效分离的试样量增加,但径向扩散路径也会随之增加,导致柱效下降。内径小有利于提高柱效,但渗透性也会下降,影响分析效率。

由式(14-41)可知, H 与柱内半径平方 r^2 成正比,即内径越细,柱效越高,故目前多采用细内径、短毛细管柱进行快速分析。但内径变细在实际应用时要受仪器、操作等许多条件限制,目前以内径 0.1~0.35mm 为主。需要注意的是柱内径和液膜厚度需要与柱容量和柱效一起综合考虑,快速分析时往往用小内径和薄液膜柱。若需增大柱容量,则采用大口径和厚液膜柱。

5. 其他条件

(1) 气化室温度:根据试样的沸点、热稳定性和进样量选择气化温度。一般可等于或稍高于试样的沸点,以保证试样迅速完全气化。气化室温度应高于柱温 30~50℃。对于热不稳定性组分应尽可能采用较低温度,防止其分解。

(2) 检测室温度:为了使色谱柱的流出物不在检测器中冷凝而产生污染,一般检测室温度需高于柱温 20~50℃。

(3) 进样时间和进样量:进样必须快速,一般在 1 秒以内完成。若进样时间过长,则试样起始宽度大,峰形变宽甚至变形。通常要求液体试样的进样量不超过 10μl,以 0.1~2μl 为宜;气体试样不超过 10ml,以 0.5~3ml 为宜。进样量太大会使柱超载,峰宽增大,峰形不正常。对于毛细管色谱柱,还应根据试样性质和组分含量考虑适当的分流进样方式。

三、样品的预处理

在实际工作中,样品来源及样品性质复杂多样,通常需根据样品的性质和基质的复杂程度,对样品进行预处理,使样品的形式和所用溶剂符合色谱分析的要求,制备出适合于上柱分析的样品试液且改善分析结果。常见的样品预处理方法包括溶解、均质化、过滤、离心、浓缩、蒸发、分离等手段以及这些手段的组合。通过样品预处理达到以下目的:

(1) 制备适合于气相色谱分析的均质溶液,保证被测组分完全回收。

(2) 尽量去除样品基质中的干扰物质,保护色谱柱和色谱仪。

(3) 改善分离,提高方法的可靠性。

(4) 改善检测器的响应,提高灵敏度。

显然,样品预处理步骤越少、耗费人工、时间和耗材成本越低,越有利于提高方法的适应性和可靠性。目前的样品预处理方法包括溶剂萃取(如各种液-液萃取和液-固萃取方法)、固相萃取(固相微萃取、基质固相分散萃取等)、其他辅助萃取(微波辅助萃取、超声辅助萃取、超临界流体萃取等)和色谱柱净化技术(凝胶渗透色谱、免疫亲和色谱、分子印迹等)。因此,样品预处理方法应根据气相色谱法的特点,针对样品基质和被测组分的性质进行选择。例如,顶空气相色谱法(headspace-gas chromatography,HS-GC)就是基于样品中被测组分的挥发性或半挥发性,在一定温度下在样品基质(固体或液体)上方抽取气体直接进样分析(称为顶空进样),这是最简单的样品预处理方法。现在的气相色谱仪可配置顶空进样装置与自动进样器联用直接对样品进行控制和分析。

对于一些挥发性或热稳定性很差的样品组分,需进行分解或衍生化等样品预处理后才可能用气相色谱进行分离分析。

顶空气相色谱法(拓展阅读)

1. 分解法 可分为水解法和热裂解法。水解法是将大分子通过水解反应降解成小分子,如蛋白质水解成氨基酸,经后续处理后进行分析。热裂解法是将高分子化合物高温分解为低相对分子质量化合物后进行分析(也称为裂解气相色谱法)。

2. 衍生化法 利用化学方法制备衍生物,增加组分的挥发性或热稳定性,常用的方法有酯化法、硅烷化法和酰化法。酯化法是通过酯化反应将羧基转化成酯基,是高级脂肪酸(如鱼油中的脂肪酸)分析的最常用方法。硅烷化法适用于含有羟基、羧基及氨基的有机高沸点或热不稳定化合物,如糖类、氨基酸、维生素、抗生素和甾体药物等。它是通过硅烷化反应由三甲基硅烷基取代羟基、羧基和氨基上的活泼氢。常用的硅烷化试剂有三甲基硅烷(TMS)、双-三甲基硅烷基三氟乙酰胺(BSTFA)等。酰化法是将含有羟基的化合物(如高级脂肪醇、二元醇、酚、甾醇、糖等)和含有氨基的氨基酸等制成相应的乙酰化、丙酰化、三氟乙酰化产物。

色谱衍生化技术

第七节 定性与定量分析方法

一、定性分析方法

气相色谱分析的优点是能对多种组分的混合物进行分离分析,但也有其固有的缺点,就是难以对未知物定性,需要依据已知纯物质或有关的色谱定性参考数据才能进行定性鉴别。气相色谱与质谱、红外光谱联用技术的发展,为未知试样的定性分析提供了新的手段。

1. 对照品对照法 根据同一种物质在相同色谱条件下保留时间相同的原理进行定性。在相同的操作条件下,分别测出对照品和未知试样中各组分的保留值,在未知试样色谱图中对应于对照品保留值的位置上若有峰出现,则判定试样可能含有与对照品相同的组分,否则就不存在这种组分。

如果试样较复杂,峰间的距离太近,或操作条件不易控制,要准确确定保留值有一定困难。此时最好将对照品加到未知试样中混合进样,若待定性组分峰比不加对照品时的峰高相对增大,则表示原试样中可能含有该成分。有时几种物质在同一色谱柱上恰有相同的保留值,无法定性,则可用性质差别较大的双柱定性。若在这两根色谱柱上,同一组分的色谱峰峰高都增加,一般可认定是同一物质。

该法是实际工作中最常用的定性方法,对于已知组成的复方药物制剂和工厂的定型产品分析,尤为实用。

2. 利用相对保留值定性 对于一些组成比较简单的已知范围的混合物,或无对照品的情况下,可用此法定性。将所得各组分的相对保留时间与色谱手册数据对比定性。$r_{2,1}$ 的数值大小取决于分配系数之比,即与组分的性质、固定液的性质及柱温有关,与固定液的用量、柱长、流速及填充情况等无关。因此很多色谱手册和文献记载了相对保留值,以备后续研究使用。

利用此法时,先查手册,根据手册的实验条件及所用的标准物进行实验。取所规定的标准物加入被测样品中,混匀、进样,求出 $r_{2,1}$,再与手册数据对比定性。

3. 利用保留指数定性 许多手册上都刊载各种化合物的 Kovats 保留指数 I,见式(14-11),只要固定液及柱温相同,就可以利用手册数据对物质进行定性。保留指数的重复性及准确性均较好(相对误差<1%),是定性的重要方法。

4. 基团分类测定法 把色谱柱的流出物(欲鉴定的组分)通入基团分类试剂中,观察反应(颜色变化或产生沉淀)来判断该组分含有什么基团或属于哪类化合物。再参考保留值,便可粗略定性。如是否为醛、酮,可用2,4-二硝基苯肼检查。

5. 两谱联用定性 把气相色谱仪作为分离手段,把质谱仪、红外光谱仪作为鉴定工具,两者取长补短,这种方法称为两谱联用,是有效的定性方法。特别是将色谱与质谱联用兼具了两种仪器的优势,极大地提高了气相色谱分析的定性定量分析水平(详见第十八章)。

二、定量分析方法

(一)系统适用性试验

按照《中国药典》(2020 年版)要求,色谱法用于药物分析时,需按各品种项下要求对色谱系统进行适用性试验,即用规定的对照品溶液或系统适用性试验溶液进行试验,以判定所用色谱系统是否符合规定的要求。必要时,可对色谱系统进行适当调整,以符合要求。

色谱系统的适用性试验通常包括理论塔板数、分离度、重复性和拖尾因子 4 个参数。其中,分离度和重复性尤为重要。

1. 色谱柱的理论塔板数(n)　此参数用于评价色谱柱的分离效能。在规定的色谱条件下,注入供试品溶液或各品种项下规定的内标物质溶液,记录色谱图,量出供试品主成分峰或内标物质峰的保留时间、半峰宽或峰宽,计算色谱柱的理论塔板数。

2. 分离度(R)　用于评价被测组分与相邻共存物或难分离物质之间的分离程度,是衡量色谱系统效能的关键指标。定量分析时,为使测量准确,要求被测组分峰与相邻其他峰之间的分离度大于 1.5。

3. 重复性　用于评价连续进样中色谱系统响应值的重复性。采用外标法时,取各品种项下的对照品溶液,连续进样 5 次,除另有规定外,其峰面积测量值的相对标准偏差应不大于 2.0%;采用内标法时,配制相当于 80%、100% 和 120% 的对照品溶液,加入规定量的内标溶液,配成 3 种不同浓度的溶液,分别至少进样两次,计算平均校正因子,其相对标准偏差应不大于 2.0%。

4. 拖尾因子(T)　用于评价色谱峰的对称性。为保证测量精度,特别是当采用峰高法定量时,应检查被测组分峰的拖尾因子。除另有规定外,T 应在 0.95~1.05。

(二)定量校正因子

色谱定量分析的基础是被测物质的量与其峰面积(或峰高)成正比。但是,由于同一检测器对相同质量的不同物质具有不同的响应值,因此不能用峰面积来直接计算物质的量,需要引入校正因子的概念:

$$f'_i = \frac{m_i}{A_i} \qquad 式(14-47)$$

式中,f'_i 称为绝对校正因子,即单位峰面积所代表的物质 i 的量。测定绝对校正因子 f'_i 需要准确知道进样量,这是比较困难的。所以,在实际工作中,往往使用相对校正因子 f_i,即被测物质 i 和标准物质 s 的绝对校正因子之比:

$$f_i = \frac{f'_i}{f'_s} \qquad 式(14-48)$$

使用氢焰检测器时,常用正庚烷作标准物质;使用热导检测器时,用苯作标准物质。平常所指的校正因子都是相对校正因子,最常用的是相对质量校正因子 f_m。

$$f_m = \frac{f'_i}{f'_s} = \frac{A_s m_i}{A_i m_s} \qquad 式(14-49)$$

式中,A_i、A_s、m_i、m_s 分别代表物质 i 与标准物质 s 的峰面积和质量。测定相对质量校正因子时,用分析天平称取质量为 m_i 和 m_s 的被测物质 i 和标准物质 s,配制成混合溶液后进样分析,根据所得峰面积计算相对校正因子。

(三)定量方法

色谱定量方法分为归一化法、外标法、内标法、标准加入法等。

1. 归一化法 组分 i 的质量分数等于它的色谱峰面积在总峰面积中所占的百分比。考虑到检测器对不同物质的响应不同,峰面积需经校正,故组分 i 的质量分数可按下式计算:

$$w_i(\%) = \frac{A_i f_i}{A_1 f_1 + A_2 f_2 + A_3 f_3 + \cdots + A_n f_n} \times 100\% \qquad \text{式(14-50)}$$

归一化法的优点是简便、定量结果与进样量无关、操作条件变化时对结果影响较小。缺点是所有组分必须在一个分析周期内都能流出色谱柱,而且检测器对它们都产生信号。该法不能用于微量杂质的含量测定。

2. 外标法 分为工作曲线法和外标一点法。在一定操作条件下,用对照品配成不同浓度的对照液,定量进样,用峰面积或峰高对对照品的量(或浓度)作工作曲线,求回归方程,而后在相同条件下分析试样,计算被测组分的量或浓度,这种方法称为工作曲线法。工作曲线的截距近似为零,若截距较大,说明存在一定的系统误差。若工作曲线线性好,截距近似为零,可用外标一点法(比较法)定量。

外标一点法是用一种浓度的物质 i 的对照溶液进样分析;供试液在相同条件下进样分析,用下式计算其中物质 i 的量:

$$m_i = \frac{A_i}{(A_i)_s}(m_i)_s \qquad \text{式(14-51)}$$

式中,m_i 与 A_i 分别代表在供试液进样体积中所含物质 i 的质量及相应峰面积,$(m_i)_s$ 及 $(A_i)_s$ 分别代表物质 i 对照液在进样体积中所含的质量及相应峰面积。若供试液和对照液进样体积相等,则式(14-51)中的 m_i 和 $(m_i)_s$ 可分别用供试液中物质 i 的浓度 c_i 和对照液浓度 $(c_i)_s$ 代替,即

$$c_i = \frac{A_i}{(A_i)_s}(c_i)_s \qquad \text{式(14-52)}$$

外标法的优点是不必使用校正因子,不必加内标物,常用于日常质量控制分析。分析结果的准确度主要取决于进样的准确性和操作条件的稳定程度。

3. 内标法 气相色谱法由于进样量小,所以不易准确体积进样,在药物分析中多用内标法定量。该法适用于试样组分不能全部流出色谱柱,或检测器不能对每个组分都有响应,或只需测定试样中某一个或某几个组分时的情况。

在实际工作中,内标物的选择很重要。对内标物的基本要求:①内标物应是试样中不存在的组分;②内标物色谱峰位于被测组分色谱峰附近,或几个被测组分色谱峰中间,并与这些组分完全分离;③内标物必须是纯度合乎要求的纯物质。若得不到纯品,含量已知、杂质峰不干扰的较纯物质也可使用,但计算式中的 m_s 需校正。

根据实际操作不同,内标法可分为内标工作曲线法、内标一点法和内标校正因子法。

(1) 内标工作曲线法:配制一系列不同浓度的对照液,并加入相同量的内标物,进样分析,测得 A_i 和 A_s,以 A_i/A_s 对对照溶液浓度作图。求回归方程,以计算试样中 i 的浓度。供试液配制时也需加入与对照液相同量的内标物,根据被测组分与内标物的峰面积比值,由工作曲线求得被测组分浓度。

(2) 内标一点法:若内标工作曲线的截距近似为零,可用内标一点法(已知浓度试样对照法)定量。在对照品溶液和被测溶液中,分别加入相同量的内标物,配成对照品液和供试液,分别进样,按下式计算被测组分浓度:

$$\frac{(A_i/A_s)_{\text{试样}}}{(A_i/A_s)_{\text{对照}}} = \frac{c_{i\text{试样}}}{c_{i\text{对照}}} \qquad c_{i\text{试样}} = \frac{(A_i/A_s)_{\text{试样}}}{(A_i/A_s)_{\text{对照}}} \times c_{i\text{对照}} \qquad \text{式(14-53)}$$

内标工作曲线法和内标一点法不必测出校正因子,消除了某些操作条件的影响,也不需严格要求进样体积的准确性。配制对照品液相当于测定相对校正因子。

(3) 内标校正因子法:以一定量的纯物质作为内标物,加入到准确称取的试样中,混匀后进样分

析,根据试样和内标物的质量及其在色谱图上相应的峰面积比,求出某组分的质量分数。例如要测定试样中物质 i 的质量分数,于质量为 m 的试样中加入质量为 m_s 的内标物,则

$$m_i = f_i A_i \qquad m_s = f_s A_s$$

$$m_i = \frac{A_i f_i}{A_s f_s} m_s \qquad w_i(\%) = \frac{A_i f_i}{A_s f_s} \cdot \frac{m_s}{m} \times 100\% \qquad \text{式}(14\text{-}54)$$

由式(14-54)可看到,本法是通过测量内标物及被测组分峰面积的相对值来进行计算的,因而由于操作条件变化而引起的误差,都将同时反映在内标物及被测组分上而得到抵消,所以分析结果准确度高。该法对进样量准确度的要求相对较低。

在药物分析时,校正因子经常是未知的,此时可以内标物为对照,测定被测组分的相对校正因子。

【示例 14-1】　无水乙醇中微量水的测定

色谱条件:上海试剂厂 401 有机担体或 GDX-203 固定相,柱长 2m,柱温 120℃,气化室温度 160℃,检测器 TCD,载气 N_2,40ml/min,内标物甲醇。所得色谱图,见图 14-24。

试样配制:准确量取被测无水乙醇 100ml,称重为 79.37g。加入无水甲醇约 0.25g,精密称定为 0.257 2g,混匀待用。

测得水峰面积为 6 368μV·s,甲醇峰面积为 8 564μV·s。

计算无水乙醇中水的质量分数(W/W)。

已知相对质量校正因子 $f_{H_2O} = 0.55$,$f_{甲醇} = 0.58$,将已知数据代入式(14-54),得:

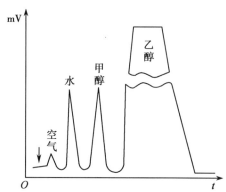

图 14-24　无水乙醇中的微量水分测定

$$w_{H_2O}(\%) = \frac{A_{H_2O} f_{H_2O}}{A_{甲醇} f_{甲醇}} \cdot \frac{m_{甲醇}}{m_{样品}} \times 100\% = \frac{6\ 368 \times 0.55}{8\ 564 \times 0.58} \times \frac{0.257\ 2}{79.37} \times 100\% = 0.23\%\ (W/W)$$

4. 标准加入法　在供试液中加入一定量被测组分 i 的对照品,测定增加对照品后组分 i 峰面积的增量,计算组分 i 的质量。

$$m_i = \frac{A_i}{\Delta A_i} \Delta m_i \qquad \text{式}(14\text{-}55)$$

式中,Δm_i 为对照品的加入量,ΔA_i 为峰面积的增加量。

为消除进样误差,可在供试品色谱图中选择一个参比峰(r),以 A_i/A_r 代替 A_i,则

$$m_i = \frac{A_i/A_r}{A_i'/A_r' - A_i/A_r} \Delta m_i \qquad \text{式}(14\text{-}56)$$

式中,A_i 和 A_r 为供试液进样时被测组分 i 和参比物 r 的峰面积,A_i' 和 A_r' 为加入对照品后的峰面积。在难以找到合适内标物,或色谱图上难以插入内标时,可采用该法。

第十四章
目标测试

习　　题

1. 在一气-液色谱柱上,组分 A 和 B 的 K 分别为 10 和 15,柱的固定相体积为 0.5ml,流动相体积为

1.5ml,流速为0.5ml/min。求A、B的保留时间和保留体积。

$$(t_{R_A}=13min, V_{R_A}=6.5ml; t_{R_B}=18min, V_{R_B}=9ml)$$

2. 在一根3m长的色谱柱上分离一个试样的结果如下：死时间为1min,组分1的保留时间为14min,组分2的保留时间为17min,峰宽为1min。

(1) 用组分2计算色谱柱的理论塔板数n及塔板高度H。

(2) 求调整保留时间t'_{R_1}和t'_{R_2}。

(3) 用组分2求有效塔板数n_{eff}及有效塔板高度H_{eff}。

(4) 求保留因子k_1及k_2。

(5) 求分离度R。

$$[(1)\ n_2=4.6\times10^3, H_2=0.65mm; (2)\ t'_{R_1}=13min, t'_{R_2}=16min;$$
$$(3)\ n_{eff(2)}=4.1\times10^3, H_{eff(2)}=0.73mm; (4)\ k_1=13, k_2=16; (5)\ R=3.0]$$

3. 在一根甲基硅橡胶(OV-1)色谱柱上,柱温120℃时,测得一些纯物质的保留时间：甲烷4.9s(测定死时间)、正己烷84.9s、正庚烷145.0s、正辛烷250.3s、正壬烷436.9s、苯128.8s、3-正己酮230.5s、正丁酸乙酯248.9s、正己醇413.2s及某正构饱和烷烃50.6s。

(1) 求出后四个化合物的保留指数。未知正构饱和烷烃是何物质？

(2) 解释上述五个六碳化合物的保留指数为何不同。

(3) 说明应如何正确选择正构烷烃物质对,以减小计算误差。

(苯678、3-正己酮785、正丁酸乙酯799,正己醇890,未知物是正戊烷)

4. 在GC中,改变下列一个色谱条件,其余色谱条件均不变,问：对色谱峰形有何影响？并说明理由。①柱长增加1倍；②载气流速增加；③载气摩尔质量减少,并在低流速区工作；④采用黏度较小的固定液。

5. 用一根色谱柱分离组分A、B,A峰与B峰保留时间分别为320s和350s,死时间为25s,若两峰峰宽相等,要使两峰完全分离则色谱柱至少为多长？(假设理论塔板高度0.11mm)

(0.48m)

6. 某色谱柱的速率理论方程中,A、B、C三个参数分别为0.013cm、0.40cm²/s、0.005 3s,试求最佳载气线速度和最小塔板高度。

(8.7cm/s,0.11cm)

7. 用气相色谱法测定某样品中药物A的质量分数,以B为内标。准确称取样品5.456g,加入内标物0.253 7g,混匀后进样,测得药物和内标峰的面积分别为$1.563\times10^5\mu V\cdot s$和$1.432\times10^5\mu V\cdot s$。另准确称取A标准品0.294 1g和B标准品0.267 3g,稀释至一定体积,混匀,在与样品测定相同条件下分析,测得峰面积分别为$5.450\times10^4\mu V\cdot s$和$4.660\times10^4\mu V\cdot s$。试计算样品中A的质量分数。

(4.77%)

8. 某五元混合物的GC分析数据如下：

组分	A	B	C	D	E
峰面积($\times10^4\mu V\cdot s$)	12.0	8.5	6.8	13.2	9.6
相对质量校正因子	0.87	0.95	0.76	0.97	0.90

试计算各组分的质量分数。

(A:23.1%;B:17.9%;C:11.4%;D:28.4%;E:19.1%)

9. 精密称取冰片对照品45.0mg置10ml量瓶中,加乙醚使溶解并稀释至刻度。精密称取牛黄解毒片(去糖衣)1.048g,用乙醚浸提3次,浸出液置10ml量瓶中并加乙醚至刻度。分别取对照品溶液和供试品液1μl注入气相色谱仪,测定对照品的峰面积为2 065μV·s,供试品中被测组分的峰面积为2 546μV·s,求牛黄解毒片中冰片的质量分数。

（5.30%）

10. 用气相色谱法测定某酊剂中乙醇浓度。精密量取无水乙醇 5.00ml，置于 100ml 量瓶中，加入正丙醇（内标物）5.00ml，加水稀释至刻度，摇匀，作为对照品溶液。精密量取酊剂溶液 7.50ml，置于 100ml 量瓶中，加入正丙醇 5.00ml，加水稀释至刻度，摇匀，作为供试液。分别取对照品溶液和供试液 1μl 注入气相色谱仪，对照品分析时乙醇和正丙醇的峰面积分别为 1 539μV·s 和 1 957μV·s，供试液分析时乙醇和正丙醇的峰面积分别为 1 637μV·s 和 2 012μV·s。计算酊剂中含醇量。

（68.9%，*V/V*）

（范华均）

第十五章

高效液相色谱法

学习要求

1. **掌握** 高效液相色谱法的分类;化学键合相色谱法;化学键合相的种类和性质;流动相对色谱分离的影响;高效液相色谱速率理论及其对分离条件选择的指导作用;高效液相色谱仪的一般工作流程和主要部件;常用检测器;紫外检测器和荧光检测器的检测原理和适用范围;定性分析和定量分析方法。

2. **熟悉** 反相键合相色谱法保留行为的主要影响因素和分离条件选择;反相离子对色谱法和正相键合相色谱法及其分离条件的选择等。

3. **了解** 离子色谱法、手性色谱法和亲和色谱法及其常用固定相;溶剂强度,混合溶剂强度参数的计算;超高效液相色谱法。

第一节 概 述

高效液相色谱法(high performance liquid chromatography,HPLC)又称高压液相色谱法(high pressure liquid chromatography,HPLC),是以液体为流动相,采用高压输液系统、高效固定相及高灵敏度检测器进行复杂样品分离分析的色谱方法。HPLC 是 20 世纪 60 年代末在经典液相色谱法的基础上,引入了气相色谱的理论和实验技术发展而成的现代液相色谱分析方法,具有分离效率高、选择性好、分析速度快、检测灵敏度高、操作自动化和应用范围广的特点。随着对分离效率要求的提高,使用的固定相粒径越来越小,对仪器的输送压力等提出了更高的要求,21 世纪初出现了超高效液相色谱法(ultra-high performance liquid chromatography,UPLC),分离效率大大提高。

高效液相色谱法的主要类型与经典液相色谱法相似。按固定相的聚集状态分为液-液色谱法(LLC)和液-固色谱法(LSC)两大类;按分离机制分为分配色谱法(partition chromatography)、吸附色谱法(adsorption chromatography)、离子交换色谱法(ion exchange chromatography,IEC)和分子排阻色谱法(molecular exclusion chromatography,MEC)四类基本类型色谱。除此之外,高效液相色谱法还包括许多与分离机制有关的色谱类型,如亲和色谱法(affinity chromatography,AC)、手性色谱法(chiral chromatography,CC)、胶束色谱法(micellar chromatography,MC)、电色谱法(electrochromatography,EC)和生物色谱法(biochromatography,BC)等。根据固定相和流动相的相对极性大小,固定相极性大于流动相极性的色谱法称为正相色谱法(normal phase chromatography),而流动相极性大于固定相极性的色谱法称为反相色谱法(reversed phase chromatography)。

与经典液相色谱法相比,高效液相色谱法具有下列主要优点:①应用了颗粒极细(一般为 $10\mu m$ 以下)、规则均匀的固定相,传质阻抗小,柱效高,分离效率高。②采用高压输液泵输送流动相,流速快,分析速度快,一般试样的分析需数分钟,复杂试样分析在数十分钟内即可完成。③广泛使用了高灵敏度检测器,大大提高了灵敏度。紫外检测器最小检测限可达 10^{-9}g,而荧光检测器最小检测限可达 10^{-12}g。

与气相色谱法相比,高效液相色谱法具有下列主要优点:①不受试样的挥发性和热稳定性的限制,应用范围广;②可选用不同性质的各种溶剂作为流动相,而且流动相对分离的选择性有很大作用,因此分离选择性高;③一般在室温条件下进行分离,不需要高柱温。

高效液相色谱法已广泛应用于医药卫生、生命科学、食品科学、化学化工、环境科学等领域。在药学领域,高效液相色谱法已成为应用最多的分析方法之一,常用于各种药物及其制剂的质量分析、药物体内过程研究等,尤其在生物样品、中药等复杂体系的成分分离分析中发挥着极其重要的作用。随着与质谱、核磁共振等联用技术的发展,高效液相色谱法的应用将愈加广泛。

第二节　高效液相色谱速率理论

一、柱内峰展宽

在高效液相色谱法中,引起色谱峰展宽的因素与气相色谱法基本相似,即存在涡流扩散(eddy diffusion)、纵向扩散(longitudinal diffusion)和传质阻抗(mass transfer resistance)三方面因素的影响。但因两种色谱方法的流动相性质不同,因此对应的速率理论方程式的表现形式有所不同。

1. 涡流扩散　与 GC 相同,涡流扩散项也是 $A = 2\lambda d_p$。为了减小涡流扩散引起的峰展宽,需降低 d_p 和 λ。目前,HPLC 色谱柱普遍采用 $3 \sim 10 \mu m$ 粒径的固定相,而且多为球形固定相,要求粒度均匀(RSD<5%),以高压匀浆填充。近年来出现的超高效液相色谱固定相,则采用了高度均匀甚至单分散 $1 \sim 2 \mu m$ 硅胶基质球型填料,其理论塔板数可达 $1.5 \times 10^5 \sim 3.0 \times 10^5 m^{-1}$。

2. 纵向扩散　纵向扩散系数 $B = 2\gamma D_m$,而 D_m 与流动相的黏度(η)成反比,与温度成正比。HPLC 的流动相是液体,其黏度比气体黏度大得多(约 10^2 倍),而且常在室温下进行操作,因此组分在液体流动相中的扩散系数 D_m 比在气体流动相中的扩散系数 D_g 要小得多(约 10^{-5} 倍)。而且 HPLC 的流速一般都在最佳流速以上,这时纵向扩散很小,可以忽略,$B \approx 0$。

3. 传质阻抗

(1) 固定相传质阻抗:在化学键合相色谱法中,键合相多为单分子层,即厚度 d_f 可忽略,因此固定相传质阻抗可以忽略。

(2) 流动相传质阻抗:由于处在流路中心的流动相中的组分分子还未来得及扩散进入流动相和固定相界面,就被流动相带走,因此总是比靠近填料颗粒与固定相达到分配平衡的分子移行得快些,致使峰展宽。流动相传质阻抗系数 C_m 与固定相颗粒直径 d_p 的平方成正比,与组分分子在流动相中的扩散系数 D_m 成反比:

$$C_m = \frac{\omega_m d_p^2}{D_m} \qquad \text{式(15-1)}$$

式中,ω_m 是由色谱柱及其填充情况决定的因子。

(3) 静态流动相传质阻抗:由于组分的部分分子进入滞留在固定相微孔内的静态流动相中,再与固定相进行分配,因而相对晚回到流路中,引起峰展宽。如果固定相的微孔多,且又深又小,传质阻抗就大,峰展宽就严重。静态流动相传质阻抗系数 C_{sm} 也与固定相颗粒直径 d_p 的平方成正比,与组分分子在流动相中的扩散系数 D_m 成反比。

由此可知,为了降低流动相传质阻抗,也需要使用细颗粒的固定相。又由于组分在流动相中的扩散系数 D_m 与流动相的黏度(η)成反比,与温度(T)成正比,为了提高柱效,需要选用低黏度的流动相。在实践中常使用低黏度的甲醇($\eta = 0.54 mPa \cdot s$)或乙腈($\eta = 0.34 mPa \cdot s$),而很少用乙醇

$(\eta = 1.08\text{mPa}\cdot\text{s})$。

值得注意的是,两种黏度不同的溶剂混合时,其黏度变化不呈线性。例如,水与甲醇混合时,40% 甲醇黏度最大,达 1.84mPa·s,进行梯度洗脱时,这种变化不仅会影响柱压,还会影响柱效。

综上所述,高效液相色谱速率理论方程式为:

$$H = A + C_m u + C_{sm} u \qquad\qquad 式(15-2)$$

由式(15-2)可知,流动相流速提高,色谱柱柱效降低(但变化不如在 GC 中快),因此高效液相色谱流动相的流速也不宜过快,分析型 HPLC 一般流量为 1ml/min 左右。在超高效液相色谱法中,在较宽的流动相线速度范围内可以保持高柱效,因此,可实现高线速下的高效分离。

由于 A、C_m 和 C_{sm} 均随固定相颗粒粒度 d_p 的变小而变小,而且实验还表明固定相颗粒粒度越小,柱效受流动相线速度的影响也越小(图 15-1)。可见小的 d_p 是保证 HPLC 高柱效的主要措施。超高效液相色谱采用的固定相颗粒粒径小于 $2\mu\text{m}$,所以塔板高度小,柱效高。

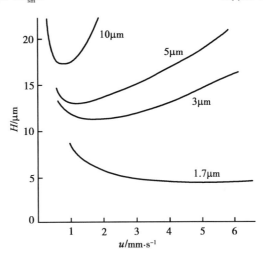

图 15-1　HPLC 固定相颗粒粒径和流动相线速度对柱效的影响

根据速率理论,HPLC 的实验条件应该是: ①采用小粒径、粒度分布均匀的球形化学键合相; ②采用低黏度流动相,流速不宜快(一般 1ml/min);③柱温一般以 25~30℃ 为宜。

4. 超高效液相色谱中的速率方程　在超高效液相色谱中,A 和 C 与填料粒度(d_p)有关,$A \propto d_p$, $C \propto d_p^2$。如果仅考虑固定相的粒度 d_p 对板高 H 的影响,Van Deemter 方程式可简化为:

$$H = A(d_p) + C_m(d_p^2)u + C_{sm}(d_p^2)u \qquad\qquad 式(15-3)$$

由式 15-3 和图 15-1 可明显看出,随固定相粒径 d_p 的减小,可显著减小色谱柱的板高 H,柱效也越高。因此,固定相的粒径大小是影响色谱柱柱效的重要因素。不同粒度固定相对应的最佳流动相线速度如表 15-1 所示。

表 15-1　不同粒径固定相对应的最佳流动相线速度

$d_p/\mu\text{m}$	10	5.0	3.5	2.5	1.7
$u/(\text{mm/s})$	0.79	1.20	1.47	2.78	4.32

上述数据表明,随色谱柱中固定相粒度的减小,最佳线速度增高,并且有更宽的优化范围。因此,减小色谱柱中固定相的粒径不仅可以增加柱效,同时还可提高分离分析的速度。

二、柱外峰展宽

从进样器到检测器之间除了色谱柱本身外的所有死体积称为柱外死体积,柱外峰展宽是指组分由于柱外死体积所导致的色谱峰展宽,如进样器、接头、连接管路和检测池等,都将导致色谱峰的展宽,柱效下降。在超高效液相色谱法中,柱外峰展宽的影响尤为明显。为了减小柱外峰展宽的影响,应尽可能减小柱外死体积,如采用"零死体积接头"连接管路、检测器采用小体积流通池等。

第三节　化学键合相色谱法的分离原理

化学键合相(chemically bonded phases)是通过化学反应将有机基团键合在载体表面构成的固定

相,简称键合相(bonded phase)。以化学键合相为固定相的色谱法称为化学键合相色谱法,简称键合相色谱法(bonded-phase chromatography,BPC)。由于键合相的性质非常稳定,在使用过程中不易流失,还可以将各种不同极性的基团键合到载体表面,因此,化学键合相色谱法几乎适用于所有类型化合物的分离分析,是目前应用最广泛的一种色谱法。根据化学键合相与流动相极性的相对强弱,键合相色谱法可分为正相和反相键合相色谱法。如果流动相的极性弱于固定相的极性,称为正相色谱法(normal phase chromatography)。反之,如果流动相的极性强于固定相的极性,则称为反相色谱法(reversed phase chromatography)。

一、化学键合相的种类和性质

(一)常用化学键合相的种类

化学键合相的种类很多,键合型离子交换剂、手性固定相及亲和色谱固定相等都属于化学键合相。但最常用的是反相和正相键合相色谱法中的化学键合相。按照所键合基团的极性可将其分为非极性、弱极性和极性三类。

1. 非极性键合相　非极性键合相表面基团为非极性烃基,如十八烷基(C_{18})、辛烷基(C_8)、甲基(C_1)与苯基等。十八烷基硅烷(octadecylsilane,ODS)键合相是最常用的非极性键合相,它是由十八烷基硅烷试剂与硅胶表面的硅醇基经多步反应生成的键合相。

非极性键合相的烷基长链对溶质的保留、选择性和载样量都有影响。长链烷基可使溶质的k增大,分离选择性改善,使载样量提高,长链烷基键合相的稳定性也更好。短链烷基键合相的分离速度较快,对于极性化合物可得到对称性较好的色谱峰。

2. 弱极性键合固定相　常见的弱极性键合固定相有醚基键合相,可作为反相色谱的固定相,目前这类固定相应用较少。

3. 极性键合相　常用的极性键合固定相有氨基、氰基键合相,它们是分别将氨丙硅烷基($\equiv Si(CH_2)_3NH_2$)和氰乙硅烷基($\equiv Si(CH_2)_2CN$)键合在硅胶上制成,一般都用作正相色谱的固定相,但有时也用于反相色谱。

氰基键合相是质子接受体,分离选择性与硅胶相似,与双键化合物可能发生选择性作用,因而对双键异构体或含双键数不同的环状化合物有较好的分离能力。一些在硅胶上不能分离的极性较强的化合物也可在氰基键合相上分离。

氨基键合相与酸性硅胶具有不同的性能,兼有氢键接受和给予两种性能。氨基键合相上的氨基可与糖分子中的羟基选择性作用,因此在糖的分离中广泛使用。在酸性介质中它还是一种弱阴离子交换剂,能分离核苷酸。值得注意的是,氨基键合相不宜分离带羰基的物质,如甾酮、还原糖等;流动相中也不得含有羰基化合物。这是因为氨基可与醛或酮反应。

(二)键合相的性质

1. 键合反应　目前使用的化学键合相主要为硅氧烷(Si—O—Si—C)型键合相,是以氯硅烷与硅胶进行硅烷化反应而制得。例如,ODS是以十八烷基氯硅烷与硅胶表面的硅醇基反应键合而成,反应式如下:

$$\equiv Si-OH + Cl-\underset{\underset{R_2}{|}}{\overset{\overset{R_1}{|}}{Si}}-C_{18}H_{37} \xrightarrow{-HCl} \equiv Si-O-\underset{\underset{R_2}{|}}{\overset{\overset{R_1}{|}}{Si}}-C_{18}H_{37}$$

如果试剂中一个R或两个R均为Cl,则还可与另一个硅醇基反应生成硅氧烷键。

习惯上,键合相代号分为两部分,前部为所用载体,后部为所用键合基团,如国产 YWG-$C_{18}H_{37}$为无定形硅胶 YWG 上键合了十八硅烷基;又如进口的 spherisorb ODS 为球形硅胶 spherisorb 上键合了 ODS。

近年来,除了键合基团的改变外,对硅胶载体也进行了许多改进,如出现了在硅胶基质内键合了桥式乙烷的硅-碳杂化硅胶,以此为载体的键合相的机械强度有显著提高,能耐更高的 pH(pH2～12),柱效更高。

2. 含碳量和覆盖度　键合相表面基团的键合量,可通过对键合硅胶进行元素分析,用含碳的百分数表示。例如十八烷基键合相的含碳量可以在 5%～40%。基团的键合量也可用表面覆盖度表示,即参加反应的硅醇基数目占硅胶表面硅醇基总数的比例。由于键合基团的空间位阻效应,使硅醇基不能全部参加键合反应,因此残余硅醇基是不可避免的。残余硅醇基对键合相特别是非极性固定相的性能影响很大,可以减弱键合相表面的疏水性,对极性溶质产生次级化学吸附,使保留机制复杂化,而且覆盖度的变化又是影响键合相产品性能重复性的重要因素。为减少残余硅醇基,在键合反应后,一般要用三甲基氯硅烷等进行钝化处理,即封尾(end-capping)。封尾后的 ODS 吸附性能降低,稳定性增加。

3. 键合相的特性　①化学稳定性好,使用过程中不易流失,柱寿命长;②均一性和重现性好;③柱效高,分离选择性好;④适于梯度洗脱;⑤载样量大。

需要注意的是:①使用硅胶基质的化学键合相时,流动相中水相的 pH 应维持在 2～8,否则会引起硅胶溶解,但硅-碳杂化硅胶等为基质的键合相可用于很宽的 pH 范围(如 pH 2～12);②不同厂家、不同批号的同一类型键合相也可能表现不同的色谱特性。

二、流动相的基本要求和性质

(一)流动相的基本要求

HPLC 流动相是影响色谱分离的重要因素,它不仅起到携带溶质通过色谱柱的作用,而且其极性等性质会影响溶质保留行为,所以其对分离的影响比气相色谱流动相(载气)更大。HPLC 流动相应符合以下基本要求:①化学稳定性好,不与固定相发生化学反应。②对试样有适宜的溶解度。要求使 k 在 1～10,最好为 2～5。③必须与检测器相适应。例如用紫外检测器时,只能选用截止波长小于检测波长的溶剂。④纯度要高,一般要选用 HPLC 级(色谱纯)试剂。⑤黏度要低。低黏度流动相如甲醇、乙腈等可以降低柱压,提高柱效。

流动相使用之前,需用微孔滤膜滤过,除去固体颗粒。流动相中含有微量空气,使用前需进行脱气,否则高压溶剂通过检测器时会产生大量气泡影响检测。脱气方法有真空脱气、超声脱气、加热回流脱气等,现代高效液相色谱仪常配置自动脱气机,利用真空除去流动相中的空气。

(二)溶剂的极性和强度

溶剂的洗脱能力即溶剂强度直接与它的极性相关。在正相色谱中,由于固定相是极性的,所以溶剂极性越强,洗脱能力也越强,即极性强的溶剂是强溶剂。在反相色谱中,由于固定相是非极性的,所以溶剂的强度随溶剂极性的降低而增加,即极性弱的溶剂洗脱能力强。例如,水的极性比甲醇的极性强,所以在以 ODS 为固定相的反相色谱中,甲醇的洗脱能力比水强。

描述溶剂极性的方法有数种,最实用的是斯奈德(Snyder)提出的溶剂极性参数(polarity parameter of solvent),它是根据罗胥那德(Rohrschneider)的溶解度数据推导出来的,因此可衡量分配色谱的溶剂强度。溶剂极性参数表示溶剂与三种极性物质乙醇(质子给予体)、二氧六环(质子受体)和硝基甲烷(强偶极体)相互作用的度量,用 P' 表示。将罗氏提供的极性分配系数(K''_g)以对数的形式表示,纯溶剂的极性参数定义为:

$$P' = \lg\left(K''_g\right)_e + \lg\left(K''_g\right)_d + \lg\left(K''_g\right)_n \qquad \text{式(15-4)}$$

常用溶剂 P' 见表 15-2。P' 值越大,则溶剂的极性越强,在正相色谱中的洗脱能力越强。

表 15-2 常用溶剂的极性参数 P' 和选择性参数

溶剂	P'	X_e	X_d	X_n	溶剂	P'	X_e	X_d	X_n
正戊烷	0.0	—	—	—	乙醇	4.3	0.52	0.19	0.29
正己烷	0.1	—	—	—	醋酸乙酯	4.4	0.34	0.23	0.43
苯	2.7	0.23	0.32	0.45	丙酮	5.1	0.35	0.23	0.42
乙醚	2.8	0.53	0.13	0.34	甲醇	5.1	0.48	0.22	0.31
二氯甲烷	3.1	0.29	0.18	0.53	乙腈	5.8	0.31	0.27	0.42
正丙醇	4.0	0.53	0.21	0.26	醋酸	6.0	0.39	0.31	0.30
四氢呋喃	4.0	0.38	0.20	0.42	水	10.2	0.37	0.37	0.25
三氯甲烷	4.1	0.25	0.41	0.33					

反相键合相色谱法的溶剂强度常用强度因子 S 表示。常用溶剂的 S 值列于表 15-3,比较表 15-3 与表 15-2 的数据和顺序可见,在正、反相色谱法中,溶剂的洗脱能力大体相反。例如,进行正相洗脱时,水的洗脱能力最强(P' 最大,为 10.2);而进行反相洗脱时,水的洗脱能力最弱(S 最小,为 0)。

表 15-3 反相色谱常用溶剂的强度因子(S)

水	甲醇	乙腈	丙酮	二噁烷	乙醇	异丙醇	四氢呋喃
0	3.0	3.2	3.4	3.5	3.6	4.2	4.5

用于正相键合相色谱法的多元混合溶剂的强度,用极性参数 $P'_混$ 表示,其值为各组成溶剂极性参数的加权和:

$$P'_混 = \sum_{i=1}^{n} P'_i \phi_i \qquad 式(15\text{-}5)$$

式中,P'_i 和 ϕ_i 为纯溶剂 i 的极性参数及其在混合溶剂中的体积分数。

反相键合相色谱法的混合溶剂的强度因子用类似方法计算:

$$S_混 = \sum_{i=1}^{n} S_i \phi_i \qquad 式(15\text{-}6)$$

（三）流动相对分离的影响

HPLC 的分离基本方程式与 GC 相同,即

$$R = \frac{\sqrt{n}}{4} \cdot \frac{\alpha - 1}{\alpha} \cdot \frac{k_2}{1 + k_2}$$

在 HPLC 中,n 由固定相及色谱柱填充质量决定,α 主要受溶剂种类的影响,k 受溶剂配比的影响。因为不同种类的溶剂,分子间的作用力不同,有可能使被分离的两个组分的分配系数不等,即 $\alpha \ne 1$。改变流动相中各种溶剂的配比,能改变其洗脱能力,组分的 k 也改变。增加流动相中强溶剂的比例,其洗脱能力增强,使 k 变小。

根据色谱分离方程式,在保证柱效(n)的前提下,应选择合适的溶剂强度使组分的 k 在最佳范围内,选择合适种类的溶剂以改善选择性,使 α 增大,获得良好的分离度。

三、正相键合相色谱法

正相键合相色谱法采用极性键合相为固定相,以非极性或弱极性有机溶剂为流动相。

1. 分离机制　正相键合相色谱分离主要依靠定向作用力、诱导作用力或氢键作用力。例如，用氨基键合相分离极性化合物时，主要依靠被分离组分的分子与键合相的氢键作用力的强弱差别而分离，如对糖类组分的分离等。若分离含有芳环等可诱导极化的非极性样品，则键合相与组分分子间的作用力主要是诱导作用力。在正相键合相色谱法中，通常按照组分极性大小顺序流出色谱柱，极性相对较小的组分与极性固定相之间作用力较弱，在流动相中的溶解度相对较大，故先出峰，而极性强的组分后出峰。

2. 固定相　正相键合相色谱法采用极性键合相为固定相，如将氰丙基(—CN)、氨丙基(—NH₂)或二羟基丙基等键合在硅胶表面，对应的色谱柱称为氰基柱、氨基柱和二醇基柱。氰基柱和氨基柱属于中等极性，既可以用于正相色谱，也可以用于反相色谱。二醇基柱的极性大于氰基柱和氨基柱，一般较多用于正相色谱。氨基键合相与硅胶的性质有较大差异，前者为碱性而后者为酸性，因而二者用于正相色谱固定相时表现出不同的选择性。氨基柱是分析糖类最重要的色谱柱，也称为碳水化合物柱。

3. 流动相　常用非极性或弱极性溶剂，如正己烷、二氯甲烷等，也可用烷烃(如正己烷)加适量极性调整剂(如醇类)作流动相。

4. 分离条件选择　正相键合相色谱法主要用于分离溶于有机溶剂的极性至中等极性的分子型化合物，如糖类、甾醇类、类脂化合物、磷脂类化合物、脂肪酸及其他有机物。氰基键合相的分离选择性与硅胶相似，但其极性比硅胶弱，即流动相及其他条件相同时，同一组分在氰基柱上的保留比在硅胶柱上的保留弱。

四、反相键合相色谱法

反相键合相色谱法采用非极性键合相为固定相，流动相以水作为基础溶剂再加入一定量与水混溶的极性调整剂，常用甲醇-水、乙腈-水等，即固定相的极性比流动相的极性弱。

1. 分离机制　长期以来，对反相键合相色谱法的分离机制一直没有一致的看法，存在吸附与分配的争论，而后又有疏溶剂理论、双保留机制、顶替吸附-液相相互作用模型等。疏溶剂理论认为，在反相键合相色谱法中，非极性溶质或溶质分子中的非极性部分与极性溶剂分子间的排斥力促使溶质分子与键合相的烃基发生疏水缔合。溶质分子的极性越弱，其与非极性固定相的相互作用越强，k 越大，t_R 也越大。在同系物中，含碳数越多，则极性越弱，k 越大。溶质分子中引入极性基团，则使溶质的极性增强，k 变小，如 2,4-二硝基苯酚比苯酚先洗脱出柱。反之，引入非极性基团，溶质分子与非极性固定相的相互作用也增强，则使 k 增大。

2. 固定相　常用十八烷基硅烷(C₁₈)、辛烷基硅烷(C₈)等化学键合相，有时也用弱极性(如苯基)或中等极性(如醚基)键合相为固定相。键合基团的链长和浓度影响色谱分离的选择性，键合烷基的碳链越长，非极性溶质分子与键合相的相互作用越强，则 k 越大；当链长一定时，硅胶表面键合烷基的浓度越大，则 k 越大。

3. 流动相　在反相键合相色谱法中，流动相的极性对溶质的保留有很大影响。水-甲醇和水-乙腈是常用的反相色谱流动相系统，水的极性最强，因此当溶质和固定相不变时，若增加流动相中水的含量，则溶剂强度降低，使溶质的 k 值变大。实验表明，k 的对数值与流动相中有机溶剂的含量通常是线性关系，有机溶剂含量增加，k 变小。

4. 分离条件选择　固定相一般以 C₁₈ 为固定相，如化合物极性较大，可选择 C₈、C₄ 等固定相。流动相以水为基础溶剂，再添加甲醇、乙腈、四氢呋喃等有机溶剂，以提高洗脱能力，一般常用水-甲醇和水-乙腈系统。在确定合适的水-有机溶剂比例时，可先用强溶剂(如 100% 甲醇)洗脱一定时间(约 30 分钟)，以保证非极性强保留成分完全被洗脱，然后以 20% 的比例递减有机相比例，根据经验规律：有机相降低 10%，k 增加约 3 倍，可以较快找到较合适的有机相比例。

反相键合相色谱法是应用最广的色谱法,适合分离非极性至中等极性的组分,由它派生的离子抑制色谱法(ion suppression chromatography,ISC)和离子对色谱法(paired ion chromatography,PIC或 ion pair chromatography,IPC)等,还可以分离有机酸、碱及盐等离子型化合物,可见,反相键合相色谱法的应用特别广泛。据统计,反相键合相色谱法几乎可以解决80%以上的液相色谱分离问题。

五、反相离子抑制色谱法

在进行反相色谱分离时,一些溶质(如弱酸、弱碱)具有一定离解性,离解后的离子型与原型在反相色谱柱上的保留能力不同,易引起色谱峰拖尾,严重时可导致溶质不保留。流动相的 pH 变化会改变溶质的离解程度,在其他条件不变时,溶质的离解程度越高,t_R 值越小。因此,常加入少量弱酸、弱碱或缓冲溶液,调节流动相的 pH,抑制有机弱酸、弱碱的离解,增加它们与固定相的作用,以达到分离的目的,这种色谱方法又称为离子抑制色谱法(ion suppression chromatography,ISC)。

除了在流动相中添加弱酸、弱碱或缓冲溶液调节 pH 外,反相离子抑制色谱法的固定相等分离条件与反相键合相色谱法相同。离子抑制色谱法适用于分析 $3 \leqslant pK_a \leqslant 7$ 的弱酸及 $7 \leqslant pK_a \leqslant 8$ 的弱碱。对于弱酸,降低流动相的 pH,使 k 增大,t_R 增大;对于弱碱,则需提高流动相的 pH,才能使 k 变大,t_R 增大。若 pH 控制不合适,溶质以离子态和分子态共存,则可能使峰变宽和拖尾。此外,还要注意流动相的 pH 不能超过键合相的允许范围。

离子抑制色谱法中用于调节流动相 pH 的酸常为甲酸、乙酸、磷酸,调节流动相 pH 的碱为氨水、有机胺类(如三乙胺),也常用磷酸盐、乙酸盐、柠檬酸盐等缓冲液。

六、反相离子对色谱法

离子对色谱法(ion pair chromatography,IPC)可分正相与反相离子对色谱法,前者已少用,故下面只介绍反相离子对色谱法。

当被测组分的离解性较强,如较强的酸和碱,无法采用离子抑制色谱法分离时,可以采用反相离子对色谱法分离。反相离子对色谱法是把离子对试剂(ion-pair reagent)加入含水流动相中,使被分析的组分离子在流动相中与离子对试剂离解出的反离子(或对离子,counter ion)生成不荷电的疏水性离子对,从而增加溶质与非极性固定相的作用,使组分的容量因子 k 增加,改善分离效果。反相离子对色谱法适用于分离可离子化或离子型的化合物。

1. 分离机制　对于反相离子对色谱法的分离机制,已提出的理论模型有离子对模型、动态离子交换模型和离子相互作用模型等。下面以离子对模型说明其分离机制。

离子对模型认为,溶质离子在流动相中与离子对试剂离解出的反离子生成不荷电的疏水性离子对,然后在非极性固定相上产生保留。以有机碱(B)为例。调节流动相的 pH,使碱转变成正离子 BH^+ 形式,BH^+ 与流动相中离子对试剂(烷基磺酸盐)的反离子 RSO_3^- 生成不荷电的离子对,此中性离子对在固定相和流动相间达成分配平衡。以下式表示此过程为:

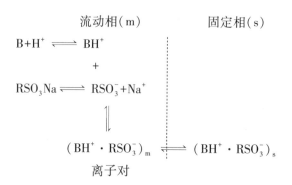

离子对

以通式表示为：$B_m^+ + A_m^- \rightleftharpoons (B^+ \cdot A^-)_m \rightleftharpoons (B^+ \cdot A^-)_s$

式中，B^+ 表示溶质离子，A^- 表示离子对试剂反离子，下标 m 代表流动相，下标 s 代表固定相。

所形成的中性离子对与非极性固定相的作用较强，使分配系数增大，保留作用增强，从而改善分离效果。

按照上述模型，溶质离子 B^+ 在固定相和流动相间的分配系数为：

$$K_B = \frac{[B^+ \cdot A^-]_s}{[B^+]_m} = \frac{[B^+ \cdot A^-]_s}{[B^+]_m [A^-]_m} \cdot [A^-]_m = E_{BA}[A^-]_m \qquad \text{式}(15\text{-}7)$$

式中，E_{BA} 为萃取常数。E_{BA} 的大小与溶质离子 B^+ 和离子对试剂的反离子的性质、固定相的性质及温度有关。

2. 影响容量因子的因素　在反相离子对色谱法中，溶质的分配系数决定于固定相、离子对试剂及其浓度、流动相的 pH、有机溶剂及其浓度、溶质的性质等因素。

(1) 离子对试剂的种类和浓度：离子对试剂所带的电荷应与试样离子的电荷相反。分析酸类或带负电荷的物质时，一般用季铵盐作离子对试剂，常用的有四丁基季铵盐，如四丁基铵磷酸盐（TBA）和溴化十六烷基三甲基铵（CTAB）等。分析碱类或带正电荷的物质时，一般用烷基磺酸盐或硫酸盐作离子对试剂，如正戊烷基磺酸钠（PICB$_5$）、正己烷基磺酸钠（PICB$_6$）、正庚烷基磺酸钠（PICB$_7$）等。常用的离子对试剂见表 15-4。离子对试剂的浓度一般在 3~10mmol/L。在反相离子对色谱中，离子对试剂碳链长度增加，溶质的 k 相应增大。

表 15-4　反相离子对色谱中离子对试剂和 pH 的选择

试样类型	离子对试剂	pH 范围	说明
1. 强酸（pK_a<2） 如磺酸染料	季铵盐、叔胺盐（如四丁基铵、十六烷基三甲基铵）	2~7.5	在整个 pH 范围内均可离解，根据试样中共存的其他组分性质选择合适的 pH
2. 弱酸（pK_a>2） 如氨基酸、羧酸、水溶性维生素、磺胺类	季铵盐（如四丁基铵、十六烷基三甲基铵）	① 5~7.5 ② 2~4	① 可离解，根据弱酸的 pK_a 值选择合适的 pH。 ② 弱酸离解被抑制，不易形成离子对
3. 强碱（pK_a>8） 如季铵类化合物、生物碱类化合物	烷基磺酸盐或硫酸盐（如戊烷、己烷、十二烷磺酸钠）	2~8	在整个 pH 范围内均可离解，根据试样中共存的其他组分性质选择合适的 pH
4. 弱碱（pK_a<8） 如儿茶酚胺、烟酰胺、有机胺	烷基磺酸盐或硫酸盐	① 6~7.5 ② 2~5	① 离解被抑制，不易形成离子对。 ② 可离解，根据弱碱 pK_a 值选择合适的 pH

从式(15-7)可以看出，溶质的分配系数随离子对试剂的浓度升高而增大。但实验发现，只有在离子对试剂浓度较低时溶质的 k 随离子对试剂浓度升高而增大，然后趋于恒定（图 15-2）。如果采用长链离子对试剂如正癸烷磺酸盐，当离子对试剂浓度超过一定值时，k 反而减小，这种溶质的 k 出现极大值的现象是离子对试剂形成胶束的结果。

(2)流动相的 pH：由于离子对的形成依赖于试样组分的离解程度，调节溶液 pH 使试样组分与离子对试剂全部离子化时，最有利于离子对的形成，从而改善弱酸或弱碱试样的保留值和分离选择性。流动相的 pH 对弱酸、弱碱的保留有很大影响，而对强酸、强碱的影响很小。各种离子对色谱法的适宜pH 范围也列于表 15-4。

（3）有机溶剂及其浓度：与一般反相 HPLC
相同,流动相中所含有机溶剂的比例越高,组分
的 k 值越小。被测组分或离子对试剂的疏水性
越强,需有机溶剂的比例越高。

由此可见,改变流动相的 pH、离子对试剂的
种类和浓度等因素,就可改变组分的 k 值和分离
的选择性。离子对色谱法适用于有机酸、碱、盐
的分离,以及离子型和非离子型化合物的混合
物的分离。在药物分析中,离子对色谱法的应
用非常广泛,如生物碱类、儿茶酚胺类、有机酸
类、维生素类和抗生素类药物均可用此法进行
分析。

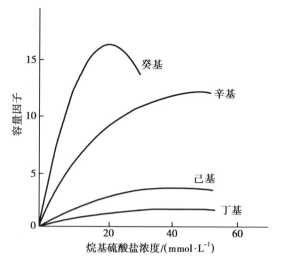

图 15-2　离子对试剂浓度对溶质容量因子的影响

第四节　其他高效液相色谱法

一、液固吸附色谱法

1. 分离机制　高效液相色谱法中的液固吸附色谱以固体吸附剂为固定相,以低极性有机溶剂为
流动相,利用样品中不同组分对固定相表面活性吸附中心吸附能力的差异,及吸附系数的差异而实现
分离。组分保留行为与组分的性质、吸附剂的活性和流动相的性质有关。

2. 固定相　高效液相吸附色谱的固定相有硅胶、氧化铝、石墨化碳、高分子多孔微球等,常用球形
或无定形全多孔硅胶和堆积硅珠。硅胶表面的硅醇基是主要活性吸附位点,硅醇基与极性基团形成
氢键而表现出吸附性能。硅胶具有良好的机械强度、容易控制的孔结构和表面积、较好的化学稳定性
等优点。它的主要缺点是通常只能在流动相 pH2~8 的条件下使用,过高的 pH 会使硅胶溶解。

3. 流动相　液固吸附色谱中的流动相一般采用低极性的有机溶剂,如正己烷、二氯甲烷、氯仿、
异丙醇等。随着流动相极性的增大,组分在色谱柱上的吸附降低,保留时间减小。

4. 分离条件选择　正相吸附色谱主要适用于分离脂溶性或水溶性的极性与强极性化合物。分
离的次序是依据样品中各组分的极性大小,即极性较弱的组分先流出色谱柱。常选用硅胶色谱柱,以
正己烷、环己烷为基础溶剂,添加少量(通常低于 5%)正戊醇、异丙醇等作为极性改性剂。例如,分析
维生素 D$_3$ 及其有关物质时,可用硅胶柱,以正己烷-正戊醇为流动相进行分离。

二、离子交换色谱法

1. 分离机制　离子交换色谱法以离子交换剂为固定相,以电解质溶液为流动相,根据被分离离
子对离子交换剂亲和能力的差异实现分离。按照交换离子的电荷不同,可分为阳离子交换色谱法和
阴离子交换色谱法。

以阳离子交换色谱法为例说明分离机制。当固定相为磺酸型阳离子交换剂 $RSO_3^-H^+$ 时,—SO_3^- 为
固定离子(不可交换离子),H^+ 为可交换离子。当流动相中的阳离子如 Na^+ 遇到离子交换剂时,发生如
下离子交换反应:

$$RSO_3^-H^+ + Na^+ \rightleftharpoons RSO_3^-Na^+ + H^+$$

交换反应达到平衡时,以浓度表示的平衡常数(也称为选择性系数)为:

$$K_{Na^+/H^+} = \frac{[RSO_3^-Na^+][H^+]}{[RSO_3^-H^+][Na^+]} \qquad 式(15\text{-}8)$$

离子交换色谱法是基于不同组分的选择性系数的差异实现分离。选择性系数大的组分,对离子交换剂的亲和能力强,随流动相迁移的速度较慢。

2. 固定相　离子交换色谱法的固定相是离子交换剂,在高效液相色谱中常用键合型离子交换剂(ion exchanger),以硅胶为载体的键合型离子交换剂是在全多孔(或薄壳型)硅胶的表面,用化学方法键合上各种离子交换基团。这类离子交换剂具有耐压、化学和热稳定性好、分离效率高等优点,但其交换容量比离子交换树脂小,而且不宜在 pH>9 的流动相中使用。常用的阳离子型键合相是强酸性磺酸型(—SO$_3$H),如国产 YWG-SO$_3$H 和进口 hypersil SAX 等;常用阴离子型键合相是季铵盐型(—NR$_3$Cl),如 YWG-R$_3$NCl 和 hypersil SCX 等。此外,还有弱酸(碱)型离子交换剂,它们的离子交换基团的离解在 pH 4~8 受 pH 影响很大。而强酸(碱)型离子交换剂的交换基团在很宽的 pH 范围内均能完全离解。

3. 流动相　离子交换色谱法的流动相是具有一定 pH 和离子强度的缓冲溶液,其中可含有少量有机溶剂,如甲醇、乙腈、四氢呋喃等。

4. 分离条件选择　在离子交换色谱法中,组分的洗脱顺序受其所带电荷和水合离子半径、离子交换剂性质、流动相组成和 pH 等影响。一般情况下,价态低的离子先被洗脱,价态高的离子后被洗脱。离子交换剂的交换能力越强,组分离子被洗脱越慢。强离子交换剂的交换能力在很宽的 pH 范围保持不变,而弱离子交换剂的交换能力受流动相 pH 影响较大。与离子交换剂亲和能力强的流动相有较强的洗脱能力,增加流动相离子强度也能增强洗脱能力。

5. 离子色谱法　离子交换色谱法对许多正、负离子可实现满意的分离。但是,一些常见的无机离子在可见或近紫外光区没有吸收,难于用紫外-可见检测器进行检测。1975 年斯莫尔(Small)提出了将离子交换色谱与电导检测器相结合分析各种离子的方法,并称之为离子色谱法(ion chromatography,IC)。它可以分离无机和有机阴、阳离子,以及氨基酸、糖类和 DNA、RNA 水解产物等。

离子色谱法可分为两大类,即抑制型(双柱型)和非抑制型(单柱型)离子色谱法。以分析阴离子 X$^-$ 为例,简要说明抑制型离子色谱的方法原理。该法使用两根离子交换柱,一根为分离柱,填有低交换容量的阴离子交换剂;另一根为抑制柱,填有高交换容量的阳离子交换剂(称为阳离子抑制柱),两者串联在一起。分离柱的洗脱液进入抑制柱。在两根柱上有如下反应:

分离柱中,交换反应:R$^+$—OH$^-$+NaX $\longrightarrow$ R$^+$—X$^-$+NaOH

洗脱反应:R$^+$—X$^-$+NaOH $\longrightarrow$ R$^+$—OH$^-$+NaX

抑制柱中,与组分反应:R$^-$—H$^+$+NaX $\longrightarrow$ R$^-$—Na$^+$+HX

与洗脱剂反应:R$^-$—H$^+$+NaOH $\longrightarrow$ R$^-$—Na$^+$+H$_2$O

在无抑制柱的离子交换色谱中,进入检测器的是高电导的洗脱剂 NaOH 及被洗脱的组分 NaX,后者所产生的电导的微小变化被洗脱剂的高本底所淹没,难于检测。而加了抑制柱后,消除了电解质离子,进入检测器的本底是电导率很低的水,因此很容易检测出具有较大电导率的 HX。

非抑制型离子色谱法使用更低交换容量的固定相,常使用浓度很低、电导率很低的流动相,如 0.1~1mmol/L 的苯甲酸盐或邻苯二甲酸盐等。由于本底电导较低,这样试样离子被洗脱后可直接被电导检测器所检测。

三、分子排阻色谱法

分子排阻色谱也称为空间排阻色谱(steric exclusion chromatography,SEC)。分子排阻色谱的固定相是多孔凝胶,故此法又称为凝胶色谱法(gel chromatography)。按流动相的不同,分子排阻色谱法可分为两类:以有机溶剂为流动相者称为凝胶渗透色谱法(gel permeation chromatography,GPC);以水溶液为流动相者称为凝胶过滤色谱法(gel filtration chromatography,GFC)。

1. 分离机制　分子排阻色谱法根据被分离组分分子的线团尺寸不同,即渗透系数的不同而进行分离。分离类似于分子筛(反筛子)的作用,只取决于凝胶的孔径大小和被分离组分分子的线团尺寸之间的关系,与流动相的性质无关。

根据空间排阻理论,孔内外同等大小的组分分子处于扩散平衡状态:

$$X_m = X_s$$

式中,X_m 和 X_s 分别代表在孔外流动相中和凝胶空穴中同等大小的组分分子。平衡时,两者浓度之比称为渗透系数,可用下式表示:

$$K_P = \frac{[X_s]}{[X_m]} \qquad 式(15-9)$$

渗透系数的大小只由组分分子的线团尺寸和凝胶孔穴的大小决定。凝胶中有大小不同的孔穴,当分子线团尺寸大到不能进入凝胶的任何孔穴时,$[X_s] = 0$,则 $K_P = 0$;分子线团尺寸小到能进入所有孔穴时,$[X_s] = [X_m]$,则 $K_P = 1$;分子线团尺寸介于上述两种分子之间的分子,能进入部分孔穴,$0 < K_P < 1$。

当不同线团尺寸的组分进行凝胶色谱分离时,线团尺寸越大的组分其 K_P 越小,即越先被洗脱。在高分子溶液中,组成相同的分子的线团尺寸与其相对分子质量成正比,因此,在一定分子线团尺寸范围内,K_P 与相对分子质量相关,即组分按照相对分子质量的大小分离。

2. 固定相　分子排阻色谱法的固定相为多孔凝胶,分为软质、半硬质和硬质凝胶,软质凝胶不耐压,故不用于高效液相色谱法;半硬质凝胶,如苯乙烯-二乙烯基苯的高交联度共聚物,稍耐压,可以非极性有机溶剂为流动相;硬质凝胶有多孔硅胶和多孔玻璃微球等,化学稳定性好,热稳定性好,机械强度大,流动相性质影响小,既可用水溶性溶剂,又可用有机溶剂作流动相。凝胶的主要性能指标包括平均孔径、排斥极限和相对分子质量范围。某高分子化合物相对分子质量达到某一数值后,就不能渗透进入凝胶的任何孔穴,这一相对分子质量称为该凝胶的排斥极限($K_P = 0$);小于某一数值后就能进入凝胶的任何孔穴,则这一相对分子质量称为该凝胶的全渗透点($K_P = 1$)。排斥极限和全渗透点之间的相对分子质量范围称为该凝胶的相对分子质量范围。不同凝胶色谱柱的相对分子质量范围不同,选择凝胶色谱柱时,应使样品组分的相对分子质量落在此范围。

3. 流动相　分子排阻色谱法的流动相必须是能够溶解样品的溶剂,同时还必须能润湿凝胶。另外,溶剂的黏度要低,否则会限制分子扩散而影响分离效果。水溶性样品应选择水溶液为流动相,非水溶性样品可选择四氢呋喃、三氯甲烷、甲苯和二甲基甲酰胺等有机溶剂为流动相。

四、手性色谱法

手性色谱法(chiral chromatography)是利用手性固定相(chiral stationary phase,CSP)或手性流动相添加剂(chiral mobile phase additive,CMPA)分离分析手性化合物的对映异构体的色谱法,这种方法为直接手性分析法。此外,还有间接法分析手性化合物的对映体,即将试样与适当的手性试剂(单一对映体)反应,使其一对对映异构体转变为非对映异构体,然后用常规 HPLC 方法分离分析。

1. 分离机制　对映异构体与手性选择剂(固定相或流动相添加剂)形成瞬间非对映立体异构"配合物",根据两对映异构体形成的"配合物"的稳定性不同而实现分离。不同手性固定相与对映体的作用力也各有不同,如π-氢键型固定相与手性化合物之间一般认为有三种作用力,即π-π相互作用、氢键作用和偶极间相互作用,化合物与固定相之间的作用部位至少有一个受对映体立体构型的影响。采用手性流动相时,在流动相中添加具有手性识别能力的试剂,如环糊精、手性氨基酸等,使对映体与流动相的作用有差异而得到分离。

2. 固定相　HPLC 的手性固定相很多,根据键合的手性选择物的结构特征和手性分离机制,可以分为蛋白质类、多糖、环糊精、π-氢键型、大环抗生素类、配体交换等类型。蛋白质类 CSP 有键合的 α_1-酸性糖蛋白（AGP）、清蛋白和卵类蛋白。蛋白质的一级结构中有数百个手性中心，加上其二级螺旋和三级结构，使其具有很强的手性识别能力，可拆分酸、碱或非离子型化合物的对映体。π-氢键型手性固定相又称刷型 CSP，是一种合成手性固定相。其中最常见的 Pirkle 型是以苯甘氨酸或亮氨酸的 3,5-二硝基苯甲酰衍生物等有光学活性的有机小分子键合在氨丙基硅胶上而制得。这类键合相的典型结构如下：

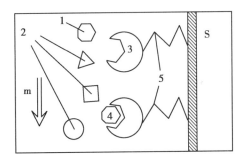

3. 流动相　手性色谱流动相应根据所用的手性分析方法进行选择，通过改变流动相的 pH、有机调节剂的类型和含量，以及离子强度等来改善分离。采用手性固定相法时，一般采用甲醇、乙腈的水溶液为流动相，但用蛋白质固定相时不可用有机溶剂，常用磷酸盐缓冲液；采用手性流动相法时，固定相为常规的反相化学键合相，可在甲醇/乙腈水溶液流动相中加入环糊精、L-苯丙氨酸和金属离子，使流动相具有手性识别能力。

五、亲和色谱法

亲和色谱法（affinity chromatography，AC）是利用或模拟生物分子之间的专一性作用，从复杂试样中分离和分析能产生专一性亲和作用的物质的一种色谱方法。许多生物分子之间都具有专一的亲和特性，如抗体与抗原、酶与底物、激素或药物与受体、RNA 和与之互补的 DNA 等。将其中之一（如酶、抗原）固定在载体上，构成固定相，则可用于分离纯化与其有专一性亲和作用的物质（如该酶的底物、抗体）。亲和色谱法是各种分离模式的色谱法中选择性最高的方法，其回收率和纯化效率都很高，是生物大分子分离和分析的重要手段。

1. 分离机制　亲和色谱法是基于试样中组分与固定在载体上的配基之间的专一性亲和作用而实现分离。如图 15-3 所示，当含有亲和物的试样流经固定相时，亲和物就与配基结合形成亲和复合物，被保留在固定相上，而其他组分则直接流出色谱柱。然后改变流动相的 pH 或组成，以减弱亲和物与配基的结合力，将亲和物洗脱下来。

1. 亲和物；2. 其他组分；3. 配基；4. 亲和复合物；5. 间隔臂。

图 15-3　亲和色谱示意图

S. 载体；m. 流动相

2. 固定相　由载体和键合在其上的配基（ligand）组成，为了避免载体的空间位阻，使溶质能更好地接近配基，在配基和载体之间还有一适当长度的间隔臂（spacer arm）。高效亲和色谱（high performance affinity chromatography，HPAC）固定相的载体是小粒径的刚性或半刚性的惰性物质，多孔硅胶是使用最广的刚性载体，还有苯乙烯-二乙烯基苯的聚合物全多孔微球等。配基可分为生物特效性配基和基团配基两大类。有生物专一性作用的体系，如抗体-抗原、酶-底物、激素-受体等的任何一方都可键合在载体上，作为分离另一方的配基，如胞嘧啶核苷酸（CMP）键合在氨丙基硅胶上组成的固定相可用于细胞色素 C、核糖核酸酶、溶菌酶等多种蛋白质的纯度分析。其结构如下：

氨丙基硅胶　　　　　　间隔臂　　　　　　　　　CMP

3. 流动相　绝大多数情况下,使用简单的缓冲盐如磷酸盐或 Tris,加入一些盐(如 NaCl 或 KCl)以防止因蛋白质-蛋白质相互作用引起的非特异性吸附。

六、亲水作用色谱法

亲水作用色谱法(hydrophilic interaction liquid chromatography,HILIC)于 20 世纪 90 年代提出,通过采用极性固定相并结合高比例有机溶剂-水组成的流动相来改善在反相色谱中保留不完全或不保留的强极性物质的色谱行为。化合物的洗脱顺序与正相色谱相似。

1. 分离机制　HILIC 的分离机制非常复杂,目前尚没有统一的认识,Alpert 提出的分离机制是:在HILIC 的模式下,当流动相进入色谱柱时,固定相表面会选择性吸附流动相中的水,在表面形成动态的"富水层",溶质通过在"富水层"与流动相中的分配作用(主要作用),同时还存在静电作用、氢键作用、离子间作用,从而实现分离。

2. 固定相　用于亲水作用色谱法的固定相大致可分为三类:传统的正相色谱固定相(如硅胶、氨基键合相、氰基键合相和二醇基键合相)、离子交换色谱固定相和专为 HILIC 设计的固定相(如酰胺型键合相、两性离子键合相)。

3. 流动相　HILIC 流动相中必须含有水,常用溶剂的洗脱能力顺序为:水>甲醇>乙醇>丙醇>乙腈>丙酮,常采用高比例有机溶剂-水(如 50%~95% 乙腈)为流动相。

HILIC 作为反相色谱的补充和正相色谱的替代方法,是一种分离极性和亲水性化合物的强有力色谱技术,可应用于强极性小分子化合物、糖类、核苷、氨基酸、多肽、蛋白质等的分离分析。

第五节　高效液相色谱分离方法的选择

各类 HPLC 法的分离机制差别较大,需要根据分析目的、试样的性质和各种模式的分离机制来选择不同的分离方法。

首先要考虑被分析对象的理化性质,包括:是大分子还是小分子? 分子量在什么范围? 是脂溶性化合物还是水溶性化合物? 化合物是离子型还是非离子型? 如果是相对分子质量大于 1 000 的大分子化合物,可根据其水溶性或脂溶性,采用凝胶过滤色谱法或凝胶渗透色谱法。如果相对分子质量小于1 000,可根据极性、溶解度等,选择合适的分离方法。对于水溶性样品,如果组分都是非离子型化合物,首先选用反相键合相色谱法;对于那些极性较强的组分,因其在反相色谱中保留较差,分离不好,可以考虑采用氨基柱、氰基柱的正相色谱法。如果是低分子量的离子型(或可离解)化合物,如弱酸、弱碱的分离,优先选择离子抑制色谱法;对于无法采用离子抑制色谱的离子型化合物,可选择离子对色谱法。如为无机阴、阳离子,离子色谱是首选方法。对于在极性溶剂(如甲醇、乙腈)有一定溶解度的亲脂性样品,可选择反相色谱;以硅胶为固定相的吸附色谱法对同分异构体化合物有良好的分离能力;手性化合物的分离选择手性色谱法。

各类分离方法的选择归纳于图 15-4,可供选择方法时作为参考。

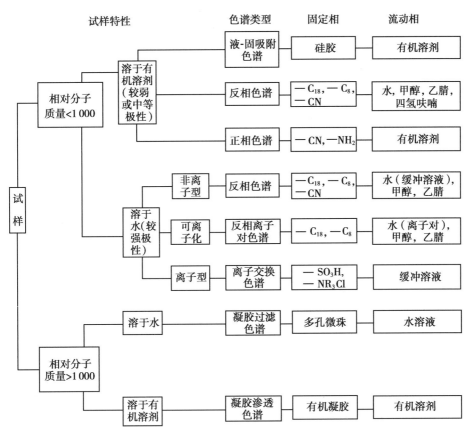

图 15-4　HPLC 分离方法的选择

第六节　高效液相色谱仪

　　高效液相色谱仪的品牌和配置多种多样,但其基本工作原理、基本结构是相似的。高效液相色谱仪一般由高压输液系统、进样系统、色谱柱分离系统、检测系统和数据记录处理系统等部分组成,有的仪器还有在线脱气装置。高压输液系统主要为高压输液泵,进样系统多为进样阀,先进的仪器还带有自动进样装置;色谱柱分离系统除色谱柱外,还包括保护柱和柱温箱等;现代高效液相色谱仪都配有计算机和色谱工作站,进行自动化的仪器控制和数据处理。制备型高效液相色谱仪还配有自动馏分收集装置。高效液相色谱的一般流程如图 15-5 所示。流动相的溶剂经脱气后由高压输液泵系统恒流输出,经进样系统到色谱柱,再到检测器;样品由进样系统导入,随流动相进入色谱柱进行色谱分离,被分离的组分依次进入检测器产生信号,信号经色谱工作站采集、记录、处理后,得到色谱图及分析报告。如果是制备液相色谱,还可以通过色谱工作站控制组分收集器,根据信号或时间间隔自动分段收集样品流出液,得到纯化的目标化合物。

　　下面分别介绍高效液相色谱仪的主要部件。

一、高压输液系统

　　1. 高压输液泵　高压输液泵的作用是输送流动相。泵(pump)的性能好坏直接影响整个高效液相色谱仪的质量和分析结果的可靠性。输液泵应具备如下性能:①流量精度高且稳定,这对定性定量准确性至关重要;②流量范围宽,分析型应在 0.1~10ml/min 连续可调,制备型应能达到 100ml/min;③能在高压下连续工作;④液缸容积小;⑤密封性能好,耐腐蚀。

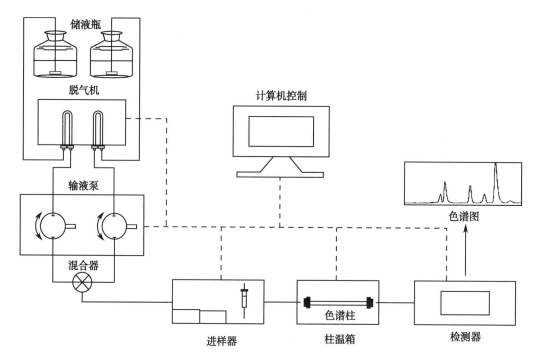

图 15-5 高效液相色谱工作流程示意图

输液泵的种类很多,按输液性质可分为恒压泵和恒流泵。目前多用恒流泵中的柱塞往复泵,其结构如图 15-6 所示。通常由电动机带动凸轮转动,驱动柱塞在液缸内往复运动。当柱塞被推入液缸时,出口单向阀打开,入口单向阀关闭,流动相从液缸输出,流向色谱柱;当柱塞自液缸内抽出时,入口单向阀打开,出口单向阀关闭,流动相自入口单向阀吸入液缸。如此往复运动,将流动相源源不断地输送到色谱柱。

1. 转动凸轮;2. 柱塞;3. 密封垫;4. 液缸;5. 入口单向阀;6. 出口单向阀;7. 流动相入口;8. 流动相出口。

柱塞往复泵的液缸容积小,可至 0.1ml,因此易于清洗和更换流动相,特别适合于再循环和梯度洗脱;改变电机的转速能方便地调节流量;其流量不受柱阻的影响;泵压可达 40MPa $(400kg/cm^2, 5\ 800psi)$,超高效液相色谱泵可达 100MPa 以上。但其输液的脉动性较大。目前多采用双泵系统来克服脉动性,按双泵的连接方式可分为并联式和串联式。

图 15-6 柱塞往复泵结构示意图

串联式双柱塞往复泵的两柱塞运动方向相反,泵 1 吸液时,泵 2 输液;泵 1 输液时,泵 2 将泵 1 输出的流动相的一半吸入,另一半被直接输入色谱柱。这样弥补了在泵 1 吸液时压力下降,消除脉动,使流量恒定。串联泵只有泵 1 具有一对单向阀。

为了延长泵的使用寿命和维持其输液的稳定性,操作时须注意下列事项:①防止任何固体微粒进入泵体;②流动相不应含有任何腐蚀性物质;③泵工作时要留心防止溶剂瓶内的流动相被用完;④不要超过规定的最高压力,否则会使高压密封环变形,产生漏液;⑤流动相应该先脱气。

2. 梯度洗脱装置 高效液相色谱洗脱技术有等强度简称等度洗脱(isocratic elution)和梯度洗脱(gradient elution)两种。等度洗脱是在同一分析周期内流动相组成保持恒定,适合于分析组分数目较少、性质差别不大的试样。梯度洗脱是在一个分析周期内程序控制改变流动相的组成,如溶剂的极性、离子强度和 pH 等。分析组分数目多、性质相差较大的复杂试样时须采用梯度洗脱技术,使所有组分都在适宜条件下获得分离。梯度洗脱能缩短分析时间、提高分离度、改善峰形、提高检测灵敏度,但可能引起基线漂移和重现性降低。

有两种实现梯度洗脱的装置,即高压梯度和低压梯度。高压梯度是指溶剂在高压下混合。最常见的是二元泵,即由两台高压输液泵分别按设定的比例输送两种不同溶剂至混合室,在高压状态下将两种溶剂混合后送入色谱柱,程序控制每台泵的输出量就能获得各种形式的梯度曲线。低压梯度是不同溶剂经脱气后,进入多通道比例阀,经多通道比例阀控制各种溶剂比例,在常压下混合后进入高压输液泵,再由高压输液泵将流动相输出至色谱柱。

二、进样系统

进样系统是连接在高压输液泵和色谱柱之间,将试样送入色谱柱的装置。一般要求进样装置的密封性好,死体积小,重复性好,保证中心进样,进样时对色谱系统的压力、流量影响小。常用进样装置有六通阀手动进样装置和自动进样装置(autosampler)两种,一般高效液相色谱分析常用六通阀手动进样装置,大量试样的常规分析往往需要自动进样装置。

1.六通阀手动进样装置　六通阀进样器结构(图15-7),它有6个接口,进样时先使阀处于装样(load)位置,流动相由输液泵直接进入色谱柱,用微量注射器将试样溶液注入贮样管(sampling loop),多余的试样溶液由废液口排除。进样时,转动阀芯(由手柄操作)至进样(inject)位置,贮样管内的试样由流动相带入色谱柱,完成进样。六通阀进样器具有进样重现性好,能耐高压等特点。

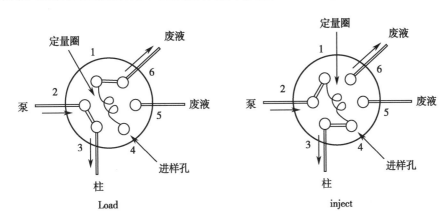

图 15-7　六通阀进样器结构示意图

2.自动进样装置　自动进样器主要由机械手、进样针、针座、进样六通阀、计量泵和进样针清洗组件等组成,由计算机软件控制按预先编制的进样操作程序依次进样,自动完成定量取样、洗针、进样、复位等操作,进样量连续可调,进样重现性好,可按照设置好的程序完成几十至上百个样品的自动分析,适合大批量样品的连续分析,易于实现自动化操作。有的自动进样装置还带有温度控制系统,适用于需低温保存的试样。

三、色谱柱分离系统

色谱柱分离系统包括保护柱、色谱柱、柱温箱、柱切换阀等。

1.保护柱　保护柱又称预柱,是装有与分析柱相同固定相填料的短柱(长约10mm)。连接在色谱柱前,可以方便地更换,具有保护色谱柱、延长色谱柱寿命等作用。

2.色谱柱　HPLC色谱柱(column)是高效液相色谱仪的最重要部件,由柱管和固定相组成。柱管多用不锈钢制成,管内壁要求镜面抛光,在色谱柱两端各有一块由多孔不锈钢材料烧结而成的过滤片,其孔隙小于填料粒度,以防止固定相漏出及固体颗粒杂质进入。HPLC色谱柱按主要用途分为分析型和制备型,它们的尺寸规格也不同。常规分析柱内径2~4.6mm,柱长10~30cm;实验室制备柱内径一般为 9~40mm,柱长 10~30cm,生产用的制备型色谱柱内径可达几十厘米。柱内径根据柱长、填料粒径和折合流速来确定,目的是避免管壁效应。

3.柱温箱　准确地控制色谱柱温度可以提高色谱分析结果的重现性。柱温箱是用来使色谱柱恒温的装置,有些柱温箱还可选装柱切换阀,从而实现色谱柱的选择、样品富集、预柱反冲、二维色谱分析等功能。

4.色谱柱的评价　无论分析型或制备型 HPLC 色谱柱,使用前都要对其性能进行考察,使用期间或放置一段时间后也要重新检查。《中国药典》(2020 年版)中规定,用高效液相色谱法进行定量分析时,需要进行"色谱系统适用性试验",即在规定的色谱条件下色谱柱应达到的理论板数、分离度、拖尾因子和重复性。

四、检测系统

(一)检测器的主要性能

检测器(detector)是高效液相色谱仪的关键部件之一,其作用是把色谱洗脱液中组分的量(或浓度)转变成电信号。按照适用范围,检测器可分为通用型和专属型两大类,专属型检测器只能检测某些组分的某一性质,紫外检测器、荧光检测器属于这一类,它们只对有紫外吸收或荧光发射的组分有响应;通用型检测器检测的是一般物质均具有的性质,示差折光、蒸发光散射检测器属于这一类。高效液相色谱的检测器要求灵敏度(sensitivity)高、噪声(noise)低(即对温度、流量等外界环境变化不敏感)、线性范围(linear range)宽、重复性(repeatability)好和适用范围广。实际工作中应根据待测组分的性质和各种检测器的特点选择合适的检测器。几种常用 HPLC 检测器的主要性能列于表 15-5。

表 15-5　几种常用检测器的主要性能

检测器	紫外吸收	荧光	安培	质谱	蒸发光散射	示差折光
信号	吸光度	荧光强度	电流	离子流强度	散射光强度	折射率
噪声	10^{-5}	10^{-3}	10^{-9}			10^{-7}
线性范围	10^{5}	10^{3}	10^{5}	宽		10^{4}
选择性	有	有	有		无	无
流速影响	无	无	有	无		有
温度影响	小	小	大		小	大
检测限/(g/ml)	10^{-10}	10^{-13}	10^{-13}	$<10^{-9}g/s$	10^{-9}	10^{-7}
池体积/μL	2~10	~7	<1			3~10
梯度洗脱	适宜	适宜	不宜	适宜	适宜	不宜
窄径柱	难	难	适宜	适宜	适宜	
试样破坏性	无	无	无	有	无	无

下面介绍四种常用的 HPLC 检测器,质谱检测器参见第十三章和十八章相关内容。

(二)紫外检测器

紫外检测器(ultraviolet detector,UVD)是高效液相色谱中应用最广泛的检测器。它灵敏度较高,噪声低,线性范围宽,对流速和温度的波动不灵敏,不破坏样品。但它只能检测有紫外吸收的物质,而且流动相有一定限制,即流动相的截止波长应小于检测波长。

紫外检测器的工作原理是朗伯-比尔定律(Lambert-Beer law)。紫外检测器包括固定波长、可变波长和光电二极管阵列检测器,固定波长检测器已很少用。

1. 可变波长检测器　是目前配置最多的检测器,一般采用氘灯/钨灯为光源,能够按需要选择组分的最大吸收波长为检测波长,从而提高灵敏度。但是,光源发出的光是通过单色器后照射到流通池上,因此单色光强度相对较弱。这类检测器的光路系统和紫外-可见分光光度计相似。

2. 光电二极管阵列检测器　光电二极管阵列检测器(photodiode array detector,PDAD,或 diode array detector,DAD)是 20 世纪 80 年代发展起来的一种光学多通道检测器。该检测器与可变波长紫外检测器不同的是,光源发出的复合光不经分光首先通过流通池,被流动相的组分吸收,再通过狭缝到光栅进行色散分光,将含有不同吸收信息的各波长的光投射到一个由 512/1 024 个光电二极管组成的光电二极管阵列上而被同时检测。每一个二极管各自测量某一波长的光强,用电子学方法及计算机技术对二极管阵列进行快速扫描并采集数据。由于扫描速度非常快,所以无需停止流动相,即可获得柱后流出液的各个瞬间光谱图及各个波长下的色谱图,经计算机处理后得到光谱-色谱三维图谱(图 15-8)。吸收光谱用于组分的定性,色谱峰面积用于组分的定量。

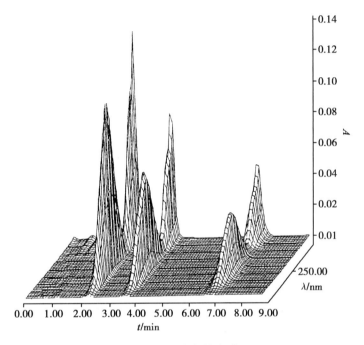

图 15-8　三维光谱-色谱图

（三）荧光检测器

荧光检测器(fluorescence detector,FD)的灵敏度比紫外检测器高,选择性好,但只适合于能产生荧光的物质的检测。许多药物和生命活性物质具有天然荧光,能直接检测,如生物胺、维生素和甾体化合物等;通过荧光衍生化可以使本来没有荧光的化合物转变成荧光衍生物,从而扩大了荧光检测器的应用范围,例如氨基酸。由于荧光检测器的高灵敏度和高选择性,它是体内药物分析常用的检测器之一。

荧光检测器的检测原理参见第九章相关内容。一般说来,激发波长(λ_{ex})与化合物的最大吸收波长(λ_{max})相近。实际工作中波长选择方法:把发射单色器固定在某一波长处,改变激发波长进行扫描,得激发光谱,光谱上的峰对应的波长即为激发波长(λ_{ex})。发射波长(λ_{em})的选择是把激发单色器固定在 λ_{ex} 处,改变发射光波长进行扫描,得荧光发射光谱,光谱上的峰对应的波长即为发射波长(λ_{em})。

（四）安培检测器

电化学检测器(electrochemical detector,ECD)包括极谱、库仑、安培和电导检测器等。电导检测器主要用于离子检测。安培检测器(amperometric detector)应用最广泛,其灵敏度很高,尤其适合于痕量组分的分析,凡具氧化还原活性的物质都能进行检测,如活体透析液中生物胺,以及酚、羰基化合物、巯基化合物等。本身没有氧化还原活性的化合物经过衍生化后,也能进行检测。

安培检测器的工作原理是在电极间施加一恒定电位,当电活性组分经过电极表面时,发生氧化还原反应,产生电量(Q)的大小符合法拉第定律:$Q=nFN$。因此反应的电流(I)为:

$$I=nF\frac{dN}{dt} \qquad\qquad 式(15\text{-}10)$$

式中,n 为每摩尔物质在氧化还原过程中转移的电子数,F 为法拉第常数,N 为物质的摩尔数,t 为时间。当流动相流速一定时,dN/dt 与组分在流动相中的浓度有关。

有各种不同构造的安培检测器,常见的薄层式三电极安培检测器的结构如图 15-9 所示。参比电极常为 Ag-AgCl 电极。辅助电极可以是碳或不锈钢材料,其作用是消除电化学反应产生的电流,维持参比电极和工作电极间的恒定电位。常用的工作电极有碳糊电极和玻碳电极。

(五)蒸发光散射检测器

蒸发光散射检测器(evaporative light scattering detector,ELSD)是 20 世纪 90 年代出现的通用型检测器。它适用于挥发性低于流动相的组分,主要用于检测糖类、高级脂肪酸、磷脂、维生素、氨基酸、三酰甘油及甾体等;它对各种物质都有响应。但是,其灵敏度比较低,尤其是有紫外吸收的组分(其灵敏度比 UV 检测约低一个数量级);此外,流动相必须是挥发性的,不能含有缓冲盐等。其工作原理(图 15-10):将色谱柱流出液引入雾化器与通入的气体(常为氮气,有时是空气)混合后喷雾形成均匀的微小雾滴,经过加热的漂移管,蒸发除去流动相,而试样组分形成气溶胶,然后进入检测室。用强光或激光照射气溶胶,产生光散射,用光电二极管检测散射光强度。散射光的强度(I)与气溶胶中组分的质量(m)有下述关系:

$$I=km^b \quad 或 \quad lgI=blgm+lgk \qquad\qquad 式(15\text{-}11)$$

式中,k 和 b 为与蒸发室(漂移管)温度、雾化气体压力及流动相性质等实验条件有关的常数。上式说明散射光的对数响应值与组分的质量的对数呈线性关系。

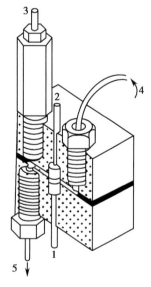

1. 工作电极;2. 辅助电极;3. 参比电极;
4. 色谱柱流出液入口;5. 出口。

图 15-9 安培检测器结构示意图

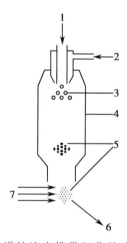

1. 由色谱柱流出携带组分的流动相;
2. N_2;3. 雾滴;4. 蒸发室(漂移管);5. 组分的气溶胶;6. 泵(抽去溶剂);7. 光束。

图 15-10 蒸发光散射检测器示意图

五、数据处理与控制系统

现代 HPLC 的重要特征是仪器的自动化,即用计算机可以控制仪器的参数设定及运行,如输液泵系统中用微机控制流速,在多元溶剂系统中控制溶剂间的比例及混合,在梯度洗脱中控制溶剂比例或流速的变化;控制自动进样装置,准确、定时地进样;控制程序改变紫外检测器的波长、响应速度、量程、自动调零和光谱扫描。利用色谱管理软件实现全系统的自动化控制,提高了仪器的准确度和精密度。

计算机技术的另一应用是采集和分析色谱数据。它能对来自检测器的原始数据进行分析处理,给出所需要的信息。色谱工作站是数据采集、处理和分析的独立计算机软件,能适用于各种类型的色谱仪器。如色谱工作站可进行二极管阵列检测器的三维谱图、光谱图、波长色谱图、比例谱图、峰纯度检查和谱图搜寻等工作;工作站的数据处理系统能进行峰宽、峰高、峰面积、对称因子、容量因子、选择性因子和分离度等色谱参数的计算,方便数据分析和色谱方法的建立。

HPLC 仪器的中心计算机控制系统,既能做数据采集和分析工作,又能程序控制仪器的各个部件,还能在分析一个试样之后自动改变条件而进行下一个试样的分析。为了满足一些法规的要求,许多色谱仪的软件系统具有方法认证和审计追踪功能,使分析工作更加规范化,这对医药分析尤其重要。

超高效液相色谱法(拓展阅读)

第七节　定性与定量分析方法

一、定性分析方法

HPLC 的定性分析方法与 GC 的相似,可以分为色谱鉴定法、化学鉴定法和色谱-波谱联用鉴定法。

1. 色谱鉴定法　利用标准对照品和样品的保留值或相对保留值对照,来对未知化合物进行定性分析,它是最常用的液相色谱定性方法,该方法原理与气相色谱法相同。

(1)利用保留时间定性:当色谱条件一定时,保留值只与组分的性质有关,因此可以利用保留值进行定性。如果在相同的色谱条件下,待测组分与标准对照品的保留时间一致,就可以初步认为待测组分与标准对照品相同。如流动相经过多次调整后,待测组分的保留时间仍与标准对照品的一致,就能进一步证实待测组分与标准对照品为同一化合物。

需要说明的是,在 HPLC 中没有类似于 GC 的保留指数可利用,采用保留值定性时,只能用保留值(保留时间或保留体积)和相对保留值或用已知物对照法对组分进行鉴别分析。

(2)利用加入标准对照品增加峰高定性:将适量标准对照品加入样品中,混匀进样,对比标准对照品加入前后的色谱图,若加入标准对照品后某色谱峰相对增高,而峰宽不变,则该色谱组分与标准对照品可能为同一物质。

2. 化学鉴定法　利用专属性的化学反应对色谱分离后收集的组分进行定性分析。由于用 HPLC 收集组分比 GC 容易,因此该法是较实用的方法之一。基团鉴定试剂与气相色谱的基团试剂相同。

3. 利用色谱-波谱联用定性　色谱-波谱联用仪能给出样品的色谱图,同时还能快速给出每个色谱峰的光谱(或质谱)图,同时获得定性、定量信息。例如,HPLC-DAD 联用可以得到组分的色谱-光谱三维谱图,通过对比待测组分及标准对照品的光谱图,再结合保留时间进行定性鉴别。此外,还可以利用 HPLC-MS、HPLC-NMR 等联用技术进行定性分析。

二、定量分析方法

高效液相色谱法的定量分析方法与气相色谱法相似,常用外标法和内标法进行定量分析,但较少用归一化法。另外,对药物中杂质含量的测定常用主成分自身对照法。

主成分自身对照法可分为不加校正因子和加校正因子两种。当没有杂质对照品时,采用不加校正因子的主成分自身对照法。方法是将供试品溶液稀释成与杂质限度(如1%)相当的溶液作为对照溶液,调整仪器的灵敏度使对照溶液主成分的峰高适当,取同样体积的供试品溶液和对照品溶液进样,以供试品溶液色谱图上各杂质的峰面积与对照溶液主成分的峰面积比较,计算杂质的含量。加校正因子的主成分自身对照法需要有各杂质和主成分的对照品,先测定杂质的校正因子,再以对照溶液调整仪器的灵敏度,然后测量供试品溶液色谱图上各杂质的峰面积,分别乘以相应的校正因子后与对照溶液主成分的峰面积比较,计算杂质的含量。有关详细规定可参考《中国药典》(2020年版)四部。

此外,为了保证建立的HPLC定量分析方法的准确性和重现性,还需要进行色谱系统的系统适用性试验。《中国药典》(2020年版)规定的色谱系统适用性内容包括理论塔板数、分离度、灵敏度、拖尾因子和重复性。

超临界流体
色谱法(拓
展阅读)

第十五章
目标测试

习　题

1. 离子色谱法、反相离子对色谱法与离子抑制色谱法的原理及应用范围有何区别?

2. 速率理论方程式在HPLC中与在GC中有何异同?如何指导HPLC实验条件的选择?

3. 试讨论影响HPLC分离度的各种因素,如何提高分离度?

4. 用HPLC外标法测定黄芩颗粒剂中黄芩苷的质量分数。黄芩苷对照品在$10.3 \sim 144.2\mu g/ml$浓度范围内线性关系良好。精密称取黄芩颗粒0.125 5g,置于50ml量瓶中,用70%甲醇溶解并稀释至刻度,摇匀,精密量取1ml于10ml量瓶中,70%甲醇稀释至刻度,摇匀即得供试品溶液。平行测定供试品溶液和对照品溶液($61.8\mu g/ml$),进样$20\mu l$,记录色谱图,得色谱峰峰面积分别为4.251×10^7和$5.998\times10^7\mu V \cdot s$。计算黄芩颗粒剂中黄芩苷质量分数。

(17.4%)

5. 校正因子法测定复方炔诺酮片中炔诺酮和炔雌醇的质量分数:ODS色谱柱;甲醇-水(60∶40)流动相;检测器UV 280nm;对硝基甲苯为内标物。

(1) 校正因子的测定:取对硝基甲苯(内标物)、炔诺酮和炔雌醇对照品适量,用甲醇制成10ml溶液,进样$10\mu l$,记录色谱图。重复三次。测定得0.073 3mg/ml内标物、0.600mg/ml炔诺酮和0.035mg/ml炔雌醇的对照品溶液平均峰面积列于表15-6。

(2) 试样测定:取本品20片,精密称定,求出平均片重(60.3mg)。研细后称取732.8mg(约相当于炔诺酮7.2mg),用甲醇配制成10ml供试品溶液(含内标物0.073 3mg/ml)。测得峰面积列于表15-6。

计算该片剂中炔诺酮和炔雌醇的质量分数(mg/片)。

表 15-6　复方炔诺酮片中各成分及内标物平均峰面积　　　　　单位:μV·s

	炔诺酮	炔雌醇	内标物
对照品溶液	$1.981×10^6$	$1.043×10^5$	$6.587×10^5$
供试品溶液	$2.442×10^6$	$1.387×10^5$	$6.841×10^5$

(炔诺酮 $f_i=2.72$,0.586mg/片;炔雌醇 $f_i=3.02$,0.036 9mg/片)

6.测定生物碱试样中黄连碱和小檗碱的质量分数,称取内标物、黄连碱和小檗碱对照品各 0.200 0g 配成混合溶液。测得峰面积分别为 $3.60×10^5$、$3.43×10^5$ 和 $4.04×10^5$ μV·s。称取 0.240 0g 内标物和试样 0.856 0g 同法配制成溶液后,在相同色谱条件下测得峰面积 $4.16×10^5$、$3.71×10^5$ 和 $4.54×10^5$ μV·s。计算试样中黄连碱和小檗碱的质量分数。

(黄连碱 26.3%,小檗碱 27.3%)

7.用 15cm 长的 ODS 柱分离两个组分。柱效 $n=2.84×10^4 m^{-1}$;测得 $t_0=1.31min$;组分的 $t_{R_1}=4.10min$;$t_{R_2}=4.45min$。

(1) 求 k_1、k_2、$α$、R 值。

(2) 若增加柱长至 30cm,分离度 R 可否达 1.5?

($k_1=2.13$、$k_2=2.40$、$α=1.13$、$R=1.33$;$R=1.88$,能)

(吴永江)

第十六章

平面色谱法

第十六章
教学课件

学习要求

1. **掌握** 平面色谱法的分类和有关参数；薄层色谱法的分离原理；薄层色谱法的吸附剂和展开剂及其选择方法；定性和定量分析方法。
2. **熟悉** 薄层色谱操作方法；纸色谱法的分离原理和分离条件选择。
3. **了解** 薄层扫描法。

第一节 概 述

平面色谱法（planar chromatography）是在平面上进行分离的一种色谱方法，主要包括薄层色谱法（thin layer chromatography，TLC）和纸色谱法（paper chromatography），也称为薄层层析法和纸层析法。薄层色谱法是将固定相涂布于平面的载板上，纸色谱法是以纸纤维作为载体，流动相则通过毛细管作用流经固定相，被分离物质在两相上因分配系数不同而分离。在薄层色谱法和纸色谱法中，流动相常称为展开剂（developing solvent）。薄层色谱法和纸色谱法都不需要昂贵的仪器设备，可同时进行多个样品的分离，分析速度快，结果直观，可选择不同的显色剂或检测方法进行定性或定量分析，也可用于分离制备。

纸色谱法出现于20世纪40年代，在此之后的20年里纸色谱法在微量组分分析，特别是生化、医学方面得到了广泛应用。薄层色谱法是20世纪50年代Kirchner等人在经典柱色谱法和纸色谱法的基础上发展起来的一种色谱技术。20世纪60年代前后，Stahl等人在薄层色谱法的标准化、规范化及扩大应用等方面做了大量工作，使薄层色谱法日益成熟。近年来，薄层色谱法采用更细、更均匀的吸

高效薄层色
谱法简介
（拓展阅读）

附剂作为固定相，发展成现代薄层色谱法，即高效薄层色谱法（high performance thin layer chromatography，HPTLC），其灵敏度可以与高效液相色谱法媲美。针对经典薄层色谱法手工点样、展开、显色等操作费时费力、容易产生误差的缺点，现已有商品化的自动点样仪、自动程序多次展开仪（automated multiple development，AMD）和薄层扫描仪等。目前HPTLC法已成为色谱领域不可或缺的一个分支，广泛应用于医药、环境、生化、食品等许多领域。

第二节 平面色谱法的分类和有关参数

一、平面色谱法的分类

平面色谱法按操作方式分为薄层色谱法、纸色谱法和薄层电泳法。

1. 薄层色谱法 薄层色谱法是将适宜的固定相涂布于玻璃板、塑料板或铝基片上，形成一均匀薄层，然后将供试品溶液和对照品溶液点在同一薄板的一端（原点），在密闭的容器中用适当的溶剂

(展开剂)展开,显色后将样品斑点与对照品斑点的比移值(R_f)进行比较,以进行鉴别、杂质检查或含量测定的方法。薄层色谱法是快速分离和定性分析微量物质的一种很重要的实验技术,也用于跟踪反应进程。按照分离机制,薄层色谱法可分为吸附薄层色谱法、分配薄层色谱法、胶束薄层色谱法和离子交换薄层色谱法等,其中应用最广泛的是吸附薄层色谱法。按照分离效能,薄层色谱法又可分为经典薄层色谱法和高效薄层色谱法。薄层色谱法由于其操作简单,所用仪器价格便宜,分析速度快,已成为色谱领域不可或缺的一个分支,广泛用于药物鉴别、杂质检查或含量测定。

2. 纸色谱法 纸色谱法是以纸为载体、纸纤维上吸附的水为固定相,以有机溶剂为流动相,根据被分离组分在水和有机溶剂中的溶解能力不同,在色谱纸上产生差速迁移而得到分离的方法。从分离原理来看,纸色谱法属于液-液分配色谱法。

3. 薄层电泳法 薄层电泳法是将带电荷的被分离物质(蛋白质、核苷酸、多肽、糖类等)点在纸、醋酸纤维素、琼脂糖凝胶或聚丙烯酰胺凝胶等惰性支持体上置于电场中,不同物质因所带的电荷和质量不同,会以不同速度向其电荷相反的电极方向泳动,产生差速迁移而得到分离。纸电泳、聚丙烯酰胺凝胶平板电泳等均属于平面色谱范围,但由于薄层电泳法的驱动力来源、仪器设备及测定对象与薄层色谱法和纸色谱法有较大差别,故不在本章内介绍。

二、平面色谱法的参数

平面色谱法与柱色谱法的基本原理相同,但操作方法不同,故相关参数也不完全相同。

(一)定性参数

1. 比移值 比移值(retardation factor,R_f)是在一定条件下,溶质移动距离与流动相移动距离之比。是表征平面色谱图上斑点位置的基本参数,也是平面色谱法用于定性分析的基本参数。

$$R_{f(A)} = \frac{a}{c} \quad R_{f(B)} = \frac{b}{c} \qquad \text{式(16-1)}$$

式中,a、b 为原点(origin)至斑点中心的距离,c 为原点至溶剂前沿(solvent front)的距离(图 16-1)。

由图 16-1 可知,当 $R_f = 0$ 时,组分不随流动相展开,停留在原点,表示组分在固定相上完全保留;当 $R_f = 1$ 时,组分随流动相展开至溶剂前沿,表示组分在固定相上完全不保留。所以 R_f 值为 0~1,表示组分在固定相上部分保留。在实际工作中,R_f 值适宜范围是0.2~0.8,最佳范围是 0.3~0.5。

由于 R_f 受被分离组分的结构和性质,固定相和流动相的种类和性质,展开容器内的饱和度、温度等多因素的影响,在不同实验室或不同实验者间进行同一化合物 R_f 值的比较是很困难的。因此往往用相对比移值来定性。

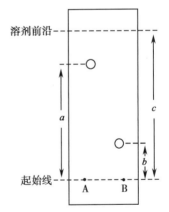

图 16-1 平面色谱示意图

2. 相对比移值 相对比移值(relative retardation factor,R_r)是在一定条件下,被测组分的比移值与参考物质比移值之比(图 16-1)。

$$R_r = \frac{R_{f(i)}}{R_{f(s)}} = \frac{a}{b} \qquad \text{式(16-2)}$$

式中,$R_{f(i)}$ 和 $R_{f(s)}$ 分别为组分 i 和参考物质 s 在相同条件下的比移值。a 和 b 分别为组分 i 和参考物质 s 在平面色谱上的移动距离。

相对比移值在一定程度上消除了测定中的系统误差,因此与比移值相比具有较高的重现性和可比性。测定 R_r 时,可以选择纯物质加到试样中作为参考物质,也可以是试样中的某一已知组分;由于参考物质的 R_f 值或移动距离可大于或小于被分离组分的 R_f 值或移动距离,所以 R_r 可以大于 1,也可以小于 1。

（二）相平衡参数

平面色谱法的相平衡参数与柱色谱法相同,也可用分配系数(K)和容量因子(k)来描述(见第十四章气相色谱法)。

在平面色谱法中,样品分子与流动相分子的移行时间是相同的,由此可以推导得出:

$$R_f = \frac{1}{1+KV_s/V_m} \quad \text{和} \quad R_f = \frac{1}{1+k} \qquad \text{式(16-3)}$$

由式(16-3)可知,不同组分的 K 或 k 不同,则 R_f 不同。在吸附或分配薄层色谱法中,改变流动相的极性可改变 k,可以达到改变被分离组分 R_f 的目的。

当 K 或 k 为 0 时,$R_f=1$,此时 $a=c$,表示组分不被固定相保留,随流动相移至溶剂前沿;R_f 为 0 的组分,K 或 k 趋于 ∞,$R_f=0$,此时 $a=0$,表示组分停留在原点,完全被固定相所保留。

由式(16-3)得

$$K = \frac{V_m}{V_s}\left(\frac{1}{R_f}-1\right) \qquad \text{式(16-4)}$$

由式(16-4)可知,只要测出某组分在液-液分配薄层色谱体系的 R_f,并已知流动相和固定相体积比 V_m/V_s,即可测出该组分的分配系数 K。

（三）分离度

分离度是平面色谱法的重要分离参数,其定义式为:

$$R = \frac{2(L_2-L_1)}{(W_1+W_2)} = \frac{2d}{(W_1+W_2)} \qquad \text{式(16-5)}$$

式中,L_2、L_1 分别为原点至两斑点中心的距离,d 为两斑点中心间距离(纵向),W_1、W_2 为两斑点的径向宽度(指斑点沿着展开方向的宽度);在薄层扫描图上,d 为两色谱峰顶间距离,W_1、W_2 分别为两色谱峰宽(图 16-2)。因此,相邻两斑点之间的距离越大,斑点越集中,分离度就越大,分离效能越好。在平面色谱法中,$R>1$ 较为适宜。

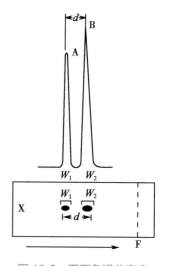

图 16-2　平面色谱分离度

第三节　薄层色谱法

一、薄层色谱法的分离原理

薄层色谱法的分离机制与柱色谱法相同,有人称其为"敞开的柱色谱"。

（一）吸附薄层色谱法

吸附薄层色谱法是以吸附剂(absorbent)为固定相的薄层色谱法。在吸附薄层色谱法中,将含有多个组分的混合溶液点在薄层板的原点,在展开过程中各组分首先被吸附剂吸附,然后被展开剂溶解而解吸附,并随展开剂向前移动,遇到新的吸附剂又被吸附,随后又被展开剂解吸附。由于各组分在吸附剂和展开剂中的吸附系数不同,在薄层板上进行无数次的吸附、解吸附、再吸附、再解吸附。吸附系数大的在薄层板上移动速度慢,R_f 值小;吸附系数小的在薄层板上的移动速度快,R_f 值大,故不同组分在薄层板上产生差速迁移而得到分离。在吸附薄层色谱法中,极性大的组分的 R_f 值小,极性小的组分的 R_f 值大。

（二）分配薄层色谱法

分配薄层色谱法是以液体为固定相的薄层色谱法。利用试样中各组分在固定相与流动相之间的分配系数不同,在薄层板上进行无数次的分配,分配系数大的组分在薄层板上移动速度慢,R_f 值小;分配系数小的组分在板上的移动速度快,R_f 值大,故不同组分在薄层板上产生差速迁移而得到分离。根据固定相和流动相极性的相对强弱,分配薄层色谱法可分为正相薄层色谱法和反相薄层色谱法。

1. **正相薄层色谱法**　正相薄层色谱法是流动相的极性小于固定相极性的薄层色谱法。该法常用的固定相是含水硅胶,展开剂是极性较弱的有机溶剂。也可使用氰基、氨基、二醇基等极性键合相,用非极性或极性小的展开剂,但有时对强极性化合物如糖或多肽的分离时,用极性展开剂也可得到有效的分离。在正相薄层色谱法中,组分极性越大,分配系数越大,随展开剂移动的速度越慢,R_f 值越小。

2. **反相薄层色谱法**　反相薄层色谱法是流动相的极性大于固定相极性的薄层色谱法。该法常用的固定相是十八烷基、辛烷基、乙基等非极性键合相,展开剂是水或水-有机溶剂的混合溶剂。在反相薄层色谱法中,组分极性越小,分配系数越大,随流动相移动的速度越慢,R_f 值越小。

二、吸附薄层色谱法的吸附剂和展开剂

（一）吸附剂

吸附薄层色谱法的固定相为吸附剂(absorbent)。分离亲脂性化合物通常以氧化铝、硅胶、乙酰化纤维素及聚酰胺为吸附剂,分离亲水性化合物常以纤维素、离子交换纤维素、硅藻土及聚酰胺为吸附剂。但也有例外,如分离脂溶性叶绿素用氧化铝和纤维素做吸附剂都可以。

1. **硅胶**　硅胶是吸附薄层色谱中最常用的固定相,90% 以上的分离工作都可应用硅胶。在硅酸钠的水溶液中加入盐酸可以得到一种胶状沉淀的缩水硅胶,这种沉淀在 100～200℃ 脱水即形成多孔性硅胶吸附剂。硅胶表面带有硅醇基(silanol),呈弱酸性,硅醇基可与极性化合物或不饱和化合物形成氢键而表现出吸附性能,由于不同组分的极性基团和不饱和程度不同,与硅醇基形成氢键的能力不同,因而在硅胶作为吸附剂的薄板上可以实现分离。由于活性羟基在硅胶表面较小的孔穴中较多,因而表面孔穴较小的硅胶的吸附性能较强。硅胶能吸附水分形成水合硅醇基,使原来的吸附位点被占据而降低其吸附能力。将硅胶加热至 105～110℃ 能可逆除去硅胶中吸附的水分,提高活度,增加吸附能力,这一过程称为"活化"(activation)。最佳活化条件为 105～110℃,加热 30 分钟。如果加热至 200℃ 以上,则硅胶逐渐失去结构水而形成硅氧烷结构,直到硅醇基全部失去而活性大大降低。硅胶的活度与含水量的关系见表 16-1。含水量越多,级数越高,吸附能力越弱,组分的 R_f 值越大;含水量越少,级数越低,吸附能力越强,组分的 R_f 值越小。若吸水量超过 12%,硅胶的吸附能力极弱,不能用于吸附色谱,只可用作分配色谱的载体。

表 16-1　硅胶、氧化铝的活度与含水量的关系

硅胶含水量/%	氧化铝含水量/%	活性级	活性	活化
0	0	Ⅰ	高	一般活化
5	3	Ⅱ		硅胶:110℃/30min
15	6	Ⅲ		氧化铝:110℃/45min 强活化
25	10	Ⅳ		硅胶:150℃/4h
38	15	Ⅴ	低	氧化铝:180℃/4h

硅胶的分离效能的高低与其粒度、孔径及表面积等几何结构有关。硅胶粒度越小,粒度越均匀,粒度分布越窄,其分离效能越高。吸附剂颗粒小,展开速度慢,容易达到平衡,质量传递的阻滞可以忽略。经典薄层色谱用硅胶的粒径一般为 10～40μm。高效薄层色谱法采用粒径为 5～10μm 的吸附剂,

在展开速度、点样数、定量精度、检出灵敏度及分离效率等方面比普通薄层色谱法要高。商品硅胶的比表面积一般为 $400\sim600m^2/g$，孔体积约为 $0.4ml/g$，平均孔径约为 $100nm$。吸附剂的比表面积越大，吸附剂的吸附能力越强。

硅胶表面的 $pH\approx5$，适合酸性和中性物质的分离，如有机酸、酚类、醛类等。碱性物质与硅胶发生酸碱反应，可导致严重被吸附、斑点拖尾、甚至停留在原点不随流动相展开。

硅胶的机械性能较差，使用时需要加入黏合剂。常用的黏合剂有煅石膏、聚乙烯醇、淀粉以及羧甲基纤维素钠（CMC）等。薄层色谱常用硅胶有硅胶 H、硅胶 G、硅胶 GF_{254}。硅胶 H 为不含黏合剂的硅胶，铺成硬板时需另加黏合剂。硅胶 G 是硅胶和煅石膏混合而成。硅胶 GF_{254} 含煅石膏，另含有一种无机荧光剂，即锰激活的硅酸锌（$Zn_2SiO_4:Mn$），在 254nm 紫外光下呈强烈黄绿色荧光背景，便于鉴定没有合适定位方法的物质。此外，还有硅胶 HF_{254}、硅胶 $HF_{254+366}$ 等。

2. 氧化铝　氧化铝是由氢氧化铝在 $400\sim500℃$ 灼烧脱水而成的。因制备方法的差别，它可分为中性（pH=7.5）、碱性（pH=9.0）和酸性（pH=4.0）三种，它们的吸附性能也有所不同。一般碱性氧化铝用来分离中性或碱性化合物，如生物碱、脂溶性维生素等，中性氧化铝应用范围较为广泛，适用于酸性及对碱不稳定的化合物的分离，酸性氧化铝可用于酸性化合物的分离。

氧化铝表面吸附的能力，被认为是表面存在铝羟基，羟基的氢键作用使其对分离组分产生吸附力。氧化铝的活性与含水量有关（表 16-1）。含水量越高，活性越弱。氧化铝在 $150\sim180℃$ 加热 $4\sim6$ 小时，可除去其中水分。若要降低活性，可加入一定量的水。

薄层色谱用的氧化铝表面积为 $100\sim300m^2/g$，孔穴平均直径为 $20\sim30Å$。铺氧化铝薄层一般不加黏合剂，直接用干粉铺层，称为干板或软板。也可以加入煅石膏为黏合剂，得到氧化铝 G，称为硬板。

3. 聚酰胺　聚酰胺是由酰胺聚合而成的一类高分子化合物，常用的为聚己内酰胺。聚己内酰胺为白色多孔的非晶型粉末，不溶于水和甲醇、乙醇、丙酮、乙醚、氯仿和苯等常用有机溶剂，易溶于浓矿酸、酚及甲酸。对碱较稳定，对酸的稳定性较差，尤其是无机酸，在高温时更敏感。聚酰胺分子内的酰胺基可与化合物质子给予体形成氢键而对该类化合物产生吸附，可用于酚、酸、硝基、醌类等化合物的分离。各类化合物与聚酰胺形成氢键的能力不同，吸附能力也就不同。化合物分子中酚羟基数目越多，则吸附能力越强；芳香核、共轭双键多的吸附力也大。易形成分子内氢键的化合物，会使化合物的吸附力减少。聚酰胺不容易吸附水，所以无需活化。有市售聚酰胺薄膜，可根据需要大小进行裁剪使用。

（二）展开剂

吸附薄层色谱法的流动相为有机溶剂，其洗脱能力主要由溶剂的极性决定。流动相的洗脱作用实质上就是流动相分子与被分离的溶质分子竞争占据吸附剂表面吸附活性中心的过程。强极性的流动相分子占据吸附中心的能力强，因而具有强洗脱能力；非极性流动相竞争占据活性中心的能力弱，洗脱能力就弱。溶剂的洗脱能力可用 Snyder 提出的溶剂强度（solvent strength）ε^0 来定量表示，ε^0 为溶剂分子在单位吸附剂表面上的吸附自由能。ε^0 值越大，溶剂在吸附剂上的吸附能力越强，即溶剂的洗脱能力越强。表 16-2 列出了以硅胶为吸附剂时一些纯溶剂的 ε^0 值。

表 16-2　一些溶剂在硅胶上的 ε^0 值

溶剂	溶剂强度 ε^0	溶剂	溶剂强度 ε^0
正戊烷	0.00	甲基叔丁基醚	0.48
正己烷	0.00	乙酸乙酯	0.48
三氯甲烷	0.26	乙腈	0.52
二氯甲烷	0.40	异丙醇	0.60
乙醚	0.43	甲醇	0.70

由表 16-2 可见,纯溶剂的 ε^0 值相差较大,以单一溶剂为流动相常不能解决复杂样品的分离问题。故在吸附薄层色谱法中,常常采用两种或两种以上溶剂按比例混合作为流动相,便于选择溶剂强度适宜的流动相。

展开剂的选择是影响薄层色谱分离结果优劣的重要条件之一。在吸附薄层色谱法中,选择展开剂的一般原则主要是根据被分离物质的极性、吸附剂的活度和展开剂的极性三者的相对关系进行选择。极性强的组分分子容易被吸附剂吸附,因此需要选择极性较强的展开剂才能把它从吸附剂中洗脱下来。Stahl 设计了用于选择吸附薄层色谱条件的三者关系示意图,如图 16-3 所示。将图中的三角形 A 角指向极性物质,则 B 角就指向活度低的吸附剂,C 角就指向极性展开剂,以此类推。

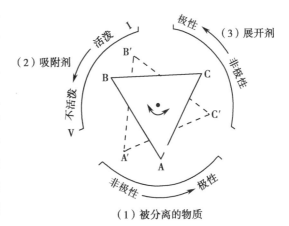

图 16-3 化合物的极性、吸附剂活度和展开剂极性间的关系

常用溶剂按极性由强到弱的顺序是:水>酸>吡啶>甲醇>乙醇>正丙醇>丙酮>乙酸乙酯>乙醚>三氯甲烷>二氯甲烷>甲苯>苯>三氯乙烷>四氯化碳>环己烷>石油醚。

在吸附薄层色谱法中,通常根据被分离组分的极性,首先用单一溶剂展开,由分离效果进一步考虑改变展开剂的极性或选择混合展开剂。例如,某物质用三氯甲烷展开时,R_f 值太小,甚至停留在原点,可选择另一种极性更强的展开剂或加入一定比例的极性溶剂,如乙醇、丙酮等。如果 R_f 值较大,斑点在前沿附近,应选择另一种极性更弱的展开剂或加入一定比例极性小的溶剂,如环己烷、石油醚等。为了得到合适的展开剂,往往需要多次实验,常使用两种以上溶剂的混合展开剂,甚至要加入一些酸或碱。常用的薄层色谱混合展开剂见表 16-3 所示。

表 16-3 常用薄层色谱展开剂

样品	展开剂配方举例	备注
亲水性样品	① 正丁醇-乙酸-水(4:1:5) ② 异丙醇-氨水-水(9:1:2) ③ 苯酚-水(4:5)	(1) 三种溶剂按比例混合,用分液漏斗充分振摇混合后,取有机层。 (2) 混合溶剂配比按样品极性而定
中强度亲水性样品	① 三氯甲烷+甲酰胺 ② 三氯甲烷+甲醇 ③ 乙酸乙酯+甲醇	

三、薄层色谱操作方法

薄层色谱法的一般操作程序可分为制板、点样、展开、斑点定位和记录。

(一)薄层板的制备

1. 市售薄层板　临用前一般需活化 30 分钟,活化温度参考表 16-1。聚酰胺薄膜不需活化。铝基片薄层板、塑料薄层板可根据需要剪裁,但须注意剪裁后的薄层板底边的固定相层不得有破损。如薄层板在存放期间被空气中杂质污染,使用前可用三氯甲烷、甲醇或二者的混合溶剂在展开缸中上行展开,预洗晾干,110℃ 活化,置干燥器中备用。

高效薄层板一般是采用喷雾技术制成的高度均匀的薄板。一般为商品预制板,常用的有硅胶、氧化铝、纤维素和化学键合相薄层板。商品预制板的厚度均匀,使用方便,适用于定量测定。由于高效薄层板使用了颗粒直径小、分布窄且均匀的吸附剂,使展开过程的流动相流速慢,容易达平衡,传质阻抗较小,得到的斑点小、圆且整齐,从而使 HPTLC 具有分离度好、灵敏度高、分析时间短等特点。

2. 自制薄层板　选择表面光滑、平整、洁净,厚度一致的玻璃板、塑料板或铝箔。薄层板大小可根据实验需要选择,如载玻片、20cm×20cm 玻片。手工制板操作如下:将 1 份固定相和 3 份水(或加有黏合剂的水溶液,如 0.2%~0.5% 羧甲基纤维素钠水溶液,或为规定浓度的改性剂溶液)在研钵中按同一方向研磨成均匀的浆状物,去除表面的气泡后,倒入涂布器中,在玻板上平稳地移动涂布器进行涂布(厚度为 0.2~0.3mm),取下涂好薄层的玻板,置水平台上于室温下晾干后,在 110℃ 烘 30 分钟,随即置有干燥剂的干燥器备用。使用前检查其均匀度,在反射光及透视光下检视,表面应均匀、平整、光滑,并且无麻点、无气泡、无破损及无污染。除手工制板外,还可以用自动机械铺板器制板。用铺板器制板速度快,薄层厚度均匀,重现性好,定量分析结果可靠。涂铺的薄层板在自然晾干后,需经过活化 0.5~1 小时(活化温度见表 16-1),尔后冷却至室温后,存放在干燥器中。还有商品薄层板在使用前也需要活化。用聚酰胺吸附剂铺成的薄层板则需要保存在有一定湿度的空气中。

硅胶中加入 CMC-Na 为黏合剂制成的薄层板称为硅胶-CMC 板。硅胶-CMC 板机械强度好,但在使用强腐蚀性显色试剂时,要掌握好显色温度和时间,以免 CMC-Na 炭化而影响检测。硅胶 H 或硅胶 G 制成的板分别称为硅胶 H 板或硅胶 G 板。硅胶 H 板机械强度较差,易脱落,但耐高温、耐酸碱。硅胶 G 板机械强度强,但不能用浓硫酸作显色剂。

除了以上常用薄层板外,在保证色谱质量的前提下,可对薄层板进行特别处理和化学改性以适应分离的要求,根据工作需要可用实验室特制薄层板。如混合两种不同吸附剂的混合薄层板;加入荧光剂的荧光薄层板;加入改性剂制备酸性或碱性薄层板等。如在硅胶中加入碱或碱性缓冲溶液制成碱性薄层板,可分离生物碱等碱性化合物。

(二)点样

选择适当溶剂,将试样配制成浓度为 0.01%~0.1% 的溶液。溶剂一般选用乙醇、甲醇等易挥发性有机溶剂,避免使用水,因为水溶液斑点易扩散,且不易挥发除去。在洁净干燥的环境中,用专用毛细管或半自动、自动点样器械点样于薄层板上。一般为圆点状或窄细的条带状,点样基线距底边 10~15mm,高效板一般基线离底边 8~10mm。圆点状直径一般 2~4mm,高效板一般不大于 2mm。接触点样时注意勿损伤薄层表面。条带状宽度一般为 5~10mm,高效板条带宽度一般为 4~8mm,可用专用半自动或自动点样器械喷雾法点样。点间距离可视斑点扩散情况以相邻斑点互不干扰为宜,一般不少于 8mm,高效板供试品间隔不少于 5mm。点样量大时采用分量多次点样,每次点样需自然干燥或用电吹风干燥后,才能二次点样,以免斑点扩散。

(三)展开

展开过程使用的器皿一般为长方形密闭玻璃缸,称为层析缸、展开缸或展开槽。将薄层板放入盛有展开剂的层析缸中,展开剂浸没薄板下端的高度不超过 0.5cm,原点不得浸入展开剂中。展开剂借助毛细管作用向上展开,待展开剂前沿达一定距离(如 10~20cm)时,将薄层板取出,标记溶剂前沿。

在展开之前,薄层板置于盛有展开剂的层析缸内预饱和 15~30 分钟,此时薄板不与展开剂直接接触,待层析缸内展开剂蒸气、薄层、缸内大气达到动态平衡时,体系达到饱和,再将薄层板浸入展开剂中。采用双槽层析杠最为方便,如图 16-4 所示。预饱和可以避免边缘效应。边缘效应是同一组分在同

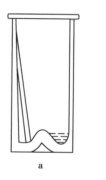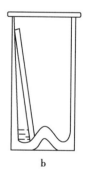

图 16-4　双槽层析杠
a. 预饱和;b. 展开中

一板上处于边缘斑点的 R_f 比处于中心的 R_f 值大的现象。产生边缘效应的原因是展开剂的蒸发速度从薄层中央到两边缘逐渐增加,即处于边缘的溶剂挥发速度较快。在相同条件下,致使同一组分在边

缘的迁移距离大于在中心的迁移距离。

　　薄层展开常用上行法,另外还有下行法(展开剂从上向下展开)、径向展开(展开剂由原点径向展开)、多次展开(同一展开剂,重复多次展开)、双向展开(展开一次后,转 90° 后用另一展开剂展开)。选用自动多次展开仪,可进行程序多次展开。高效薄层色谱的展开方式与经典薄层色谱法相同。展开可用专用的高效薄层色谱展开槽,更能严格控制分离条件,从而获得重现性较好的分离结果。

　　(四) 斑点定位

　　有颜色的物质可在可见光下直接检视,无色物质可用喷雾法或浸渍法以适宜的显色剂显色,或加热显色,在可见光下检视。有荧光的物质或显色后可激发产生荧光的物质可在紫外灯(365nm 或 254nm)下观察荧光斑点。没有颜色、不发荧光和没有合适显色方法的物质,可用带有荧光剂的薄层板(如硅胶 GF_{254} 板),在紫外光灯(254nm)下观察荧光板面上的荧光物质淬灭形成的暗斑点。具体斑点定位方法如下:

　　1. 光学检视法　有些化合物如各种染料、蒽醌或萘醌类化合物等对可见光(波长 400~800nm)有吸收,因此在自然光下可以观察到不同颜色的斑点。一些化合物在可见光下不能显色,但可吸收紫外光,在紫外灯(波长 254nm 或 365nm)下可显示不同颜色的斑点;还有一些化合物吸收紫外光和可见光后可产生荧光,而在色谱上显出不同颜色的荧光斑点,这种荧光斑点灵敏度高,在普通薄层板上检出灵敏度为 0.1ng,在高效薄层板上检出灵敏度为 0.01ng,分别比可见光及紫外光的灵敏度高 50~100 倍,并且有很高的专属性。

　　对不发荧光但对紫外光吸收的化合物可以用荧光淬灭技术进行检测。将样品点在含有无机荧光剂的薄层板上,展开后,挥去展开剂,置紫外灯下观察,被分离的化合物在发亮的背景上显示暗点,这是由于这些化合物减弱了吸附剂中荧光物质的紫外吸收强度,引起了荧光的猝灭。也可以将样品点在普通薄层板上,展开后挥去展开剂,用有机荧光剂,如 2,7-二氯荧光素、荧光素、桑色素或罗丹明 B 等配成 0.01%~0.2% 的乙醇溶液喷在薄层上,也可以得到与荧光薄层板同样的效果。

　　光学检视法不仅使用方便,适用于双向展开、多次展开等定位,也适用于洗脱定量时定位。此法对于纸色谱法和薄层色谱法均适用,所以是平面色谱定位的首选方法。

　　2. 显色法　若分离后的化合物在紫外光或可见光下不能显示斑点,可根据被检出化合物的理化性质选择适当的显色剂使之生成颜色或荧光稳定、轮廓清楚、灵敏度高、专属性强的斑点。这种显色法是通过一种或几种试剂与被检物质产生化学反应,生成有色物质,显色法是平面色谱中广泛应用的定位方法。此外,利用斑点与显色剂反应生成的有色斑点,也可初步推断化合物的类型。

　　(1) 蒸气显色法:利用一些物质的蒸气与试样中的各组分作用,生成不同颜色的产物。例如很多有机化合物如生物碱、氨基酸衍生物、肽类、脂类、皂苷类等吸收碘蒸气显黄棕色斑点,可将薄层板放在碘蒸气饱和的密闭容器中气熏使斑点显色。该显色反应是可逆的,在空气中碘升华挥发,组分斑点颜色消失,故显色后应立即标记斑点。此外一些挥发性的酸和碱,如盐酸、硝酸、浓氨水等常用于蒸气显色法。

　　(2) 喷洒显色剂法:选择合适的显色剂喷洒在薄层板上,使展开后的薄层板上化合物显示有色斑点。显色剂可以分成两大类:一类是通用型显色剂;另一类是专属性显色剂。通用显色剂是利用其与分离组分的氧化还原反应、脱水反应或酸碱反应进行显色。常用有浓硫酸、高锰酸钾溶液、磷钼酸乙醇溶液、荧光黄等,能检出很多有机化合物。专属性显色剂是只能使某一些化合物或某些官能团显色的试剂。如茚三酮是氨基酸的专用显色剂;三氯化铁是含酚羟基化合物的专用显色剂;还有根据化合物分类或特殊基团设计的特殊性显色剂。常将显色剂用适当的溶剂配制成一定浓度的溶液,用喷雾法均匀地喷洒在薄层板上,要求喷出的雾点细且均匀,喷雾器与薄层板的距离最好在 0.6~1cm,可使喷出的液滴均匀又不会冲坏薄层板。

（五）记录

薄层色谱图像一般可采用摄像设备拍摄,以光学照片或电子图像的形式保存。也可用薄层色谱扫描仪扫描或其他适宜的方式记录相应的色谱图。

四、定性与定量分析方法

（一）定性鉴别

1. 比移值R_f定性　在一定色谱条件下,某一组分的R_f值是一定值,可用于定性分析。但是绝对比移值R_f的影响因素较多,如吸附剂的种类和活度、展开剂的种类和极性、薄层厚度、展开距离、展开缸内溶剂蒸气的饱和程度、温度等,因此与文献收载的R_f值比较进行组分定性困难较大。常用的方法是将试样与对照品在同一块薄层板上展开,根据试样组分和对照品的R_f值及其斑点颜色比较进行定性。必要时可经过多种展开系统,将组分的R_f值及其斑点颜色与对照品比较,进一步认定该组分与对照品是否为同一化合物。

2. 相对比移值R_r定性　组分的R_r值定性比R_f值更加可靠。可采用与文献收载的R_r值比较进行定性,也可与对照品的R_r值比较进行定性。

3. 与其他方法联用　将薄层分离后得到的单一斑点收集、洗脱,与气相色谱、液相色谱、红外光谱或质谱等相结合进行鉴定。

薄层色谱法的图谱以彩色图像呈现,直观、易于辨认,至今为多国药典用于植物药的鉴别。《中国药典》(2020年版)也广泛采用该方法进行中药材的鉴别。

【示例 16-1】　黄芪药材的鉴别

操作步骤:取本品粉末 2g,加乙醇 30ml,加热回流 20 分钟,滤过,滤液蒸干,残渣加 0.3% 氢氧化钠溶液 15ml 使溶解,滤过,滤液用稀盐酸调节 pH 至 5～6,用乙酸乙酯 15ml 振摇提取,取乙酸乙酯液,用铺有适量无水硫酸钠的滤纸滤过,滤液蒸干。残渣加乙酸乙酯 1ml 使溶解,作为供试品溶液。另取黄芪对照药材 2g,同法制成对照药材溶液。吸取上述两种溶液各 10μl,分别点于同一硅胶 G 薄层板上,以三氯甲烷-甲醇(10:1)为展开剂,展开,取出,晾干,置氨蒸气中熏后,置紫外光灯(365nm)下检视。供试品色谱中,在与对照药材色谱相应的位置上,显相同颜色的荧光主斑点。

（二）杂质检查

薄层色谱法可用于药物有关物质的检查和杂质限量的检查。

1. 杂质对照品比较法　配制一定浓度的试样溶液和规定限定浓度的杂质对照品溶液,在同一薄层板上展开,试样中杂质斑点颜色不得比杂质对照品斑点颜色深。

2. 供试品溶液自身稀释对照法　首先配制一定浓度的供试品溶液,然后将其稀释一定倍数得到另一低浓度溶液,作为对照溶液。将试样溶液和对照溶液在同一薄层板上展开,试样溶液中杂质斑点颜色不得比对照溶液主斑点颜色深。

【示例 16-2】　枸橼酸乙胺嗪中 N-甲基哌嗪限量检查

操作步骤:

（1）供试品溶液配制:取本品,加甲醇溶解并稀释制成每 1ml 中含 50mg 的溶液。

（2）对照品溶液配制:取 N-甲基哌嗪对照品,加甲醇溶解并稀释制成每 1ml 中含 50μg 的溶液。

（3）色谱条件:采用硅胶 G 薄层板,以三氯甲烷-甲醇-氨溶液(13:5:1)为展开剂。

（4）测定法:吸取供试品溶液与对照品溶液各 10μl,分别点于同一薄层板上,展开,晾干,置碘蒸气中显色。供试品溶液如显与对照品溶液相应的杂质斑点,其颜色与对照品溶液的主斑点比较,不得更深(0.1%)。

【示例 16-3】　苯磺酸氨氯地平有关物质 I 检查

操作步骤:

（1）供试品溶液配制：取本品适量，加甲醇溶解并稀释制成每 1ml 中含 70mg 的溶液。

（2）对照溶液①：精密量取供试品溶液适量，用甲醇定量稀释制成每 1ml 中含 0.21mg 的溶液。

（3）对照溶液②：精密量取供试品溶液适量，用甲醇定量稀释制成每 1ml 中含 0.07mg 的溶液。

（4）色谱条件：采用硅胶 G 薄层板，以甲基异丁基酮-冰醋酸-水（2∶1∶1）的上层液为展开剂。

（5）测定法：吸取上述三种溶液各 10μl，分别点于同一薄层板上，展开后，80℃干燥 15 分钟，置紫外光灯（254nm 和 365nm）下检视。供试品溶液如显杂质斑点，与对照溶液①的主斑点比较，不得更深（0.3%），深于对照溶液②主斑点的杂质斑点不得多于 2 个。

（三）定量分析

1. 洗脱法　这是目前较常用的定量测定方法。最简单操作方法是用小刀或小毛刷，将经过薄层色谱分离并确定位置的组分斑点和吸附剂一起刮下或刷下，选用合适溶剂将被测组分洗脱下来，收集洗脱液再用适当的方法进行定量测定。斑点需预先定位。采用显色剂定位时，可在试样两边同时点上待测组分的对照品作为定位标记，展开后只对两边对照品喷洒显色剂，由对照品斑点位置来确定未显色的试样待测斑点的位置。

洗脱法的关键问题在于被测组分是否能够从薄层上被定量洗脱下来。因此洗脱剂的选择十分重要，应选用对洗脱化合物有较大溶解度的挥发性溶剂，还应是不干扰下一步测定的溶剂。此法的点样量要根据测定方法的灵敏度而定，一般要比薄层扫描定量的点样量大得多，故常点成长条状以增加点样量。洗脱法操作步骤多，比较费时。

2. 目视比较法　将一系列已知浓度的对照品溶液与试样溶液点在同一薄层板上，展开并显色后，以目视法直接比较试样斑点与对照品斑点的颜色深度或面积大小，求出被测组分的近似含量，作为半定量分析方法。药典中常用该法进行原料药杂质含量控制的限度试验。

3. 薄层扫描法　用薄层扫描仪对薄层板上斑点进行扫描，通过斑点对光产生吸收的强弱进行定量分析。该法的定量结果更加准确和客观，精密度可达±5%。高效薄层色谱法均采用薄层扫描仪进行定量分析。由于高效薄层板的吸附剂颗粒小、涂铺均匀，因此进行薄层扫描时基线稳定、板间误差较小、重现性较好。由于点样量小，得到的斑点小、均匀且整齐，因此扫描得到的标准曲线线性较好，准确度较高。

五、薄层扫描法简介

薄层扫描法是指用一定强度和波长的光束照射薄层板上，对薄层板上有紫外或可见吸收的斑点或经照射能激发产生荧光斑点进行扫描，利用扫描得到的图谱进行物质的定性和定量分析的方法。

（一）薄层扫描仪

薄层扫描仪是为适应薄层色谱的要求而专门对斑点进行扫描的一种分光光度计。薄层扫描仪种类很多，双波长薄层扫描仪（dual wavelength thin layer scanner）是目前较为常用的一种。双波长薄层扫描仪的光学系统与双光束双波长分光光度计相似，其原理也相同。双波长薄层扫描仪的示意图见图 16-5。从光源（氘灯或钨灯）发射的光，通过两个单色器 MC 分光后形成两束不同波长的光 λ_R（参比波长）和 λ_S（测定波长）。由于斩光器的遮断，两束光交替照在薄层板 P 上，如为反射法测定，则斑点表面的反射光由光电倍增管 PM 接收；如为透射法测定，则由位于斑点背面的 PM 光电倍增管接收。光电倍增管将光能量变为电讯号输出，再由对数放大器转换为吸光度信号，此信号由记录仪记录，即可得到轮廓曲线或峰面积。

两种波长的选择通常是选择斑点中化合物的吸收峰波长 λ_{max} 作为测定波长；选择化合物吸收光谱的基线部分，即化合物无吸收的波长 λ_R 作为参比波长。选择方法和双波长分光光度法选择波长的方法相同。因为双波长扫描法测定值是在 λ_{max} 处扫描所得的吸收值减去在 λ_R 处的吸收值（即空白背景值），使薄层背景的不均匀性得到了补偿，曲线的基线较为平稳，测定的精度得到了改善。如图 16-6 所示。

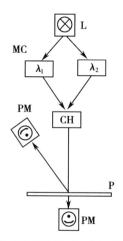

L.光源；MC.单色器；CH.斩光器；P.薄板；PM.光电检测器。

图 16-5   双波长薄层扫描仪示意图

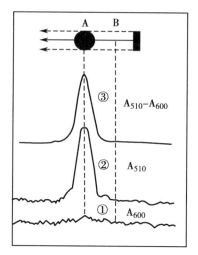

①、②单波长扫描曲线；③双波长扫描曲线。

图 16-6   双波长测定法

（二）薄层扫描测定方法

1. 吸收测定法   凡在可见或紫外光区域有吸收的物质,均可在 200~800nm 范围内选择适宜波长进行扫描测定。

（1）透射法:透射法是使光束照到薄层斑点上,测量透射光强度。光源发出的光,经单色器分光后得到的单色光交替照射在薄层斑点上和空白薄层上,测定薄层斑点透射光的强度 i 及空白薄层板透射光的强度 i_0。若入射光强度为 I_0,空白薄层透光率 $T_0=i_0/I_0$,斑点透光率 $T=i/I_0$,被测组分斑点吸光度 A 等于斑点透光率与空白薄层板的透光率比值的负对数,即

$$A = -\lg\left(\frac{T}{T_0}\right) = \lg\left(\frac{T_0}{T}\right) = \lg\left(\frac{i_0}{i}\right) \qquad 式（16-6）$$

透射法光强度大,但受薄层厚度、均匀度等影响较大。此外,玻璃板不透过紫外光,因此实际应用受到一定的限制。

（2）反射法:反射法是使光束照到薄层斑点上,测量反射光强度。光源发出的光,经单色器分光后得到的单色光交替照射在薄层斑点上和空白薄层板上,测定薄层斑点反射光的强度 j 及空白薄层板反射光的强度 j_0。光源和检测器在薄层板的同侧。空白薄层板的反射率 $R_0=j_0/I_0$,斑点反射率 $R=j/I_0$,被测组分斑点吸光度 A 等于斑点反射率 R 与空白薄层板的反射率 R_0 比值的负对数,即

$$A = -\lg\left(\frac{R}{R_0}\right) = \lg\left(\frac{R_0}{R}\right) = \lg\left(\frac{j_0}{j}\right) \qquad 式（16-7）$$

式中,j_0 为空白薄层板反射光强度,j 为斑点反射光强度。

反射法重现性较好,基线稳定,受薄层厚度、均匀度等影响较小,但光强度小。在实际工作中常用反射法。

目前,薄层扫描仪都是光源不动,只移动薄层板,扫描方式可分线形扫描及曲折形扫描两种(图 16-7)。线形扫描速度快,但在斑点形状不规则和浓度不均匀时,测量误差较

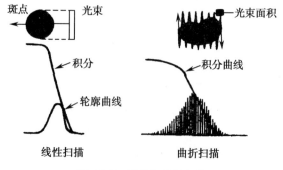

图 16-7   直线与曲线扫描

大。曲折形扫描是将光束缩小到光束内斑点浓度变化可以忽略的程度,进行一个方向的移动扫描及另一垂直方向的往复扫描,适用于形状不规则及浓度分布不均匀的斑点。

2. 荧光测定法　凡被测组分有荧光或经适当处理后生成能发荧光化合物,均可进行荧光测定。用汞灯或氙灯发出的光源作激发光照射到斑点上,然后用反射法或透射法测量斑点被激发后所产生的荧光。该法的特点是灵敏度高、选择性好,适合于微量组分的含量测定。

（三）定量分析法

薄层扫描法主要采用外标法进行定量分析。若线性范围很宽时,可用多点法校正多项式回归计算,即先用被测组分系列浓度对照品溶液与对应的谱图的积分值作校正曲线,得到线性回归方程,进行含量测定。若线性范围很窄时,通常采用线性回归二点法按式(16-8)计算。供试品溶液和对照品标准溶液应交叉点于同一薄层板上,供试品点样不得少于 2 个,对照品溶液每一浓度不得少于 2 个。扫描时,应沿展开方向扫描,不可横向扫描。

$$\rho = \frac{(m_1 - m_2)(A - A_1) + m_1}{V(A_1 - A_2)} \qquad 式(16\text{-}8)$$

式中 ρ 为试样中待测组分的含量(mg/mL);A、A_1 和 A_2 分别为试样、对照品溶液高点样量 V_1(μl)和低点样量 V_2(μl)的峰面积积分值,m_1 和 m_2 为对照品溶液点样的质量(μg),分别等于对照品溶液的浓度(mg/mL)乘以高点样量 V_1(μl)或低点样量 V_2(μl);V 为试样点样量(μl)。

（四）影响薄层扫描定量的因素

薄层色谱法通常在一个开放的体系中进行,所以有很多影响薄层扫描定量的因素,主要来源于固定相的性质和操作方法,同时也与扫描定量方法的选择、扫描参数的设定等因素有关。

1. 固定相的散射作用　因颗粒状吸附剂对光有强烈的散射作用,使斑点中组分的吸光度与其含量不呈线性关系,即不遵守朗伯-比尔定律。为了准确地进行定量分析,必须将曲线校正为直线。曲线校正是在实验前根据薄层板的类型,选择合适的散射参数(SX),由计算机根据适当的修正程序自动进行校正。曲线校直后方可进行定量分析。

2. 操作方法引起的误差　为获得准确而重现的结果,要严格控制以下几方面:①吸附剂颗粒小且分布均匀,薄层厚度以 250μm 为宜,铺板前最好脱气,把搅入的气泡除去,使薄层板表面均匀;②原点直径一致、点样间距的精确是保证定量精确度的关键;③展开前应先进行预饱和,克服边缘效应。尽量使展开距离保持恒定,减小斑点大小不同而导致的扫描结果误差;④层析分离后的斑点需喷雾显色后再扫描定量,喷雾时注意所喷试剂的均匀性,雾滴要细,且扫描应在显色斑点未发生褪色前进行。

第四节　纸色谱法

一、纸色谱法的分离原理

纸色谱法是以纸为载体的平面色谱法。由于纤维素上的羟基具有亲水性,使部分水或其他物质束缚在纤维素周围,不易扩散而成为固定相。纸色谱法既可以使用与水不相溶的试剂为流动相,也可以用丙醇、乙醇、丙酮等与水相溶的溶剂为流动相。纸色谱法的分离原理属于分配色谱的范畴,纸色谱过程可以看成是溶质在固定相和流动相之间连续萃取的过程,依据溶质在两相间分配系数的不同而达到分离的目的。与薄层色谱法相同,纸色谱法也常用比移值 R_f 来表示各组分在色谱中的位置。

在纸色谱法中,化合物在两相中的分配系数与化合物的分子结构及流动相种类和极性有关,一般来讲纸色谱为正相分配色谱。当流动相一定时,化合物的极性越大或亲水性越强,分配系数越大,R_f 值越小;化合物极性越小或亲脂性越强,分配系数越小,R_f 值越大。当化合物一定时,流动相极性越大,化合物的分配系数越小,R_f 值越大;流动相的极性越小,化合物的分配系数越大,R_f 值越小。

二、纸色谱分离条件的选择

1. 色谱纸　①要求滤纸质地均匀,平整无折痕,有一定的机械强度。②纸纤维的松紧适宜,过于疏松易使斑点扩散,过于紧密则流速太慢。③纸质要纯,无明显的荧光斑点。④对 R_f 值相差较小的化合物,选用慢速滤纸;R_f 值相差较大的化合物,选用快速滤纸。⑤进行制备或定量分析时,可选用载样量大的厚纸;进行定性分析时一般可选用薄纸。常用的国产滤纸有新华滤纸,进口滤纸有 Whatman 滤纸。

2. 固定相　滤纸纤维有较强的吸湿性,通常含 20%~25% 的水分,而其中有 6%~7% 的水是以氢键缔合形式与纤维素上的羟基结合在一起的,在一般条件下较难脱去。所以纸色谱法实际上是以吸着在纤维素上的水作固定相,而纸纤维则是起到一个惰性载体的作用。有时为了适应某些特殊要求,可对滤纸进行特殊处理。如分离具有酸碱性的物质时,为了维持滤纸相对稳定的酸碱性,可将滤纸在一定 pH 缓冲溶液中浸渍处理后使用。如分离弱极性物质时,为了增加其在固定相中的溶解度,获得理想的 R_f 值,并使组分分离,可将滤纸在一定浓度的甲酰胺、二甲基甲酰胺、丙二醇溶液中浸渍,以降低固定相的极性。

3. 展开剂　展开剂的选择要根据欲分离物质在两相中的溶解度和展开剂的极性来考虑。在展开剂中溶解度较大的物质将会移动得快,因而具有较大的 R_f 值。对于极性物质,增加展开剂中极性溶剂的比例,可以增大 R_f 值;增加展开剂中非极性溶剂的比例,可以减小 R_f 值。

纸色谱法最常用的展开剂是含水的有机溶剂,如水饱和的正丁醇、正戊醇、酚等。为了防止弱酸、弱碱的离解,也可加入少量的酸或碱,如甲酸、醋酸、吡啶等。如采用正丁醇-醋酸-水(4:1:5)为展开剂,先在分液漏斗中振摇,分层后,取有机层(上层)为展开剂。

用于纸色谱的试样,应选择适当的溶剂溶解,最好采用与展开剂极性相似且易于挥发的溶剂,如乙醇、丙酮、氯仿,应尽量避免以水为溶剂。因为水溶液斑点容易扩散,且不易挥发除去。同一张滤纸条可以并排点数个试样,两试样间距以 2cm 为宜,点样基线距离滤纸条的底边 3~4cm。

纸色谱的操作步骤与薄层色谱相似,有点样、展开、显色、定性定量分析几个步骤。但应注意的是,纸色谱法中不可使用腐蚀性的显色剂(如硫酸)显色。纸色谱法很少直接用于定量分析,通常将色谱斑点剪下,经溶剂浸泡、洗脱后,用比色法或分光光度法测定。纸色谱法曾经被用于糖和氨基酸等亲水性化合物的分离、鉴定,但其缺点在于色谱速度较慢、斑点扩散导致分辨率低。目前纸色谱法已经逐渐被各种薄层色谱法和柱色谱法取代。

第十六章
目标测试

习　题

1. 在薄层色谱中,以硅胶为固定相,三氯甲烷为流动相时,试样中某些组分 R_f 值太小;若改为三氯甲烷-甲醇(2:1)时,则试样中各组分的 R_f 值会变大,还是变小? 为什么?

(R_f 值变大)

2. 某物质在硅胶薄层板 A 上,以苯-甲醇(1:3)为展开剂的 R_f 值为 0.50;在硅胶板 B 上,用相同的展开剂，R_f 值为 0.40。问 A、B 两种板，哪一种板的活度大？

（B 板）

3. 在一定的薄层色谱条件下，已知 A、B、C 三组分的分配系数顺序分别为 $K_A < K_B < K_C$。三组分在相同条件下 R_f 值顺序如何？

$(R_{f_A} > R_{f_B} > R_{f_C})$

4. 试推测下列化合物在硅胶薄层板上，以石油醚-苯(4∶1)为流动相展开时的 R_f 值次序，并说明理由。

偶氮苯　　　　　　　　　　　　　　　　对甲氧基偶氮苯

苏丹黄　　　　　　　　　　　　　　　　苏丹红

对氨基偶氮苯　　　　　　　　　　　　对羟基偶氮苯

$(R_{f偶氮苯} > R_{f对甲氧基偶氮苯} > R_{f苏丹黄} > R_{f苏丹红} > R_{f对氨基偶氮苯} > R_{f对羟基偶氮苯})$

5. 已知化合物 A 在薄层板上从样品原点迁移 7.6cm，样品原点至溶剂前沿 16.2cm，试计算：①化合物 A 的 R_f 值；②在相同的薄层板上，展开系统相同时，样品原点至溶剂前沿 14.3cm，化合物 A 的斑点应在此薄板上何处？

（①0.47；②6.72cm）

6. 在某分配薄层色谱中，流动相、固定相和载体的体积比为 $V_m : V_s : V_g = 0.33 : 0.10 : 0.57$，若溶质在固定相和流动相中的分配系数为 0.50，计算它的 R_f 值和 k。

（0.87，0.15）

7. 已知 A 与 B 两物质的相对比移值为 1.5。当 B 物质在某薄层板上展开后，斑点距原点 9cm，此时溶剂前沿到原点为 18cm，问 A 若在此板上同时展开，A 物质的展距应为多少？A 物质的 R_f 值应为多少？

（13.5cm；0.75）

8. 现有两种性质相似的组分 A 和 B，共存于同一溶液中。用纸色谱分离时，它们的 R_f 值分别为 0.45、0.63。欲使分离后两斑点中心间的距离为 2cm，问滤纸至少应为多长？

（$c = 11cm$，滤纸长度至少为 13cm）

（黄丽英）

第十七章

毛细管电泳法

第十七章
教学课件

学习要求

1. **掌握** 毛细管电泳法的基本术语和基本原理；毛细管区带电泳法、胶束电动毛细管色谱法和毛细管电色谱法的分离机制。
2. **熟悉** 评价毛细管电泳法分离效果的参数；影响电泳分离的主要因素；毛细管区带电泳法和胶束电动毛细管色谱法的操作条件选择。
3. **了解** 常用的毛细管电泳分离模式，毛细管电泳仪器的主要组成；毛细管电泳法在药物分析中的应用。

第一节 概 述

电泳（electrophoresis）是电介质中带电粒子在电场作用下向与其电性相反方向迁移的现象。利用电泳现象对物质进行分离分析的方法称为电泳法。瑞典生物化学家 A.W.K.Tiselius 于 1937 年设计制造了界面电泳仪用于分离血清蛋白，从而创建了电泳技术。由于对电泳分析和吸附方法的研究，特别是发现了血清蛋白的组分，A.W.K.Tiselius 荣获 1948 年诺贝尔化学奖。然而，经典电泳法最大的局限性在于难以克服由高电压引起的焦耳热（Joule heating），这种影响随电场强度的增大而迅速加剧，因此只能在低电场强度下进行电泳操作，致使分离时间长，分离效率低。为此，20 世纪 60 年代以后，相继开展了在 $200\mu m \sim 3mm$ 的玻璃和 Teflon 管中进行电泳的尝试。

1981 年，J.W.Jorgenson 和 K.D.Lukacs 以内径 $75\mu m$ 的毛细管为分离通道成功分离了丹酰化氨基酸，获得了理论板数 $4\times10^5/m$ 的高柱效，并从理论上证明分离柱效与电场强度成正比，与分子扩散系数成反比。这种方法就是毛细管电泳法（capillary electrophoresis，CE），即以高压直流电场为驱动力，毛细管为分离通道，根据样品中各组分的电泳和/或分配行为的差异而实现分离的一类液相分离分析技术。由于毛细管散热效率很高，相对于传统的平面电泳可以采用更高的分离电压，使电泳分离效果大为改善。随着 1988 年商品毛细管电泳仪的推出，毛细管电泳法得到迅速发展。

毛细管电泳法具有操作简单、分离效率高、样品用量少、运行成本低等优点，即"高效、低耗、快速、应用广泛"。与高效液相色谱法相比，毛细管电泳法的柱效更高，可达 $10^5\sim10^6/m$，故也称为高效毛细管电泳法（high performance capillary electrophoresis，HPCE）；分离速度更快，数十秒至数十分钟内即可完成一个试样的分析；溶剂和试样消耗极少，试样用量仅为纳升级；毛细管电泳无需高压泵输液，因此仪器成本更低；通过改变分离模式和缓冲溶液的组成即可调整毛细管电泳法的选择性，可以对性质不同的各种分离对象进行有效分离。但是，毛细管电泳法在迁移时间的重现性、进样准确性和检测灵敏度方面要逊于高效液相色谱法，并且难以用于制备性分离。

近年来毛细管电泳法相关的新技术、新方法亦不断发展，如芯片毛细管电泳（chip capillary electrophoresis）和阵列毛细管电泳（capillary array electrophoresis）等，使毛细管电泳法在药品质量分析、单细胞分析、疾病早期诊断、组学分析和药物研发等方面得到较为广泛的应用。

第二节　毛细管电泳法的基本原理

一、电渗和电渗淌度

电渗（electroosmosis）是一种液体相对于带电的管壁移动的现象，与固液两相界面的双电层有密切关系。毛细管电泳一般采用石英毛细管为分离通道，在一定 pH 缓冲溶液条件下，石英毛细管壁表面的硅羟基会发生离解，使管壁带负电，即石英毛细管内壁暴露一层硅羟基阴离子。溶液中的抗衡离子（阳离子）由于静电吸附和扩散作用，在毛细管内壁表面固液界面上形成双电层。双电层包括紧密层和扩散层。双电层与管壁之间会产生一个电位差，即为 Zeta 电位（zeta potential）。在电场作用下，组成扩散层的阳离子就会向负极移动，由于离子是溶剂化的，当扩散层的离子在电场中发生迁移时，将携带溶剂一起移动，形成电渗流（electro-osmotic flow，EOF），如图 17-1 所示。电渗速度 u_{os} 以式（17-1）表示：

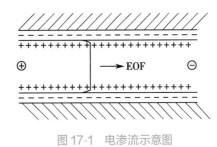

图 17-1　电渗流示意图

$$u_{os} = \mu_{os}E = \frac{\varepsilon \zeta_{os}}{4\pi\eta}E \qquad\qquad 式（17-1）$$

式中，μ_{os} 为电渗淌度或电渗率，即单位电场强度下的电渗速度，ζ_{os} 为管壁的 Zeta 电位，下标 os 表示电渗。E 为电场强度，ε 和 η 分别为介质的介电常数和黏度。

在多数水溶液中，石英和玻璃毛细管表面因硅羟基离解会产生负电荷，许多有机材料如聚四氟乙烯、聚苯乙烯等也会因为残留的羧基而产生负电荷，其结果是产生流向负极的电渗流。因此，在常规毛细管电泳条件下，正电场作用下，电渗流从正极流向负极，其大小受电场强度、Zeta 电位、双电层厚度和介质黏度的影响。从式（17-1）可以看出，Zeta 电位越大，则电渗流越大。Zeta 电位与界面电荷密度及双电层厚度有关。

石英毛细管表面硅羟基的离解随溶液 pH 的升高而增大，将引起界面有效电荷密度增大，电渗流也随之增大。当溶液中含有阳离子表面活性剂时，阳离子表面活性剂通过强的静电作用吸附在毛细管壁上，减小了界面有效电荷密度，甚至使内壁带上相反电荷，从而使电渗流减小甚至使电渗流方向反转。此外，在缓冲溶液中添加有机溶剂，如甲醇、乙腈等，对电渗流有一定抑制作用。电渗流既有大小又有方向，是实现毛细管电泳有效分离的一个重要因素，在实际应用中需要根据具体情况进行调控。

二、电泳和电泳淌度

电泳是在电场作用下带电粒子在缓冲溶液中定向移动的现象。带电粒子的电泳方向与其电性相关，正电荷粒子向负极移动，负电荷粒子向正极移动。电泳速度 u_{ep} 由式（17-2）决定：

$$u_{ep} = \mu_{ep}E = \frac{\mu_{ep}V}{L} \qquad\qquad 式（17-2）$$

式中，V 为毛细管两端所加的电压，L 为毛细管柱总长度，μ_{ep} 为电泳淌度（electrophoresis mobility）或电泳迁移率，即单位电场强度下的电泳速度（u_{ep}/E），其单位为 $m^2/(V \cdot s)$ 或 $cm^2/(V \cdot s)$。

在空心毛细管中，一个粒子的电泳淌度可近似表示为：

$$\mu_{ep} = \frac{\varepsilon \zeta_i}{4\pi\eta} \qquad\qquad 式（17-3）$$

式中，ζ_i 是粒子的 Zeta 电位，Zeta 电位的大小和粒子表面的电荷密度有关，近似地正比于 $Z/M^{2/3}$，其中 M 是摩尔质量，Z 是净电荷，即表面电荷越大，质量越小，Zeta 电位越大。因此，不同粒子可按照其表面电荷密度的差别，以不同的速率在电介质中移动，从而实现分离。

在实际溶液中，离子活度系数、溶质分子的离解程度均对粒子的淌度有影响，这时的淌度称为有效淌度，用 μ_{eff} 表示：

$$\mu_{eff} = \sum \alpha_i \gamma_i \mu_{ep} \qquad 式(17\text{-}4)$$

式中，α_i 为溶质分子的第 i 级离解度，γ_i 为活度系数或其他平衡离解度。可见，荷电粒子在电场中的迁移速度，除与电场强度和介质特性有关外，还与粒子的离解度、电荷数及其大小和形状有关。

在毛细管电泳中，同时存在着电泳流和电渗流，在不考虑粒子和毛细管壁之间相互作用的前提下，粒子在毛细管内的运动速度应当是两种速度的矢量和，即

$$u_{ap} = u_{os} \pm u_{eff} = (\mu_{os} \pm \mu_{eff})E \qquad 式(17\text{-}5)$$

或

$$\mu_{ap} = \mu_{os} \pm \mu_{eff} \qquad 式(17\text{-}6)$$

式中，u_{ap} 为表观迁移速度，μ_{ap} 称为表观淌度（apparent mobility）。式中的"$\pm$"号根据粒子电泳方向而定，当粒子电泳方向与电渗方向相同时，取"$+$"；当粒子电泳方向与电渗方向相反时，取"$-$"。在多数情况下，μ_{os} 远大于 μ_{eff}，因此，粒子在毛细管电泳中的迁移方向与电渗流的方向相同。

三、柱效和谱带展宽

（一）理论塔板数和塔板高度

由于毛细管电泳法在功能和结果显示形式上，与色谱法颇为相似，因此，在不少讨论中引入与色谱法相似的处理和表达方法，特别是直接沿用了色谱法的理论塔板数 n 和塔板高度 H 的概念，用以表示柱效。

$$n = 5.54 \left(\frac{t_m}{W_{1/2}}\right)^2 \qquad 式(17\text{-}7)$$

式中，t_m 为流出曲线最高点所对应的时间，称为迁移时间（migration time）。在理想情况下，粒子和毛细管壁之间的相互作用可以忽略，即认为没有粒子被保留下来，所以用迁移时间代替色谱中的保留时间。

毛细管电泳法的塔板高度为：

$$H = \frac{L_d}{n} \qquad 式(17\text{-}8)$$

式中，L_d 为毛细管进样端到检测器的距离，称为有效长度，这是由于毛细管电泳法采用柱上检测，记录仪上显示峰顶时，组分尚未完全流出。理论塔板数和塔板高度用于评价色谱峰的展宽，衡量整个毛细管电泳系统性能的优劣。

根据第十四章的式(14-24)，理论塔板数可用下式表示：

$$n = \frac{L_d^2}{\sigma^2} \qquad 式(17\text{-}9)$$

式中，σ^2 为标准差，其含义与色谱法相同，表征谱带展宽的程度。假设分子扩散是造成区带展宽的唯一因素，则根据 Einstein 扩散定律，区带展宽可表示为：

$$\sigma^2 = 2Dt_m \qquad 式(17\text{-}10)$$

式中，D 为溶质分子的扩散系数，t_m 为迁移时间，它可通过下式计算：

$$t_m = \frac{L_d}{\mu_{ap}E} = \frac{LL_d}{\mu_{ap}V} \qquad 式(17\text{-}11)$$

由式(17-9)、式(17-10)和式(17-11)可以得到毛细管电泳法的分离柱效方程为：

$$n = \frac{\mu_{ap}VL_d}{2DL} \qquad 式(17-12)$$

由式(17-12)可知,增大分离电压可提高柱效;在分离电压不变的情况下,L_d/L 值越大,分离柱效越高。理论塔板数还与溶质分子的扩散系数成反比,扩散系数越小,柱效越高。因为相对分子质量越大,扩散系数越小,所以毛细管电泳法不仅适合于小分子物质分离,还特别适合分离生物大分子。

（二）引起谱带展宽的因素

在毛细管电泳法中,毛细管中液体在电渗流驱动下像一个塞子一样以均匀的速度向前运动,管壁处和管中心的流速差异较小,使整个流型呈扁平型。扁平型的塞子流使毛细管电泳法的谱带较窄,因而柱效较高。与之相应的压力驱动系统,如 HPLC 法中的泵驱动,液体和固体表面接触处的摩擦力会导致压力降低,从而使流线呈抛物线型,靠近管壁处的速度较小,而中心处的速度则大约是平均速度的 2 倍。两种流型的示意图如图 17-2 所示。

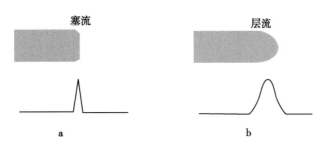

图 17-2　两种流型示意图

a. CE 中电渗流流型;b. HPLC 中压力驱动流体流型

虽然毛细管电泳法的谱带较窄,但在某些因素影响下谱带会展宽,这些因素主要有两类:一是来源于柱内溶液和溶质本身,其中特别是扩散、焦耳热和吸附;二是来源于仪器系统,如进样和检测系统存在的死体积导致谱带展宽。下面对第一类因素进行讨论,第二类因素的影响将在仪器部分讨论。

1. 扩散　在毛细管电泳法中,一般情况下,溶质纵向扩散是谱带展宽的重要因素,从式(17-10)可看出扩散引起的谱带方差(σ^2)由溶质的扩散系数和迁移时间两项决定。迁移时间受许多分离参数影响,如外加电压、毛细管长度、缓冲溶液种类与浓度及 pH 等。扩散系数是溶质本身的一种物理特性,一般随相对分子质量的增加而降低。凡影响溶质扩散的因素都会影响毛细管电泳法的谱带宽度。

2. 焦耳热　电流通过缓冲溶液时产生焦耳热(或称为自热),在平面电泳中焦耳热已成为实现快速、高效分离的重大障碍。对毛细管电泳而言,管内径是影响自热的一个重要因素。J.H.Knox 等指出,如果毛细管的内径能满足式(17-13),那么焦耳热就不会引起太严重的谱带展宽和效率损失。

$$Edc^{1/3} < 1\,500 \qquad 式(17-13)$$

式中,E 是电场强度(kV/m),c 是介质浓度(mol/L),d 为管内径(μm)。在 $E = 50$kV/m,$c = 0.01$mol/L 的条件下,求得 d 值小于 140μm。实验结果较此值还小一些,因此目前多采用内径为 25~75μm 的毛细管。事实上,毛细管电泳法之所以能实现快速高效分离,很大程度上就是由于采用了极细的毛细管。但是,若使用更细的毛细管,则会给检测、进样等方面带来一系列困难,易造成毛细管的堵塞,并影响分析结果的重现性。

那么电泳中的焦耳热是如何影响柱效的呢?焦耳热通过管壁向周围环境扩散时,在毛细管内形成抛物线型的径向温度梯度,即毛细管中心温度最高,越接近管壁温度越低,分布呈抛物线型。如内半径为 50μm 的毛细管,轴心与管内壁之间的温差为 1.39℃;内半径为 100μm 时,温差则为 5.58℃。

温度径向梯度导致缓冲溶液的黏度呈径向梯度分布,因而产生离子迁移速度的径向不均匀分布,破坏了区带的扁平流轮廓,导致区带展宽,塔板高度增加。

　　毛细管温差大小取决于管内径、壁厚、管外壁涂层(如熔融石英毛细管常用的聚酰亚胺涂层)的厚度,以及电泳介质的传热系数。因为石英的导热性好,毛细管内外壁之间的温差较小,而毛细管外壁与环境温度梯度较大。因此,为提高散热效率,毛细管的外径与内径之差越大越好,以增大毛细管柱外表面的散热面积,实际工作中常用内径 $50\mu m$、外径达 $375\mu m$ 的毛细管。同时,也可通过降低缓冲液浓度来降低焦耳热。另外,毛细管电泳仪中可配备冷却温控装置来减少焦耳热的影响。

　　3. 吸附　　在毛细管电泳法中,吸附一般是指毛细管内壁对于被分离物质粒子的作用。吸附不仅使谱带展宽,甚至可使某些被测组分无法分离检测。造成管壁表面吸附的主要原因有两个,一是阳离子溶质和带负电管壁的静电作用,二是疏水作用。吸附作用的大小与管壁表面活性中心的几何位置以及活性大小、不同溶质分子之间或者溶质分子与溶剂分子之间对管壁活性中心的竞争吸附等有关。毛细管内表面积和体积之比越大,吸附的可能性也越大,因此,细内径的毛细管不利于降低吸附。生物大分子,如碱性蛋白和多肽等,易被石英管壁吸附,吸附严重时可能导致目标物质无法流出而测不到信号,即产生死吸附。因此,生物大分子分析时常需用内壁涂层处理的毛细管。

四、分离度

　　分离度是衡量淌度相近的两组分分离程度的量度,毛细管电泳法仍沿用色谱分离度 R 的计算公式来衡量两组分的分离度:

$$R = \frac{2(t_{m_2} - t_{m_1})}{W_1 + W_2} = \frac{t_{m_2} - t_{m_1}}{4\sigma} \qquad 式(17\text{-}14)$$

　　分离度也可表示为柱效的函数:

$$R = \frac{\sqrt{n}}{4} \cdot \frac{\Delta u}{\bar{u}} \qquad 式(17\text{-}15)$$

式中,Δu 为相邻两组分的迁移速度差,$\bar{u}$ 为两组分迁移速度的平均值。用 $(\mu_{eff} + \mu_{os})E$(即 u_{ap})代替 $\bar{u}$,并将式(17-12)代入,得:

$$R = \frac{1}{4\sqrt{2}} \Delta\mu_{eff} \left[\frac{VL_d}{DL(\mu_{eff} + \mu_{os})} \right]^{1/2} \qquad 式(17\text{-}16)$$

　　由式(17-16)可知,影响分离度的主要因素有:①外加电压 V;②有效柱长与总长度之比(L_d/L);③有效淌度差($\Delta\mu_{eff}$);④电渗淌度(μ_{os})。改变上述因素和参数可以改变分离度,是选择毛细管电泳分离条件的重要依据。

第三节　毛细管电泳法的主要分离模式

一、毛细管电泳法的分类

　　按毛细管中填充物质的性状可分为自由溶液毛细管电泳法和非自由溶液毛细管电泳法;按分离机制可分为电泳型、色谱型和电泳/色谱型三类毛细管电泳法。除凝胶电泳法和电色谱法需用填充型分离柱外,其余几种分离模式仅是基于使用的运行缓冲溶液(也称背景电解质,background electrolyte,BGE)不同。常用的毛细管电泳分离模式见表17-1。

表 17-1　毛细管电泳法的主要分离模式

名称	缩写	管内填充物	说明
毛细管区带电泳法	CZE	自由电解质溶液,可含有一定功能的添加剂	属自由溶液电泳型
胶束电动毛细管色谱法	MECC	CZE 溶液+带电荷的胶束	CZE 扩展的色谱型
微乳液电动毛细管色谱法	MEECC	由缓冲液、不溶于水的有机液体和乳化剂构成的微乳液	CZE 扩展的色谱型
毛细管凝胶电泳法	CGE	各种电泳用凝胶或其他筛分介质	属非自由溶液电泳,含有"分子筛"效应
毛细管等电聚焦法	CIEF	建立 pH 梯度的两性电解质	按等电点分离,属电泳型,要求完全抑制电渗流
毛细管等速电泳法	CITP	非连续的电解质溶液-前导电解质溶液和终结电解质溶液	属自由溶液电泳型,所有组分以相同迁移率通过检测器
毛细管电色谱法	CEC	CZE 溶液+液相色谱固定相	属非自由溶液色谱型
非水毛细管电泳法	NACE	含有电解质的非水体系	属自由溶液电泳型

毛细管凝胶电泳法(capillary gel electrophoresis,CGE)、毛细管等电聚焦法(capillary isoelectric focus,CIF)和毛细管等速电泳法(capillary isotachophoresis,CITP)主要用于蛋白质等生物大分子的分离分析,其余分离模式常用于小分子化合物的分离分析。非水毛细管电泳法(non aqueous capillary electrophoresis,NACE)是在有机溶剂(如甲醇、乙腈、甲酰胺、四氢呋喃等)为主的非水体系中添加合适的电解质(如甲酸、乙酸铵等)进行的毛细管电泳分析方法,该法可使在水中难溶的样品组分有较高的溶解度而实现分离。在药物分析中,常用毛细管区带电泳法和胶束电动毛细管色谱法。

芯片毛细管电泳(拓展阅读)

二、毛细管区带电泳法

毛细管区带电泳法(capillary zone electrophoresis,CZE)也称为毛细管自由溶液区带电泳法,是毛细管电泳法中最基本也是应用最广的一种分离模式。

毛细管凝胶电泳(拓展阅读)

(一)分离原理

在 CZE 中,样品组分在充满缓冲溶液的毛细管中随电渗流发生定向移动,依据电泳淌度的差异而实现分离。在正电压下,未涂层石英毛细管中的电渗流从正极流向负极。当把试样从正极端注入到毛细管内时,当电渗速度大于电泳速度时,正负离子和中性分子均向负极迁移,按正离子、中性分子和负离子的顺序出峰,如表 17-2 所示。所有中性分子的迁移速度都与电渗速度相同,不能互相分离。带相同电荷的离子,则按其荷质比的差异进行分离。

表 17-2　毛细管区带电泳中的组分迁移速度

组分	表观淌度	表观迁移速度
正离子	$\mu_{eff}+\mu_{os}$	$u_{eff}+u_{os}$
中性分子	μ_{os}	u_{os}
负离子	$\mu_{os}-\mu_{eff}$	$u_{os}-u_{eff}$

(二)分离条件的选择

在 CZE 中,分离电压、缓冲溶液种类和浓度及其 pH、添加剂等操作条件均可显著影响组分的电泳行为,从而影响电泳分离。

1. 分离电压　分离体系的最佳外加电压值与毛细管内径和长度及缓冲溶液浓度(离子强度)有关。当柱长确定时,随电压的增加,电渗和电泳速率都会增加,迁移时间缩短。尽管电泳速率的增加幅度视粒子所带的电荷而异,但由于电渗速率一般远大于电泳速率,因此表现为粒子的总迁移速率加快。在升高电压的同时,将使电泳电流增大,柱内的焦耳热增加,缓冲液的黏度减小,而黏度和温度的关系为指数型,因此分离电压和迁移时间的关系不呈线性,电压高时速度增加更快一些。

理论与实践都证明,随电压的变化分离效率存在极大值。分离效率极大时的电压称为最佳工作电压。在实际分离中,如果所用的毛细管很细或缓冲液的电导很低,最佳电压可能会超出仪器允许范围,此时可选择仪器允许的最大输出电压。当毛细管较粗或缓冲液电导较高时,最佳电压可能很小,若此时分离度很高,也可选择大于最佳值的电压进行分离,以缩短分离时间。

2. 缓冲溶液的种类　缓冲溶液的选择通常需考虑下述几点:①在所选择的 pH 范围内有足够大的缓冲容量;②与检测器相匹配,使用紫外-可见检测器时,为减少背景干扰,缓冲溶液在检测波长处应无吸收或较低吸收;③自身的淌度低,即分子大而荷电小,以减少电流的产生;④应使被测组分带合适的电荷量,以实现有效进样和有合适的电泳淌度;⑤尽可能采用酸性缓冲溶液,因在低 pH 下吸附和电渗流值都较小;⑥与毛细管种类匹配,涂层毛细管只能在一定 pH 范围内使用,否则会破坏涂层。

常用于毛细管电泳的缓冲溶液有硼砂、磷酸盐、柠檬酸盐、琥珀酸盐和醋酸盐等。一些生物学上常用的缓冲溶液,如三(羟甲基)氨基甲烷(Tris)等,因离子质量大、电导率低,高浓度也不产生大电流,因而也常作为毛细管电泳缓冲溶液。要特别强调的是,在配制毛细管电泳用的缓冲溶液时,必须使用高纯蒸馏水和试剂,用 0.45μm 的滤器滤过以除去颗粒等,防止毛细管堵塞。

3. 缓冲溶液的浓度　缓冲剂及调节剂的浓度对改善分离、抑制吸附、控制焦耳热等均有影响。缓冲溶液浓度增加,使离子强度增加,能减少溶质和管壁之间、被分离组分之间(如蛋白质-DNA)的相互作用,从而改善分离。在大多数情况下,随着缓冲溶液浓度的增加,电渗率降低,溶质的迁移速率下降,因此迁移时间延长。随着浓度的增加,导电的离子数增加,在相同的电场强度下毛细管的电流值增大,焦耳热增加。

缓冲溶液的浓度对柱效的影响比较复杂,要同时兼顾扩散和黏度的影响。一般,对于迁移时间较短的组分,其柱效随浓度的增加而明显提高,而对于后出峰的各组分则无明显的相关性。通常,缓冲溶液的浓度应控制在 10~200mmol/L,有时为了抑制蛋白质等的吸附作用,可用高达 500mmol/L 的浓度(此时应降低分离电压)。电导率高的缓冲试剂如磷酸盐和硼酸盐等,一般选择较低浓度,电导率小的缓冲试剂如硼酸,浓度可控制在 100mmol/L 以上。

4. 缓冲溶液的 pH　对于两性溶质来说,其表观电荷数受到缓冲溶液 pH 的影响,在不同的 pH 下带不同的电荷数,因此有不同的质荷比及电荷密度,给迁移带来很大的影响。当缓冲溶液的 pH 低于溶质的 pI 时,溶质带正电,朝负极泳动,和电渗流同向,粒子迁移的总速度比电渗流快;若缓冲溶液的 pH 高于溶质的 pI,情况则相反。

缓冲体系的 pH 范围选择与样品的性质有关,为使溶质成为离子,通常酸性组分的分离选择在碱性条件下进行,而碱性组分则选择酸性介质分离,蛋白质、多肽、氨基酸等两性物质,可选酸性(pH=2)也可选碱性(pH>9)分离介质。糖类组分通常在 pH 9~11 能获得最佳分离,羧酸等组分多在 pH 5~9 选择分离条件。除影响溶质的电荷外,pH 的改变还会引起电渗流的相应变化。随着 pH 增大,电渗流增大。值得注意的是,电渗流太大又往往会使溶质在分离前即被流出。在这种情况下,需要增加柱长或者降低电渗流。

为了选择合适的 pH,需要 pH 调节剂调整介质的酸碱性。由于多数缓冲试剂属酸性物质,如磷酸盐,所以 pH 调节剂主要是碱类试剂,常用的 pH 调节剂有 NaOH、KOH、Tris 等。有时也可考虑用胺或醇胺等有机碱,如乙醇胺、乙二胺。如果缓冲试剂为碱类,则可用酸作为调节剂,尽量使用弱酸,如 H_3PO_4。

5. 添加剂　如果缓冲体系经各种参数优化后仍无法获得良好的分离结果,可以加入添加剂以改善分离。添加剂种类较多,最简单的添加剂是无机电解质,较高浓度的电解质可以压缩区带,抑制蛋白质等在管壁上的吸附。但高浓度电解质易导致焦耳热增加,反而使分离效率下降。高分子类添加剂可以形成分子团或特殊的局部结构,从而影响样品的迁移过程,改善分离。甲醇、乙腈等有机溶剂可抑制电渗流,改变粒子的电泳行为。

三、胶束电动毛细管色谱法

胶束电动色谱法(micellar electrokinetic chromatography,MEKC)是以胶束为假固定相的一种电动色谱法,是电泳技术与色谱技术的结合,因在毛细管中进行,故又称为胶束电动毛细管色谱法(micellar electrokinetic capillary chromatography,MECC)。MECC 是在电泳缓冲溶液中加入表面活性剂,当溶液中表面活性剂浓度超过临界胶束浓度(critical micelle concentration,CMC)时,表面活性剂分子之间的疏水基团聚集在一起形成胶束(假固定相),溶质不仅可以由于淌度差异而分离,同时又可基于在水相和胶束相之间的分配系数不同而得到分离。因此,MECC 可以分离 CZE 无法分离的中性化合物。

(一)分离原理

胶束是表面活性剂的聚集体,表面活性剂分子含有亲水基团和疏水基团,疏水部分是直链或支链烷烃,或甾族骨架;亲水部分则较多样,可以是阳离子、阴离子、两性离子基团。MECC 中常用的阴离子表面活性剂有十二烷基硫酸钠(SDS)、N-月桂酰-N-甲基牛磺酸钠(LMT)、牛磺脱氧胆酸钠(STDC)等。阳离子表面活性剂最常用的是季铵盐,如十二烷基三甲基溴化铵(DTAB)、十六烷基三甲基溴化铵(CTAB)等。非离子型表面活性剂有 3-[3-(氯化酰胺基丙基)二甲基胺基]-1-丙基磺酸酯(CHAPS)等。另外,还有手性表面活性剂,如胆酸钠、毛地黄皂苷、十二烷基-N-L-缬氨酸钠等。阳离子表面活性剂分子易吸附在石英毛细管壁上,可减慢电渗流速度或使电渗流转向,称之为 EOF 改性剂。表面活性剂在低浓度时,以分子形态分散在水溶液中,当浓度超过某一值,表面活性剂分子开始聚集形成胶束,此时的浓度称为临界胶束浓度(CMC),一般小于 20mmol/L。胶束由多个分子缔合而成,组成一个胶束的分子数叫作聚集数(n)。典型的胶束由 40~140 个分子组成,如 SDS 为 62,DTAB 为 56。

与 CZE 相比,MECC 的电泳介质中增加了带电的胶束相,是不固定在柱中的载体(假固定相),它具有与周围介质不同的淌度,并且可以与溶质互相作用。另一相是导电的缓冲溶液水相,是分离载体的溶剂。在电场作用下,水相溶液由电渗流驱动流向负极,离子胶束依其电荷不同,移向正极或负极。例如,SDS 胶束的表面带负电荷,其迁移方向与电渗流相反,朝正极方向泳动。在多数情况下,电渗流速度大于胶束电泳速度,所以胶束的实际移动方向和电渗流相同,都向负极移动(图 17-3)。中性溶质在随电渗流移动的过程中,在水相和胶束相之间进行分配,基于其与胶束作用的强弱差异,在两相间的分配系数不同而得到分离。

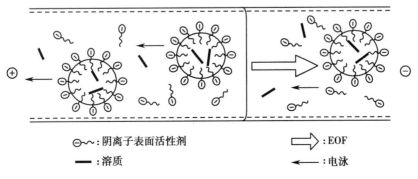

图 17-3　MECC 的分离原理示意图

（二）分离条件的选择

为了方便起见，我们把 MECC 中的胶束相和缓冲溶液相组成的溶液称为流动相。在 MECC 中，可以通过改变流动相来改善分离选择性。溶质在胶束相和缓冲溶液相之间进行分配，因此改变胶束浓度和缓冲体系将会改变溶质分配系数，因而对容量因子和迁移时间产生影响。流动相的改变通常包括胶束种类和浓度、缓冲溶液种类和浓度、pH 和离子强度的改变，也可加入有机添加剂。

pH 能影响 MECC 中带电组分迁移的速度，也影响电渗速度，但是不改变 SDS 的荷电状况，因此不影响它的泳流速度。

在 MECC 中，向缓冲溶液中加入有机添加剂可提高分离选择性。有机添加剂的加入，会改变水溶液的极性，从而调节被分离组分在水相和胶束相之间的分配系数，使分离选择性得到提高。常用的添加剂有甲醇、乙腈、异丙醇、环糊精、尿素、季铵盐等。

四、毛细管电色谱法

毛细管电色谱法（capillary electrochromatography，CEC）是在毛细管内填充、内壁涂覆、键合或交联色谱固定相，以电渗流驱动流动相完成分离的微柱色谱技术。由于电渗流在毛细管中的流速轮廓是一个平面，不存在径向流速梯度，因此毛细管电色谱法的柱效比高效液相色谱法高。毛细管电色谱法结合了 CE 的高效和 HPLC 的高选择性，开辟了微分离技术的新途径。

（一）分离原理

CEC 可以看成是 CZE 中的空管被色谱固定相涂布或填充的结果，也可以看成是微柱色谱法中的机械泵被"电渗泵"所取代的结果。它包含了电泳和色谱两种机制，被测组分根据它们在流动相和固定相中的分配系数不同和自身电泳淌度差异得以分离。CEC 既可分离带电物质也可分离中性物质。分离中性化合物时，CEC 的分离机制与 HPLC 相同；对于离子型化合物，既有色谱分配机制，又有电泳分离机制。CEC 克服了 CZE 只能根据溶质电泳淌度的不同、反相 HPLC 只能根据溶质分配系数差异进行分离的局限。

（二）分离条件的选择

CEC 的条件选择首先是固定相的选择，其次是流动相或缓冲溶液的选择。沿用常规 HPLC 的概念，根据固定相和流动相的性质，CEC 可分为反相、正相、离子交换和分子排阻等多种分离模式，固定相的选择主要依据 HPLC 的理论和经验。目前反相毛细管电色谱法研究最多，毛细管填充长度一般为 20cm 左右，填料为 C_{18} 或 C_8，粒径为 3μm 或更小，用乙腈-水缓冲液或甲醇-水缓冲液等为流动相。

CEC 中使用的色谱柱有填充柱、开管柱和整体柱。填充柱是在毛细管中填充色谱固定相（如 C_{18}）制成。开管柱是在毛细管内壁涂覆、键合固定相制成，可通过蚀刻法、溶胶-凝胶法、原位聚合多孔聚合物法制备，该类柱制备简单、柱效高，但相比小、柱容量低。整体柱是在毛细管内原位聚合反应或固化，形成均一、整体的固定相，包括有机聚合物整体柱、硅胶整体柱、颗粒固定化整体柱和杂化材料整体柱等。

根据固定相的特性（正相、反相等），缓冲液可以是水溶液或有机溶液。反相 CEC 中，流动相一般是含有电解质的有机溶剂与缓冲溶液的混合溶液。有机溶剂的种类和浓度对 HPLC 的容量因子有显著影响，在 CEC 中可以通过改变有机溶剂来提高选择性。流动相 pH 对溶质的保留影响很大，尤其是对酸碱性溶质，一方面 pH 影响溶质的离解度，另一方面影响电渗大小。通常 pH 在 pK_a 附近的影响最大，说明在 pK_a 附近调节 pH 易于获得较高的选择性。为了减少焦耳热，CEC 流动相通常采用较低浓度的缓冲溶液，对于无机盐缓冲溶液如磷酸盐、硼酸盐，典型浓度为 1~10mmol/L。对于电导率较低的缓冲体系，如乙磺酸吗啉（MES）和 Tris，可适当提高浓度。其他条件如分离电压、温度、流动相添加剂（如表面活性剂）等也对溶质的保留和选择性有影响，需通过实验确定最佳条件。

在 CEC 分离过程中，气泡产生是导致分离失败的最常见原因，气泡一般出现在样品塞子与填料交界处,由于两侧电渗淌度不同,易形成气泡。气泡的存在增大电阻,使分离电流减小,最终中断分离。如果发生这种情况,就必须用缓冲液重新冲洗柱子。采用 P-CEC,即利用电渗流和压力联合驱动流动相,可避免分离过程中气泡的产生,提高稳定性。另外,用压力来控制流速,可缩短分析时间,还可实现梯度洗脱。

第四节　毛细管电泳仪

毛细管电泳仪的基本组成包括高压电源、电解液槽和进样系统、毛细管柱及其温度控制系统、检测器、记录/数据处理系统,如图 17-4 所示。

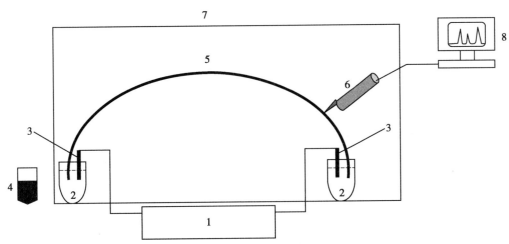

1. 高压电源;2. 电解液槽;3. 电极;4. 进样瓶;5. 毛细管;6. 检测器;7. 恒温系统;8. 数据采集与处理系统。

图 17-4　毛细管电泳系统

一、高压电源

高压电源是毛细管电泳分离系统中的驱动部分,一般采用($0\sim\pm30$)kV 连续可调的直流高压电源,电压输出精度高于 1%。电极通常由直径 $0.5\sim1$mm 的铂丝制成。电极槽通常是带螺帽的玻璃瓶或塑料瓶($1\sim5$ml 不等),以便于密封。

仪器必须接地良好,操作过程中必须注意高压的安全保护。商品仪器通常有自锁控制,在漏电、放电、突发高电流或高电压等危险情况下,高压电源会自动关闭。高压容易放电,尤其是在湿度高的环境中。防止高压放电的方法包括干燥、隔离或适当降低分离电压。

二、毛细管柱

理想的毛细管柱应是化学和电惰性的,可以透过紫外光和可见光,有一定的韧性,易于弯曲,耐用而且价廉。毛细管柱材质有聚四氟乙烯、玻璃和石英等,目前常用的是弹性熔融石英毛细管。石英毛细管表面的金属杂质极少,能够减少对溶质的非特异性吸附,表面硅羟基使毛细管内产生电渗流,但也对溶质产生吸附。

石英毛细管的内径一般在 $25\sim75\mu$m,常用 50μm 和 75μm 两种规格。细柱子能减小电流,减少自热,但内径的变小使吸附加重,同时又会造成进样、检测和清洗等技术上的困难。在理想条件下,如果电场强度保持恒定,则理论板数随着柱长的增加而增加,但为了保持电场强度的恒定,在增加柱长的同时必须提高分离电压,此时焦耳热也会增加。因此,毛细管有效长度一般控制在 $30\sim70$cm,凝胶柱在 20cm 左右。

对于从未用过的未涂渍柱,使用前宜用 5~15 倍柱体积 1mol/L NaOH、5~15 倍柱体积的水及 3~5 倍柱体积的运行缓冲溶液依次冲洗(已涂渍毛细管应按供应厂家的要求处理),或增加有机溶剂如甲醇清洗步骤,以除去管中的脂溶性吸附组分,然后再用运行缓冲溶液平衡。当改变缓冲溶液时,也需要用该缓冲溶液冲洗和平衡毛细管,使毛细管有足够的时间与所使用的缓冲溶液建立平衡,否则难以取得重现的结果。

为了克服毛细管壁对蛋白质等的吸附作用,常需对毛细管壁进行改性处理,通常采用物理涂敷、化学键合或交联等方法在毛细管内壁形成涂层,阻止蛋白质与管壁的相互作用。由于涂层改变了毛细管壁的电离状态,可能会抑制甚至反转电渗流。

三、进样系统

毛细管柱内体积很小,进样溶液仅为纳升级别,所以不能采用色谱的进样方式,应采用无死体积的进样方法,即让毛细管直接与试样溶液接触,然后由重力、电场力或其他动力来驱动试样流入毛细管中,通过控制驱动力的大小和时间长短可控制进样量。进样系统包括动力控制、计时控制、电极槽或毛细管移位控制等单元。目前常用的进样方法有以下三种:

(一)压力进样

压力进样是将毛细管的进样端插入试样瓶中,然后使毛细管两端产生一定压差并维持一定时间,此时试样溶液在压差作用下进入毛细管。设毛细管的长度为 L、两端的压力差为 ΔP、管中溶液的黏度为 η,则进样量为:

$$Q_{in} = \frac{c_0 \pi r^4}{8\eta L}(\Delta P)t \qquad \text{式(17-17)}$$

式中,r 为毛细管内半径,t 为进样时间,c_0 为组分浓度。显然,ΔP 和 t 是控制参数,其中 ΔP 是进样动力,即通过毛细管截面的压差,取值一般为 2 000~6 000Pa。t 的取值为 1~10 秒,有时可超过 60 秒。压差的实现最初主要靠虹吸作用,但该法重现性差。目前大多数商品仪器利用压缩气体实现正压进样,该装置能与毛细管清洗系统共用。

压力进样没有组分偏向问题,进样量几乎与试样基质无关,但选择性差,组分及基质都同时被引进管中,对后续分离可能产生影响。从式(17-17)可知,进样体积与试样黏度有关,而黏度不仅与试样基质有关,还随温度变化而变化。因此,控制样品室和毛细管温度可提高进样重现性。

(二)电动进样

电动进样是把毛细管的进样端插入试样溶液并加上电场 E 时,组分因电迁移和电渗作用而进入管内。在 t 时间内试样进入毛细管的体积 Q_v 和进样量 Q_{in} 为:

$$Q_{in} = c_0 Q_v = c_0 \pi r^2 (u_{eff} + u_{os})t = c_0 \pi r^2 (\mu_{eff} + \mu_{os})E_t \qquad \text{式(17-18)}$$

式(17-18)表明,电动进样的控制参数是电场强度 E 和进样时间 t,其中 E 取值在 1~10kV/60cm;t 通常在 1~10 秒,有时可达 60 秒或更长。

电动进样对毛细管内的介质没有特别限制,样品基质对电泳分离的干扰小。不过电动进样对离子组分存在进样偏向,即 u_{ap} 大者进样量多,反之则进样量少,这会降低分析的准确性和可靠性。另外,基质变化也会引起导电性和进样量的变化,影响进样的重现性。

(三)扩散进样

扩散进样是利用浓度差扩散原理将试样分子引入毛细管。当将毛细管进样端插入试样溶液时,由于组分在试样溶液中浓度高而毛细管中浓度为 0,存在浓差而向管内扩散,进样量由式(17-19)决定:

$$Q_{in} = 400c_0 \pi r^2 \sqrt{2Dt} \qquad \text{式(17-19)}$$

式中,D 为溶质分子的扩散系数。对于利用电动和压力进样的系统,设置电场或压力差为零,即可实现扩散进样。扩散进样动力属不可控制参数,进样量仅由扩散时间决定,一般在 10~60 秒。扩散进样对管内介质没有任何限制,属普适性进样方法。

扩散具有双向性,在溶质分子进入毛细管的同时,区带中的背景物质也向管外扩散,由此能抑制背景干扰,提高分离效率。扩散也与电迁移速度和方向无关,可抑制进样偏向,提高定性定量的可靠性。

以上三种进样方式中,压力进样为目前普遍采用的方法。

四、检测器

由于毛细管内径极小,仪器死体积会使谱带展宽,并可能使已分离组分重新混合,因此在毛细管电泳检测器的研制中,首先面临的一个问题是如何既对溶质进行灵敏的检测,又不使谱带展宽。通常采用的解决方法是柱上检测(on-column detection),这是减小谱带展宽的有效途径。紫外检测器和荧光检测器是目前使用最广的两种柱上检测器。电化学检测器(包括电导检测器和安培检测器等)可以为柱上和柱后检测。质谱检测器采用柱后检测的方法。

与高效液相色谱用检测器相似,毛细管电泳仪中的紫外检测器有可变波长检测器和二极管阵列检测器。为提高检测灵敏度,多数商品紫外检测器采用在毛细管两侧放置聚焦球镜,使光束聚焦在毛细管上。为使紫外光透过毛细管实现柱上检测,需在毛细管的适当位置上除去不透明的保护涂层如聚酰亚胺涂层,让透明部位窗口对准光路。聚酰亚胺涂层剥离长度通常控制在 2~3mm。涂层剥离方法有硫酸腐蚀法、灼烧法、刀片刮除法等。

激光诱导荧光(laser induced fluoresence,LIF)检测器主要由激光器、光路系统、检测池和光电转换器等部件组成。进行柱上检测时,在窗口导入激光、引出荧光。入射激光的倾角应小于 45°,以降低背景杂散光的强度。常用的连续激光器是氩离子激光器,主要输出谱线有 238nm、257nm、488nm 和 514nm。激光的单色性和相干性好、光强高,能有效地提高信噪比,从而大幅度地提高检测灵敏度,其检测灵敏度可达 $10^{-12}~10^{-10}mol/L$。对于有紫外吸收的有机和生物分子,特别是具有色氨酸和酪氨酸残基的蛋白质,可用紫外激光(如 257nm)激发其天然荧光,无需衍生化;而对无紫外吸收的物质则需进行荧光标记后才能检测。

第五节　毛细管电泳法的应用

【示例 17-1】　抑肽酶中去丙氨酸-去甘氨酸抑肽酶和去丙氨酸-抑肽酶的检查

《中国药典》(2020 年版)采用毛细管电泳法(通则 0542)对抑肽酶中去丙氨酸-去甘氨酸抑肽酶和去丙氨酸-抑肽酶进行有关物质检查。

操作步骤:取本品适量,加水溶解并定量稀释制成每 1ml 中约含 5 单位的溶液,作为供试品溶液。用熔融石英毛细管为分离柱(75μm×600mm,有效长度 500mm);以 120mmol/L 磷酸二氢钾缓冲液(pH=2.5)为操作缓冲液;检测波长为 214nm;毛细管温度为 30℃;操作电压为 12kV。进样端为正极,1.5kPa 压力进样,进样时间为 3 秒。每次进样前,依次用 0.1mol/L 氢氧化钠溶液、去离子水和操作缓冲液清洗毛细管柱 2 分钟、2 分钟和 5 分钟。取供试品溶液进样,记录电泳图。

按公式 100%(r_i/r_s) 计算,其中 r_i 为去丙氨酸-去甘氨酸-抑肽酶或去丙氨酸-抑肽酶的校正峰面积(峰面积/迁移时间),r_s 为去丙氨酸-去甘氨酸-抑肽酶、去丙氨酸-抑肽酶与抑肽酶的校正峰面积总和。去丙氨酸-去甘氨酸-抑肽酶的量不得大于 8.0%,去丙氨酸-抑肽酶的量不得大于 7.5%。

说明:系统适用性要求对照品溶液电泳图中,去丙氨酸-去甘氨酸-抑肽酶峰相对抑肽酶峰的迁移时间为 0.98,去丙氨酸-抑肽酶峰相对抑肽酶峰的迁移时间为 0.99;去丙氨酸-去甘氨酸-抑肽酶峰与去丙氨酸-抑肽酶峰间的分离度应大于 0.8,去丙氨酸-抑肽酶峰与抑肽酶峰间的分离度应大于 0.5。抑肽酶峰的拖尾因子不得大于3。

第十七章
目标测试

习　　题

1. 用空心石英毛细管柱时,正电场条件下,电渗流方向为从正极向负极,如在缓冲介质中加入阳离子表面活性剂,电渗流如何改变? 为什么?

2. 把试样(包括正离子、负离子、中性分子)从正极端注入毛细管内,以毛细管区带电泳模式在正电场条件下分离,各种粒子从负极出峰的次序如何? 为什么?

3. 3 种羧酸类药物,K_a 值分别为 $2×10^{-4}$,$2.2×10^{-5}$,$1×10^{-6}$,试判断他们在 CZE 中(正电场条件下,未涂层毛细管,电渗速度>电泳速度)的出峰顺序。

4. 某高效毛细管电泳系统的电压为 25kV,柱长 L_d 为 55cm,某离子的扩散系数为 $2.0 ×10^{-9} m^2/s$,该离子通过柱的时间是 10min。求该毛细管柱的理论板数。

$$(1.3×10^5)$$

5. 某药物用高效毛细管电泳分析,测得的迁移时间为 5.76min,已知毛细管总长度为 64cm,毛细管有效长度 L_d 为 55cm,外加电压 25kV,该系统的电渗率为 $3.42×10^{-4}$,试计算该药物的电泳淌度。

$$(6.5×10^{-5} cm^2/V · s)$$

（徐　丽）

第十八章

色谱-质谱联用分析法

学习要求

1. **掌握** 电喷雾离子化(ESI)和大气压化学离子化(APCI)的工作原理；全扫描模式及总离子流色谱图、质量色谱图和质谱图；选择离子监测和选择反应监测的特点及应用。

2. **熟悉** 飞行时间质量分析器；串联四极杆质量分析器；液相色谱-质谱联用分析条件的选择。

3. **了解** 气相色谱-质谱联用法和高效液相色谱-质谱联用法的特点；气相色谱-质谱联用仪的接口；GC-MS 谱库检索。

第一节 概　　述

将两种色谱法或者将色谱法与质谱法、波谱法有机地结合起来而实现在线联用的分析方法称为色谱联用分析法(hyphenated chromatography)。单一的色谱分离模式往往很难使一个复杂混合物中所有的组分得到很好地分离,将不同分离模式的色谱法联用又称为多维色谱法(multidimensional chromatography),可以有效提高系统分离能力,从而实现单一色谱分离模式难以实现的复杂样品的分离分析。

色谱与质谱、波谱联用则是将色谱法的分离能力与质谱法、波谱法的结构鉴定能力有机结合,从而快速、高效地完成复杂样品组分的定性、定量和结构分析。目前已发展了色谱与质谱(MS)、傅里叶变换红外光谱(FTIR)、傅里叶变换核磁共振波谱(FT-NMR)、原子吸收光谱(AAS)、电感耦合等离子体发射光谱(ICP-AES)等多种色谱-质谱/波谱联用技术。

色谱法是分析复杂混合物强有力的手段,但它只能依据保留值来定性,不具备对未知化合物的结构鉴定能力。质谱法是一种重要的定性鉴定和结构分析方法,但它不具有分离能力,不能直接用于复杂混合物的分析。将色谱法和质谱法结合起来,两者取长补短,可成为复杂混合物分析的有效手段。在色谱-质谱联用系统中,色谱仪相当于质谱仪的进样和分离系统,质谱仪相当于色谱仪的检测器。目前,色谱-质谱联用是最成熟和最成功的一类联用技术,主要包括气相色谱-质谱联用(gas chromatography-mass spectrometry, GC-MS)、液相色谱-质谱联用(liquid chromatography-mass spectrometry, LC-MS)、超临界流体色谱-质谱联用(supercritical fluid chromatography-mass spectrometry,SFC-MS)和毛细管电泳-质谱联用(capillary electrophoresis-mass spectrometry,CE-MS)。本书中主要介绍前两种色谱-质谱联用技术。

第二节　气相色谱-质谱联用法

GC-MS 法是以气相色谱为分离手段,以质谱为检测手段的分离分析方法。GC-MS 联用仪是分析仪器中较早实现联用技术的仪器。1957 年,J.C.Holmes 和 F.A.Morrell 首次将气相色谱与质谱联用。GC-MS 也是目前发展较完善、应用较广泛的一种联用技术。

一、气相色谱-质谱联用仪简介

GC-MS 联用仪主要由气相色谱单元、质谱单元、接口(interface)和计算机系统四大部分组成,如图 18-1 所示。气相色谱单元将样品中的各组分进行分离;接口把从气相色谱单元流出的组分依次送入质谱单元进行检测;质谱单元将接口引入的各组分进行分析;计算机系统交互式地控制气相色谱单元、接口和质谱单元,进行数据采集和处理,由此同时获得色谱和质谱数据,完成对样品组分的定性和定量分析。

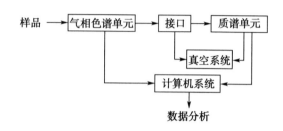

图 18-1   GC-MS 联用仪的结构组成

(一)接口

接口是实现气相色谱单元与质谱单元联用的关键部件。接口的作用是解决气相色谱单元的常压(大气压)工作条件和质谱仪的真空工作条件($10^{-6} \sim 10^{-4}$Pa)的联接和匹配。接口要把气相色谱柱流出物中的载气尽可能多地除去,保留或富集待测物,使近似大气压的气流转变成适合质谱离子源的粗真空,并协调色谱单元和质谱单元的工作流量。GC-MS 对接口的一般要求是:①有较高的样品传输效率以及去除载气的能力;②维持离子源的高真空,同时不影响色谱分离结果;③组分通过接口时应不发生化学变化;④对样品的传递应具有良好的重现性;⑤接口的控制操作应简单、方便和可靠;⑥应尽可能地短,以使试样尽可能快速通过接口。

GC-MS 联用仪常用的接口有 3 种:直接导入型接口、开口分流型接口和喷射式分离器接口。

1. 直接导入型接口   气相色谱柱出口端通过一根金属毛细管直接插入质谱单元的离子源内,载气携带试样组分通过此接口进入离子源。由于载气为惰性气体,不会被离子化,试样组分则在离子源中形成带电荷离子,并在电场作用下加速向质量分析器运动,而载气因为不受电场影响,被真空泵抽走,满足离子源对真空的要求。这种接口的实际作用是支撑插入端毛细管,使其准确定位;另一作用则是保持温度(一般应高于柱温),以防止色谱柱流出物冷凝。使用这种接口的载气限于氦气或氢气。载气流速受质谱单元真空泵流量的限制,一般应控制在 0.7~1.0ml/min,因此,这种接口适用于小内径毛细管色谱柱。直接导入型接口的装置简单,容易维护,传输效率达 100%,是迄今为止最常用的一种接口技术。

2. 开口分流型接口   开口分流型接口的工作原理如图 18-2A 所示,气相色谱柱出口端插入内套管的一端,限流毛细管由内套管的另一端插入,使这两根毛细管的出口和入口对准。限流毛细管承受将近 0.1MPa 的压降,与质谱单元的真空泵相匹配,可将色谱柱流出物的全部或一部分定量引入质谱单元的离子源。内套管置于一个外套管中,外套管充满氦气。当色谱柱的流量大于质谱单元的工作流量时,过多的色谱柱流出物随氦气流出接口;反之则由外套管中的氦气提供补充。由于这种接口处于常压氦气的保护下,降低了对真空密封的要求,便于在联机运行时更换色谱柱,而且不会降低色谱柱的分离结果。开口分流型接口的结构也较为简单,但色谱单元流量较大时,则需要较大的分流比,致使样品传输效率较低,故这种接口适用于小内径和中内径毛细管色谱柱,不适用于填充柱。

3. 喷射式分离器接口   喷射式分离器接口的工作原理如图 18-2B 所示,载气携带组分通过喷射管狭窄的喷嘴时形成喷射状气流,不同分子量的分子都以超音速的相同速度运动,但由于分子量不同而具有不同的动量。分子量较小的载气易于偏离原喷射方向,被真空泵抽走;分子量较大的易于保持原来的喷射方向通过接收口进入质谱单元的离子源。这种接口起到了分离载气、降低气压和浓缩样品的作用,具有体积小、热解和记忆效应较小、待测物在分离器中停留时间短等优点,适用于包括填充

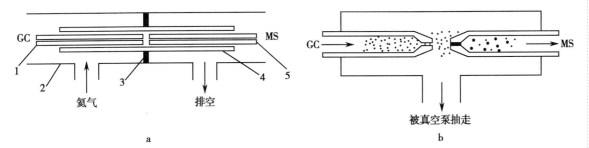

1. 毛细管气相色谱柱；2. 外套管；3. 隔离管；4. 内套管；5. 限流毛细管。

图 18-2　GC-MS 接口的工作原理示意图

a. 开口分流型接口；b. 喷射式分离器接口

柱和大孔径毛细管柱在内的各种流量的气相色谱柱；主要缺点是对易挥发的化合物的传输效率不够高。

（二）质谱单元

GC-MS 对质谱单元的主要要求有：①真空度不受载气流量的影响；②灵敏度与色谱单元匹配；③扫描速度与色谱峰流出速度相适应；④动态分辨率符合分析要求。

1. 离子源　电子轰击电离源（EI）和化学电离源（CI）是 GC-MS 最常用的两种离子源。这两种离子化方法的原理及特点已在第十三章中详细论述。气态样品分子在离子源里形成带电荷离子，在电场的作用下加速向质量分析器运动；而载气是惰性气体，不发生电离，被真空泵抽走。

2. 质量分析器　四极杆质量分析器、离子阱质量分析器和飞行时间质量分析器（TOF）是 GC-MS 最常用的质量分析器。各质量分析器的原理已在第十三章中论述。

将两个或两个以上的质量分析器连接在一起使用的质谱称为串联质谱（tandem mass spectrometry），如四极杆串联质谱、四极杆-飞行时间串联（Q-TOF）质谱等。

（三）色谱单元

GC-MS 对气相色谱单元没有特殊要求，但所使用的色谱柱和载气需满足质谱单元的某些要求。

1. 色谱柱　填充柱或毛细管柱均可用，但要求色谱柱能耐高温，以防固定相流失污染离子源，造成高的质谱本底，影响色谱峰的准确检出。现在普遍采用的是毛细管开管柱。

2. 载气　GC-MS 对载气的要求是化学惰性、不干扰质谱检测以及在接口或离子源中易被去除，氦气是最理想的载气。受质谱单元所能承受的流量限制，最好采用较低的载气流量。

（四）计算机系统

GC-MS 的主要操作均由计算机系统控制完成，配有专用的工作站软件，能实现 GC-MS 联用仪的全自动操作，包括启动和停机、自检和故障诊断、调校仪器、参数设置、实时显示、数据采集和处理、谱库检索以及报告生成等。

二、数据采集模式及其提供的信息

GC-MS 的数据采集模式主要有全扫描（full scanning）和选择离子监测（selected ion monitoring，SIM）；此外，还有适用于串联质谱的多种扫描模式（详见本章第三节内容）。根据数据采集获得的样品谱图，可以进行定性和定量分析。

（一）全扫描

质量分析器在设定的质量范围内快速地以固定时间间隔不断重复扫描的数据采集模式称为全扫描。从色谱进样开始到一个分析周期结束，全扫描采集得到的数据可利用计算机三维软件绘制出色谱-质谱三维谱图，如图 18-3 所示。图中 X 轴表示质荷比 m/z，Y 轴表示保留时间或扫描次数，Z 轴表示离子流的强度（离子丰度）。

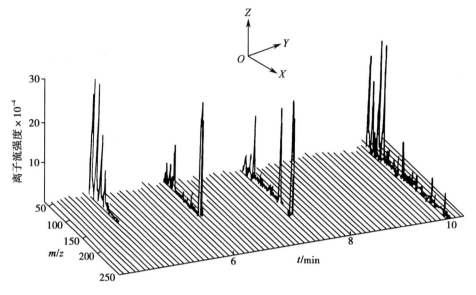

图 18-3   色谱-质谱三维谱图

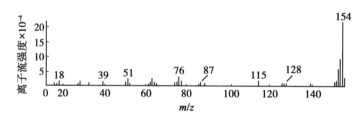

图 18-4   色谱保留时间为 6.099 分钟的组分的质谱图

假设用平行于 ZOX 的平面切割上述三维谱图,交于 Y 轴(时间轴)上一点,所得截面即为这一时间流出组分的全扫描质谱图。例如,图 18-4 是色谱保留时间为 6.099 分钟的组分的质谱图。由于质量分析器是在一定质量范围内自动重复扫描,而每一次扫描都得到一张质谱图,因此全扫描得到的是不断变化着的质谱图集,这些质谱图可用于组分的定性鉴别。

将具有相同时间(一次扫描)的各离子流的强度进行累加,得到总离子流强度随时间(扫描次数)变化的色谱图,称为总离子流色谱图(total ion current chromatogram,TIC),如图 18-5 所示。图中对应某一时间点的峰高是该时间点流入质谱仪的所有质荷比的离子流强度的加和。总离子流色谱图可以看作是一个叠加图,即沿 X 轴方向叠加了每个质荷比的离子流。图 18-5 与普通色谱图没有区别,也同样给出保留时间、峰高和峰面积等信息。

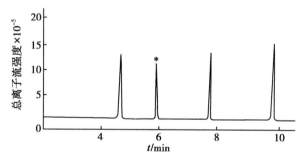

图 18-5   总离子流色谱图

从全扫描采集的数据中提取出特定质荷比的离子流强度随时间变化的色谱图,称为质量色谱图(mass chromatogram),也称为提取离子色谱图(extracted ion chromatogram),如图 18-6 所示。假设用平行于 ZOY 的平面切割上述色谱-质谱三维谱图,交于 X 轴(质荷比轴)上一点,所得截面即为这一质荷比的质量色谱图。通过质量色谱图,可对总离子流色谱图中未分离的组分进行鉴定。

（二）选择离子监测

质量分析器对预先选定的一个或几个具有特定质荷比的特征离子进行扫描的数据采集模式称为选择离子监测。通过选择离子监测获得的一个或几个特征离子的离子流强度随时间变化的色谱图,称为选择离子监测色谱图。显然,以 SIM 模式进行数据采集的质谱仪相当于色谱仪的选择性检测器,而以全扫描方式进行数据采集的质谱仪相当于色谱仪的通用型检测器。以 SIM 模式进行数据采集时,质量分析器仅针对少数特征离子反复自动扫描,因此其检测灵敏度比全扫描高很多。选择离子监测色谱图与质量色谱图相似,但前者的峰强度比后者高约 2 个数量级,色谱峰面积或峰高可用于目标化合物的定量分析。但由于不同化合物可能具有相同的质荷比,因此采用 SIM 模式对复杂样品中的目标化合物进行定量分析仍不够准确。

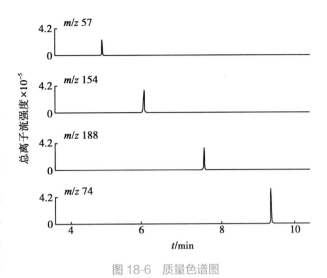

图 18-6　质量色谱图

三、谱库检索

采用 GC-MS 联用仪分析复杂样品时,会出现数十个甚至上百个色谱峰,用人工方法对每一个色谱峰的质谱图进行解析将十分困难,要耗费大量的时间和人力。利用质谱谱库检索,可以方便、快速地完成 GC-MS 的谱图解析任务。几乎所有的 GC-MS 联用仪上都配有 NIST/EPA/NIH 谱库,该谱库由美国国家标准与技术研究院(National Institute of Standards and Technology, NIST)、美国国家环境保护局(Environmental Protection Agency, EPA)和美国国立卫生研究院(National Institutes of Health, NIH)通过对全球应用最广泛的质谱参考库进行全面评估与扩展得到,收载的标准质谱图超过 10 万张。此外,还有农药库(standard pesticide library)、药物库(pfleger drug library)、挥发油库(essential oil library)等专用质谱谱库,根据工作需要可以选择使用。从 GC-MS 分析获得的总离子流色谱图或提取离子色谱图上选取某色谱峰对应的质谱图,进行适当处理(如扣除本底、平均、归一化等)后得到该色谱峰的归一化棒状质谱图,按选定的谱库和预先设定的库检索参数、库检索过滤器与谱库中存有的标准质谱图进行比对,将得到的匹配度(相似度)最高的若干个质谱图的有关数据(化合物的名称、分子量、分子式、可能的结构、匹配度等)列出来,这对鉴定未知化合物有很大帮助。

在使用谱库检索时应注意以下几个问题:①质谱库中的标准谱图都是在电子轰击电离源中,用 70eV 电子束轰击得到的,所以被检索的质谱图也应在同样条件下获得,否则检索结果不可靠。②质谱库中标准质谱图都是用纯化合物得到的,因此被检索的质谱图也应该是纯化合物。本底的干扰往往使被检索的质谱图发生畸变,所以扣除本底的干扰对检索的正确与否十分重要。③检索后给出的匹配度(相似度)最高的化合物并不一定就是实际的化合物,还要根据被检索质谱图中的基峰、分子离子峰及其已知的某些信息(是否含某些特殊元素,如 F、Cl、Br、I、S、N 等,该物质的稳定性、气味等),从检索后给出的一系列结果中确定待测化合物的结构。

四、气相色谱-质谱联用法的特点和应用

GC-MS 法具有如下特点:①定性参数多、定性可靠。除与 GC 法一样能提供保留时间外,还能通过高分辨质谱仪获取分子离子峰的准确质量、碎片离子峰强度比、同位素离子峰强度比等信息。②检测灵敏度高。全扫描时的检测灵敏度优于所有通用型 GC 检测器,选择离子监测时的检测灵敏度一般优于其他选择性 GC 检测器。③能检测色谱分离不完全的组分。用提取离子色谱图、选择离子监测色谱图等可检出总离子流色谱图上未分离或被噪声掩盖的色谱峰。④分析方法容易建立。用于 GC 法的大多数样品处理方法、分离条件等均可以移植到 GC-MS 法中。

GC-MS 法适合于相对分子质量较低(<1 000)的化合物的分析,尤其适合于挥发性成分的分析。其在药品生产、质量控制和研究中有广泛的应用,特别在中药挥发性成分的鉴定、食品和中药中农药残留量的测定、法庭科学中对燃烧/爆炸现场的调查、体育竞赛中兴奋剂等违禁药品的检测以及环境监测等方面,GC-MS 是必不可少的工具。

第三节   液相色谱-质谱联用法

LC-MS 法是以液相色谱为分离手段、以质谱为检测手段的分离分析方法。LC-MS 技术的研究始于20 世纪 70 年代,但受接口和离子化技术的制约,LC-MS 的发展一直非常缓慢;80 年代中后期,大气压离子化(atmospheric pressure ionization,API)和基质辅助激光解吸离子化(matrix-assisted laser adsorption ionization,MALDI)技术的出现,推动了 LC-MS 的迅速发展;90 年代出现了商品化的 LC-MS 联用仪。

一、液相色谱-质谱联用仪简介

与 GC-MS 联用仪一样,LC-MS 联用仪也是由色谱单元、质谱单元、接口和计算机系统等部分组成,但目前 LC-MS 联用仪的接口已基本融入质谱的离子源系统中。

（一）离子源

在 LC-MS 中,离子源的作用是:①将流动相及其携带的试样组分气化;②分离除去大量的流动相分子;③使试样组分离子化。早期曾经出现过传送带、热喷雾、粒子束等许多种接口和离子化技术,但这些技术都存在一定的局限性,因而未得到广泛应用。API 技术成功地解决了 LC 与 MS 的联接问题,使 LC-MS 逐渐发展成为成熟的技术。

API 技术是一类软离子化技术,包括电喷雾离子化(electrospray ionization,ESI)、大气压化学离子化(atmospheric pressure chemical ionization,APCI)和大气压光离子化(atmospheric pressure photo ionization,APPI)技术,它们的共同点是试样组分的离子化在大气压条件下完成,离子化效率高。目前,几乎所有的 LC-MS 联用仪都配备了 ESI 源和 APCI 源。

1. ESI 源   ESI 源内主要部件是一个由多层套管组成的 ESI 喷嘴(图 18-7),试样溶液从最内层毛细管中喷出,毛细管外层套管中通入氮气作为雾化气(也称为鞘气),其作用是使喷出的液体分散成雾状液滴。由于毛细管上施加了几千伏的电压,雾状液滴从毛细管中喷射出来时会带上电荷。另外,在最外层套管中或在喷嘴的斜前方还通入氮气作为辅助气,其作用是使雾状带电液滴的溶剂快速蒸发,最后产生完全脱溶剂的离子。离子在电场作用下依次穿过一个加热的金属毛细管(也称为离子传输毛细管)和锥孔(skimmer),再经聚焦后进入质量分析器。

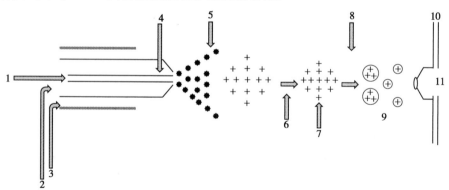

1. 试样溶液;2. 雾化气;3. 辅助气;4. 毛细管;5. 带电液滴;6. 溶剂蒸发;7. Rayleigh 极限;
8. 库伦爆炸;9. 带电离子;10. 锥孔;11. 真空区。

图 18-7   电喷雾离子化过程示意图

试样组分在 ESI 源中的离子化过程可概括为带电液滴形成、溶剂蒸发、气态离子形成等几个阶段。假设加到毛细管上的电压为正电压,当试样溶液被输送至高电压的毛细管尖端时,溶液中的正离子被吸出形成"Taylor 锥"。当 Taylor 锥表面的离子之间的静电排斥力超过溶液表面张力时,被抽成细丝,直至射出带正电荷的液滴。带电液滴向前移动时,溶剂从液滴上不断蒸发,导致液滴体积不断缩小,表面的电荷密度不断增大,当达到 Rayleigh 极限时,电荷间的库仑斥力足以克服液滴的表面张力,液滴发生碎裂,即库仑爆炸,形成更小的液滴。溶剂蒸发和液滴碎裂如此反复进行,最后形成气态的单电荷或多电荷的离子。

关于气态离子产生的机制,目前有两种解释:一种认为,液滴由于溶剂蒸发或库仑爆炸而体积逐渐减小,最终可能形成仅含单一离子的液滴,随着溶剂的进一步蒸发,可能生成完全脱溶剂的气态离子;另一种认为,由于带电离子与液滴中其他电荷的相互排斥作用,可能从小的、高度带电的液滴上蒸发出离子。另外,由 ESI 产生的气态离子可能有几种电荷态,而在离子源中经历离子-分子碰撞,还可能导致气态离子电荷态的变化,这样通常会观察到多重电荷形式。

ESI 是目前为止"最软"的离子化技术,适用于分析中等极性至强极性的化合物,特别适用于在溶液中能预先形成离子的化合物和可以获得多个质子的大分子(如蛋白质)。化合物分子在溶液中可质子化或去质子化形成准分子离子$[M+H]^+$、$[M-H]^-$,或者与 Na^+、NH_4^+ 形成加合物离子$[M+Na]^+$、$[M+NH_4]^+$。由于 ESI 能产生多电荷离子,使得质量分析器能够检测的质量范围大大拓宽,可以测定相对分子质量为几十万甚至上百万的大分子化合物。ESI 源具有极为广泛的应用领域,可应用于如小分子药物及其体内代谢产物的测定,药物及其中间体和杂质鉴定,大分子蛋白质和肽类分子量的测定,氨基酸测序及结构研究等许多重要的研究和生产领域。

2. APCI 源　APCI 源内主要部件是一个由多层套管组成的 APCI 喷嘴和一个电晕放电针(图 18-8),试样溶液从最内层毛细管中喷出,被其外层套管的氮气流(雾化气)雾化,形成的雾滴经过最外层加热套管时被气化,紧接着进入电晕放电区,电晕放电针在放电尖端产生高电压,使得附近空气分子电离,随之与溶剂分子发生离子-分子反应,最终将组分分子电离。

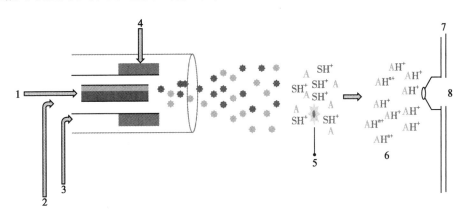

1. 样品溶液;2. 雾化气;3. 辅助气;4. 加热管;5. 电晕放电针;6. 带电离子;7. 锥孔;8. 真空区。

图 18-8　大气压化学离子化过程示意图

APCI 适用于分析有一定挥发性的中等极性与弱极性、相对分子质量在 2 000 以下的小分子化合物。APCI 一般不能产生多电荷离子,主要是准分子离子。APCI 的最大优点是允许使用流速高及含水量高的流动相,极易与 RP-HPLC 条件匹配。与 ESI 相比,APCI 对流动相种类、流速及添加物的依赖性较小。两种离子源在实际应用中各有优势和缺点,形成两种相互补充的分析手段。

(二)质量分析器

四极杆质量分析器、离子阱质量分析器和飞行时间质量分析器是 LC-MS 联用仪最常用的质量分析器。

　　由于 API 是一类软离子化技术,得到的主要是准分子离子,碎片离子很少(甚至没有),这不利于推测试样组分的化学结构。采用惰性气体碰撞的方式可使准分子离子进一步裂解形成碎片离子,这一过程称为碰撞诱导裂解(collision-induced dissociation,CID)。进行 CID 的装置称为碰撞池(collision cell),碰撞前、后的离子分别称为前体离子(precursor ion)和产物离子(product ion),或称为母离子和子离子。串联质谱就是将某一(或某些)特定的分子离子进行 CID,产生相应的碎片离子,从而获得针对选定分子离子的结构信息。LC-MS 中使用较广泛的串联质谱仪有四极杆串联质谱仪(QQQ)、四极杆-飞行时间串联质谱仪(Q-TOF)、离子阱-飞行时间串联质谱仪(IT-TOF)和飞行时间-飞行时间串联质谱仪(TOF-TOF)等。下面简要介绍四极杆串联质谱仪的工作原理。

　　四极杆串联质谱仪的质量分析器由前后两个四极杆质量分析器及夹在中间的一个多极杆(环)结构的碰撞池组成,由于早期的碰撞池也是采用四极杆的设计,所以串联四极杆质谱仪又称为三重四极杆质谱仪(triple-quadrupole mass spectrometer)。四极杆串联质谱仪的工作原理是:离子源中产生的离子进入质量分析器 Q1 中进行质量分析,然后选定质荷比的离子即前体离子进入碰撞池 Q2,其他离子则被"过滤"掉;进入碰撞池的离子与惰性气体(碰撞气)发生 CID,产生一系列新离子即产物离子;产物离子进入质量分析器 Q3 进行质量分析。通过解析特定前体离子裂解产生的产物离子的信息,可以得到组分的定性和定量信息。与单四极杆质量分析器相比,串联四极杆质量分析器能提供更多的结构信息,具有更高的选择性和灵敏度。

二、数据采集模式及其提供的信息

　　LC-MS 的数据采集模式包括全扫描、选择离子监测、选择反应监测(selected reaction monitoring,SRM)、产物离子扫描(product ion scanning)、前体离子扫描(precursor ion scanning)和中性丢失扫描(neutral loss scanning)等,其中选择反应监测、产物离子扫描、前体离子扫描和中性丢失扫描是串联质谱仪(包括离子阱质谱,被视为"时间上"的串联质谱)特有的数据采集模式。根据数据采集获得的样品谱图,可以进行定性和定量分析。全扫描和选择离子监测模式已在 GC-MS 部分介绍,下面简要介绍选择反应监测、产物离子扫描、前体离子扫描和中性丢失扫描。

　　1. 选择反应监测　离子源中产生的离子进入质量分析器 Q1 中进行扫描,选择目标化合物特定质荷比的前体离子进入碰撞池 Q2 发生 CID 并产生多个产物离子,随后在 Q3 中选择特定产物离子进行扫描的数据采集模式称为选择反应监测(SRM),又称为多反应监测(multiple reaction monitoring,MRM)。通过 SRM 获得的特定质荷比的产物离子流强度随时间变化的色谱图,称为选择反应监测色谱图。如图 18-9 所示,对目标化合物 5-羟色胺进行 SRM 扫描,选择的前体离子质荷比为 177,产物离子质荷比为 160,在图中以"177→160"表示。与 SIM 一样,SRM 也能对复杂样品中的痕量组分进行快速分析;但与 SIM 相比,SRM 检测特定前体离子产生的特定产物离子,从而可以基本排除与目标化合物质荷比相同的其他前体离子干扰,因此选择性更好、检测灵敏度更高,更加适合于目标化合物的准确定量分析。

　　2. 产物离子扫描　串联质谱仪的第一个质量分析器对特定前体离子进行扫描,第二个质量分析器(离子阱质谱仪为"时间上"的串联,仅有一个质量分析器)对该前体离子通过 CID 产生的所有产物离子进行扫描的数据采集模式称为产物离子扫描,也称子离子扫描。通过产物离子扫描获得的产物离子流强度随质荷比变化的谱图,称为产物离子扫描质谱图,如图 18-10 所示。产物离子扫描能够获得前体离子的特征碎片离子,了解化合物的裂解规律,适用于化合物的结构分析。

　　3. 前体离子扫描　串联四极杆质谱仪的第一个质量分析器对能产生特定产物离子的所有前体离子进行扫描,第二个质量分析器仅对特定产物离子进行扫描的数据采集模式称为前体离子扫描,也称为母离子扫描。通过前体离子扫描获得的产物离子流强度随前体离子质荷比变化的谱图,称为前

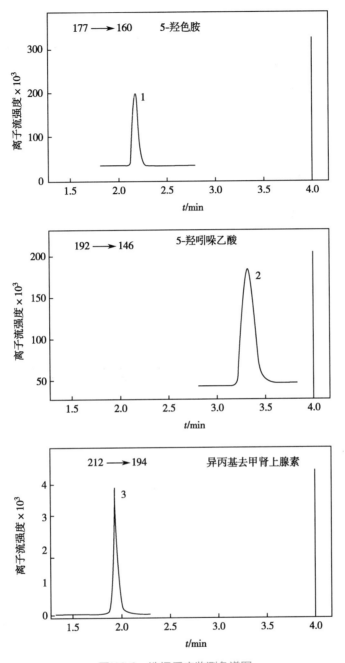

图 18-9   选择反应监测色谱图

体离子扫描质谱图,图中质荷比轴的数据来自于 Q1(前体离子),而离子流强度轴的数据来自于 Q3(被监测的产物离子)。前体离子扫描能帮助追溯碎片离子的来源,可以对能产生某种特征碎片离子的一类化合物进行快速筛选,适合于系列结构同系物的鉴定。

4. 中性丢失扫描   串联四极杆质谱仪的第一个质量分析器对能丢失指定中性碎片的前体离子进行扫描,第二个质量分析器对已丢失指定中性碎片的产物离子进行扫描的数据采集模式称为中性丢失扫描。通过中性丢失扫描获得的产物离子流强度随前体离子质荷比变化的质谱图,称为中性丢失扫描质谱图,图中质荷比轴的数据来自 Q1(前体离子),而离子流强度轴的数据来自 Q3(被监测的产物离子)。中性丢失扫描可用于研究结构相似物(如具有相同结构碎片或相同结构基团),如羧基易失去 CO_2,醛基易失去 CO,卤素易失去 HX,醇易失去 H_2O。

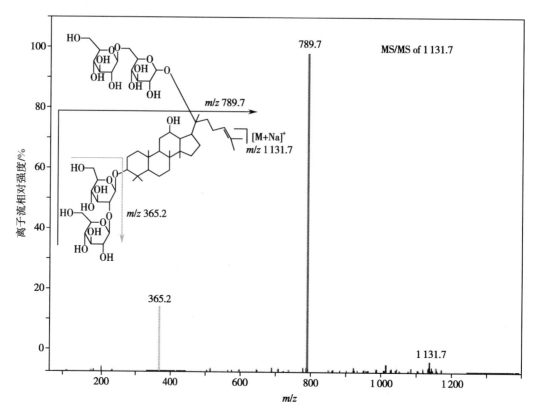

图 18-10　产物离子扫描质谱图

三、液相色谱-质谱联用分析条件的选择和优化

LC-MS 对高效液相色谱仪没有特殊要求,但所使用的色谱柱和流动相需满足质谱仪的某些要求,同时还需考虑克服样品的基质效应。

（一）色谱柱的选择

一般采用长度为 50~100mm 甚至更短的色谱柱,以缩短分析时间。使用 ESI 源时,最好选择细内径的色谱柱(对应较小的流速,以获得较高的离子化效率),如果采用常规色谱柱,则需要分流;使用 APCI 源时则相反。

（二）流动相的选择和优化

LC-MS 常用的流动相为水、甲醇、乙腈及它们的混合物,其中还可加入甲酸、醋酸、氨水或醋酸铵等挥发性电解质,浓度一般不超过 10mmol/L。在选择流动相时也要考虑到某些离子对分析分子的加成作用,如$(M+H)^+$、$(M+Na)^+$、$(M+NH_4)^+$等。加成离子的产生对有些碎片较少的化合物可以起到增加质谱特征性的作用,但同时也使得一些化合物的质谱数据处理变得复杂,如蛋白质和肽类的质谱识别和分子量计算。流动相中应尽量不含非挥发性盐类和离子对试剂,如 HPLC 分析中常用的磷酸盐等应避免使用,以防其析出堵塞离子传输毛细管;蛋白质或肽类的液相分离时经常使用的三氟乙酸(离子对试剂)对离子化有严重的抑制作用,要以柱后补偿(通常使用异丙醇)的方法抵消其影响方可获得较高的离子化效率。LC-MS 对溶剂纯度的要求较高,溶剂中的杂质直接导入离子源会产生化学噪声,杂质在高电场中还会产生电噪声,容易使待测离子淹没在这些系统噪声中。一般来说,LC-MS 使用的所有有机溶剂都应为色谱纯,水应为去离子水,最好保存在塑料容器中以减少钠离子的混入。

流动相的流速对质谱检测灵敏度有很大影响,通常需根据色谱柱内径和离子源类型来选择合适的流速。一般来说,ESI 源的流速越低,灵敏度越高,而 APCI 源需要在较高流速下才能获得较高的灵敏度。

（三）基质效应及其解决方法

基质效应(matrix effect, ME)是指在色谱分离中与被测物共流出的样品基质成分对被测物离子化过程的影响,即产生离子抑制或增强作用,进而影响分析的精密度和准确性。克服基质效应的方法主要包括以下几种:

1. 选择合适的样品预处理方法　将样品进行合适的预处理可以有效减小基质效应,例如,经液-液萃取或固相萃取后的生物样品中所含内源性物质较少,基质效应会降低。

2. 采用小进样量　在保证灵敏度的情况下,采用稀释样品或减少进样体积可以适当降低基质效应。由于自动进样器的广泛应用,目前即使很小的进样体积也能实现良好的进样精密度。

3. 优化色谱分离条件　进行反相色谱分离时,最初流出色谱柱的主要是基质中的极性成分。当待测组分的保留时间较短时,待测组分与极性基质成分一起进入离子源,在进行离子化的过程中相互竞争,导致待测组分的离子化效率降低或增强,即产生基质效应。通过优化色谱分离条件,适当地延长待测组分的保留时间,使待测组分与内源性物质达到色谱分离,就可以降低基质效应。

4. 采用合适的离子源　与 APCI 源相比,ESI 源更易受基质效应的影响。若采用 ESI 源有明显的基质效应,更换成 APCI 源有可能降低或消除基质效应。

5. 选择合适的内标　稳定同位素标记物与分析物的化学性质极为相似,样品预处理、色谱分离和离子化过程对它们的影响一致,可以大大降低分析物的基质效应,是最为理想的内标物。

四、液相色谱-质谱联用法的特点和应用

LC-MS 法具有如下特点:①提供结构信息多。采用 ESI 和 APCI 等软离子化技术,主要产生准分子离子,易于确定相对分子质量,而通过产物离子扫描、前体离子扫描和中性丢失扫描等,可获得丰富的化合物结构信息。②专属性强、灵敏度高和分析速度快。采用 SRM 模式可以克服背景干扰,提高信噪比,获得很高的检测灵敏度,且可在色谱分离不完全的情况下对复杂基质中的痕量组分进行快速定性和定量分析。③测定质量范围宽。利用 ESI 源,可以测定相对分子质量为几十万甚至上百万的大分子化合物,且不受试样挥发性的限制。

LC-MS 法弥补了 GC-MS 法应用的局限性,适用于极性较大、挥发性差或热不稳定化合物的分析。LC-MS 法在药学、临床医学、生物学、食品化工等许多领域的应用越来越广泛,可以对体内药物及代谢产物、药物合成中间体、基因工程产品等进行定性鉴定和定量测定,解决单纯用液相色谱或质谱不能解决的许多问题。

多维色谱法
（拓展阅读）

第十八章
目标测试

习　题

1. 简述 GC-MS 联用仪和 LC-MS 联用仪的组成和功能。

2. 简述电喷雾离子化和大气压化学离子化的原理和特点。

3. 色谱-质谱联用全扫描模式可获得哪些信息?

4. 总离子流色谱图与质量色谱图有何区别？

5. 选择离子监测与选择反应监测各自的主要用途是什么？

6. 简述 GC-MS 法和 LC-MS 法的特点并比较二者的异同点。

（李　嫣）

附录一 元素的相对原子质量（2021）

（按照原子序数排列，以 Ar(^{12}C) = 12 为基准）

元素			原子序	相对原子质量	元素			原子序	相对原子质量
符号	名称	英文名			符号	名称	英文名		
H	氢	Hydrogen	1	1.008 0	Ni	镍	Nickel	28	58.693 4(4)
He	氦	Helium	2	4.002 602(2)	Cu	铜	Copper	29	63.546(3)
Li	锂	Lithium	3	6.94	Zn	锌	Zinc	30	65.38(2)
Be	铍	Beryllium	4	9.012 183 1(5)	Ga	镓	Gallium	31	69.723(1)
B	硼	Boron	5	10.81	Ge	锗	Germanium	32	72.630(8)
C	碳	Carbon	6	12.011	As	砷	Arsenic	33	74.921 595(6)
N	氮	Nitrogen	7	14.007	Se	硒	Selenium	34	78.971(8)
O	氧	Oxygen	8	15.999	Br	溴	Bromine	35	79.904
F	氟	Fluorine	9	18.998 403 162(5)	Kr	氪	Krypton	36	83.798(2)
Ne	氖	Neon	10	20.179 7(6)	Rb	铷	Rubidium	37	85.467 8(3)
Na	钠	Sodium	11	22.989 769 28(2)	Sr	锶	Strontium	38	87.62(1)
Mg	镁	Magnesium	12	24.305	Y	钇	Yttrium	39	88.905 88(2)
Al	铝	Aluminum	13	26.981 538 4(5)	Zr	锆	Zirconium	40	91.224(2)
Si	硅	Silicon	14	28.085	Nb	铌	Niobium	41	92.906 37(1)
P	磷	Phosphorus	15	30.973 761 998(5)	Mo	钼	Molybdenum	42	95.95(1)
S	硫	Sulphur	16	32.06	Tc	锝	Technetium	43	[97]
Cl	氯	Chlorine	17	35.45	Ru	钌	Ruthenium	44	101.07(2)
Ar	氩	Argon	18	39.96	Rh	铑	Rhodium	45	102.905 44(2)
K	钾	Potassium	19	39.098 3(1)	Pd	钯	Palladium	46	106.42(1)
Ca	钙	Calcium	20	40.078(4)	Ag	银	Silver	47	107.868 2(2)
Sc	钪	Scandium	21	44.955 907(4)	Cd	镉	Cadmium	48	112.414(4)
Ti	钛	Titanium	22	47.867(1)	In	铟	Indium	49	114.818(1)
V	钒	Vanadium	23	50.941 5(1)	Sn	锡	Tin	50	118.710(7)
Cr	铬	Chromium	24	51.996 1(6)	Sb	锑	Antimony	51	121.760(1)
Mn	锰	Manganese	25	54.938 043(2)	Te	碲	Tellurium	52	127.60(3)
Fe	铁	Iron	26	55.845(2)	I	碘	Iodine	53	126.904 47(3)
Co	钴	Cobalt	27	58.933 194(3)	Xe	氙	Xenon	54	131.293(6)

续表

元素			原子序	相对原子质量	元素			原子序	相对原子质量
符号	名称	英文名			符号	名称	英文名		
Cs	铯	Caesium	55	132.905 451 96（6）	Fr	钫	Fracium	87	［223］
Ba	钡	Barium	56	137.327（7）	Ra	镭	Radium	88	［226］
La	镧	Lanthanum	57	138.905 47（7）	Ac	锕	Actinium	89	［227］
Ce	铈	Cerium	58	140.116（1）	Th	钍	Thorium	90	232.037 7（4）
Pr	镨	Praseodymium	59	140.907 66（1）	Pa	镤	Protactinium	91	231.035 88（1）
Nd	钕	Neodymium	60	144.242（3）	U	铀	Uranium	92	238.028 91（3）
Pm	钷	Promethium	61	［145］	Np	镎	Neptunium	93	［237］
Sm	钐	Samarium	62	150.36（2）	Pu	钚	Plutonium	94	［244］
Eu	铕	Europium	63	151.964（1）	Am	镅	Americium	95	［243］
Gd	钆	Gadolinium	64	157.25（3）	Cm	锔	Curium	96	［247］
Tb	铽	Terbium	65	158.925 354（7）	Bk	锫	Berkelium	97	［247］
Dy	镝	Dysprosium	66	162.500（1）	Cf	锎	Californium	98	［251］
Ho	钬	Holmium	67	164.930 329（5）	Es	锿	Einsteinium	99	［252］
Er	铒	Erbium	68	167.259（3）	Fm	镄	Fermium	100	［257］
Tm	铥	Thulium	69	168.934 219（5）	Md	钔	Mendelevium	101	［258］
Yb	镱	Ytterbium	70	173.045（10）	No	锘	Nobelium	102	［259］
Lu	镥	Lutetium	71	174.966 8（1）	Lr	铹	Lawrencium	103	［262］
Hf	铪	Hafnium	72	178.486（6）	Rf		Rutherfordium	104	［267］
Ta	钽	Tantalum	73	180.947 88（2）	Db		Dubnium	105	［268］
W	钨	Tungsten	74	183.84（1）	Sg		Seaborgium	106	［269］
Re	铼	Rhenium	75	186.207（1）	Bh		Bohrium	107	［270］
Os	锇	Osmium	76	190.23（3）	Hs		Hassium	108	［269］
Ir	铱	Iridium	77	192.217（2）	Mt		Meitnerium	109	［277］
Pt	铂	Platinum	78	195.084（9）	Ds		Darmstadtium	110	［281］
Au	金	Gold	79	196.966 570（4）	Rg		Roentgenium	111	［282］
Hg	汞	Mercury	80	200.592（3）	Cn		Copernicium	112	［285］
Tl	铊	Thallium	81	204.38	Nh		Nihonium	113	［286］
Pb	铅	Lead	82	207.2	Fl		Flerovium	114	［290］
Bi	铋	Bismuth	83	208.980 40（1）	Mc		Moscovium	115	［290］
Po	钋	Polonium	84	［209］	Lv		Livermorium	116	［293］
At	砹	Astatine	85	［210］	Ts		Tennessine	117	［294］
Rn	氡	Radon	86	［222］	Og		Oganesson	118	［294］

注：录自 2021 年国际原子量表（　）表示最后一位的不确定性，［　］中的数值为没有稳定放射性核素元素的半衰期最长放射性核素的质量数。

附录二 常用化合物的相对分子质量

根据 2021 年国际纯粹与应用化学联合会（IUPAC）公布的相对原子质量计算

分子式	相对分子质量	分子式	相对分子质量
$AgBr$	187.77	KOH	56.105
$AgCl$	143.32	K_2PtCl_6	485.98
AgI	234.77	$KSCN$	97.176
$AgNO_3$	169.87	$MgCO_3$	84.313
Al_2O_3	101.96	$MgCl_2$	95.210 5
As_2O_3	197.84	$MgSO_4 \cdot 7H_2O$	246.47
$BaCl_2 \cdot 2H_2O$	244.26	$MgNH_4PO_4 \cdot 6H_2O$	245.41
BaO	153.33	MgO	40.304
$Ba(OH)_2 \cdot 8H_2O$	315.46	$Mg(OH)_2$	58.319
$BaSO_4$	233.39	$Mg_2P_2O_7$	222.55
$CaCO_3$	100.09	$Na_2B_4O_7 \cdot 10H_2O$	381.36
CaO	56.077	$NaBr$	102.89
$Ca(OH)_2$	74.092	$NaCl$	58.440
CO_2	44.009	Na_2CO_3	105.99
CuO	79.545	$NaHCO_3$	84.006
Cu_2O	143.09	$Na_2HPO_4 \cdot 12H_2O$	358.14
$CuSO_4 \cdot 5H_2O$	249.68	$NaNO_2$	68.995
FeO	71.844	Na_2O	61.98
Fe_2O_3	159.69	$NaOH$	39.997
$FeSO_4 \cdot 7H_2O$	278.01	$Na_2S_2O_3$	158.10
$FeSO_4 \cdot (NH_4)_2SO_4 \cdot 6H_2O$	392.12	$Na_2S_2O_3 \cdot 5H_2O$	248.17
H_3BO_3	61.81	NH_3	17.031
HCl	36.458	NH_4Cl	53.489
$HClO_4$	100.46	NH_4OH	35.046
HNO_3	63.012	$(NH_4)_3PO_4 \cdot 12MoO_3$	1 876.5
H_2O	18.015	$(NH_4)_2SO_4$	132.13
H_2O_2	34.014	$PbCrO_4$	323.19

分子式	相对分子质量	分子式	相对分子质量
H_3PO_4	97.993	PbO_2	239.20
H_2SO_4	98.072	$PbSO_4$	303.26
I_2	253.81	P_2O_5	141.94
$KAl(SO_4)_2 \cdot 12H_2O$	474.37	SiO_2	60.083
KBr	119.00	SO_2	64.058
$KBrO_3$	167.00	SO_3	80.057
KCl	74.548	ZnO	81.379
$KClO_4$	138.54	$HC_2H_3O_2$(醋酸)	60.052
K_2CO_3	138.20	$H_2C_2O_4 \cdot 2H_2O$	126.07
K_2CrO_4	194.19	$KHC_4H_4O_6$(酒石酸氢钾)	188.18
K_2CrO_7	294.18	$KHC_8H_4O_4$(邻苯二甲酸氢钾)	204.22
KH_2PO_4	136.08	$K(SbO)C_4H_4O_6 \cdot 1/2H_2O$(酒石酸锑钾)	333.94
$KHSO_4$	136.16		
KI	166.00	$Na_2C_2O_4$(草酸钠)	134.00
KIO_3	214.00	$NaC_7H_5O_2$(苯甲酸钠)	144.10
$KIO_3 \cdot HIO_3$	389.91	$Na_3C_6H_5O_7 \cdot 2H_2O$(枸橼酸钠)	294.10
$KMnO_4$	158.03	$Na_2H_2C_{10}H_{12}O_8N_2 \cdot 2H_2O$(EDTA 二钠二水合物)	372.24
KNO_2	85.103		

附录三　中华人民共和国法定计量单位

我国法定计量单位包括：①国际单位制（SI）的基本单位；②国际单位制的辅助单位；③国际单位制中具有专门名称的导出单位；④国家选定的非国际单位制单位；⑤由以上单位构成的组合形式的单位；⑥由词头和以上单位所构成的十进倍数和分数单位。

附表 3-1　国际单位制（SI）的基本单位

量的名称	单位名称	单位符号
长度	米	m
质量	千克(公斤)	kg
时间	秒	s
电流	安[培]	A
热力学温度	开[尔文]	K
发光强度	坎[德拉]	cd
物质的量	摩[尔]	mol

附表 3-2　国际单位制的辅助单位

量的名称	单位名称	单位符号
平面角	弧度	rad
立体角	球面度	sr

附表 3-3　国际单位制中具有专门名称的导出单位

量的名称	单位名称	单位符号	用其他国际制单位表示的关系式	用国际制基本单位表示的关系式
频率	赫[兹]	Hz		s^{-1}
力,重力	牛[顿]	N		$m \cdot kg \cdot s^{-2}$
压力,压强,应力	帕[斯卡]	Pa	N/m^2	$m^{-1} \cdot kg \cdot s^{-2}$
能,功,热量	焦[耳]	J	$N \cdot m$	$m^2 \cdot kg \cdot s^{-2}$
功率,辐射通量	瓦[特]	W	J/s	$m^2 \cdot kg \cdot s^{-3}$
电量,电荷	库[仑]	C	—	$s \cdot A$
电位,电压,电动势	伏[特]	V	W/A	$m^2 \cdot kg \cdot s^{-3} \cdot A^{-1}$
电容	法[拉]	F	C/V	$m^{-2} \cdot kg^{-1} \cdot s^4 \cdot A^2$
电阻	欧[姆]	Ω	V/A	$m^2 \cdot kg \cdot s^{-3} \cdot A^{-2}$
电导	西[门子]	S	A/V	$m^{-2} \cdot kg^{-1} \cdot s^3 \cdot A^2$
磁通量	韦[伯]	Wb	$V \cdot s$	$m^2 \cdot kg \cdot s^{-2} \cdot A^{-1}$
磁通量密度,磁感应强度	特[斯拉]	T	Wb/m^2	$kg \cdot s^{-2} \cdot A^{-1}$

续表

量的名称	单位名称	单位符号	用其他国际制单位 表示的关系式	用国际制基本单位 表示的关系式
电感	亨[利]	H	Wb/A	$m^2 \cdot kg \cdot s^{-2} \cdot A^{-2}$
光通量	流[明]	lm	—	$cd \cdot sr$
[光]照度	勒[克斯]	lx	lm/m^2	$m^{-2} \cdot cd \cdot sr$
[放射性]活度	贝可[勒尔]	Bq	—	s^{-1}
吸收计量	戈[瑞]	Gy	J/kg	$m^2 \cdot s^{-2}$
剂量当量	希[沃特]	Sv	J/kg	$m^2 \cdot s^{-2}$

附表 3-4　国家选定的非国际单位制单位

量的名称	单位名称	单位符号	换算关系和说明
时间	分	min	$1min = 60s$
	[小]时	h	$1h = 60min = 3\ 600s$
	天(日)	d	$1d = 24h = 86\ 400s$
平面角	[角]秒	″	$1'' = (\pi/648\ 000)\,rad$
	[角]分	′	$1' = 60'' = (\pi/10\ 800)\,rad$
	度	°	$1° = 60' = (\pi/180)\,rad$
旋转速度	转/分	r/min	$1r/min = (1/60)\,s^{-1}$
长度	海里	n mile	$1n\ mile = 1\ 852m$(只用于航程)
速度	节	kn	$1kn = 1n\ mile/h = (1\ 852/3\ 600)\,m/s$(只用于航程)
质量	吨	t	$1t = 10^3 kg$
	原子质量单位	u	$1u \approx 1.660\ 565\ 5 \times 10^{-27} kg$
体积	升	L	$1L = 1dm^3 = 10^{-3} m^3$
能量	电子伏	eV	$1eV \approx 1.602\ 189\ 2 \times 10^{-19} J$
级差	分贝	dB	
线密度	特[克斯]	tex	$1tex = 1g/km$

附表 3-5　用于构成十进倍数和分数单位的词头

因数	词头名称	词头符号	因数	词头名称	词头符号
10^{18}	艾[可萨](exa)	E	10^{-1}	分(deci)	d
10^{15}	拍[它](peta)	P	10^{-2}	厘(centi)	c
10^{12}	太[拉](tera)	T	10^{-3}	毫(milli)	m
10^{9}	吉[咖](giga)	G	10^{-6}	微(micro)	μ
10^{6}	兆(mega)	M	10^{-9}	纳[诺](nano)	n
10^{3}	千(kilo)	k	10^{-12}	皮[可](pico)	p
10^{2}	百(hecto)	h	10^{-15}	飞[母托](femto)	f
10^{1}	十(deca)	da	10^{-18}	阿[托](atto)	a

附录四　国际制（SI）单位与 cgs 单位换算及常用物理化学常数

附表 4-1　国际制（SI）单位与 cgs 单位换算表

物理量	cgs 单位		SI 单位		由 cgs 换算成 SI
	名称	符号	名称	符号	
长度	厘米	cm	米	m	10^{-2} m
	埃	Å			10^{-1} nm
	微米	μm			10^{-6} m
	纳米	nm			10^{-9} m
质量	克	g	千克	kg	10^{-3} kg
	吨	t			10^{3} kg
	磅	lb			0.453 592 37 kg
	原子质量单位	u			1.660 565 5$\times 10^{-27}$ kg
时间	秒	s	秒	s	
电流	安培	A	安培	A	
面积	平方厘米	cm^2	平方米	m^2	10^{-4} m^2
体积	升	L	立方米	m^3	10^{-3} m^3
	立方厘米	cm^3			10^{-6} m^3
能量	尔格	erg	焦耳	J	10^{-7} J
功率	瓦特	W	瓦特	W	
密度		g · m^{-3}		kg · m^{-3}	10^{-3} kg · m^{-3}
浓度	摩尔浓度	M(mol/L)	摩尔每立方米	mol · m^{-3}	10^{3} mol · m^{-3}

附表 4-2　常用物理和化学常数

常数名称	换算关系
电子的电荷	$e = 4.802\ 98 \times 10^{-10}$ esu
Plank 常数	$h = 6.626\ 176(36) \times 10^{-34}$ J · s
光速（真空）	$c = 2.997\ 924\ 58 \times 10^{8}$ m · s^{-1}
摩尔气体常数	$R = 8.314\ 41(26)$ J · mol^{-1} · K^{-1}
Avogadro 常数	$N = 6.022\ 045(31) \times 10^{23}$ mol^{-1}
Fraday 常数	$F = 9.648\ 456 \times 10^{4}$ C · mol^{-1}
电子静止质量	$m_c = 9.109\ 534(47) \times 10^{-31}$ kg
Bohr 半径	$a_o = 0.529\ 177\ 06(44) \times 10^{-10}$ m
元素的相对原子质量	$1u = 1.66\ 056\ 55 \times 10^{-24}$ g

注：常数值括号中的数字代表该数值的误差（最末 1~2 位），例如：$h = 6.626\ 176(36) \times 10^{-34}$ J · s，即 $h = (6.626\ 176 \pm 0.000\ 036) \times 10^{-34}$ J · s。其他类推。

化合物	英文名称	分子式	分步	K_a	pK_a
无机酸					
砷酸	Arsenic acid	H_3AsO_4	1	5.5×10^{-3}	2.26
			2	1.7×10^{-7}	6.76
			3	5.1×10^{-12}	11.29
亚砷酸	Arsenious acid	H_2AsO_3		5.1×10^{-10}	9.29
硼酸	Boric acid	H_3BO_3	1	5.4×10^{-10}	9.27（20℃）
			2		>14（20℃）
碳酸	Carbonic acid	H_2CO_3	1	4.5×10^{-7}	6.35
			2	4.7×10^{-11}	10.33
铬酸	Chromic acid	H_2CrO_4	1	0.18	0.74
			2	3.2×10^{-7}	6.49
氢氟酸	Hydrofluoric acid	HF		6.3×10^{-4}	3.20
氢氰酸	Hydrocyanic acid	HCN		6.2×10^{-10}	9.21
氢硫酸	Hydrogen sulfide	H_2S	1	8.9×10^{-8}	7.05
			2	1.0×10^{-19}	19
过氧化氢	Hydrogen peroxide	H_2O_2		2.4×10^{-12}	11.62
次溴酸	Hypobromous acid	HBrO		2.8×10^{-9}	8.55
次氯酸	Hypochlorous acid	HClO		4.0×10^{-8}	7.40
次碘酸	Hypoiodous acid	HIO		3.2×10^{-11}	10.50
碘酸	Iodic acid	HIO_3		0.17	0.78
亚硝酸	Nitrous acid	HNO_2		5.6×10^{-4}	3.25
高氯酸	Perchloric acid	$HClO_4$			−1.6（20℃）
高碘酸	Periodic acid	HIO_4		2.3×10^{-2}	1.64
磷酸	Phosphoric acid	H_3PO_4	1	6.9×10^{-3}	2.16
			2	6.2×10^{-8}	7.21
			3	4.8×10^{-13}	12.32
亚磷酸	Phosphorous acid	H_3PO_3	1	5.0×10^{-2}	1.30（20℃）
			2	2.0×10^{-7}	6.70（20℃）
焦磷酸	Pyrophosphoric acid	$H_4P_2O_7$	1	0.12	0.91
			2	7.9×10^{-3}	2.10
			3	2.0×10^{-7}	6.70
			4	4.8×10^{-10}	9.32

续表

化合物	英文名称	分子式	分步	K_a	pK_a
硅酸	Silicic acid	H_4SiO_4	1	1.6×10^{-10}	9.9(30℃)
			2	1.6×10^{-12}	11.8(30℃)
			3	1.0×10^{-12}	12.0(30℃)
			4	1.0×10^{-12}	12.0(30℃)
硫酸	Sulfuric acid	H_2SO_4	2	1.0×10^{-2}	1.99
亚硫酸	Sulfurous acid	H_2SO_3	1	1.4×10^{-2}	1.85
			2	6.3×10^{-8}	7.20
水	Water	H_2O		1.01×10^{-14}	13.995
无机碱					
氨水	Ammonia	$NH_3 \cdot H_2O$		5.6×10^{-10}	9.25
羟胺	Hydroxylamine	NH_2OH		1.1×10^{-6}	5.94
钙	Calcium(Ⅱ)ion	Ca^{2+}		2.5×10^{-13}	12.6
铝	Aluminum(Ⅲ)ion	Al^{3+}		1.0×10^{-5}	5.0
钡	Barium(Ⅱ)ion	Ba^{2+}		4.0×10^{-14}	13.4
钠	Sodium ion	Na^+		1.6×10^{-15}	14.8
镁	Magnesium(Ⅱ)ion	Mg^{2+}		4.0×10^{-12}	11.4
有机酸					
甲酸	Formic acid	$HCOOH$		1.8×10^{-4}	3.75
醋酸	Acetic acid	CH_3COOH		1.7×10^{-5}	4.76
丙烯酸	Acrylic acid	$H_2CCHCOOH$		5.6×10^{-5}	4.25
苯甲酸	Benzoic acid	C_6H_5COOH		6.3×10^{-5}	4.20
一氯醋酸	Chloroacetic acid	$CH_2ClCOOH$		1.3×10^{-3}	2.87
二氯醋酸	Dichloroacetic acid	$CHCl_2COOH$		4.5×10^{-2}	1.35
三氯醋酸	Trichloroacetic acid	CCl_3COOH		0.22	0.66
草酸(乙二酸)	Oxalic acid	$H_2C_2O_4$	1	5.9×10^{-2}	1.22
			2	6.4×10^{-5}	4.19
己二酸	Adipic acid	$(CH_2CH_2COOH)_2$	1	3.9×10^{-5}	4.41(18℃)
			2	3.9×10^{-6}	5.41(18℃)
丙二酸	Malonic acid	$CH_2(COOH)_2$	1	1.4×10^{-3}	2.85
			2	2.0×10^{-6}	5.70
丁二酸(琥珀酸)	Succinic acid	$(CH_2COOH)_2$	1	6.2×10^{-5}	4.21
			2	2.3×10^{-6}	5.64
马来酸(顺式丁烯二酸)	Maleic acid	$C_2H_2(COOH)_2$	1	1.2×10^{-2}	1.92
			2	5.9×10^{-7}	6.23
富马酸(反式丁烯二酸)	Fumaric acid	$C_2H_2(COOH)_2$	1	9.5×10^{-4}	3.02
			2	4.2×10^{-5}	4.38

续表

化合物	英文名称	分子式	分步	K_a	pK_a
邻苯二甲酸	Phthalic acid	$C_6H_4(COOH)_2$	1	1.1×10^{-3}	2.94
			2	3.7×10^{-6}	5.43
酒石酸	*meso*-Tartaric acid	$(CHOHCOOH)_2$	1	6.8×10^{-4}	3.17
			2	1.2×10^{-5}	4.91
水杨酸（邻羟基苯甲酸）	Salicylic acid	$C_6H_4OHCOOH$	1	1.0×10^{-3}	2.98（20℃）
	(2-Hydroxybenzoic acid)		2	2.5×10^{-14}	13.6（20℃）
苹果酸（羟基丁二酸）	Malic acid	$HOCHCH_2(COOH)_2$	1	4.0×10^{-4}	3.40
			2	7.8×10^{-6}	5.11
枸橼酸	Citric acid	$C_3H_4OH(COOH)_3$	1	7.4×10^{-4}	3.13
			2	1.7×10^{-5}	4.76
			3	4.0×10^{-7}	6.40
维生素 C	L-Ascorbic acid	$C_6H_8O_6$	1	9.1×10^{-5}	4.04
			2	2.0×10^{-12}	11.7（16℃）
苯酚	Phenol	C_6H_5OH		1.0×10^{-10}	9.99
羟基乙酸	Glycolic acid	$HOCH_2COOH$		1.5×10^{-4}	3.83
对羟基苯甲酸	*p*-Hydroxy-benzoic acid	HOC_6H_5COOH	1	3.3×10^{-5}	4.48（19℃）
			2	4.8×10^{-10}	9.32（19℃）
甘氨酸（乙氨酸）	Glycine	H_2NCH_2COOH	1	4.5×10^{-3}	2.35
			2	1.7×10^{-10}	9.78
丙氨酸	L-Alanine	H_3CCHNH_2COOH	1	4.6×10^{-3}	2.34
			2	1.3×10^{-10}	9.87
丝氨酸	L-Serine	$HOCH_2CHNH_2COOH$	1	6.5×10^{-3}	2.19
			2	6.2×10^{-10}	9.21
苏氨酸	L-Threonine	$H_3CCHOHCHNH_2COOH$	1	8.1×10^{-3}	2.09
			2	7.9×10^{-10}	9.10
甲硫氨酸	L-Methionine	$H_3CSC_3H_5NH_2COOH$	1	7.4×10^{-3}	2.13
			2	5.4×10^{-10}	9.27
谷氨酸	L-Glutamic acid	$C_3H_5NH_2(COOH)_2$	1	7.4×10^{-3}	2.13
			2	4.9×10^{-5}	4.31
			3	2.1×10^{-10}	9.67
苦味酸（2,4,6-三硝基酚）	Picric acid (2,4,6-Trinitrophenol)	$C_6H_2OH(NO_2)_3$		0.38	0.42
*乙二胺四乙酸	Ethylenediamine-tetraacetic acid	$(HOOCCH_2)_2H^+NCH_2$-$CH_2^+NH(CH_2COOH)_2$	1	0.1	0.9
			2	2.5×10^{-2}	1.6
			3	1.0×10^{-2}	2.0
			4	2.1×10^{-3}	2.67
			5	6.9×10^{-7}	6.16
			6	5.5×10^{-11}	10.3

续表

化合物	英文名称	分子式	分步	K_a	pK_a
有机碱					
甲胺	Methylamine	CH_3NH_2		2.0×10^{-11}	10.7
正丁胺	Butylamine	$CH_3(CH_2)_3NH_2$		2.5×10^{-11}	10.6
二乙胺	Diethylamine	$(C_2H_5)_2NH$		1.6×10^{-11}	10.8
二甲胺	Dimethylamine	$(CH_3)_2NH$		2.0×10^{-11}	10.7
乙胺	Ethylamine	$C_2H_5NH_2$		2.5×10^{-11}	10.6
乙二胺	1,2-Ethanediamine	$H_2NCH_2CH_2NH_2$	1	1.2×10^{-10}	9.92
			2	1.4×10^{-7}	6.86
三乙胺	Triethylamine	$(C_2H_5)_3N$		1.6×10^{-11}	10.8
*六亚甲基四胺	Hexamethylene-tetramine	$(CH_2)_6N_4$		7.1×10^{-6}	5.15
乙醇胺	Ethanolamine	$HOCH_2CH_2NH_2$		3.2×10^{-10}	9.50
苯胺	Aniline	$C_6H_5NH_2$		1.3×10^{-5}	4.87
联苯胺	p-Benzidine	$(C_6H_4NH_2)_2$	1	2.2×10^{-5}	4.65(20℃)
			2	3.7×10^{-4}	3.43(20℃)
α-萘胺	1-Naphthylamine	$C_{10}H_9N$		1.2×10^{-4}	3.92
β-萘胺	2-Naphthylamine	$C_{10}H_9N$		6.9×10^{-5}	4.16
对甲氧基苯胺	p-Anisidine	$CH_3OC_6H_4NH_2$		4.5×10^{-5}	4.35
尿素	Urea	NH_2CONH_2		0.79	0.10
吡啶	Pyridine	C_5H_5N		5.9×10^{-6}	5.23
马钱子碱	Brucine	$C_{23}H_{26}N_2O_4$	1	9.1×10^{-7}	6.04
			2	7.9×10^{-12}	11.1
可待因	Codeine	$C_{18}H_{21}NO_3$		6.2×10^{-9}	8.21
吗啡	Morphine	$C_{17}H_{19}NO_3$	1	6.2×10^{-9}	8.21
			2	1.4×10^{-10}	9.85(20℃)
烟碱	L-Nicotine	$C_{10}H_{14}N_2$	1	9.5×10^{-9}	8.02
			2	7.6×10^{-4}	3.12
毛果芸香碱	Pilocarpine	$C_{11}H_{16}N_2O_2$	1	2.5×10^{-2}	1.60
			2	1.3×10^{-7}	6.90
8-羟基喹啉	8-Quinolinol	$C_9H_6N(OH)$	1	1.2×10^{-5}	4.91
			2	1.6×10^{-10}	9.81
奎宁	Quinine	$C_{20}H_{24}N_2O_2$	1	3.0×10^{-9}	8.52
			2	7.4×10^{-5}	4.13
番木鳖碱（士的宁）	Strychnine	$C_{21}H_{22}N_2O_2$		5.5×10^{-9}	8.26

数据录自：DAVID R L. Handbook of Chemistry and Physics. 86th. Florida：CRC Press.

* 数据录自：武汉大学. 分析化学. 4 版. 北京：高等教育出版社.

附录六 配位滴定有关常数

附表 6-1 金属配合物的稳定常数

金属离子	离子强度I	n	$\lg\beta_n$
氨配合物			
Ag^+	0.1	1,2	3.40,7.40
Cd^{2+}	0.1	1,…,6	2.60,4.65,6.04,6.92,6.6,4.9
Co^{2+}	0.1	1,…,6	2.05,3.62,4.61,5.31,5.43,4.75
Cu^{2+}	2	1,…,4	4.13,7.61,10.48,12.59
Ni^{2+}	0.1	1,…,6	2.75,4.95,6.64,7.79,8.50,8.49
Zn^{2+}	0.1	1,…,4	2.27,4.61,7.01,9.06
氟配合物			
Al^{3+}	0.53	1,…,6	6.1,11.15,15.0,17.7,19.4,19.7
Fe^{3+}	0.5	1,2,3	5.2,9.2,11.9
Th^{4+}	0.5	1,2,3	7.7,13.5,18.0
TiO^{2+}	3	1,…,4	5.4,9.8,13.7,17.4
Sn^{4+}	*	6	25
Zr^{4+}	2	1,2,3	8.8,16.1,21.9
氯配合物			
Ag^+	0.2	1,…,4	2.0,4.7
Hg^{2+}	0.5	1,…,4	6.7,13.2,14.1,15.1
碘配合物			
Cd^{2+}	*	1,…,4	2.4,3.4,5.0,6.15
Hg^{2+}	0.5	1,…,4	12.9,23.8,27.6,29.8
氰配合物			
Ag^+	0~0.3	1,…,4	−,21.1,21.8,20.7
Hg^{2+}	3	1,…,4	5.5,10.6,15.3,18.9
Cu^{2+}	0	1,…,4	−,24.0,28.6,30.3
Fe^{2+}	0	6	35.4
Fe^{3+}	0	6	43.6
Hg^{2+}	0.1	1,…,4	18.0,34.7,38.5,1.5
Ni^{2+}	0.1	4	31.3
Zn^{2+}	0.1	4	16.7

金属离子	离子强度I	n	$\lg\beta_n$
硫氰酸配合物			
Fe^{2+}	*	$1,\cdots,5$	$2.3,4.2,5.6,6.4,6.4$
Hg^{2+}	0.1	$1,\cdots,4$	$-,16.1,19.0,20.9$
硫代硫酸配合物			
Ag^+	0	1,2	$8.82,13.5$
Hg^{2+}	0	1,2	$29.86,32.26$
枸橼酸配合物			
Al^{3+}	0.5	1	20.0
Cu^{2+}	0.5	1	18
Fe^{3+}	0.5	1	25
Ni^{2+}	0.5	1	14.3
Pb^{2+}	0.5	1	12.3
Zn^{2+}	0.5	1	11.4
磺基水杨酸配合物			
Al^{3+}	0.1	1,2,3	$12.9,22.9,29.0$
Fe^{3+}	3	1,2,3	$14.4,25.2,32.2$
乙酰丙酮配合物			
Al^{3+}	0.1	1,2,3	$8.1,15.7,21.2$
Cu^{2+}	0.1	1,2	$7.8,14.3$
Fe^{3+}	0.1	1,2,3	$9.3,17.9,25.1$
邻二氮菲配合物			
Ag^+	0.1	1,2	$5.02,12.07$
Cd^{2+}	0.1	1,2,3	$6.4,11.6,15.8$
Co^{2+}	0.1	1,2,3	$7.0,13.7,20.1$
Cu^{2+}	0.1	1,2,3	$9.1,15.8,21.0$
Fe^{3+}	0.1	1,2,3	$5.9,11.1,21.3$
Hg^{2+}	0.1	1,2,3	$-,19.65,23.35$
Ni^{2+}	0.1	1,2,3	$8.8,17.1,24.8$
Zn^{2+}	0.1	1,2,3	$6.4,12.15,17.0$
乙二胺配合物			
Ag^+	0.1	1,2	$4.7,7.7$
Cd^{2+}	0.1	1,2	$5.47,10.02$
Cu^{2+}	0.1	1,2	$10.55,19.60$
Co^{2+}	0.1	1,2,3	$5.89,10.72,13.82$
Hg^{2+}	0.1	2	23.42
Ni^{2+}	0.1	1,2,3	$7.66,14.06,18.59$
Zn^{2+}	0.1	1,2,3	$5.71,10.37,12.08$

附表 6-2　一些金属离子的 $\lg\alpha_{M(OH)}$ 值

金属离子	离子强度	pH													
		1	2	3	4	5	6	7	8	9	10	11	12	13	14
Al^{3+}	2					0.4	1.3	5.3	9.3	13.3	17.3	21.3	25.3	29.3	33.3
Bi^{3+}	3	0.1	0.5	1.4	2.4	3.4	4.4	5.4							
Ca^{2+}	0.1													0.3	1.0
Cd^{2+}	3									0.1	0.5	2.0	4.5	8.1	12.0
Co^{2+}	0.1							0.1	0.4	1.1	2.2	4.2	7.2	10.2	
Cu^{2+}	0.1								0.2	0.8	1.7	2.7	3.7	4.7	5.7
Fe^{2+}	1									0.1	0.6	1.5	2.5	3.5	4.5
Fe^{3+}	3			0.4	1.8	3.7	5.7	7.7	9.7	11.7	13.7	15.7	17.7	19.7	21.7
Hg^{2+}	0.1		0.5	1.9	3.9	5.9	7.9	9.9	11.9	13.9	15.9	17.9	19.9	21.9	
La^{3+}	3									0.3	1.0	1.9	2.9	3.9	
Mg^{2+}	0.1										0.1	0.5	1.3	2.3	
Mn^{2+}	0.1										0.1	0.5	1.4	2.4	3.4
Ni^{2+}	0.1									0.1	0.7	1.6			
Pb^{2+}	0.1							0.1	0.5	1.4	2.7	4.7	7.4	10.4	13.4
Th^{4+}	1			0.2	0.8	1.7	2.7	3.7	4.7	5.7	6.7	7.7	8.7	9.7	
Zn^{2+}	0.1									0.2	2.4	5.4	8.5	11.8	15.5

附表 6-3　金属指示剂的 $\lg\alpha_{In(H)}$ 值及变色点的 pM 值（即 pM_t 值）

1. 铬黑 T

pH	6.0	7.0	8.0	9.0	10.0	11.0	12.0	13.0	稳定常数
$\lg\alpha_{In(H)}$	6.0	4.6	3.6	2.6	1.6	0.7	0.1		$\lg K_{HIn}^{H}11.6$；$\lg K_{H_2In}^{H}6.3$
pCa_t（至红）			1.8	2.8	3.8	4.7	5.3	5.4	$\lg K_{CaIn}5.4$
pMg_t（至红）	1.0	2.4	3.4	4.4	5.4	6.3			$\lg K_{MgIn}7.0$
pZn_t（至红）	6.9	8.3	9.3	10.5	12.2	13.9			$\lg K_{ZnIn}12.9$

2. 紫脲酸铵

pH	6.0	7.0	8.0	9.0	10.0	11.0	12.0	稳定常数
$\lg\alpha_{In(H)}$	7.7	5.7	3.7	1.9	0.7	0.1		$\lg K_{HIn}^{H}10.5$
$\lg\alpha_{HIn(H)}$	3.2	2.2	1.2	0.4	0.2	0.6	1.5	$\lg K_{H_2In}^{H}9.2$
pCa_t（至红）		2.6	2.8	3.4	4.0	4.6	5.0	$\lg K_{CaIn}5.0$
pCu_t（至红）	6.4	8.2	10.2	12.2	13.6	15.8	17.9	
pNi_t（至红）	4.6	5.2	6.2	7.8	9.3	10.3	11.3	

3. 二甲酚橙

pH	1.0	2.0	3.0	4.0	4.5	5.0	5.5	6.0	6.5	7.0
pBi$_t$(至红)	4.0	5.4	6.8							
pCd$_t$(至红)					4.0	4.5	5.0	5.5	6.3	6.8
pHg$_t$(至红)						7.4	8.2	9.0		
pLa$_t$(至红)					4.0	4.5	5.0	5.6	6.7	
pPb$_t$(至红)			4.2	4.8	6.2	7.0	7.6	8.2		
pTh$_t$(至红)	3.6	4.9	6.3							
pZn$_t$(至红)					4.1	4.8	5.7	6.5	7.3	8.0
pZr$_t$(至红)	7.5									

注:以上二甲酚橙与各金属配合物的 pM$_t$ 均系实验测得。

4. PAN

pH	4.0	5.0	6.0	7.0	8.0	9.0	10.0	11.0	稳定常数（20%二氧六环）
lg$\alpha_{In(H)}$	8.2	7.2	6.2	5.2	4.2	3.2	2.2	1.2	lgK_{HIn}^H 12.2;lg$K_{H_2In}^H$ 1.9
pCu$_t$(至红)	7.8	8.8	9.8	10.8	11.8	12.8	13.8	14.8	lgK_{CuI} 16.0

附录七　常用电极电位

附表 7-1　标准电极电位 $\varphi^{\ominus}$（18~25℃）

电极反应	$\varphi^{\ominus}$（V）
$F_2(气)+2H^++2e \rightleftharpoons 2HF$	3.06
$S_2O_8^{2-}+2e \rightleftharpoons 2SO_4^{2-}$	2.01
$H_2O_2+2H^++2e \rightleftharpoons 2H_2O$	1.77
$MnO_4^-+4H^++3e \rightleftharpoons MnO_2(固)+2H_2O$	1.695
$HClO+H^++e \rightleftharpoons \frac{1}{2}Cl_2+H_2O$	1.63
$Ce^{4+}+e \rightleftharpoons Ce^{3+}$	1.61
$H_5IO_6+H^++2e \rightleftharpoons IO_3^-+3H_2O$	1.60
$HBrO+H^++e \rightleftharpoons \frac{1}{2}Br_2+H_2O$	1.59
$BrO_3^-+6H^++5e \rightleftharpoons \frac{1}{2}Br_2+3H_2O$	1.52
$MnO_4^-+8H^++5e \rightleftharpoons Mn^{2+}+4H_2O$	1.51
$Au(Ⅲ)+3e \rightleftharpoons Au$	1.50
$HClO+H^++2e \rightleftharpoons Cl^-+H_2O$	1.49
$ClO_3^-+6H^++5e \rightleftharpoons \frac{1}{2}Cl_2+3H_2O$	1.47
$PbO_2(固)+4H^++2e \rightleftharpoons Pb^{2+}+2H_2O$	1.455
$HIO+H^++e \rightleftharpoons \frac{1}{2}I_2+H_2O$	1.45
$ClO_3^-+6H^++6e \rightleftharpoons Cl^-+3H_2O$	1.45
$BrO_3^-+6H^++6e \rightleftharpoons Br^-+3H_2O$	1.44
$Cl_2(气)+2e \rightleftharpoons 2Cl^-$	1.359 5
$ClO_4^-+8H^++7e \rightleftharpoons \frac{1}{2}Cl_2+4H_2O$	1.34
$Cr_2O_7^{2-}+14H^++6e \rightleftharpoons 2Cr^{3+}+7H_2O$	1.33
$MnO_2(固)+4H^++2e \rightleftharpoons Mn^{2+}+2H_2O$	1.23
$O_2(气)+4H^++4e \rightleftharpoons 2H_2O$	1.229
$IO_3^-+6H^++5e \rightleftharpoons \frac{1}{2}I_2+3H_2O$	1.20
$ClO_4^-+2H^++2e \rightleftharpoons ClO_3^-+H_2O$	1.19
$Br_2(水)+2e \rightleftharpoons 2Br^-$	1.087
$NO_2+H^++e \rightleftharpoons HNO_2$	1.07
$Br_2(液)+2e \rightleftharpoons 2Br^-$	1.065
$HNO_2+H^++e \rightleftharpoons NO(气)+H_2O$	1.00
$VO_2^++2H^++e \rightleftharpoons VO^{2+}+H_2O$	1.00
$HIO+H^++2e \rightleftharpoons I^-+H_2O$	0.99

电极反应	$\varphi^{\ominus}$（V）
$NO_3^- + 3H^+ + 2e \Longrightarrow HNO_2 + H_2O$	0.94
$ClO^- + H_2O + 2e \Longrightarrow Cl^- + 2OH^-$	0.89
$H_2O_2 + 2e \Longrightarrow 2OH^-$	0.88
$Cu^{2+} + I^- + e \Longrightarrow CuI（固）$	0.86
$Hg^{2+} + 2e \Longrightarrow Hg$	0.854
$NO_3^- + 2H^+ + e \Longrightarrow NO_2 + H_2O$	0.80
$Ag^+ + e \Longrightarrow Ag$	0.799 5
$Hg_2^{2+} + 2e \Longrightarrow 2Hg$	0.793
$Fe^{3+} + e \Longrightarrow Fe^{2+}$	0.771
$BrO^- + H_2O + 2e \Longrightarrow Br^- + 2OH^-$	0.76
$O_2（气） + 2H^+ + 2e \Longrightarrow H_2O_2$	0.682
$2HgCl_2 + 2e \Longrightarrow Hg_2Cl_2（固） + 2Cl^-$	0.63
$MnO_4^- + 2HO + 3e \Longrightarrow MnO_2（固） + 4OH^-$	0.588
$MnO_4^- + e \Longrightarrow MnO_4^{2-}$	0.564
$H_3AsO_4（固） + 2H^+ + 2e \Longrightarrow HAsO_2 + 2H_2O$	0.559
$I_3^- + 2e \Longrightarrow 3I^-$	0.545
$I_2（固） + 2e \Longrightarrow 2I^-$	0.534 5
$Cu^+ + e \Longrightarrow Cu$	0.52
$4SO_2（水） + 4H^+ + 6e \Longrightarrow S_4O_6^{2-} + 2H_2O$	0.51
$HgCl_4^{2-} + 2e \Longrightarrow Hg + 4Cl^-$	0.48
$2SO_2（水） + 2H^+ + 4e \Longrightarrow S_2O_3^{2-} + H_2O$	0.40
$Fe(CN)_6^{3-} + e \Longrightarrow Fe(CN)_6^{4-}$	0.36
$Cu^{2+} + 2e \Longrightarrow Cu$	0.337
$BiO^+ + 2H^+ + 3e \Longrightarrow Bi + H_2O$	0.32
$Hg_2Cl_2（固） + 2e \Longrightarrow 2Hg + 2Cl^-$	0.267 6
$AgCl（固） + e \Longrightarrow Ag + Cl^-$	0.222 3
$SO_4^{2-} + 4H^+ + 2e \Longrightarrow SO_2（水） + H_2O$	0.17
$Cu^{2+} + e \Longrightarrow Cu^+$	0.159
$Sn^{4+} + 2e \Longrightarrow Sn^{2+}$	0.154
$S + 2H^+ + 2e \Longrightarrow H_2S（气）$	0.141
$Hg_2Br_2 + 2e \Longrightarrow 2Hg + 2Br^-$	0.139 5
$S_4O_6^{2-} + 2e \Longrightarrow 2S_2O_3^{2-}$	0.08
$AgBr（固） + e \Longrightarrow Ag + Br^-$	0.071
$2H^+ + 2e \Longrightarrow H_2$	0.000
$O_2 + H_2O + 2e \Longrightarrow HO_2^- + OH^-$	-0.067

电极反应	$\varphi^{\ominus}$（V）
$Pb^{2+}+2e \Longrightarrow Pb$	-0.126
$Sn^{2+}+2e \Longrightarrow Sn$	-0.136
$AgI（固）+e \Longrightarrow Ag+I^-$	-0.152
$Ni^{2+}+2e \Longrightarrow Ni$	-0.246
$H_3PO_4+2H^++2e \Longrightarrow H_3PO_3+H_2O$	-0.276
$Co^{2+}+2e \Longrightarrow Co$	-0.277
$Tl^++e \Longrightarrow Tl$	$-0.336\ 0$
$In^{3+}+3e \Longrightarrow In$	-0.345
$PbSO_4（固）+2e \Longrightarrow Pb+SO_4^{2-}$	$-0.355\ 3$
$Cd^{2+}+2e \Longrightarrow Cd$	-0.403
$Cr^{3+}+e \Longrightarrow Cr^{2+}$	-0.41
$Fe^{2+}+2e \Longrightarrow Fe$	-0.440
$S+2e \Longrightarrow S^{2-}$	-0.48
$2CO_2+2H^++2e \Longrightarrow H_2C_2O_4$	-0.49
$H_3PO_3+2H^++2e \Longrightarrow H_3PO_2+H_2O$	-0.50
$Sb+3H^++3e \Longrightarrow SbH_3$	-0.51
$2SO_3^{2-}+3H_2O+4e \Longrightarrow S_2O_3^{2-}+6OH^-$	-0.58
$SO_3^{2-}+3H_2O+4e \Longrightarrow S+6OH^-$	-0.66
$Ag_2S（固）+2e \Longrightarrow 2Ag+S^{2-}$	-0.69
$AsO_4^{3-}+2H_2O+2e \Longrightarrow AsO_2^-+4OH^-$	-0.71
$Zn^{2+}+2e \Longrightarrow Zn$	-0.763
$2H_2O+2e \Longrightarrow H_2+2OH^-$	-0.828
$Cr^{2+}+2e \Longrightarrow Cr$	-0.91
$Mn^{2+}+2e \Longrightarrow Mn$	-1.182
$ZnO_2^{2-}+2H_2O+2e \Longrightarrow Zn+4OH^-$	-1.216
$Al^{3+}+3e \Longrightarrow Al$	-1.66
$H_2AlO_3^-+H_2O+3e \Longrightarrow Al+4OH^-$	-2.35
$Mg^{2+}+2e \Longrightarrow Mg$	-2.37
$Na^++e \Longrightarrow Na$	-2.714
$Ca^{2+}+2e \Longrightarrow Ca$	-2.87
$Ba^{2+}+2e \Longrightarrow Ba$	-2.90
$K^++e \Longrightarrow K$	-2.925
$Li^++e \Longrightarrow Li$	-3.042

附表 7-2　某些氧化还原电对的条件电位 $\varphi^{\ominus\prime}$（V）

电极反应	$\varphi^{\ominus\prime}$（V）	介质
$Ag(\text{II})+e \Longrightarrow Ag(\text{I})$	1.927	4mol/L HNO_3
$Ce(\text{IV})+e \Longrightarrow Ce(\text{III})$	1.74	1mol/L $HClO_4$
	1.44	0.5mol/L H_2SO_4
	1.28	1mol/L HCl
$Co^{3+}+e \Longrightarrow Co^{2+}$	1.84	3mol/L HNO_3
$Co(乙二胺)_3^{3+}+e \Longrightarrow Co(乙二胺)_3^{2+}$	−0.2	0.1mol/L KNO_3+0.1mol/L 乙二胺
$Cr(\text{III})+e \Longrightarrow Cr(\text{II})$	−0.40	5mol/L HCl
$Cr_2O_7^{2-}+14H^++6e \Longrightarrow 2Cr^{3+}+7H_2O$	1.08	3mol/L HCl
	1.15	4mol/L H_2SO_4
	1.025	1mol/L $HClO_4$
$CrO_4^{2-}+2H_2O+3e \Longrightarrow CrO_2^-+4OH^-$	−0.12	1mol/L NaOH
$Fe(\text{III})+e \Longrightarrow Fe(\text{II})$	0.77	1mol/L $HClO_4$
	0.71	0.5mol/L HCl
	0.70	1mol/L HCl
	0.68	1mol/L H_2SO_4
	0.46	2mol/L H_3PO_4
	0.51	1mol/L HCl-0.25mol/L H_3PO_4
$Fe(EDTA)^{3+}+e \Longrightarrow Fe(EDTA)^{2+}$	0.12	0.1mol/L EDTA
		pH=4~6
$Fe(CN)_6^{3-}+e \Longrightarrow Fe(CN)_6^{4-}$	0.56	0.1mol/L HCl
$FeO_4^{2-}+2H_2O+3e \Longrightarrow FeO_2^-+4OH^-$	0.55	10mol/L NaOH
$I_3^-+2e \Longrightarrow 3I^-$	0.544 6	0.5mol/L H_2SO_4
$I_2(水)+2e \Longrightarrow 2I^-$	0.627 6	0.5mol/L H_2SO_4
$MnO_4^-+8H^++5e \Longrightarrow Mn^{2+}+4H_2O$	1.45	1mol/L $HClO_4$
$SnCl_6^{2-}+2e \Longrightarrow SnCl_4^{2-}+2Cl^-$	0.14	1mol/L HCl
$Sb(\text{V})+2e \Longrightarrow Sb(\text{III})$	0.75	3.5mol/L HCl
$Sb(OH)_6^-+2e \Longrightarrow SbO_2^-+2OH^-+2H_2O$	−0.428	3mol/L NaOH
$SbO_2^-+2H_2O+3e \Longrightarrow Sb+4OH^-$	−0.675	10mol/L KOH
$Ti(\text{IV})+e \Longrightarrow Ti(\text{III})$	−0.01	0.2mol/L H_2SO_4
	0.12	2mol/L H_2SO_4
	−0.04	1mol/L HCl
	−0.05	1mol/L H_3PO_4
$Pb(\text{II})+2e \Longrightarrow Pb$	−0.32	1mol/L NaAc

化合物	K_{sp}	pK_{sp}	化合物	K_{sp}	pK_{sp}
Ag_3AsO_4	1×10^{-22}	22.0	$BaSO_4$	1.1×10^{-10}	9.96
$AgBr$	5.0×10^{-13}	12.30	$BaSeO_4$	3.5×10^{-8}	7.46
$AgBrO_3$	5.5×10^{-5}	4.26	$Be(OH)_2$(无定形)	1×10^{-21}	21.0
$AgCN$	2.2×10^{-16}	15.66	BiI_3	8.1×10^{-19}	18.09
Ag_2CO_3	6.5×10^{-12}	11.19	$BiOBr$	6.9×10^{-35}	34.16
$Ag_2C_2O_4$	1×10^{-11}	11.0	$BiOCl$	1.6×10^{-36}	35.8
$AgCl$	1.8×10^{-10}	9.74	$BiPO_4$	1.3×10^{-23}	22.89
Ag_2CrO_4	1.2×10^{-12}	11.92	Bi_2S_3	1×10^{-100}	100
AgI	8.3×10^{-17}	16.08	$Ca(C_9H_6NO)_2$	4×10^{-11}	10.4
$AgIO_3$	3.1×10^{-8}	7.51	$CaCO_3$	4.5×10^{-9}	8.35
Ag_3PO_4	2.8×10^{-18}	17.55	CaC_2O_4	2.3×10^{-9}	8.64
Ag_2S	8×10^{-51}	50.1	CaF_2	3.9×10^{-11}	10.41
$AgSCN$	1.1×10^{-12}	11.97	$CaMnO_4$	1×10^{-8}	8.0
Ag_2SO_3	1.5×10^{-14}	13.82	$Ca(OH)_2$	6.5×10^{-6}	5.19
Ag_2SO_4	1.5×10^{-5}	4.83	CaP_2O_7	1.3×10^{-8}	7.9
Ag_2Se	2×10^{-64}	63.7	$CaSO_3$	3.2×10^{-7}	6.5
Ag_2SeO_4	1.2×10^{-9}	8.91	$CaSO_4$	2.4×10^{-5}	4.62
$Al(OH)_3$(无定形)	4.6×10^{-33}	32.34	$CdCO_3$	3.4×10^{-14}	13.74
$Au(OH)_3$	3×10^{-48}	47.5	CdC_2O_4	1.5×10^{-8}	7.82
$Ba(C_9H_6NO)_2$	2×10^{-8}	7.7	$\beta\text{-}Cd(OH)_2$	4.5×10^{-15}	14.35
$BaCO_3$	5×10^{-9}	8.3	$\gamma\text{-}Cd(OH)_2$	7.9×10^{-15}	14.10
BaC_2O_4	1×10^{-6}	6.0	CdS	1×10^{-27}	27.0
$BaCrO_4$	2.1×10^{-10}	9.67	$Ce_2(C_2O_4)_3$	3×10^{-26}	25.5
BaF_2	1.7×10^{-6}	5.76	$Ce(OH)_3$	6.3×10^{-24}	23.2
$Ba_3(PO_4)_2$	5×10^{-30}	29.30	$CeO_2(Ce^{4+}+4OH^-)$	1×10^{-65}	65.0

化合物	K_{sp}	pK_{sp}	化合物	K_{sp}	pK_{sp}
$Co(C_9H_6NO)_2$	6.3×10^{-25}	24.2	$HgBr_2$	1.3×10^{-19}	18.9
$CoCO_3$	1.05×10^{-10}	9.98	HgI_2	1.1×10^{-28}	27.95
$Co(OH)_2$	1.3×10^{-15}	14.9	$HgO(Hg^++2OH^-)$	3.6×10^{-26}	25.44
$\alpha\text{-}CoS$	5×10^{-22}	21.3	$HgS(黑色)$	2×10^{-53}	52.7
$\beta\text{-}CoS$	2.5×10^{-26}	25.6	$HgS(红色)$	5×10^{-54}	53.3
$Co(OH)_3(19℃)$	3.2×10^{-45}	44.5	$(HgSCN)_2$	2.8×10^{-20}	19.56
$Cr(OH)_3$	6×10^{-31}	30.2	$In(C_9H_6NO)_3$	4.6×10^{-32}	31.34
$CuBr$	5×10^{-9}	8.3	$In(OH)_3$	1.3×10^{-37}	36.9
$CuCl$	4.2×10^{-8}	7.38	In_2S_3	6.3×10^{-74}	73.2
CuI	1×10^{-12}	12.0	$La_2(CO_3)_3$	4×10^{-34}	33.4
Cu_2S	3.2×10^{-49}	48.5	$La_2(C_2O_4)_3$	1×10^{-25}	25.0
$Cu(C_9H_6NO)_2$	8×10^{-30}	29.1	$La(IO_3)_3$	1.02×10^{-11}	10.99
$CuCO_3$	2.3×10^{-10}	9.63	$La(OH)_3$	2×10^{-20}	20.7
CuC_2O_4	2.9×10^{-8}	7.54	$LaPO_4$	3.7×10^{-23}	22.43
$Cu(OH)_2$	4.8×10^{-20}	19.32	$Mg(C_9H_6NO)_2$	4×10^{-16}	15.4
CuS	8×10^{-37}	36.1	$MgCO_3$	3.5×10^{-8}	7.46
$Fe(OH)_2$	8×10^{-16}	15.1	MgF_2	6.6×10^{-9}	8.18
FeS	8×10^{-19}	18.1	$MgNH_4PO_4$	2.5×10^{-13}	12.6
$Fe(C_9H_6NO)_3$	3×10^{-44}	43.5	$Mg(OH)_2$	7.1×10^{-12}	11.15
$Fe(OH)_3$	1.6×10^{-39}	38.8	$Mg_3(PO_4)_2\cdot8H_2O$	6.3×10^{-26}	25.20
Hg_2Br_2	5.6×10^{-23}	22.25	$Mn(C_9H_6NO)_2$	2×10^{-22}	21.7
$Hg_2(CN)_2$	5×10^{-40}	39.30	$MnCO_3$	5.0×10^{-10}	9.30
Hg_2CO_3	8.9×10^{-17}	16.05	$Mn(OH)_2$	1.6×10^{-13}	12.8
Hg_2Cl_2	1.2×10^{-18}	17.91	$MnS(无定形)$	3.2×10^{-11}	10.5
Hg_2CrO_4	2.0×10^{-9}	8.70	$MnS(晶形)$	3.2×10^{-14}	13.5
Hg_2I_2	4.7×10^{-29}	28.33	$Nd(OH)_3$	3.2×10^{-22}	21.50
$Hg_2(OH)_2$	2×10^{-24}	23.7	$NiCO_3$	1.3×10^{-7}	6.87
$Hg_2(SCN)_2$	3.0×10^{-20}	19.52	$Ni(OH)_2$	6.3×10^{-16}	15.20

化合物	K_{sp}	pK_{sp}	化合物	K_{sp}	pK_{sp}
α-NiS	4×10^{-20}	19.40	Sb_2S_3	1×10^{-93}	93
β-NiS	1.3×10^{-25}	24.90	$Sm(OH)_3$	7.9×10^{-23}	22.10
γ-NiS	2.5×10^{-27}	26.6	SnI_2	8.3×10^{-6}	5.08
Ni-丁二酮肟	2.2×10^{-24}	23.66	SnS	1.3×10^{-26}	25.9
$Ni(C_9H_6NO)_2$	3×10^{-26}	25.5	SnS_2	2.4×10^{-27}	26.62
$PbBr_2$	2.1×10^{-6}	5.68	$Sr(C_9H_6NO)_2$	2×10^{-9}	8.7
$PbCO_3$	7.4×10^{-14}	13.13	$SrCO_3$	9.3×10^{-10}	9.03
PbC_2O_4	3.2×10^{-11}	10.5	SrC_2O_4	4×10^{-7}	6.4
$PbCl_2$	1.7×10^{-5}	4.78	$SrCrO_4$	2.2×10^{-5}	4.66
$PbCrO_4$	1.8×10^{-14}	13.75	SrF_2	2.9×10^{-9}	8.54
PbF_2	3.6×10^{-8}	7.44	$Sr_2P_2O_7$	1.2×10^{-7}	6.92
$Pb_2Fe(CN)_6$	9.5×10^{-19}	18.02	$SrSO_4$	3.2×10^{-7}	6.50
PbI_2	7.9×10^{-9}	8.10	$Zn(C_9H_6NO)_2$	2×10^{-24}	23.7
$Pb_3(PO_4)_2$	3.0×10^{-44}	43.53	$ZnCO_3$	1×10^{-10}	10.0
PbS	3.2×10^{-28}	27.5	ZnC_2O_4	1.3×10^{-9}	8.89
$PbSO_4$	1.6×10^{-8}	7.79	$Zn(OH)_2$（无定形）	3.0×10^{-16}	15.52
PbSe	8×10^{-13}	42.1	$Zn_2Fe(CN)_6$	2.1×10^{-16}	15.68
$PbSeO_4$	1.4×10^{-7}	6.84	α-ZnS	2×10^{-25}	24.7
$Pd(OH)_2$	3.2×10^{-29}	28.50	β-ZnS	3.2×10^{-23}	22.5
$Pr(OH)_3$	7.9×10^{-22}	21.10	$ZrO_2(Zr^{4+}+4OH^-)$	8×10^{-55}	54.1

附录九 标准缓冲溶液的 pH(0~95℃)

温度/℃	组成					
	草酸三氢钾（0.05mol/L）	25℃饱和酒石酸氢钾	0.05mol/L邻苯二甲酸氢钾	0.025mol/L KH_2PO_4 +0.025mol/L Na_2HPO_4	0.01mol/L硼砂	25℃饱和氢氧化钙
0	1.666	—	4.003	6.984	9.464	13.423
5	1.668	—	3.999	6.951	9.395	13.207
10	1.670	—	3.998	6.923	9.332	13.003
15	1.672	—	3.999	6.900	9.276	12.810
20	1.675	—	4.002	6.881	9.225	12.627
25	1.679	3.557	4.008	6.865	9.180	12.454
30	1.683	3.552	4.015	6.853	9.139	12.289
35	1.688	3.549	4.024	6.844	9.102	12.133
38	1.691	3.548	4.030	6.840	9.081	12.043
40	1.694	3.547	4.035	6.838	9.068	11.984
45	1.700	3.547	4.047	6.834	9.038	11.841
50	1.707	3.549	4.060	6.833	9.011	11.705
55	1.715	3.554	4.075	6.834	8.985	11.574
60	1.723	3.560	4.091	6.836	8.962	11.449
70	1.743	3.580	4.126	6.845	8.921	—
80	1.766	3.609	4.164	6.859	8.885	—
90	1.792	3.650	4.205	6.877	8.850	—
95	1.806	3.674	4.227	6.886	8.833	—

附录十 主要基团的红外特征吸收峰

基团	振动类型	波数/cm^{-1}	波长/μm	强度	备注
一、烷烃类	CH 伸	3 000~2 843	3.33~3.52	中、强	分为反称与对称
	CH 伸(反称)	2 972~2 880	3.37~3.47	中、强	
	CH 伸(对称)	2 882~2 843	3.49~3.52	中、强	
	CH 弯(面内)	1 490~1 350	6.71~7.41		
	C—C 伸	1 250~1 140	8.00~8.77		
甲基	CH 伸(反称)	2 962±10	3.38±0.01	强	
	CH 伸(对称)	2 872±10	3.40±0.01	强	
	CH 弯(反称、面内)	1 450±20	6.90±0.10	中	
	CH 弯(对称、面内)	1 380~1 365	7.25~7.33	强	
亚甲基	CH 伸(反称)	2 926±10	3.42±0.01	强	
	CH 伸(对称)	2 853±10	3.51±0.01	强	
	CH 弯(面内)	1 465±20	6.83±0.10	中	
叔丁基	CH 伸	2 890±10	3.46±0.01	弱	
	CH 弯(面内)	~1 340	~7.46	弱	
二、烯烃类	CH 伸	3 100~3 000	3.23~3.33	中、弱	
	C═C 伸	1 695~1 630	5.90~6.13	不定	
	CH 弯(面内)	1 430~1 290	7.00~7.75	中	
	CH 弯(面外)	1 010~650	9.90~15.4	强	
单取代	CH 伸(反称)	3 092~3 077	3.23~3.25	中	
	CH 伸(对称)	3 025~3 012	3.31~3.32	中	
	CH 弯(面外)	995~985	10.02~10.15	强	
	CH$_2$弯(面外)	910~905	10.99~11.05	强	
双取代 顺式	CH 伸	3 050~3 000	3.28~3.33	中	
	CH 弯(面内)	1 310~1 295	7.63~7.72	中	
	CH 弯(面外)	730~650	13.70~15.38	强	
反式	CH 伸	3 050~3 000	3.28~3.33	中	
	CH 弯(面外)	980~650	10.20~10.36	强	
三、炔烃类	CH 伸	~3 300	~3.03	中	
	C≡C 伸	2 270~2 100	4.41~4.76	中	
	CH 弯(面内)	1 260~1 245	7.94~8.03		
	CH 弯(面外)	645~615	15.50~16.25	强	

基团	振动类型	波数/cm^{-1}	波长/μm	强度	备注
四、取代苯类	CH 伸	3 100~3 000	3.23~3.33	变	三、四个峰,特征
	泛频峰	2 000~1 667	5.00~6.00		
	骨架振动($\nu_{C=C}$)	1 600±20	6.25±0.08		
		1 500±25	6.67±0.10		
		1 580±10	6.33±0.04		
		1450±20	6.90±0.10		
	CH 弯(面内)	1250~1000	8.00~10.00	弱	
	CH 弯(面外)	910~665	10.99~15.03	强	确定取代位置
单取代	CH 弯(面外)	770~730	12.99~13.70	极强	五个相邻氢
邻双取代	CH 弯(面外)	770~730	12.99~13.70	极强	四个相邻氢
间双取代	CH 弯(面外)	810~750	12.35~13.33	极强	三个相邻氢
		900~860	11.12~11.63	中	一个氢(次要)
对双取代	CH 弯(面外)	860~800	11.63~12.50	极强	二个相邻氢
1,2,3-三取代	CH 弯(面外)	810~750	12.35~13.33	强	三个相邻氢与间双易混
1,3,5-三取代	CH 弯(面外)	874~835	11.44~11.98	强	一个氢
1,2,4-三取代	CH 弯(面外)	885~860	11.30~11.63	中	一个氢
		860~800	11.63~12.50	强	二个相邻氢
*1,2,3,4-四取代	CH 弯(面外)	860~800	11.63~12.50	强	二个相邻氢
*1,2,4,5-四取代	CH 弯(面外)	860~800	11.63~12.50	强	一个氢
*1,2,3,5-四取代	CH 弯(面外)	865~810	11.56~12.35	强	一个氢
*五取代	CH 弯(面外)	~860	~11.63	强	一个氢
五、醇类、酚类	OH 伸	3 700~3 200	2.70~3.13	变	
	OH 弯(面内)	1 410~1 260	7.09~7.93	弱	
	C—O 伸	1 260~1 000	7.94~10.00	强	
	O—H 弯(面外)	750~650	13.33~15.38	强	液态有此峰
OH 伸缩频率					
游离 OH	OH 伸	3 650~3 590	2.74~2.79	强	锐峰
分子间氢键	OH 伸	3 500~3 300	2.86~3.03	强	钝峰(稀释向低频移动*)
分子内氢键	OH 伸(单桥)	3 570~3 450	2.80~2.90	强	钝峰(稀释无影响)
OH 弯或 C—O 伸					
伯醇(饱和)	OH 弯(面内)	~1 400	~7.14	强	
	C—O 伸	1 250~1 000	8.00~10.00	强	
仲醇(饱和)	OH 弯(面内)	~1 400	~7.14	强	
	C—O 伸	1 125~1 000	8.89~10.00	强	
叔醇(饱和)	OH 弯(面内)	~1 400	~7.14	强	
	C—O 伸	1 210~1 100	8.26~9.09	强	
酚类(ΦOH)	OH 弯(面内)	1 390~1 330	7.20~7.52	中	
	Φ—O 伸	1 260~1 180	7.94~8.47	强	

续表

基团	振动类型	波数/cm⁻¹	波长/μm	强度	备注
六、醚类	C—O—C 伸	1 270~1 010	7.87~9.90	强	或标 C—O 伸
脂链醚					
饱和	C—O—C 伸	1 150~1 060	8.70~9.43	强	
不饱和	=C—O—C 伸	1 225~1 200	8.16~8.33	强	
脂环醚					
四元环	C—O—C 伸（反称）	~1 030	~9.71	强	
	C—O—C 伸（对称）	~980	~10.20	强	
五元环	C—O—C 伸（反称）	~1 050	~9.52	强	
	C—O—C 伸（对称）	~900	~11.11	强	
六元以上环	C—O—C 伸	~1 100	~9.09	强	
芳醚	=C—O—C 伸（反称）	1 270~1 230	7.87~8.13	强	氧与侧链碳相连的芳醚同
（氧与芳环相连）	=C—O—C 伸（对称）	1 050~1 000	9.52~10.00	中	脂醚O—CH₃的特征峰
	CH 伸	~2 825	~3.53	弱	
七、醛类	CH 伸	2 850~2 710	3.51~3.69	弱	一般 ~2 820 及 ~2 720cm⁻¹
	C=O 伸	1 755~1 665	5.70~6.00	很强	两个峰
	CH 弯（面外）	975~780	10.2~12.80	中	
饱和脂肪醛	C=O 伸	~1 725	~5.80	强	
α,β-不饱和醛	C=O 伸	~1 685	~5.93	强	
芳醛	C=O 伸	~1 695	~5.90	强	
八、酮类	C=O 伸	1 700~1 630	5.78~6.13	极强	
	C—C 伸	1 250~1 030	8.00~9.70	弱	
	泛频	3 510~3 390	2.85~2.95	很弱	
脂酮					
饱和链状酮	C=O 伸	1 725~1 705	5.80~5.86	强	
α,β-不饱和酮	C=O 伸	1 690~1 675	5.92~5.97	强	C=O 与 C=C 共轭向低频
β 二酮	C=O 伸	1 640~1 540	6.10~6.49	强	移动
芳酮类	C=O 伸	1 700~1 630	5.88~6.14	强	谱带较宽
Ar—CO	C=O 伸	1 690~1 680	5.92~5.95	强	
二芳基酮	C=O 伸	1 670~1 660	5.99~6.02	强	
1-酮基-2-羟基	C=O 伸	1 665~1 635	6.01~6.12	强	
（或氨基）芳酮					
脂环酮					
四元环酮	C=O 伸	~1 775	~5.63		
五元环酮	C=O 伸	1 750~1 740	5.71~5.75	强	
六元、七元环酮	C=O 伸	1 745~1 725	5.73~5.80	强	
九、羧酸类	OH 伸	3 400~2 500	2.94~4.00	中	在稀溶液中，单体酸为锐峰
	C=O 伸	1 740~1 650	5.75~6.06	强	在 ~3 350cm⁻¹；二聚体以 ~
	OH 弯（面内）	~1 430	~6.99	弱	3 000cm⁻¹为中心的宽峰
	C—O 伸	~1 300	~7.69	中	
	OH 弯（面外）	950~900	10.53~11.11	弱	

基团	振动类型	波数/cm⁻¹	波长/μm	强度	备注
脂肪酸 　R—COOH	C＝O 伸	1 725~1 700	5.80~5.88	强	
α,β-不饱和酸	C＝O 伸	1 705~1 690	5.87~5.91	强	
芳酸	C＝O 伸	1 700~1 680	5.88~5.95	强	分子间氢键
	C＝O 伸	1 670~1 650	5.99~6.06	强	分子内氢键
十、羧酸盐	C＝O 伸（反称）	1 610~1 550	6.21~6.45	强	
	C＝O 伸（对称）	1 440~1 360	6.94~7.35	中	
十一、酸酐					
链酸酐	C＝O 伸（反称）	1 850~1 800	5.41~5.56	强	共轭时每个谱带降20cm⁻¹
	C＝O 伸（对称）	1 780~1 740	5.62~5.75	强	
	C—O 伸	1 170~1 050	8.55~9.52	强	
环酸酐 　（五元环）	C＝O 伸（反称）	1 870~1 820	5.35~5.49	强	共轭时每个谱带降20cm⁻¹
	C＝O 伸（对称）	1 800~1 750	5.56~5.71	强	
	C—O 伸	1 300~1 200	7.69~8.33	强	
十二、酯类	C＝O 伸（泛频）	~3 450	~2.90	弱	
	C＝O 伸	1 770~1 720	5.65~5.81	强	多数酯
	C—O—C 伸	1 280~1 100	7.81~9.09	强	
C＝O 伸缩振动 　正常饱和酯	C＝O 伸	1 744~1 739	5.73~5.75	强	
α,β-不饱和酯	C＝O 伸	~1 720	~5.81	强	
δ-内酯	C＝O 伸	1 750~1 735	5.71~5.76	强	
γ-内酯（饱和）	C＝O 伸	1 780~1 760	5.62~5.68	强	
β-内酯	C＝O 伸	~1 820	~5.50	强	
十三、胺	NH 伸	3 500~3 300	2.86~3.03	中	伯胺强,中;仲胺极弱
	NH 弯（面内）	1 650~1 550	6.06~6.45	中	
	C—N 伸	1 340~1 020	7.46~9.80	强	
	NH 弯（面外）	900~650	11.1~15.4		
伯胺类	NH 伸（反称）	~3 500	~2.86	中	双峰
	NH 伸（对称）	~3 400	~2.94	中	
	NH 弯（面内）	1 650~1 590	6.06~6.29	强、中	
	C—N 伸（芳香）	1 380~1 250	7.25~8.00	强	
	C—N 伸（脂肪）	1 250~1 020	8.00~9.80	中、弱	
仲胺类	NH 伸	3 500~3 300	2.86~3.03	中	一个峰
	NH 弯（面内）	1 650~1 550	6.06~6.45	极弱	
	C—N 伸（芳香）	1 350~1 280	7.41~7.81	强	
	C—N 伸（脂肪）	1 220~1 020	8.20~9.80	中、弱	
叔胺类	C—N 伸（芳香）	1 360~1 310	7.35~7.63	中	
	C—N 伸（脂肪）	1 220~1 020	8.20~9.80	中、弱	

续表

基团	振动类型	波数/cm⁻¹	波长/μm	强度	备注
十四、酰胺(脂肪与芳香酰胺数据类似)	NH 伸	3 500~3 100	2.86~3.22	强	伯酰胺双峰 仲酰胺单峰
	C＝O 伸	1 680~1 630	5.95~6.13	强	谱带 I
	NH 弯(面内)	1 640~1 550	6.10~6.45	强	谱带 II
	C—N 伸	1 420~1 400	7.04~7.14	中	谱带 III
伯酰胺	NH 伸(反称)	~3 350	~2.98	强	
	NH 伸(对称)	~3 180	~3.14	强	
	C＝O 伸	1 680~1 650	5.95~6.06	强	
	NH 弯(剪式)	1 650~1 620	6.06~6.15	强	
	C—N 伸	1 420~1 400	7.04~7.14	中	
	NH_2面内摇	~1 150	~8.70	弱	
	NH_2面外摇	750~600	1.33~1.67	中	
仲酰胺	NH 伸	~3 270	~3.09	强	
	C＝O 伸	1 680~1 630	5.95~6.13	强	
	NH 弯+C—N 伸	1 570~1 515	6.37~6.60	中	两峰重合
	C—N 伸+NH 弯	1 310~1 200	7.63~8.33	中	两峰重合
叔酰胺	C＝O 伸	1 670~1 630	5.99~6.13		
十五、腈类化合物					
脂肪族氰	C≡N 伸	2 260~2 240	4.43~4.46	强	
α、β 芳香氰	C≡N 伸	2 240~2 220	4.46~4.51	强	
α、β 不饱和氰	C≡N 伸	2 235~2 215	4.47~4.52	强	
十六、硝基化合物					
脂肪硝基化合物	NO_2伸(反称)	1 590~1 530	6.29~6.54	强	
	NO_2伸(对称)	1 390~1 350	7.19~7.41	强	
	C—N 伸	920~800	10.87~12.50	中	
芳香硝基化合物	NO_2伸(反称)	1 530~1 510	6.54~6.62	强	
	NO_2伸(对称)	1 350~1 330	7.41~7.52	强	
	C—N 伸	860~840	11.63~11.90	强	

注:①数据主要参考 Simons W W:The Sadtler Handbook of Infrared Spectra,Philadelphia Sadtler Research Laboratories,1978。个别数据有调整。

"----"线以上主要相关峰出现区间,线以下为具体基团主要振动形式出现的区间。

附录十一　质子化学位移表

附表 11-1　常见质子化学位移表

各种质子	δ	各种质子	δ
t – bu—O	1.00~1.40	$H_3CC—C{=}C$	0.70~1.40
t – bu—Ar	1.20~1.60	$H_3CC—C{\equiv}C$	0.70~1.40
t – bu—CO	1.00~1.50	$H_3CC—C$	0.50~1.50
t – bu—C=C	0.90~1.50	$H_3C—C{=}C$	1.50~2.40
t – bu—C≡C	0.90~1.50	$H_3C—C{\equiv}C$	1.80~2.20
t – bu—C	0.60~1.10	Et—O	$(CH_3)\,0.90{\sim}1.40$ $(CH_2)\,3.10{\sim}4.70$
$\begin{array}{c}H_3C\\ \diagdown\\ C—O\\ \diagup\\ H_3C\end{array}$	0.80~1.40	Et—Ar	$(CH_3)\,0.90{\sim}1.50$ $(CH_2)\,2.40{\sim}3.70$
$\begin{array}{c}H_3C\\ \diagdown\\ C—Ar\\ \diagup\\ H_3C\end{array}$	1.10~1.40	Et—CO	$(CH_3)\,0.80{\sim}1.50$ $(CH_2)\,1.80{\sim}2.80$
$\begin{array}{c}H_3C\\ \diagdown\\ C—CO\\ \diagup\\ H_3C\end{array}$	0.90~1.50	$H_3C—Ar$	2.00~2.80
$\begin{array}{c}H_3C\\ \diagdown\\ C—C{=}C\\ \diagup\\ H_3C\end{array}$	0.80~1.50	$H_3C—CH_2—O$	0.90~1.40
$\begin{array}{c}H_3C\\ \diagdown\\ C—C{\equiv}C\\ \diagup\\ H_3C\end{array}$	0.80~1.50	$H_3C—CH_2—Ar$	0.90~1.50
$\begin{array}{c}H_3C\\ \diagdown\\ C—C\\ \diagup\\ H_3C\end{array}$	0.60~1.40	$H_3C—CH_2—CO$	0.80~1.50
$H_3CC—O$	0.80~1.50	$H_3C—CH_2—C{=}C$	0.80~1.50
$H_3CC—Ar$	1.00~1.80	$H_3C—CH_2—C{\equiv}C$	0.80~1.50
$H_3CC—CO$	0.70~1.40	$H_3C—CH_2C$	0.50~1.40

续表

各种质子	δ	各种质子	δ
Et—C=C	(CH₃) 0.80~1.50 (CH₂) 1.70~2.70	CH	0.00~5.00
Et—C≡C	(CH₃) 0.80~1.50 (CH₂) 1.90~3.00	CH—O—C‖O	4.60~7.00
Et—C	(CH₃) 0.50~1.40 (CH₂) 1.50~2.40	CH(O—C‖O)₂	6.50~7.80
iso-Pr—O—	(CH₃) 0.90~1.40 (CH) 1.50~5.00	CH(O—C‖O)₃	6.50~8.00
iso—Pr—O—C‖O	(CH₃) 0.90~1.50 (CH) 4.60~7.00	CCH₂—O—	3.10~4.70
iso-Pr—Ar	(CH₃) 0.80~1.50 (CH) 1.50~5.00	CCH₂—Ar	2.40~3.70
iso-Pr—C‖O	(CH₃) 0.80~1.50 (CH) 1.50~5.00	CCH₂—CO	1.80~2.80
iso-Pr—C=C	(CH₃) 0.80~1.50 (CH) 1.50~5.00	CCH₂—C=C	1.70~2.70
iso-Pr—C≡C	(CH₃) 0.80~1.50 (CH) 1.50~5.00	CCH₂—C≡C	1.90~3.00
iso-Pr—C	(CH₃) 0.50~1.40 (CH) 1.50~5.00	CCH₂—C	0.00~2.40
H₃CCH—O	(CH₃) 0.50~1.50 (CH) 1.50~5.00	OCH₂—O—	4.20~5.00
H₃CCH—O—C‖O	(CH₃) 0.50~1.50 (CH) 4.60~7.80	OCH₂—Ar	4.20~5.00
H₃CCH—Ar	(CH₃) 0.50~1.50 (CH) 1.50~5.00	OCH₂—C‖O	4.00~5.60
H₃CCH—C‖O	(CH₃) 0.50~1.50 (CH) 1.50~5.00	OCH₂—C=C	4.00~5.30
OCH₂—C≡C	3.50~4.20	—C‖O—CHO	9.00~10.20
ArCH₂—Ar	3.20~4.20	C=C—CHO	9.00~10.20
ArCH₂—C‖O	3.20~4.10	C≡C—CHO	9.00~10.20
ArCH₂—C=C	3.20~4.10	C—CHO	9.00~10.00
ArCH₂—C≡C	3.20~4.20	CH—CHO	9.00~10.00
—C‖O—CH₂—C‖O	2.70~4.00	CH₂—CHO	9.00~10.00
—C‖O—CH₂—C=C	2.50~4.00	O—COOH	10.00~13.20

续表

各种质子	δ	各种质子	δ
$\underset{O}{C}-CH_2-C\equiv C$	2.50~3.60	Ar—COOH	10.00~13.20
$C=C-CH_2-C=C$	3.20~4.40	$\underset{O}{—C}-COOH$	10.00~13.20
$—C=C-CH_2-C\equiv C$	3.20~4.40	$C=C—COOH$	10.00~13.20
$—C\equiv C-CH_2-C\equiv C$	3.20~4.40	$C\equiv C—COOH$	10.00~13.20
Ar—H	6.60~6.90	C—COOH	10.00~13.20
$\underset{O-Ar}{CH_2-O}$	5.50~6.30	O—O—CHO	7.80~8.60
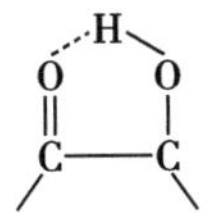 (締合结构 O···H···O)	6.50~8.00	ArO—CHO	7.80~8.60
$CH_2=$	4.40~6.60	$—\underset{O}{C}-O—CHO$	7.80~8.60
CH=	3.80~8.00	C=C—O—CHO	7.80~8.60
HC≡C	2.00~3.20	C≡C—O—CHO	7.80~8.60
ArCHO	9.00~10.20	C—O—CHO	7.80~8.60

摘自:洪山海.光谱解析法在有机化学中的应用.北京:科学出版社,1980.

附表 11-2 活泼氢的化学位移

化合物类型	δ	化合物类型	δ
ROH	0.5~5.5	RSO_3H	1.1~1.2
ArOH(缔合)	10.5~16	RNH_2,R_2NH	0.4~3.5
ArOH	4~8	$ArNH_2$,Ar_2NH	2.9~4.8
RCOOH	10~13	$RCONH_2$,$ArCONH_2$	5~6.5
=NH—OH	7.4~10.2	RCONHR,ArCONHR	6~8.2
R—SH	0.9~2.5	RCONHAr	7.8~9.4
=C=CHOH(缔合)	15~19	ArCONHAr	7.8~9.4

附录十二　质谱中常见的中性碎片与碎片离子

附表 12-1　常见的由分子离子脱掉的碎片

离子	碎片	离子	碎片
M−1	H	M−41	CH_2CHCH_2
M−15	CH_3	M−42	CH_2CO, CH_2CHCH_3
M−16	O, NH_2	M−43	C_3H_7, CH_3CO
M−17	OH, NH_3	M−44	$CO_2, C_3H_8, CH_2, CHOH$
M−18	H_2O(醇,醛,酮)	M−45	$COOH, OC_2H_5, CH_3CHOH$
M−19	F	M−46	C_2H_5OH, NO_2
M−20	HF	M−48	SO, CH_3SH
M−26	$C_2H_2, C\equiv N$	M−55	C_4H_7
M−27	$HCN, CH_2{=}CH$	M−56	$C_4H_8, 2CO$
M−28	CO, C_2H_4	M−57	C_4H_9, C_2H_5CO
M−29	CHO, CH_3CH_2	M−58	C_4H_{10}
M−30	$C_2H_6, CH_2O, NO, NH_2CH_2$	M−60	CH_3COOH
M−31	OCH_3, CH_2OH, CH_3NH_2	M−61	CH_3CH_2S
M−32	CH_3OH, S	M−63	CH_2CH_2Cl
M−33	$HS, CH_3^+H_2O$	M−64	C_5H_4, S_2, SO_2
M−34	H_2S	M−68	$CH_2(CH_3)CHCH_2$
M−35	Cl	M−69	CF_3, C_5H_9
M−36	$HCl, 2H_2O$	M−71	C_5H_{11}
M−38	C_3H_2, C_2N	M−73	CH_3CH_2OCO
M−40	CH_3CCH	M−74	C_4H_9OH

附表 12-2　常见的碎片离子

m/z	组成或结构	m/z	组成或结构
15	CH_3^+	30	$CH_2{=}^+NH_2$
18	H_2O^+	31	$CH_2^+{=}O, CH_3O^+$
26	$C_2H_2^+$	36/38(3：1)	HCl^+
27	$C_2H_3^+$	39	$C_3H_3^+$
28	$CO^+, C_2H_4^+, N_2^+$	40	$C_3H_4^+$
29	$CHO^+, C_2H_5^+$	41	$C_3H_5^+$

m/z	组成或结构	m/z	组成或结构
42	$C_2H_2O^{+\cdot}$, $C_3H_6^{+\cdot}$	83/85/87(9:6:1)	$HCCl_2^{+}$
43	CH_3CO^{+}, $C_3H_7^{+}$	85	$C_6H_{13}^{+}$, $C_4H_9CO^{+}$,
44	$C_2H_6N^{+}$, $O{=}\overset{+}{C}{=}CNH_2$		（二氢吡喃氧鎓离子结构）
	$CO_2^{+\cdot}$, $C_3H_8^{+\cdot}$,		（丁内酯结构）
	$CH_2{=}(CH)(OH)^{+\cdot}$		
45	$CH_2{=}OCH_3$, $CH_3CH{=}OH$	86	$C_4H_9CH{=}\overset{+}{N}H_2$
47	$CH_2{=}\overset{+}{S}H$	87	$CH_2{=}CH{-}\overset{+\;OH}{C}{-}OCH_3$
49/51(3:1)	CH_2Cl^{+}		
50	$C_4H_2^{+\cdot}$	91	$C_7H_7^{+}$
51	$C_4H_3^{+}$	92	$C_7H_8^{+\cdot}$, $C_6H_6N^{+}$
55	$C_4H_7^{+}$	91/93(3:1)	（氯代环戊基离子结构）
56	$C_4H_8^{+\cdot}$		
57	$C_4H_9^{+}$, $C_2H_5CO^{+}$		
58	$C_3H_8N^{+}$, $CH_2{=}C(OH)CH_3^{+\cdot}$	93/93(1:1)	CH_2Br^{+}
59	$COOCH_3^{+}$, $CH_2{=}C(OH)NH_2^{+}$	94	$C_6H_6O^{+\cdot}$
	$C_2H_5CH{=}\overset{+}{O}H$, $CH_2{=}\overset{+}{O}{-}C_2H_5$		（吡咯${-}C{\equiv}\overset{+}{O}$结构）
60	$CH_2{=}C(OH)OH^{+\cdot}$	95	（呋喃${-}C{\equiv}\overset{+}{O}$结构）
61	$CH_3C(OH){=}OH^{+}$, $CH_2CH_2SH^{+}$		$C_5H_5S^{+}$
65	$C_5H_5^{+}$		
66	$H_2S_2^{+\cdot}$	97	$C_5H_5S^{+}$, $C_7H_{13}^{+}$
68	$CH_2CH_2CH_2CN^{+}$	99	（二氧戊环结构）
69	CF_3^{+}, $C_5H_9^{+}$		
70	$C_5H_{10}^{+\cdot}$		（二氢吡喃酮结构）
71	$C_5H_{11}^{+}$, $C_3H_7CO^{+}$		
72	$CH_2{=}C(OH)C_2H_5^{+\cdot}$		
	$C_3H_7CH{=}\overset{+}{N}H_2$ 及异构体	105	$C_6H_5CO^{+}$, $C_8H_9^{+}$
73	$C_5H_9O^{+}$, $COOC_2H_5^{+}$, $(CH_3)_3Si^{+}$	106	$C_7H_8N^{+}$
74	$CH_2{\equiv}C(OH)OCH_3^{+}$	107	$C_7H_7O^{+}$
75	$C_2H_5\overset{+}{C}(OH)_2$	107/109(1:1)	$C_2H_4Br^{+}$
77	$C_6H_5^{+}$	111	（噻吩${-}C{\equiv}\overset{+}{O}$结构）
78	$C_6H_6^{+\cdot}$		
79	$C_6H_7^{+}$	121	$C_6H_9O^{+}$
79/81(1:1)	Br^{+}	122	C_6H_5COOH
80/82(1:1)	$HBr^{+\cdot}$	123	$C_6H_5COOH_2^{+}$
80	$C_5H_6N^{+}$	127	I^{+}
81	$C_5H_5O^{+}$		

m/z	组成或结构	m/z	组成或结构
128	HI^{+}	149	
130	$C_9H_8^{+}N^{+}$		
135/137(1:1)		160	$C_{10}H_{10}NO^{+}$
141	CH_2I^{+}	190	$C_{11}H_{12}NO_2^{+}$
147	$(CH_3)_2Si\overset{+}{=}\overset{+}{O}—Si(CH_3)_3$		

附录十三 气相色谱法用表

附表 13-1 气相色谱法重要固定液

固定液	说　明	使用温度/℃	McReynolds 常数					CP值[1]
			x'	y'	z'	u'	s'	
Squalane	角鲨烷	0/150	0	0	0	0	0	0
Nujol	液体石蜡	0/100	9	5	2	6	11	1
Apiezon M	饱和烃润滑脂	50/300	31	22	15	30	40	3
SF-96	100%甲基硅氧烷	0/250	12	53	42	6	37	5
SE-30	100%甲基硅氧烷	50/350	15	53	44	64	41	5
OV-1	100%甲基硅氧烷	100/350	16	55	44	65	42	5
OV-101	100%甲基硅氧烷	0/350	17	57	45	67	43	5
SP-2100	100%甲基硅氧烷	0/350	17	57	45	67	43	5
CP tm Sil 5	100%甲基硅氧烷	50/350	15	53	44	64	41	5
DC-410	100%甲基硅氧烷	0/200	18	57	47	68	44	6
DC-11	100%甲基硅氧烷	0/300	17	86	48	69	56	7
SE-52	5%苯基,95%甲基硅氧烷	50/300	32	72	65	98	67	8
SE-54	1%乙烯基,5%苯基,94%甲基硅氧烷	50/300	33	72	66	99	67	8
DC-560	11%氯苯基,89%甲基硅氧烷	0/200	32	72	70	100	68	8
OV-73	5.5%苯基,94.5%甲基硅氧烷	50/350	40	86	76	114	85	10
OV-3	10%苯基,90%甲基硅氧烷	0/350	44	86	81	124	88	10
OV-105	5%氰乙基,95%甲基硅氧烷	20/275	36	108	93	139	86	11
Dexsil 300	25%聚甲基碳硼,75%甲基硅氧烷	50/400	47	80	103	148	96	11
OV-7	20%苯基,80%甲基硅氧烷	0/350	69	113	111	171	128	14
DC-550	25%苯基,75%甲基硅氧烷	0/200	74	116	117	178	135	15
Dioctyl sebacate	癸二酸二辛酯	0/125	72	168	108	180	123	15
Diisodecyl phthalate	苯二甲酸二壬酯	0/150	83	183	147	231	159	19
DC-710	50%苯基,50%甲基硅氧烷	5/250	107	149	153	228	190	19
OV-17	50%苯基,50%甲基硅氧烷	0/350	119	158	162	243	202	21
SP-2250	50%苯基,50%甲基硅氧烷	0/350	119	158	162	243	202	21
Versamid 930	聚酰胺树脂	115/150	109	313	144	211	209	23
Span 80	山梨糖醇单油酸酯	25/150	97	226	170	216	268	24
OV-22	65%苯基,35%甲基硅氧烷	0/350	160	188	191	283	253	25
PEG-1500	聚丙二醇	0/170	128	294	173	264	226	26

续表

固定液	说　明	使用温度/℃	McReynolds 常数					CP 值[1]
			x'	y'	z'	u'	s'	
Amin 220	1-乙醇-2(十七烷基)-2-异咪唑	0/180	117	380	181	293	133	26
Ucon LB 1715	聚乙二醇-聚丙二醇	0/200	132	297	180	275	235	27
Citroflex A-4	乙酰基柠檬酸三正丁酯	0/180	135	268	202	314	233	27
Didecyl phthalate	苯二甲酸二癸酯	50/150	136	255	213	320	235	27
OV-25	75%苯基,25%甲基硅氧烷	0/350	178	204	208	305	280	28
OS-124	五环聚对苯基醚	0/200	176	227	224	306	283	29
OS-138	六环聚对苯基醚	0/200	182	233	228	313	293	30
NPGS	新戊二醇丁二酸酯	50/225	172	327	225	344	326	33
QF-1	50%三氟丙基,50%甲基硅氧烷	0/250	144	233	355	463	305	36
OV-210	50%三氟丙基,50%甲基硅氧烷	0/275	146	238	358	468	310	36
SP-2410	50%三氟丙基,50%甲基硅氧烷	0/275	146	238	358	468	310	36
OV-202	50%三氟丙基,50%甲基硅氧烷	0/275	146	238	358	468	310	36
Ucon 50 HB 2000	40%聚乙二醇-60%聚丙二醇	0/200	202	394	253	392	341	37
OV-215	50%三氟丙基,50%甲基硅氧烷	0/275	149	240	363	478	315	37
Ucon 50 HB 5100	50%聚乙二醇-50%聚丙二醇	0/200	214	418	278	421	375	40
OV-330	苯基硅氧烷-聚乙二醇共聚物	0/250	222	391	273	417	368	40
XE-60	25%氰乙基,75%甲基硅氧烷	0/250	204	381	340	493	367	42
OV-225	25%苯基,25%氰乙基,50%甲基硅氧烷	0/275	228	369	338	492	386	43
NPGA	新戊二醇己二酸酯	50/225	232	421	311	461	424	44
NPGS	新戊二醇丁二酸酯	50/225	272	467	365	539	472	50
Carbowax 20MTPA	聚乙二醇 20 000 对苯二酸酯	60/250	321	537	367	573	520	54
Carbowax 20M	聚乙二醇,M=2 万	60/250	322	536	368	572	510	55
Carbowax 6 000	聚乙二醇,M=6 万~7.5 万	60/200	322	540	369	577	512	55
Carbowax 4 000	聚乙二醇,M=3 万~3.7 万	60/200	325	551	375	582	520	56
OV-351	聚乙二醇 20 000-硝基对苯二酸反应物	60/275	335	552	382	583	540	57
EFAP	同上	60/275	340	580	397	602	627	60
EGA	乙二醇己二酸酯	100/200	372	576	453	655	617	63
DEGA	二乙二醇己二酸酯	20/190	378	603	460	665	658	66
SP-2310	45%苯基,55%氰丙基硅氧烷	25/275	440	637	605	840	670	76
SP-2330	32%苯基,68%氰丙基硅氧烷	25/275	490	725	630	913	778	84
THEED	N,N,N′,N′-四(2-羟乙基)乙二胺	0/150	463	924	626	801	893	88
OV-275	100%二氰丙烯基硅氧烷	100/275	629	872	763	1106	849	100

$$[1] \, CP \text{ 值} = \frac{\sum_{i}^{5} \Delta I_{\text{固定液}}}{\sum_{i}^{5} \Delta I_{\text{ov-275}}} \times 100 = \frac{\sum_{i}^{5} \Delta I_{\text{固定液}}}{629 + 872 + 763 + 1\,106 + 849} \times 100$$

附表 13-2　相对质量校正因子（f）

物质名称	热导①	氢焰②	物质名称	热导①	氢焰②
一、正构烷			五、芳香烃		
甲烷	0.58	1.03	甲苯	1.02	0.94
乙烷	0.75	1.03	乙苯	1.05	0.97
丙烷	0.86	1.02	间二甲苯	1.04	0.96
丁烷	0.87	0.91	对二甲苯	1.04	1.00
戊烷	0.88	0.96	邻二甲苯	1.08	0.93
己烷	0.89	0.97	异丙苯	1.09	1.03
庚烷*	0.89	1.00*	正丙苯	1.05	0.99
辛烷	0.92	1.03	联苯	1.16	
壬烷	0.93	1.02	萘	1.19	
二、异构烷			四氢萘	1.16	
异丁烷	0.91		六、醇		
异戊烷	0.91	0.95	甲醇	0.75	4.35
2,2-二甲基丁烷	0.95	0.96	乙醇	0.82	2.18
2,3-二甲基丁烷	0.95	0.97	正丙醇	0.92	1.67
2-甲基戊烷	0.92	0.95	异丙醇	0.91	1.89
3-甲基戊烷	0.93	0.96	正丁醇	1.00	1.52
2-甲基己烷	0.94	0.98	异丁醇	0.98	1.47
3-甲基己烷	0.96	0.98	仲丁醇	0.97	1.59
三、环烷			叔丁醇	0.98	1.35
环戊烷	0.92	0.96	正戊醇		1.39
甲基环戊烷	0.93	0.99	戊醇-2	1.02	
环己烷	0.94	0.99	正己醇	1.11	1.35
甲基环己烷	1.05	0.99	正庚醇	1.16	
1,1-甲基环己烷	1.02	0.97	正辛醇		1.17
乙基环己烷	0.99	0.99	正癸醇		1.19
环庚烷		0.99	环己醇	1.14	
四、不饱和烃			七、醛		
乙烯	0.75	0.98	乙醛	0.87	
丙烯	0.83		丁醛		1.61
异丁烯	0.88		庚醛		1.30
正丁烯-1	0.88		辛醛		1.28
戊烯-1	0.91		癸醛		1.25
己烯-1		1.01	八、酮		
乙炔		0.94	丙酮	0.87	2.04

物质名称	热导[1]	氢焰[2]	物质名称	热导[1]	氢焰[2]
甲乙酮	0.95	1.64	二乙胺		1.64
二乙基酮	1.00		3-己酮	1.04	
苯*	1.00*	0.89	乙腈	0.68	
2-己酮	0.98		丙腈	0.83	
甲基正戊酮	1.10		正丁胺	0.84	
环戊酮	1.01		苯胺	1.05	1.03
环己酮	1.01		十三、卤素化合物		
九、酸			二氯甲烷	1.14	
乙酸		4.17	氯仿	1.41	
丙酸		2.5	四氯化碳	1.64	
丁酸		2.09	三氯乙烯	1.45	
己酸		1.58	1-氯丁烷	1.10	
庚酸		1.64	氯苯	1.25	
辛酸		1.54	邻氯甲苯	1.27	
十、酯			氯代环己烷	1.27	
乙酸甲酯		5.0	溴乙烷	1.43	
乙酸乙酯	1.01	2.64	碘甲烷	1.89	
乙酸异丙酯	1.08	2.04	碘乙烷	1.89	
乙酸正丁酯	1.10	1.81	十四、杂环化合物		
乙酸异丁酯		1.85	四氢呋喃	1.11	
乙酸异戊酯	1.10	1.61	砒咯	1.00	
乙酸正戊酯	1.14		吡啶	1.01	
乙酸正庚酯	1.19		四氢吡咯	1.00	
十一、醚			喹啉	0.86	
乙醚	0.86		哌啶	1.06	1.75
异丙醚	1.01		十五、其他		
正丙醚	1.00		水	0.70	无信号
乙基正丁基醚	1.01		硫化氢	1.14	无信号
正丁醚	1.04		氨	0.54	无信号
正戊醚	1.10		二氧化碳	1.18	无信号
十二、胺与腈			一氧化碳	0.86	无信号
正丁胺	0.82		氩	0.22	无信号
正戊胺	0.73		氮	0.86	无信号
正己胺	1.25		氧	1.02	无信号

　* 基准：f_g 也可用 f_m 表示

　[1]顾蕙祥,阎宝石.气相色谱手册. 2 版.北京:化学工业出版社,1990:513-517。由原文献（J Chromatogr.1973,11（5）:237）换成苯的 f 为 1 而得（原文献虽然以苯为基准,但苯的 f=0.78）。载气为氢气。

　[2]J Chromatogr.1967,5（2）:68（摘译）。以正庚烷为基准,其 f=1。

参 考 文 献

[1] 柴逸峰,邸欣.分析化学.8 版.北京:人民卫生出版社,2016.

[2] 孙毓庆.分析化学.4 版.北京:人民卫生出版社,2001.

[3] 武汉大学.分析化学.6 版.北京:高等教育出版社,2016.

[4] 武汉大学.分析化学:上册.4 版.北京:高等教育出版社,2000.

[5] 孙毓庆.分析化学.3 版.北京:科学出版社,2011.

[6] 李克安.分析化学教程.北京:北京大学出版社,2009.

[7] 国家药典委员会.中华人民共和国药典:2020 年版.北京:中国医药科技出版社,2020.

[8] 梁文平,庄乾坤.分析化学的明天:学科发展前沿与挑战.北京:科学出版社,2003.

[9] 黄承志.基础分析化学.北京:科学出版社,2016.

[10] 高春波,景晓霞,彭邦华.分析化学分析方法的原理及应用研究.北京:中国纺织出版社,2018.

[11] 浙江大学.无机及分析化学.2 版.北京:高等教育出版社,2008.

[12] GARYD C,PURNENDU K D,KEVIN A S. Analytical Chemistry. 7th ed. New York:John Wiley & Sons Inc,2014.

[13] DOUGLAS A S,DONALD M W,HOLLER F J. Fundamentals of Analytical Chemistry. 7th ed. Orlando:Saunders College Publishing,1991.

[14] 熊志立.分析化学.4 版.北京:中国医药科技出版社,2019.

[15] 孙振球,徐勇勇.医学统计学.4 版.北京:人民卫生出版社,2014.

[16] 费业泰.误差理论与数据处理.7 版.北京:机械工业出版社,2015.

[17] 祝国强.医药数理统计方法.2 版.北京:高等教育出版社,2009.

[18] 胡育筑.计算药物分析.北京:科学出版社,2009.

[19] 许金钩.荧光分析法.3 版.北京:科学出版社,2021.

[20] 王立强.生物技术中的荧光分析.北京:机械工业出版社,2010.

[21] 刘爱平.细胞生物学荧光技术原理和应用.合肥:中国科学技术大学出版社,2007.

[22] 彭崇慧,冯建章,张锡瑜.分析化学定量化学分析简明教程.3 版.北京:北京大学出版社,2009.

[23] 季一兵.仪器分析.北京:高等教育出版社,2020.

[24] 李磊,高希宝.仪器分析.北京:人民卫生出版社,2015.

[25] 翁诗甫,徐怡庄.傅里叶变换红外光谱分析.3 版.北京:化学工业出版社,2016.

[26] 李发美.分析化学.7 版.北京:人民卫生出版社,2011.

[27] 褚小立.化学计量学方法与分子光谱分析技术.北京:化学工业出版社,2011.

[28] 孔令仪.波谱解析.2 版.北京:人民卫生出版社,2016.

[29] 尹华,王新宏.仪器分析.3 版.北京:人民卫生出版社,2021.

[30] 宁永成.有机化合物结构鉴定与有机波谱学.2 版.北京:科学出版社,2000.

[31] 吴立军.有机化合物波谱分析.3 版.北京:中国医药科技出版社,2009.

[32] 韦国兵,董玉.波谱解析.武汉:华中科技大学出版社,2021.

[33] 丁立新,吴红.分析化学.2 版.北京:中国医药科技出版社,2021.

[34] 裴月湖.有机化合物波谱解析.5 版.北京:中国医药科技出版社,2019.

[35] 武汉大学.分析化学:下册.6 版.北京:高等教育出版社,2018.

[36] 许国旺.现代实用气相色谱法.北京:化学工业出版社,2004.

[37] 孙毓庆.现代色谱法及其在药物分析中的应用.北京:科学出版社,2005.

[38] 孙毓庆.现代色谱法.2 版.北京:科学出版社,2015.

［39］许国旺,侯晓丽,朱书奎.分析化学手册:气相色谱分析.3 版.北京:化学工业出版社,2017.

［40］张玉奎,张维冰,邹汉法,等.分析化学手册:液相色谱分析.3 版.北京:化学工业出版社,2016.

［41］汪正范.色谱联用技术.2 版.北京:化学工业出版社,2007.

［42］刘宝友,刘文凯,刘淑景.现代质谱技术.北京:中国石化出版社,2019.

［43］台湾质谱学会.质谱分析技术原理与应用.北京:科学出版社,2019.

［44］柯一侃,董慧茹.分析化学手册:第三分册 光谱分析.2 版.北京:化学工业出版社,1998.

［45］李梦龙,蒲雪梅.分析化学数据速查手册.北京:化学工业出版社,2009.

中文索引

1-(2-吡啶-偶氮)-2-萘酚　69
F 检验　21
G 检验法　19
Kovats 指数　294
McLafferty 重排　266
NOE 效应　253
retro-Diels-Alder 重排　266
t 分布　16
X 射线荧光光谱法　215
Zeta 电位　363
α 裂解　265
β 裂解　276

A

阿皮松　297
安培检测器　343
暗噪声　154
螯合物　60

B

百里酚蓝　57
半峰宽　293
半微量分析　2
半异裂　264
包埋共沉淀　114
饱和　235
饱和甘汞电极　127
保留时间　293
保留体积　294
保留指数　294
背景电解质　366
背景吸收　227
泵　339
比例误差　9
比色法　168
比移值　349
苄基断裂　265
变形振动　188
变异系数　8

标定　47
标准差　293
标准加入法　229
标准偏差　8
标准溶液　27,46
表观淌度　364
玻璃电极　126
薄层色谱法　290,348
薄膜色谱法　290
不对称电位　130
不对称伸缩振动　188
不分流进样　311
不可逆指示剂　89

C

参比电极　127
残余液接电位　131
产物离子　382
常量分析　2
常量组分分析　2
超高效液相色谱法　290,325
超临界流体色谱法　289
超微量分析　2
沉淀滴定法　27,101
沉淀形式　116
沉淀重量法　112
陈化　115
称量形式　116
程序升温　317
弛豫　235
重氮化滴定法　95
重复性　8,342
重排离子　266
重排裂解　266
重现性　8
传质阻抗　306,326
串联质谱　377
磁场扫描　261
磁等价　245
磁各向异性　237

磁量子数　233
磁旋比　232
磁质量分析器　270
磁质谱仪　275
萃取法　112

D

大内径毛细管柱　300
大气压电离源　268
大气压光电离　270
大气压化学电离　270
带状光谱　172
单重态　173
单分子荧光分析　184
单聚焦质量分析器　270
氮磷检测器　315
等当点　27
滴定常数　38
滴定度　46
滴定分析　1
滴定分析法　27
滴定曲线　38
滴定误差　27,43
滴定终点　27
电磁波谱　143
电磁辐射　142
电导滴定法　123
电导法　123
电动势　124
电分析化学　122
电感耦合等离子体　268
电化学　122
电化学分析　122
电化学分析法　2
电化学检测器　343
电化学生物传感器　127
电解池　123
电解法　122
电离干扰　227
电流滴定法　123

电喷雾电离　270
电色谱法　325
电渗　363
电渗流　363
电四极矩　243
电位滴定法　122,134
电位法　122
电压扫描　261
电泳　362
电泳淌度　363
电重量法　122
电子捕获检测器　312
电子轰击电离源　268
顶空气相色谱法　318
定量分析　1
定性分析　1
动态分析　2
对称伸缩振动　188
对离子　332
对照试验　13
多反应监测　382
多孔层毛细管柱　300
多量子谱　254
多普勒变宽　219
多维色谱法　375

E

二级光谱　246
二甲酚橙　69
二甲基二氯硅烷　299
二维核磁共振谱　254

F

发射光谱　175
发射光谱法　145,172
法拉第杯　274
反离子　332
反相色谱法　325,328
返滴定　49,75
方法验证　3
方向聚焦　261
放射化学分析法　2
飞行时间质量分析器　270
飞行时间质谱仪　275
非红外活性振动　189

非晶体电极　126
非晶形沉淀　112
非水滴定法　51
非水毛细管电泳法　367
非原位分析　2
费米共振效应　194
分辨率　274
分布系数　28
分离度　294
分离系统　308
分离因子　294
分流进样　309
分配色谱法　290,325
分配系数　293
分析化学　1
分析线　226
分子光谱法　143
分子离子　260,262
分子排阻色谱法　290,325
分子荧光分析法　172
酚酞　35
封闭　69
封尾　329
峰高　293
峰宽　293
峰面积　293
峰值吸收法　220
伏安法　123
负屏蔽效应　237
复合 pH 电极　132
副反应系数　63
傅里叶变换红外光谱仪　204
傅里叶变换离子回旋共振质谱仪
　275

G

钙指示剂　70
刚性基质电极　126
高分辨质谱仪　275
高效薄层色谱法　348
高效毛细管电泳法　362
高效亲和色谱　337
高效液相色谱法　325
高压液相色谱法　325
铬黑 T　68

铬酸钾指示剂法　107
共沉淀　114
共轭效应　193
共振线　217
固定相　289
固定液　296
固态检测器　225
固有溶解度　102
光电倍增管　157
光电二极管阵列　225
光电二极管阵列检测器　343
光二极管阵列检测器　157
光谱　142
光谱分析法　142
光谱项　216
光学分析法　2,142
光学干扰　227
硅醇基　351
硅碳棒　204
轨道阱质谱仪　275

H

核磁共振　231
核磁共振波谱法　231
核磁矩　232
痕量组分分析　2
恒量误差　9
横向弛豫　236
红外光谱　186
红外光谱仪　203
红外活性振动　189
红外吸收光谱　186
红外吸收光谱法　186
红移　147
后沉淀　114
互变异构效应　194
化学等价　245
化学电离源　268
化学分析　1
化学干扰　227
化学计量点　27
化学计量关系　27
化学计量学　4
化学键合相　327
化学键合相色谱法　290

化学位移　236
化学位移相关谱　254
环张力效应　193
缓冲溶液　33
挥发重量法　112
回归分析　24
回收率　13
回收试验　13
混晶共沉淀　114
活度积　102
活化　351
火焰光度检测器　312
火焰原子化器　222
霍尔兹马克变宽　219

J

奇数电子离子　264
积分吸收　220
基峰　261
基频峰　187
基体干扰　227
基线　293
基质辅助激光解吸电离源　268
基质效应　385
基准物质　46
激发光谱　175
激光诱导荧光　373
激光诱导荧光分析　183
极谱法　123
甲基橙　35
间接滴定　50,76
肩峰　147
检测器　311,342
检测系统　308
检测限　312
检出限　228
剪式振动　188
键合相　328
键合相色谱法　328
键合型离子交换剂　335
胶束电动毛细管色谱法　369
胶束电动色谱法　369
胶束色谱法　325
焦耳热　362
角鲨烷　297

接口　376
结构分析　1
结晶紫　55
结面　238
金属电极　124
金属电极电位　124
金属基电极　125
金属离子指示剂　68
进样系统　308
晶体电极　126
晶形沉淀　112
精密度　7
静电分析器　270
静电场轨道阱质量分析器　270
静态分析　2
局部屏蔽效应　237
绝对误差　7
均化效应　53
均化性溶剂　53
均裂　264

K

开管毛细管柱　295
开管柱　299
可定误差　9
空白试验　13
空间分辨荧光分析　184
空间排阻色谱　335
空间效应　193
空心毛细管柱　299
空心阴极灯　222
库仑滴定法　123
库仑法　122
快原子轰击电离源　268
喹哪啶红　55

L

拉曼光谱法　145
拉曼散射光　179
拉莫尔进动　234
蓝(紫)移　147
朗伯-比尔定律　151
累积稳定常数　62
冷蒸气原子化器　222

离线分析　2
离子对色谱法　332
离子对试剂　332
离子检测器　274
离子交换色谱法　290,325
离子阱质量分析器　270
离子阱质谱仪　275
离子漂移管　272
离子色谱法　335
离子选择电极　126,132
离子抑制色谱法　332
离子源　268
理论塔板高度　304
理论塔板数　304
例行分析　2
连续波　247
连续光谱　172
两性溶剂　51
两性物质　28
邻偶　244
林邦误差公式　44,70
临界胶束浓度　369
磷光　172
磷光发射　174
灵敏度　274,312,342
流动相　289
流动载体电极　126
硫酸铈法　98
六甲基二硅胺　299
洛伦茨变宽　219

M

麦氏重排　266
脉冲傅里叶变换核磁共振仪　247
毛细管等电聚焦法　367
毛细管等速电泳法　367
毛细管电色谱法　290,370
毛细管电泳法　290,362
毛细管凝胶电泳法　367
毛细管区带电泳法　367
毛细管柱　295
酶电极　127
面内弯曲振动　188
面内摇摆振动　188
面外弯曲振动　188

面外摇摆振动 188
膜电极 125
末端吸收 147

N

内标法 229
内部能量转换 173
内指示剂 96
能量(或速度)聚焦 271
能斯特灯 204
逆第尔斯-阿尔德反应 266
逆流色谱法 290
凝胶过滤色谱法 336
凝胶色谱法 335
凝胶渗透色谱法 335
凝乳状沉淀 112
浓度 46

O

偶氮紫 57
偶然误差 9
偶数电子离子 264

P

配合物 60
配基 337
配位滴定法 27,60
配位效应 65,104
碰撞池 382
碰撞诱导裂解 382
偏差 7
偏共振去偶法 253
漂移 312
平均偏差 8
平均值的精密度 16
平面色谱法 290,348
屏蔽常数 236
屏蔽效应 236
葡萄糖酶电极 127
普朗克常数 143
谱带宽度 153

Q

气-固色谱法 289
气路系统 308

气敏电极 126
气相色谱法 289
气相色谱-质谱联用 259,375
气-液色谱法 290
迁移时间 364
前体离子 382
前延峰 293
亲和色谱法 290,325,337
亲水作用色谱法 338
亲质子溶剂 51
氢化物发生原子化器 222
氢键效应 194
氢焰离子化检测器 312
区分效应 54
区分性溶剂 54
取样 3
全扫描 377
蜷曲振动 188

R

燃烧器 223
热导检测器 312
热分析法 2
热离子检测器 312
容量分析 2
容量因子 293
溶出法 123
溶度积 102
溶剂极性参数 329
溶剂前沿 349
溶剂强度 352
溶解度 102
锐线光源 221
瑞利散射光 179

S

三重态 173
散射光 179
扫场法 247
扫频法 247
色谱法 2,289
色谱峰 293
色谱联用分析法 375
色谱流出曲线 292
色谱图 292,308

色谱柱 289,341
舍弃商 Q 19
伸缩振动 188
生色团 147
生物传感器 4
生物色谱法 325
生物质谱 259
生物质谱仪 275
生质子溶剂 51
十八烷基硅烷 328
石墨炉原子化器 222,223
时间分辨荧光分析 184
试剂 1
试样 1
试样制备 3
手性固定相 336
手性流动相添加剂 336
手性色谱法 290,325,336
数据采集与处理系统 309
衰减全反射 205
双波长薄层扫描仪 357
双电层 124
双聚焦质量分析器 270
双指示剂滴定法 50
斯托克斯位移 175
死时间 294
死体积 294
四极杆质量分析器 270
四极杆质谱仪 275
速率理论 301
酸碱滴定法 27
酸碱指示剂 35
酸效应 63,104
随机误差 10
碎片离子 262

T

塔板理论 301
弹性熔融石英毛细管柱 300
特殊指示剂 88
特征峰 195
特征灵敏度 228
特征浓度 228
特征质量 228
提取离子色谱图 378

体系间跨越　174
填充毛细管柱　295
条件电位　82
条件溶度积　103
条件稳定常数　66
调整保留时间　294
调整保留体积　294
铁铵矾指示剂法　107
同步荧光分析　183
同核偶合　243
同离子效应　103
同位素离子　263
同位素质谱仪　275
透光率　152
涂壁毛细管柱　300
拖尾峰　293

W

外部能量转换　174
外指示剂　89,96
弯曲振动　188
微量分析　2
微量组分分析　2
温度控制系统　309
稳定常数　61
涡流扩散　305,326
无定形沉淀　112
无机分析　1
无机质谱仪　275
无畸变极化转移技术　254
无质子溶剂　51
误差传递　10
雾化器　222
雾化室　223

X

吸附共沉淀　114
吸附剂　350,351
吸附色谱法　290,325
吸附系数　296
吸附指示剂法　107
吸光度　152
吸光系数　152
吸收带　147
吸收峰　147

吸收峰强度　190
吸收谷　147
吸收光谱法　145
烯丙基裂解　266
洗脱　291
系统误差　9
显著性检验　20
显著性水平　16
线性范围　342
线状光谱　172
相对保留值　294
相对比移值　349
相对标准偏差　8
相对平均偏差　8
相对强度　261
相对误差　7
相关分析　24
相关峰　195
相关与回归　23
相界电位　124
小内径毛细管柱　300
偕偶　244
芯片实验室　4
信号散粒噪声　155
形成常数　61
形态分析　1
溴酚蓝　57
选择离子监测　377
选择性系数　133
选择性质子去偶法　253

Y

压力变宽　219
亚稳离子　262
亚硝基化滴定法　96
盐桥　124
盐效应　105
掩蔽剂　69
氧化还原滴定法　27,80
氧化还原指示剂　88
样本标准差　16
样本平均值　16
液-固色谱法　290
液接电位　124
液相色谱法　289

液相色谱-质谱联用　259,375
液-液色谱法　290
一级光谱　246
一维谱　254
仪器分析　2
乙二胺四乙酸　60
异裂　264
逸出值　19
银量法　101,106
银-氯化银电极　128
荧光　172
荧光发射　173
荧光分析法　172
荧光光谱　175
荧光检测器　343
荧光免疫分析　184
荧光寿命　175
荧光熄灭法　179
荧光熄灭剂　178
荧光效率　177
永停滴定法　138
有机分析　1
有机质谱仪　275
有效数字　13
诱导效应　192
元素分析　1
原点　349
原电池　123
原电极　126
原位分析　2
原子发射光谱法　172,215
原子光谱法　143
原子化效率　223
原子吸收分光光度法　215
原子吸收光谱法　215
原子荧光光谱法　215
原子质量单位　259
远程偶合　244
远程屏蔽效应　237

Z

杂散光　154
载气　300
载体　296,298
载体涂层毛细管柱　300

在线分析　2
噪声　154,312,342
噪声去偶　253
展开剂　348
振动弛豫　173
振动偶合效应　194
振-转光谱　186
蒸发光散射检测器　344
正屏蔽效应　238
正态分布　15
正相键合相色谱法　330
正相色谱法　325,328
直接滴定　49,75
直接电导法　123
直接电位法　122,128
纸色谱法　290,348
指示电极　125
指示剂　27
质量范围　274
质量分数　48
质量分析器　270
质量色谱图　378

质量色散　261
质量准确度　274
质谱法　2,259
质谱仪　275
质子宽带去偶法　253
质子平衡　30
质子平衡式　30
置换滴定　76
置信区间　17
置信水平　16
置信限　17
中间精密度　8
终点误差　27,43
仲裁分析　2
重量分析　1
重量分析法　101
重量因数　117
主成分自身对照法　346
助色团　147
柱色谱法　290
柱上检测　373
准分子离子　260

准确度　6
紫外检测器　342
紫外-可见分光光度法　142
紫外-可见吸收光谱法　142
自动程序多次展开仪　348
自然宽度　219
自身指示剂　88
自旋角动量　232
自旋-晶格弛豫　235
自旋量子数　232
自旋去偶作用　243
自旋系统　245
自旋-自旋弛豫　235
自旋-自旋分裂　242
自旋-自旋偶合　242
自由感应衰减　248
总离子流色谱图　378
总离子强度调节剂　133
总体标准偏差　16
总体平均值　16
纵向弛豫　235
纵向扩散　305,326

英 文 索 引

1-(2-pyridylazo)-2-naphthol, PAN   70

2D-NMR   254

α cleavage   265

β cleavage   276

A

absolute error   7

absorbance   152

absorbent   350,351

absorption band   147

absorption peak   147

absorption spectrometry   145

absorption valley   147

absorptivity   152

accidental error   9

accuracy   6

acid effect   63,104

acid-base indicator   35

acid-base titration   27

activation   351

activity product   102

adjusted retention time   294

adjusted retention volume   294

adsorption chromatography   290,325

adsorption coefficient   296

adsorption coprecipitation   114

affinity chromatography, AC   290,325,337

aging   115

allylic cleavage   266

amorphous precipitate   112

amperometric detector   343

amperometric titration   123

amphiprotic solvent   51

amphoteric substance   28

analytical chemistry   1

analytical line   226

apiezon   297

apparent mobility   364

aprotic solvent   51

arbitral analysis   2

argentimetry   101,106

armorphous precipitate   112

asymmetrical stretching vibration   188

asymmetry potential   130

atmospheric pressure chemical ionization, APCI   270

atmospheric pressure ion source, API   268

atmospheric pressure photo ionization, APPI   270

atomic absorption spectrophotometry, AAS   215

atomic absorption spectroscopy, AAS   215

atomic emission spectrometry, AES   215

atomic emission spectroscopy   172

atomic fluorescence spectrometry, AFS   215

atomic spectroscopy   143

atomization efficiency   223

atomizing chamber   223

attenuated total reflection, ATR   205

automated multiple development, AMD   348

auxochrome   147

average deviation   8

azo violet   57

B

back titration   49,75

background absorption   227

background electrolyte, BGE   366

band spectrum   172

band width   153

base line   293

base peak   261

bending vibration   188

benzylic cleavage   265

biochromatography, BC   325

biological mass spectrometer   275

biological mass spectrometry   259

biosensor   4

blank test   13

blocking   69

blue shift   147

bonded phase   328

bonded-phase chromatography, BPC   328

broad band decoupling   253

bromophenol blue   57

buffer solution   33

burner   223

C

calconcarboxylic acid,NN   70

capacity factor   293

capillary column   295,299

capillary electrochromatography,CEC   290,370

capillary electrophoresis,CE   290,362

capillary gel electrophoresis,CGE   367

capillary isoelectric focus,CIF   367

capillary isotachophoresis,CITP   367

capillary zone electrophoresis,CZE   367

carrier gas   300

cerium sulfate method   98

characteristic band   195

characteristic concentration   228

characteristic mass   228

characteristic sensitivity   228

chelate   60

chemical analysis   1

chemical equivalence   245

chemical interference   227

chemical ionization source,CI   268

chemical shift   236

chemical shift correlation spectroscopy,COSY 谱   254

chemically bonded phase chromatography   290

chemically bonded phases   327

chemometrics   4

chiral chromatography,CC   290,325,336

chiral mobile phase additive,CMPA   336

chiral stationary phase,CSP   336

chromatogram   292,308

chromatography   2,289

chromophore   147

coefficient of variation,CV   8

cold atom atomizer   222

collision cell   382

collision-induced dissociation,CID   382

colorimetry   168

column   289,341

column chromatography   290

column system   308

combination pH electrode   132

common ion effect   103

complex   60

complex effect   65,104

complexometric titration   27,60

concentration   46

conditional potential   82

conditional solubility   103

conditional stability coefficient   66

conductometric titration   123

conductometry   123

confidence interval   17

confidence level   16

confidence limit   17

conjugative effect   193

constant error   9

continuous spectrum   172

continuous wave,CW   247

control test   13

coprecipitation   114

correlation analysis   24

correlation and regression   23

correlation band   195

coulometric titration   123

coulometry   122

counter ion   332

countercurrent chromatography   290

critical micelle concentration,CMC   369

crystal violet   55

crystalline electrode   126

crystalline precipitate   112

cumulative stability constant   62

curdy precipitate   113

D

dark noise   154

data acquisition and processing system   309

dead time   294

dead volume   294

dead-stop titration   138

deformation vibration   188

deshielding effect   237

detection limit   228,312

detection system   308

detector   311,342

determinate error   9

developing solvent   348

deviation   7

diazotization titration   95

differentiating effect   54

differentiating solvent   54

dimethyldichlorosilane, DMCS   299

diode array detector, DAD   343

direct conductometry   123

direct potentiometry   122, 128

direct titration   49, 75

direction focusing   261

distortionless enhancement by polarization transfer   254

distribution fraction   28

Doppler broadening   219

double electric layer   124

double focusing mass analyzer   270

double indicator titration   50

drift   312

dual wavelength thin layer scanner   357

dynamic analysis   2

E

eddy diffusion   305, 326

electric quadrupole moments   243

electroanalytical chemistry   122

electrochemical analysis   2, 122

electrochemical biosensor   127

electrochemical detector, ECD   343

electrochemistry   122

electrochromatography, EC   325

electrode potential   124

electrodes with a mobile carrier   126

electrogravimetry   122

electrolytic cell   123

electrolytic method   122

electromagnetic radiation   142

electromagnetic spectrum   143

electromotive force   124

electron capture detector, ECD   312

electron impact ion source, EI   268

electroosmosis   363

electroosmotic flow, EOF   363

electrophoresis mobility   363

electrophoresis   362

electrospray ionization, ESI   270

electrostatic analyzer   270

elemental analysis   1

elution   291

emission spectrometry   172

emission spectroscopy   145

emission spectrum   175

end absorption   147

end point   27

end-capping   329

energy or velocity focusing   271

enzyme electrode   127

equivalent point   27

eriochrome black T, EBT   68

ethylenediamine tetraacetic acid, EDTA   60

evaporative light scattering detector, ELSD   344

even-electron ion   264

ex situ analysis   2

excitation spectrum   175

external conversion   174

extracted ion chromatogram   378

extraction method   112

F

F test   21

Fajans method   107

Faraday cup   274

fast atom bombardment ion source, FAB   268

Fermi resonance effect   194

first order spectrum   246

flame atomizer   222

flame photometric detector, FPD   312

fluorescence   172

fluorescence detector, FD   343

fluorescence efficiency   177

fluorescence emission   173

fluorescence immunoassay   184

fluorescence life time   175

fluorescence quenching medium   178

fluorescence quenching method   179

fluorescence spectrum   175

fluorometry   172

formation constant   61

Fourier transform infrared spectrophotometer, FTIR   204

Fourier transform ion cyclotron resonance mass spectrometer 275

fragment ion 262

free induction decay, FID 248

full scanning 377

fundamental bands 187

fused silica open tubular column, FSOT 300

G

galvanic cell 123

gas chromatography, GC 289

gas chromatography-mass spectrometry, GC-MS 259, 375

gas supply system 308

gas-liquid chromatography, GLC 290

gas-sensing electrode 126

gas-solid chromatography, GSC 289

gel chromatography 335

gel filtration chromatography, GFC 336

gel permeation chromatography, GPC 335

geminal coupling 244

glass electrode 126

globar 204

glucose oxidase 127

graphite furnace atomizer 222, 223

gravimetric analysis 1

gravimetric factor 117

gravimetry 101

Grubbs test 19

H

headspace-gas chromatography, HS-GC 318

height equivalent to a theoretical plate 304

hemi-heterolytic cleavage 264

heterolytic cleavage 264

hexamethyldisilazane, HMDS 299

high performance affinity chromatography, HPAC 337

high performance capillary electrophoresis, HPCE 362

high performance liquid chromatography, HPLC 325

high performance thin layer chromatography, HPTLC 348

high pressure liquid chromatography, HPLC 325

high resolution mass spectrometer 275

hollow cathode lamp, HCL 222

Holtsmark broadening 219

homo-coupling 243

homolytic cleavage 264

hydrogen bond effect 194

hydrogen flame ionization detector, FID 312

hydrogen generation atomizer 222

hydrophilic interaction liquid chromatography, HILIC 338

hyphenated chromatography 375

I

in situ analysis 2

indicator 27

indicator electrode 125

indirect titration 50, 76

inductive effect 192

inductively coupled plasma, ICP 268

infrared absorption spectroscopy, IR 186

infrared absorption spectrum 186

infrared active vibration 189

infrared inactive vibration 189

infrared spectrophotometer 203

infrared spectrum 186

inorganic analysis 1

inorganic mass spectrometer 275

inside indicator 96

instrumental analysis 2

integrated absorption 220

intensity of absorption band 190

interface 376

intermediate precision 8

internal conversion 173

internal indicator 96

internal standard method 229

intersystem crossing 174

intrinsic solubility 102

in-plane bending vibration 188

ion chromatography, IC 335

ion detector 274

ion drift tube 272

ion exchange chromatography, IEC 290, 325

ion exchanger 335

ion pair chromatography, IPC 332

ion selective electrode 126

ion source 268

ion suppression chromatography, ISC 332

ion trap mass analyzer 270

ion trap mass spectrometer 275

ionization interference 227

ion-pair reagent　332

ion-selective electrode　132

irreversible indicator　89

isotope mass spectrometer　275

isotopic ion　263

J

Joule heating　362

K

Kovats index　294

L

lab-on-a-chip　4

Lambert-Beer law　151

Larmor precession　234

laser induced fluoresence, LIF　183, 373

leading peak　293

leveling effect　53

leveling solvent　53

ligand　337

line specturm　172

linear range　342

liquid chromatography, LC　289

liquid chromatography-mass spectrometry, LC-MS　259, 375

liquid-junction potential　124

liquid-liquid chromatography, LLC　290

liquid-solid chromatography, LSC　290

local shielding　237

long range coupling　244

long range shielding effect　237

longitudinal diffusion　305, 326

longitudinal relaxation　235

Lorentz broadening　219

M

macro analysis　2

macro component analysis　2

magnetic anisotropy　237

magnetic equivalence　245

magnetic fields canning　261

magnetic mass analyzer　270

magnetic mass spectrometer　275

magnetic quantum number　233

magnetogyric ratio　232

masking agent　69

mass accuracy　274

mass analyzer　270

mass chromatogram　378

mass dispersion　261

mass fraction　48

mass range　274

mass spectrometer　275

mass spectrometry, MS　259

mass transfer resistance　306, 326

matrix effect, ME　385

matrix interference　227

matrix-assisted laser desorption ion source, MALDI　268

megaobore column　300

membrane electrode　125

metal electrode　124

metal ion indicator　68

metallic indicator electrode　125

metastable ion　262

method validation　3

methyl orange　35

micellar chromatography, MC　325

micellar electrokinetic chromatography, MEKC　369

micellar electrokinetic capillary chromatography, MECC　369

micro analysis　2

micro component analysis　2

microbore column　300

migration time　364

mixed crystal coprecipitation　114

mobile phase　289

Mohr method　107

molecular exclusion chromatography, MEC　290, 325

molecular fluorometry　172

molecular ion　260, 262

molecular spectroscopy　143

multidimensional chromatography　375

multiple quantum spectroscopy　254

multiple reaction monitoring, MRM　382

N

narrow-line source　221

natural width　219

nebulizer　222

Nernst glower　204

nitrogen phosphorus detector, NPD   315

nitrozation titration   96

nodal plane   238

noise   154, 312, 342

non aqueous capillary electrophoresis, NACE   367

nonaqueous titration   51

noncrystalline electrode   126

normal distribution   15

normal phase chromatography   325, 328

nuclear magnetic moment   232

nuclear magnetic resonance spectroscopy   231

nuclear magnetic resonance, NMR   231

nuclear overhauser effect   253

number of theoretical plates   304

O

occlusion coprecipitation   114

octadecylsilane, ODS   328

odd-electron ion   264

off-line analysis   2

off-resonance decoupling   253

on-column detection   373

one dimentional NMR, 1D-NMR   254

on-line analysis   2

open tubular column   295, 299

optical analysis   2, 142

optical interference   227

orbitrap mass analyzer   270

orbitrap mass spectrometer   275

organic analysis   1

organic mass spectrometer   275

origin   349

outlier   19

outside indicator   89, 96

out-of-plane bending vibration   188

out-of-plane wagging vibration   188

oxidation-reduction indicator   88

P

packed capillary column   295

paired ion chromatography, PIC   332

paper chromatography   290, 348

partition chromatography   290, 325

partition coefficient   293

peak   293

peak absorption   220

peak area   293

peak height   293

peak width   293

peak width at half height   293

phase boundary potential   124

phenolphthalein   35

phosphorescence   172

phosphorescence emission   174

photodiode array, PDA   225

photodiode array detector, PDAD   343

photo-diode array detector   157

photomultiplier tube, PMT   157

planar chromatography   290, 348

Plank constant   143

plate theory   301

polarity parameter of solvent   329

polarography method   123

population mean   16

population standard deviation   16

porous-layer open tubular column, PLOT   300

postprecipitation   114

potentiometric titration   122, 134

potentiometry   122

precipitation form   116

precipitation method   112

precipitation titration   27, 101

precision of mean   16

precision   7

precursor ion   382

pressure broadening   219

primary electrode   126

primary standard   46

product ion   382

propagation of error   10

proportional error   9

protogenic solvent   51

proton balance   30

proton balance equation   30

proton noise decoupling   253

protophilic solvent   51

pulse Fourier transform nuclear magnetic resonance
    spectrometer, PFT-NMR   247

pump   339

Q

quadrupole mass analyzer　270

quadrupole mass spectrometer　275

qualitative analysis　1

quantitative analysis　1

quasi-molecular ion　260

quinaldine red　55

R

radiochemical analysis　2

Raman scattering light　179

Raman spectroscopy　145

random error　10

rate theory　301

Rayleigh scattering light　179

reagent　1

rearrangement cleavage　266

rearrangement ion　266

recovery　13

recovery test　13

red shift　147

redox titration　27,80

reference electrode　127

regression analysis　24

rejection quotient　19

relative abundance　261

relative average deviation　8

relative error　7

relative retardation factor　349

relative retention　294

relative standard deviation,RSD　8

relaxation　235

repeatability　8,342

replacement titration　76

reproducibility　8

residual liquid junction potential　131

resolution　294

resolution power　274

resonance line　217

retardation factor,R_f　349

retention index　294

retention time　293

retention volume　294

reversed phase chromatography　325,328

rigid matrix electrode　126

ring effect　193

Ringbom error formula　44,70

rocking vibration　188

routine analysis　2

S

salt bridge　124

salt effect　105

sample　1

sample injection system　308

sample mean　16

sample preparation　3

sample standard deviation　16

sampling　3

saturated calomel electrode,SCE　127

saturation　235

scattering light　179

scissoring vibration　188

second order spectrum　246

selected ion monitoring,SIM　377

selective proton decoupling　253

selectivity coefficient　133

self indicator　88

semimicro analysis　2

sensitivity　274,312,342

separation factor　294

shielding constant　236

shielding effect　236,238

shoulder peak　147

side reaction coefficient　63

signal shot noise　155

significance level　16

significance test　20

significant figure　13

silanol　351

silver-silver chloride electrode　128

single focusing mass analyzer　270

single molecule fluorometry　184

singlet state　173

solid state detector,SSD　225

solubility　102

solubility product　102

solvent front　349

solvent strength　352

space-resolved fluorometry 184

speciation analysis 1

specific indicator 88

spectral term 216

spectroscopic analysis 142

spectrum 142

spin angular momentum 232

spin decoupling 243

spin-lattice relaxation 235

spin quantum number 232

spin-spin coupling 242

spin-spin relaxation 235

spin-spin splitting 242

spin system 245

split injection 309

splitless injection 311

squalane 297

stability constant 61

standard addition method 229

standard deviation 8,293

standard solution 27,46

standardization 47

static analysis 2

stationary liquid 296

stationary phase 289

steric effect 193

steric exclusion chromatography,SEC 335

stoichiometric point 27

stoichiometric relationship 27

Stokes shift 175

stray light 154

stretching vibration 188

stripping method 123

structural analysis 1

supercritical fluid chromatography,SFC 289

support coated open tubular column,SCOT 300

support 296,298

swept field 247

swept frequency 247

symmetrical stretching vibration 188

synchronous fluorometry 183

systematic error 9

T

t distribution 16

tailing peak 293

tandem mass spectrometry 377

tautomerism effect 194

temperature control system 309

temperature programming 317

thermal analysis 2

thermal conductivity detector,TCD 312

thermionic detector,TID 312

thin film chromatography 290

thin layer chromatography,TLC 290,348

thymol blue 57

time-of-flight mass analyzer,TOF 270

time-of-flight mass spectrometer 275

time-resolved fluorometry 184

titer 46

titration constant 38

titration curve 38

titration error 27,43

titrimetric analysis 1

titrimetry 27

total ion current chromatogram,TIC 378

total ion strength adjustment buffer,TISAB 133

trace component analysis 2

transmittance 152

transverse relaxation 236

triplet state 173

twisting vibration 188

U

ultra-high performance liquid chromatography,UPLC 290,325

ultramicro analysis 2

ultraviolet and visible spectrophotometry 142

ultraviolet and visible spectroscopy,UV-vis 142

ultraviolet detector,UVD 342

unified atomic mass unit 259

V

vibrational coupling effect 194

vibrational relaxation 173

vibrational-rotational spectrum 186

vicinal coupling 244

volatilization method 112

Volhard method 107

voltage scanning 261

voltammetry   123

volumetric analysis   2

W

wall coated open tubular column, WCOT   300

weighing form   116

X

X-ray fluorescence spectrometry, XRF   215

xylene orange, XO   69

Z

zeta potential   363